# 大学物理（上）

主　编◎石宏新　于佳会　吴　迪
副主编◎李美璇　和　珊

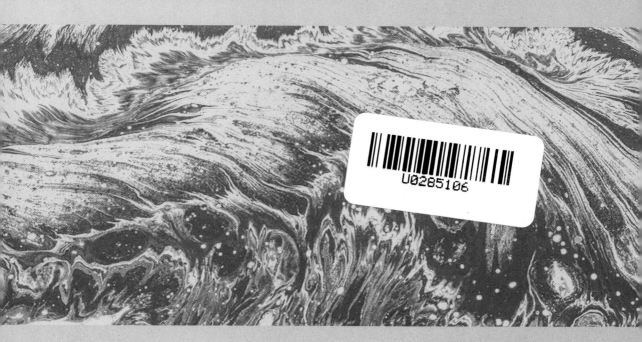

哈尔滨工程大学出版社
Harbin Engineering University Press

## 内 容 简 介

本书在选材上突出物理图像,弱化数学推演。全书分两册,上册包括力学、振动与波、波动光学、热学;下册包括电磁学和近代物理。本册内容包括质点运动学、质点动力学、刚体的定轴转动、机械振动、机械波、波动光学、气体分子运动理论、热力学基础等内容。在内容的选择上,本书除了讲解经典基础内容外,还通过渗透式教学方法,注重物理思想、物理方法的融入;为适应 CDIO 教学模式改革需要,书中积极渗透和融入与教学内容紧密结合的工程教育素材,适时插入现代物理的概念与物理思想,安排了许多与现代实际应用密切联系的例题。同时,为便于学生学习,本书在每章末尾还编排了本章小结、思考题及习题。

本书可作为高等院校理工科各专业大学物理基础课程的教材,也可作为其他有关专业师生选用或读者自学的参考书。

**图书在版编目(CIP)数据**

大学物理. 上/石宏新,于佳会,吴迪主编. —哈尔滨:哈尔滨工程大学出版社,2022.8(2023.7 重印)
ISBN 978-7-5661-3652-7

Ⅰ. ①大… Ⅱ. ①石… ②于… ③吴… Ⅲ. ①物理学-高等学校-教材 Ⅳ. ①O4

中国版本图书馆 CIP 数据核字(2022)第 138393 号

**大学物理(上)**
DAXUE WULI(SHANG)

**选题策划** 石 岭
**责任编辑** 张 彦 关 鑫
**封面设计** 李海波

**出版发行** 哈尔滨工程大学出版社
**社 址** 哈尔滨市南岗区南通大街 145 号
**邮政编码** 150001
**发行电话** 0451-82519328
**传 真** 0451-82519699
**经 销** 新华书店
**印 刷** 哈尔滨午阳印刷有限公司
**开 本** 787 mm×1 092 mm 1/16
**印 张** 21
**字 数** 508 千字
**版 次** 2022 年 8 月第 1 版
**印 次** 2023 年 7 月第 2 次印刷
**定 价** 49.80 元
http://www.hrbeupress.com
E-mail:heupress@hrbeu.edu.cn

# 前　言

“大学物理”是理工科大学生必修的基础理论课。随着时代的飞速发展，科技日新月异，作为一切自然科学和工程技术的基础，物理学有着突飞猛进的发展。为适应现代化建设的需要，大学物理教学必须适时更新教学内容、教学手段和方法，不仅要培养学生的思维能力、主动学习能力，以及应用物理知识解决问题的能力，还要培养学生将物理知识应用于交叉领域的能力和创新能力。因此，本书设置了许多应用方面的内容，并简要介绍了某些前沿问题。

为保持教材内容与形式的和谐性，同时也考虑到教学工作的实际情况，本套教材分为两册，上册包括力学、振动与波、波动光学、热学；下册包括电磁学和近代物理。全书在编写过程中，既吸收了经典的物理理论精华，尽可能系统、完整、准确地讲解有关的物理学知识，同时又注入了科技发展的新观点和方法，介绍了近代物理以及高新技术的现代发展，注重物理思想的渗透和工程教育素材的开发与融入，使本书的学习内容具有鲜明的时代特色和工程气息。

此外，本书还注重对方法论的教授，如归纳和演绎、分析和综合、类比和等效、对称和守恒、决定性和概然性等。在能力培养方面，本书注意培养学生把握本质、提出问题和分析解决问题的能力。本书包含一定的自学内容，以及一些半定量的延伸性、扩展性知识，学生可以在教师的指导下通过自学来获取，借以培养自学能力，确立“终生学习”的习惯。

本书在知识体系上力求完整、全面，对部分难点内容力求从多种角度加以分析归纳，以满足不同层次读者的需求。为了让读者更好地掌握本书内容，书中在每章末尾给出了本章小结、思考题及习题，同时，还在附录中列出了物理量的名称、符号及单位等内容，以供参考。

本书由李美璇负责编写第 1 章，于佳会负责编写第 2 章和第 3 章，和珊负责编写第 4 章和第 5 章，石宏新负责编写第 6 章，吴迪负责编写第 7 章和第 8 章。本书在编写过程中还得到了其他院校教师的指导和帮助，在此一并表示衷心的感谢！

由于编者学识和教学经验有限，疏漏之处在所难免，望读者批评指正。

**编者**

**2022 年 3 月于“冰城”哈尔滨**

# 目　录

## 第1篇　力　学

## 第2篇 振动与波 波动光学

## 第3篇 热 学

# 第1篇　力　　学

经典力学(牛顿力学)是物理学中最古老又最重要的基础学科之一,不仅描述了物体运动的图景,而且揭示了运动的成因。它的主要任务是研究物质机械运动的规律。机械运动是自然界中物质最简单、最基本的运动方式,几乎囊括了物质运动的所有形式,包括物体之间位置的变化、物体内部各部分之间的相对位置随时间的改变。

经典力学的发展艰辛而漫长:从《墨经》中关于杠杆原理的概述,到亚里士多德提出的“力是维持物体运动的原因”,再到伽利略对物体惯性及加速度的研究,认为“力不是维持物体运动的原因”,直至牛顿建立了牛顿力学体系。经典力学为力学学科确定了基本的概念和定律,使力学的知识体系日趋系统化和理论化。

随着科技的发展,人们对于物质的研究由宏观、低速向微观、高速过渡。对此,经典力学虽已不适用,但不可否认的是,其对物理学乃至自然科学的贡献不可磨灭,仍是整个物理学的基础。经典力学中的重要概念、重要规律被直接引入热学、电磁学、波动学等领域,用以构建新的理论。

总体来说,力学可分为运动学和动力学两个部分。运动学只描述物体的运动,不涉及引起运动和改变运动的原因;动力学探讨物体运动状态变化的原因及运动与相互作用之间的关系。

# 第 1 章　质点运动学

物理学是一门研究物质运动中最普遍、最基本运动形式的基本规律的学科。力学是一门古老的学科，是研究物质的机械运动规律的科学。力学中描述物质运动的内容叫作运动学。自然界中的物质都处于不停的运动和变化之中。物质的运动形式多种多样，其中最为简单的是物质的机械运动，经典力学（牛顿力学）就是研究物质的机械运动的学科。本章中，我们将对物质运动的基本描述进行讨论，引入描述物质运动的基本物理思想和方法，讨论质点运动学的问题。质点运动学以几何观点来研究和描述物体的机械运动，而不考虑物体的质量及其所受的力。本章在引入质点、参考系、坐标系等概念的基础上，介绍确定质点位置的方法及描述质点运动的重要物理量——位移、速度和加速度，并讨论质点匀变速圆周运动等。

## 1.1　质点运动学的基本概念

### 1.1.1　质点

物体的运动一般比较复杂。由于物体本身具有一定的形状和大小，物体上各点处于空间的不同位置，因而在运动时，物体上各点的位置变化通常也不尽相同；同时，物体本身的大小和形状也可能不断改变，因此要详细描述物体的运动并不容易。例如，炮弹在空中飞行时，除了整体沿一定的曲线平移以外，它还做复杂的转动。

如果我们研究的只是物体整体的平移运动规律，例如，只研究炮弹沿空间轨道的整体平移，那么我们可以忽略那些与整体运动关系不大的次要运动，把物体上各点的运动都看成完全一样。这时就不需要考虑物体的大小和形状，物体的运动可用一个点的运动来代表。这种把物体看成没有大小和形状，只具有物体全部质量的点，称为**质点**。质点是一种理想化的模型，是对实际物体的一种科学抽象和简化。通过这样的科学抽象和简化，可以使问题的研究简化且不影响所得到的主要结论。

能否把一个物体看作质点的关键并不在于物体本身的大小，而是取决于关于这个物体所进行研究的问题的性质和具体情况。例如，地球的半径约为 6 370 km，算得上是个庞然大物。然而，当研究地球绕太阳的公转运动时，由于与地球公转的轨道半径（约为 $1.5\times10^{11}$ m）相比，地球的半径还不到它的万分之一，地球上各点绕太阳的公转运动可看成基本相同，因而可以不考虑地球的大小和形状，而把整个地球当作质点。又例如，炮弹的半径（0.5 m 左右）与地球的半径相比，真可谓沧海一粟。但是在研究空气阻力对炮弹高速飞行的影响（这种阻力明显与炮弹的大小和形状有关）时，就不能把炮弹视为质点了。

同一个物体是否可以被看成质点不是一成不变的，而是取决于问题的性质和具体的情况。同样是地球,在研究它绕太阳的公转运动时,可以将它看作质点;在研究它的自转问题时,就不能将它看作质点。另外,当物体单纯地只做平移运动时,物体上各点的运动情况都完全相同时,可以把它简化成一个质点。当然,在很多问题中,物体的大小和形状不能忽略,这时就不能把整个物体当作质点,但是质点的概念仍然十分有用。因为这种情况下可以把物体视为由许许多多的小体积元组成,每个体积元都小到可以按质点(有时也称为质元)来处理,则可以将整个物体看成是由若干质点组成的系统(质点系)或是由无数质点组成的整体,通过分析这些质点的运动,便可弄清楚整个物体的运动。所以研究质点运动也是进一步研究物体(如刚体、弹性体和流体等)复杂运动的基础。

### 1.1.2 参考系与坐标系

物体的机械运动是指它的位置随时间的改变。在自然界中,所有的物体都在不停地运动,绝对静止不动的物体是没有的,这就是说,任何物体的位置总是相对于其他物体或物体系来确定的。在观察一个物体的位置及其位置变化时,总要选取其他物体作为标准,选取的标准物不同,对物体运动情况的描述结果也不同,这就是运动描述的相对性。为描述物体的运动而选取的标准物叫作**参考系**。在不同的参考系下对同一物体运动情况的描述是不同的。因此,在描述物体运动情况时,必须指明是对什么参考系而言的。例如,对于一个自由下落的石块的运动,在地面上观察,它做的是直线运动,如果在近旁驶过的车厢内观察,即以行进的车厢为参考系,则石块做曲线运动。参考系的选取是任意的,在讨论地面上物体的运动时,通常选取固定在地面上的一些物体作为参考系,这样的参考系叫作地面参考系。

选定参考系后,只能对物体的机械运动做定性描述,要定量地说明一个质点相对于此参考系的位置,还必须在参考系中建立固定的**坐标系**。坐标系就是固结在参考系上的一组有刻度的射线、曲线或角度,是参考系的数学抽象。

坐标系的类型可有不同的选取方法,常用的是直角坐标系。设某时刻质点在 $P$ 点,建立一个固结在参考系上的三维直角坐标系 $Oxyz$,如图 1.1 所示,这样 $P$ 点的位置就可以用直角坐标$(x,y,z)$来确定。在二维空间所取的平面直角坐标系 $Oxy$ 中,用两个坐标$(x,y)$便可确定一物体的位置;在一维空间中所取的直线坐标轴 $Ox$ 或 $Oy$ 上,用一个坐标 $x$ 或 $y$ 便可确定一物体的位置。选定坐标系后,还须在各坐标轴上取相应的单位矢量。

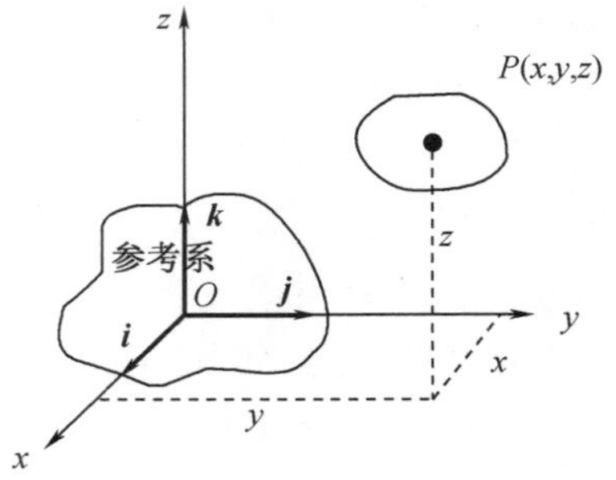


**图 1.1 三维直角坐标系**

如图 1.1 所示,$P$ 点的直角坐标为 $P(x,y,z)$,用 $\boldsymbol{i}$、$\boldsymbol{j}$、$\boldsymbol{k}$ 分别表示沿 $x$、$y$、$z$ 三个坐标轴正方向的单位矢量。有时还用到自然坐标系,这种坐标系常用于质点做曲线运动的情况。自然坐标系由相互垂直的两个坐标轴组成。例如,质点在做圆周运动时,以质点运动到圆周上某点 $P$ 为坐标原点,$P$ 点处切线为切向坐标轴,在其上运动前进方向取单位矢量 $\boldsymbol{\tau}$,$P$ 点处指向圆心的法线为法向坐标轴,在其上取单位矢量 $\boldsymbol{n}$。

虽然,参考系与坐标系有联系,但两者不能混同。参考系是实物,而坐标系是参考系的数学抽象。这是它们的区别。然而,在研究物体的具体运动时常常把坐标系与参考系联系在一起。因而,坐标系一经建立,实际上就意味着参考系也已选定。在没有特殊说明的情况下,本书后面的内容不对二者进行详细区分。

# 1.2 质点运动学的基本物理量

## 1.2.1 位置矢量

为了定量地研究质点的运动,必须对质点的位置做定量的描述。为此,我们引入位置矢量的概念。先选取参考系,再在参考系上建立一个固定的坐标系。图1.2所示的直角坐标系中,质点的位置还可以用一个矢量来确定。设某时刻质点在 $P$ 点,我们在选定的参考系上任选一固定点 $O$,由 $O$ 点向 $P$ 点作一矢量 $\boldsymbol{r}$,如图1.2所示。矢量 $\boldsymbol{r}$ 的大小和方向完全确定了坐标原点到质点所在位置的一有向线段,称为位置矢量,简称**位矢**。

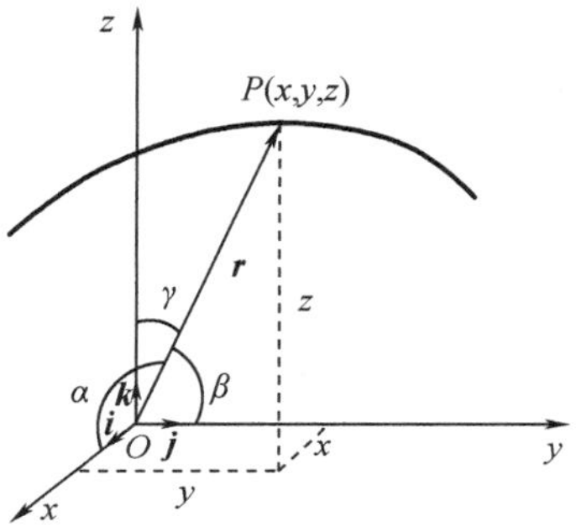


**图1.2 位置矢量**

以位矢 $\boldsymbol{r}$ 的起点 $O$ 为原点,建立直角坐标系 $Oxyz$,这样 $P$ 点的直角坐标$(x,y,z)$就是位矢 $\boldsymbol{r}$ 沿坐标轴 $x$、$y$、$z$ 的投影。用 $\boldsymbol{i}$、$\boldsymbol{j}$、$\boldsymbol{k}$ 分别表示沿 $x$、$y$、$z$ 三个坐标轴正方向的单位矢量,则位矢为

$$\boldsymbol{r}=x\boldsymbol{i}+y\boldsymbol{j}+z\boldsymbol{k} \tag{1.1}$$

例如,一个质点在 $t$ 时刻的直角坐标为$(-3,2,5)$,则该质点在 $t$ 时刻以坐标原点为起点的位矢是 $\boldsymbol{r}=-3\boldsymbol{i}+2\boldsymbol{j}+5\boldsymbol{k}$,位矢 $\boldsymbol{r}$ 沿 $x$、$y$、$z$ 三个坐标轴的投影分别为 $x=-3$,$y=2$,$z=5$。用$|\boldsymbol{r}|$表示 $\boldsymbol{r}$ 的大小,则

$$|\boldsymbol{r}|=\sqrt{x^2+y^2+z^2} \tag{1.2}$$

令 $\alpha$、$\beta$、$\gamma$ 分别表示 $\boldsymbol{r}$ 与 $x$、$y$、$z$ 三个坐标轴的夹角,则有

$$\begin{cases}\cos\alpha=\dfrac{x}{|\boldsymbol{r}|}\\[2ex]\cos\beta=\dfrac{y}{|\boldsymbol{r}|}\\[2ex]\cos\gamma=\dfrac{z}{|\boldsymbol{r}|}\end{cases} \tag{1.3}$$

质点运动时,它的位置随时间变化,这时质点的位矢和坐标是时间的函数,即

$$\boldsymbol{r}=\boldsymbol{r}(t) \tag{1.4}$$

式(1.4)称为质点的**运动学方程**,其在直角坐标系中的分量式为

$$x=x(t),y=y(t),z=z(t) \tag{1.5}$$

从式(1.5)中消去 $t$,可得运动质点的**轨迹方程**。例如,已知质点的运动学方程为

$$x=R\sin\omega t,y=R\cos\omega t,z=0$$

式中，$R$、$\omega$ 为大于零的常数，消去 $t$ 得轨迹方程为

$$x^2+y^2=R^2, z=0$$

它表示质点在 $x$、$y$ 平面内做以原点为圆心、半径为 $R$ 的圆周运动。式(1.5)也称为轨迹的**参数方程**(参数为 $t$)。

**例 1.1** 一质点做匀速圆周运动，圆周半径为 $R$，角速度为 $\omega$，如图 1.3 所示。分别写出用直角坐标、位矢、自然坐标表示的质点运动学方程。

**解** 以圆心 $O$ 为原点，建立直角坐标系 $Oxy$，取质点经过 $x$ 轴上 $O'$ 点的时刻为计时开始时刻，即 $t=0$。设 $t$ 时刻质点位于 $P$ 点，$P$ 点的直角坐标为 $(x,y)$，如图 1.3 所示。

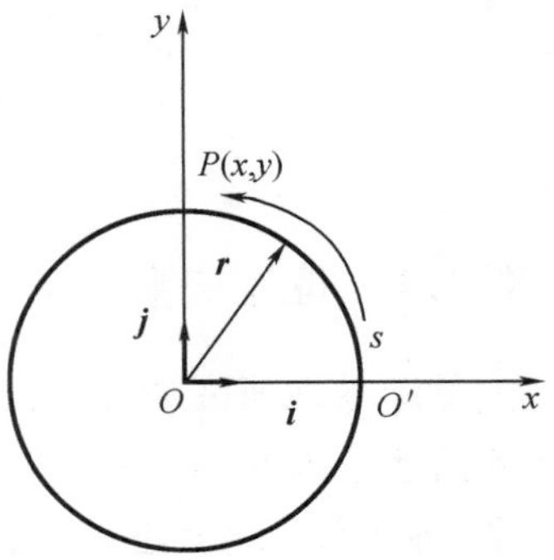

图 1.3 匀速圆周运动

根据题设条件，质点做匀速圆周运动，$\angle O'OP=\omega t$，用直角坐标表示的质点运动学方程为

$$x=R\cos\omega t$$

$$y=R\sin\omega t$$

从圆心 $O$ 向 $P$ 点作位矢 $\boldsymbol{r}$，用位矢表示的质点运动学方程为

$$\boldsymbol{r}=x\boldsymbol{i}+y\boldsymbol{j}=R\cos\omega t\boldsymbol{i}+R\sin\omega t\boldsymbol{j}$$

### 1.2.2 位移矢量

质点在一段时间内位置的改变叫作它在这段时间内的**位移**。质点做一般曲线运动，在 $t$ 时刻位于 $A$ 点，位矢为 $\boldsymbol{r}_1$，在 $t+\Delta t$ 时刻运动到 $B$ 点，位矢为 $\boldsymbol{r}_2$，显然在时间间隔 $\Delta t$ 内，位矢的大小和方向都发生了变化，我们用由 $A$ 指向 $B$ 的矢量 $\Delta\boldsymbol{r}$ 表示 $\Delta t$ 时间间隔内质点位置的变化。由图 1.4 可知矢量 $\Delta r=\boldsymbol{r}_2-\boldsymbol{r}_1$。

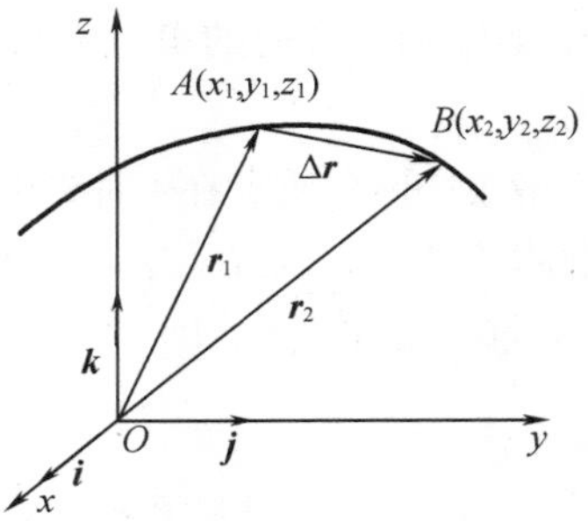

图 1.4 位移矢量

以位矢起点 $O$ 为原点，建立直角坐标系 $Oxyz$，则有

$$\boldsymbol{r}_1=x_1\boldsymbol{i}+y_1\boldsymbol{j}+z_1\boldsymbol{k}$$

$$\boldsymbol{r}_2=x_2\boldsymbol{i}+y_2\boldsymbol{j}+z_2\boldsymbol{k}$$

$\Delta t$ 时间内质点的位移为

$$\Delta\boldsymbol{r}=(x_2-x_1)\boldsymbol{i}+(y_2-y_1)\boldsymbol{j}+(z_2-z_1)\boldsymbol{k}$$

令 $\Delta x$、$\Delta y$、$\Delta z$ 分别表示 $\Delta\boldsymbol{r}$ 沿坐标轴 $x$、$y$、$z$ 的投影，则有

$$\Delta\boldsymbol{r}=\Delta x\boldsymbol{i}+\Delta y\boldsymbol{j}+\Delta z\boldsymbol{k} \tag{1.6}$$

显然

$$\Delta x=x_2-x_1, \Delta y=y_2-y_1, \Delta z=z_2-z_1$$

则位移的大小和方向可以表示为

$$|\Delta\boldsymbol{r}|=\sqrt{\Delta x^2+\Delta y^2+\Delta z^2}=\sqrt{(x_2-x_1)^2+(y_2-y_1)^2+(z_2-z_1)^2}$$

$$\cos\alpha=\frac{\Delta x}{|\Delta\boldsymbol{r}|}, \cos\beta=\frac{\Delta y}{|\Delta\boldsymbol{r}|}, \cos\gamma=\frac{\Delta z}{|\Delta\boldsymbol{r}|}$$

式中，$\alpha$ 是位移与 $x$ 轴的夹角；$\beta$ 是位移与 $y$ 轴的夹角；$\gamma$ 是位移与 $z$ 轴的夹角。

$\Delta \boldsymbol{r}$ 不能简写为 $\Delta r$，因为 $\Delta \boldsymbol{r} = \boldsymbol{r}(t+\Delta t) - \boldsymbol{r}(t)$，它是位矢在 $t$ 到 $t+\Delta t$ 这一段时间内的增量，而 $\Delta r$ 是位矢的大小在这段时间内的增量。一般情况下，$|\Delta \boldsymbol{r}| \neq \Delta r$。

位移与路程不同，位移是矢量，是一段有方向的线段。一般情况下，这一线段并不表示质点运动的实际轨迹；路程可以是直线，也可以是曲线，它代表了质点运动的实际轨迹，如图 1.4 中从 $A$ 到 $B$ 的曲线段，常用 $\Delta s$ 表示。位移是矢量，路程是标量，因而位移的大小与路程一般不等，如质点沿圆周绕行一圈回到起点，相应的位移等于零，而路程等于圆的周长。

### 1.2.3 速度

质点的位置随着时间变化产生了位移，而位移一般也是随时间变化的，那么位移 $\Delta \boldsymbol{r}$ 和产生这段位移所用的时间 $\Delta t$ 之间有怎样的关系呢？$\dfrac{\Delta \boldsymbol{r}}{\Delta t}$是一个怎样的物理量呢？

1. 平均速度

从物理意义上来看，$\dfrac{\Delta \boldsymbol{r}}{\Delta t}$描述的是质点位置变化的快慢和位置变化的方向，由于它对应的是时间间隔，而不是某一时刻或位置，所以我们称其为在 $\Delta t$ 时间内的平均速度，用 $\bar{\boldsymbol{v}}$ 表示，即

$$\bar{\boldsymbol{v}} = \frac{\boldsymbol{r}(t+\Delta t) - \boldsymbol{r}(t)}{\Delta t} = \frac{\Delta \boldsymbol{r}}{\Delta t} \tag{1.7}$$

平均速度是矢量，其方向与位移 $\Delta \boldsymbol{r}$ 的方向相同（图 1.4）。它表示在 $\Delta t$ 时间内位矢 $\boldsymbol{r}(t)$ 随时间的平均变化率。

2. 瞬时速度

当 $\Delta t$ 趋于零时，式(1.7)的极限，即质点位矢对时间的变化率，叫作质点在时刻 $t$ 的**瞬时速度**，简称速度，用 $\boldsymbol{v}$ 表示，即

$$\boldsymbol{v} = \lim_{\Delta t \to 0} \frac{\Delta \boldsymbol{r}}{\Delta t} = \frac{\mathrm{d}\boldsymbol{r}}{\mathrm{d}t} \tag{1.8}$$

速度的方向，就是 $\Delta t \to 0$ 时，$\Delta \boldsymbol{r}$ 的方向（图 1.4）。当 $\Delta t \to 0$ 时，$A \to B$，$\Delta \boldsymbol{r}$ 的方向最后将与质点运动轨迹在 $B$ 点的切线一致。因此，质点在时刻 $t$ 的速度方向就是沿着该时刻质点所在处运动轨迹的切线指向运动的前方。质点在做曲线运动时，速度方向为沿轨迹的切线方向，这在日常生活中经常可见，如转动雨伞时，水滴沿切线方向离开雨伞等。

速度的大小叫作**速率**，用 $v$ 表示，则有

$$v = |\boldsymbol{v}| = \left|\frac{\mathrm{d}\boldsymbol{r}}{\mathrm{d}t}\right| = \lim_{\Delta t \to 0} \frac{|\Delta \boldsymbol{r}|}{\Delta t} \tag{1.9}$$

用 $\Delta s$ 表示在 $\Delta t$ 时间内质点沿轨迹所经过的路程。当 $\Delta t \to 0$ 时，$|\Delta \boldsymbol{r}|$和 $\Delta s$ 趋于相同，因此可以得到

$$v = |\boldsymbol{v}| = \lim_{\Delta t \to 0} \frac{|\Delta \boldsymbol{r}|}{\Delta t} = \lim_{\Delta t \to 0} \frac{\Delta s}{\Delta t} = \frac{\mathrm{d}s}{\mathrm{d}t} \tag{1.10}$$

这就是说，速率的大小又等于质点所经过的路程对时间的变化率。

设时刻 $t$ 质点在 $P$ 点，位矢为 $\boldsymbol{r}$，速度为 $\boldsymbol{v}$，加速度为 $\boldsymbol{a}$，如图 1.5 所示。用 $x$、$y$、$z$ 分别表示位矢 $\boldsymbol{r}$ 沿坐标轴 $x$、$y$、$z$ 的投影，则有

$$\boldsymbol{r} = x\boldsymbol{i} + y\boldsymbol{j} + z\boldsymbol{k}$$

根据速度的定义，有

$$\boldsymbol{v} = \frac{\mathrm{d}\boldsymbol{r}}{\mathrm{d}t} = \frac{\mathrm{d}}{\mathrm{d}t}(x\boldsymbol{i} + y\boldsymbol{j} + z\boldsymbol{k})$$

考虑到所选取的是固定坐标系，单位矢量 $\boldsymbol{i}$，$\boldsymbol{j}$，$\boldsymbol{k}$ 的大小和方向都不随时间变化，故有

$$\boldsymbol{v} = \frac{\mathrm{d}x}{\mathrm{d}t}\boldsymbol{i} + \frac{\mathrm{d}y}{\mathrm{d}t}\boldsymbol{j} + \frac{\mathrm{d}z}{\mathrm{d}t}\boldsymbol{k} \tag{1.11}$$

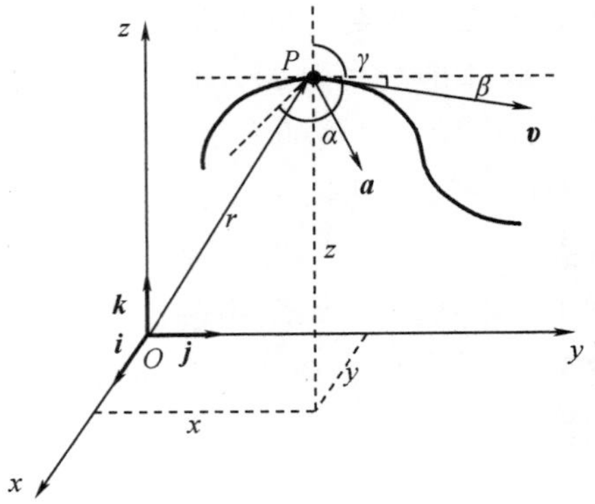


**图 1.5　质点在时刻 $t$ 的矢量**

用 $v_x$、$v_y$、$v_z$ 分别表示速度 $\boldsymbol{v}$ 沿坐标轴 $x$、$y$、$z$ 的投影，则有

$$\boldsymbol{v} = v_x\boldsymbol{i} + v_y\boldsymbol{j} + v_z\boldsymbol{k} \tag{1.12}$$

比较式(1.11)和式(1.12)，可得

$$v_x = \frac{\mathrm{d}x}{\mathrm{d}t},\ v_y = \frac{\mathrm{d}y}{\mathrm{d}t},\ v_z = \frac{\mathrm{d}z}{\mathrm{d}t} \tag{1.13}$$

即速度沿直角坐标系中某一坐标轴的投影，等于质点对应该轴的坐标对时间的一阶导数。速度的大小可表示为

$$|\boldsymbol{v}| = \sqrt{v_x^2 + v_y^2 + v_z^2} = \sqrt{\left(\frac{\mathrm{d}x}{\mathrm{d}t}\right)^2 + \left(\frac{\mathrm{d}y}{\mathrm{d}t}\right)^2 + \left(\frac{\mathrm{d}z}{\mathrm{d}t}\right)^2} \tag{1.14}$$

令 $\alpha$、$\beta$、$\gamma$ 分别表示速度 $\boldsymbol{v}$ 与 $x$、$y$、$z$ 三个坐标轴的夹角，则速度的方向余弦由式(1.15)决定：

$$\cos\alpha = \frac{v_x}{|\boldsymbol{v}|},\cos\beta = \frac{v_y}{|\boldsymbol{v}|},\cos\gamma = \frac{v_z}{|\boldsymbol{v}|} \tag{1.15}$$

如果已知用直角坐标表示的质点运动学方程 $x = f_1(t)$，$y = f_2(t)$，$z = f_3(t)$，就可以求出质点在任意时刻 $t$ 的速度大小和方向。

根据位移的大小 $|\Delta\boldsymbol{r}|$ 与 $\Delta r$ 的区别可以知道，一般地，$v = \left|\frac{\mathrm{d}\boldsymbol{r}}{\mathrm{d}t}\right| \neq \frac{\mathrm{d}r}{\mathrm{d}t}$。

### 1.2.4　加速度

当质点的运动速度随时间改变时，常常要搞清速度的变化情况，速度的变化情况常以另一个物理量——加速度来表示。加速度的定义方法与速度类似，先定义平均加速度，再用极限方法定义瞬时加速度。

1. 平均加速度

设质点在 $t$ 时刻的速度为 $\boldsymbol{v}(t)$，在 $t+\Delta t$ 时刻的速度为 $\boldsymbol{v}(t+\Delta t)$，则 $\Delta t$ 时间内速度的增量 $\Delta\boldsymbol{v} = \boldsymbol{v}(t) - \boldsymbol{v}(t+\Delta t)$，我们将速度增量 $\Delta\boldsymbol{v}$ 与产生这一增量经历的时间间隔 $\Delta t$ 的比值称为质点在这段时间内的**平均加速度**。用 $\bar{\boldsymbol{a}}$ 表示，即 $\bar{\boldsymbol{a}} = \frac{\Delta\boldsymbol{v}}{\Delta t}$。显然，平均加速度是矢量，其大小 $|\bar{\boldsymbol{a}}| = \left|\frac{\Delta\boldsymbol{v}}{\Delta t}\right|$，其方向与速度增量 $\Delta\boldsymbol{v}$ 的方向相同。

2. 瞬时加速度

为了精确描述质点在某一瞬时速度变化的情况，我们引入瞬时加速度的概念。定义在 $\Delta t$ 趋近于零时，平均加速度矢量的极限为**瞬时加速度**，简称加速度，用 $\boldsymbol{a}$ 表示，即

$$\boldsymbol{a}=\lim_{\Delta t\to 0}\frac{\Delta \boldsymbol{v}}{\Delta t}=\frac{\mathrm{d}\boldsymbol{v}}{\mathrm{d}t}=\frac{\mathrm{d}^2\boldsymbol{r}}{\mathrm{d}t^2} \tag{1.16}$$

显然，瞬时加速度等于速度对时间的一阶导数，也等于位矢对时间的二阶导数。因此只要知道了速度 $\boldsymbol{v}(t)$ 或位矢 $\boldsymbol{r}(t)$ 就可以求出加速度。

瞬时加速度是矢量，它的大小 $|\boldsymbol{a}|=\frac{|\mathrm{d}\boldsymbol{v}|}{\mathrm{d}t}$，其方向与 $\Delta\boldsymbol{v}$ 的极限方向相同，如图 1.6 所示。一般 $\Delta\boldsymbol{v}$ 的方向和它的极限方向并不在速度 $\boldsymbol{v}$ 的方向上，因而瞬时加速度的方向一般与该时刻的速度方向并不一致。由于 $\Delta\boldsymbol{v}$ 的极限方向总是指向轨迹曲线凹侧，所以曲线运动中加速度方向总是指向运动轨迹凹侧。在一维运动情况下，$\boldsymbol{a}$ 与 $\boldsymbol{v}$ 的方向在同一直线上。

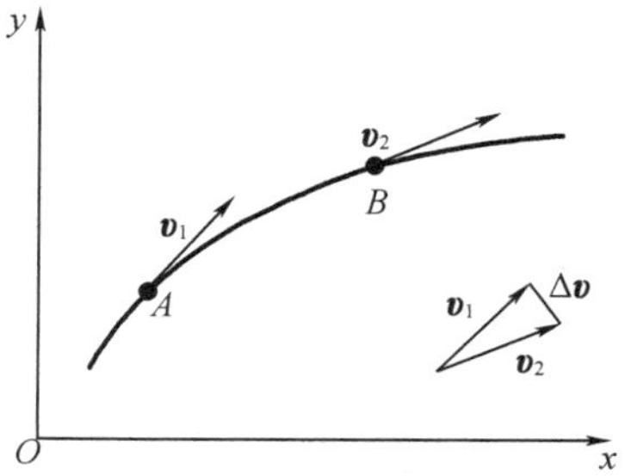


**图 1.6 瞬时加速度**

在直角坐标系中，加速度的矢量表达式为

$$\begin{aligned}\boldsymbol{a}&=\frac{\mathrm{d}\boldsymbol{v}}{\mathrm{d}t}\\&=\frac{\mathrm{d}v_x}{\mathrm{d}t}\boldsymbol{i}+\frac{\mathrm{d}v_y}{\mathrm{d}t}\boldsymbol{j}+\frac{\mathrm{d}v_z}{\mathrm{d}t}\boldsymbol{k}\\&=a_x\boldsymbol{i}+a_y\boldsymbol{j}+a_z\boldsymbol{k}\end{aligned} \tag{1.17}$$

式中

$$a_x=\frac{\mathrm{d}v_x}{\mathrm{d}t}=\frac{\mathrm{d}^2x}{\mathrm{d}t^2}$$

$$a_y=\frac{\mathrm{d}v_y}{\mathrm{d}t}=\frac{\mathrm{d}^2y}{\mathrm{d}t^2}$$

$$a_z=\frac{\mathrm{d}v_z}{\mathrm{d}t}=\frac{\mathrm{d}^2z}{\mathrm{d}t^2}$$

加速度矢量在某一坐标轴上的分量等于速度沿同一坐标轴分量对时间的一阶导数，或等于质点对应该坐标轴的位置坐标对时间的二阶导数。加速度的大小和方向余弦可表示为

$$a=|\boldsymbol{a}|=\sqrt{a_x^2+a_y^2+a_z^2}$$

$$\cos\alpha=\frac{a_x}{|\boldsymbol{a}|},\cos\beta=\frac{a_y}{|\boldsymbol{a}|},\cos\gamma=\frac{a_z}{|\boldsymbol{a}|}$$

在一维运动的情况下，加速度 $\boldsymbol{a}=a_x\boldsymbol{i}=\frac{\mathrm{d}v_x}{\mathrm{d}t}\boldsymbol{i}=\frac{\mathrm{d}^2x}{\mathrm{d}t^2}\boldsymbol{i}$，其方向可用正号或负号来表示：正号表示其方向沿 $x$ 轴正向；负号表示其方向沿 $x$ 轴负向。应该注意，$\boldsymbol{a}$ 取负号时，质点不一定做减速运动。质点做加速运动还是减速运动并不是由 $\boldsymbol{a}$ 的符号确定的，而是由 $\boldsymbol{a}$ 与 $\boldsymbol{v}$ 的符号（正或负）相同或相反来确定的。$\boldsymbol{v}$ 与 $\boldsymbol{a}$ 同号，质点做加速运动；$\boldsymbol{v}$ 与 $\boldsymbol{a}$ 异号，质点做减速

运动。对此，我们只要联系自由落体和上抛运动的实例是不难理解的。

在定义速度和加速度时，都用到了求极限的方法，这种方法在物理学中经常用到。求极限是人类对物质运动做定量描述时在准确程度上的一次重大飞跃。实际上，极限概念是牛顿在17世纪对物体的运动做定量研究时提出的，可见微积分的创立是与对物体运动的定量研究分不开的。微积分是数学的一个重要分支，也是研究物理学不可缺少的重要工具。

## 1.3 质点运动学的两类问题

质点运动学中比较常见的需要求解的基本问题，大致可分为两类。

### 1.3.1 第一类问题

已知质点的运动学方程，求某一时刻质点的位矢、速度、加速度，某一段时间内的位移或轨迹方程，其中主要是求速度和加速度。这些称为第一类问题。求解这类问题的基本方法是：将运动学方程 $\boldsymbol{r}=\boldsymbol{r}(t)$ 对时间求一阶导数，即 $\frac{\mathrm{d}\boldsymbol{r}}{\mathrm{d}t}=\boldsymbol{v}$，可求得速度；对时间求二阶导数，即 $\frac{\mathrm{d}^2\boldsymbol{r}}{\mathrm{d}t^2}=\frac{\mathrm{d}\boldsymbol{v}}{\mathrm{d}t}=\boldsymbol{a}$，可求得加速度。

**例 1.2** 设小木块在斜面顶端 $O$ 点，由静止状态开始下滑，取沿斜面向下为 $Ox$ 轴，小木块沿着斜面上 $Ox$ 方向做变速直线运动，其运动学方程为 $x=4t^2$，式中物理量依照国际单位制(SI)要求。求小木块的 $v=v(t)$ 和 $a=a(t)$。

**解** 已知小木块(质点)的运动学方程为

$$x=4t^2$$

速度为

$$v=\frac{\mathrm{d}x}{\mathrm{d}t}=\frac{\mathrm{d}(4t^2)}{\mathrm{d}t}=8t$$

加速度为

$$a=\frac{\mathrm{d}v}{\mathrm{d}t}=\frac{\mathrm{d}(8t)}{\mathrm{d}t}=8\ \mathrm{m\cdot s^{-2}}$$

这里得到加速度 $a=8\ \mathrm{m\cdot s^{-2}}$，为正值，表明其方向沿 $Ox$ 轴正方向，且为一常量，说明小木块在斜面上下滑时做匀加速直线运动。

**例 1.3** 在 $xy$ 平面内运动的质点，其运动学方程为

$$\boldsymbol{r}=[2t\boldsymbol{i}+(19-2t^2)\boldsymbol{j}]\ \mathrm{m}$$

(1)写出该质点的轨迹方程；

(2)求 $t=1$ s 时和 $t=2$ s 时质点的位矢，并求出质点在这一秒内的平均速度；

(3)计算该质点在 3 s 时的速度和加速度。

**解** (1)轨迹方程由运动学方程中消去 $t$ 而得。已知运动学方程为

$$\boldsymbol{r}=[2t\boldsymbol{i}+(19-2t^2)\boldsymbol{j}]\ \mathrm{m}$$

与 $\boldsymbol{r}=x\boldsymbol{i}+y\boldsymbol{j}$ 比较,可得运动学方程的分量式(即轨迹的参数方程)为

$$x=2t\ \text{m}, y=(19-2t^2)\ \text{m} \tag{1}$$

将参数 $t$ 消去可得质点运动的轨迹方程,即将 $x=2t$ 写成 $t=\dfrac{x}{2}$ 并代入式(1),有

$$y=19-2t^2=19-2\times\left(\frac{x}{2}\right)^2=19-\frac{1}{2}x^2$$

(2)运动学方程是表示任一时刻质点位矢的运动函数式。在此方程中代入某时刻 $t$ 的值,便可得这一时刻的位矢。

设 $t=1\ \text{s}=t_1, x=x_1, y=y_1; t=2\ \text{s}=t_2, x=x_2, y=y_2$。当 $t_1=1$ s 时,其位矢为

$$\boldsymbol{r}_1=x_1\boldsymbol{i}+y_1\boldsymbol{j}=[2t_1\boldsymbol{i}+(19-2t_1^2)\boldsymbol{j}]\ \text{m}=(2\boldsymbol{i}+17\boldsymbol{j})\ \text{m}$$

位矢大小为

$$r_1=|\boldsymbol{r}_1|=\sqrt{x_1^2+y_1^2}=\sqrt{2^2+17^2}\ \text{m}\approx 17.1\ \text{m}$$

位矢方向用 $\boldsymbol{r}_1$ 与 $x$ 轴正方向的夹角 $\alpha_{r_1}$ 表示:

$$\alpha_{r_1}=\arctan\frac{y_1}{x_1}=\arctan\frac{17}{2}\approx 83.3°$$

当 $t_2=2$ s 时,其位矢为

$$\boldsymbol{r}_2=x_2\boldsymbol{i}+y_2\boldsymbol{j}=[2t_2\boldsymbol{i}+(19-2t_2^2)\boldsymbol{j}]\ \text{m}=(4\boldsymbol{i}+11\boldsymbol{j})\ \text{m}$$

位矢大小为

$$r_2=|\boldsymbol{r}_2|=\sqrt{x_2^2+y_2^2}=\sqrt{4^2+11^2}\ \text{m}\approx 11.7\ \text{m}$$

位矢方向用 $\boldsymbol{r}_2$ 与 $x$ 轴正方向的夹角 $\alpha_{r_2}$ 表示:

$$\alpha_{r_2}=\arctan\frac{y_2}{x_2}=\arctan\frac{11}{4}\approx 70.0°$$

“求质点在这一秒内的平均速度”就是求质点在 $t_1=1$ s 到 $t_2=2$ s 这一秒内的平均速度。因为

$$\Delta t=t_2-t_1=(2-1)\ \text{s}=1\ \text{s}$$

$$\Delta x=x_2-x_1=(4-2)\ \text{m}=2\ \text{m}$$

$$\Delta y=y_2-y_1=(11-17)\ \text{m}=-6\ \text{m}$$

所以平均速度为

$$|\bar{\boldsymbol{v}}|=\frac{\Delta\boldsymbol{r}}{\Delta t}=\frac{\Delta x}{\Delta t}\boldsymbol{i}+\frac{\Delta y}{\Delta t}\boldsymbol{j}=(2\boldsymbol{i}-6\boldsymbol{j})\ \text{m}\cdot\text{s}^{-1}$$

其大小为

$$\bar{v}=\sqrt{\left(\frac{\Delta x}{\Delta t}\right)^2+\left(\frac{\Delta y}{\Delta t}\right)^2}\approx 6.32\ \text{m}\cdot\text{s}^{-1}$$

其方向为

$$\alpha=\arctan\frac{\dfrac{\Delta y}{\Delta t}}{\dfrac{\Delta x}{\Delta t}}\approx -71.6°$$

(3) 已知 $\boldsymbol{r}=x\boldsymbol{i}+y\boldsymbol{j}=[2t\boldsymbol{i}+(19-2t^2)\boldsymbol{j}]$ m，则

$$\boldsymbol{v}=\frac{\mathrm{d}\boldsymbol{r}}{\mathrm{d}t}=\frac{\mathrm{d}}{\mathrm{d}t}[2t\boldsymbol{i}+(19-2t^2)\boldsymbol{j}]=(2\boldsymbol{i}-4t\boldsymbol{j})\ \mathrm{m\cdot s^{-1}}$$

$$\boldsymbol{a}=\frac{\mathrm{d}\boldsymbol{v}}{\mathrm{d}t}=\frac{\mathrm{d}}{\mathrm{d}t}(2\boldsymbol{i}-4t\boldsymbol{j})=-4\boldsymbol{j}\ \mathrm{m\cdot s^{-2}}$$

在 $t=3$ s 时，其速度为

$$\boldsymbol{v}_3=[2\boldsymbol{i}-(4\times3)\boldsymbol{j}]\ \mathrm{m\cdot s^{-1}}=(2\boldsymbol{i}-12\boldsymbol{j})\ \mathrm{m\cdot s^{-1}}$$

速度大小为

$$v_3=\sqrt{v_x^2+v_y^2}=\sqrt{2^2+(-12)^2}\ \mathrm{m\cdot s^{-1}}\approx12.2\ \mathrm{m\cdot s^{-1}}$$

速度方向为

$$\alpha_{v_3}=\arctan\frac{v_y}{v_x}\approx-80.5°$$

在 $t=3$ s 时，其加速度为

$$\boldsymbol{a}_3=-4\boldsymbol{j}\ \mathrm{m\cdot s^{-2}}$$

加速度大小为

$$a_3=\sqrt{a_x^2+a_y^2}=\sqrt{0^2+(-4)^2}\ \mathrm{m\cdot s^{-2}}=4\ \mathrm{m\cdot s^{-2}}$$

加速度方向为

$$\alpha_{a_3}=\arctan\frac{a_y}{a_x}=-90°$$

### 1.3.2 第二类问题

已知质点的加速度（或速度）和其初始条件（即 $t=0$ 时，质点的 $\boldsymbol{r}_0$、$\boldsymbol{v}_0$、$\boldsymbol{a}_0$），求质点的速度、运动学方程，某一时刻的速度、位矢或轨迹方程等，但主要是求速度和运动学方程。这些称为第二类问题。求解这类问题的基本方法是：按有关物理量的定义式写出该物理量的微分方程；用分离变量法，运用初始条件并积分，可求得相应的物理量（对有关变量的函数关系）。

**例 1.4** 质点在一维空间（即 $x$ 轴上）运动。设 $t=0$ 时，质点的位置坐标为 $x_0$，相应的速度大小为 $v_0$。加速度随时间的变化关系为 $a=Ct^2$，其中 $C$ 为正的常量。

(1) 求质点在 $t$ 时刻的速度大小随时间变化的函数关系式 $v(t)$。

(2) 求质点的运动学方程 $x(t)$。

**解** (1) 已知初始条件，$t=0$ 时，$v=v_0$，又知 $a=Ct^2$，有

$$a=\frac{\mathrm{d}v}{\mathrm{d}t}=Ct^2$$

分离变量，即

$$\mathrm{d}v=Ct^2\mathrm{d}t$$

运用初始条件并积分：

$$\int_{v_0}^{v}\mathrm{d}v=\int_0^t Ct^2\mathrm{d}t=C\int_0^t t^2\mathrm{d}t$$

得 $v-v_0=\frac{C}{3}t^3$，故速度大小（速率）对时间的函数关系式为

$$v=\frac{C}{3}t^3+v_0$$

（2）已知初始条件，$t=0$ 时，$x=x_0$，又知 $v=\frac{\mathrm{d}x}{\mathrm{d}t}$，故有

$$\frac{\mathrm{d}x}{\mathrm{d}t}=v_0+\frac{C}{3}t^3$$

分离变量，即

$$\mathrm{d}x=\left(v_0+\frac{C}{3}t^3\right)\mathrm{d}t$$

等式两边积分并运用初始条件，得

$$\int_0^x\mathrm{d}x=\int_0^t\left(v_0+\frac{C}{3}t^3\right)\mathrm{d}t$$

得质点的运动学方程为

$$x=x_0+v_0\int_0^t\mathrm{d}t+\frac{C}{3}\int_0^t t^3\,\mathrm{d}t=x_0+v_0t+\frac{C}{12}t^4$$

**例 1.5**　潜水艇自静止开始以加速度 $a=A\beta\mathrm{e}^{-\beta t}$ 垂直下沉，其中 $A$ 与 $\beta$ 皆为常量。求潜水艇在任一时刻 $t$ 的速度和运动学方程。

**解**　以潜水艇开始下沉处为坐标原点 $O$，作垂直向下的坐标轴 $Ox$，如图 1.7 所示。此潜水艇的运动为一维运动，其加速度大小的定义式为$a=\frac{\mathrm{d}v}{\mathrm{d}t}$。分离变量有

$$\mathrm{d}v=a\mathrm{d}t \tag{1}$$

"开始下沉"，可将此时刻作为计时零点。按题意，当 $t=0$ 时，$x=0$，$v=0$，这就是潜水艇运动的位置和速度的初始条件。

将 $a=A\beta\mathrm{e}^{-\beta t}$ 代入式（1）并积分，得

$$\int_0^t\mathrm{d}v=\int_0^t A\beta\mathrm{e}^{-\beta t}\mathrm{d}t$$

式中 $A$ 与 $\beta$ 是常量，则积分运算得到质点速度对时间的函数式（即潜水艇在任一时刻 $t$ 的速度）为

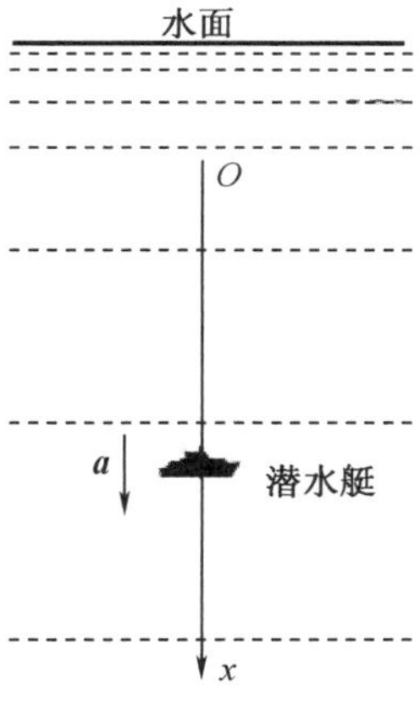


**图 1.7　例 1.5 图**

$$v=A(1-\mathrm{e}^{-\beta t}) \tag{2}$$

将式（2）代入一维运动的速度大小的定义式 $v=\frac{\mathrm{d}x}{\mathrm{d}t}$中，有

$$\frac{\mathrm{d}x}{\mathrm{d}t}=A(1-\mathrm{e}^{-\beta t}) \tag{3}$$

分离变量，式（3）写成

$$\mathrm{d}x=A(1-\mathrm{e}^{-\beta t})\mathrm{d}t \tag{4}$$

根据前文所述的初始条件确定相应的积分上、下限，对式（4）等号两边积分，即

$$\int_0^t dx = \int_0^t A(1-e^{-\beta t})dt$$

式中 $A$ 与 $\beta$ 是常量，则积分运算得到质点坐标对时间的函数式（即潜水艇在任一时刻 $t$ 的坐标表达式——运动学方程）为

$$x=\frac{A}{\beta}(e^{-\beta t}-1)+At$$

运动学的两类问题可简单地表述如下。

第一类问题是已知运动学方程 $\boldsymbol{r}=\boldsymbol{r}(t)$，求速度 $\boldsymbol{v}=\boldsymbol{v}(t)$，加速度 $\boldsymbol{a}=\boldsymbol{a}(t)$，求解时需要用到数学工具进行求导（微分运算），或者利用物理公式

$$\boldsymbol{v}=\frac{d\boldsymbol{r}}{dt}$$

和

$$\boldsymbol{a}=\frac{d\boldsymbol{v}}{dt}$$

第二类问题是已知加速度 $\boldsymbol{a}=\boldsymbol{a}(t)$ 与初始条件 $t=0$ 时，质点的 $\boldsymbol{r}_0$，$\boldsymbol{v}_0$，$\boldsymbol{a}_0$，求速度 $\boldsymbol{v}=\boldsymbol{v}(t)$、运动学方程 $\boldsymbol{r}=\boldsymbol{r}(t)$，求解时需要用到数学工具进行积分，或者利用物理公式

$$\boldsymbol{v}=\boldsymbol{v}_0+\int_{t_0}^{t}\boldsymbol{a}dt \tag{1.18}$$

和

$$\boldsymbol{r}=\boldsymbol{r}_0+\int_{t_0}^{t}\boldsymbol{v}dt \tag{1.19}$$

## 1.4 圆周运动

昆虫（如蜜蜂）在空中飞舞时，通常是曲线飞行，即做曲线运动。质点的曲线运动比较多样、复杂。本节仅研究质点在一平面上所做的一种简单而常见的基本曲线运动——圆周运动。

### 1.4.1 线量描述

以地心为坐标原点建立一个坐标系。地球上所有能视为质点的物体（包括生物）中，尽管有的可以保持原地不动，然而，这些物体都随地球绕自转轴转动着，运动轨迹为圆。正所谓“坐地日行八万里”，也就是说，人坐着不动，一日之中便可运转“八万里”的路程（约等于地表赤道附近纬线的一周长度）。质点的运动轨迹在某一坐标系为圆的运动，称为**圆周运动**。圆周运动是二维运动，它是一种常见的平面曲线运动，也是研究物体转动的基础。例如，机器上的轮子转动时，除轮轴以外，轮上各点都绕轮轴在做半径不同的圆周运动。在圆周运动中，位矢 $\boldsymbol{r}$、路程 $\Delta s$、位移 $\Delta\boldsymbol{r}$、速度 $\boldsymbol{v}$、加速度 $\boldsymbol{a}$ 等，统称为**线量**。

1. 速度

设质点沿曲线轨迹 $LM$ 运动,如图 1.8 所示。时刻 $t$,质点在 $P$ 点,自然坐标为 $s$;时刻 $t+\Delta t$,质点在 $Q$ 点,自然坐标为 $s+\Delta s$。$\Delta s$ 是质点在时间间隔 $\Delta t$ 内沿轨迹的自然坐标的增量,同一时间内质点的位移 $\Delta \boldsymbol{r} = PQ$。根据速度的一般定义,可将质点的速度 $\boldsymbol{v}$ 表示为

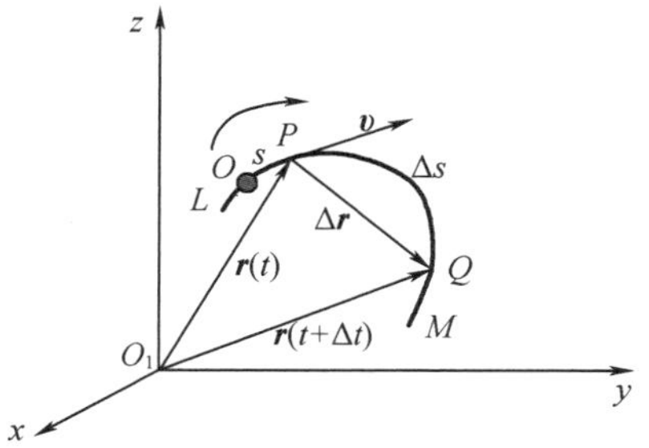

图 1.8 质点沿曲线运动的轨迹

$$\begin{aligned}\boldsymbol{v} &= \lim_{\Delta t \to 0}\frac{\Delta \boldsymbol{r}}{\Delta t} = \lim_{\substack{\Delta t \to 0 \\ \Delta s \to 0}}\left(\frac{\Delta \boldsymbol{r}}{\Delta s}\frac{\Delta s}{\Delta t}\right) \\ &= \left(\lim_{\Delta s \to 0}\frac{\Delta \boldsymbol{r}}{\Delta s}\right)\left(\lim_{\Delta t \to 0}\frac{\Delta s}{\Delta t}\right) \\ &= \left(\lim_{\Delta s \to 0}\frac{\Delta \boldsymbol{r}}{\Delta s}\right)\cdot\frac{\mathrm{d}s}{\mathrm{d}t}\end{aligned} \tag{1.20}$$

因为在 $\Delta t \to 0$ 时,$Q$ 点趋近于 $P$ 点,此时 $|\Delta s| \to |\Delta \boldsymbol{r}|$,式(1.20)等号右边第一部分的绝对值为

$$\lim_{\Delta t \to 0}\left|\frac{\Delta \boldsymbol{r}}{\Delta s}\right| = 1$$

当 $\Delta s \to 0$ 时,$\Delta \boldsymbol{r}$ 的方向(即 $PQ$ 的方向)将趋近于 $P$ 点处轨迹的切线方向,若以 $\boldsymbol{\tau}$ 表示该处切线正方向的单位矢量(指向自然坐标 $s$ 的正向),则式(1.20)等号右边第一部分可写为

$$\lim_{\Delta s \to 0}\frac{\Delta \boldsymbol{r}}{\Delta s} = \boldsymbol{\tau}$$

应该注意,$\Delta s$ 本身也有正负,从而可得

$$\boldsymbol{v} = \frac{\mathrm{d}s}{\mathrm{d}t}\boldsymbol{\tau} \tag{1.21}$$

由式(1.21)可知,运动质点速度的大小由轨迹上自然坐标 $s$ 对时间的一阶导数决定,方向沿着质点所在处轨迹的切线,速度的方向则由 $\frac{\mathrm{d}s}{\mathrm{d}t}$ 的正负号决定。当 $\frac{\mathrm{d}s}{\mathrm{d}t}$ 为正时,速度指向为切线的正方向;当 $\frac{\mathrm{d}s}{\mathrm{d}t}$ 为负时,速度指向为切线的负方向。$v = \frac{\mathrm{d}s}{\mathrm{d}t}$ 是速度矢量沿切线方向的投影,是一个代数量。显然这一结果与前面所得到的结果一致。

只要已知用自然坐标表示的质点运动学方程 $s=f(t)$,就很容易求出质点在任一时刻 $t$ 的速度 $\boldsymbol{v}$ 的大小和方向。

2. 加速度

质点做圆周运动时,如果在任意相等的时间间隔内沿着圆弧走过的弧长都相等,即它的速率保持不变,这种运动称为**匀速(率)圆周运动**,如图 1.9 所示。

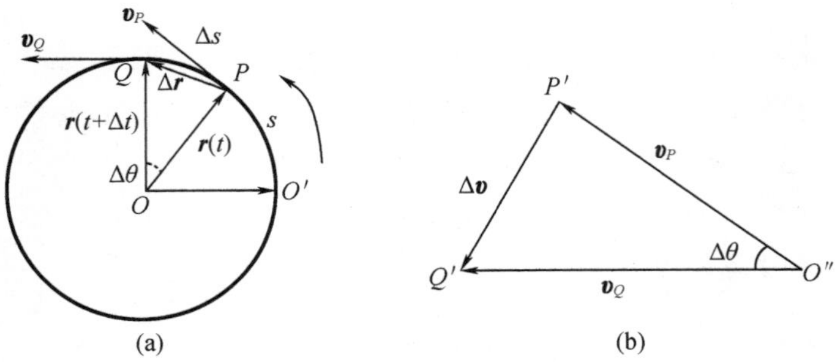


**图 1.9　质点做匀速圆周运动**

如果质点以 $O$ 点为圆心做半径为 $r$ 的匀速圆周运动，在时刻 $t$ 位于 $P$ 点，离定点 $O'$ 的自然坐标为 $s$，速度为 $\boldsymbol{v}_P$；在时刻 $t+\Delta t$ 位于 $Q$ 点，离定点 $O'$ 的自然坐标为 $s+\Delta s$，速度为 $\boldsymbol{v}_Q$，如图 1.9(a) 所示。在匀速圆周运动中，速度的大小在各处都相等，即 $|\boldsymbol{v}_P|=|\boldsymbol{v}_Q|=v$，但速度的方向一般在各处并不相同。为求速度增量 $\Delta\boldsymbol{v}$，用 $\boldsymbol{v}_P$、$\boldsymbol{v}_Q$ 作速度三角形 $O''P'Q'$，如图 1.9(b) 所示。

可以看出，在时间间隔 $\Delta t$ 内，速度增量为

$$\Delta\boldsymbol{v}=\boldsymbol{v}_Q-\boldsymbol{v}_P$$

按照加速度的一般定义，应有

$$\boldsymbol{a}=\lim_{\Delta t\to 0}\frac{\Delta\boldsymbol{v}}{\Delta t}$$

现在分别研究做匀速圆周运动的质点的加速度 $\boldsymbol{a}$ 的大小和方向。

先讨论加速度的大小。因为等腰三角形 $OPQ$ 与 $O''P'Q'$ 相似，故有

$$\frac{|\Delta\boldsymbol{v}|}{v}=\frac{|\Delta\boldsymbol{r}|}{r}\tag{1.22}$$

$|\Delta\boldsymbol{r}|$ 为质点在 $\Delta t$ 内位移的大小。显然，当 $\Delta t\to 0$ 时，$Q$ 点趋近于 $P$ 点。因而 $|\Delta\boldsymbol{r}|\to|\Delta s|$，将式(1.22)两边各除以 $\Delta t$，再加以整理，可得

$$\frac{|\Delta\boldsymbol{v}|}{\Delta t}=\frac{v}{r}\frac{|\Delta\boldsymbol{r}|}{\Delta t}$$

因而加速度 $\boldsymbol{a}$ 的大小为

$$a=|\boldsymbol{a}|=\lim_{\Delta t\to 0}\frac{|\Delta\boldsymbol{v}|}{\Delta t}=\lim_{\Delta t\to 0}\frac{v}{r}\frac{|\Delta\boldsymbol{r}|}{\Delta t}=\lim_{\Delta t\to 0}\frac{v}{r}\frac{|\Delta s|}{\Delta t}$$

即

$$a=\frac{v^2}{r}\tag{1.23}$$

至于加速度的方向，可以由速度增量 $\Delta\boldsymbol{v}$ 在 $\Delta t\to 0$ 时的极限方向来确定。从图 1.9(b) 中看出，当 $\Delta t\to 0$ 时，角度 $\Delta\theta$ 也趋近于 0，$\Delta\boldsymbol{v}$ 的极限方向垂直于 $\boldsymbol{v}_P$。因此质点位于 $P$ 点时，加速度的方向沿着轨迹曲线的法线方向，即沿着半径 $OP$ 并指向圆心。我们把这种指向圆轨迹中心的加速度称为**向心加速度**或法向加速度。

从上面的讨论可知，质点做匀速圆周运动时，加速度的大小等于 $\frac{v^2}{r}$，是一个常量；加速

度的方向永远指向圆心。向心加速度只改变速度的方向,不改变速度的大小,而且其方向在任何时刻都与该时刻的速度方向垂直。

规定:平面曲线在各点的法线正方向都指向曲线凹的一面,对于圆来说,圆上任何一点的法线的正方向总是指向圆心,如以 $\boldsymbol{n}$ 表示法线正方向的单位矢量,则匀速圆周运动中质点的加速度可以表示为

$$\boldsymbol{a}_n = \frac{v^2}{r}\boldsymbol{n} \tag{1.24}$$

在变速圆周运动中,质点在圆周上各点的速率是随时间变化的。如图 1.10(a)所示,质点在时刻 $t$ 位于 $P$ 点,速度为 $\boldsymbol{v}_P$;在时刻 $t+\Delta t$ 位于 $Q$ 点,速度为 $\boldsymbol{v}_Q$。$\boldsymbol{v}_P$ 与 $\boldsymbol{v}_Q$ 除方向不同外,大小也有所不同。在时间间隔 $\Delta t$ 内的速度增量是 $\Delta\boldsymbol{v}$,如图 1.10(b)所示。

为便于研究,在速度三角形 $O''P'Q'$ 中,作矢量 $\boldsymbol{O''E}$,使它的大小与 $\boldsymbol{v}_P$ 的大小相等,即 $|\boldsymbol{O''E}| = |\boldsymbol{v}_P|$,方向沿 $O''Q'$。连接 $P'E$,令 $\boldsymbol{P'E} = \Delta\boldsymbol{v}_n$,$EQ' = \Delta\boldsymbol{v}_\tau$这样,我们就将速度增量 $\Delta\boldsymbol{v}$ 分解为 $\Delta\boldsymbol{v}_n$ 和 $\Delta\boldsymbol{v}_\tau$两部分,即

$$\Delta\boldsymbol{v} = \Delta\boldsymbol{v}_n + \Delta\boldsymbol{v}_\tau$$

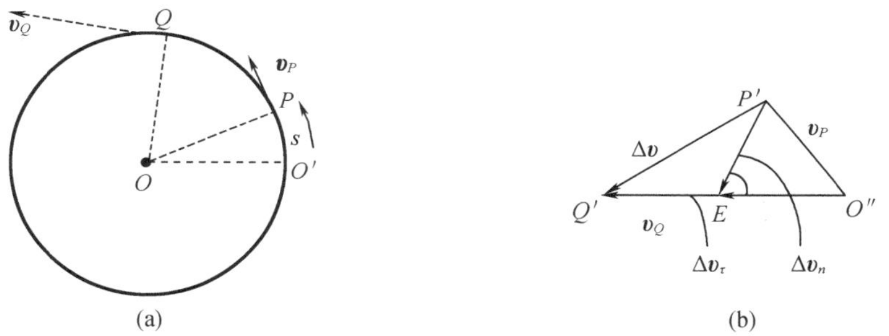


**图 1.10 变速圆周运动中质点运动情况**

将图 1.9 与图 1.10 对比可知,$\Delta\boldsymbol{v}_n$ 只反映速度方向的改变,显然 $\Delta\boldsymbol{v}_\tau$只反映速度大小的改变。根据加速度的一般定义,可得

$$\boldsymbol{a} = \lim_{\Delta t\to 0}\frac{\Delta\boldsymbol{v}}{\Delta t} = \lim_{\Delta t\to 0}\frac{\Delta\boldsymbol{v}_n}{\Delta t} + \lim_{\Delta t\to 0}\frac{\Delta\boldsymbol{v}_\tau}{\Delta t} = \boldsymbol{a}_n + \boldsymbol{a}_\tau \tag{1.25}$$

显然,$\boldsymbol{a}_n = \lim\limits_{\Delta t\to 0}\dfrac{\Delta\boldsymbol{v}_n}{\Delta t}$就是上面研究匀速圆周运动时所讨论的法向加速度,也可表示为 $a_n\boldsymbol{n}$,$a_n$ 是加速度 $\boldsymbol{a}$ 在法线方向上的投影,大小等于$\dfrac{v^2}{r}$,至于 $\boldsymbol{a}_\tau = \lim\limits_{\Delta t\to 0}\dfrac{|\Delta\boldsymbol{v}_\tau|}{\Delta t}$,它的方向应为 $\Delta t\to 0$ 时 $\Delta\boldsymbol{v}_\tau$的极限方向,也可以表示为 $a_\tau\boldsymbol{\tau}$,$a_\tau$则是加速度 $\boldsymbol{a}$ 在切线方向上的投影。

$$a_\tau = \lim_{\Delta t\to 0}\frac{|\Delta\boldsymbol{v}_\tau|}{\Delta t} = \lim_{\Delta t\to 0}\frac{\Delta v}{\Delta t} = \frac{\mathrm{d}v}{\mathrm{d}t} = \frac{\mathrm{d}^2 s}{\mathrm{d}t^2} \tag{1.26}$$

一般规定:当 $\Delta t\to 0$ 时,$\Delta\boldsymbol{v} > 0$[即图 1.10(b)中,$\overline{O''Q'} > \overline{O''P'}$的情形],质点的切向加速度指向切线的正方向;当 $\Delta t\to 0$ 时,$\Delta\boldsymbol{v} < 0$ [即图 1.10(b)中 $\overline{O''Q'} < \overline{O''P'}$的情形],质点的切向加速度指向切线的负方向。

可以看出,当 $\boldsymbol{a}_\tau$与 $\boldsymbol{v}$ 同方向时,质点的运动是加速的,速度 $\boldsymbol{v}$ 和加速度 $\boldsymbol{a}$ 之间的夹角 $\theta$ 为锐角;当 $\boldsymbol{a}_\tau$与 $\boldsymbol{v}$ 反方向时,质点的运动是减速的,速度 $\boldsymbol{v}$ 和加速度 $\boldsymbol{a}$ 之间的夹角 $\theta$ 为钝角,

如图 1.11 所示。

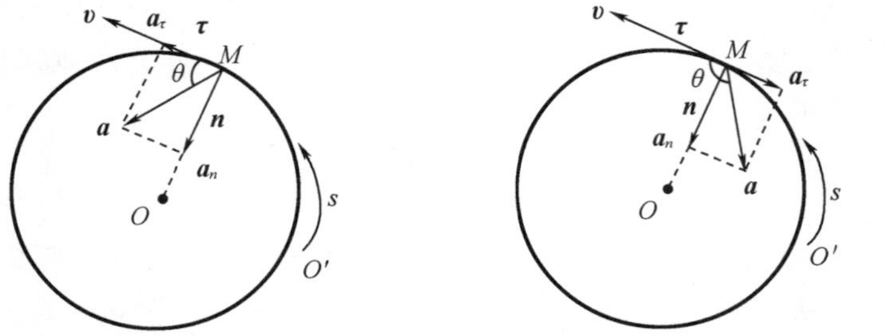


(a)加速运动　　(b)减速运动

**图 1.11　质点的加速运动与减速运动**

综合以上的讨论，质点做变速圆周运动时，加速度 $\boldsymbol{a}$ 等于切向加速度 $\boldsymbol{a}_\tau$ 和法向加速度 $\boldsymbol{a}_n$ 的矢量和，即

$$\boldsymbol{a} = a_\tau \boldsymbol{\tau} + a_n \boldsymbol{n} = \frac{\mathrm{d}v}{\mathrm{d}t}\boldsymbol{\tau} + \frac{v^2}{r}\boldsymbol{n} \tag{1.27}$$

因此，质点做变速圆周运动时，加速度的大小和方向可以分别由式（1.28a）和式（1.28b）确定：

$$|\boldsymbol{a}| = \sqrt{a_\tau^2 + a_n^2} = \sqrt{\left(\frac{\mathrm{d}v}{\mathrm{d}t}\right)^2 + \left(\frac{v^2}{r}\right)^2} \tag{1.28a}$$

$$\tan\theta = \frac{a_n}{a_\tau} \tag{1.28b}$$

式中，$\theta$ 是 $\boldsymbol{a}$ 和 $\boldsymbol{\tau}$ 之间的夹角，当质点做匀速圆周运动时，$a_\tau = 0$，$\theta = 90°$。

## 1.4.2　角量描述

在研究质点的平面曲线运动时，有时选用平面极坐标系较为方便。如图 1.12 所示，一质点绕 $O$ 点做半径为 $r$ 的圆周运动，选圆心 $O$ 为极坐标的原点，$OO'$ 为极轴。质点沿圆周运动时半径 $r$ 是一个常量。在任意时刻 $t$，质点的位置可由角坐标 $\theta$ 完全确定，这时 $\theta$ 是时间 $t$ 的函数，可表示为

$$\theta = \theta(t) \tag{1.29}$$

这就是质点做圆周运动时以角速度表示的运动学方程。

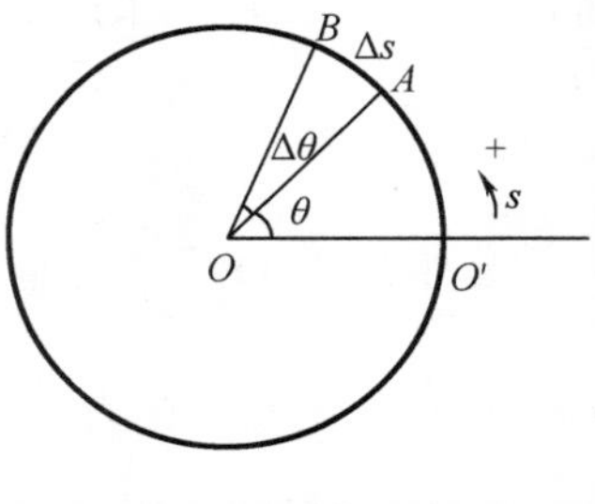


**图 1.12　角量与线量的关系**

在时刻 $t$，质点位于 $A$，角坐标为 $\theta$；在时刻 $t+\Delta t$，质点位于 $B$，角坐标为 $\theta+\Delta\theta$，$\Delta\theta$ 为质点在时间 $\Delta t$ 内的角位移。角位移也是代数量，它的正负号取决于 $\Delta t$ 内质点角坐标变化的方向与选定的 $\theta$ 的正方向是相同的还是相反的。二者同向时取正号，反向时取负号。

角位移 $\Delta\theta$ 与发生这一角位移所经历时间 $\Delta t$ 的比值，称为在这段时间内质点做圆周运动的平均角速度，用符号 $\overline{\omega}$ 表示，即

$$\overline{\omega} = \frac{\Delta\theta}{\Delta t}$$

当时间 $\Delta t$ 趋近于零时，$\overline{\omega}$ 将趋近于一个确定的极限值 $\omega$，即

$$\omega=\lim_{\Delta t\to 0}\frac{\Delta\theta}{\Delta t}=\frac{\mathrm{d}\theta}{\mathrm{d}t}\tag{1.30}$$

$\omega$ 称为质点在时刻 $t$ 的**瞬时角速度**（简称角速度）。角速度等于做圆周运动的质点的角坐标对时间的一阶导数。在圆周运动中，质点的角速度也可以看作代数量，它的正负号取决于质点的运动方向。设在时刻 $t$，质点的角速度为 $\omega$，在时刻 $t+\Delta t$，质点的角速度为 $\omega'$，则角速度增量 $\Delta\omega=\omega'-\omega$ 与发生这一增量所经历时间 $\Delta t$ 的比值，称为在这段时间内质点的平均角加速度，用符号 $\overline{\alpha}$ 表示，即

$$\overline{\alpha}=\frac{\Delta\omega}{\Delta t}$$

当时间 $\Delta t$ 趋近于零时，$\overline{\alpha}$ 将趋近于极限值 $\alpha$，从而有

$$\alpha=\lim_{\Delta t\to 0}\frac{\Delta\omega}{\Delta t}=\frac{\mathrm{d}\omega}{\mathrm{d}t}=\frac{\mathrm{d}^2\theta}{\mathrm{d}t^2}\tag{1.31}$$

$\alpha$ 称为质点在时刻 $t$ 的瞬时角加速度（简称角加速度）。角加速度等于做圆周运动质点的角速度对时间的一阶导数，也等于角坐标对时间的二阶导数。在圆周运动中，角加速度也可以看作代数量。当质点沿圆周做加速（指速率随时间增大）运动时，$\omega$ 与 $\alpha$ 同号；做减速运动时，$\omega$ 与 $\alpha$ 异号；做匀速运动时，$\omega$ 为常量，$\alpha$ 等于零。当质点做匀变速圆周运动时，$\alpha$ 为常量；在一般情况下，$\alpha$ 不是常量。

### 1.4.3 角量与线量的关系

我们看到，质点做圆周运动时，既可以用线量描述，也可以用角量描述。显然，线量与角量之间一定存在着某种联系，从图 1.12 可得

$$\Delta s=r\Delta\theta$$

$\Delta s$ 就是做圆周运动的质点在时间 $\Delta t$ 内沿轨迹自然坐标的增量，因而质点的速度沿切线方向的投影 $v$ 可以表示为

$$v=\lim_{\Delta t\to 0}\frac{\Delta s}{\Delta t}=\lim_{\Delta t\to 0}r\frac{\Delta\theta}{\Delta t}=r\omega\tag{1.32}$$

根据式(1.32)，并按照切向加速度和法向加速度的定义，可得

$$a_\tau=\frac{\mathrm{d}v}{\mathrm{d}t}=r\frac{\mathrm{d}\omega}{\mathrm{d}t}=r\alpha\tag{1.33}$$

$$a_n=\frac{v^2}{r}=\omega v=r\omega^2\tag{1.34}$$

式(1.32)～式(1.34)就是描述圆周运动的线量 $v$、$a_\tau$、$a_n$ 与角量 $\omega$、$\alpha$ 之间的关系，在分析各种力学问题时经常用到。

当质点以角加速度 $\alpha$ 做匀变速圆周运动时，角坐标 $\theta$、角位移 $\Delta\theta$、角速度 $\omega$、角加速度 $\alpha$ 和时间 $t$ 之间的关系，与匀变速直线运动中相应线量间的关系相似，即

$$\theta=\theta_0+\omega_0 t+\frac{1}{2}\alpha t^2\tag{1.35}$$

$$\omega=\omega_0+\alpha t\tag{1.36}$$

$$\omega^2=\omega_0^2+2\alpha(\theta-\theta_0)\tag{1.37}$$

式中，$\theta_0$、$\omega_0$ 分别为在 $t=0$ 时，质点的角坐标和角速度；$\theta$、$\omega$ 分别为 $t$ 时刻质点的角坐标和角速度。

**例 1.6** 半径 $r=0.2$ m 的飞轮可绕 $O$ 点转动，如图1.13所示。已知轮缘上任一点 $M$ 的运动学方程为 $\varphi=-t^2+4t$，式中，$\varphi$ 和 $t$ 的单位分别为弧度(rad)和秒(s)，试求 $t=1$ s 时 $M$ 点的速度和加速度。

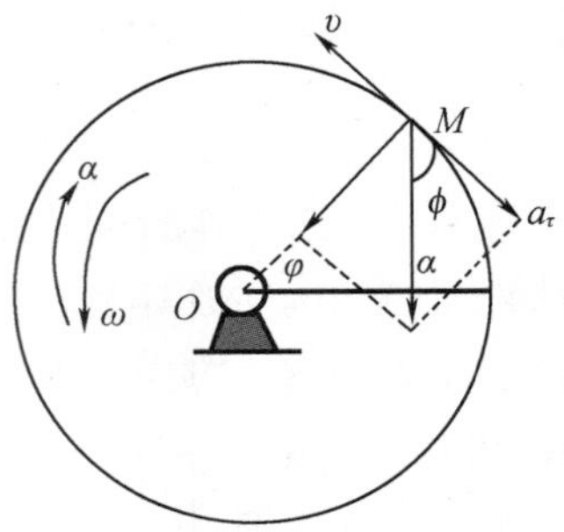

**图 1.13 例 1.6 图**

**解** 飞轮转动时，$M$ 点将做半径为 $r$ 的圆周运动，其角速度、角加速度分别为

$$\omega=\frac{d\varphi}{dt}=-2t+4\ \text{rad}\cdot\text{s}^{-1}$$

$$\alpha=\frac{d\omega}{dt}=-2\ \text{rad}\cdot\text{s}^{-2}$$

$t=1$ s 时，$M$ 点的速度大小为

$$v=r\omega=r(-2t+4)=0.2\times(-2\times1+4)\text{m}\cdot\text{s}^{-1}=0.4\ \text{m}\cdot\text{s}^{-2}$$

速度的方向沿 $M$ 点的切线，指向如图 1.13 所示。$M$ 点的切向加速度大小为

$$a_\tau=r\alpha=0.2\times(-2)\ \text{m}\cdot\text{s}^{-2}=-0.4\ \text{m}\cdot\text{s}^{-2}$$

法向加速度为

$$a_n=r\omega^2=0.2\times2^2=0.8\ \text{m}\cdot\text{s}^{-2}$$

加速度大小为

$$a=\sqrt{a_\tau^2+a_n^2}=\sqrt{(-0.4)^2+(0.8)^2}\ \text{m}\cdot\text{s}^{-2}\approx0.89\ \text{m}\cdot\text{s}^{-2}$$

$$\tan\theta=\left|\frac{a_n}{a_\tau}\right|=\frac{\omega^2}{|\alpha|}=\frac{4}{2}=2,\theta\approx63.4^\circ$$

从该题的计算中可以看出，飞轮转动时，$M$ 点的 $\alpha$、$a_\tau$ 均为常量，这表明 $M$ 点做匀变速圆周运动。还可以看出，在 0 s$\leqslant t\leqslant$2 s 间隔内，$\omega$ 为正，$\alpha$ 为负，$v$ 为正，$a_\tau$ 为负，这表明在这一时间间隔内，角速度和速度的大小均随时间减小，即 $M$ 点做匀减速圆周运动。当 $t=2$ s 时，$\omega=0$，$v=0$。当 $t>2$ s 时，$M$ 点沿顺时针方向做匀加速圆周运动。

## 1.5 相对运动

在无风又下雨的时候，人们看到雨点是垂直下落的。这时乘坐在向前运动的交通工具上的乘客，看到的雨点是斜向后方下落的。前面已经讲述过，物理学中描述一个物理过程时，采用不同的参考系会有不同的运动状态。这里雨点的两种不同的运动状态——垂直下落和斜向后方下落，就是分别以地面与运动着的交通工具为参考系而观察到的。再如，行驶的列车上有一个人正在行走(运动，还包括相对静止)，我们在列车上与在站台上观测到的此人的运动状态便不同。也就是说，此人相对于列车的运动状态和此人相对于站台的运动状态不一样。这就是运动的相对性。运动状态不一样的含义是：同一个研究对象(某质点)相对于不同的参考系，其位矢、位移、速度和加速度都可能是不同的。这便是这些物理量的相对性。前面所研究的问题都是相对于已选定的参考系进行的，参考系的选择在运动学中是任意的。

图 1.14 中，$xOy$ 表示固定在水平地面上的坐标系（以 $E$ 代表此坐标系），其 $x$ 轴与一条平直马路平行。设有一辆平板车 $P$ 沿马路行进，图中 $x'O'y'$ 表示固定在这个行进的平板车上的坐标系。在 $\Delta t$ 时间内，在地面上由 $P_1$ 移到 $P_2$，其位移为 $\Delta \boldsymbol{r}_{PE}$。设在同一 $\Delta t$ 时间内，一个小球 $S$ 在车内由 $A$ 点移到 $B$ 点，其位移为 $\Delta \boldsymbol{r}_{SP}$。在这同一时间内，在地面上观察，小球从 $A_0$ 点移到 $B$ 点，相应的位移是 $\Delta \boldsymbol{r}_{SE}$。很明显，同一小球在同一时间内的位移，相对于地面和车这两个参考系来说，是不相同的。这两个位移和车厢对于地面的位移有下面的关系：

$$\Delta \boldsymbol{r}_{SE} = \Delta \boldsymbol{r}_{SP} + \Delta \boldsymbol{r}_{PE} \tag{1.38}$$

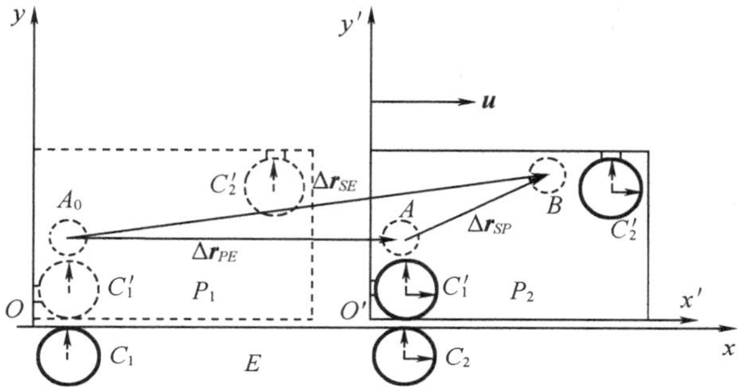


**图 1.14　相对运动**

以 $\Delta t$ 除式(1.38)，并令 $\Delta t \to 0$，可以得到相应的速度之间的关系，即

$$\boldsymbol{v}_{SE} = \boldsymbol{v}_{SP} + \boldsymbol{v}_{PE} \tag{1.39}$$

以 $\boldsymbol{v}$ 表示质点相对于参考系 $xOy$ 的速度，以 $\boldsymbol{v}'$ 表示同一质点相对于参考系 $x'O'y'$ 的速度，以 $\boldsymbol{u}$ 表示参考系 $x'O'y'$ 相对于参考系 $xOy$ 平动的速度，则式(1.39)可以一般地表示为

$$\boldsymbol{v} = \boldsymbol{v}' + \boldsymbol{u} \tag{1.40}$$

同一质点相对于两个相对做平动的参考系的速度之间的关系叫作**伽利略速度变换**。

如果质点的运动速度是随时间变化的，则求式(1.40)对 $t$ 的导数，就可得到相应的加速度之间的关系。以 $\boldsymbol{a}$ 表示质点相对于参考系 $xOy$ 的加速度，以 $\boldsymbol{a}'$ 表示质点相对于参考系 $x'O'y'$ 的加速度，以 $\boldsymbol{a}_0$ 表示参考系 $x'O'y'$ 相对于参考系 $xOy$ 平动的加速度，则由式(1.40)可得

$$\frac{\mathrm{d}\boldsymbol{v}}{\mathrm{d}t} = \frac{\mathrm{d}\boldsymbol{v}'}{\mathrm{d}t} + \frac{\mathrm{d}\boldsymbol{u}}{\mathrm{d}t}$$

即

$$\boldsymbol{a} = \boldsymbol{a}' + \boldsymbol{a}_0 \tag{1.41}$$

这就是同一质点相对于两个相对做平动的参考系的加速度之间的关系。如果两个参考系相对做匀速直线运动，即 $\boldsymbol{u}$ 为常量，则

$$\boldsymbol{a}_0 = \frac{\mathrm{d}\boldsymbol{u}}{\mathrm{d}t} = 0$$

于是有

$$\boldsymbol{a} = \boldsymbol{a}'$$

这就是说，在相对做匀速直线运动的两个参考系中观察同一质点的运动时，所测得的

加速度是相同的。

同一段长度的测量结果与参考系的相对运动无关，这一论断叫作**长度测量的绝对性**。同一段时间的测量结果与参考系的相对运动无关，这一论断叫作**时间测量的绝对性**。长度测量和时间测量的绝对性和由此形成的绝对空间和绝对时间的概念是力学的基础，长期被认为是普遍正确的客观真理，因为人们在实验和技术中未曾观察到与此不相符的现象。但是，随着人们实践范围的不断扩大和深入，当所涉及的速度非常大，大到和光在真空中的速度相近时，人们发现长度和时间的测量并不是绝对的，而是相对的。关于时间和长度的概念将在《大学物理（下）》的近代物理的狭义相对论基础中详细讲述。在经典物理问题中，不加特别说明时，我们将都假定长度和时间测量的绝对性。

要注意，速度的**合成**和速度的**变换**是两个不同的概念。速度的合成是指在同一参考系中一个质点的速度和它的各分速度的关系。相对于任何参考系，它都可以表示为矢量合成的形式。速度的变换涉及有相对运动的两个参考系，其公式的形式和相对速度的大小有关，伽利略速度变换只适用于相对速度较小的情形。

# 本章小结

1. 基本物理概念

参考系、坐标系、质点。

2. 基本物理量

位矢：$\boldsymbol{r} = x\boldsymbol{i} + y\boldsymbol{j} + z\boldsymbol{k}$；

位移：$\Delta\boldsymbol{r} = \Delta x\boldsymbol{i} + \Delta y\boldsymbol{j} + \Delta z\boldsymbol{k}$；

速度：$\boldsymbol{v} = \dfrac{\mathrm{d}\boldsymbol{r}}{\mathrm{d}t} = v_x\boldsymbol{i} + v_y\boldsymbol{j} + v_z\boldsymbol{k}$；

加速度：$\boldsymbol{a} = \dfrac{\mathrm{d}\boldsymbol{v}}{\mathrm{d}t} = a_x\boldsymbol{i} + a_y\boldsymbol{j} + a_z\boldsymbol{k}$。

3. 曲线运动

圆周运动中的加速度：$\boldsymbol{a} = a_\tau\boldsymbol{\tau} + a_n\boldsymbol{n} = \dfrac{\mathrm{d}v}{\mathrm{d}t}\boldsymbol{\tau} + \dfrac{v^2}{r}\boldsymbol{n}$。

圆周运动中线量和角量的关系如下：

$$\Delta s = r\Delta\theta$$

$$v = \lim_{\Delta t\to 0}\frac{\Delta s}{\Delta t} = \lim_{\Delta t\to 0} r\,\frac{\Delta\theta}{\Delta t} = r\omega$$

$$a_\tau = \frac{\mathrm{d}v}{\mathrm{d}t} = r\,\frac{\mathrm{d}\omega}{\mathrm{d}t} = r\alpha$$

$$a_n = \frac{v^2}{r} = \omega v = r\omega^2$$

4. 相对运动与绝对时空观

伽利略速度变换：$\boldsymbol{v} = \boldsymbol{v}' + \boldsymbol{u}$；

加速度变换：当 $\boldsymbol{u}$ 为常量时，$\boldsymbol{a} = \boldsymbol{a}'$。

# 思 考 题

1.1 如果有人问你,地球和一粒小米哪个可以看作质点,你怎样回答?

1.2 回答下列问题:

(1)位移和路程有何区别?

(2)速度和速率有何区别?

(3)瞬时速度和平均速度的区别和联系是什么?

1.3 请结合匀速圆周运动,比较平均速度和瞬时速度。

1.4 你能通过作图说明质点做曲线运动时,加速度总是指向轨迹曲线凹的一面吗?

1.5 已知质点运动学方程 $x=x(t)$,$y=y(t)$,当求质点速度和加速度时,有人采取了如下方法:先由 $r=\sqrt{x^2+y^2}$ 求出 $r=r(t)$,再由 $|\boldsymbol{v}|=\left|\dfrac{\mathrm{d}r}{\mathrm{d}t}\right|$ 和 $|\boldsymbol{a}|=\left|\dfrac{\mathrm{d}^2r}{\mathrm{d}t^2}\right|$ 求出质点的速度和加速度的大小,你认为这种方法对吗?如果不对,错在什么地方?

1.6 质点沿圆周运动,且速率随时间均匀增大,问 $\boldsymbol{a}_n$、$\boldsymbol{a}_\tau$、$\boldsymbol{a}$ 三者的大小是否都随时间改变?总加速度 $\boldsymbol{a}$ 与速度 $\boldsymbol{v}$ 之间的夹角如何随时间改变?

1.7 一斜抛物体的水平初速度是 $v_{0x}$,它的轨迹最高点处的曲率圆的半径是多大?

1.8 一物体做自由落体运动,从 $t=0$ 时刻开始下落。用公式 $h=\dfrac{gt^2}{2}$ 计算,它下落的距离达到 19.6 m 的时刻为 +2 s 和 −2 s。这 −2 s 有什么物理意义?该时刻物体的位置和速度各如何?

1.9 有人说,考虑到地球的运动,一幢楼房的运动速率在夜里比在白天大,这是对什么参考系说的?

1.10 相对于地面静止的声源,可向各个方向发出声波。已知该声源所发声波在静止的空气中以 340 $\mathrm{m\cdot s^{-1}}$ 的速度传播,一观察者相对于声源以 20 $\mathrm{m\cdot s^{-1}}$ 的速度运动,试按以下 4 种情况求出观察者所测得的声速:

(1)观察者运动方向与声波传播方向相同;

(2)观察者运动方向与声波传播方向相反;

(3)观察者运动方向与声波传播方向垂直;

(4)观察者测得声波沿垂直于自己的运动方向传播。

1.11 一子弹从水平飞行的飞机尾枪中水平射出,出口速度的大小为 300 $\mathrm{m\cdot s^{-1}}$,飞机速度大小为 250 $\mathrm{m\cdot s^{-1}}$。试在以下两种坐标系中描述子弹的运动情况:

(1)在固结于地面的坐标系中;

(2)在固结于飞机的坐标系中。

并计算射手必须把枪指向什么方向,才能使子弹在地面坐标系中速度的水平分量为零。

1.12 一辆带篷的卡车,雨天在平直公路上行驶,司机发现:车速过小时,雨滴从车后斜向落入车内；车速过大时，雨滴从车前斜向落入车内。已知雨滴相对于地面的速度大小为 $v$，方向与水平面夹角为 $\alpha$。

(1)车速为多大时，雨滴恰好不能落入车内？

(2)此时雨滴相对于车厢的速度为多大？

## 习 题

1.1 某质点做直线运动的运动学方程为 $x=3t-5t^3+6$(SI)，则该质点做 ( )

(A)匀加速直线运动，加速度沿 $x$ 轴正方向

(B)匀加速直线运动，加速度沿 $x$ 轴负方向

(C)变加速直线运动，加速度沿 $x$ 轴正方向

(D)变加速直线运动，加速度沿 $x$ 轴负方向

1.2 图中 $p$ 是一圆的竖直直径 $pc$ 的上端点，一质点从 $p$ 开始分别沿不同的弦无摩擦下滑，比较 $p$ 到达各弦的下端所用的时间( )

(A)到 $a$ 用的时间最短

(B)到 $b$ 用的时间最短

(C)到 $c$ 用的时间最短

(D)所用时间都一样

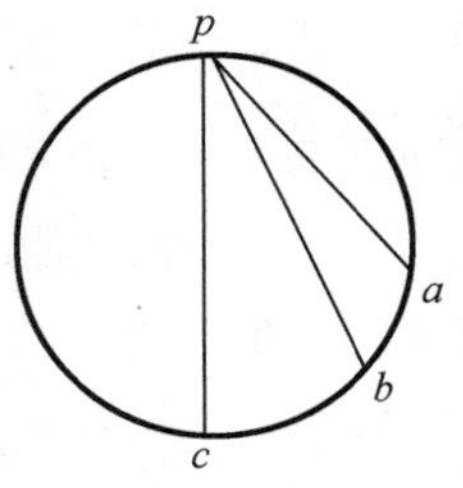

习题 1.2 图

1.3 一质点做直线运动，某时刻的瞬时速度 $v=2\ \mathrm{m\cdot s^{-1}}$，瞬时加速度 $a=-2\ \mathrm{m\cdot s^{-2}}$，则 1 s 后质点的速度 ( )

(A)等于零　　(B)等于 $-2\ \mathrm{m\cdot s^{-1}}$

(C)等于 $2\ \mathrm{m\cdot s^{-1}}$　　(D)不能确定

1.4 如图所示，湖中有一小船，有人用绳绕过岸上一定高度处的定滑轮拉湖中的船向岸边运动。设该人以匀速率 $v_0$ 收绳，绳不伸长且湖水静止，则小船的运动是 ( )

(A)匀加速运动　　(B)匀减速运动

(C)变加速运动　　(D)变减速运动

(E)匀速直线运动

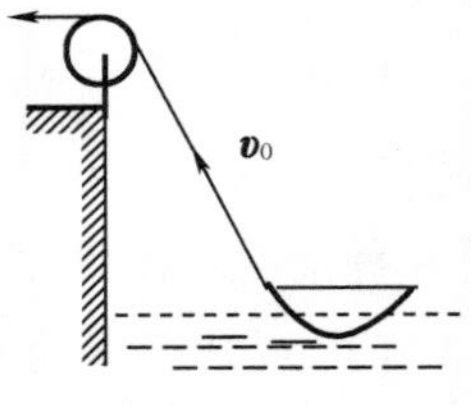

习题 1.4 图

1.5 质点沿半径为 $R$ 的圆周做匀速率运动，每 $T$ 秒转一圈，在 $2T$ 时间间隔中，其平均速度大小与平均速率大小分别为 ( )

(A)$\dfrac{2\pi R}{T},\dfrac{2\pi R}{T}$　　(B)$0,\dfrac{2\pi R}{T}$

(C)$0,0$　　(D)$\dfrac{2\pi R}{T},0$

1.6 一运动质点在某瞬时位于矢径 $\boldsymbol{r}(x,y)$ 的端点处，其速度大小为 ( )

(A) $\dfrac{\mathrm{d}r}{\mathrm{d}t}$ (B) $\dfrac{\mathrm{d}\boldsymbol{r}}{\mathrm{d}t}$

(C) $\dfrac{\mathrm{d}|\boldsymbol{r}|}{\mathrm{d}t}$ (D) $\sqrt{\left(\dfrac{\mathrm{d}x}{\mathrm{d}t}\right)^2+\left(\dfrac{\mathrm{d}y}{\mathrm{d}t}\right)^2}$

1.7 某物体的运动规律为 $\dfrac{\mathrm{d}v}{\mathrm{d}t}=-kv^2t$，式中 $k$ 为大于零的常量。当 $t=0$ 时，初速度为 $v_0$，则速度 $v$ 与时间 $t$ 的函数关系是 ( )

(A) $v=\dfrac{1}{2}kt^2+v_0$ (B) $v=-\dfrac{1}{2}kt^2+v_0$

(C) $\dfrac{1}{v}=\dfrac{kt^2}{2}+\dfrac{1}{v_0}$ (D) $\dfrac{1}{v}=-\dfrac{kt^2}{2}+\dfrac{1}{v_0}$

1.8 在相对于地面静止的坐标系内，$A$、$B$ 两船都以 $2\ \mathrm{m\cdot s^{-1}}$ 速率匀速行驶，$A$ 船沿 $x$ 轴正向，$B$ 船沿 $y$ 轴正向。今在 $A$ 船上设置与静止坐标系方向相同的坐标系($x$、$y$ 方向单位矢量用 $\boldsymbol{i}$、$\boldsymbol{j}$ 表示)，那么在 $A$ 船上的坐标系中，$B$ 船的速度为(以 $\mathrm{m\cdot s^{-1}}$ 为单位) ( )

(A) $2\boldsymbol{i}+2\boldsymbol{j}$ (B) $-2\boldsymbol{i}+2\boldsymbol{j}$

(C) $-2\boldsymbol{i}-2\boldsymbol{j}$ (D) $2\boldsymbol{i}-2\boldsymbol{j}$

1.9 下列说法中正确的是 ( )

(A)加速度恒定不变时，物体运动方向也不变

(B)平均速率等于平均速度的大小

(C)不管加速度如何，平均速率表达式总可以写成 $\bar{v}=\dfrac{(v_1+v_2)}{2}$ ($v_1$、$v_2$ 分别为初、末速率)

(D)运动物体速率不变时，速度可以变化

1.10 一质点做直线运动，其坐标 $x$ 与时间 $t$ 的关系曲线如图所示。则该质点在第________ s 的瞬时速度为零；在第________ s 至第________ s 间速度与加速度同方向。

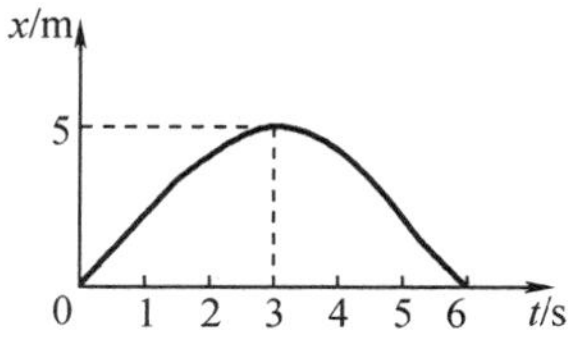

习题 1.10 图

1.11 一质点沿 $x$ 轴做直线运动，它的运动学方程为 $x=3+5t+6t^2-t^3$(SI)则

(1)质点在 $t=0$ 时刻的速度 $\boldsymbol{v}_0=$________；

(2)加速度为零时，该质点 $v=$________。

1.12 灯距地面高度为 $h_1$，一个人身高为 $h_2$，在灯下以匀速率 $v$ 沿水平直线行走，如图所示。他的头顶在地上的影子 $M$ 点沿地面移动的速率为 $v_M=$________。

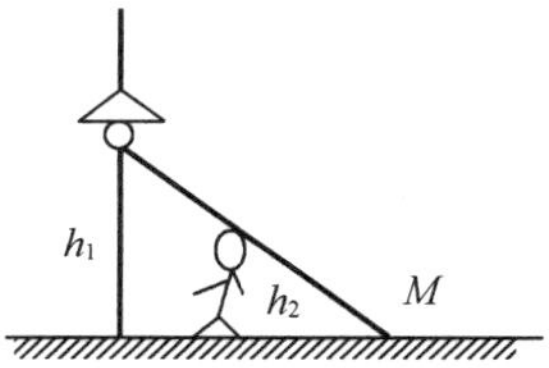

习题 1.12 图

1.13 一质点做半径为 0.1 m 的圆周运动，其角位置的运动学方程为 $\theta=\dfrac{\pi}{4}+\dfrac{1}{2}t^2$(SI)，则其切向加速度为 $a_\tau=$________。

1.14 质点沿半径为 $R$ 的圆周运动，运动学方程为 $\theta=3+2t^2$(SI)，则 $t$ 时刻质点的法

向加速度大小为 $a_n=$ ________；角加速度 $\beta=$ ________。

1.15　设质点的运动学方程为 $\boldsymbol{r}=R\cos\omega t\boldsymbol{i}+R\sin\omega t\boldsymbol{j}$（式中，$R$、$\omega$ 皆为常量），则质点的 $\boldsymbol{v}=$ ________，$\dfrac{\mathrm{d}v}{\mathrm{d}t}=$ ________。

1.16　小船从岸边 $A$ 点出发渡河，如果它保持与河岸垂直向前划，则经过时间 $t_1$ 到达对岸下游 $C$ 点；如果小船以同样速率划行，但垂直于河岸横渡到正对岸 $B$ 点，则需与 $A$、$B$ 两点连成的直线成 $\alpha$ 角逆流划行，经过时间 $t_2$ 到达 $B$ 点。若 $B$、$C$ 两点间距为 $S$，则

（1）此河宽度 $l=$ ________；

（2）$\alpha=$ ________。

1.17　一质点沿 $x$ 轴运动，其加速度 $a$ 与位置坐标 $x$ 的关系为 $a=2+6x^2$（SI）。如果质点在原点处的速度为零，试求其在任意位置处的速度。

1.18　有一质点沿 $x$ 轴做直线运动，$t$ 时刻的坐标为 $x=4.5t^2-2t^3$（SI）。试求：

（1）第 2 s 内的平均速度；

（2）第 2 s 末的瞬时速度；

（3）第 2 s 内的路程。

1.19　一质点沿 $x$ 轴运动，其加速度 $a=4t$（SI）。已知 $t=0$ 时，质点位于 $x_0=10$ m 处，初速率 $v_0=0$，试求其位置和时间的关系式。

1.20　一物体悬挂在弹簧上做竖直振动，其加速度 $a=-ky$，$k$ 为常量，$y$ 为以平衡位置为原点所测得的坐标。假定振动的物体在坐标 $y_0$ 处的速度为 $v_0$，试求速度 $v$ 与坐标 $y$ 的函数关系式。

1.21　一人自原点出发，在 25 s 内向东走了 30 m，又在 10 s 内向南走了 10 m，再在 15 s 内向正西北走了 18 m。求在这 50 s 内，

（1）此人平均速度的大小和方向；

（2）此人平均速率的大小。

1.22　对于在 $xOy$ 平面内，以原点 $O$ 为圆心做匀速圆周运动的质点，试用半径 $r$、角速度 $\omega$ 和单位矢量 $\boldsymbol{i}$ $\boldsymbol{j}$ 表示其 $t$ 时刻的位置矢量。已知在 $t=0$ 时，$y=0$，$x=r$，角速度 $\omega$ 如图所示。

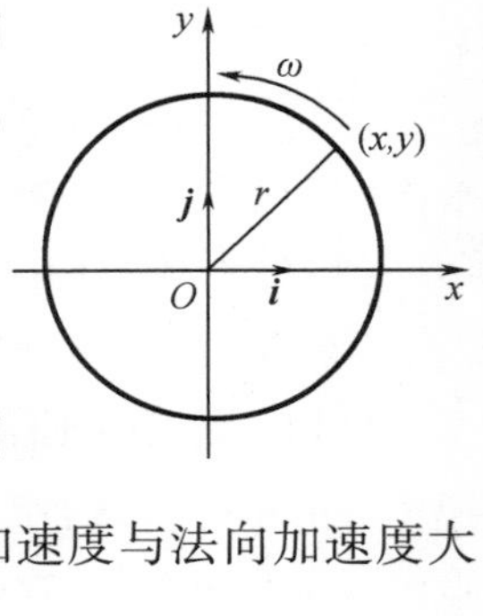


（1）导出速度 $\boldsymbol{v}$ 与加速度 $\boldsymbol{a}$ 的矢量表示式；

（2）试证加速度指向圆心。

1.23　一质点沿半径为 $R$ 的圆周运动。质点经过的弧长与时间的关系为 $S=bt+\dfrac{1}{2}ct^2$，$b$、$c$ 是大于零的常量，求从 $t=0$ 开始到切向加速度与法向加速度大小相等时，该质点所经历的时间。

1.24　由楼窗口以水平初速度 $\boldsymbol{v}_0$ 射出一发子弹，取枪口为原点，沿 $\boldsymbol{v}_0$ 方向为 $x$ 轴，竖直向下为 $y$ 轴，并取发射时刻 $t$ 为 0。试求：

（1）子弹在任一时刻 $t$ 的位置坐标及轨迹方程；

(2)子弹在 $t$ 时刻的速度、切向加速度和法向加速度。

1.25 质点 $M$ 在水平面内的运动轨迹如图所示，$OA$ 段为直线，$AB$、$BC$ 段分别为不同半径的两个 $\frac{1}{4}$ 圆周。设 $t=0$ s 时，$M$ 在 $O$ 点，已知运动学方程为 $s=30t+5t^2$(SI)，求 $t=2$ s 时刻，质点 $M$ 的切向加速度和法向加速度。

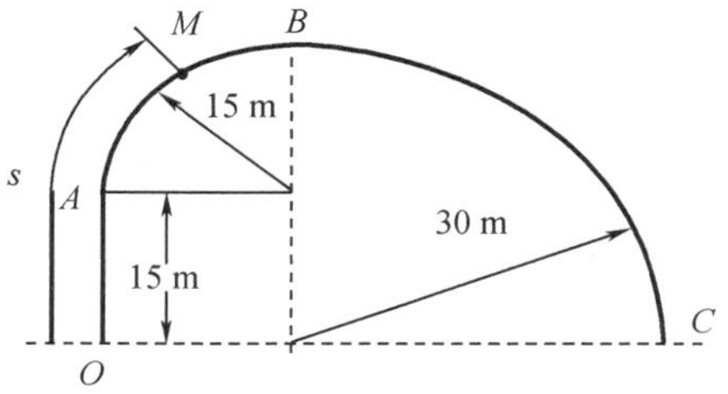


习题 1.25 图

1.26 一敞顶电梯以恒定速率 $v=10\ \mathrm{m\cdot s^{-1}}$ 上升。当电梯离地面 $h=10$ m 时，一小孩竖直向上抛出一球，球相对于电梯的初速率 $v_0=20\ \mathrm{m\cdot s^{-1}}$。

(1)从地面算起，球能达到的最大高度为多少？

(2)球被抛出后经过多长时间再回到电梯上？

1.27 一小船相对于河水以速率 $v$ 划行。当它在流速为 $u$ 的河水中逆流而上时，有一木桨落入水中并顺流而下，船上人 2 s 后发觉，立即返回追赶，问几秒钟后可追上此木桨？

1.28 一质点从静止开始做直线运动，开始时加速度为 $a_0$，此后加速度随时间均匀增加：经过时间 $\tau$ 后，加速度为 $2a_0$；经过时间 $2\tau$ 后，加速度为 $3a_0$……求经过时间 $n\tau$ 后，该质点的速度和经过的距离。

1.29 一球从高 $h$ 处落向水平面，经碰撞后又上升到 $h_1$ 处，如果每次碰撞后与碰撞前的速度之比为常数，球在 $n$ 次碰撞后还能升多高？

1.30 河水自西向东流动，速度为 10 $\mathrm{km\cdot h^{-1}}$。一轮船在水中航行，船相对于河水的航向为北偏西 30°，相对于河水的航速为 20 $\mathrm{km\cdot h^{-1}}$。此时风向为正西，风速为 10 $\mathrm{km\cdot h^{-1}}$。试求在船上观察到的烟囱冒出的烟的飘向。(设烟离开烟囱后很快就获得与风相同的速度)

1.31 有一宽为 $l$ 的大江，江水由北向南流去。设江中心流速为 $u_0$，靠两岸的流速为零。江中任一点的流速和江中心流速之差与江心至该点的距离的平方成正比。今有相对于水的速度为 $\boldsymbol{v}_0$ 的汽船由西岸出发，向东偏北 45°方向航行，试求其航线的轨迹方程以及到达东岸的地点。

1.32 将任意多个质点从某一点以同样大小的速度 $|\boldsymbol{v}_0|$，在同一竖直面内沿不同方向同时抛出，试证明在任一时刻这些质点分散在某一圆周上。

1.33 一人骑自行车沿笔直的公路行驶，其速度图线如图中折线 $OABCDE$ 所示。其中 $\triangle OAB$ 的面积等于 $\triangle CDE$ 的面积。

(1)线段 $\overline{BC}$ 和线段 $\overline{CD}$ 各表示什么运动？

(2)自行车所经历的路程是多少？

(3)自行车的位移是多少？

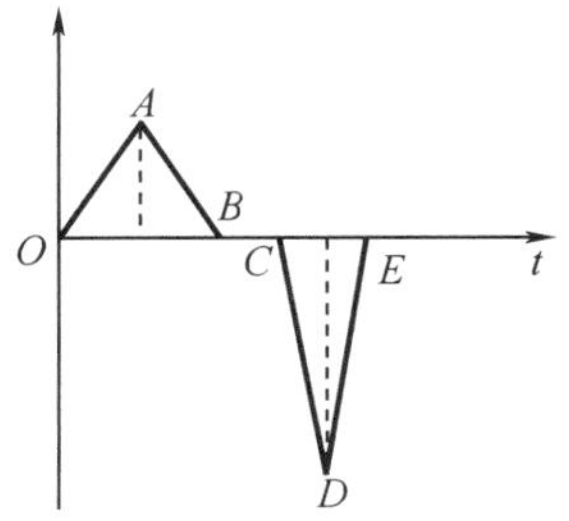


习题 1.33 图

1.34 一飞机驾驶员想往正北方向航行，而风以 60 $\mathrm{km\cdot h^{-1}}$ 的速度由东向西刮来，如果飞机的航速(在静止空气中的速率)为 180 $\mathrm{km\cdot h^{-1}}$，那么驾驶员应取什么航向飞行？飞机相对于地面的速率为多少？试用矢量图说明。

1.35　一飞机相对于空气以恒定速率 $v$ 沿正方形轨道飞行,在无风天气中的运动周期为 $T$。若有恒定小风沿平行于正方形的一边吹来,风速为 $V = kv(k \ll 1)$,若飞机仍要沿原正方形(对地)轨道飞行,周期要增加多少?

1.36　一质点以相对于斜面的速度 $v = \sqrt{2gy}$ 从其顶端沿斜面下滑,$y$ 为下滑的高度。斜面倾角为 $\alpha$,它在地面上以水平速度 $u$ 向质点滑下的前方运动。求质点下滑高度为 $h$($h$ 小于斜面高度)时,对地速度的大小和方向。

# 第 2 章　质点动力学

上一章讨论了质点运动学,即如何描述一个质点的运动。从本章开始将转入质点动力学的研究。动力学探讨质点运动状态变化的原因、物体间的相互作用及在运动中各物体之间的关系。动力学问题中既有以牛顿运动定律为代表描述的力的瞬时效应,又有通过动量定理、动能定理等描述的力在时、空过程中的积累效应。

## 2.1　牛顿运动定律　力学中常见的力　惯性系与非惯性系

### 2.1.1　牛顿运动定律

1. 牛顿第一定律

牛顿第一定律可以陈述为:任何物体都要保持其静止或匀速直线运动状态,直到外力迫使它改变运动状态为止。

牛顿第一定律表明,任何物体都具有保持其运动状态不变的性质,这个性质叫作**惯性**,所以牛顿第一定律又称作惯性定律。

牛顿第一定律还表明,由于物体具有惯性,所以要使物体的运动状态发生变化,一定要有其他物体对它的作用,这种作用称为**力**。在自然界中完全不受其他物体作用的物体实际上是不存在的,物体总要受到接触力或场力的作用,因此,牛顿第一定律不能简单地直接用实验加以验证。我们确信牛顿第一定律的正确性,是因为从它所导出的其他结果都和实验事实相符合。从长期实践和实验中总结归纳出的一些基本规律,虽不能用实验等方法直接验证其正确性,但以它们为基础导出的定理都与实验和实践结果相符合,所以人们公认这些基本规律是正确的。物理学中的牛顿第一定律、能量守恒定律、热力学第二定律、爱因斯坦狭义相对论的两条基本假设都属于这类基本规律。

如果有几个外力作用在同一个质点上,且合力为零,这时质点的运动情况与它不受外力作用时的情况是一样的。因此,在实际应用中,牛顿第一定律可以陈述为:任何质点,只要其他物体作用于它的合力为零,则该质点就保持其静止或匀速直线运动状态不变。这也就给出了惯性系(即牛顿运动定律适用的参考系)的定义。

2. 牛顿第二定律

牛顿第一定律给出了质点的平衡条件,牛顿第二定律则研究质点在合力作用下,其运动状态如何变化的问题。物体在运动时总具有速度,我们把物体的质量 $m$ 与其运动速度 $\boldsymbol{v}$ 的乘积叫作物体的动量,用 $\boldsymbol{p}$ 表示(图 2.1),即

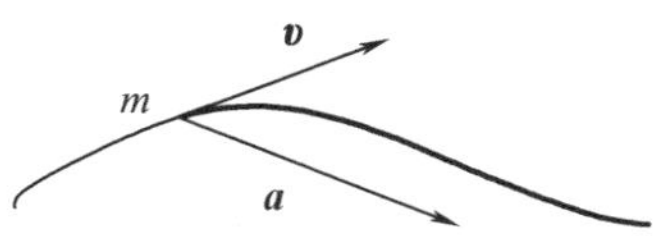

**图 2.1　动量示意图**

$$\boldsymbol{p}=m\boldsymbol{v}$$

质点受到不为零的合力作用时，它的动量会发生改变。牛顿第二定律表明，动量为 $\boldsymbol{p}$ 的物体，在合力 $\boldsymbol{F}=\sum\boldsymbol{F}_i$ 的作用下，其动量随时间的变化率等于作用于物体的合外力，即

$$\boldsymbol{F}=\frac{\mathrm{d}\boldsymbol{p}}{\mathrm{d}t}=\frac{\mathrm{d}(m\boldsymbol{v})}{\mathrm{d}t} \tag{2.1}$$

当物体在低速情况下运动时，即物体的运动速度远小于光速时，物体的质量可以视为是不依赖于速度的常量。于是式(2.1)可写成

$$\boldsymbol{F}=m\frac{\mathrm{d}\boldsymbol{v}}{\mathrm{d}t}=m\boldsymbol{a} \tag{2.2}$$

这就是大家熟悉的牛顿第二定律的表示形式。它表明质点受力的作用时，在某时刻的加速度的大小与质点在该时刻所受合力的大小成正比，与质点的质量成反比；加速度的方向与合力的方向相同。应当指出，若运动物体的速度接近于光速时，物体的质量就依赖于其速度了，式(2.2)也可写成

$$\boldsymbol{F}=m\frac{\mathrm{d}\boldsymbol{v}}{\mathrm{d}t}=m\frac{\mathrm{d}v_x}{\mathrm{d}t}\boldsymbol{i}+m\frac{\mathrm{d}v_y}{\mathrm{d}t}\boldsymbol{j}+m\frac{\mathrm{d}v_z}{\mathrm{d}t}\boldsymbol{k}$$

即

$$\boldsymbol{F}=ma_x\boldsymbol{i}+ma_y\boldsymbol{j}+ma_z\boldsymbol{k} \tag{2.3}$$

式(2.3)是牛顿第二定律的数学表达式，又称为**牛顿力学的质点动力学方程**。

牛顿第二定律是牛顿力学的核心定律，应用它解决问题时必须注意以下几点：

(1)牛顿第二定律只适用于质点的运动。物体做平动时，物体上各质点的运动情况完全相同，所以物体的运动可看作质点的运动，此时这个质点的质量就是整个物体的质量。本书中如不特别指明，在论及物体的平动时，都是把物体当作质点来处理的。

(2)牛顿第二定律所表示的合外力与加速度之间的关系是瞬时关系。也就是说，加速度只在外力有作用时才产生，外力改变了，加速度也随之改变。

(3)力的叠加原理。当几个外力同时作用于物体时，其合外力所产生的加速度 $\boldsymbol{a}$，与每个外力 $\boldsymbol{F}_i$ 所产生的加速度 $\boldsymbol{a}_i$ 的矢量是一样的，这就是力的叠加原理。式(2.3)是牛顿第二定律的矢量式，它在直角坐标系 $Ox$ 轴、$Oy$ 轴和 $Oz$ 轴上的分量式分别为

$$F_x=ma_x,F_y=ma_y,F_z=ma_z \tag{2.4}$$

式中，$F_x$、$F_y$ 和 $F_z$ 分别表示作用在物体上所有的外力在 $Ox$ 轴、$Oy$ 轴和 $Oz$ 轴上的分量之和 $\left(F_x=\sum_{i=1}^{n}F_{ix},F_y=\sum_{i=1}^{n}F_{iy},F_z=\sum_{i=1}^{n}F_{iz}\right)$；$a_x$、$a_y$ 和 $a_z$ 分别表示物体加速度 $\boldsymbol{a}$ 在 $Ox$ 轴、$Oy$ 轴和 $Oz$ 轴上的分量。

当质点在平面上做曲线运动时，可取如图2.2所示的自然坐标系，$\boldsymbol{n}$ 为法向单位矢量，$\boldsymbol{\tau}$ 为切向单位矢量。于是质点在点 $A$ 的加速度 $\boldsymbol{a}$ 在自然坐标系的两个相互垂直方向上的分矢量为 $\boldsymbol{a}_\tau$ 和 $\boldsymbol{a}_n$。这样，质点在平面上做曲线运动时，在自然坐标系中，牛顿第二定律可以写成

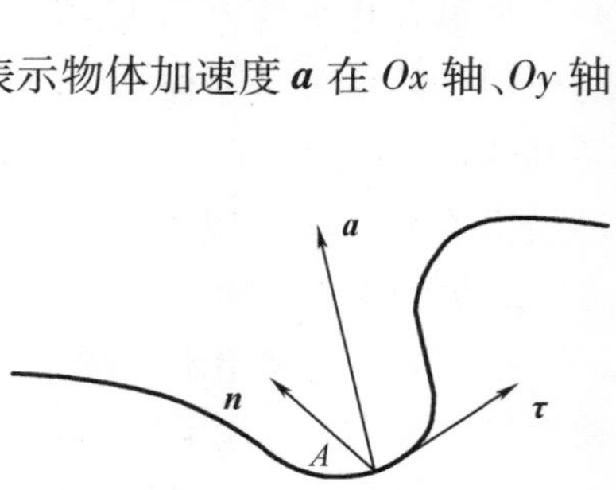

**图2.2　质点在平面上做曲线运动**

$$\boldsymbol{F}=m\boldsymbol{a}=m(\boldsymbol{a}_\tau+\boldsymbol{a}_n)=m\frac{\mathrm{d}v}{\mathrm{d}t}\boldsymbol{\tau}+m\frac{v^2}{\rho}\boldsymbol{n} \tag{2.5}$$

如以 $\boldsymbol{F}_\tau$ 和 $\boldsymbol{F}_n$ 代表合外力 $\boldsymbol{F}$ 在切向上和法向的分矢量,则有

$$\begin{cases}\boldsymbol{F}_\tau=m\boldsymbol{a}_\tau=m\dfrac{\mathrm{d}\boldsymbol{v}}{\mathrm{d}t}\boldsymbol{\tau}\\ \boldsymbol{F}_n=m\boldsymbol{a}_n=m\dfrac{v^2}{\rho}\boldsymbol{n}\end{cases} \tag{2.6}$$

式中,$\boldsymbol{F}_\tau$ 叫作切向力,$\boldsymbol{F}_n$ 叫作法向力(或向心力),相应地,$\boldsymbol{a}_\tau$ 和 $\boldsymbol{a}_n$ 分别称作切向加速度和法向加速度。

3. 牛顿第三定律

牛顿第一定律指出物体只有在外力的作用下才能改变其运动状态,牛顿第二定律给出了物体的加速度与作用于物体的力和物体质量之间的数量关系,牛顿第三定律则说明力具有物体间相互作用的性质。

两个物体之间的作用力 $\boldsymbol{F}$ 和反作用力 $\boldsymbol{F}'$,沿同一直线,大小相等,方向相反,分别作用在两个物体上,这就是牛顿第三定律,其数学表达式为

$$\boldsymbol{F}=-\boldsymbol{F}' \tag{2.7}$$

如果把物体 $A$ 作用于物体 $B$ 的力称为作用力,那么物体 $B$ 作用于物体 $A$ 的力就称为反作用力,或者反过来把后者称为作用力,前者称为反作用力亦可。值得注意的是,作用力与反作用力总是同时成对出现,同时消失,彼此相互作用,而且属于同种类型。

### 2.1.2 物理量的单位和量纲

从本章开始,计算逐渐增多。几乎每个物理量都有单位。在历史上,物理量的单位制有很多种,这不仅给工农业生产、人民生活带来诸多不便,而且也不规范。1984 年 2 月 27 日,我国国务院颁布实行以国际单位制为基础的法定单位制。本书采用以国际单位制为基础的我国法定单位制。

国际单位制规定,力学的基本量是长度、质量和时间,并规定:长度的基本单位称为“米”,单位符号为 m;质量的基本单位名称为“千克”,单位符号为 kg;时间的基本单位名称为“秒”,单位符号为 s。由两个或两个以上基本量表示的其他物理量称为导出量。

按照上述基本量和基本单位的规定,速度的单位名称为“米每秒”,单位符号为 $\mathrm{m\cdot s^{-1}}$;角速度的单位名称为“弧度每秒”,单位符号为 $\mathrm{rad\cdot s^{-1}}$;加速度的单位名称为“米每二次方秒”,单位符号为 $\mathrm{m\cdot s^{-2}}$;角加速度的单位名称为“弧度每二次方秒”,单位符号为 $\mathrm{rad\cdot s^{-2}}$;力的单位名称为“牛[顿]”,单位符号为 N,$1\ \mathrm{N}=1\ \mathrm{kg\cdot m\cdot s^{-2}}$。其他物理量的单位名称、符号以后将陆续介绍。

在物理学中,导出量与基本量之间的关系可以用量纲来表示。用 L、M 和 T 分别表示长度、质量和时间 3 个基本量的量纲,其他力学量 $Q$ 的量纲与基本量的量纲之间的关系可按下列形式表达出来:

$$\dim Q=\mathrm{L}^p\mathrm{M}^q\mathrm{T}^s$$

式中,$p$、$q$ 和 $s$ 均为量纲指数。

例如，速度的量纲是 $LT^{-1}$，角速度的量纲是 $T^{-1}$，加速度的纲量是 $LT^{-2}$，角加速度的量纲是 $T^{-2}$，力的量纲是 $MLT^{-2}$ 等。

由于只有量纲相同的物理量才能相加减和用等号连接，因此只要考查等式两端各项量纲是否相等，就可以初步校验等式的正确性。这种方法在求解问题和科学实验中经常用到。同学们应当学会在求证、解题过程中使用量纲来检查所得结果。

### 2.1.3 力学中常见的力

作为受力分析的基础，这里介绍几种常见的力。力学中常见的力有万有引力、弹性力和摩擦力等，它们分属不同性质的力，万有引力属场力，而弹性力和摩擦力属接触力。下面我们将分别介绍这几种力。

1. 万有引力

17 世纪初，德国天文学家开普勒通过分析第谷·布拉观察行星所得出的大量数据，提出了行星运动的开普勒三定律。牛顿继承了前人的研究成果，通过深入研究，提出了著名的万有引力定律。这个定律指出，星体之间、地球与地球表面附近的物体之间以及所有物体与物体之间都存在一种相互吸引的力，所有这些力都遵循同一规律，这种相互吸引的力叫作万有引力。

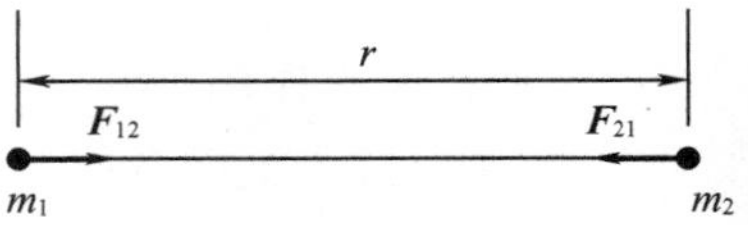


图 2.3 两个质点之间的万有引力

设有两个质点，质量分别为 $m_1$ 和 $m_2$，相隔距离为 $r$（图 2.3）。实践表明，它们之间相互作用的万有引力 $F$ 与两个质点质量的乘积 $m_1m_2$ 成正比，与它们之间的距离的平方 $r^2$ 成反比，方向沿着两质点的连线，即

$$F = G\frac{m_1m_2}{r^2} \tag{2.8}$$

式中，$G$ 为比例常数，称为引力常量。式(2.8)就是万有引力定律的数学表达式。$G$ 的数值与式(2.8)中的力、质量及距离的单位有关。根据实验测定

$$G = 6.67\times10^{-11}\ \mathrm{m^3\cdot kg^{-1}\cdot s^{-2}}$$

万有引力定律还可以用矢量形式表示。设质点 $m_1$ 作用于质点 $m_2$ 的万有引力为 $\boldsymbol{F}_{21}$，现以质点 $m_1$ 为原点作一个由 $m_1$ 指向 $m_2$ 的单位矢量 $\boldsymbol{r}_0$，那么质点 $m_1$ 对 $m_2$ 的万有引力可表示为

$$\boldsymbol{F}_{21} = -G\frac{m_1m_2}{r^2}\boldsymbol{r}_0 \tag{2.9}$$

式中，负号表示 $\boldsymbol{F}_{21}$ 的方向与 $\boldsymbol{r}_0$ 的方向相反。在一般工程实际中，物体之间的万有引力与其所受的其他力相比十分微小，故可忽略不计。

应当注意，万有引力定律中的 $\boldsymbol{F}$ 是两个质点之间的引力。若求的是两个物体间的引力，则需把每个物体分成很多小的部分，把每个小部分看成质点，然后计算所有这些质点间的相互作用力。计算表明，对于两个密度均匀的球体，或者球的密度只是两球心距离 $r$ 的函数 $\rho(r)$，它们之间的引力可以直接用公式计算，这时 $r$ 表示两球球心间的距离。也就是说，这两球体之间的引力与把球的质量当作集中于球心（即把球当作质点来处理）的引力是一样的。

例如，计算地球与某质点 $A$ 之间的万有引力时，通常把地球近似地看作质量均匀的球体，其质量集中于球心。设地球的质量为 $M$，质点 $A$ 的质量为 $m$，质点与地球中心的距离为 $x$，如图 2.4 所示。根据万有引力定律，地球作用于质点 $A$ 的万有引力的大小为

$$F = G\frac{Mm}{x^2} \tag{2.10}$$

方向沿 $x$ 轴指向地心。

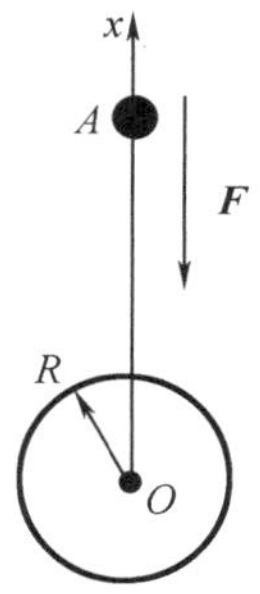


**图 2.4　质点 $A$ 的万有引力图示**

通常把地球对其表面附近尺寸不大的物体的万有引力称为该物体的重力，其大小也就是物体的重量。设地球的半径为 $R$，按式(2.10)，一个处于地球表面附近、质量为 $m$ 的物体的重量 $P$ 为

$$P = G\frac{Mm}{R^2} \tag{2.11}$$

重力的方向铅直向下。若令式(2.11)中 $G\frac{M}{R^2}=g$($g$ 称为重力加速度)，则有

$$P = mg \tag{2.12}$$

把引力常量 $G$、地球质量 $M$ 及半径 $R$ 的量值代入式 $g = G\frac{M}{R^2}$，可得

$$g \approx 9.8\ \mathrm{m \cdot s^{-2}}$$

事实上，地球并不是一个质量均匀分布的球体，且存在自转，使得地球表面不同地方的重力加速度 $g$ 的值略有差异，不过在一般工程问题中，这种差异常可忽略不计。

2. 弹性力

当两物体相互接触而挤压时，它们要发生形变。物体形变时欲恢复其原来的形状，物体间会有作用力产生。这种物体因形变而产生的欲使其恢复原来形状的力叫作弹性力。弹性力的表现形式有很多种，下面只讨论常见的 3 种表现形式。

(1)两个物体通过一定面积相接触。这时互相压紧的两个物体都会发生形变(这种形变常常十分微小，难于观察到)，因而产生对对方的弹性力作用。这种弹性力通常叫作正压力或支持力。它们的大小取决于相互压紧的程度，它们的方向总是垂直于接触面并指向对方。

(2)绳或线对物体的拉力。这种拉力是由于绳发生了形变(通常也十分微小)而产生的。它的大小取决于绳被拉紧的程度，它的方向总是沿着绳并指向绳要收缩的方向。

绳产生拉力时，绳的内部各段之间也有相互的弹力作用，这种内部的弹力叫作张力。很多实际问题中，绳的质量往往可以忽略。在这种情况下，对其中任意一段，如图 2.5 中的 $ab$ 段，张力为 $T_1$、$T_2$，应用牛顿第二定律就有 $T_1 - T_2 = ma = 0 \cdot a = 0$，由此可得 $T_1 = T_2$。再由牛顿第三定律可知，相邻各段的相互作用力相等，即 $T_1 = T_1'$，$T_2 = T_2'$，因此，$T_1' = T_1 = T_2 = T_2'$。这就是说，忽略绳的质量时，绳内各处的张力都相等。用同样的方

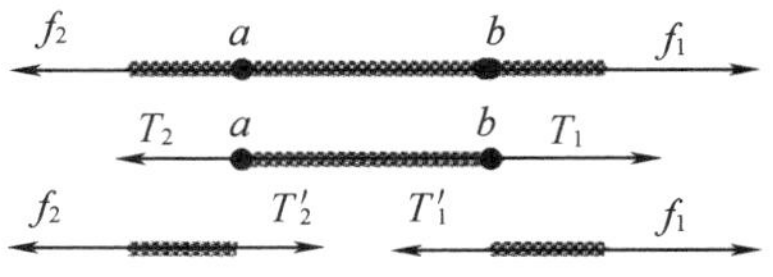


**图 2.5　绳的内部各段之间的弹力图示**

法可以证明,该张力也等于连接体对它的拉力$f_1$和$f_2$以及它对连接体的拉力,即$f_1$和$f_2$的反作用力$f_1'$和$f_2'$。

(3)弹簧的弹力。这是力学中常讨论的力。当弹簧被拉伸或压缩时,它就会对连接体有弹力的作用(图2.6),这种弹力总要使弹簧恢复原长。弹力遵守胡克定律:在弹性限度内,弹力和形变成正比。以$f$表示弹力,以$x$表示形变,即弹簧的长度相对于原长的变化,则根据胡克定律就有

$$f=-kx \tag{2.13}$$

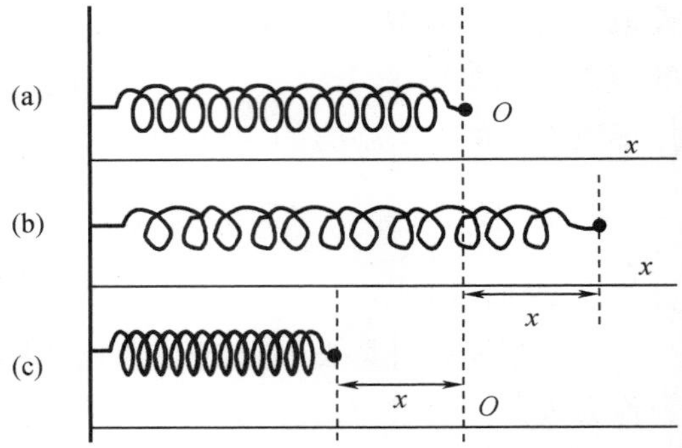


**图2.6 弹簧所受的弹力作用**

式中,$k$为弹簧的劲度系数,其大小取决于弹簧本身的性质。负号表示弹力的方向:当$x$为正,也就是弹簧被拉长时,$f$为负,即与被拉长的方向相反;当$x$为负,也就是弹簧被压缩时,$f$为正,即与被压缩的方向相反。总之,弹簧的弹力总是指向要恢复它原长的方向。

3. 摩擦力

(1)静摩擦力

两物体相互接触,彼此之间保持相对静止,但却有相对运动趋势时,两物体接触面间出现的相互作用的摩擦力,称为**静摩擦力**。

静摩擦力的作用线在两物体的接触面内,更确切地说,在两物体接触处的公切面内。静摩擦力的方向按以下方法确定:某物体受到的静摩擦力的方向总是与该物体相对滑动趋势的方向相反。假定静摩擦力消失,物体相对运动的方向即为相对滑动趋势的方向。

例如,物体$A$与物体$B$相互接触[图2.7(a)],当用一水平向左的力$\boldsymbol{F}$拉物体$A$(尚未拉动)时,$A$相对于$B$有向左滑动的趋势,故$A$受到$B$作用于它的静摩擦力$\boldsymbol{f}$的方向向右[图2.7(b)];与此同时,$B$相对于$A$有向右滑动的趋势,故$B$受到$A$作用于它的静摩擦力$\boldsymbol{f}'$的方向向左,物体$B$的受力如图2.7(c)所示。$\boldsymbol{f}$、$\boldsymbol{f}'$是一对作用力与反作用力。

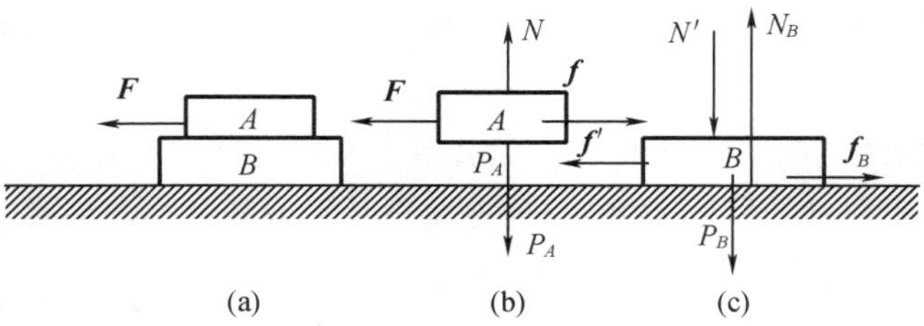


$P_A$—$A$的重力;$P_B$—$B$的重力;$f_B$—地面给$B$的摩擦力。下同。

**图2.7 物体受水平向左拉力的力图示**

静摩擦力的大小需要根据受力情况来确定。上例中,当拉力$\boldsymbol{F}$一定时,静摩擦力$\boldsymbol{f}$一定,且由平衡条件知,$\boldsymbol{F}$和$\boldsymbol{f}$等值反向;当拉力增大或减小时,相应地,静摩擦力也随着增大或减小。当拉力增大到某一数值时,物体$A$将开始滑动,可见静摩擦力增加到这一数值后

不能再增加，这时的静摩擦力称为最大静摩擦力，大小用$f_{max}$表示。由此可见，静摩擦力大小的变化范围是$0\leqslant f\leqslant f_{max}$。实验表明，作用在物体上的最大静摩擦力的大小$f_{max}$与物体受到的法向力的大小$N$成正比，即

$$f_{max}=\mu_0 N \tag{2.14}$$

式中，$\mu_0$称为最大静摩擦系数，它与相互接触物体的表面材料、表面状况（粗糙程度、温度、湿度等）有关。

（2）滑动摩擦力

两物体相互接触并有相对滑动时，在两物体接触处出现的相互作用的摩擦力，称为**滑动摩擦力**。滑动摩擦力的作用线也在两物体接触处的公切面内，其方向总是与物体相对运动的方向相反。

例如，物体$A$与物体$B$相互接触，并在力$\boldsymbol{F}$作用下运动，如图2.8（a）所示。设某时刻$A$相对于地面的速度为$\boldsymbol{v}_A$，$B$相对于地面的速度为$\boldsymbol{v}_B$，且$v_B>v_A$。这时$A$、$B$之间有相对运动，$A$相对于$B$的运动方向（即以$B$为参考系时，$A$的运动方向）向左，故$A$受到$B$作用于它的滑动摩擦力$\boldsymbol{f}$的方向向右；$B$相对于$A$的运动方向向右，故$B$受到$A$作用于它的滑动摩擦力$\boldsymbol{f}'$的方向向左。$\boldsymbol{f}$和$\boldsymbol{f}'$是一对作用力与反作用力。$A$和$B$的受力图如图2.8（b）和图2.8（c）所示。

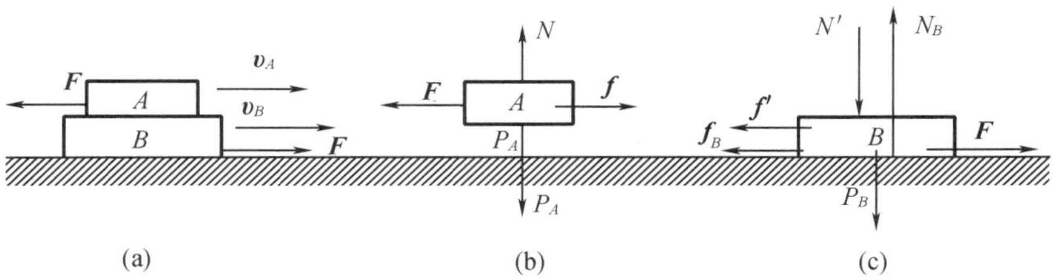


**图2.8 相互接触的物体的受力图**

实验表明，作用在物体上的滑动摩擦力的大小也与物体受到的法向力的大小$N$成正比，即

$$f=\mu N \tag{2.15}$$

式中，$\mu$称为滑动摩擦系数，它不仅与接触物体表面的材料和状况有关，而且与相对滑动速度的大小有关。通常$\mu$随相对滑动速度的增加而稍有减小，当相对滑动速度不太大时，$\mu$可近似看作常数。

一般来说，在其他条件相同的情况下，滑动摩擦系数小于最大静摩擦系数。摩擦力的规律是比较复杂的，式（2.14）、式（2.15）都是实验总结出的近似规律。至于摩擦力的起源问题，一般认为来自电磁相互作用。

## 2.1.4 牛顿运动定律的应用

利用牛顿定律求解力学问题时，可按下述步骤分析：

（1）选取研究对象。应用牛顿运动定律求解质点动力学问题时，应先选定一个物体（当

成质点）作为分析对象。进行具体分析时，可以把研究对象从一切和它有关联的其他物体中隔离出来，称之为**隔离体**。隔离体可以是几个物体的组合或某个特定物体，也可以是某个物体的一部分，视问题性质而定。

（2）画出受力图。分析研究对象的运动状态，包括它的轨迹、速度和加速度。问题涉及几个物体时，还要找出它们的运动之间的联系，进而找出研究对象所受的所有外力。画出简单的示意图以表示物体受力情况与运动情况，这种图叫作**受力图**。

（3）选取坐标系。根据题目具体条件选取坐标系是解动力学问题的一个重要步骤，坐标系选取得适当可使运算简化。

（4）列方程求解。根据选取的坐标系，列出研究对象的运动学方程和其他辅助性方程。

（5）讨论结果的物理意义，判断其是否合理和正确。

动力学问题一般有两类：一类是已知力的作用情况求运动；另一类是已知运动情况求力。这两类问题的分析方法都是一样的，都可以按上面的步骤进行，只是未知数不同。

**例 2.1** 如图 2.9（a）所示的皮带运输机，设砖块与皮带间的静摩擦系数为 $\mu_s$，砖块的质量为 $m$，皮带的倾斜角为 $\alpha$。皮带向上匀速输送砖块时，它对砖块的静摩擦力为多大？

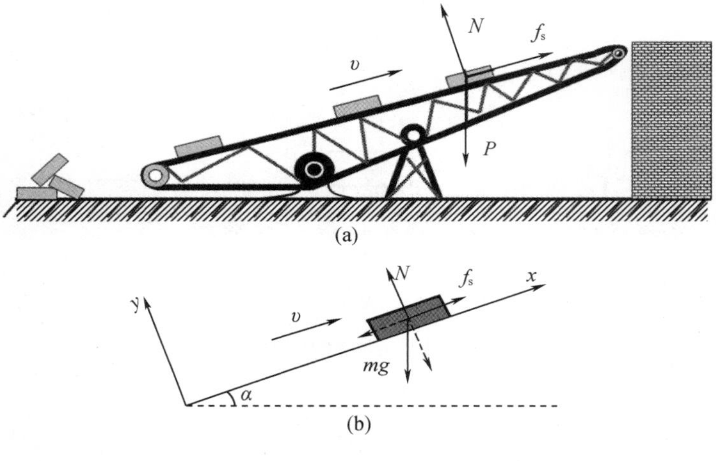


**图 2.9 例 2.1 图**

**解** 以砖块为研究对象。它向上匀速运动，加速度为零，设其所受静摩擦力为 $f_s$。在上升过程中，它的受力情况如图 2.9（b）所示。

选 $x$ 轴沿着皮带方向，则对砖块用牛顿第二定律，可得 $x$ 方向的分量式为

$$-mg\sin\alpha + f_s = ma_x = 0$$

由此得砖块受到的静摩擦力为

$$f_s = mg\sin\alpha$$

注意，此题不能用公式 $f_s = \mu_s N$ 求静摩擦力，因为这一公式只对最大静摩擦力才适用。在静摩擦力不是最大的情况下，只能根据牛顿第二定律的要求求出静摩擦力。

**例 2.2** 如图 2.10（a）所示的圆锥摆，长为 $l$ 的细绳一端固定在天花板上，另一端悬挂质量为 $m$ 的小球，小球经推动后，在水平面内绕通过圆心 $O$ 的铅直轴做角速率为 $\omega$ 的匀速

率圆周运动。绳和铅直方向所成的角度 $\theta$ 为多少？（空气阻力不计）

**解** 小球受重力 $\boldsymbol{P}$ 和绳的拉力 $\boldsymbol{F}_{\mathrm{T}}$ 作用，其运动学方程为

$$\boldsymbol{F}_{\mathrm{T}}+\boldsymbol{P}=m\boldsymbol{a} \tag{1}$$

式中，$\boldsymbol{a}$ 为小球的加速度。

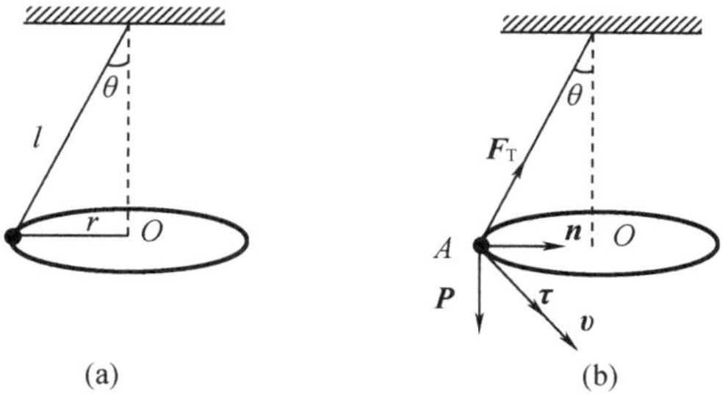


**图 2.10 例 2.2 图**

由于小球在水平面内做线速率 $v=r\omega$ 的匀速率圆周运动，过圆周上任意点 $A$，取自然坐标系，其轴线方向的单位矢量分别为 $\boldsymbol{n}$ 和 $\boldsymbol{\tau}$，小球的法向加速度的大小 $a_n=\dfrac{v^2}{r}$，而切向加速度大小 $a_\tau=0$，且小球在任意位置的速度 $\boldsymbol{v}$ 的方向均与 $\boldsymbol{P}$ 和 $\boldsymbol{F}_{\mathrm{T}}$ 所成的平面垂直。因此，按图2.10(b)所选的坐标系，式(1)的分量式为

$$F_{\mathrm{T}}\sin\theta=ma_n=m\frac{v^2}{r}=mr\omega^2 \tag{2}$$

和

$$F_{\mathrm{T}}\cos\theta-P=0 \tag{3}$$

由图 2.10 知，$r=l\sin\theta$，故由式(1)和(2)，得

$$F_{\mathrm{T}}=m\omega^2 l$$

$$\cos\theta=\frac{mg}{m\omega^2 l}=\frac{g}{\omega^2 l} \tag{4}$$

则

$$\theta=\arccos\frac{g}{\omega^2 l}$$

可见，当 $\omega$ 越大时，绳与铅直方向所成的夹角 $\theta$ 也越大。

**例 2.3** 如图 2.11 所示，在光滑的水平地面上放一质量为 $M$ 的楔块，楔块底角为 $\theta$，斜边光滑。今在其斜边上放一质量为 $m$ 的物块，求物块沿楔块下滑时对楔块和对地面的加速度。

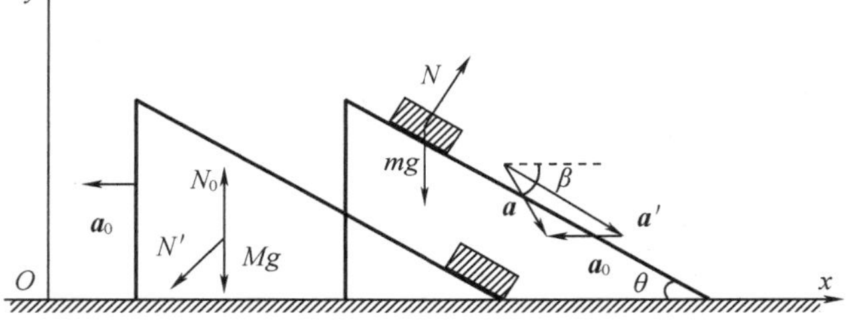


**图 2.11 例 2.3 图**

**解** 分别以楔块和物体为研究对象，它们受力情况如图 2.11 所

示，其中 $N$ 和 $N'$ 为二者之间的相互作用力。由于水平地面光滑，在物块下滑的过程中，楔块会向后退。以 $\boldsymbol{a}$ 表示物块对地面的加速度，它的方向与水平面成 $\beta$ 角向下。以 $\boldsymbol{a}_0$ 表示楔块的加速度，它的方向水平向后。物体相对于楔块的加速度为 $\boldsymbol{a}'$。根据运动的相对性，有

$$\boldsymbol{a}=\boldsymbol{a}'+\boldsymbol{a}_0 \tag{1}$$

在地面参考系中选如图 2.11 所示的坐标系，则有

$$a_x=a'_x-a_0=a'\cos\theta-a_0 \tag{2}$$

$$a_y=a'_y=-a'\sin\theta \tag{3}$$

对物块应用牛顿第二定律，有

$x$ 向：

$$N\sin\theta=ma_x \tag{4}$$

$y$ 向：

$$N\cos\theta-mg=ma_y \tag{5}$$

利用上面的关系式(2)～式(5)，可得

$$N\sin\theta=ma'\cos\theta-ma_0 \tag{6}$$

$$N\cos\theta-mg=-ma'\sin\theta \tag{7}$$

对楔块应用牛顿第二定律，注意到 $N'=N$，就有 $x$ 向：

$$N\sin\theta=Ma_0 \tag{8}$$

联立解式(6)～式(8)，得

$$a'=\frac{(M+m)\sin\theta}{M+m\sin^2\theta}g,\ a_0=\frac{m\sin\theta\cos\theta}{M+m\sin^2\theta}g$$

由此得

$$a=\sqrt{a_x^2+a_y^2}=\frac{\sin\theta\sqrt{M^2+m(2M+m)\sin^2\theta}}{M+m^2\sin^2\theta}g$$

方向角 $\beta$ 由式(9)给出：

$$\tan\beta=\left|\frac{a_y}{a_x}\right|=\left(1+\frac{m}{M}\right)\tan\theta \tag{9}$$

**例 2.4** 顶角为 $2\theta$ 的直圆锥体，底面固定在水平面上，如图 2.12(a)所示。质量为 $m$ 的小球系在绳的一端，绳的另一端系在圆锥的顶点 $O$。绳长为 $l$，且不能伸长，质量不计，圆锥面是光滑的。今使小球在圆锥面上以角速度 $\omega$ 绕 $OH$ 轴匀速转动，求：

(1)锥面对小球的支持力 $N$ 和细绳的拉力 $T$；

(2)当 $\omega$ 增大到某一值 $\omega_c$ 时小球离开锥面，这时 $\omega_c$ 及 $T$ 又各是多少。

**解** (1)小球受到绳的拉力 $T$、支持力 $N$ 和重力 $P$ 的作用，受力情况如图 2.12(b)所示，以 $r$ 表示小球所在处圆锥体的水平截面半径，对小球列方程，则

$$T\sin\theta-N\cos\theta=ma_n=m\omega^2r \tag{1}$$

$$T\cos\theta+N\sin\theta-mg=0 \tag{2}$$

式中，$r=l\sin\theta$，解得

$$N=mg\sin\theta-m\omega^2l\sin\theta\cos\theta$$

$$T=mg\cos\theta+m\omega^2l\sin^2\theta$$

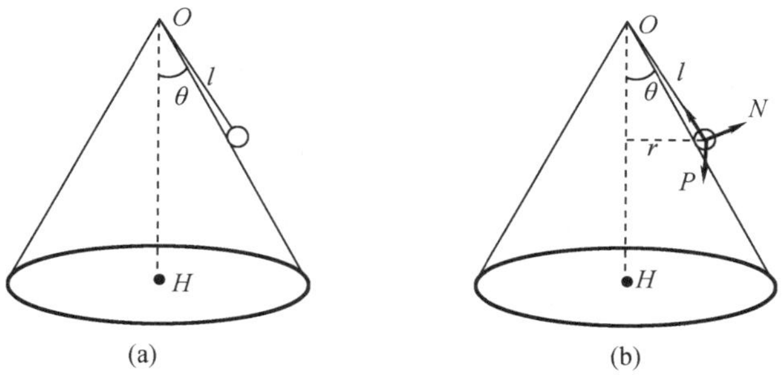


图 2.12 例 2.4 图

(2) $\omega=\omega_c$,小球离开锥面,$N=0$,则

$$mg\sin\theta - m\omega_c^2 l\sin\theta\cos\theta = 0$$

$$\omega_c = \sqrt{\frac{g}{l\cos\theta}}$$

$$T = \frac{mg}{\cos\theta}$$

**例 2.5** 由地面沿铅直方向发射质量为 $m$ 的宇宙飞船,如图 2.13 所示。试求宇宙飞船脱离地球引力所需的最小初速度。不计空气阻力及其他作用力。

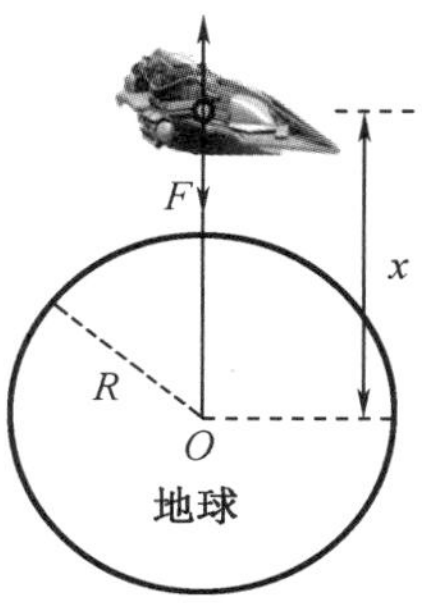


图 2.13 例 2.5 图

**解** 选宇宙飞船为研究对象,取坐标轴向上为正。宇宙飞船只受地球引力的作用,根据万有引力定律,地球对宇宙飞船的引力大小为

$$F = G\frac{Mm}{x^2} \tag{1}$$

用 $R$ 表示地球的半径,把 $G=\dfrac{gR^2}{M}$代入式(1),得

$$F = \frac{mgR^2}{x^2} \tag{2}$$

根据质点运动微分方程,有

$$m\frac{\mathrm{d}v}{\mathrm{d}t} = -\frac{mgR^2}{x^2}$$

$$\frac{\mathrm{d}v}{\mathrm{d}t} = -gR^2\frac{1}{x^2} \tag{3}$$

将$\dfrac{\mathrm{d}v}{\mathrm{d}t}$改写为

$$\frac{\mathrm{d}v}{\mathrm{d}t} = \frac{\mathrm{d}v}{\mathrm{d}x}\frac{\mathrm{d}x}{\mathrm{d}t} = v\frac{\mathrm{d}v}{\mathrm{d}x} \tag{4}$$

代入式(3)并分离变量得

$$v\mathrm{d}v = -gR^2 \frac{\mathrm{d}x}{x^2} \tag{5}$$

设宇宙飞船在地面附近（$x \approx R$）发射时的初速度为 $v_0$，在 $x$ 处的速度为 $v$，对式(5)积分，有

$$\int_{v_0}^{v} v\mathrm{d}v = \int_{R}^{x} \left(-gR^2 \frac{\mathrm{d}x}{x^2}\right)$$

故

$$v^2 = v_0^2 - 2gR^2\left(\frac{1}{R} - \frac{1}{x}\right) \tag{6}$$

宇宙飞船要脱离地球引力的作用，这是一个物理条件，现要用数学关系式将其表示出来，这在处理各种实际问题时是经常遇到的，也是解决实际问题的关键一步。这里要宇宙飞船脱离地球引力的作用，即意味着宇宙飞船的末位置 $x$ 趋于无限大而 $v \geqslant 0$。把 $x \to \infty$ 时 $v = 0$ 代入式(6)，即可求得宇宙飞船脱离地球引力所需的最小初速度（取地球的平均半径为 6 370 km）。

$$v_0 = \sqrt{2gR} = 11.2\ \mathrm{km \cdot s^{-1}}$$

这个速度称为第二宇宙速度。

理论计算表明，物体从地球表面附近以 $v_0 = \sqrt{gR} = 7.9\ \mathrm{km \cdot s^{-1}}$ 的速度沿水平方向发射后，将沿地面绕地球做圆周运动，成为人造地球卫星，这个速度称为第一宇宙速度。而物体从地球表面附近以 $v_0 = 16.7\ \mathrm{km \cdot s^{-1}}$ 的速度发射时，物体不仅能脱离地球引力，而且还能脱离太阳引力（即逃出太阳系），这个速度称为第三宇宙速度。

值得指出的是，宇宙速度随发射地点而异，如果发射不在地面附近而在与地心距离为 $r$ 处，这时第一、第二宇宙速度的表达式中的 $R$ 都应该换成 $r$，$g$ 都应换成 $r$ 处的引力加速度 $\frac{GM}{r^2}$，因而该处的第一、第二宇宙速度可分别表示为

$$v_{\mathrm{I}} = \sqrt{\frac{GM}{r}}$$

$$v_{\mathrm{II}} = \sqrt{\frac{2GM}{r}}$$

**例 2.6** 一个水平的木制圆盘绕其中心竖直轴匀速转动（图 2.14）。在盘上离中心 $r = 20$ cm 处放一小铁块，如果铁块与木板间的静摩擦系数 $\mu_s = 0.4$，求圆盘转速增大到多少（以 $\mathrm{r \cdot min^{-1}}$ 表示）时，铁块开始在圆盘上移动。

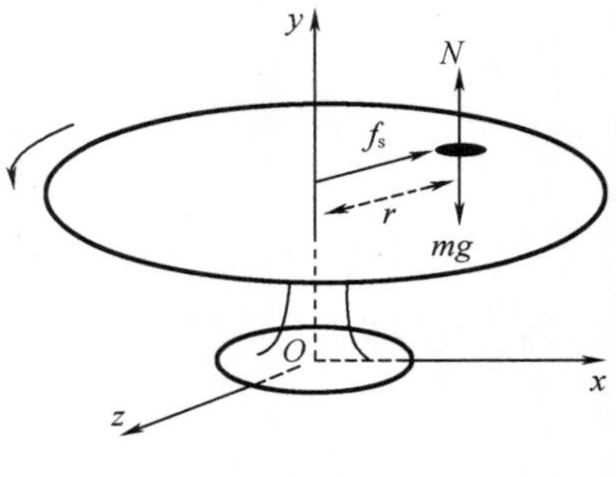


**图 2.14 例 2.6 图**

**解** 选铁块为研究对象。它在盘上不动时，是做半径为 $r$ 的匀速圆周运动，具有法向加速度 $a_n = r\omega^2$。图 2.14 给出了铁块受力情况，$\boldsymbol{f}_s$ 为静摩擦力。

对铁块用牛顿第二定律，得方向分量式为

$$f_s = ma_n = mr\omega^2 \tag{1}$$

由于

$$f_s \leqslant \mu_s N = \mu_s mg \tag{2}$$

因此

$$\mu_s mg \geqslant mr\omega^2 \tag{3}$$

即

$$\omega \leqslant \sqrt{\frac{\mu_s g}{r}} = \sqrt{\frac{0.4 \times 9.8}{0.2}}\ \mathrm{rad \cdot s^{-1}} = 4.43\ \mathrm{rad \cdot s^{-1}}$$

由此得

$$n = \frac{\omega}{2\pi} \leqslant 42.3\ \mathrm{r \cdot min^{-1}}$$

这一结果说明，圆盘转速达到 42.3 $\mathrm{r \cdot min^{-1}}$时，铁块开始在圆盘上移动。

**例 2.7** 阿特伍德(Atwood)机

(1)如图 2.15(a)所示，一根细绳跨过定滑轮，在细绳两侧悬挂质量分别为 $m_1$ 和 $m_2$ 的物体 1,2，且 $m_1 > m_2$。假设滑轮的质量与细绳的质量均忽略不计，滑轮与细绳间的摩擦力以及轮轴的摩擦力亦忽略不计，试求重物释放后，物体的加速度和细绳的张力。

(2)若将上述装置固定在如图 2.15(b)所示的电梯顶部，当电梯以加速度 $\boldsymbol{a}$ 相对于地面竖直向上运动时，试求两物体相对于电梯的加速度和细绳的张力。

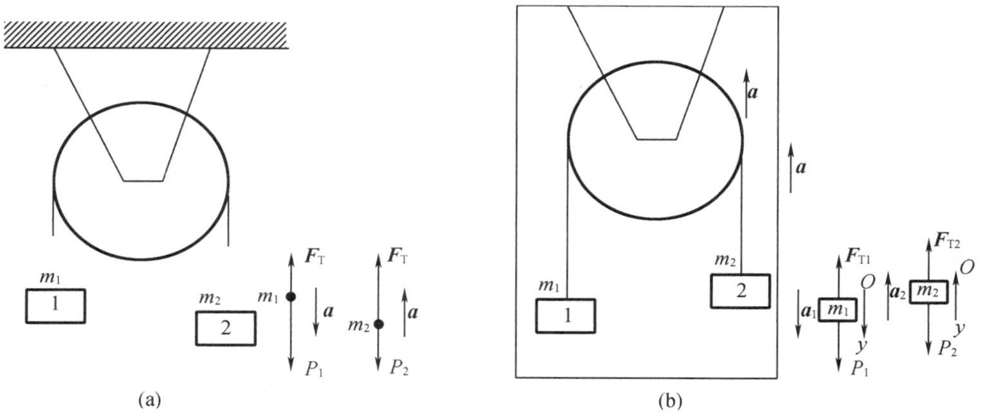


**图 2.15 例 2.7 图**

**解** (1) 选取地面为惯性参考系，并作如图 2.14(a)所示的受力图。考虑到可忽略细绳和滑轮质量的条件，故细绳作用在两物体上的力 $F_{T1}$、$F_{T2}$，与绳的张力 $F_T$ 应相等，即 $F_{T1} = F_{T2} = F_T$，又按图 2.15(a)所示的加速度 $\boldsymbol{a}$，根据牛顿第二定律，有

$$m_1 g - F_T = m_1 a \tag{1}$$

$$F_T - m_2 g = m_2 a \tag{2}$$

联立求解式(1)和式(2)，可得两物体的加速度的大小和绳的张力分别为

$$a=\frac{m_1-m_2}{m_1+m_2}g, F_T=\frac{2m_1m_2}{m_1+m_2}g$$

(2)仍选取地面为惯性参考系，电梯相对于地面的加速度为 $\boldsymbol{a}$。如图 2.15(b)所示，如以 $\boldsymbol{a}_r$ 为物体 1 相对于电梯的加速度，那么物体 1 相对于地面的加速度 $\boldsymbol{a}_1=\boldsymbol{a}_r+\boldsymbol{a}$。由牛顿第二定律，有

$$\boldsymbol{P}_1+\boldsymbol{F}_{T1}=m_1\boldsymbol{a}_1 \quad (3)$$

按如图 2.15(b)所选的坐标，考虑到物体 1 被限制在 $y$ 轴上运动，且 $a_1=a_r-a$，故式(3)为

$$m_1g-F_{T1}=m_1a_1=m_1(a_r-a) \quad (4)$$

由于绳的长度不变，故物体 2 相对于电梯的加速度的大小也是 $a_r$，物体 2 相对于地面的加速度为 $\boldsymbol{a}_2$。按如图 2.15(b)所选的坐标，$a_2=a_r+a$。于是物体 2 的运动学方程为

$$F_T-m_2g=m_2a_2=m_2(a_r+a) \quad (5)$$

由式(4)和式(5)，可得物体 1 和物体 2 相对于电梯的加速度的大小为

$$a_r=\frac{m_1-m_2}{m_1+m_2}(g+a) \quad (6)$$

将式(6)代入式(4)，得细绳的张力为

$$F_T=\frac{2m_1m_2}{m_1+m_2}(g+a)$$

### 2.1.5 惯性系与非惯性系

1. 惯性系与非惯性系

为便于研究，在运动学中，研究质点的运动时，参考系可以任意选择，在动力学中，应用牛顿运动定律研究问题时，参考系是否也可以任意选择呢？我们先给出惯性系的定义：牛顿运动定律成立的参考系称为**惯性系**。一般来说，地面可以作为惯性系，相对于地面静止或做匀速直线运动的物体作为参考系，也是惯性系。但牛顿运动定律是否对任意参考系都适用呢？用下面的例子来说明这个问题。

如图 2.16(a)所示，站台上停着一辆小车，所有接触面均光滑。相对于地面参考系进行分析，小车静止，加速度为零。这是因为作用在它上的力相互平衡，即合力为零，这符合牛顿运动定律。当小车相对于地面加速前进时，地面上的观察者分析车厢内的小球，如图 2.16(b)所示，小球所受合力仍然为零，故小球相对于地面静止，即仍然满足牛顿第二定律。但如果在加速启动的小车车厢内观察这个小球，如图 2.16(c)所示，即观察者以做加速运动的车厢为参考系来分析小球的运动，将发现小球向车尾方向做加速运动。它受力的情况并不改变，合力仍然是零。合力为零而有了加速度，这是违背牛顿运动定律的。因此，将加速运动的车厢作为参考系时，牛顿运动定律不成立。也就是说，应用牛顿运动定律研究动力学问题时，参考系是不能任意选择的。

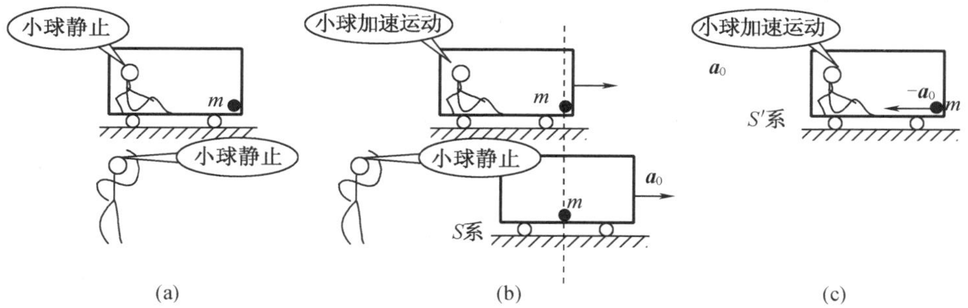


地面上的观察者代表 $S$ 系,以地面为参考系;车厢内的观察者代表 $S'$系,以车为参考系。

**图 2.16 不同参考系下观察小车运动**

牛顿运动定律不适用的参考系称为非惯性系。一个参考系是不是惯性系,只能由实验确定。如果在所选参考系中,应用牛顿运动定律和从它得到的推论,所得结果在人们要求的精确度范围内与实践或实验结果相符合,那么我们就认为这个参考系是惯性系。天文学的研究结果表明:以太阳为原点,以从太阳指向恒星的直线为坐标轴,这样的参考系可以认为是惯性系。实验还表明,相对于已知惯性系做匀速直线运动的参考系,牛顿运动定律也都适用,故凡是相对于惯性系做匀速直线运动的参考系也都是惯性系,而相对于惯性系做变速运动的参考系不是惯性系。

在图 2.16(c)中,如果设想有一力 $\boldsymbol{f}_0=-m\boldsymbol{a}_0$ 作用于小球,其大小等于小球质量 $m$ 与加速度 $\boldsymbol{a}_0$ 的乘积,其方向与小车相对于地面的加速度 $\boldsymbol{a}_0$ 相反,这样对于非惯性系仍可以沿用牛顿第二定律的形式,即在小车车厢内观察,小球由车厢前端向车尾加速运动是 $\boldsymbol{f}_0$ 作用的结果。在这里,我们将 $\boldsymbol{f}_0$ 称为惯性力。

惯性力与相互作用力不同。首先惯性力不是相互作用的,不存在惯性力的反作用力;其次,无论是在惯性系还是在非惯性系,都能够体现相互作用力,但只有在非惯性系中才能观测到惯性力。

2. 牛顿运动定律的适用范围

像其他一切物理定律一样,牛顿运动定律也有一定的适用范围。

从 19 世纪末到 20 世纪初,物理学的研究领域开始从宏观世界深入到微观世界,由低速运动扩展到高速(与光速比拟)运动。在高速和微观领域里,人们在实验中发现了许多新的现象,这些现象用牛顿力学中的概念无法解释,从而体现了牛顿力学的局限性。

物理学的发展表明:牛顿力学只适用于解决物体的低速运动问题,而不适用于处理物体的高速运动问题,物体的高速运动遵循相对论力学的规律;牛顿力学只适用于宏观物体,而不适用于微观粒子,微观粒子的运动遵循量子力学的规律。这就是说,牛顿力学只适用于宏观物体的低速运动,一般不适用于微观粒子和高速运动。

应该指出,目前遇到的工程实际问题,绝大多数都属于宏观、低速的范围,因此牛顿力学仍然是一般技术科学的理论基础和解决工程实际问题的重要工具。

# 2.2 冲量和动量

本节将研究力对时间的积累。为了描述力在一段时间的积累作用,先引入冲量的概念。在冲量的作用下,质点的动量发生了变化,从而引入动量定理进行定量描述,之后讨论一种特殊情况——动量守恒定律。

## 2.2.1 冲量 质点的动量定理

1. 冲量

一般情况下,作用于物体上的力的大小和方向是变化的,但在极短的时间间隔内,可认为其不变,$\mathrm{d}t$ 表示极短的时间,$\boldsymbol{F}$ 表示这一极短的时间间隔内质点所受的力,该力所产生的积累效果可表示为

$$\mathrm{d}\boldsymbol{I} = \boldsymbol{F}\mathrm{d}t \tag{2.16}$$

式中,$\mathrm{d}\boldsymbol{I}$ 称为力 $\boldsymbol{F}$ 在时间 $\mathrm{d}t$ 内的**元冲量**。变力 $\boldsymbol{F}$ 在时间间隔 $\Delta t = t_2 - t_1$ 内的积累效果可表示为

$$\boldsymbol{I} = \int_{t_1}^{t_2} \boldsymbol{F}\mathrm{d}t \tag{2.17}$$

式中,$\boldsymbol{I}$ 称为力 $\boldsymbol{F}$ 在时间 $\Delta t$ 内的冲量。冲量是过程量,它描述了力在这段时间内的积累效果。冲量的单位是牛·秒(N·s)。冲量是矢量,在直角坐标系下有如下的分量形式:

$$\begin{cases} I_x = \int_{t_1}^{t_2} F_x \mathrm{d}t \\ I_y = \int_{t_1}^{t_2} F_y \mathrm{d}t \\ I_z = \int_{t_1}^{t_2} F_z \mathrm{d}t \end{cases} \tag{2.18}$$

2. 动量

在研究力的作用效果及物体机械运动状态变化的时候,仅考虑速度是不够全面的,还要考虑物体的质量。比如有两个质量不同的物体——乒乓球和卡车,它们都以 $2\ \mathrm{m \cdot s^{-1}}$ 的速度运动,你会担心哪一个物体对你的撞击?显然,即使速度相同,但质量不同的物体的运动状态也是不同的。因此,描述物体的机械运动状态时应该同时考虑物体的质量和运动速度两个因素,为此引入了动量 $\boldsymbol{p}$ 的概念,作为物体机械运动的量度:

$$\boldsymbol{p} = m\boldsymbol{v} \tag{2.19}$$

由式(2.19)可知,动量被定义为物体质量与其运动速度的乘积。动量是矢量,其方向与速度方向相同,单位是千克·米·秒$^{-1}$($\mathrm{kg \cdot m \cdot s^{-1}}$)。

3. 质点的动量定理

冲量与动量有相同的量纲,因此二者之间应有关联,动量定理就是描述二者之间关系的表达式。由牛顿第二定律 $\boldsymbol{F}=\frac{\mathrm{d}\boldsymbol{p}}{\mathrm{d}t}$ 得

$$\boldsymbol{F}\mathrm{d}t=\mathrm{d}\boldsymbol{p} \tag{2.20}$$

式(2.20)称为**质点的动量定理的微分形式**,它表明了**质点在 d$t$ 时间内受到的合外力的冲量等于质点在 d$t$ 时间内动量的增量**,即只有在冲量的作用下,质点的动量才能变化。也就是说,要想使质点的动量发生变化,只有力的作用是不够的,还需要力持续作用一段时间。

当考虑力持续了一段有限时间(从 $t_1$ 时刻到 $t_2$ 时刻)的作用效果时,还可以对式(2.20)积分,得到

$$\boldsymbol{I}=\int_{t_1}^{t_2}\boldsymbol{F}\mathrm{d}t=\int_{\boldsymbol{p}_1}^{\boldsymbol{p}_2}\mathrm{d}\boldsymbol{p}=\boldsymbol{p}_2-\boldsymbol{p}_1 \tag{2.21}$$

式中,$\boldsymbol{I}$ 为合力 $\boldsymbol{F}$ 在 $t_1$ 到 $t_2$ 这段时间内的总冲量,$\boldsymbol{I}$ 的方向为动量增量($\Delta\boldsymbol{p}=\boldsymbol{p}_2-\boldsymbol{p}_1$)的方向;$\boldsymbol{p}_1$ 为质点在 $t_1$ 时刻的动量(初动量);$\boldsymbol{p}_2$ 为质点在 $t_2$ 时刻的动量(末动量)。式(2.21)**是质点动量定理的积分形式,它表明了合外力在一段时间内的冲量等于质点在同一段时间内的动量的增量。**

如果作用在质点上的合外力为恒力,则在时间 $\Delta t=t_2-t_1$ 内,式(2.21)可变为

$$\boldsymbol{I}=\boldsymbol{F}\Delta t=\boldsymbol{p}_2-\boldsymbol{p}_1 \tag{2.22}$$

动量定理的应用范围很广泛,可以用于求力、时间以及速度等物理量。

在应用动量定理时,要注意以下几点:

(1) 冲量和动量都是矢量,动量定理在直角坐标系下有如下的分量形式:

$$\begin{cases}I_x=\int_{t_1}^{t_2}F_x\mathrm{d}t=p_{2x}-p_{1x}\\I_y=\int_{t_1}^{t_2}F_y\mathrm{d}t=p_{2y}-p_{1y}\\I_z=\int_{t_1}^{t_2}F_z\mathrm{d}t=p_{2z}-p_{1z}\end{cases} \tag{2.23}$$

式(2.23)表明,力在哪一个坐标轴方向上形成冲量,动量在该方向上的分量就发生变化,动量分量的增量等于同方向上冲量的分量。也就是说,任何冲量的分量只能改变它自己方向上的动量分量,不能改变与之垂直方向上的动量分量。

(2)动量是状态量,冲量是过程量,动量定理给出了过程量与状态量之间的关系。动量定理告诉我们,合力的冲量的大小和方向总是等于质点在始、末状态的动量增量,而无须考虑质点在运动过程中的动量变化的细节,也没有必要了解外力随时间变化的详细情况。正因为如此,动量定理在研究打击、碰撞之类的问题时比较方便。因为在这种情况下,物体间的相互作用力很大,变化很快,作用的时间又极短,一般称这个相互作用力为冲力。冲力随

时间变化的关系极其复杂,难以测定,如图2.17所示,这时无法直接应用牛顿第二定律;而动量定理无须考虑冲力变化的细节,只要测定质点在作用前后的动量变化,再测出相互作用的时间间隔,就可估算平均冲力的大小,尽管这个平均值不是对冲力的确切描述,但在解决一些实际问题时,这样的估算已经足够了。

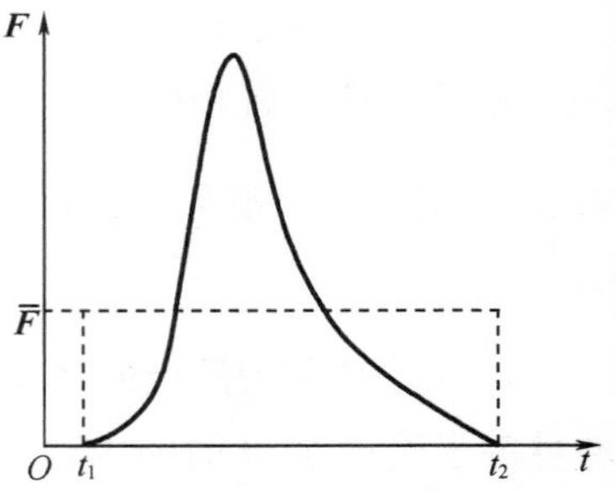


图2.17 冲力随时间变化

在碰撞打击(宏观)、散射(微观)一类问题中,常用到平均冲力的概念。如图2.17所示,如果一个恒力 $\overline{\boldsymbol{F}}$ 在 $\Delta t=t_2-t_1$ 内产生的冲量与变力 $\boldsymbol{F}$ 在相同的时间内产生的冲量相同,即

$$\boldsymbol{I}=\int_{t_1}^{t_2}\boldsymbol{F}\mathrm{d}t=\overline{\boldsymbol{F}}(t_2-t_1)=\boldsymbol{p}_2-\boldsymbol{p}_1 \tag{2.24}$$

则 $\overline{\boldsymbol{F}}$ 为变力 $\boldsymbol{F}$ 在时间 $\Delta t=t_2-t_1$ 内的平均冲力:

$$\overline{\boldsymbol{F}}=\frac{1}{t_2-t_1}\int_{t_1}^{t_2}\boldsymbol{F}\cdot\mathrm{d}t=\frac{\boldsymbol{p}_2-\boldsymbol{p}_1}{t_2-t_1} \tag{2.25}$$

其在直角坐标系的分量式为

$$\begin{cases} I_x=\int_{t_1}^{t_2}F_x\mathrm{d}t=\overline{F}_x\Delta t=p_{2x}-p_{1x} \\ I_y=\int_{t_1}^{t_2}F_y\mathrm{d}t=\overline{F}_y\Delta t=p_{2y}-p_{1y} \\ I_z=\int_{t_1}^{t_2}F_z\mathrm{d}t=\overline{F}_z\Delta t=p_{2z}-p_{1z} \end{cases} \tag{2.26}$$

从式(2.25)可以看出,在物体动量的增量一定的条件下,如果力的作用时间长,则作用力较小,而如果力的作用时间短,作用力就较大。在实际问题中,有时要减小冲力,避免冲力造成的损害。例如,渡轮驶靠码头时,在码头和船只相接触处都装有橡皮轮胎作为缓冲装置,就是为了延长接触时间以减小冲力;火车车厢两端的缓冲器和车厢底下的减震器,高层楼房施工时脚手架下张置的安全网,都是为了达到同样的目的。相反,有时又要增大冲力,加以利用。例如在打击、锻压这类过程中,则是利用短暂的作用时间来获得巨大的冲力。

**例2.8** 试用动量定理解释“逆风行舟”。

**解** 如图2.18所示的一艘帆船,帆面光滑。风逆向吹向船帆,与帆作用后,风速方向改变。以风中一小块沿帆面吹过的质量为 $\Delta m$ 的空气为研究对象,$\boldsymbol{v}_0$ 和 $\boldsymbol{v}$ 为风吹向帆面和离开帆面的速度。由于帆面比较光滑,可以近似认为吹过帆面的速度大小不变,即 $v_0=v$,设 $\Delta m$ 受到帆的作用力为 $\boldsymbol{f}$,根据动量定理有

$$\boldsymbol{f}\Delta t=\Delta m(\boldsymbol{v}-\boldsymbol{v}_0)$$

式中,$\boldsymbol{f}$ 的方向与速度增量的方向相同。

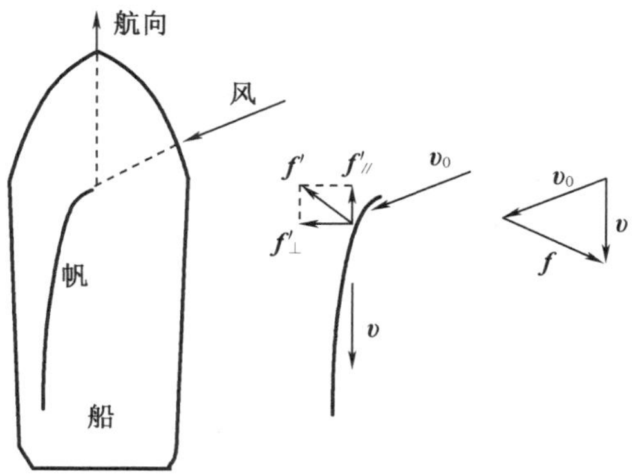


图2.18　例2.8图

风受到力 $\boldsymbol{f}$ 的方向斜向下，则船帆受到风的作用力为 $\boldsymbol{f}'$。$\boldsymbol{f}$ 和 $\boldsymbol{f}'$ 是作用力和反作用力，大小相等，方向相反，所以 $\boldsymbol{f}'$ 的方向斜向上。将 $\boldsymbol{f}'$ 分解为两个量 $\boldsymbol{f}'_{\perp}$ 和 $\boldsymbol{f}'_{/\!/}$，其中垂直于船的力 $\boldsymbol{f}'_{\perp}$ 与水对船的阻力平衡，而与船的航向平行的力 $\boldsymbol{f}'_{/\!/}$ 就是船前进的动力。这就是"逆风行舟"的原理。

**例2.9**　如图2.19所示，用传送带 $A$ 输送煤粉，料斗口在 $A$ 上方高 $h=0.5\ \mathrm{m}$ 处，煤粉自料斗口自由落在 $A$ 上，设料斗口连续卸煤的流量 $q_{\mathrm{m}}=40\ \mathrm{kg\cdot s^{-1}}$，$A$ 以 $v=4.0\ \mathrm{m\cdot s^{-1}}$ 的水平速度匀速向右移动，求装煤的过程中，煤粉对 $A$ 的作用力的大小和方向。（不计相对于传送带静止的煤粉质量）

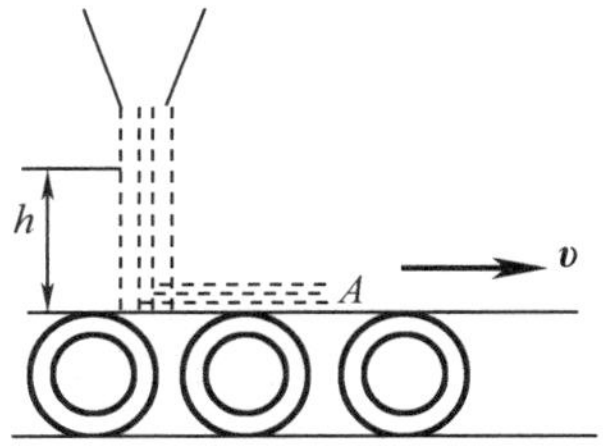


图2.19　例2.9图

**解**　此题既可用动量定理的矢量表达式求解，也可用动量定理的分量式来求解。先用矢量式求解。选取煤粉为研究对象，先求传送带 $A$ 对煤粉的作用力。煤粉落到传送带之前具有向下的速度 $v_0$，即

$$v_0=\sqrt{2gh} \tag{1}$$

落到传送带上之后的速度为 $v=4.0\ \mathrm{m\cdot s^{-1}}$。

设煤粉与 $A$ 相互作用的 $\Delta t$ 时间内，落于传送带上的煤粉质量为 $\Delta m$

$$\Delta m=q_{\mathrm{m}}\Delta t \tag{2}$$

设 $A$ 对煤粉的作用力大小为 $f$，根据动量定理

$$\boldsymbol{f}\Delta t=\Delta m\boldsymbol{v}-\Delta m\boldsymbol{v}_0 \tag{3}$$

如图2.20(a)所示，$\boldsymbol{f}\Delta t$、$\Delta m\boldsymbol{v}$ 和 $\Delta m\boldsymbol{v}_0$ 这3个矢量组成矢量三角形。

$$|\boldsymbol{f}\Delta t|=\sqrt{(\Delta mv)^2+(\Delta mv_0)^2} \tag{4}$$

$$f=\frac{\sqrt{(\Delta mv)^2+(\Delta mv_0)^2}}{\Delta t}=\frac{q_{\mathrm{m}}\Delta t\ \sqrt{4^2+2\times9.8\times0.5}}{\Delta t}=149\ \mathrm{N}$$

也可以利用动量定理分量式求解，如图2.20(b)所示建立坐标系。

$$f_x\Delta t=\Delta mv-0 \tag{5}$$

$$f_y\Delta t=0-(-\Delta mv_0) \tag{6}$$

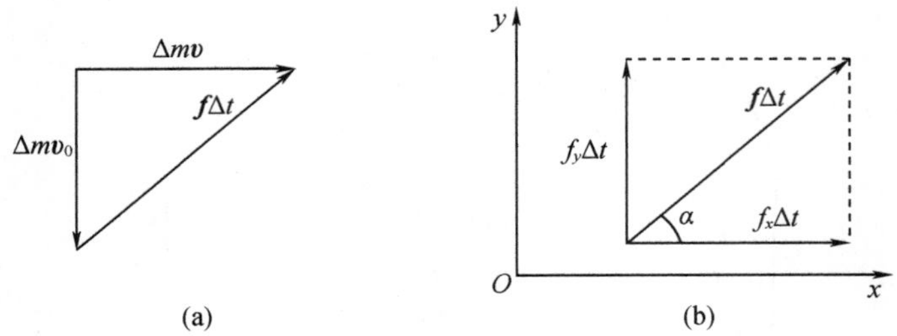


图 2.20　受力分析

将 $\Delta m = q_{\mathrm{m}}\Delta t$ 代入式(5)和式(6)得

$$f_x = q_{\mathrm{m}}v, f_y = q_{\mathrm{m}}v_0 \tag{7}$$

传送带 A 对煤粉的作用力大小为

$$f = \sqrt{f_x^2 + f_y^2} = 149\ \mathrm{N} \tag{8}$$

$f$ 与 $x$ 轴正向夹角为

$$\alpha = \arctan\left(\frac{f_y}{f_x}\right) = 57.4° \tag{9}$$

根据牛顿第三定律,煤粉对传送带 $A$ 的作用力 $f'$ 为

$$f' = f = 149\ \mathrm{N}$$

方向与 $f$ 相反。

## 2.2.2　质点系的动量定理

以上讨论了质点的动量定理,在实际问题中的物体往往是由多个质点组成的。由若干个质点组成的系统简称为**质点系**。在一个质点系中,我们把各质点受到的系统外的物体对它们的作用力称为**外力**,质点系中的各质点彼此之间的相互作用力称为**内力**。

下面讨论在外力和内力的共同作用下,质点系的动量的变化规律。设质点系由 $n$ 个质点组成,我们可以先考虑系统中的两个质点。如图 2.21 所示,两个质点的质量分别是 $m_1$ 和 $m_2$,它们受到的外力分别为 $\boldsymbol{F}_1$ 和 $\boldsymbol{F}_2$,内力分别为 $\boldsymbol{f}_{12}$ 和 $\boldsymbol{f}_{21}$,对两质点分别应用质点的动量定理列方程:

$$(\boldsymbol{F}_1 + \boldsymbol{f}_{12})\mathrm{d}t = \mathrm{d}\boldsymbol{p}_1 \tag{2.27}$$

$$(\boldsymbol{F}_2 + \boldsymbol{f}_{21})\mathrm{d}t = \mathrm{d}\boldsymbol{p}_2 \tag{2.28}$$

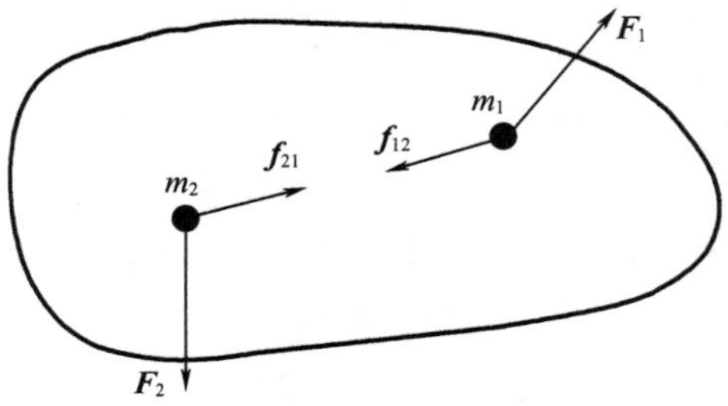


图 2.21　两个质点的受力

对式(2.27)和式(2.28)求和,得

$$(\boldsymbol{F}_1+\boldsymbol{F}_2)\mathrm{d}t+(\boldsymbol{f}_{12}+\boldsymbol{f}_{21})\mathrm{d}t=\mathrm{d}\boldsymbol{p}_1+\mathrm{d}\boldsymbol{p}_2 \tag{2.29}$$

$\boldsymbol{f}_{12}$和$\boldsymbol{f}_{21}$是两质点之间的内力,是一对作用力和反作用力。由牛顿第三定律可知,$\boldsymbol{f}_{12}=-\boldsymbol{f}_{21}$,即$\boldsymbol{f}_{12}+\boldsymbol{f}_{21}=0$,所以式(2.29)变为

$$(\boldsymbol{F}_1+\boldsymbol{F}_2)\mathrm{d}t=\mathrm{d}\boldsymbol{p}_1+\mathrm{d}\boldsymbol{p}_2 \tag{2.30}$$

式(2.30)是**两个质点组成的质点系的动量定理**,该式表明**作用于由两质点组成的系统的合外力的冲量等于系统内两质点的动量之和的增量。**

可把式(2.30)的结论推广到由两个以上的质点组成的质点系,即

$$\left(\sum_i \boldsymbol{F}_i\right)\mathrm{d}t+\left(\sum_i \boldsymbol{f}_i\right)\mathrm{d}t=\mathrm{d}\left(\sum_i \boldsymbol{p}_i\right) \tag{2.31}$$

式中,$\sum_i \boldsymbol{f}_i$是对质点系中各质点受到的内力求和。由于内力总是以作用力和反作用力的形式成对出现,因此$\sum_i \boldsymbol{f}_i=0$,式(2.31)变为

$$\left(\sum_i \boldsymbol{F}_i\right)\mathrm{d}t=\mathrm{d}\left(\sum_i \boldsymbol{p}_i\right) \tag{2.32}$$

式中,$\boldsymbol{F}=\sum_i \boldsymbol{F}_i$,是对质点系中各质点受到的外力求和,是系统所受的合外力;$\boldsymbol{p}=\sum_i \boldsymbol{p}_i$是质点系所有质点的动量之和,称为质点系的(总)动量。这样,式(2.32)最终可以表述为

$$\boldsymbol{F}\mathrm{d}t=\mathrm{d}\boldsymbol{p} \tag{2.33}$$

式(2.33)表明,**质点系所受的合外力的冲量等于质点系动量的增量**。这个规律称为**质点系的动量定理的微分形式。**

当讨论力持续作用一段时间后质点系的动量变化的规律时,需要对式(2.33)积分:

$$\boldsymbol{I}=\int_{t_1}^{t_2}\boldsymbol{F}\mathrm{d}t=\boldsymbol{p}_2-\boldsymbol{p}_1 \tag{2.34}$$

式中,$\boldsymbol{I}$是$\Delta t$时间内质点系受到的合外力的冲量;$\boldsymbol{p}_1$和$\boldsymbol{p}_2$分别是质点系初态和末态时的动量。式(2.34)是**质点系动量定理的积分形式**,表明**在某段时间内,质点系受到的合外力的冲量等于质点系(总)动量的增量。**

式(2.33)及式(2.34)都是**质点系的动量定理**,表明了质点系动量的变化只取决于系统所受的合外力,与内力的作用没有关系,合外力越大,合外力的冲量越大,系统动量的变化就越大。同时也需注意,在质点系里,各质点受到的内力及内力的冲量并不等于零,内力的冲量将改变各质点的动量,这点可由式(2.27)和式(2.28)反映出来。但是,内力及内力的冲量的矢量和一定等于零,因此内力并不改变质点系的总动量,只起质点系内各质点之间彼此交换动量的作用,或者改变总动量在各个质点上的分配。

### 2.2.3 质点系的动量守恒定律

从质点系动量定理可知,如果质点系所受的合外力(或合外力的冲量)为零,质点系的动量将保持不变,即如果

$$\boldsymbol{F}=0$$

则

$$p = \sum_i m_i \boldsymbol{v}_i = 恒量$$

$$\frac{\mathrm{d}\boldsymbol{p}}{\mathrm{d}t} = 0 \tag{2.35}$$

这个规律就是**质点系的动量守恒定律**。式(2.35)表明，**如果作用在质点系上的合外力为零，则该系统的动量保持不变。**

在应用动量守恒定律时，应注意以下几点：

(1)动量守恒的条件是系统所受合外力的矢量和为零，即系统内各物体不受外力或各物体所受外力的矢量和为零。不过在处理具体问题时，这个条件往往得不到严格满足，如在爆炸、碰撞、冲击等过程中，合外力不一定为零，但由于内力往往比外力大得多，这时外力(如摩擦力、重力等)就可以忽略不计，从而认为这个过程的动量近似守恒。

(2)在实际问题中，质点系的合外力可能不为零，此时系统的总动量虽不守恒，但质点系所受的合外力在某个方向上的分量为零，则该系统的总动量在该方向的分量守恒：

$$\begin{cases} 如果 \sum F_{ix} = 0,则 \sum p_{ix} = c_1 \\ 如果 \sum F_{iy} = 0,则 \sum p_{iy} = c_2 \\ 如果 \sum F_{iz} = 0,则 \sum p_{iz} = c_3 \end{cases} \tag{2.36}$$

由此可见，若系统所受的合外力不等于零，但所受的合外力在某方向上的分量为零时，系统的总动量虽然不守恒，但总动量在该方向上的分量守恒。例如，地球附近的抛体只受竖直向下的重力作用，竖直方向上的动量虽然不守恒，但水平方向上的动量守恒。

(3)在质点系所受的合外力为零时，系统的动量守恒。动量守恒并不意味着系统内各质点的动量保持不变，在系统内部各质点间可以发生动量的转移。在内力的作用下，系统内各质点一般均不断地改变动量，若一个质点在某方向上的动量增加，则必有1个或几个其他的质点在该方向上的动量等值减少。

在所有的惯性系中，动量守恒定律都成立，但在应用该定律时应注意，各质点的动量都应是相对于同一参考系而言的。

动量守恒定律是关于自然界一切过程的一条最基本的定律，远比牛顿运动定律更广泛、更深刻，更能揭示物质世界的一般性规律。动量守恒定律适用的质点系范围，大到宇宙，小到微观粒子。当把质点系的范围扩展到整个宇宙时，可以得出“宇宙中动量的总量是一个不变量”的结论，这就使得动量守恒定律成为自然界普遍遵从的定律。而牛顿运动定律只是在宏观物体做低速运动的情况下成立，超出这个范围就不再适用。

将动量守恒定律应用于力学以外的领域，不仅带来了一系列重大发现，而且使定律自身的概念得以发展和完善。例如，在β衰变中，原子核放射出一个电子后转变为一个新原子核，如果衰变前的原子核是静止的，根据动量守恒定律，新原子核必定在射出电子的相反方向上反冲，以使衰变后总动量为零。但在云室照片上发现，两者的径迹不在一条直线上。是动量守恒定律不适用于微观粒子呢，还是有别的原因？为解释这种现象，泡利于1930年提出“中微子存在”的假说，即在β衰变中除了放射出电子以外还产生一个中微子，它与新原子核和电子共同保证了动量守恒定律的成立。26 年后，莱茵斯和科温终于在实验中找到了中微子，动量守恒定律也经受住了一次重大的考验。

**例 2.10** 如图 2.22 所示，质量 $M=1.5$ kg 的物体，用一根长为 $l=1.25$ m 的细绳悬挂在天花板上。今有一质量 $m=10$ g 的子弹以 $v_0=500\ \text{m}\cdot\text{s}^{-1}$ 的水平速度射穿物体，刚穿出物体时子弹的速度大小 $v=30\ \text{m}\cdot\text{s}^{-1}$，设穿透时间极短。求：

(1) 子弹刚穿出物体时绳中张力的大小；

(2) 子弹在穿透过程中所受的冲量。

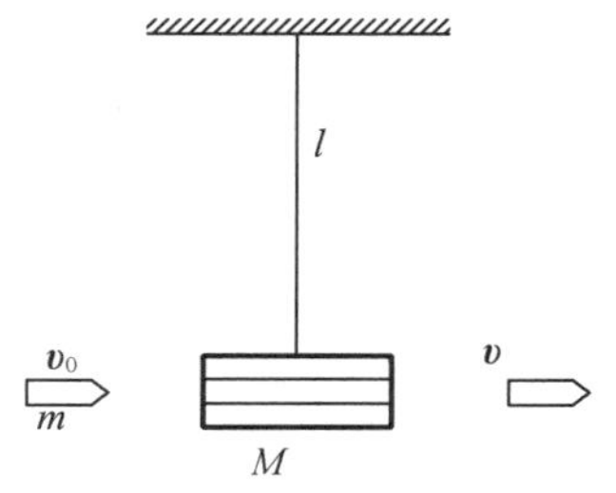

**图 2.22 例 2.10 图**

**解** (1) 在子弹射穿物体的过程中，因穿透时间极短，故可认为物体未离开平衡位置。因此，作用于子弹、物体系统上的外力均在竖直方向，故系统在水平方向上动量守恒。

设子弹穿出时物体的水平速度为 $v'$，根据动量守恒列方程得

$$mv_0 = mv + Mv'$$

$$v' = \frac{m(v_0 - v)}{M} = \frac{0.01\times(500-30)}{1.5}\ \text{m}\cdot\text{s}^{-1} \approx 3.13\ \text{m}\cdot\text{s}^{-1}$$

物体受重力和绳的拉力 $T$ 作用，根据牛顿第二定律对物体列方程得

$$T - Mg = \frac{Mv'^2}{l}$$

$$T = Mg + \frac{Mv'^2}{l} \approx 26.5\ \text{N}$$

(2) 设子弹在穿透物体的过程中受到的力为 $f$，根据动量定理得

$$f\Delta t = mv - mv_0 = -4.7\ \text{N}\cdot\text{s} \quad (\text{设 } \boldsymbol{v}_0 \text{ 方向为正方向})$$

式中，负号表示冲量方向与 $\boldsymbol{v}_0$ 方向相反。

**例 2.11** 如图 2.23 所示，在地面上固定一半径为 $R$ 的光滑球面，球面顶点 $A$ 处放一质量为 $M$ 的滑块。一质量为 $m$ 的油灰球，以水平速度 $\boldsymbol{v}_0$ 射向滑块，并黏附在滑块上与其一起沿球面下滑。

(1) 它们滑至何处($\theta$ 是多少)时脱离球面？

(2) 如欲使二者在 $A$ 处就脱离球面，则油灰球的入射速率至少为多少？

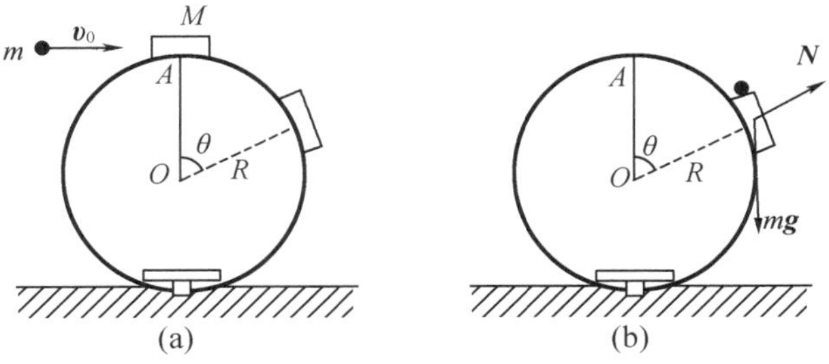

**图 2.23 例 2.11 图**

**解** 油灰球与滑块的碰撞属于完全非弹性碰撞，碰撞过程中动量守恒，但机械能不守恒。碰撞后沿球面向下运动的过程中，油灰球与滑块组成的系统只有重力做功，所以系统的机械能守恒。

设油灰球与滑块碰撞后的共同速度为 $v$，它们脱离球面的速度为 $u$。

(1)对碰撞过程，由动量守恒定律得

$$(m+M)v=mv_0 \tag{1}$$

所以

$$v=\frac{mv_0}{M+m} \tag{2}$$

油灰球与滑块沿固定光滑球面下滑的过程中机械能守恒，在任一位置 $\theta$ 时，有

$$\frac{1}{2}(M+m)v^2+(M+m)gR(1-\cos\theta)=\frac{1}{2}(M+m)u^2 \tag{3}$$

油灰球与滑块受重力 $(M+m)g$ 和球面的支持力 $N$ 的作用，用牛顿第二定律列方程得

$$(M+m)g\cos\theta-N=\frac{(M+m)u^2}{R} \tag{4}$$

当物体脱离球面时，$N=0$，代入式(4)，并将式(2)～式(4)联立，可解得

$$\cos\theta=\frac{v^2+2gR}{3gR}=\frac{m^2v_0^2}{3gR(M+m)^2}+\frac{2}{3} \tag{5}$$

所以

$$\theta=\arccos\left[\frac{m^2v_0^2}{3gR(M+m)^2}+\frac{2}{3}\right]$$

(2)若要在 $A$ 处使物体脱离球面，说明 $m$ 与 $M$ 碰撞后速度较大，重力不足以提供向心力，即

$$\frac{(M+m)v_A^2}{R}\geqslant(M+m)g \tag{6}$$

整理得

$$v_A^2\geqslant Rg \tag{7}$$

根据动量守恒已经求得

$$v_A=\frac{mv_0}{M+m} \tag{8}$$

将式(7)和式(8)联立可得

$$\frac{m^2v_0^2}{(M+m)^2}\geqslant Rg \tag{9}$$

所以油灰球的速度至少应为

$$v_0=(M+m)\frac{\sqrt{Rg}}{m}$$

### 2.2.4 质心 质心运动定理

1. 质心

我们周围见到的物体的运动形式通常比较复杂，这时可以把物体看作是由无数个质点组成的质点系。在研究质点系的运动时，质心是一个重要的概念。如图 2.24 所示，如果把一个由轻杆相连的两个小球组成的系统斜抛向空中，整个系统在空间中的运动比较复杂，是平动和转动的合成，而每个小球的运动轨迹都不是抛物线，但该系统中某点 $C$ 的运动轨迹却是抛物线，可用点 $C$ 的运动代表系统的平动，系统的全部质量似乎集中在 $C$ 点，$C$ 点就是系统的质心。所谓质心就是质点系的质量中心。

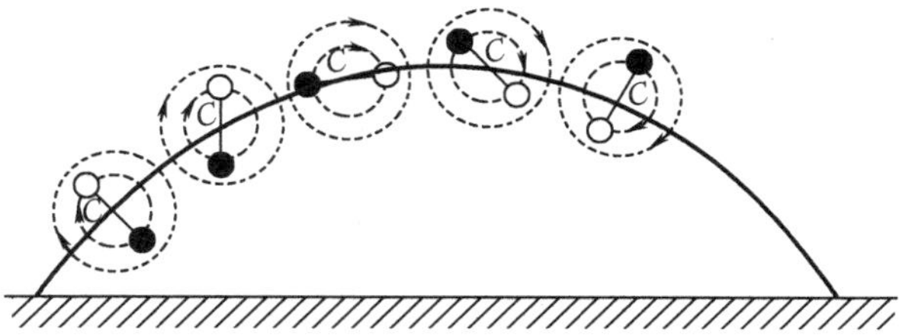


图 2.24 某点 $C$ 的运动轨迹

先求两质点组成的质点系的质心。以由轻杆相连的两个小球组成的系统为例，如图 2.25 所示，两小球可看成质点，质量分别为 $m_1$ 和 $m_2$，设 $m_1$ 和 $m_2$ 分布在 $x$ 轴上，坐标分别是 $x_1$ 和 $x_2$，质心坐标为 $x_C$，$m_1$ 和 $m_2$ 与质点 $C$ 之间的距离分别为 $l_1$ 和 $l_2$。

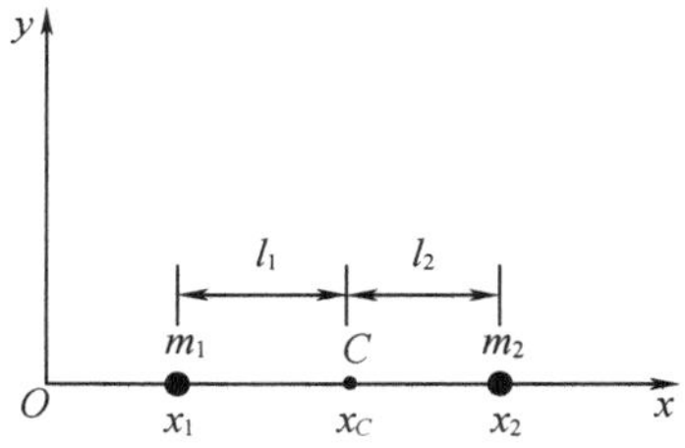


图 2.25 轻杆相连的两个小球组成的系统

设想有一"支点"$C$，如果 $C$ 点使 $m_1 l_1 = m_2 l_2$，则 $C$ 点就是该系统的质心。从图 2.25 可以看出

$$\begin{aligned} l_1 &= x_C - x_1 \\ l_2 &= x_2 - x_C \end{aligned} \tag{2.37}$$

所以有

$$m_1(x_C - x_1) = m_2(x_2 - x_C) \tag{2.38}$$

即

$$x_C = \frac{m_1 x_1 + m_2 x_2}{m_1 + m_2} \tag{2.39}$$

由式(2.39)可以看出质心的位置与质量和质量的分布有关。推广到在一条直线上分布的由 $n$ 个质点组成的质点系，其质心公式为

$$x_C = \frac{m_1 x_1 + m_2 x_2 + \cdots + m_n x_n}{m_1 + m_2 + \cdots + m_n} = \frac{\sum_i^n m_i x_i}{\sum_i^n m_i} \tag{2.40}$$

如果质点系的总质量用 $M$ 表示，即 $M = \sum_i^n m_i$，则质点系的质心为

$$x_C = \frac{\sum_i^n m_i x_i}{M} \tag{2.41}$$

如果质点系的质点分布不在一条直线上，而分布在空间中，如图 2.26 所示。则根据式(2.41)可得其质心公式在直角坐标系的分量式为

$$\begin{cases} x_C = \dfrac{\sum_i^n m_i x_i}{M} \\ y_C = \dfrac{\sum_i^n m_i y_i}{M} \\ z_C = \dfrac{\sum_i^n m_i z_i}{M} \end{cases} \tag{2.42}$$

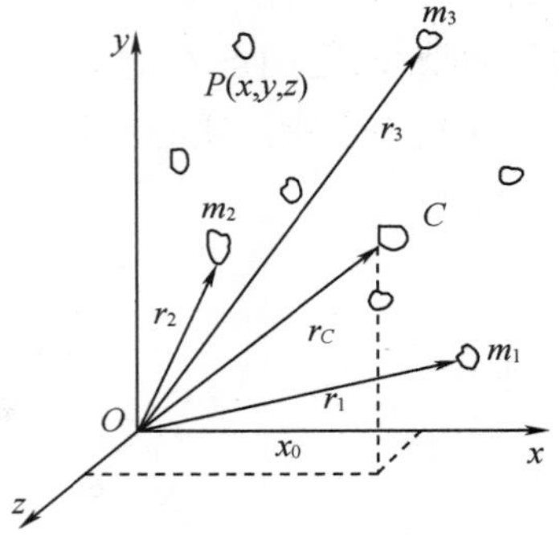


**图 2.26　质点分布在空间中**

也可将式(2.42)写成矢量式：

$$\boldsymbol{r}_C = \frac{\sum_i^n m_i \boldsymbol{r}_i}{M} \tag{2.43}$$

式中，$M = \sum_i^n m_i$，是质点系中所有质点的质量的总和；$\boldsymbol{r}_i$ 为第 $i$ 个质点的矢径；$\boldsymbol{r}_C$ 为质点系的质心。

对于质量连续分布的物体，可以认为物体是由许多质元组成的，以 $\mathrm{d}m$ 表示质元的质量，以 $\boldsymbol{r}$ 表示质元的位矢，将式(2.43)中的求和改为积分，质心的矢量表示式为

$$\boldsymbol{r}_C = \frac{\int \boldsymbol{r}\mathrm{d}m}{M} \tag{2.44}$$

其在直角坐标系的分量式为

$$\begin{cases} x_C = \dfrac{\int x\mathrm{d}m}{M} \\ y_C = \dfrac{\int y\mathrm{d}m}{M} \\ z_C = \dfrac{\int z\mathrm{d}m}{M} \end{cases} \tag{2.45}$$

虽然质心的位矢随坐标系的选取而变化，但对一个质点系而言，质心的位置是固定的。

**例 2.12**　求质量分布均匀的质量为 $m$、半径为 $R$ 的半薄球壳的质心。

**解**　因为球壳的质量连续分布，所以可根据式(2.45)求解。

先建立如图 2.27 所示的坐标系。

由于半球壳关于 $y$ 轴对称，可以断定质心一定位于 $y$ 轴上，所以 $x_C=0$。在半球壳上取一质元，为一圆环，圆环的面积为 $ds=2\pi R\sin\theta R d\theta$，设该球壳的质量面密度为 $\sigma$，则该圆环的质量为

$$dm=\sigma ds=\sigma 2\pi R^2\sin\theta d\theta \tag{1}$$

根据式(2.45)，积分可得

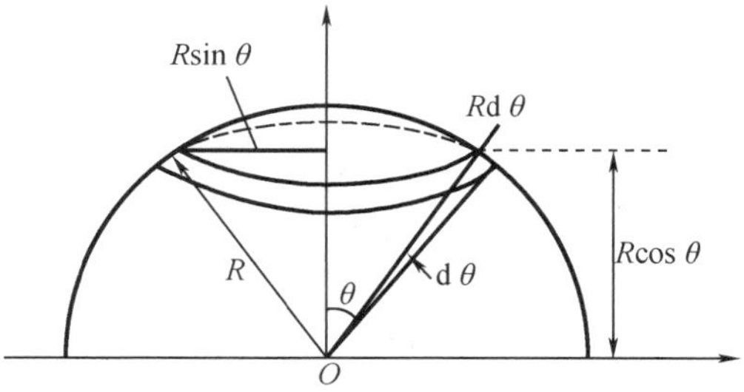


**图 2.27 例 2.12 图**

$$y_C=\frac{\int y dm}{m}=\frac{\int_0^{\frac{\pi}{2}} y\sigma 2\pi R^2\sin\theta d\theta}{\sigma 2\pi R^2} \tag{2}$$

由图 2.27 可知

$$y=R\cos\theta \tag{3}$$

所以

$$y_C=R\int_0^{\frac{\pi}{2}}\cos\theta\sin\theta d\theta=\frac{1}{2}R$$

对于密度均匀、形状对称的物体，比如圆环、球体、柱体等，其质心就是它们的几何对称中心。

质心和重心是两个不同的概念，不能混淆。质心是物体的质量中心，当外力的作用线通过质心时，物体只能做平动，而不能做转动。重心则是地球对物体系各质点重力的等效合力的作用点，没有重力自然就没有重心，但质心永远存在。对于地球上的不太大的物体，可认为物体处于均匀的重力场中，此时物体的质心与重心重合。

对于质点系或质量连续分布的实际物体，运动形式往往比较复杂，而且物体内每一个质点的运动状态都不尽相同，在这种情况下，通常通过确定物体质心的运动规律来判断物体的运动状态。

2. 质心运动定理

将式(2.43)对时间求导，可得质心的速度 $\boldsymbol{v}_C$：

$$\boldsymbol{v}_C=\frac{d\boldsymbol{r}_C}{dt}=\frac{\sum_i m_i\frac{d\boldsymbol{r}_i}{dt}}{M} \tag{2.46}$$

式中，$\frac{\mathrm{d}\boldsymbol{r}_i}{\mathrm{d}t}=\boldsymbol{v}_i$，所以式(2.46)变为

$$\boldsymbol{v}_C=\frac{\mathrm{d}\boldsymbol{r}_C}{\mathrm{d}t}=\frac{\sum_i m_i\boldsymbol{v}_i}{M} \tag{2.47}$$

对式(2.47)求导，可求得质心的加速度 $\boldsymbol{a}_C$：

$$\boldsymbol{a}_C=\frac{\mathrm{d}\boldsymbol{v}_C}{\mathrm{d}t}=\frac{\sum_i m_i\frac{\mathrm{d}\boldsymbol{v}_i}{\mathrm{d}t}}{M} \tag{2.48}$$

式中，$\frac{\mathrm{d}\boldsymbol{v}_i}{\mathrm{d}t}=\boldsymbol{a}_i$，所以式(2.48) 变为

$$\boldsymbol{a}_C=\frac{\mathrm{d}\boldsymbol{v}_C}{\mathrm{d}t}=\frac{\sum_i m_i\boldsymbol{a}_i}{M} \tag{2.49}$$

由式(2.47)可得

$$M\boldsymbol{v}_C=\sum_i m_i\boldsymbol{v}_i=\sum_i \boldsymbol{p}_i \tag{2.50}$$

式中，$M$ 为质点系的总质量；$\sum_i m_i\boldsymbol{v}_i$ 为质点系的总动量。这表明**质点系内质点的动量的矢量和等于质心的速度乘以系统中所有质点的质量。**

由式(2.49)可得

$$M\boldsymbol{a}_C=\sum_i m_i\boldsymbol{a}_i=\sum_i \boldsymbol{F}_i \tag{2.51}$$

式中，$\sum_i \boldsymbol{F}_i$ 为系统所受的合外力。式(2.51)称为**质心运动定理**，它表明**质点系所受外力的矢量和等于质点系总质量与质心加速度的乘积。**

质心运动定理表明质心的运动状态与质点系的内力无关，由外力决定。而且一个质点系的质心的运动，就如同整个质点系的质量全部集中在质心，整个质点系所受的外力也都作用在质心上时的运动一样。因此可以说，质点系动量守恒和质心匀速运动等效。例如，轻杆与两个小球组成的系统在忽略空气阻力的情况下，系统所受的外力只有重力，所以质心的运动如同一个只受重力作用的质点一样，轨迹为抛物线。在实际问题中，物体的运动往往比较复杂，但根据质心运动定理，可以很容易判断质心的运动状态。如图 2.28 所示，跳水运动员在空中做各种优美而复杂的翻转动作，但由于他只受重力作用（忽略空气阻力），因此他的质心的轨迹是一条抛物线。

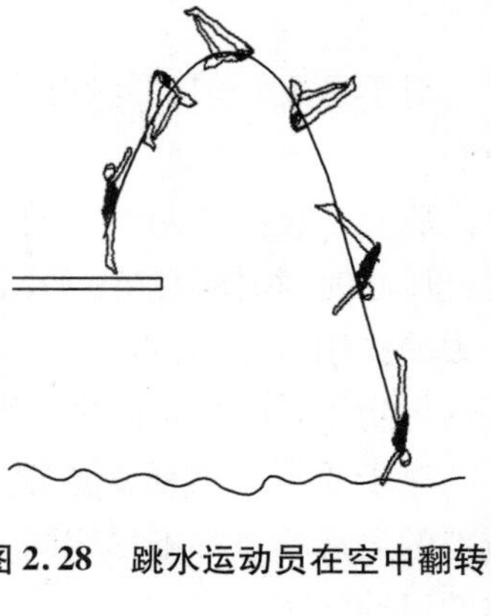

图 2.28　跳水运动员在空中翻转

## 2.2.5　变质量问题

在工程实际问题中会遇到这样一类问题，即在运动过程中系统的质量在不断地改变。例如，运载火箭在发射过程中，燃料的燃烧使系统的质量在不断减少；传递物料的传送带在

运行的过程中，不断地从输入端加料、在输出端卸料，故系统的质量也在不断地变化；喷气机在飞行中，发动机从前端吸入空气、从尾部喷气，故系统的质量在不断地变化。这种运动过程中质量同时发生变化的系统称为**变质量系统**。一般情况下，变质量系统的运动问题是一项比较复杂的动力学问题。下面将研究对象限制在系统做平移运动的特殊情况，且不考虑在运动过程中质量分布的变化，这样，系统可抽象为一个变质量的质点。由于前面介绍的动量定理与质心运动定理有系统质量保持不变的限定，不能直接用于现在的研究对象。下面推导变质量质点运动的动力学方程。

1. 密歇尔斯基方程

下面简单介绍一下当物体运动时，有一部分质量从物体中分离出去（称为抛射体）或并入到物体中来（称为黏附体），从而使物体的质量发生变化的问题的处理方法。

设变质量物体（可看作质点系）由主体和黏附体两部分组成，如图 2.29 所示。

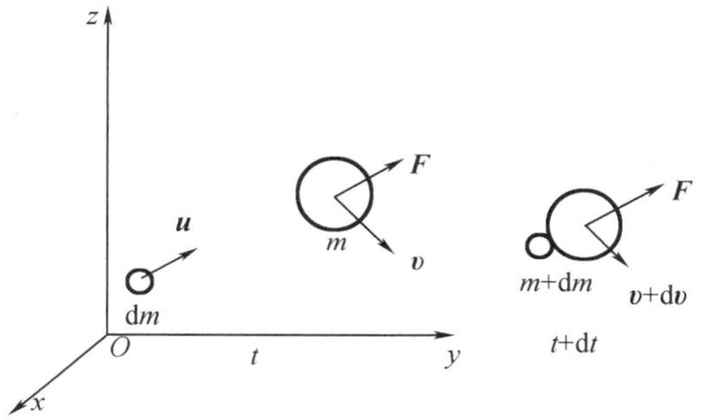


**图 2.29　变质量物体的形成图**

$t$ 时刻，主体的质量为 $m$，速度为 $\boldsymbol{v}$，黏附体的质量为 $\mathrm{d}m$，速度为 $\boldsymbol{u}$，由于外力 $\boldsymbol{F}$ 的作用和黏附体质量的并入，到 $t+\mathrm{d}t$ 时刻，主体质量变为 $m+\mathrm{d}m$，速度变为 $\boldsymbol{v}+\mathrm{d}\boldsymbol{v}$。在 $t+\mathrm{d}t$ 时间内，质量的增量为 $\mathrm{d}m$，根据动量定理有

$$\boldsymbol{F}\mathrm{d}t=(m+\mathrm{d}m)(\boldsymbol{v}+\mathrm{d}\boldsymbol{v})-(m\boldsymbol{v}+\mathrm{d}m\boldsymbol{u}) \tag{2.52}$$

即

$$\boldsymbol{F}\mathrm{d}t=m\boldsymbol{v}+\mathrm{d}m\boldsymbol{v}+m\mathrm{d}\boldsymbol{v}+\mathrm{d}m\mathrm{d}\boldsymbol{v}-m\boldsymbol{v}-\mathrm{d}m\boldsymbol{u} \tag{2.53}$$

略去二阶无穷小量 $\mathrm{d}m\mathrm{d}\boldsymbol{v}$ 后，则式(2.53)可写为

$$\boldsymbol{F}\mathrm{d}t=m\mathrm{d}\boldsymbol{v}+\mathrm{d}m\boldsymbol{v}-\mathrm{d}m\boldsymbol{u} \tag{2.54}$$

整理式(2.54)得

$$\boldsymbol{F}\mathrm{d}t=m\mathrm{d}\boldsymbol{v}+\mathrm{d}m(\boldsymbol{v}-\boldsymbol{u}) \tag{2.55}$$

令 $\boldsymbol{v}_{\mathrm{r}}=\boldsymbol{u}-\boldsymbol{v}$，表示主体与黏附体合并前相对于主体的速度，代入式(2.55)可得

$$\boldsymbol{F}\mathrm{d}t=m\mathrm{d}\boldsymbol{v}-\boldsymbol{v}_{\mathrm{r}}\mathrm{d}m \tag{2.56}$$

式(2.56)等号两边同时除以 $\mathrm{d}t$ 得

$$\boldsymbol{F}=m\frac{\mathrm{d}\boldsymbol{v}}{\mathrm{d}t}-\boldsymbol{v}_{\mathrm{r}}\frac{\mathrm{d}m}{\mathrm{d}t}$$

或写成

$$\boldsymbol{F}+\boldsymbol{v}_{\mathrm{r}}\frac{\mathrm{d}m}{\mathrm{d}t}=m\frac{\mathrm{d}\boldsymbol{v}}{\mathrm{d}t} \tag{2.57}$$

式中，$\boldsymbol{F}$ 是作用于质点系的外力；$\boldsymbol{v}_r \frac{dm}{dt}$ 具有力的量纲，是黏附体对主体的作用力。虽然式(2.57)考虑的是黏附体黏附到主体上的情况，但如果考虑黏附体是从主体上抛射出去的情况，根据质点系的动量定理，同样可以得到该方程，这就是变质量质点运动的动力学基本方程，也称**密歇尔斯基方程**，是由俄国学者密歇尔斯基(1859—1935)于1897年得到的。

2. 火箭飞行问题

在人类已经进入太空时代的今天，火箭技术在非常迅猛地发展。例如，人造地球卫星、导弹、航天器等，都是依靠火箭发射而进入轨道的。火箭自带燃料和助燃剂，由于其在飞行时，燃料逐渐消耗，不断喷出气体，质量不断减少，因此这也属于变质量问题，由密歇尔斯基方程可得火箭的运动学方程为

$$\boldsymbol{F} + \boldsymbol{v}_r \frac{dm}{dt} = m\frac{d\boldsymbol{v}}{dt} \tag{2.58}$$

火箭在飞行过程中，如果要求加速，则应当沿飞行的反方向喷射气体，此时$\frac{dm}{dt}<0$，$\boldsymbol{v}_r$ 沿火箭飞行的反方向，于是火箭可获得一项附加的推力，即

$$\boldsymbol{F}_r = \frac{dm}{dt}\boldsymbol{v}_r \tag{2.59}$$

如果希望火箭减速，则应当沿飞行方向喷射气体，此时就可获得一项相应的减速力，即

$$\boldsymbol{F}_r = -\frac{dm}{dt}\boldsymbol{v}_r \tag{2.60}$$

式(2.60)表明火箭发动机的推力与燃料燃烧速率$\frac{dm}{dt}$以及喷出气体的相对速度 $\boldsymbol{v}_r$ 成正比。例如，一种火箭的发动机的燃烧速率为 $1.38\times10^4\ \mathrm{kg\cdot s^{-1}}$，喷出气体的相对速度为 $2.94\times10^3\ \mathrm{m\cdot s^{-1}}$，理论上它所产生的推力为

$$F \approx 4.06\times10^7\ \mathrm{N}$$

这相当于4 000 t海轮所受到的浮力。

下面讨论火箭的飞行速度问题。

如图2.30所示，设火箭在自由空间中飞行，不受引力和空气阻力的影响($\boldsymbol{F}=0$)。火箭点火时质量为 $m_0$，速度为 $\boldsymbol{v}_0$，喷射气体相对于火箭的速度 $\boldsymbol{v}_r$ 恒定不变，则

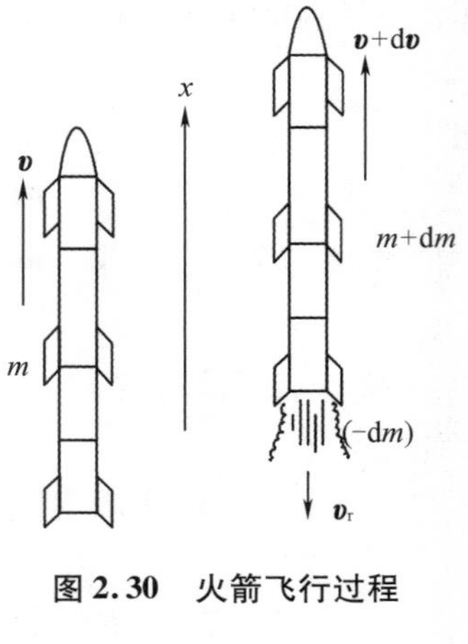

图2.30　火箭飞行过程

$$m\frac{d\boldsymbol{v}}{dt} = \boldsymbol{v}_r\frac{dm}{dt} \tag{2.61}$$

$$\int_{v_0}^{v} d\boldsymbol{v} = \boldsymbol{v}_r\int_{m_0}^{m}\frac{dm}{m} \tag{2.62}$$

$$\boldsymbol{v} - \boldsymbol{v}_0 = \boldsymbol{v}_r \ln\frac{m}{m_0} = -\boldsymbol{v}_r \ln\frac{m_0}{m} \tag{2.63}$$

喷射气体相对火箭的速度 $\boldsymbol{v}_r$ 与火箭的速度 $\boldsymbol{v}$ 方向相反，若取 $\boldsymbol{v}$ 的方向为正方向，式(2.63)可写为

$$\boldsymbol{v} = \boldsymbol{v}_0 + \boldsymbol{v}_r \ln \frac{m_0}{m} \tag{2.64}$$

式中，$\frac{m_0}{m}$叫作质量比。从式(2.64)可以看出，要想增大火箭的速度有两种方法：可以增大质量比，或者增大喷射气体的相对速度。但这两种方法目前在技术实现上都存在困难，所以实际操作都是采用多级火箭来实现的。

多级火箭是由几个火箭连接而成的系统，图2.31所示是三级火箭的示意图。火箭起飞时，第一级火箭的发动机开始工作，推动系统前进。当第一级的燃料烧尽后，第二级火箭的发动机开始工作，并自动脱落第一级火箭的外壳，以增加质量比，因此第二级火箭在第一级火箭的基础上实现进一步加速。同理，当第三级火箭的外壳脱落，火箭也就达到了入轨速率。

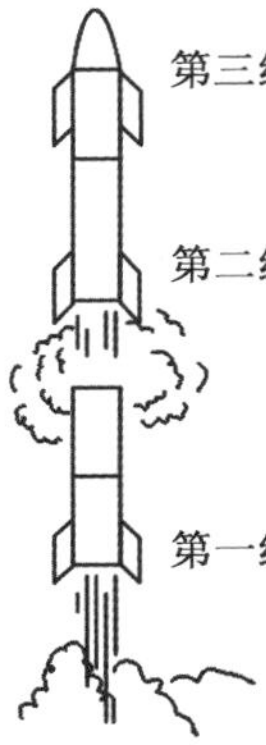

**图2.31 三级火箭的示意图**

**例2.13** 试证明：若略去空气阻力，竖直向上发射的火箭，在离地面不远处，其加速度大小为

$$a = -\frac{\boldsymbol{v}_r}{m}\frac{dm}{dt} - g$$

式中，$\boldsymbol{v}_r$ 为燃料相对于火箭的喷射速度；$m$ 为时刻 $t$ 时火箭的质量；$\frac{dm}{dt}$为火箭质量的增加率，$\frac{dm}{dt}<0$。

**证** 取竖直向上为坐标正方向，令 $t$ 时刻火箭的速率为 $v$，质量为 $m$。在 $dt$ 时间内，火箭喷出质量为 $dm$、相对于火箭速度的大小为 $v_r$ 的气体，则在 $t+dt$ 时刻，火箭的质量为 $m+dm(dm<0)$，速率为 $v+dv$。而喷出的质量为 $dm$ 的气体，速率为 $v-v_r$。因为略去空气阻力，所以火箭所受外力为 $-mg$，在 $dt$ 时间内，由动量定理得

$$\begin{aligned} -mgdt &= [(m+dm)(v+dv) - dm(v-v_r)] - mv \\ &= mdv + v_r dm + dmdv \end{aligned} \tag{1}$$

略去二阶小量 $dmdv$，则有

$$-mgdt = mdv + v_r dm \tag{2}$$

即

$$-mg = m\frac{dv}{dt} + v_r\frac{dm}{dt} \tag{3}$$

火箭的加速度大小为

$$a = \frac{dv}{dt} \tag{4}$$

所以

$$a = -\frac{v_r}{m}\frac{dm}{dt} - g$$

# 2.3 功和能

本节将研究力对空间的积累效应。先引入功的概念来描述力对空间的积累效应，做功总是伴随着能量的改变，所以又引入动能、势能和机械能的概念，得出功与能之间的定量关系，即动能定理、功能原理和机械能守恒定律，最后介绍了包括各种能量形式的普遍能量守恒定律。

## 2.3.1 功

1. 恒力的功

如果一质点在恒力 $\boldsymbol{F}$ 的作用下，沿图 2.32 所示的路径 $ab$ 运动的过程中，力 $\boldsymbol{F}$ 作用点的位移为 $\Delta\boldsymbol{r}$，力 $\boldsymbol{F}$ 与质点位移之间的夹角为 $\theta$，则力在位移 $\Delta\boldsymbol{r}$ 上的功可定义为

$$A=\boldsymbol{F}|\Delta\boldsymbol{r}|\cos\theta \tag{2.65}$$

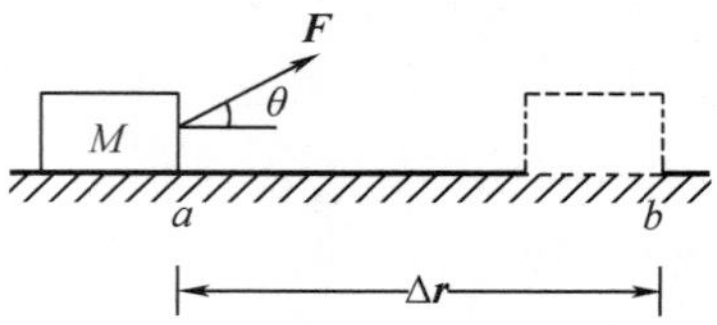

图 2.32　质点在恒力的 $\boldsymbol{F}$ 作用下运动

即恒力对质点所做的功为力在质点位移方向的分量与位移大小的乘积。从式(2.65)可以看出，当 $0°<\theta<90°$时，功为正值，即力对质点做了正功；当 $90°<\theta\leqslant180°$时，功为负值，即力对质点做了负功，也可以说质点克服该力做了功；当 $\theta=90°$时，功为零，即力不做功。例如，在曲线运动中，法向力不做功。

根据矢量标积的定义，式(2.65)可改写为

$$A=\boldsymbol{F}\cdot\Delta\boldsymbol{r} \tag{2.66}$$

应当注意，式(2.65)和式(2.66)仅当作用在沿直线运动质点上的力为恒力时才适用。如果质点沿曲线运动，并且作用在质点上的力的大小和方向都可能不断变化，这时如何计算变力在质点从 $a$ 到 $b$ 的过程中所做的功呢？

2. 变力的功

如图 2.33 所示，若质点沿曲线从 $a$ 点运动到 $b$ 点，在此过程中，可以把质点运动的轨迹分成许多无限小的有向线段，由于各线段分割得非常小，因此各线段都可以看成直线段，而且在各线段上的力也可近似看成恒力。力 $\boldsymbol{F}$ 在任一有向线段 $\mathrm{d}\boldsymbol{r}$（称为元位移）上所做的功称为元功，即

$$\mathrm{d}A=\boldsymbol{F}\cdot\mathrm{d}\boldsymbol{r} \tag{2.67}$$

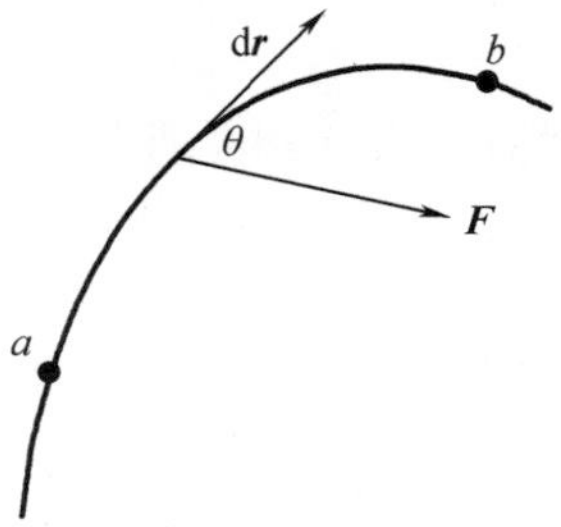

图 2.33　质点曲线运动的轨迹

在质点由位置 $a$ 到达位置 $b$ 的整个路径中，力 $\boldsymbol{F}$ 所做的功应当是各线段位移上的功的和，可表示为

$$A=\int\mathrm{d}A=\int_a^b\boldsymbol{F}\cdot\mathrm{d}\boldsymbol{r} \tag{2.68}$$

若质点同时受到几个力 $\boldsymbol{F}_1,\boldsymbol{F}_2,\cdots,\boldsymbol{F}_n$ 的作用，且在这些力作用下由 $a$ 点沿任意曲线运动到 $b$ 点。用 $A_1,A_2,\cdots,A_n$ 分别代表 $\boldsymbol{F}_1,\boldsymbol{F}_2,\cdots,\boldsymbol{F}_n$ 在这一过程中对质点所做的功。由于功是代数量，故在这一过程中，这些力对质点所做的总功应等于这些力分别对质点所做功的代数和，即

$$A = A_1 + A_2 + \cdots + A_n \tag{2.69}$$

**例 2.14** 一质量为 2 kg 的质点，在 $xy$ 平面上运动，受到外力 $\boldsymbol{F} = 4\boldsymbol{i} - 24t^2\boldsymbol{j}$(SI)的作用。$t=0$ s 时，它的初速度为 $\boldsymbol{v}_0 = 3\boldsymbol{i} + 4\boldsymbol{j}$(SI)，求 $t=1$ s 时质点的速度及受到的法向力 $\boldsymbol{F}_n$。

**解**

$$\boldsymbol{a} = \frac{\boldsymbol{F}}{m} = 2\boldsymbol{i} - 12t^2\boldsymbol{j} \tag{1}$$

$$\boldsymbol{a} = \frac{\mathrm{d}\boldsymbol{v}}{\mathrm{d}t} \tag{2}$$

所以

$$\mathrm{d}\boldsymbol{v} = (2\boldsymbol{i} - 12t^2\boldsymbol{j})\,\mathrm{d}t \tag{3}$$

$$\int_{\boldsymbol{v}_0}^{\boldsymbol{v}} \mathrm{d}\boldsymbol{v} = \int_0^t (2\boldsymbol{i} - 12t^2\boldsymbol{j})\,\mathrm{d}t \tag{4}$$

所以

$$\boldsymbol{v} - \boldsymbol{v}_0 = 2t\boldsymbol{i} - 4t^3\boldsymbol{j} \tag{5}$$

$$\boldsymbol{v} = \boldsymbol{v}_0 + 2t\boldsymbol{i} - 4t^3\boldsymbol{j} = (3+2t)\boldsymbol{i} + (4-4t^3)\boldsymbol{j}$$

当 $t=1$ s 时，质点的速度为

$$\boldsymbol{v}_1 = 5\boldsymbol{i}$$

故此时，质点的法向加速度为

$$\boldsymbol{a}_n = \boldsymbol{a}_y = -12\boldsymbol{j}$$

则质点受到的法向力为

$$\boldsymbol{F}_n = m\boldsymbol{a}_n = -24\boldsymbol{j}\ \text{(SI)}$$

3. 功率

前面讨论了功，但没有考虑做功所需要的时间。实际上，时间的因素是很重要的。例如，两台机器做了相同的功，所需时间可以有长有短，应当加以区别。在物理学中，引入功率的概念来表示做功的快慢。单位时间内做的功叫作**功率**，用 $P$ 表示：

$$P = \frac{\mathrm{d}A}{\mathrm{d}t} = \frac{\boldsymbol{F}\cdot\mathrm{d}\boldsymbol{r}}{\mathrm{d}t} = \boldsymbol{F}\cdot\boldsymbol{v} \tag{2.70}$$

式(2.70)说明，当机器的功率一定时，速度慢，力就大；速度快，力就小。例如，机车在发挥最大功率行驶时，在平地上需要的牵引力较小，可以高速前进；在爬坡时需要的牵引力较大，就得低速行驶。

### 2.3.2 动能定理

1. 质点的动能定理

一质量为 $m$ 的物体在变力 $\boldsymbol{F}$ 的作用下，从 $a$ 点沿曲线经 $c$ 点运动到 $b$ 点，如图 2.34 所示。分别用 $v_a$ 和 $v_b$ 表示它在起点 $a$ 和终点 $b$ 处的速度。根据牛顿第二定律，有

$$\boldsymbol{F}=m\frac{\mathrm{d}\boldsymbol{v}}{\mathrm{d}t}$$

等式两边同时乘以 d$\boldsymbol{r}$，有

$$\boldsymbol{F}\cdot\mathrm{d}\boldsymbol{r}=m\frac{\mathrm{d}\boldsymbol{v}}{\mathrm{d}t}\cdot\mathrm{d}\boldsymbol{r}$$

式中

$$m\frac{\mathrm{d}\boldsymbol{v}}{\mathrm{d}t}\cdot\mathrm{d}\boldsymbol{r}=m\mathrm{d}\boldsymbol{v}\cdot\frac{\mathrm{d}\boldsymbol{r}}{\mathrm{d}t}=m\boldsymbol{v}\cdot\mathrm{d}\boldsymbol{v}$$

$$=m\mathrm{d}\left(\frac{1}{2}\boldsymbol{v}\cdot\boldsymbol{v}\right)=\mathrm{d}\left(\frac{1}{2}mv^2\right)\qquad(2.71)$$

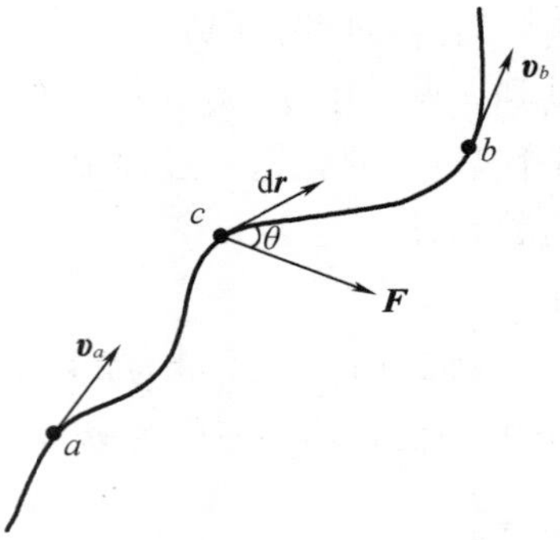


图 2.34　曲线运动的物体

因此有

$$\boldsymbol{F}\cdot\mathrm{d}\boldsymbol{r}=\mathrm{d}\left(\frac{1}{2}mv^2\right)$$

积分得

$$\int_a^b\boldsymbol{F}\cdot\mathrm{d}\boldsymbol{r}=\int_{v_a}^{v_b}\mathrm{d}\left(\frac{1}{2}mv^2\right)=\frac{1}{2}mv_b^2-\frac{1}{2}mv_a^2\qquad(2.71)$$

式中，$\frac{1}{2}mv^2$ 称为物体的动能，用 $E_\mathrm{k}$ 表示，即

$$E_\mathrm{k}=\frac{1}{2}mv^2\qquad(2.72)$$

因此，式(2.72)可表示为

$$A_{ab}=E_{\mathrm{k}b}-E_{\mathrm{k}a}\qquad(2.73)$$

式(2.73)表明，合力对质点所做的功等于质点动能的增量。这个结论称为质点的**动能定理**。从质点的动能定理可以看出：当合力做正功时，质点的动能增加；反之，当合力做负功时，质点的动能减少。合力在某一过程中对质点所做的功，只与运动质点在该过程的始、末两状态的动能有关，而与质点在运动过程中动能变化的细节无关。因此，在解决某些力学问题时，动能定理往往比牛顿第二定律要简便得多。

**例 2.15**　一物体从高度 $h$ 处以初速率 $v_0$ 竖直向下或沿水平方向抛出(图 2.35)。试用动能定理计算在这两次抛掷中物体落地的速率。

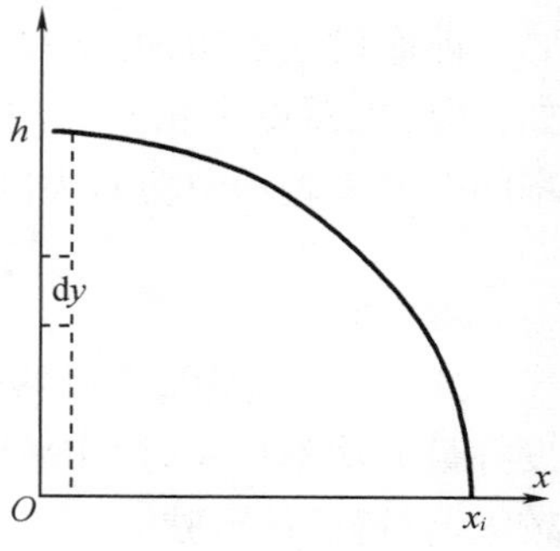


图 2.35　例 2.15 图

**解**　(1)竖直下抛过程

设在此过程中重力对物体所做之功为 $A_1$，物体落地速率为 $v_1$，根据动能定理有

$$A_1=\frac{1}{2}mv_1^2-\frac{1}{2}mv_0^2\qquad(1)$$

建立如图 2.35 所示的直角坐标系，重力的功 $A_1$ 可表示为

$$A_1=-\int_h^0 mg\mathrm{d}y=mgh\qquad(2)$$

将式(2)代入式(1)可得

$$v_1=\sqrt{v_0^2+2gh}$$

(2)平抛过程

设在平抛过程中重力对物体所做之功为 $A_2$,物体落地速率为 $v_2$,于是有

$$A_2 = \frac{1}{2}mv_2^2 - \frac{1}{2}mv_0^2$$

重力的功 $A_2$ 可表示为

$$A_2 = -\int_h^0 mg\mathrm{d}y = mgh$$

物体落地速率 $v_2$ 为

$$v_2 = \sqrt{v_0^2 + 2gh} = v_1$$

由此可见,在竖直向下抛出或水平抛出这两个过程中,物体的落地速率相同。不难看出,只要高度和初速率一定,无论沿什么方向抛出,物体的落地速率都相同,这是重力的功与路径无关的缘故。

2. 质点系动能定理

现在,将质点的动能定理推广到质点系。设质点系由 $n$ 个相互作用的质点组成,其中第 $i$ 个质点的质量为 $m_i$,所受内力(系统内其他质点对此质点的作用力的矢量和)为 $\boldsymbol{f}_i$,所受外力(系统外的物体对此质点的作用力的矢量和)为 $\boldsymbol{F}_i$。设在某个变化过程中,$m_i$ 上的外力与内力对它做的功分别为 $A_{i外}$ 与 $A_{i内}$,使该质点的速率由 $v_{ia}$ 变为 $v_{ib}$,则由质点动能定理有

$$A_{i外} + A_{i内} = \frac{1}{2}m_i v_{ib}^2 - \frac{1}{2}m_i v_{ia}^2 \tag{2.74}$$

对于系统中的所有质点

$$\sum_i A_{i外} + \sum_i A_{i内} = \sum_i \frac{1}{2}m_i v_{ib}^2 - \sum_i \frac{1}{2}m_i v_{ia}^2 \tag{2.75}$$

令

$$A_{外} = \sum_i A_{i外},\ A_{内} = \sum_i A_{i内}$$

$$E_{ka} = \sum_i \frac{1}{2}m_i v_{ia}^2,\ E_{kb} = \sum_i \frac{1}{2}m_i v_{ib}^2$$

则式(2.75)可表示为

$$A_{外} + A_{内} = E_{kb} - E_{ka} \tag{2.76}$$

式(2.76)即为**质点系的动能定理**,它说明系统的外力做功与内力做功的总和(即合力的功)等于系统动能的增量。

3. 动能定理的应用

应用动能定理解决力学问题时,一般可按以下步骤进行。

(1)确定研究对象。

(2)分析研究对象的受力情况和各力的做功情况。即分析哪些力做功,哪些力不做功;哪些力做正功,哪些力做负功。

(3)选定研究过程。明确过程的初状态和末状态,确定初、末状态的动能。

(4)列方程。根据动能定理列出方程,并列出必要的辅助性方程。

(5)解方程,求出结果,并对结果进行必要的讨论。演算中注意单位的正确选用。

**例 2.16** 如图 2.36 所示，劲度系数为的 $k$ 弹簧上连接一轻质板 $A$，弹簧及板 $A$ 的质量均可忽略不计。当系统处于平衡状态（弹簧处于原长）时，突然无初速度地放置一质量为 $m$ 的物体。求：弹簧的最大压缩量。

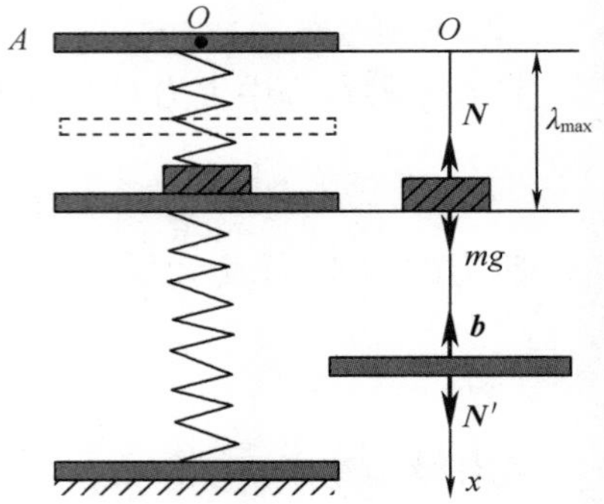


图 2.36 例 2.16 图

**解** 选取物体为研究对象，物体只受重力 $mg$ 和支承力 $\boldsymbol{N}$ 的作用。取 $A$ 板为研究对象，$A$ 板只受压力 $\boldsymbol{N}'$ 及弹性力 $\boldsymbol{F}$ 的作用。由于 $A$ 板的质量不计，故 $N'=F$，又根据牛顿第三定律，有 $N=N'$，故 $N=F$。若以弹簧原长 $O$ 处为坐标原点并铅直向下作 $Ox$ 轴。设弹簧最大压缩量为 $\lambda_{max}$，物体从起始位置 $x_1=0$。移动到终末位置 $x_2=\lambda_{max}$ 的过程中，重力和支承力的功分别为

$$A_1 = mg\lambda_{max}$$

$$A_2 = \int_0^{\lambda_{max}} (-kx)\,dx = -\frac{1}{2}k\lambda_{max}^2$$

其中，重力对物体做正功，支承力对物体做负功。按题意，物体在起始位置 $x_1=0$ 及终末位置 $x_2=\lambda_{max}$ 处的速度均为零，根据动能定理，有

$$mg\lambda_{max} - \frac{1}{2}k\lambda_{max}^2 = 0$$

故

$$\lambda_{max} = 2\frac{mg}{k}$$

**例 2.17** 把质量为 $m$ 的物体，从地球表面以大小为 $v_0$ 的初速度沿与铅直方向夹角为 $\alpha$ 的方向发射出去，如图 2.37 所示。试求能使物体脱离地球引力场而做宇宙飞行所需的最小初速度——第二宇宙速度。

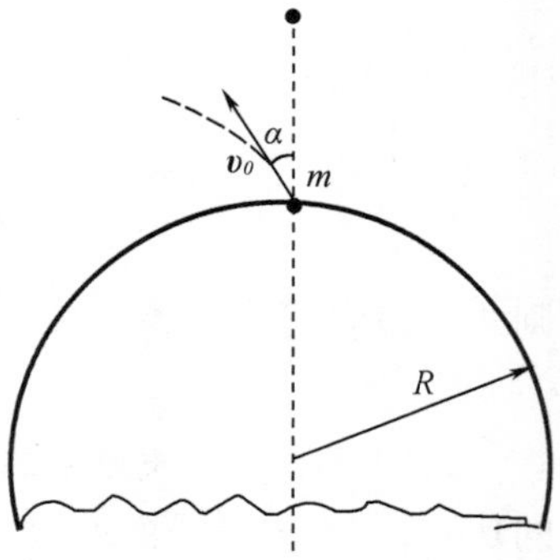


图 2.37 例 2.17 图

**解** 取地球中心为坐标原点，并假设地球是半径为 $R_e$、质量为 $M_e$ 的均质球。物体从初始位置（$r_1=R_e$）运动到终末位置（$r_2=\infty$）的过程中，万有引力的功为

$$A = -G\frac{mM_e}{R_e} = -G\frac{M_eR_e}{R_e^2}m = -mgR_e$$

考虑到所求的是最小初速度，故当 $r_2\to\infty$ 时，应取物体的速度大小 $v=0$。根据动能定理，有

$$-mgR_e = 0 - \frac{1}{2}mv_0^2$$

故

$$v_0 = \sqrt{2gR_e} = \sqrt{\frac{2GM_e}{R_e}} = 11.2\times10^3\ \mathrm{m\cdot s^{-1}}$$

需要指出的是,在上面的分析中忽略了空气阻力,同时也未考虑地球自转等的影响。把物体从地球表面沿任意方向发射出去,如果发射速度满足 $v_e=\sqrt{\dfrac{2GM_e}{R_e}}$,物体将脱离地球引力作用一去不复返,故 $v_e$ 也称为地球的逃逸速度。不仅地球有逃逸速度,每个星体都有自己的逃逸速度,由于万有引力是普遍适用的,因此对于质量为 $M$、半径为 $R$ 的任意星体来说,其逃逸速度为

$$v=\sqrt{\frac{2GM}{R}}$$

可见星体质量 $M$ 越大,半径 $R$ 越小,逃逸速度就越大。若某星体的质量为 $M_B$,半径为 $R_B$,其逃逸速度等于光速 $c$,则这个星体的质量 $M_B$ 和半径 $R_B$ 间的关系为

$$R_B=\frac{2GM_B}{c^2}$$

通常把 $R_B$ 称为引力半径或史瓦西半径。

### 2.3.3 几种常见力的功

1. 重力的功

当物体在地面附近运动时,重力将对它做功。如图 2.38 所示,设质量为 $m$ 的质点由位置 $a$ 沿某路径 $L$ 到达位置 $b$,$a$ 点和 $b$ 点对所选取的参考平面来说,高度分别为 $h_a$ 和 $h_b$,在路径 $L$ 上取任一元位移 $\mathrm{d}\boldsymbol{r}$,重力所做的元功为

$$\mathrm{d}A=mg\cos\theta\,|\mathrm{d}\boldsymbol{r}|=-mg\mathrm{d}y \tag{2.77}$$

式中,$\mathrm{d}y$ 是质点在元位移 $\mathrm{d}\boldsymbol{r}$ 中下降的高度。质点从 $a$ 点到 $b$ 点时,重力所做的功为

$$A=\int\mathrm{d}A=-\int_{h_a}^{h_b}mg\mathrm{d}y=mgh_a-mgh_b \tag{2.78}$$

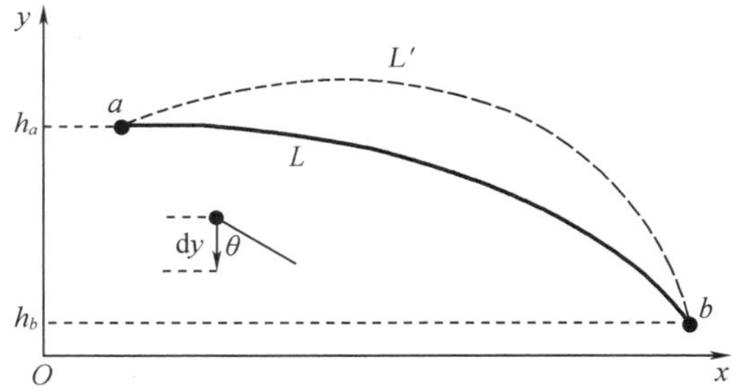


**图 2.38 变化路径的质点的运动情况**

由式(2.78)可以看出,重力对质点所做之功等于质点始、末位置的高度差与重力的乘积。如果改变质点由 $a$ 到 $b$ 的路径,如换成图中曲线 $L'$,重力对质点所做的功仍然不变。这说明,重力对质点所做的功只和质点的初、末位置的高度差有关,而与质点由初位置到末位置所经过的路径无关。

2. 万有引力的功

人造地球卫星运动时受到地球的引力，行星运动时受到太阳的引力，这类问题可近似归结为一个运动质点受到另一固定质点的万有引力作用。运动质点的质量相对较小，用 $m$ 表示；固定质点的质量相对较大，用 $M$ 表示。现在计算万有引力对运动质点所做的功。如图 2.39 所示，运动质点由位置 $a$ 沿路径 $L$ 到达位置 $b$。在路径上任取一元位移 $\mathrm{d}\boldsymbol{r}$，万有引力所做元功为

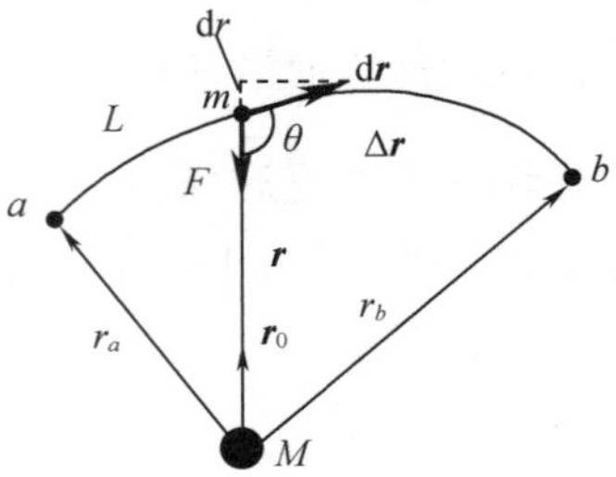

图 2.39　行星运动时受到的太阳引力

$$\mathrm{d}A=\boldsymbol{F}\cdot\mathrm{d}\boldsymbol{r}=-G\frac{Mm}{r^2}\boldsymbol{r}_0\cdot\mathrm{d}\boldsymbol{r}\qquad(2.79)$$

由图 2.39 可知，$\boldsymbol{r}_0\cdot\mathrm{d}\boldsymbol{r}=|\boldsymbol{r}_0|\cdot|\mathrm{d}\boldsymbol{r}|\cdot\cos(\pi-\theta)=\mathrm{d}r$，所以式(2.79)可写为

$$\mathrm{d}A=\boldsymbol{F}\cdot\mathrm{d}\boldsymbol{r}=-G\frac{Mm}{r^2}\mathrm{d}r\qquad(2.80)$$

当质点 $m$ 从 $a$ 沿路径 $L$ 到达 $b$ 时，万有引力所做的总功为

$$A=\int_a^b\mathrm{d}A=\int_{r_a}^{r_b}-G\frac{Mm}{r^2}\mathrm{d}r=-GMm\left(\frac{1}{r_a}-\frac{1}{r_b}\right)\qquad(2.81)$$

式(2.81)表明，万有引力对质点所做的功只和质点的初、末位置有关，而与质点由初始位置到末位置所经过的路径无关，这与重力做功的特点相同。

**例 2.18**　试求一质量为 $m$ 的物体，从地球表面发射到无穷远处（可以认为是脱离了地球引力范围）的过程中，地球对物体的万有引力所做的功，如图 2.40 所示。

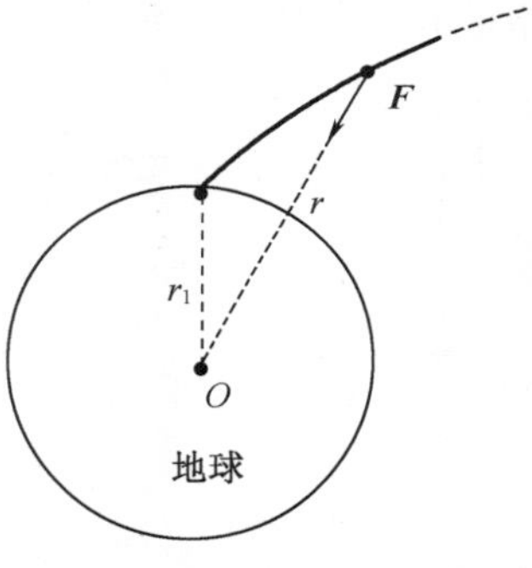

图 2.40　例 2.18 图

**解**　万有引力 $\boldsymbol{F}$ 在这个过程中做的功为

$$A=\int_{r_1}^{\infty}-G\frac{mM}{r^2}\mathrm{d}r=-G\frac{mM}{r_1}\qquad(1)$$

式中，地球质量 $M\approx5.98\times10^{24}$ kg；万有引力常数 $G=6.67\times10^{-11}\ \mathrm{m^3\cdot kg^{-1}\cdot s^{-2}}$；地球的半径 $r_1\approx6.37\times10^6$ m，将各值代入式(1)可得

$$A=-6.26\times10^9\ \mathrm{J}$$

3. 弹性力的功

如图 2.41 所示，水平放置的弹簧的一端固定，另一端连接一小球。以弹簧自然伸长时小球的位置为原点建立 $x$ 轴。小球在任意位置 $c$ 受到的弹性力服从胡克定律，为 $F=-kx$。在小球由位置 $a$ 沿 $x$ 轴移动到位置 $b$ 的过程中，弹性力做了多少功呢？

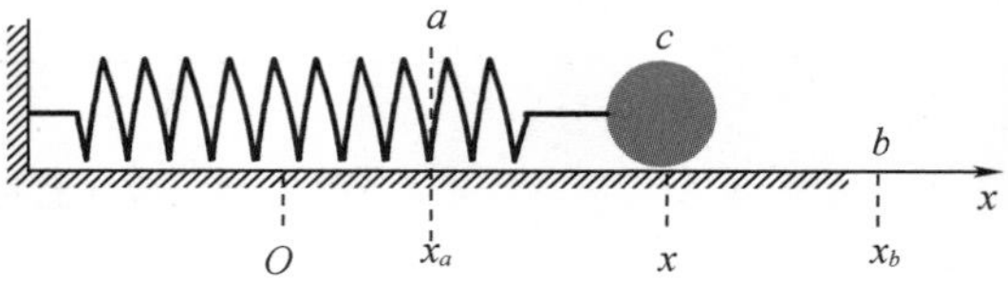

图 2.41　弹簧的初、末位置

取路径上任一元位移 $\mathrm{d}x$，弹性力所做的元功 $\mathrm{d}A=\boldsymbol{F}\cdot\mathrm{d}\boldsymbol{r}=-kx\mathrm{d}x$。在小球从 $a$ 沿 $x$ 轴到达 $b$ 的过程中，弹性力所做的总功为

$$A = \int_a^b -kx\mathrm{d}x = -\int_{x_a}^{x_b} kx\mathrm{d}x = \frac{1}{2}kx_a^2 - \frac{1}{2}kx_b^2 \tag{2.82}$$

式(2.82)表明,弹性力对质点所做的功只和质点的初、末位置有关,而与质点由初位置到末位置所经过的路径无关。假若质点由 $a$ 到达 $b$ 后继续运动到某点(在弹性范围内),然后再返回 $b$,弹性力所做的功与式(2.82)相同。

4. 摩擦力的功

一质量为 $m$ 的质点,在固定的粗糙水平面上,由起始位置 $a$ 沿任意曲线路径移动到位置 $b$ 所经路径的长度为 $s$,如图 2.42 所示,作用于质点的摩擦力 $\boldsymbol{F}$ 在这个过程中所做的功为

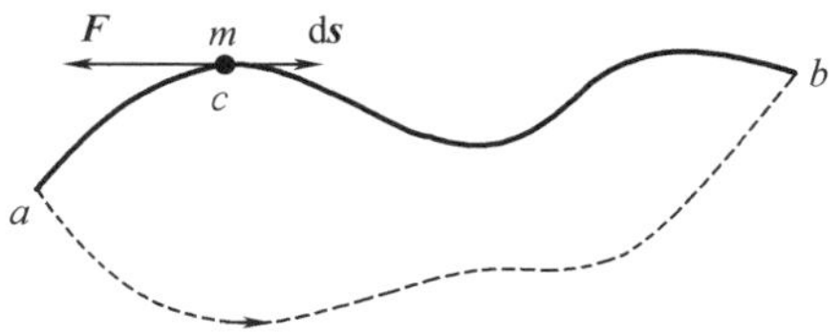

图 2.42 质点的曲线路径

$$A = \int_a^b \boldsymbol{F} \cdot \mathrm{d}\boldsymbol{s} = \int_a^b F\cos\alpha\mathrm{d}s$$

由于摩擦力 $\boldsymbol{F}$ 的方向始终与质点速度的方向相反,$\alpha = \pi$,因此 $\cos\alpha = -1$,而力的大小为 $F = \mu mg$,$\mu$ 为滑动摩擦系数,故有

$$A = -\mu mgs \tag{2.83}$$

式(2.83)表明,摩擦力对质点所做的功不仅与质点的初、末位置有关,而且与质点所行经的路径有关。

### 2.3.4 势能

1. 保守力

在前面我们介绍了重力、万有引力、弹性力对质点的做功。这些力在做功方面有一个共同的特点:功的大小只与质点的初、末位置有关,而与其所经历的路径无关。凡具有这种特点的力,称为**保守力**。重力、万有引力和弹性力,还有其他一些力如静电作用力等,都是保守力。相反,不具有这种特点的力称为**非保守力**。摩擦力就是非保守力。

2. 势能

保守力的功与路径无关的性质,大大简化了对保守力做功的计算,并由此引入了势能的概念。在仅有保守力做功的情况下,质点从 $a$ 点沿任意路径移动到 $b$ 点时,其动能将发生确定的变化。例如,在重力场中,仅有重力做功的情况下(图 2.43),质点由 $a$ 点沿任意路径移动到 $b$ 点时,重力对质点做正功,质点的动能增大;质点由 $c$ 点沿任意路径移动到 $d$ 点时,重力对质点做负功,质点的动能减少。考虑到保守力做功仅与质点的初、末位置有关,而与中间路径无关。因此,可认为,质点在保守力场中与位置改变相伴随的动能增减,表明了在保守力场中的各点都蕴藏着一种能量。这种能量在质点位置改变时,有时释放出来,转变为质点的动能,表现为质点动能增大;有时储藏起来,表现为质点动能的减少。这种蕴藏在保守力场中与位置有关的能量称为**势能**(也称为**位能**)。

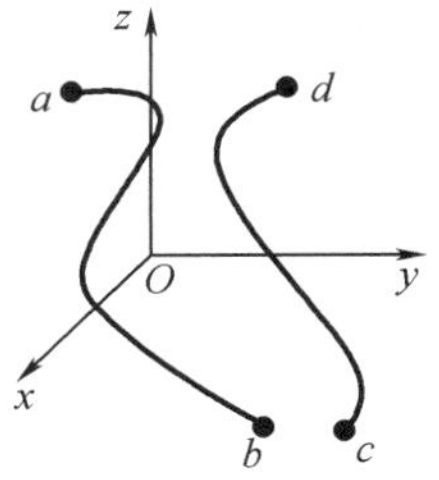

图 2.43 重力做功

为了比较质点在保守力场中各点势能的大小，可在其中任意选定一个参考点 $M_0$，并令 $M_0$ 点的势能等于零，把 $M_0$ 点称为**势能零点**。定义：质点在保守力场中某 $M$ 点的势能，在量值上等于质点从 $M$ 点移动至势能零点 $M_0$ 的过程中，保守力 $\boldsymbol{F}$ 所做的功，如用 $E_{\mathrm{p}}$ 代表质点在 $M$ 点时的势能，则有

$$E_{\mathrm{p}} = \int_{M}^{M_0} \boldsymbol{F} \cdot \mathrm{d}\boldsymbol{r} \tag{2.84}$$

（1）重力势能

质点处于地球表面附近重力场中任一点时，都具有重力势能。设质量为 $m$ 的质点，处于重力场中 $M(x,y,z)$ 点，如图 2.44 所示。建立直角坐标系 $Oxyz$，取 $Oxy$ 平面内任意一点 $M_0$ 为势能零点，则质点在 $M$ 点的重力势能应等于把质点从 $M$ 点移动到势能零点 $M_0$ 的过程中重力所做的功：

$$E_{\mathrm{p}} = \int_{z}^{0} (-mg)\mathrm{d}z = mgz \tag{2.85}$$

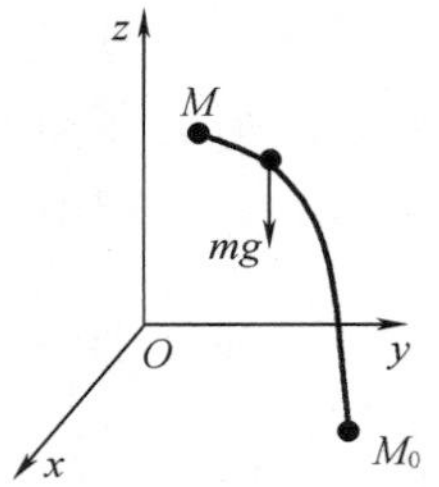

**图 2.44　质点受力图**

由式(2.85)可看出，重力势能等于重力 $mg$ 与质点和势能零点间的高度差 $z$ 的乘积。

（2）万有引力势能

设有一质量为 $M$ 的质点，在它的万有引力场中的 $c$ 点处，有一质量为 $m$ 的质点，$c$ 点到质点 $M$ 的距离为 $r$，如图 2.45 所示。习惯上选择无穷远处为万有引力势能的零势能位置。根据势能的定义，质点 $m$ 在 $c$ 点具有的万有引力势能应等于把质点 $m$ 从 $c$ 点移动到无穷远处的过程中万有引力所做的功，即

$$E_{\mathrm{p}} = \int_{r}^{\infty} -G\frac{mM}{r^2}\mathrm{d}r = -G\frac{mM}{r} \tag{2.86}$$

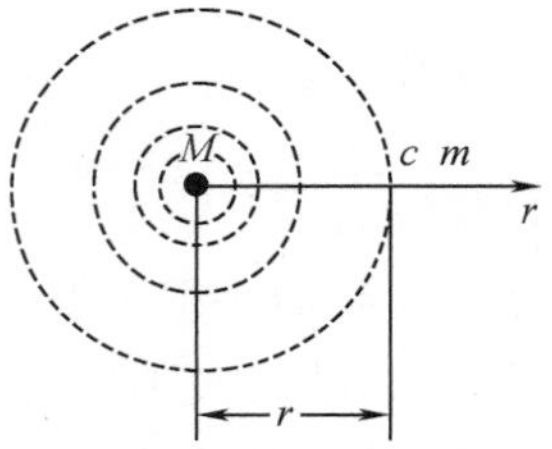

**图 2.45　万有引力势能等势面**

式中，负号表示质点 $m$ 在万有引力场中任一点的万有引力势能均小于质点 $m$ 在无穷远处的万有引力势能。不难看出，万有引力势能的等势面是以质点 $M$ 为球心的一系列同心球面，如图 2.45 所示。在万有引力场中，质点 $m$ 由起始位置 $a$（离质点 $M$ 的距离为 $r_a$）沿任意路径移动到终末位置 $b$（离质点 $M$ 的距离为 $r_b$），万有引力所做的功为

$$A = \left(-G\frac{mM}{r_a}\right) - \left(-G\frac{mM}{r_b}\right) = -\left[\left(-G\frac{mM}{r_b}\right) - \left(-G\frac{mM}{r_a}\right)\right]$$

由式(2.86)可知，质点在 $a$ 和 $b$ 的万有引力势能分别为 $E_{\mathrm{p}a} = -\dfrac{GmM}{r_a}$，$E_{\mathrm{p}b} = -\dfrac{GmM}{r_b}$。因此

$$A = -(E_{\mathrm{p}b} - E_{\mathrm{p}a}) = -\Delta E_{\mathrm{p}} \tag{2.87}$$

式(2.87)表明，在万有引力场中，质点从初位置移动到末位置，万有引力所做的功等于质点在初、末位置万有引力势能增量的负值。若万有引力做正功，则万有引力势能减少；若万有引力做负功，则万有引力势能增加。

(3)弹性势能

我们发现,处于弹性形变状态的物体它也具有能量。被拉伸或压缩的弹簧在恢复原状的过程中是能够做功的,我们把这种能量称为弹性势能。如图2.41所示,弹簧劲度系数为$k$,以弹簧原长处$O$为坐标原点,作$Ox$坐标轴,则质量为$m$的小球处在弹簧变形量为$x$的$c$点所具有的弹性势能等于把小球从$c$点移动到$O$点的过程中弹性力所做的功,即

$$E_p = \int_z^0 -kx\mathrm{d}x = \frac{1}{2}kx^2 \tag{2.88}$$

弹性势能等于弹簧的劲度系数与其变形量平方乘积的一半。而质点在弹性力场中由起始位置$x_a$移到终末位置$x_b$的过程中,弹性力所做的功为

$$A = \frac{1}{2}kx_a^2 - \frac{1}{2}kx_b^2 = -\left(\frac{1}{2}kx_b^2 - \frac{1}{2}kx_a^2\right) = -(E_{pb} - E_{pa}) = -\Delta E_p \tag{2.89}$$

式(2.89)表明,弹性力对质点所做的功等于质点在初、末两位置弹性势能增量的负值。弹性力做正功,弹性势能减少;弹性力做负功,弹性势能增加。

以上讨论了3种势能,需要指出的是,势能概念的引入是以质点处于保守力场这一事实为依据的。保守力做功仅与质点的初、末位置有关,而与中间路径无关。当我们讲质点在保守力场中某点的势能量值时,必须明确是相对于哪个零势能位置而言的。虽然势能的量值只有相对意义,但是不管如何选取零势能位置,质点在保守力场中确定的两个不同位置的势能之差是不变的。重力、万有引力和弹性力都是保守力。保守力的功与路径无关的性质,大大简化了对保守力做功的计算。引入势能的概念后,保守力的功可简单地写为

$$A = -(E_{pb} - E_{pa}) = -\Delta E_p \tag{2.90}$$

对于一个元过程来说,有

$$\mathrm{d}A = -\mathrm{d}E_p \tag{2.91}$$

即保守力在某一过程中做的功,等于该过程的初、末两个状态势能增量的负值,这是一个很重要的有普遍意义的结论。

### 2.3.5 质点系的功能原理 机械能守恒定律

1. 质点系的功能原理

系统的内力有保守力和非保守力之分。因此,内力的功可以分为两部分——保守内力的功$A_{保内}$和非保守内力的功$A_{非保内}$,即

$$A_{内} = A_{保内} + A_{非保内} \tag{2.92}$$

式中,保守内力的功$A_{保内}$可用系统势能增量的负值表示

$$A_{保内} = -\Delta E_p \tag{2.93}$$

因此,动能定理表达式可表示为

$$A_{外} + A_{非保内} = \Delta E_k + \Delta E_p = \Delta(E_k + E_p) = \Delta E \tag{2.94}$$

式中,$E$为物体的机械能;$\Delta E$为系统机械能的增量。式(2.94)表明,当系统从状态1变化到状态2时,它的机械能的增量等于外力所做的功与非保守内力所做的功的总和。这个结论称为**质点系的功能原理**。

2. 机械能守恒定律

由功能原理可知，如果外力对系统做的功为零，系统内部又没有非保守内力做功，则在运动中系统的动能与势能之和将保持不变，即当 $A_{外}=0$，$A_{非保内}=0$ 时，有

$$E_k+E_p=\text{常量} \tag{2.95}$$

这就是**机械能守恒定律**。当系统的机械能守恒时，系统内各质点的动能仍然可以相互传递，系统的动能与势能之间以及系统的不同类型的势能之间都可以相互转化。但是，系统的动能与势能的总和保持恒定。

**例 2.19** 如图 2.46(a)所示，在与水平面成 $\alpha$ 角的光滑斜面上放一质量为 $m$ 的物体，此物体系于一劲度系数为 $k$ 的轻弹簧的一端，弹簧的另一端固定。设物体最初静止。今使物体获得一沿斜面向下的速度，设起始动能为 $E_{k0}$，试求物体在弹簧的伸长达到 $x$ 时的动能。

**解** 如图 2.46(b)所示，设 $l$ 为弹簧的原长，$O$ 处为弹性势能零点，$x_0$ 为挂上物体后的伸长量，$O'$ 为物体的平衡位置；取弹簧伸长时物体所达到的 $O''$ 处为重力势能的零点。

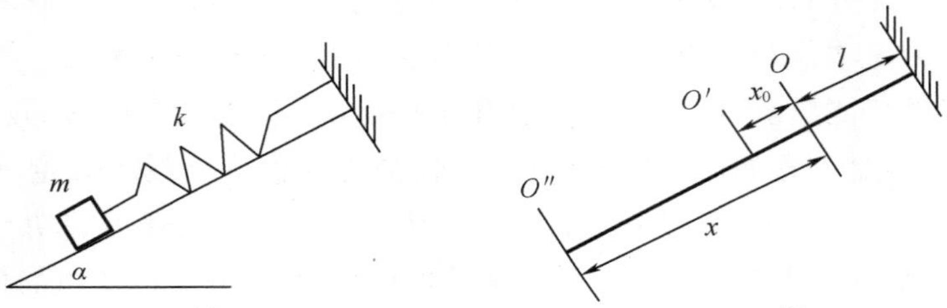


**图 2.46 例 2.19 图**

由题意得物体在 $O'$ 处的机械能为

$$E_1=E_{k0}+\frac{1}{2}kx_0^2+mg(x-x_0)\sin\alpha \tag{1}$$

在 $O''$ 处，其机械能为

$$E_2=\frac{1}{2}mv^2+\frac{1}{2}kx^2 \tag{2}$$

由于只有保守力做功，系统机械能守恒，即

$$E_{k0}+\frac{1}{2}kx_0^2+mg(x-x_0)\sin\alpha=\frac{1}{2}mv^2+\frac{1}{2}kx^2 \tag{3}$$

在平衡位置 $O'$ 处有

$$mg\sin\alpha=kx_0$$

所以

$$x_0=\frac{mg\sin\alpha}{k} \tag{4}$$

将式(4)代入式(3)，整理得

$$\frac{1}{2}mv^2=E_{k0}+mgx\sin\alpha-\frac{1}{2}kx^2-\frac{(mg\sin\alpha)^2}{2k}$$

### 2.3.6 能量守恒定律

在机械运动范围内所讨论的能量只是动能和势能。物体运动形式是多样化的，我们还将遇到其他形式的能量，比如电能、磁能、热能及原子能等。经科学研究发现，在系统机械能增大或减小的同时，必然有其他形式的能在减小或增大，而系统的各种形式能的总和保持不变。由此可见，自然界中必然存在着比机械能守恒定律更为普遍的**能量守恒定律**。

一个不受外界作用的系统称为**孤立系统**。对于孤立系统，外力功 $A_{外}=0$，如果系统状态变化时，有非保守内力做功 $A_{非保内}\neq 0$，那么它的机械能不守恒。例如，当一物体在桌面上滑过时，由于摩擦将损失机械能，但同时会出现另一现象，那就是物体和桌面的温度升高，这时机械能转换为热能。大量实验证明：能量既不能消失，也不能创造，只能从一种形式转换为另一种形式。对一个孤立系统来说，不论发生何种变化，各种形式的能量可以互相转换，但它们总和是一个常量。这一结论称为能量守恒定律，它是物理学中具有最大普遍性的定律之一。机械能守恒定律是能量守恒定律的一种特殊情况。

在物理学的发展过程中，能量守恒定律曾一再近乎失效，但每一次表面上的失效都会促使人们进行更加深入的研究，而且每一次人们都找到了真正的原因，使能量守恒定律进一步得到验证。迄今为止的实验证明，能量守恒定律不仅适用于宏观领域，而且适用于分子、原子、原子核等微观领域，也适用于天体演变的研究领域；不仅适用于物理学，而且也适用于生物学等各门自然科学，因而它是自然界中最基本的规律之一。

## 本章小结

1. 牛顿运动定律

(1) 牛顿第一定律：惯性与力的概念；惯性系的概念。

(2) 牛顿第二定律：

$$\boldsymbol{F}=\frac{\mathrm{d}\boldsymbol{p}}{\mathrm{d}t}=\frac{\mathrm{d}(m\boldsymbol{v})}{\mathrm{d}t}$$

(3) 牛顿第三定律：

$$\boldsymbol{F}=-\boldsymbol{F}'$$

2. 物理量的单位和量纲

3. 力学中常见的力

万有引力、弹性力、摩擦力。

4. 惯性系与非惯性系

5. 冲量

力对时间的积累为

$$\boldsymbol{I}=\int_{t_1}^{t_2}\boldsymbol{F}\mathrm{d}t$$

6. 动量定理

合外力的冲量等于质点动量的增量，即

$$I = \int_{t_1}^{t_2} \boldsymbol{F}\mathrm{d}t = \int_{p_1}^{p_2} \mathrm{d}\boldsymbol{p}$$

7. 动量守恒定律

系统所受合外力 $\boldsymbol{F}=0$ 时，$\boldsymbol{p}$ 为恒矢量，即

$$\boldsymbol{p} = \sum_i m_i \boldsymbol{v}_i = \text{恒量}$$

若某一方向 $\sum F_{ix} = 0$，则该方向 $\sum p_{ix} = $ 恒量。

8. 功和功率计算

$$A = \int_a^b \boldsymbol{F}\cdot \mathrm{d}\boldsymbol{r}, P = \frac{\mathrm{d}A}{\mathrm{d}t} = \frac{\boldsymbol{F}\cdot \mathrm{d}\boldsymbol{r}}{\mathrm{d}t} = \boldsymbol{F}\cdot\boldsymbol{v}$$

9. 常见力的功

（1）重力的功

$$A = mgh_a - mgh_b$$

（2）万有引力的功

$$A = -GMm\left(\frac{1}{r_a} - \frac{1}{r_b}\right)$$

（3）弹性力的功

$$A = \frac{1}{2}kx_a^2 - \frac{1}{2}kx_b^2$$

（4）摩擦力的功

$$A = \int_a^b \boldsymbol{F}\cdot \mathrm{d}\boldsymbol{s} = \int_a^b F\cos\alpha \mathrm{d}s$$

10. 势能

（1）重力势能：

$$E_\mathrm{p} = mgz$$

（2）万有引力势能：

$$E_\mathrm{p} = -G\frac{mM}{r}$$

（3）弹性势能：

$$E_\mathrm{p} = \frac{1}{2}kx^2$$

11. 动能定理

（1）质点的动能定理：

$$\int_a^b \boldsymbol{F}\cdot \mathrm{d}\boldsymbol{r} = \int_{v_a}^{v_b} \mathrm{d}\left(\frac{1}{2}mv^2\right) = \frac{1}{2}mv_b^2 - \frac{1}{2}mv_a^2$$

(2)质点系的动能定理

$$A_{外}+A_{内}=E_{kb}-E_{ka}$$

12. 功能原理

$$A_{外}+A_{非保内}=\Delta E_k+\Delta E_p=\Delta(E_k+E_p)=\Delta E$$

13. 机械能守恒定律

当 $A_{外}=0$,$A_{非保内}=0$ 时,有 $E_k+E_p=$ 常量。

# 思 考 题

2.1 在下列情况下,说明质点所受合力的特点:

(1)质点做匀速直线运动;

(2)质点做匀减速直线运动;

(3)质点做匀速圆周运动;

(4)质点做匀加速圆周运动。

2.2 有人说:“人推动了车是因为人推车的力大于车反推人的力。”这种说法对吗,为什么?为什么人可以推车前进呢?

2.3 当质点受到的合力为零时,质点能否沿曲线运动,为什么?

2.4 举例说明以下两种说法是不正确的。

(1)物体受到的摩擦力的方向总与物体的运动方向相反;

(2)摩擦力总是阻碍物体的运动。

2.5 水平力 $\boldsymbol{F}$ 将一质量为 $m$ 的物体紧压在竖直的墙壁上,使物体保持静止,问此时物体与墙壁之间的静摩擦力多大?若水平力增加到 $2\boldsymbol{F}$,物体仍保持静止,此时物体与墙壁之间的静摩擦力多大?

2.6 绳的一端系着一个金属小球,以手握其另一端使其做圆周运动。

(1)当小球运动的角速度相同时,长的绳子容易断还是短的绳子容易断,为什么?

(2)当小球运动的线速度相同时,长的绳子容易断还是短的绳子容易断,为什么?

2.7 通过学习,请总结一下应用牛顿运动定律求解质点动力学问题的一般步骤。

2.8 牛顿运动定律的适用范围是什么?

2.9 在惯性系中,质点受到的合力为零,该质点是否一定处于静止状态?

2.10 质点相对于某参考系静止,该质点所受的合力是否一定为零?

2.11 在水平路面上,一辆汽车以速率 $v$ 行驶,司机突然发现前面有一堵墙,必须立即制动或拐 90°的弯,如果路面与汽车间的摩擦系数为 $\mu$,为了避免撞墙,司机是应该制动刹车还是应该拐 90°的弯,哪种方式较好?

2.12 在密闭的箱子里面有一只鸟,箱子放在天平的一托盘上,开始时鸟静伏在箱底,在天平的另一托盘上放置砝码,使两边平衡,如果鸟在箱内飞起与保持飞翔,则天平分别如何变化?

2.13 为什么火车在起动时,总是先后退一下,然后再向前走?

2.14　两个大小与质量相同的小球，一个是弹性球，另一个是非弹性球，它们从同一高度自由落下并与地面碰撞，为什么弹性球跳得较高？地面对它们的冲量是否相同，为什么？

2.15　一人用恒力 $\boldsymbol{F}$ 推地上的木箱，经历时间 $\Delta t$ 后未能推动木箱，此推力的冲量等于多少？木箱既然受了力 $\boldsymbol{F}$ 的冲量，为什么它的动量没有改变？

2.16　试阐述为什么质点系中的内力不能改变质点系的总动量。

2.17　现有一半圆形细杆，如果改变坐标系的取法，该半圆形细杆的质心相对于半圆形细杆的位置是否变化？

2.18　物体系的质心和重心有什么区别？

2.19　当多级火箭每一级的燃料用完之后，为什么要扔掉燃料箱呢？

2.20　将一质点以初速度 $\boldsymbol{v}_0$ 竖直上抛，它能达到的最大高度为 $h_0$。在下述几种情况（如图所示）中，哪种情况下质点仍能到达高率 $h_0$，并说明理由。（忽略空气阻力）

（1）在光滑长斜面上，以初速度 $\boldsymbol{v}_0$ 向上运动；

（2）在光滑的抛物线轨道上，从最低点以初速度 $\boldsymbol{v}_0$ 向上运动；

（3）在半径为 $R$ 的光滑圆轨道上，从最低点以初速度 $\boldsymbol{v}_0$ 向上运动，且 $h > R > \frac{1}{2}h_0$；

（4）在(3)的情况下，若 $R > h_0$ 又怎样？

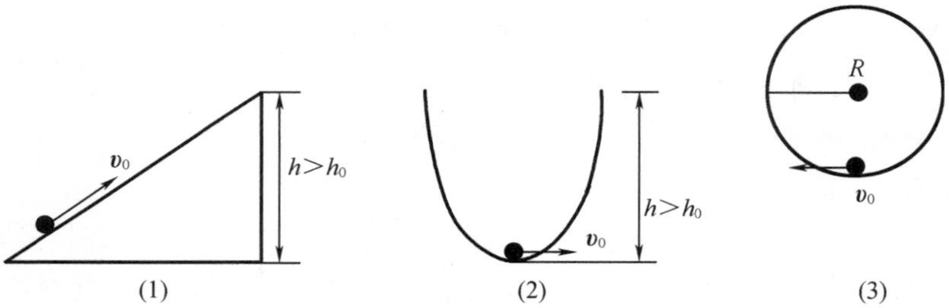


**思考题 2.20 图**

2.21　有人把一物体由静止开始举高 $h$ 时，物体获得速度 $\boldsymbol{v}$。在此过程中，若人对物体做功为 $A$，则有 $A = \frac{1}{2}mv^2 + mgh$。这一结果正确吗？这可以理解为“合外力对物体所做的功等于物体动能的增量与势能的增量之和”吗，为什么？

## 习　题

2.1　在升降机天花板上拴有轻绳，其下端系一重物，当升降机以加速度 $a_1$ 上升时，绳中的张力正好等于绳子所能承受的最大张力的一半。升降机以多大加速度上升时，绳子刚好被拉断？　　（　　）

(A) $2a_1$　　(B) $2(a_1+g)$

(C) $2a_1+g$　　(D) $a_1+g$

2.2 如图所示，质量为 $m$ 的物体 $A$ 用平行于斜面的细线连接并置于光滑的斜面上，若斜面向左方做加速运动，当物体开始脱离斜面时，它的加速度大小为 ( )

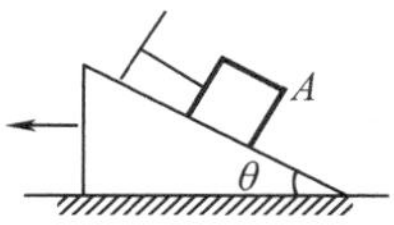

习题 2.2 图

(A) $g\sin\theta$ (B) $g\cos\theta$

(C) $g\cot\theta$ (D) $g\tan\theta$

2.3 如图所示，质量为 $m$ 的物体用细绳水平拉住，静止在倾角为 $\theta$ 的固定的光滑斜面上，则斜面给物体的支持力为

( )

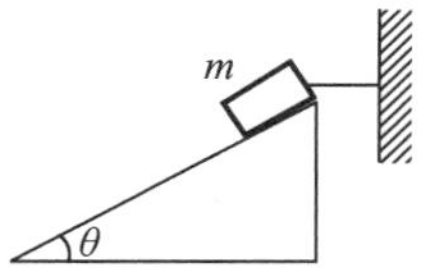

习题 2.3 图

(A) $mg\cos\theta$ (B) $mg\sin\theta$

(C) $\dfrac{mg}{\cos\theta}$ (D) $\dfrac{mg}{\sin\theta}$

2.4 质量为 $m$ 的小球，放在光滑的木板和光滑的墙壁之间，并保持平衡，如图所示。设木板和墙壁之间的夹角为 $\alpha$，当 $\alpha$ 逐渐增大时，小球对木板的压力将 ( )

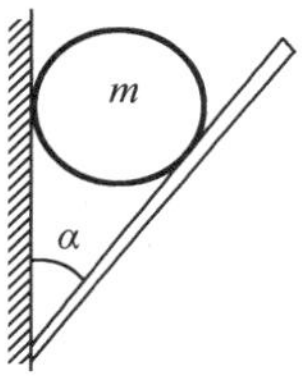

习题 2.4 图

(A) 增大

(B) 减小

(C) 不变

(D) 先是增大，后又减小。压力增减的分界角为 45°

2.5 质量分别为 $m_1$ 和 $m_2$ 的两滑块 $A$ 和 $B$ 通过一轻弹簧水平连接后置于水平桌面上，滑块与桌面间的摩擦系数均为 $\mu$，系统在水平拉力 $F$ 作用下做匀速运动，如图所示。如突然撤去拉力，则刚撤去拉力的瞬间，二者的加速度 $a_A$ 和 $a_B$ 分别为 ( )

(A) $a_A=0, a_B=0$

(B) $a_A>0, a_B<0$

(C) $a_A<0, a_B>0$

(D) $a_A<0, a_B=0$

习题 2.5 图

2.6 质量分别为 $m$ 和 $M$ 的滑块 $A$ 和 $B$，叠放在光滑水平桌面上，如图所示。$A$、$B$ 间静摩擦系数为 $\mu_s$，滑动摩擦系数为 $\mu_k$，系统原处于静止。今有一水平力作用于 $A$ 上，要使 $A$、$B$ 不发生相对滑动，则应有 ( )

(A) $F\leqslant\mu_s mg$ (B) $F\leqslant\mu_s \mathrm{mg}\dfrac{M+m}{M}$

(C) $F\leqslant\mu_s \mathrm{mg}(m+M)$ (D) $F\leqslant\mu_k \mathrm{mg}\dfrac{M+m}{M}$

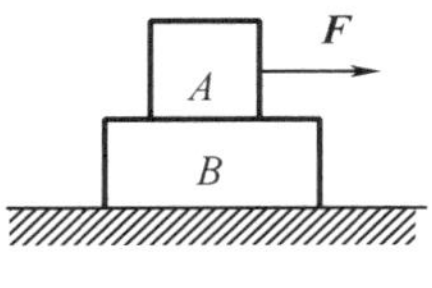

习题 2.6 图

2.7 如图所示，用一斜向上的力 $\boldsymbol{F}$（与水平成 30°角），将一重力为 $\boldsymbol{G}$ 的木块压靠在竖直壁面上，如果不论用怎样大的力 $\boldsymbol{F}$，都不能使木块向上滑动，则说明木块与壁面间的静摩擦系数的大小为 ( )

(A) $\mu\geqslant\dfrac{1}{2}$ (B) $\mu\geqslant\dfrac{1}{\sqrt{3}}$

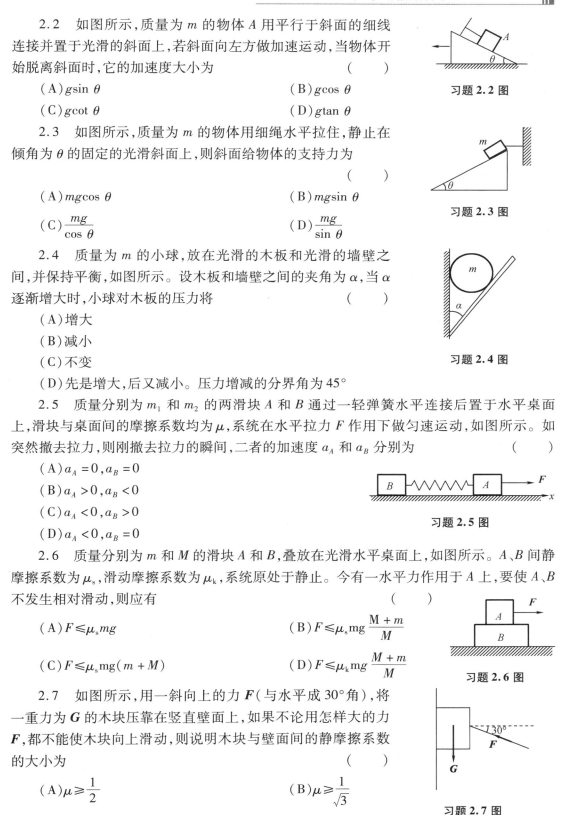

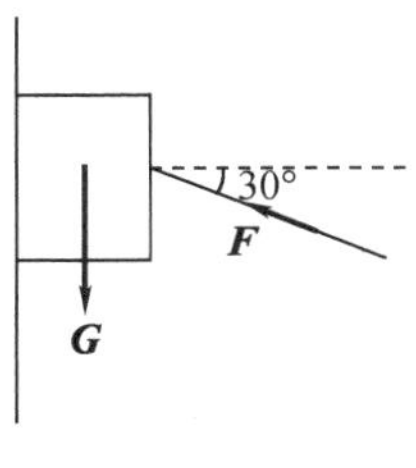

习题 2.7 图

(C)$\mu \geqslant \sqrt{3}$ (D)$\mu \geqslant 2\sqrt{3}$

2.8 竖立的圆筒形转笼,半径为 $R$,绕中心轴 $OO'$ 转动,物块 $A$ 紧靠在圆筒的内壁上,物块与圆筒间的摩擦系数为 $\mu$,要使物块 $A$ 不下落,圆筒转动的角速度 $\omega$ 至少应为 ( )

(A)$\sqrt{\dfrac{\mu g}{R}}$ (B)$\sqrt{\mu g}$

(C)$\sqrt{\dfrac{g}{\mu R}}$ (D)$\sqrt{\dfrac{g}{R}}$

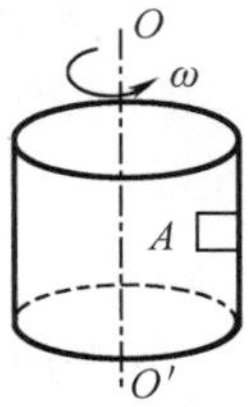

习题 2.8 图

2.9 如图所示,假设物体沿着竖直面上的圆弧形轨道下滑,轨道是光滑的,在从 $A$ 至 $C$ 的下滑过程中,下面说法正确的 ( )

(A)它的加速度大小不变,方向永远指向圆心

(B)它的速率均匀增加

(C)它的合外力大小变化,方向永远指向圆心

(D)它的合外力大小不变

(E)轨道支持力的大小不断增加

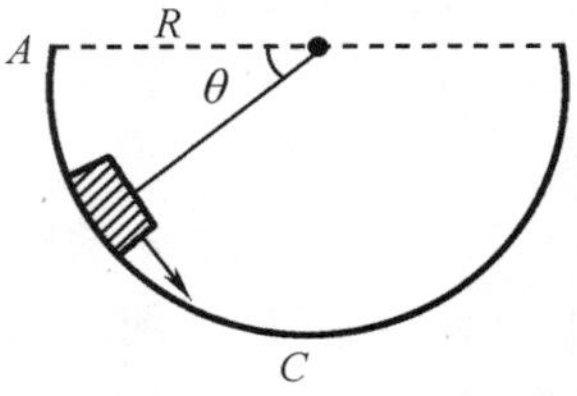

习题 2.9 图

2.10 两辆小车 $A$、$B$,可在光滑平直轨道上运动。第一次实验,$B$ 静止,$A$ 以 $0.5\ \mathrm{m \cdot s^{-1}}$ 的速率向右与 $B$ 碰撞,结果 $A$ 以 $0.1\ \mathrm{m \cdot s^{-1}}$ 的速率弹回,$B$ 以 $0.3\ \mathrm{m \cdot s^{-1}}$ 的速率向右运动;第二次实验,$B$ 仍静止,$A$ 装上1 kg的物体后仍以 $0.5\ \mathrm{m \cdot s^{-1}}$ 的速率与 $B$ 碰撞,结果 $A$ 静止,$B$ 以 $0.5\ \mathrm{m \cdot s^{-1}}$ 的速率向右运动,如图所示。则 $A$ 和 $B$ 的质量分别为 ( )

(A)$m_A = 2$ kg,$m_B = 1$ kg (B)$m_A = 1$ kg,$m_B = 2$ kg

(C)$m_A = 3$ kg,$m_B = 4$ kg (D)$m_A = 4$ kg,$m_B = 3$ kg

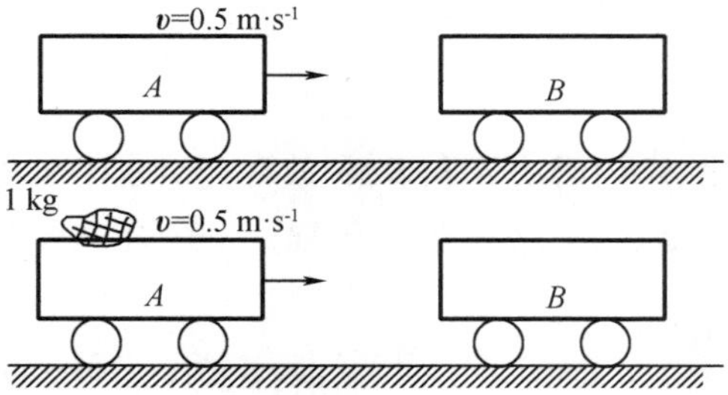

习题 2.10 图

2.11 质量为 20 g 的子弹沿 $x$ 轴正向以 $500\ \mathrm{m \cdot s^{-1}}$ 的速率射入一木块后,与木块一起仍沿 $x$ 轴正向以 $50\ \mathrm{m \cdot s^{-1}}$ 的速率前进,在此过程中木块所受冲量的大小为 ( )

(A)9 N·s (B) −9 N·s

(C)10 N·s (D) −10 N·s

2.12 在水平冰面上以一定速度向东行驶的炮车,向东南(斜向上)方向发射一炮弹,对于炮车和炮弹这一系统,在此过程中(忽略冰面摩擦力及空气阻力) ( )

(A)总动量守恒

(B)总动量在炮身前进的方向上的分量守恒,其他方向动量不守恒

(C)总动量在水平面上任意方向的分量守恒,竖直方向分量不守恒

(D)总动量在任何方向的分量均不守恒

2.13 如图所示,$A$、$B$ 两木块质量分别为 $m_A$ 和 $m_B$,且 $m_B=2m_A$,两者用一轻弹簧连接后静止于光滑水平桌面上,如图所示。若用外力将两木块压近,使弹簧被压缩,然后将外力撤去,则此后两木块运动动能之比 $\frac{E_{kA}}{E_{kB}}$ 为 ( )

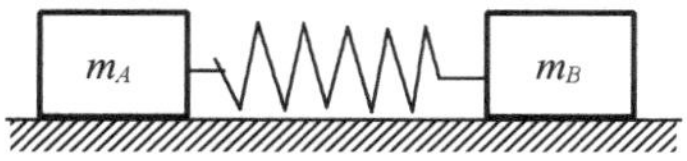


习题 2.13 图

(A) $\frac{1}{2}$　　(B) $\frac{\sqrt{2}}{2}$

(C) $\sqrt{2}$　　(D) 2

2.14 机枪每分钟可射出质量为 20 g 的子弹 900 颗,子弹射出的速率为 800 $m\cdot s^{-1}$,则射击时的平均反冲力大小为 ( )

(A) 0.267 N　　(B) 16 N

(C) 240 N　　(D) 14 400 N

2.15 如图所示,圆锥摆的摆球质量为 $m$,速率为 $v$,圆半径为 $R$,当摆球在轨道上运动半周时,摆球所受重力冲量的大小为 ( )

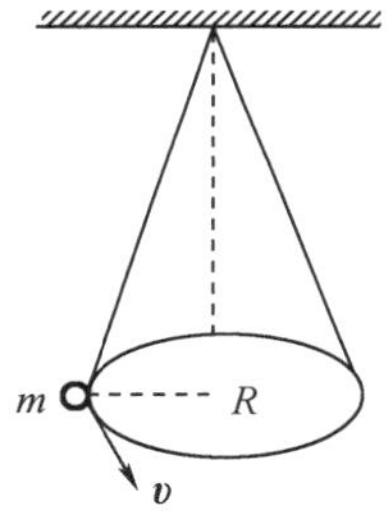


习题 2.15 图

(A) $2mv$

(B) $\sqrt{(2mv)^2+\left(\frac{\pi Rmg}{v}\right)^2}$

(C) $\frac{\pi Rmg}{v}$

(D) 0

2.16 动能为 $E_k$ 的 $A$ 物体与静止的 $B$ 物体碰撞,设 $A$ 物体的质量为 $B$ 物体的 2 倍 ($m_A=2m_B$)。若碰撞为完全非弹性的,则碰撞后两物体总动能为 ( )

(A) $E_k$　　(B) $\frac{2}{3}E_k$

(C) $\frac{1}{2}E_k$　　(D) $\frac{1}{3}E_k$

2.17 一竖直向上发射之火箭,原来静止时的初质量为 $m_0$,经时间 $t$ 燃料耗尽时的末质量为 $m$,喷气相对于火箭的速率恒定为 $u$,不计空气阻力,重力加速度 $g$ 恒定,则燃料耗尽时火箭速率为 ( )

(A) $v=u\ln\frac{m_0}{m}-\frac{gt}{2}$　　(B) $v=u\ln\frac{m}{m_0}-gt$

(C) $v=u\ln\frac{m_0}{m}+gt$　　(D) $v=u\ln\frac{m_0}{m}-gt$

2.18 一辆汽车从静止出发,在平直公路上加速前进。如果发动机的功率一定,下面哪一种说法是正确的? ( )

(A)汽车的加速度是不变的

(B)汽车的加速度随时间减小

(C)汽车的加速度与它的速度成正比

(D)汽车的速度与它通过的路程成正比

(E)汽车的动能与它通过的路程成正比

2.19　一个质点同时在几个力作用下的位移 $\Delta\boldsymbol{r}=4\boldsymbol{i}-5\boldsymbol{j}+6\boldsymbol{k}$(SI),其中一个力为恒力,$\boldsymbol{F}=-3\boldsymbol{i}-5\boldsymbol{j}+9\boldsymbol{k}$ (SI),则此力在该位移过程中所做的功为　(　　)

(A) $-67$ J　　(B)17 J

(C)67 J　　(D)91 J

2.20　如图所示,质量为 $m$ 的木块沿固定的光滑斜面下滑,当下降 $h$ 高度时,重力做功的瞬时功率是　(　　)

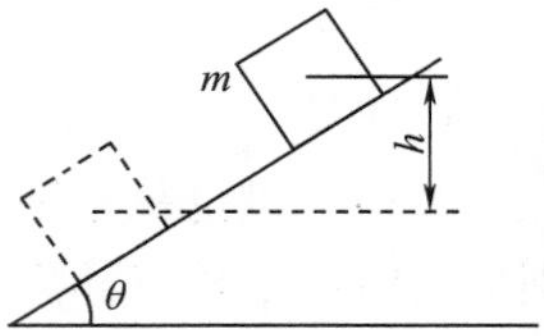

习题 2.20 图

(A) $mg(2gh)^{\frac{1}{2}}$

(B) $mg\cos\theta(2gh)^{\frac{1}{2}}$

(C) $mg\sin\theta(\frac{1}{2}gh)^{\frac{1}{2}}$

(D) $mg\sin\theta(2gh)^{\frac{1}{2}}$

2.21　对功的概念有以下几种说法:

(1)保守力做正功时,系统内相应的势能增加;

(2)质点运动经一闭合路径,保守力对质点做的功为零;

(3)作用力和反作用力大小相等、方向相反,所以两者所做功的代数和必为零。

在上述说法中　(　　)

(A)(1)和(2)是正确的　　(B)(2)和(3)是正确的

(C)只有(2)是正确的　　(D)只有(3)是正确的

2.22　质量为 $m=0.5$ kg 的质点,在 $Oxy$ 坐标平面内运动,其运动学方程为 $x=5t$,$y=0.5t^2$(SI),从 $t=2$ s 到 $t=4$ s 这段时间内,外力对质点做的功为　(　　)

(A)1.5 J　　(B)3 J

(C)4.5 J　　(D) $-1.5$ J

2.23　如图所示,今有一劲度系数为 $k$ 的轻弹簧竖直放置,其下端悬一质量为 $m$ 的小球,开始时使弹簧为原长而小球恰好与地面接触,今将弹簧上端缓慢地提起,直到小球刚能脱离地面为止,在此过程中,外力做功为　(　　)

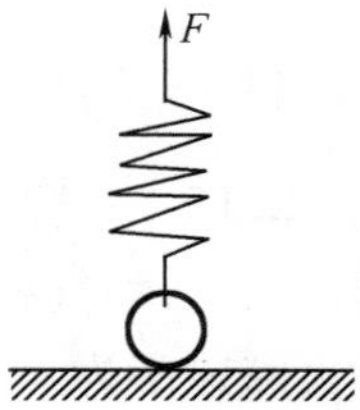

习题 2.23 图

(A) $\dfrac{m^2g^2}{4k}$　　(B) $\dfrac{m^2g^2}{3k}$

(C) $\dfrac{m^2g^2}{2k}$　　(D) $\dfrac{2m^2g^2}{k}$

(E) $\dfrac{4m^2g^2}{k}$

2.24　在如图所示的系统中(滑轮质量不计,轴光滑),外力 $\boldsymbol{F}$ 通过不可伸长的绳子和

一劲度系数 $k=200\ \mathrm{N\cdot m^{-1}}$ 的轻弹簧缓慢地拉地面上的物体。物体的质量 $M=2\ \mathrm{kg}$,初始时弹簧为自然长度,在把绳子拉下 20 cm 的过程中,所做的功为(重力加速度 $g$ 取 $10\ \mathrm{m\cdot s^{-2}}$) (　　)

(A)1 J　　(B)2 J

(C)3 J　　(D)4 J

(E)20 J

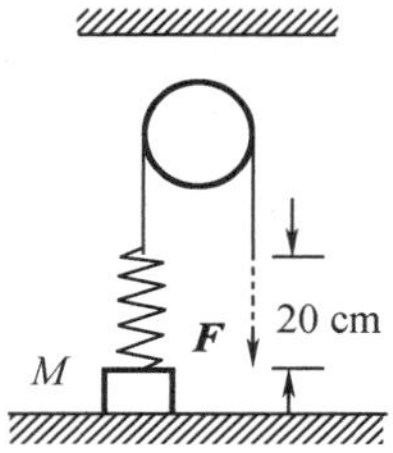


习题 2.24 图

2.25　已知两个物体 $A$ 和 $B$ 的质量以及它们的速率都不相同,若物体 $A$ 的动量在数值上比物体 $B$ 的大,则 $A$ 的动能 $E_{kA}$ 与 $B$ 的动能 $E_{kB}$ 之间的大小关系为 (　　)

(A) $E_{kB}$ 一定大于 $E_{kA}$　　(B) $E_{kB}$ 一定小于 $E_{kA}$

(C) $E_{kB}=E_{kA}$　　(D)不能判定谁大谁小

2.26　一水平放置的轻弹簧,劲度系数为 $k$,其一端固定,另一端系一质量为 $m$ 的滑块 $A$,$A$ 旁又有一质量相同的滑块 $B$,如图所示。设两滑块与桌面间无摩擦,若用外力将 $A$ 和 $B$ 一起推压直至使弹簧压缩量为 $d$ 时静止,然后撤去外力,则 $B$ 离开时的速度为 (　　)

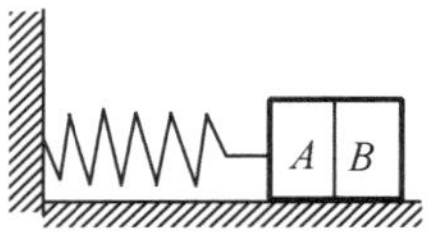


习题 2.26 图

(A)0　　(B) $d\sqrt{\dfrac{k}{2m}}$

(C) $d\sqrt{\dfrac{k}{m}}$　　(D) $d\sqrt{\dfrac{2k}{m}}$

2.27 若一子弹水平射入放在水平光滑地面上静止的木块而不穿出,以地面为参考系,下列说法中正确的说法是 (　　)

(A)子弹的动能转变为木块的动能

(B)子弹 - 木块系统的机械能守恒

(C)子弹动能的减少等于子弹克服木块阻力所做的功

(D)子弹克服木块阻力所做的功等于这一过程中产生的热

2.28　做直线运动的甲、乙、丙三物体,质量之比是 1∶2∶3。若它们的动能相等,并且作用于每一个物体上的制动力的大小都相同,方向与各自的速度方向相反,则它们制动距离之比是 (　　)

(A)1∶2∶3　　(B)1∶4∶9

(C)1∶1∶1　　(D)3∶2∶1

(E) $\sqrt{3}:\sqrt{2}:1$

2.29　如图所示,沿水平方向的外力 $F$ 将物体 $A$ 压在竖直墙上,由于物体与墙之间有摩擦力,因此此时物体保持静止。设其所受静摩擦力为 $f_0$,若外力增至 $2F$,则此时物体所受静摩擦力为________。

2.30　如果一个箱子与货车底板之间的静摩擦系数为 $\mu$,当这货车爬一与水平方向成 $\theta$ 角的平缓山坡时,要使箱子在车底板上不发生滑动,车的最大加速度 $a_{\max}=$________。

2.31　如图所示,倾角为 30°的一个斜面体放置在水平桌面上,一个质量为 2 kg 的物体沿斜面下滑,下滑的加速度为 $3.0\ \mathrm{m\cdot s^{-2}}$。若此时斜面体静止在桌面上不动,则斜面体与

桌面间的静摩擦力 $f=$________。

2.32　将质量相等的两物体 $A$ 和 $B$ 分别固定在弹簧的两端，并竖直放在光滑水平面 $C$ 上，如图所示。弹簧的质量与物体 $A$ 和 $B$ 的质量相比可以忽略不计。若把支持面 $C$ 迅速移走，则在移开的一瞬间，$A$ 的加速度大小 $a_A=$________，$B$ 的加速度大小 $a_B=$________。

2.33　一圆锥摆摆长为 $l$、摆锤质量为 $m$，在水平面上做匀速圆周运动，摆线与铅直线夹角为 $\theta$，则：

（1）摆线的张力 $T=$________；

（2）摆锤的速率 $v=$________。

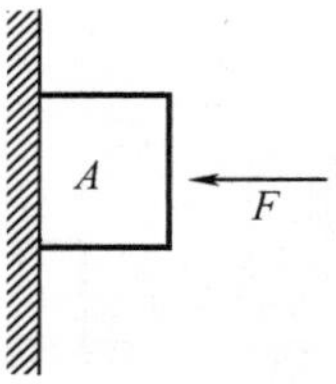

习题 2.29 图

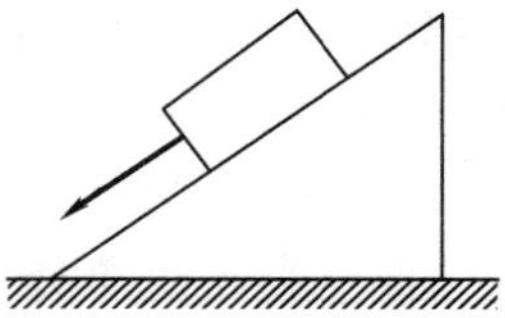
习题 2.31 图

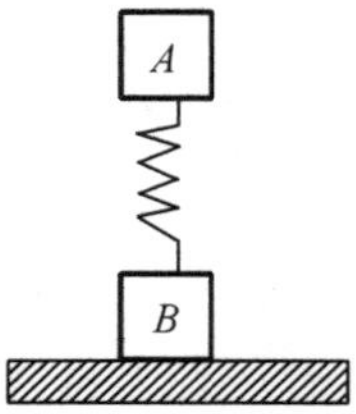

习题 2.32 图

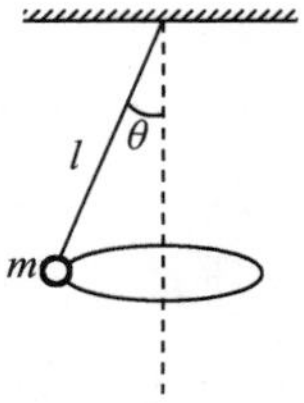

习题 2.33 图

2.34　质量为 $m$ 的小球，用轻绳 $AB$、$BC$ 连接，如图所示，其中 $AB$ 水平。剪断绳 $AB$ 前后的瞬间，绳 $BC$ 中的张力比 $T:T'=$________。

2.35　如图所示，质量为 $m$ 的小球自高为 $y_0$ 处沿水平方向以速率 $v_0$ 抛出，与地面碰撞后跳起的最大高度为 $\frac{1}{2}y_0$，水平速率为 $\frac{1}{2}v_0$，则在碰撞过程中：

（1）地面对小球的竖直冲量的大小为________；

（2）地面对小球的水平冲量的大小为________。

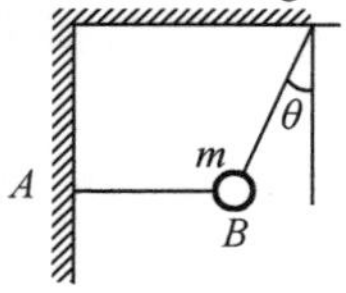

习题 2.34 图

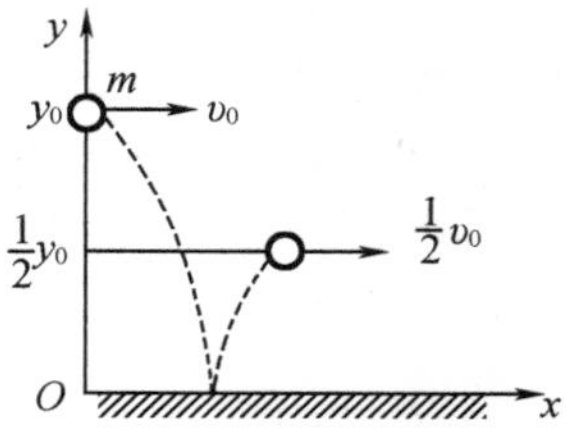

习题 2.35 图

2.36　一质量为 $m$ 的物体，原来以速率 $v$ 向北运动，突然受到外力打击后变为向西运动，速率仍为 $v$，则外力的冲量大小为________，方向为________。

2.37　有两艘停在湖上的船，它们之间用一根很轻的绳子连接。设第一艘船和人的总质量为 250 kg，第二艘船的总质量为 500 kg，水的阻力不计。现在站在第一艘船上的人用 $F=50$ N 的水平力来拉绳子，则 5 s 后第一艘船的速度大小为________；第二艘船的速度大小为________。

2.38 如图所示，两块并排的木块 $A$ 和 $B$ 的质量分别为 $m_1$ 和 $m_2$，静止放置在光滑的水平面上，一子弹水平地穿过两木块，设子弹穿过两木块所用的时间分别为 $\Delta t_1$ 和 $\Delta t_2$，木块对子弹的阻力为恒力 $F$，则子弹穿出后，木块 $A$ 的速度大小为________，木块 $B$ 的速度大小为________。

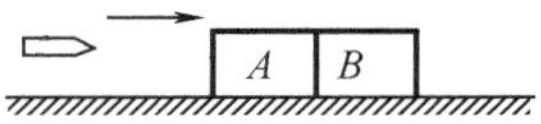

习题 2.38 图

2.39 一颗子弹在枪筒里前进时所受的合力大小为 $F=400-\frac{4\times10^5}{3}t$(SI)。子弹从枪口射出时的速率为 $300\ \text{m}\cdot\text{s}^{-1}$。假设子弹离开枪口时合力刚好为零，则：

(1)子弹走完枪筒全长所用的时间 $t=$________；

(2)子弹在枪筒中所受力的冲量 $I=$________；

(3)子弹的质量 $m=$________。

2.40 如图所示，一圆锥摆，质量为 $m$ 的小球在水平面内以角速度 $\omega$ 匀速转动，在小球转动一周的过程中：

(1)小球动量增量的大小等于________；

(2)小球所受重力的冲量的大小等于________；

(3)小球所受绳子拉力的冲量大小等于________。

2.41 质量为 1 kg 的球 $A$ 以 $5\ \text{m}\cdot\text{s}^{-1}$ 的速率和另一静止的且质量也为 1 kg 的球 $B$ 在光滑水平面上做弹性碰撞，碰撞后球 $B$ 以 $2.5\ \text{m}\cdot\text{s}^{-1}$ 的速率沿与 $A$ 原先运动的方向成 $60°$ 的方向运动，则球 $A$ 的速率为________，方向为________。

2.42 一质量 $m=10$ g 的子弹，以速率 $v_0=500\ \text{m}\cdot\text{s}^{-1}$ 沿水平方向射穿一物体。穿出时，子弹的速率为 $v=30\ \text{m}\cdot\text{s}^{-1}$，仍是水平方向，则子弹在穿透过程中所受的冲量大小为________，方向为________。

2.43 如图所示，沿着半径为 $R$ 圆周运动的质点，所受的几个力中有一个是恒力 $\boldsymbol{F}_0$，方向始终沿 $x$ 轴正向，即 $\boldsymbol{F}_0=F_0\boldsymbol{i}$。当质点从 $A$ 点沿逆时针方向走过 $\frac{3}{4}$ 圆周到达 $B$ 点时，力 $\boldsymbol{F}_0$ 所做的功为 $A=$________。

2.44 已知地球质量为 $M$，半径为 $R$。一质量为 $m$ 的火箭从地面上升到距地面高度为 $2R$ 处。在此过程中，地球引力对火箭做的功为________。

2.45 如图所示，一斜面倾角为 $\theta$，用与斜面成 $\alpha$ 角的恒力 $\boldsymbol{F}$ 将一质量为 $m$ 的物体沿斜面拉升了高度 $h$，物体与斜面间的摩擦系数为 $\mu$，摩擦力在此过程中所做的功 $A_f=$________。

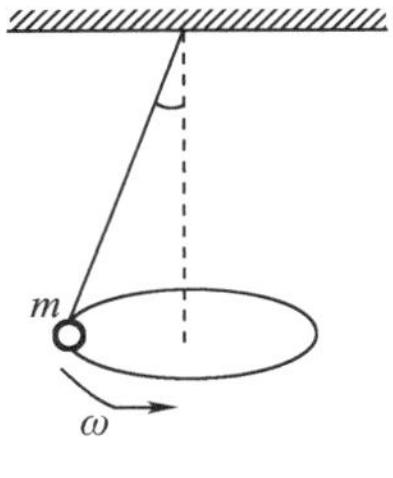

习题 2.40 图

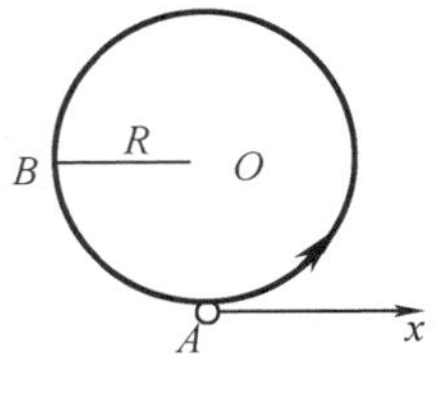

习题 2.43 图

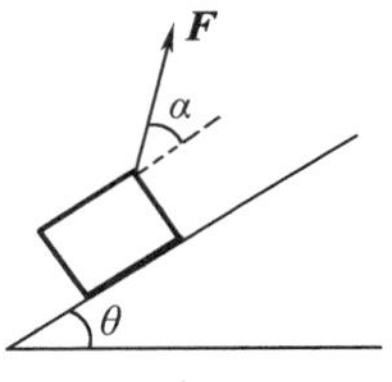

习题 2.45 图

2.46　某质点在力 $\boldsymbol{F}=(4+5x)\boldsymbol{i}$(SI)的作用下沿 $x$ 轴做直线运动，在从 $x=0$ 移动到 $x=10$ m 的过程中，力 $\boldsymbol{F}$ 所做的功为________。

2.47　如图所示，劲度系数为 $k$ 的弹簧，一端固定在墙壁上，另一端连一质量为 $m$ 的物体，物体在坐标原点 $O$ 时弹簧长度为原长，物体与桌面间的摩擦系数为 $\mu$。若物体在不变的外力 $F$ 作用下向右移动，则物体到达最远位置时系统的弹性势能 $E_p=$________。

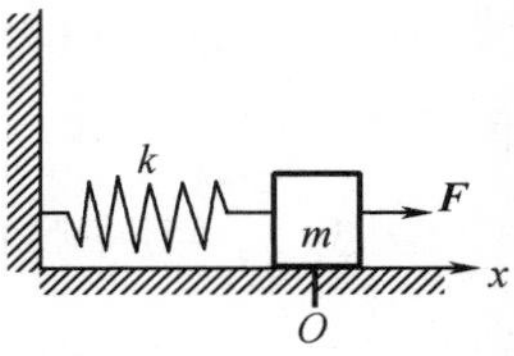

习题 2.47 图

2.48　质量 $m=1$ kg 的物体，在坐标原点处从静止出发在水平面内沿 $x$ 轴运动，其所受合力方向与运动方向相同，合力大小为 $F=3+2x$(SI)，那么，物体在开始运动的 3 m 内，合力所做的功 $A=$________；$x=3$ m 时，其速率 $v=$________。

2.49　如图所示，质量 $m=2$ kg 的物体从静止开始沿 $\frac{1}{4}$ 圆弧从 $A$ 滑到 $B$，在 $B$ 处速度的大小为 $v=6\ \mathrm{m\cdot s^{-1}}$，已知圆的半径 $R=4$ m，则在物体从 $A$ 到 $B$ 的过程中，摩擦力对它所做的功 $A=$________。

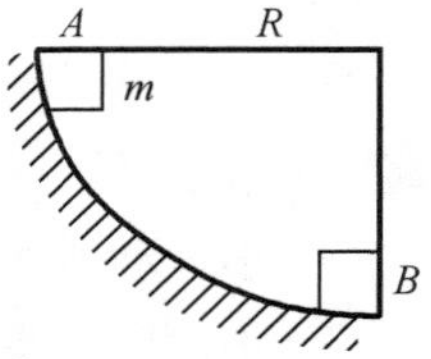

习题 2.49 图

2.50　质量为 $m$ 的物体，从高出弹簧上端 $h$ 处由静止自由下落到竖直放置在地面上的轻弹簧上，弹簧的劲度系数为 $k$，则弹簧被压缩的最大距离 $x=$________。

2.51　一质量为 $m$ 的质点在指向圆心的平方反比力 $F=-\frac{K}{r^2}$ 的作用下做半径为 $r$ 的圆周运动。此质点的速度 $v=$________。若取距圆心无穷远处为势能零点，它的机械能 $E=$________。

2.52　一质点在两恒力共同作用下，位移为 $\Delta\boldsymbol{r}=3\boldsymbol{i}+8\boldsymbol{j}$(SI)，在此过程中，动能增量为 24 J，已知其中一恒力 $\boldsymbol{F}_1=12\boldsymbol{i}-3\boldsymbol{j}$(SI)，则另一恒力所做的功为________。

2.53　如图所示，劲度系数为 $k$ 的弹簧，上端固定，下端悬挂重物。当弹簧伸长 $x_0$ 时，重物在 $O$ 处达到平衡，现取重物在 $O$ 处时各种势能均为零，则当弹簧长度为原长时，系统的重力势能为________；系统的弹性势能为________；系统的总势能为________。（答案用 $k$ 和 $x_0$ 表示）

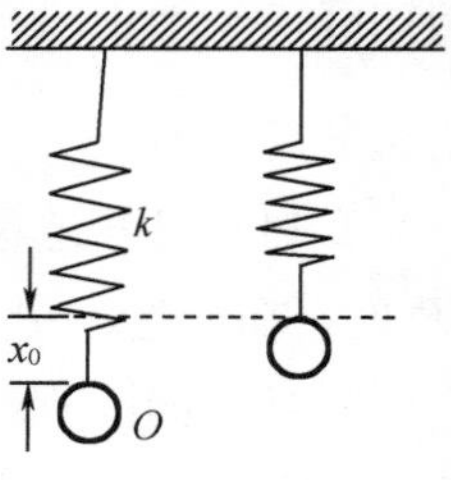

习题 2.53 图

2.54　一长为 $l$、质量均匀的链条放在光滑的水平桌面上，若使其长度的 $\frac{1}{2}$ 悬于桌边下，然后由静止释放，任其滑动，则它全部离开桌面时的速率为________。

2.55　如图所示，一弹簧原长 $l_0=0.1$ m，劲度系数 $k=50\ \mathrm{N\cdot m^{-1}}$，其一端固定在半径为 $R=0.1$ m 的半圆环的端点 $A$，另一端与一套在半圆环上的小环相连。在把小环由半圆环中点 $B$ 移到另一端 $C$ 的过程中，弹簧的拉力对小环所做的功为________J。

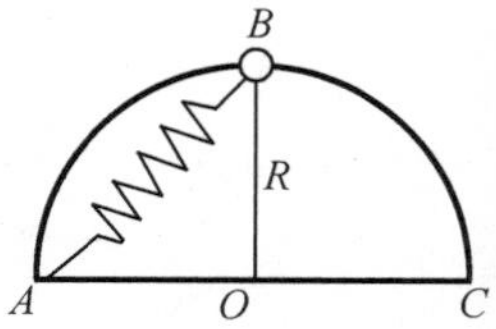

习题 2.55 图

2.56　质量 $m=2.0$ kg 的均匀绳，长 $L=1.0$ m，两端分别连接

重物 $A$ 和 $B$，$m_A=8.0$ kg，$m_B=5.0$ kg，今在 $B$ 端施以大小为 $F=180$ N的竖直拉力，使绳和重物向上运动，求距离绳的下端为 $x$ 处绳中的张力 $T(x)$。

2.57　一名宇航员带一个弹簧秤和一个质量为1.0 kg的物体 $A$ 去月球，到达月球上某处时，他拾起一块石头 $B$，挂在弹簧秤上，其读数与地面上挂 $A$ 时相同。然后，他把 $A$ 和 $B$ 分别挂在跨过轻滑轮的轻绳的两端，如图所示。若月球表面的重力加速度为 $1.67\ \mathrm{m\cdot s^{-2}}$，则石块 $B$ 将如何运动?

2.58　如图所示，质量为 $m$ 的摆球 $A$ 悬挂在车架上。求在下述各种情况下，摆线与竖直方向的夹角 $\alpha$ 和线中的张力 $T$。

(1)小车沿水平方向做匀速运动;

(2)小车沿水平方向做加速度为 $a$ 的运动。

2.59　有一物体放在地面上，重量为 $P$，它与地面间的摩擦系数为 $\mu$。今用力使物体在地面上匀速前进，问:此力 $\boldsymbol{F}$ 与水平面夹角 $\theta$ 为多大时最省力。

2.60　如图所示，质量为 $m$ =2 kg的物体 $A$ 放在倾角 $\alpha=30°$ 的固定斜面上，斜面与物体 $A$ 之间的摩擦系数 $\mu=0.2$。今以 $F=19.6$ N的水平力作用在 $A$ 上，求物体 $A$ 的加速度的大小。

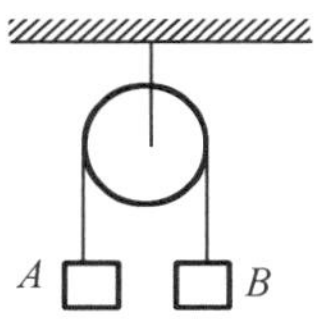

习题 2.57 图

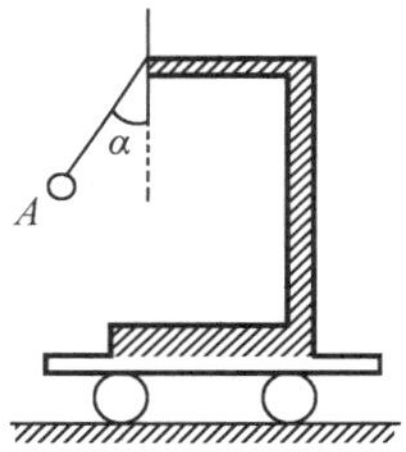

习题 2.58 图

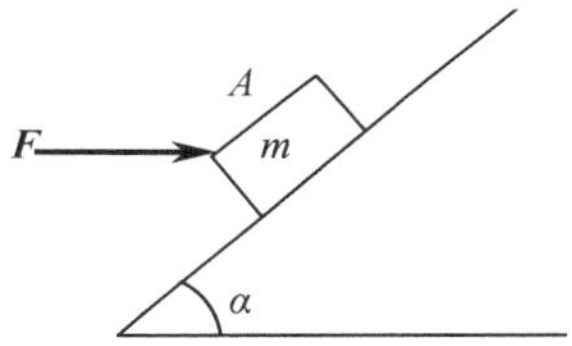

习题 2.60 图

2.61　在水平桌面上有两个物体 $A$ 和 $B$，它们的质量分别为 $m_1=1.0$ kg，$m_2=2.0$ kg，它们与桌面间的滑动摩擦系数 $\mu=0.5$，现在 $A$ 上施加一个与水平方向成36.9°角的指向斜下方的力 $\boldsymbol{F}$，恰好使 $A$ 和 $B$ 做匀速直线运动，求所施力的大小和物体 $A$ 与 $B$ 间的相互作用力的大小。($\cos 36.9°=0.8$)

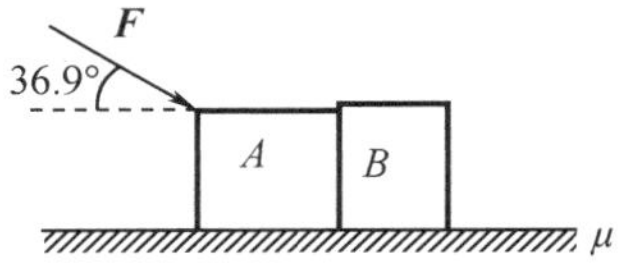

习题 2.61 图

2.62　质量为 $m$ 的雨滴下降时，因受空气阻力，在落地前已是匀速运动，其速率为 $v=5.0\ \mathrm{m\cdot s^{-1}}$。设空气阻力大小与雨滴速率的平方成正比，则当雨滴下降速率 $v=4.0\ \mathrm{m\cdot s^{-1}}$ 时，其加速度 $a$ 多大?

2.63　一质量为 $M$、角度为 $\alpha$ 的劈形斜面 $A$ 放在粗糙的水平面上，斜面上有一质量为 $m$ 的物体 $B$ 沿斜面下滑。若 $A$、$B$ 之间的滑动摩擦系数为 $\mu$，且 $B$ 下滑时 $A$ 保持不动，则斜面 $A$ 对地面的压力和摩擦力各多大?

2.64　一质量为60 kg的人，站在质量为30 kg的底板上，用绳和滑轮连接，如图所示。

设滑轮、绳的质量及轴处的摩擦可以忽略不计,绳子不可伸长。欲使人和底板能以 1 $m \cdot s^{-2}$ 的加速度上升,人对绳子的拉力 $T_2$ 多大？人对底板的压力多大？（取 $g=10$ $m \cdot s^{-2}$）

2.65　如图所示,一条轻绳跨过一轻滑轮(滑轮与轴间摩擦可忽略),在绳的一端挂一质量为 $m_1$ 的物体,在另一侧有一质量为 $m_2$ 的环,则当环相对于绳以恒定的加速度 $a_2$ 沿绳向下滑动时,物体和环相对于地面的加速度各是多少？环与绳间的摩擦力多大？

2.66　一人在平地上拉一个质量为 $M$ 的木箱匀速前进,如图所示。木箱与地面间的摩擦系数 $\mu=0.6$。设此人前进时,肩上绳的支撑点距地面高度为 $h=1.5$ m,不计箱高,则绳长 $l$ 为多长时最省力？

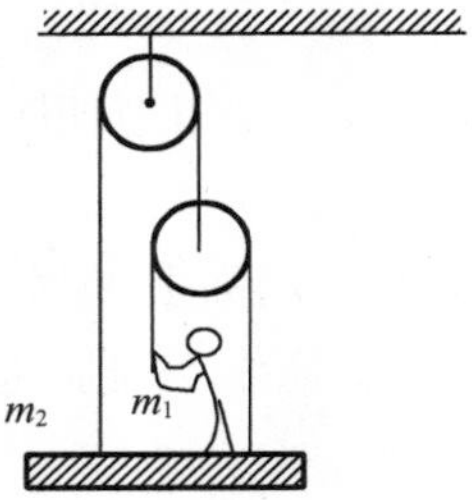


习题 2.64 图

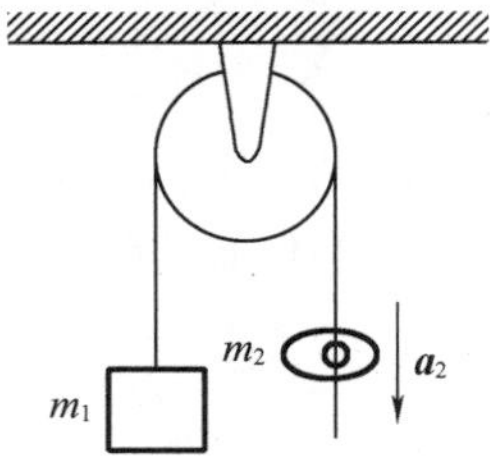


习题 2.65 图

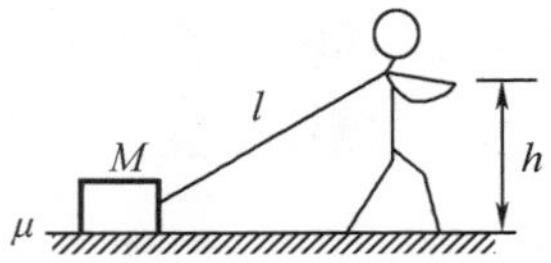


习题 2.66 图

2.67　公路的转弯处是一半径为 200 m 的圆形弧线,其内外坡度是按车速 60 $km \cdot h^{-1}$ 设计的,此时轮胎不受路面左右方向的力。雪后公路上结冰,若汽车以 40 $km \cdot h^{-1}$ 的速度行驶,则车胎与路面间的摩擦系数至少多大,才能保证汽车在转弯时不至滑出公路？

2.68　(1)试求赤道正上方的地球同步卫星距地面的高度；

(2)若 10 年内允许这个卫星从初位置向东或向西漂移 10°,求它的轨道半径的误差限度。已知地球半径 $R=6.37\times10^6$ m,地面上重力加速度 $g=9.8$ $m \cdot s^{-2}$。

2.69　证明与推导:质量为 $m$ 的小球,在水中受的浮力为常力 $F$,当它从静止开始沉降时,受到水的黏滞阻力大小为 $f=kv$($k$ 为常数)。证明:小球在水中竖直沉降的速度 $v$ 与时间 $t$ 的关系为 $v=\dfrac{mg-F}{k}(1-e^{-\frac{kt}{m}})$,式中,$t$ 为从沉降开始计算的时间。

2.70　一质量为 $m$ 的木块放在木板上,当木板与水平面间的夹角 $\theta$ 由 0°变化到 90°时,画出木块与木板之间摩擦力 $f$ 随 $\theta$ 变化的曲线(设 $\theta$ 角变化过程中,摩擦系数 $\mu$ 不变)。在图上标出木块开始滑动时,木板与水平面间的夹角 $\theta_0$,并指出 $\theta_0$ 与摩擦系数 $\mu$ 的关系。

2.71　光滑水平面上有两个质量不同的小球 $A$ 和 $B$。$A$ 球静止,$B$ 球以速度 $\boldsymbol{v}$ 和 $A$ 球发生碰撞,碰撞后 $B$ 球速度的大小为 $\frac{1}{2}v$,方向与 $\boldsymbol{v}$ 垂直,求碰后 $A$ 球的运动方向。

2.72　一炮弹发射后在其运行轨道上的最高点 $h=19.6$ m 处炸裂成质量相等的两块,其中一块在爆炸后 1 s 落到爆炸点正下方的地面上。设此处与发射点的距离 $S_1=1\ 000$ m,则另一块落地点与发射地点间的距离是多少？（空气阻力不计,$g=9.8$ $m \cdot s^{-2}$）

2.73 如图所示,有两个长方形的物体 $A$ 和 $B$ 紧靠着静止放在光滑的水平桌面上,已知 $m_A=2$ kg,$m_B=3$ kg。现有一质量 $m=100$ g 的子弹以速率 $v_0=800\ \text{m}\cdot\text{s}^{-1}$ 水平射入长方体 $A$,经 $t=0.01$ s 又射入长方体 $B$,最后停留在长方体 $B$ 内未射出。设子弹射入 $A$ 时所受的摩擦力为 $F=3\times10^3$ N,求:

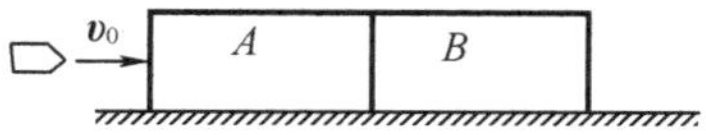

习题 2.73 图

(1)子弹在射入 $A$ 的过程中,$B$ 受到 $A$ 的作用力的大小;

(2)当子弹留在 $B$ 中时,$A$ 和 $B$ 的速度大小。

2.74 如图所示,两个带理想弹簧缓冲器的小车 $A$ 和 $B$,质量分别为 $m_1$ 和 $m_2$。$B$ 不动,$A$ 以速度 $\boldsymbol{v}_0$ 与 $A$ 碰撞,如已知两车的缓冲弹簧的劲度系数分别为 $k_1$ 和 $k_2$,在不计摩擦的情况下,则两车相对静止时,其间的作用力为多大?(弹簧质量略而不计)

2.75 如图所示,质量 $M=2.0$ kg 的笼子用轻弹簧悬挂起来,静止在平衡位置,弹簧伸长 $x_0=0.10$ m,今有 $m=2.0$ kg 的油灰由距离笼底高 $h=0.30$ m 处自由落到笼底上,求笼子向下移动的最大距离。

2.76 如图所示,质量为 $M$、半径为 $R$ 的$\dfrac{1}{4}$圆周的光滑弧形滑块静止在光滑桌面上,今有质量为 $m$ 的物体由弧的上端 $A$ 点静止滑下,当 $m$ 滑到最低点 $B$ 时,试求:

(1)$m$ 相对于 $M$ 的速度 $v_1$ 及 $M$ 对地的速度 $v_2$;

(2)$M$ 对 $m$ 的作用力 $N$。

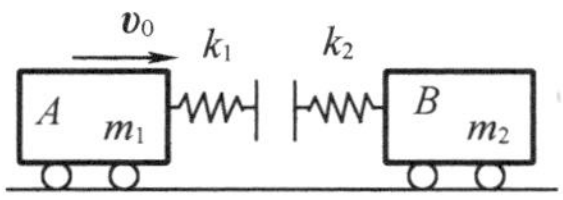

习题 2.74 图

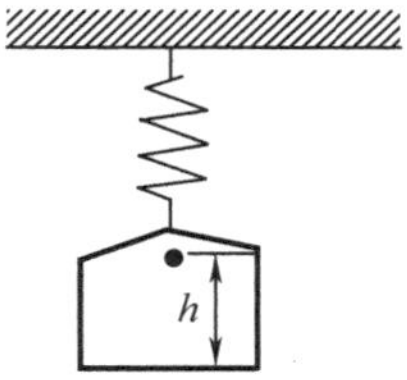

习题 2.75 图

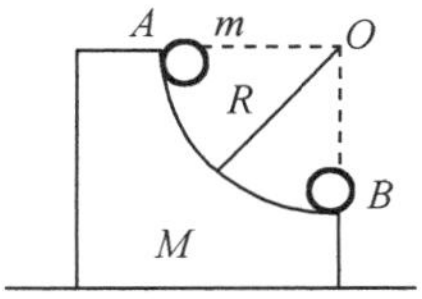

习题 2.76 图

2.77 如图所示,将一块质量为 $M$ 的光滑水平板 $PQ$ 固结在劲度系数为 $k$ 的轻弹簧上;质量为 $m$ 的小球放在水平光滑桌面上,桌面与平板 $PQ$ 的高度差为 $h$。现给小球一个水平初速 $\boldsymbol{v}_0$,使小球落到平板上与平板发生弹性碰撞。则弹簧的最大压缩量是多少?

2.78 如图所示,质量为 $M$、表面光滑的半球静止放在光滑的水平面上,在其正上方置一质量为 $m$ 的小滑块,令小滑块从顶端无初速度地下滑,在如图所示的 $\theta$ 角位置处开始脱离半球。

(1)试求 $\theta$ 角满足的关系式;

(2)分别讨论$\dfrac{m}{M}\ll1$ 和$\dfrac{m}{M}\gg1$ 时,$\cos\theta$ 的取值。

2.79 如图所示,水平小车的 $B$ 端固定一轻弹簧,弹簧为自然长度时,靠在弹簧上的滑块距小车 $A$ 端为 $L=1.1$ m。已知小车质量 $M=10$ kg,滑块质量 $m=1$ kg,弹簧的劲度系数

$k=110\ \mathrm{N\cdot m^{-1}}$。现推动滑块将弹簧压缩 $\Delta l=0.05\ \mathrm{m}$ 并维持滑块与小车静止，然后同时释放滑块与小车，忽略一切摩擦。求：

（1）滑块与弹簧刚刚分离时，小车及滑块相对地的速度各为多少。

（2）滑块与弹簧分离后，又经多少时间滑块从小车上掉下来。

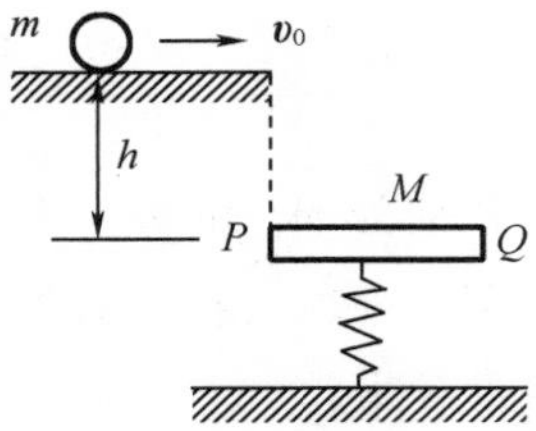


习题 2.77 图

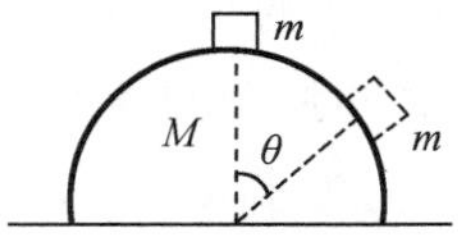


习题 2.78 图

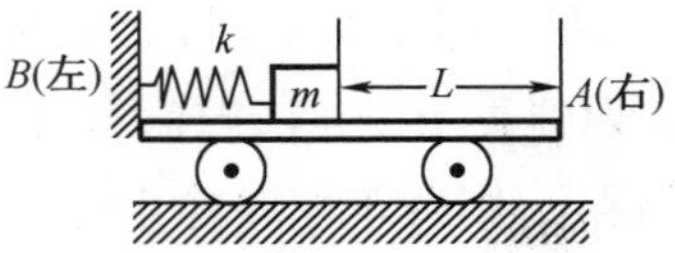


习题 2.79 图

2.80　如图所示，一辆总质量为 $M$ 的装满沙子的小车，车下有一可调节的小孔，当小孔打开时，沙子从小孔中竖直漏出。设每秒均匀漏出沙子的质量为 $m$，当小车在水平恒力 $\boldsymbol{F}$ 的作用下，在水平地面上由静止开始运动时，沙子也同时开始从小孔中漏出。如果小车行进时的摩擦可以忽略不计，试用动量定理证明 $t$ 时刻小车的运动速度和加速度分别为 $v=\dfrac{F}{\Delta m}\ln\dfrac{M}{M-\Delta mt}$，$a=\dfrac{F}{M-\Delta mt}$。

2.81　质量 $m=2\ \mathrm{kg}$ 的质点在力 $\boldsymbol{F}=12t\boldsymbol{i}$（SI）的作用下，从静止出发沿 $x$ 轴正向做直线运动，求前 3 s 内该力所做的功。

2.82　如图所示，质量 $m=0.1\ \mathrm{kg}$ 的木块，在一个水平面上和一个劲度系数 $k=20\ \mathrm{N\cdot m^{-1}}$ 的轻弹簧碰撞，木块将弹簧由原长压缩了 $x=0.4\ \mathrm{m}$。假设木块与水平面间的滑动摩擦系数 $\mu_k$ 为 0.25，则在将要发生碰撞时木块的速率 $v$ 为多少？

2.83　如图所示，悬挂的轻弹簧下端挂着质量分别为 $m_1$ 和 $m_2$ 的两个物体，开始时处于静止状态。现在突然把 $m_1$ 与 $m_2$ 间的连线剪断，则 $m_1$ 的最大速度为多少？设弹簧的劲度系数 $k=8.9\times10^4\ \mathrm{N\cdot m^{-1}}$，$m_1=0.5\ \mathrm{kg}$，$m_2=0.3\ \mathrm{kg}$。

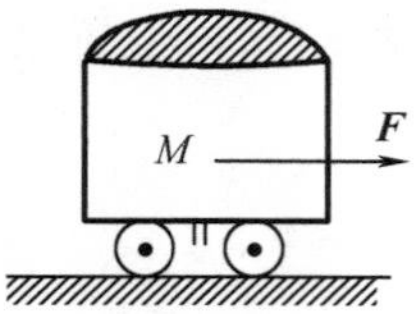


习题 2.80 图

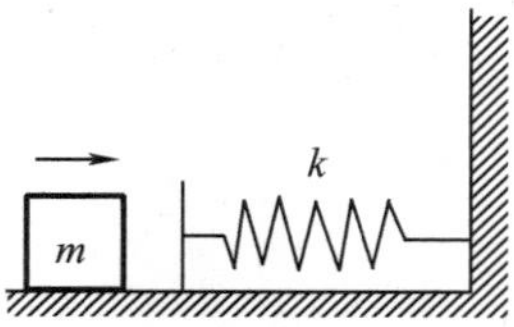


习题 2.82 图

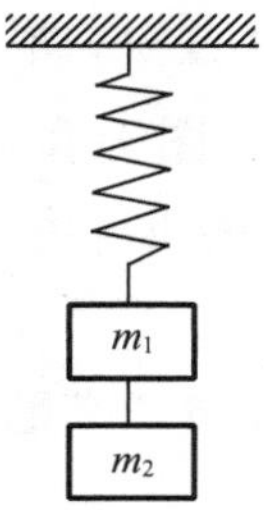


习题 2.83 图

2.84　质量 $m=2\ \text{kg}$ 的物体沿 $x$ 轴做直线运动，所受合外力 $F=10+6x^2$(SI)。如果在 $x=0$ 处时速度 $v_0=0$，试求该物体运动到 $x=4\ \text{m}$ 处时速度的大小。

2.85　如图所示，将一总长为 $l$、质量为 $m$ 的链条放在桌面上并使其部分下垂，下垂一段的长度为 $a$。设链条与桌面之间的滑动摩擦系数为 $\mu$，令链条由静止开始运动，则

(1)到链条刚离开桌面的过程中，摩擦力对链条做了多少功?

(2)链条刚离开桌面时的速率是多少?

2.86　如图所示，陨石在距地面高 $h$ 处时速度为 $v_0$，忽略空气阻力，求陨石落地的速度。令地球质量为 $M$，半径为 $R$，万有引力常量为 $G$。

2.87　如图所示，一劲度系数为 $k$ 的轻弹簧水平放置，左端固定，右端与桌面上一质量为 $m$ 的木块连接，用水平力 $\boldsymbol{F}$ 向右拉木块，木块处于静止状态。若木块与桌面间的静摩擦系数为 $\mu$ 且 $F>\mu mg$，求弹簧的弹性势能 $E_p$ 应满足的关系。

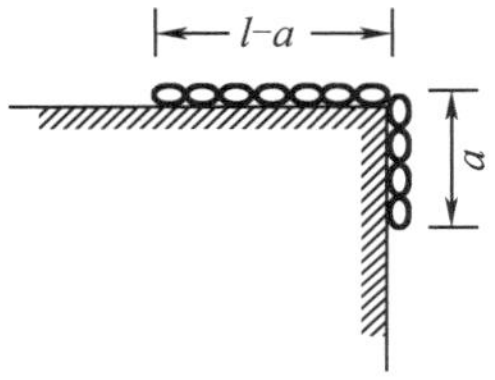


习题 2.85 图

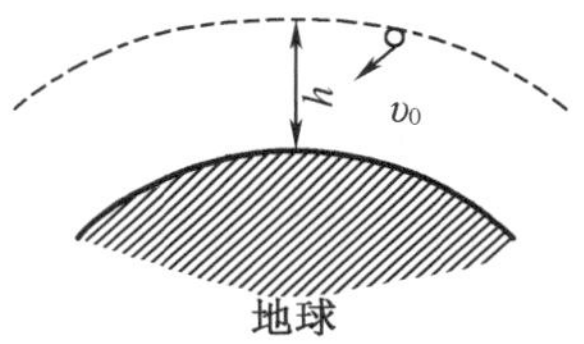


习题 2.86 图

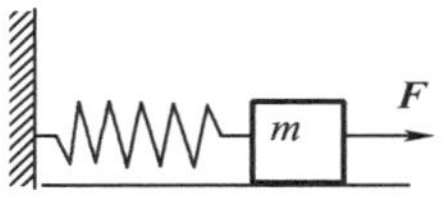


习题 2.87 图

2.88　一物体与斜面间的摩擦系数 $\mu=0.20$，斜面固定，倾角 $\alpha=45°$。现给予物体以初速率 $v_0=10\ \text{m}\cdot\text{s}^{-1}$，使它沿斜面向上滑，如图所示。求：

(1)物体能够上升的最大高度 $h$；

(2)该物体达到最高点后，沿斜面返回到原出发点时的速率 $v$。

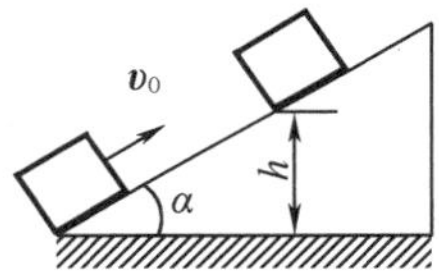


习题 2.88 图

2.89　设两个粒子之间的相互作用力是排斥力，其大小与粒子间距离 $r$ 的函数关系为 $f=\dfrac{K}{r^3}$，$K$ 为正值常量，试求这两个粒子相距为 $r$ 时的势能。(设相互作用力为零的地方势能为零)

2.90　如图所示，自动卸料车连同料重为 $G_1$，它从静止开始沿着与水平面成30°的斜面下滑，滑到底端时与处于自然状态的轻弹簧相碰，当弹簧压缩到最大时，自动卸料车就自动翻斗卸料，此时料车下降高度为 $h$。然后，自动卸料车依靠被压缩弹簧的弹性力作用又沿斜面回到原有高度。设空车重量为 $G_2$，另外假定摩擦阻力为车重的0.2倍，求 $G_1$ 与 $G_2$ 的比值。

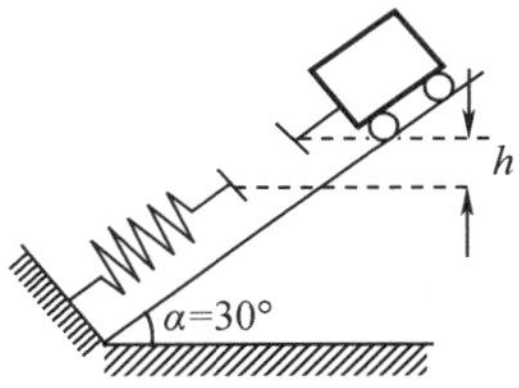


习题 2.90 图

# 第 3 章　刚体的定轴转动

前面几章研究了质点及质点系的运动规律，但是并非在任何情况下的物体均可被视为质点——没有形状和大小，如当讨论像电机转子的转动、炮弹的自旋、车轮的滚动、起重机或桥梁的平衡等问题时，物体的形状、大小往往起重要作用，这时必须考虑物体的形状、大小，以及物体在力和运动的影响下其形状、大小发生的变化。而当研究物体运动时，把形状和大小以及它们的变化都考虑在内，又会使问题变得相当复杂。所以在什么情况下考虑物体的形状和大小，什么情况下忽略物体的形状和大小呢？

当物体的形状变化很小的时候，可以忽略不计。于是可以建立一种新的理想化模型——刚体，进而用刚体来研究物体的运动。定义：**刚体**是形状、大小始终不变的力学研究对象。

研究刚体的运动时，可以把刚体看成是由无数个质点组成的质点系，每个质点称为刚体的一个质元。由于刚体不发生形变，即各质元间的相对位置始终保持不变，可以说刚体是质点间的相对位置始终不变的特殊质点系，因此研究质点系的方法和得出的一般结论均适用于刚体。

刚体的运动形式是多种多样的，如运动中的车轮、钟表上转着的指针、投掷出去的标枪与铁饼、发射到空中的炮弹、起跳后入水前的跳水运动员、旋转着的陀螺……这些人与物的运动都可以表现刚体运动的形式。但刚体最基本的运动形式是刚体的平动和刚体的定轴转动，其他复杂的运动可以看作这两种基本运动的结合，它们是研究刚体运动的基础。

## 3.1　刚体运动的描述

### 3.1.1　平动和转动

在运动过程中，如果刚体上任意一条直线在各个时刻的位置始终保持互相平行，这种运动称为刚体的**平动**。如图 3.1 所示，刚体中的任意一条直线 $AB$ 在刚体运动的各个时刻始终保持平行。例如，升降机的运动、气缸中活塞的运动、机床上车刀的运动等，都是平动。

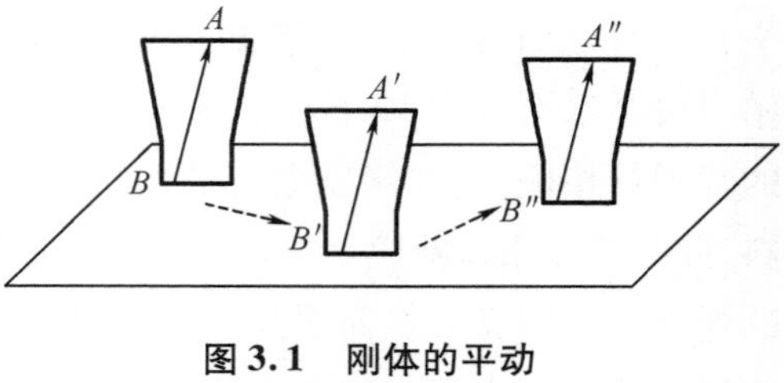

**图 3.1　刚体的平动**

下面研究刚体平动的特点。建立如图 3.2 所示的坐标系，$A$、$B$ 为刚体上任意两点，位置矢量分别用 $\boldsymbol{r}_A$、$\boldsymbol{r}_B$ 表示，随着刚体的运动，这两点依次运动到 $A_1, A_2, A_3, \cdots, A_n$ 和 $B_1, B_2, B_3, \cdots, B_n$，由于直线 $AB, A_1B_1, A_2B_2, A_3B_3, \cdots, A_nB_n$ 均互相平行，且这两点间的相对位置始

终保持不变,则 $\boldsymbol{AB}=\boldsymbol{A}_1\boldsymbol{B}_1=\boldsymbol{A}_2\boldsymbol{B}_2=\boldsymbol{A}_3\boldsymbol{B}_3=\cdots=\boldsymbol{A}_n\boldsymbol{B}_n$,即在任意时刻有

$$\boldsymbol{r}_B=\boldsymbol{r}_A+\boldsymbol{AB} \tag{3.1}$$

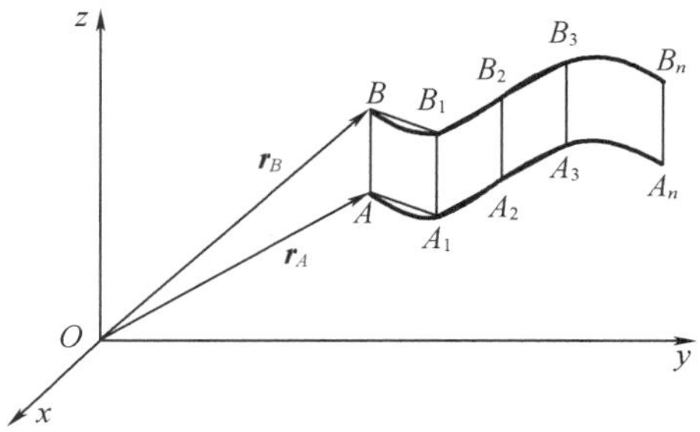


图 3.2　平动刚体上质点的位置关系

将式(3.1)对时间求一阶导数及二阶导数,得$\dfrac{\mathrm{d}\boldsymbol{r}_B}{\mathrm{d}t}=\dfrac{\mathrm{d}\boldsymbol{r}_A}{\mathrm{d}t}$,$\dfrac{\mathrm{d}^2\boldsymbol{r}_B}{\mathrm{d}t^2}=\dfrac{\mathrm{d}^2\boldsymbol{r}_A}{\mathrm{d}t^2}$,即

$$\boldsymbol{v}_B=\boldsymbol{v}_A \tag{3.2}$$

$$\boldsymbol{a}_B=\boldsymbol{a}_A \tag{3.3}$$

由于 $A$、$B$ 两点具有任意性,由式(3.2)和式(3.3)可知,在刚体平动过程中的每一瞬间,其上任意两点都具有相同的速度及加速度,即具有相同的运动状态。因此,对于刚体的平动,只要了解刚体上某一质元的运动,就足以掌握整个刚体的运动情况,也可以说,刚体上任意一点的运动都可以代表整个刚体的平动。因此可以将做平动的刚体当作质点来处理。在实际中,常选择质心来代表整个刚体的运动。

若刚体上各质元都绕同一直线做圆周运动,则称之为刚体的**转动**,该条直线称为**转轴**。当转轴相对于参考系固定时,刚体的运动称为**刚体的定轴转动**。如门窗、钟表指针、电机转子(图 3.3)等的转动都属于定轴转动。一般刚体的运动比较复杂,但都可以看成是平动和转动的合成运动。如图 3.4 所示,一个车轮的滚动可看成是车轮随着转轴的平动和车轮绕转轴的定轴转动的合成。本章重点讨论转动的最基本情况——定轴转动。

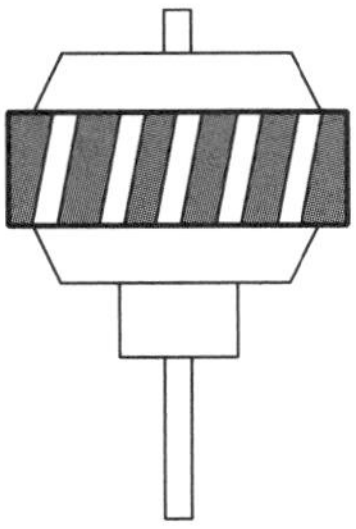

图 3.3　转子的定轴转动

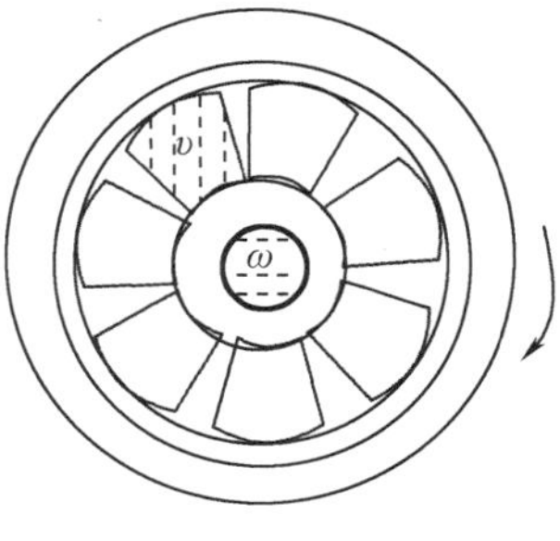


图 3.4　车轮的滚动

### 3.1.2　刚体的定轴转动的角量描述

刚体做定轴转动时,一般两质点的位移、速度、加速度都不同,因此一般不能用描述质

点运动的方法来描述刚体的转动。此时所有质元都在绕着同一转轴做圆周运动，且各质元都具有相同的角位移、角速度和角加速度，所以刚体的定轴转动可以参照圆周运动，用角量来描述。

1. 角位置及角位移

设刚体绕 $z$ 轴转动，为研究刚体的运动情况，如图 3.5 所示，作垂直于 $z$ 轴的任意平面 $Oxy$，该平面称为参考平面。在参考平面内取 $Ox$ 轴方向为参考方向，参考平面内任意一点 $M$ 的位置可用 $OM$ 与 $Ox$ 轴夹角 $\theta$ 来确定。由于转轴是固定的，且刚体上任意两点的相对位置都保持不变，因此，$\theta$ 也就表示了整个刚体的位置。$\theta$ 称为角位置或角坐标，是描述刚体位置的物理量。在刚体运动过程中，$\theta$ 的值随时间变化，即 $\theta$ 是时间的函数：

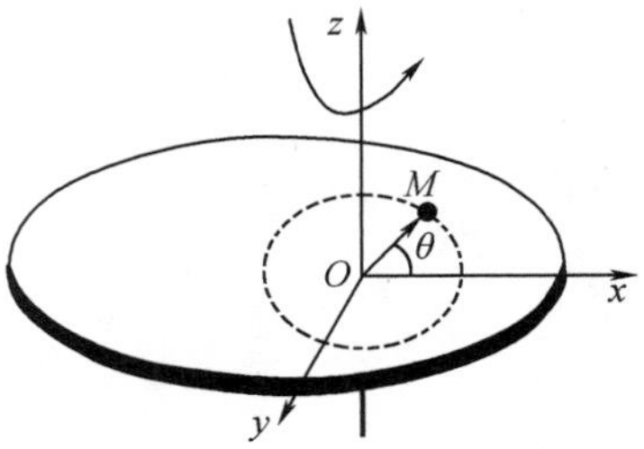

图 3.5　刚体的定轴转动

$$\theta = \theta(t) \tag{3.4}$$

设刚体在 $t$ 时刻的角位置为 $\theta$，在 $t+\Delta t$ 时刻的角位置为 $\theta+\Delta\theta$，则称 $\Delta\theta$ 为刚体在 $\Delta t$ 时间内的角位移。在国际单位制中，角位移的单位是弧度，符号为 rad。角位移是描述在一段时间内刚体位置变化的物理量。一般规定角位移的逆时针转向为正。

2. 角速度

角位移 $\Delta\theta$ 与完成该角位移的时间 $\Delta t$ 的比值称为这段时间的**平均角速度**，即

$$\bar{\omega} = \frac{\Delta\theta}{\Delta t} \tag{3.5}$$

平均角速度在 $\Delta t \to 0$ 时的极限称为**瞬时角速度**，简称**角速度**，用 $\omega$ 表示：

$$\omega = \lim_{\Delta t \to 0}\frac{\Delta\theta}{\Delta t} = \frac{d\theta}{dt} \tag{3.6}$$

应指出，角速度为矢量，方向可以用右手定则来确定。如图 3.6 所示，让右手四指沿转动方向围绕转轴而弯曲，则伸直的拇指所指的方向就是该转动的角速度方向。角速度的单位是弧度每秒，符号为 rad · $s^{-1}$。

刚体做定轴转动时，只可能有两种转向，此时角速度可取代数量。一般规定逆时针方向为正，顺时针方向便为负。

工程上常用每分钟转过的圈数 $n$ 来描述刚体转动的快慢，$n$ 称为转数，单位为转每分，符号为 r · $min^{-1}$。$\omega$ 与 $n$ 的关系为

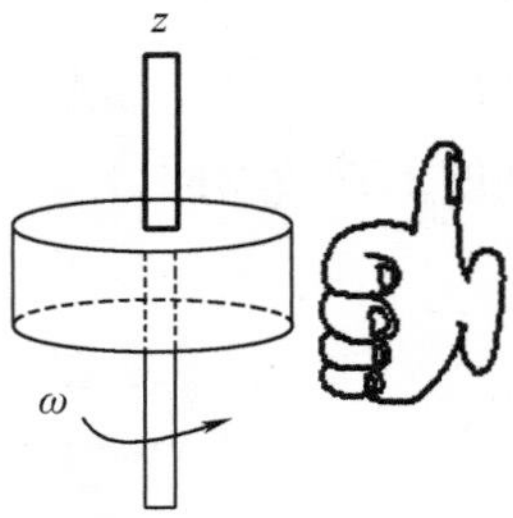

图 3.6　角速度方向的确定

$$\omega = \frac{\pi n}{30} \tag{3.7}$$

3. 角加速度

设绕定轴转动的刚体在 $t$ 时刻的角速度为 $\omega$，在 $t+\Delta t$ 时刻的角速度为 $\omega+\Delta\omega$，则角速度增量与该段时间的比值称为这段时间刚体绕定轴转动的**平均角加速度**，即

$$\bar{\alpha} = \frac{\Delta\omega}{\Delta t} \tag{3.8}$$

平均角加速度在 $\Delta t\to 0$ 时的极限称为**瞬时角加速度**,一般简称为**角加速度**,用 $\alpha$ 表示。

$$\alpha=\lim_{\Delta t\to 0}\frac{\Delta\omega}{\Delta t}=\frac{\mathrm{d}\omega}{\mathrm{d}t} \tag{3.9}$$

与角速度一样,角加速度也是矢量,可表示为 $\boldsymbol{\alpha}=\dfrac{\mathrm{d}\boldsymbol{\omega}}{\mathrm{d}t}$。但在刚体做定轴转动的情况下,它的方向只沿着转轴,即只有两种可能,分别用正、负号来表示。当刚体加速转动时,$\alpha$ 与 $\omega$ 符号相同;当刚体减速转动时,$\alpha$ 与 $\omega$ 符号相反。角加速度的单位是弧度每二次方秒,符号为 $\mathrm{rad\cdot s^{-2}}$。

角速度和角加速度在描述刚体运动中的作用与速度和加速度在描述质点运动中所起的作用是相似的,因此在学习时可以对比学习。对于刚体的定轴转动,若已知初始条件,$t=0$ 时,$\theta=\theta_0$,$\omega=\omega_0$,则由式(3.9)得

$$\mathrm{d}\omega=\alpha\mathrm{d}t \tag{3.10}$$

式(3.10)等号两边积分,$\int_{\omega_0}^{\omega}\mathrm{d}\omega=\int_0^t\alpha\mathrm{d}t$ 可得

$$\omega=\omega_0+\int_0^t\alpha\mathrm{d}t \tag{3.11}$$

由式(3.6)可得

$$\mathrm{d}\theta=\omega\mathrm{d}t \tag{3.12}$$

式(3.12)等号两边积分可得

$$\theta=\theta_0+\int_0^t\omega\mathrm{d}t \tag{3.13}$$

式(3.13)为定轴转动刚体的运动学方程。

若刚体做匀加速转动,$\alpha=$ 恒量,其运动规律与质点的匀速直线运动规律相似。由式(3.11)和(3.13)可得 $\omega=\omega_0+\alpha t$,$\theta=\theta_0+\omega_0 t+\dfrac{1}{2}\alpha t^2$。以上两式联立可得公式 $2\alpha\theta=\omega^2-\omega_0^2$。表3.1列出了质点匀变速直线运动与刚体匀变速定轴转动公式对照。

**表3.1 质点匀变速直线运动与刚体匀变速定轴转动公式对照**

| 质点匀变速直线运动($x_0,v_0$) | 刚体匀变速定轴转动($\theta_0,\omega_0$) |
|---|---|
| $v=v_0+at$ | $\omega=\omega_0+\alpha t$ |
| $x=v_0t+\dfrac{1}{2}at^2$ | $\theta=\theta_0+\omega_0t+\dfrac{1}{2}\alpha t^2$ |
| $2ax=v^2-v_0^2$ | $2\alpha\theta=\omega^2-\omega_0^2$ |

刚体上各质点的运动也可用线量进行描述,线量与角量的关系可对比质点的圆周运动,具体如下:

$$v=r\omega \tag{3.14}$$

$$a_\tau=r\alpha \tag{3.15}$$

$$a_n = \omega^2 r \tag{3.16}$$

式(3.14)～式(3.16)中，$r$ 为该质点做圆周运动的半径(即质点到转轴的垂直距离)，$a_\tau$ 和 $a_n$ 分别为切向加速度和法向加速度。

**例 3.1**　一飞轮以 $n=1\ 500\ \mathrm{r \cdot min^{-1}}$ 的转速转动，受制动均匀减速，经 $t=50$ s 后静止。

(1)求角加速度 $\alpha$ 和从制动开始到静止这段时间飞轮转过的转数 $N$；

(2)求制动开始后 $t=25$ s 时飞轮的角速度；

(3)设飞轮的半径 $r=1$ m，求在 $t=25$ s 时飞轮边缘上一点的速度和加速度。

**解**　飞轮可视为刚体，受制动均匀减速，即做匀减速转动。

初始状态角速度为 $\omega_0=\frac{1\ 500\times 2\pi}{60}\ rad \cdot s^{-1}=50\pi\ \mathrm{rad \cdot s^{-1}}$；末状态静止，即 $\omega=0\ \mathrm{rad \cdot s^{-1}}$，则

(1)
$$\alpha=\frac{\omega-\omega_0}{t}=\frac{0-50\pi}{50}\ \mathrm{rad \cdot s^{-2}}=-\pi\ \mathrm{rad \cdot s^{-2}}$$

这段时间转过的角位移 $\theta=\theta_0+\omega_0 t+\frac{1}{2}\alpha t^2=1\ 250\pi\ \mathrm{rad}$

$$N=\frac{\theta}{2\pi}=\frac{1\ 250\pi}{2\pi}\ \mathrm{r}=625\ \mathrm{r}$$

(2)$t=25$ s 时，$\omega=\omega_0+\alpha t=(50\pi-25\pi)\ \mathrm{rad \cdot s^{-1}}=25\pi\ \mathrm{rad \cdot s^{-1}}=78.5\ \mathrm{rad \cdot s^{-1}}$

(3)飞轮边缘的点做圆周运动，$t=25$ s 时，

$$v=\omega r=78.5\ \mathrm{m \cdot s^{-1}}$$

$$a_\tau=r\alpha=-3.14\ \mathrm{m \cdot s^{-2}}$$

$$a_n=r\omega^2=1\times 78.5^2\ \mathrm{m \cdot s^{-2}}=6.16\times 10^3\ \mathrm{m \cdot s^{-2}}$$

$$a=\sqrt{a_\tau^2+a_n^2}=\sqrt{(-3.14)^2+(6.16\times 10^3)^2}\ \mathrm{m \cdot s^{-2}}=6.16\times 10^3\ \mathrm{m \cdot s^{-2}}$$

## 3.2　刚体的定轴转动定律　转动惯量

通过前面学习质点运动学可知，质点运动状态发生变化必然是受到了力的作用，即只有质点所受合外力不为零时，质点才会产生加速度，运动状态才会改变。在刚体做定轴转动时，其运动状态的改变依赖于哪些因素呢？是不是合外力不为零时，刚体的转动状态就会发生改变呢？

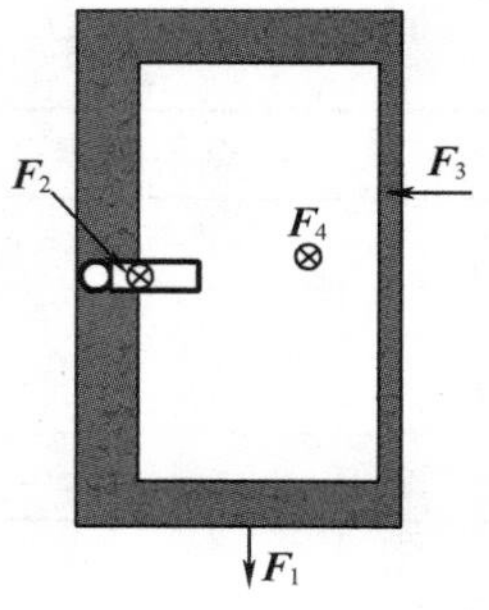

图 3.7　力对门的作用

依照日常生活经验，刚体运动状态的改变因素不仅仅是所受合外力不为零。例如，如图 3.7 所示，分别用大小相同、方向和作用点不同的 4 个力推门，会发现门的转动状态的改变不同。其中，$\boldsymbol{F}_1$ 与门轴平行，$\boldsymbol{F}_3$ 通过门轴，二者均不改变门的转动状态；$\boldsymbol{F}_2$ 与 $\boldsymbol{F}_4$ 均可改变门的转动状态，但是改变程度不同。再如，司机转动方向盘时，如两手位于方向盘两侧，施力大小相同、方向相反，则合外力为零，但方向盘却转动了。可见，要改

变定轴转动刚体的运动状态，仅有力的作用是不够的，还必须有力矩的作用。

### 3.2.1 力矩

我们在中学时就学习过“力矩”这一概念，力矩 $M=Fd$，式中，$F$ 是位于转动平面的外力，$d$ 为力的作用线到转轴的垂直距离，也称为**力臂**。

设一刚体可绕 $z$ 轴转动，若力 $\boldsymbol{F}$ 位于转动平面内，如图3.8所示，则此时力对 $z$ 轴的力矩为

$$M=Fd=Fr\sin\varphi \tag{3.17}$$

式中，$\varphi$ 为 $\boldsymbol{r}$ 与 $\boldsymbol{F}$ 的夹角。在此力矩的作用下，刚体绕 $z$ 轴逆时针转动。

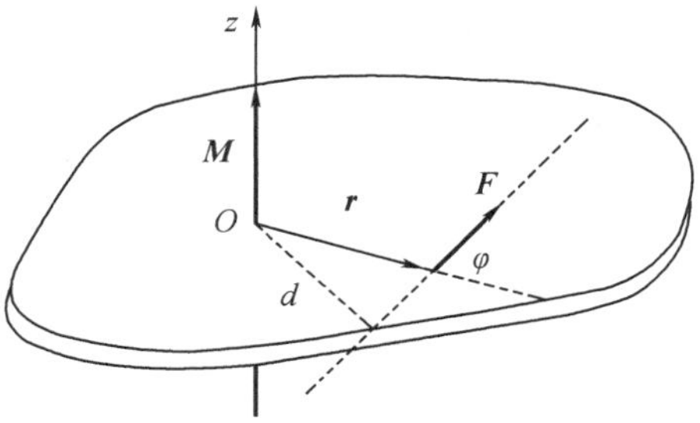


图3.8 力矩（外力在转动平面内）

对于较复杂的情况，即力 $\boldsymbol{F}$ 不在转动平面内，如图3.9所示，可将力 $\boldsymbol{F}$ 分解为平行于 $z$ 轴的力 $\boldsymbol{F}_{/\!/}$ 和垂直于 $z$ 轴的力 $\boldsymbol{F}_{\perp}$。其中，平行于 $z$ 轴的力 $\boldsymbol{F}_{/\!/}$ 对 $z$ 轴不产生力矩的作用。而垂直于 $z$ 轴的力 $\boldsymbol{F}_{\perp}$ 则在转动平面内，相当于图3.8中力 $\boldsymbol{F}$ 对 $z$ 轴的力矩。所以，此时 $\boldsymbol{F}$ 对 $z$ 轴的力矩可写作 $M=F_{\perp}d=F_{\perp}r\sin\varphi=rF_{\tau}$（$F_{\tau}$ 是 $F_{\perp}$ 的切向力）。

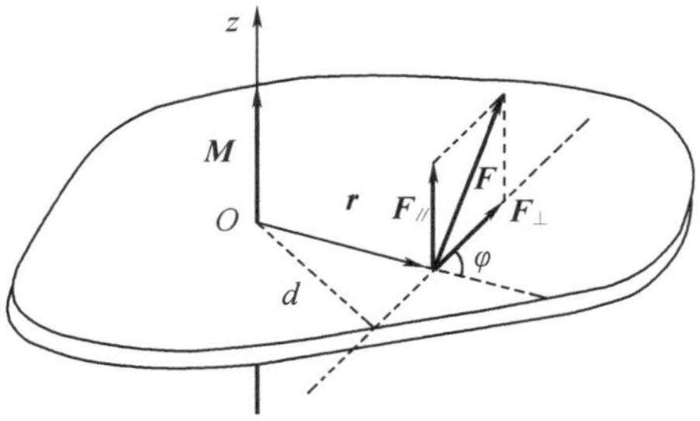


图3.9 力矩（外力与转动平面相交）

实际上，研究力对点的力矩具有更为广泛的意义。如图3.10所示，空间有一力 $\boldsymbol{F}$，任意选择一点 $O$ 为参考点（矩心），则力 $\boldsymbol{F}$ 对 $O$ 点的力矩为

$$\boldsymbol{M}_O=\boldsymbol{r}\times\boldsymbol{F} \tag{3.18}$$

根据矢量的定义，$\boldsymbol{F}$ 对 $O$ 点的力矩 $\boldsymbol{M}_O$ 的大小为

$$|\boldsymbol{M}_O|=Fr\sin\varphi \tag{3.19}$$

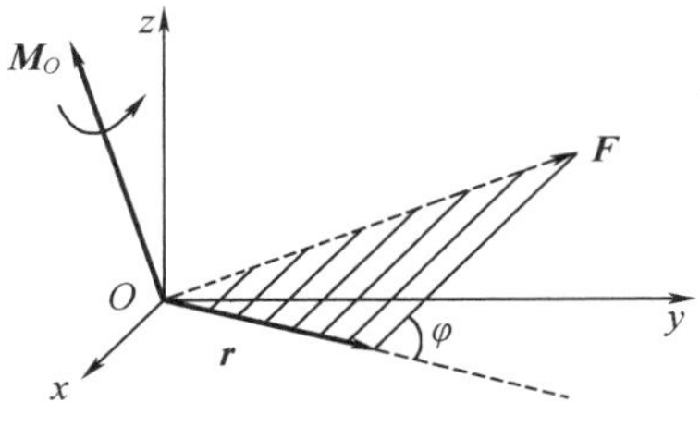


图3.10 力对点的力矩

式中，$\varphi$ 为矢径 $\boldsymbol{r}$ 与力 $\boldsymbol{F}$ 的夹角。$\boldsymbol{M}_O$ 垂直于 $\boldsymbol{r}$ 与 $\boldsymbol{F}$ 所确定的平面，方向可用右手定则确定。

根据力对点的力矩可以看出，前面所说力对转轴的力矩可以看作力对转轴上任意一点的力矩在 $z$ 轴方向的分量。因此力对轴的力矩只有两个方向，如图 3.11 所示，可以写作代数量。

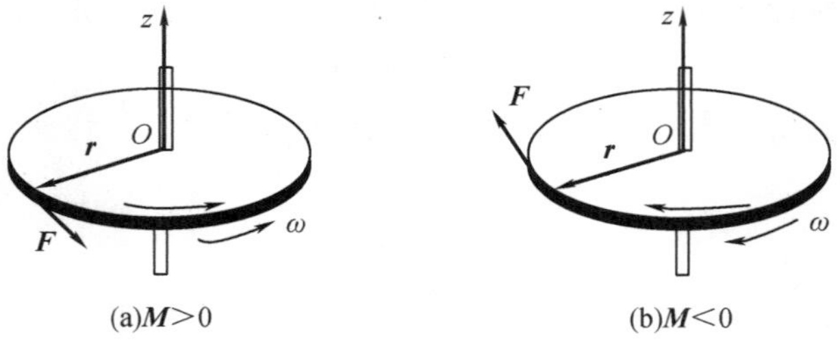


图 3.11　力矩的方向

### 3.2.2　刚体定轴转动的转动定律

已知外力的作用使质点产生加速度，定量表达为 $\boldsymbol{F}=m\boldsymbol{a}$。在外力矩的作用下，绕定轴转动的刚体的转动状态发生改变，即产生角加速度，那么外力矩是如何影响角加速度的呢？

力矩作用的本质实际上仍然是力的作用，因此仍从质点动力学角度，应用牛顿定律来分析。

如图 3.12 所示，刚体绕 $z$ 轴转动，且转轴固定在参考系中。刚体可以看作由无数个质元组成，每个质元均可看作质点，在刚体上任取一质点 $k$，设其质量为 $m_k$。刚体运动过程中，该质元以半径 $r_k$ 绕点 $O$ 做圆周运动。该质元所受到的力可以分为来自刚体内部的力和来自刚体外部的力两部分，该质元所受内力之和与外力之和分别用 $\boldsymbol{f}_k$ 和 $\boldsymbol{F}_k$ 来表示，并且可以假设 $\boldsymbol{f}_k$ 和 $\boldsymbol{F}_k$ 均在转动平面内。根据牛顿第二定律有，$\boldsymbol{F}_k+\boldsymbol{f}_k=m_k\boldsymbol{a}_k$，则在该质元运动的切线方向上有

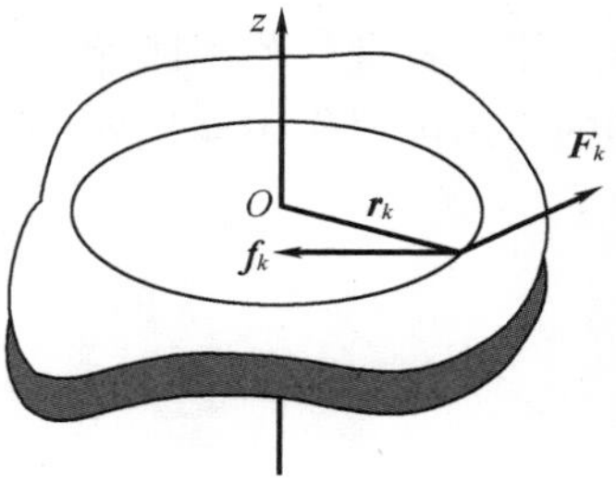


图 3.12　刚体的定轴转动

$$F_{k\tau}+f_{k\tau}=m_k a_{k\tau} \tag{3.20}$$

式中，$f_{k\tau}$ 和 $F_{k\tau}$ 分别为 $\boldsymbol{f}_k$ 和 $\boldsymbol{F}_k$ 的切向分力；$a_{k\tau}$ 为 $m_k$ 的切向加速度。

将式(3.20)两边同时乘以 $r_k$ 得

$$F_{k\tau}r_k+f_{k\tau}r_k=m_k a_{k\tau}r_k \tag{3.21}$$

由于刚体上所有质元在同一时刻具有相同的角加速度，设为 $\alpha$，根据式(3.15)可得

$$a_{k\tau}=r_k\alpha \tag{3.22}$$

将式(3.22)代入式(3.21)中得

$$F_{k\tau}r_k+f_{k\tau}r_k=m_k r_k\cdot r_k\alpha \tag{3.23}$$

式中，$f_{k\tau}r_k$ 和 $F_{k\tau}r_k$ 分别为作用在 $m_k$ 上的内力和外力对 $z$ 轴的力矩，考虑刚体上的所有质

点,对式(3.23)求和得

$$\sum F_{k\tau}r_k + \sum f_{k\tau}r_k = (\sum m_k r_k^2)\alpha \tag{3.24}$$

### 3.2.3 转动惯量

式(3.24)中, $\sum f_{k\tau}r_k$ 和 $\sum F_{k\tau}r_k$ 分别为作用在刚体上的所有内力对转轴的力矩之和及所有外力对转轴的力矩之和。考虑到力的作用的相互性,内力一定是成对出现的,且一对内力大小相等、方向相反并作用于同一直线上,因此,内力对转轴的力矩之和 $\sum f_{k\tau}r_k$ 一定为零。式(3.24)可写成

$$\sum F_{k\tau}r_k = (\sum m_k r_k^2)\alpha \tag{3.25}$$

式中,物理量 $\sum m_k r_k^2$ 由刚体本身的质量及质量分布决定,与刚体的转动状态和所受的外力无关。这个表示刚体本身特征的物理量叫作刚体对转轴的转动惯量。通常用 $J$ 表示转动惯量,即

$$J = \sum m_k r_k^2 \tag{3.26}$$

另外,外力矩之和一般用 $M$ 表示,式(3.25)可写作

$$M = J\alpha = J\frac{\mathrm{d}\omega}{\mathrm{d}t} \tag{3.27}$$

式(3.27)即为**刚体绕定轴转动的转动定律**。可表述为:**刚体所受的对某一固定转轴的合外力矩等于刚体对此转轴的转动惯量与刚体在此合外力矩作用下所获得的角加速度的乘积**。

将式(3.27)和牛顿第二定律 $\boldsymbol{F} = m\boldsymbol{a}$ 对比发现,二者在形式上十分相似,可以对比来记忆。合外力矩 $M$ 与合外力 $F$ 相对应,角加速度 $\alpha$ 与加速度 $a$ 相对应,转动惯量 $J$ 与质量 $m$ 相对应。质量是物体惯性大小的量度,而由式(3.27)可以看出,对刚体施以相同的合外力矩,$J$ 越大,产生的角加速度 $\alpha$ 越小;反之,$J$ 越小,产生的角加速度 $\alpha$ 越大。也就是说 $J$ 越大,改变刚体的转动状态就越难,这说明 $J$ 是刚体转动惯性大小的量度,所以将之命名为“**转动惯量**”。

### 3.2.4 转动定律的应用举例

刚体绕定轴转动的转动定律在刚体力学中有着十分重要的地位,它是解决刚体绕定轴转动动力学问题的基本方程。虽然转动定律应用起来比较简单,但是也要注意力矩、角速度、角加速度的方向,下面举几个例子。

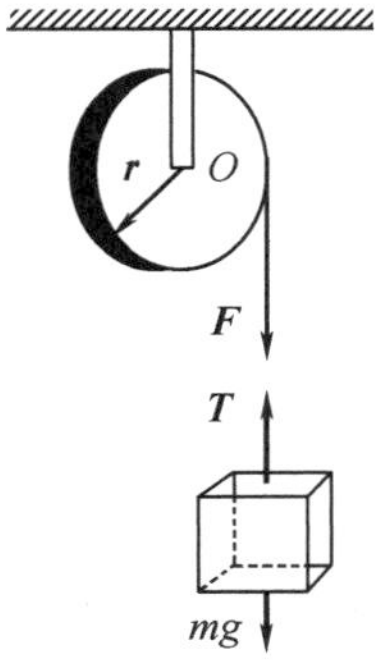

图 3.13 例 3.2 图

**例 3.2** 如图 3.13 所示,一轻绳绕在半径 $r = 20$ cm 的飞轮边缘,在绳端施以 $F = 98$ N 的拉力,飞轮的转动惯量 $J = 0.5\ \mathrm{kg\cdot m^2}$,飞轮与转轴间的摩擦不计,绳与飞轮间无相对滑动。求:

(1)飞轮的角加速度;

(2)如以重量 $P=98$ N 的物体挂在绳端,试计算飞轮的角加速度。

**解** (1)飞滑轮可视为刚体,设飞轮的角加速度为 $\alpha$,根据刚体绕定轴转动的转动定律,即

$$M=Fr=J\alpha$$

则有

$$\alpha=\frac{Fr}{J}=\frac{98\times0.2}{0.5}\ \text{rad}\cdot\text{s}^{-2}=39.2\ \text{rad}\cdot\text{s}^{-2}$$

(2)将 $P=98$ N 的物体挂在绳端,设此时物体对绳的拉力为 $T$,物体产生的加速度为 $a$,对物体应用牛顿第二定律得

$$mg-T=ma \tag{1}$$

对飞滑轮应用刚体绕定轴转动的转动定律得

$$Tr=J\alpha \tag{2}$$

由于绳与飞轮间无相对滑动,根据角量与线量间的关系可得

$$a=r\alpha \tag{3}$$

将式(1)~式(3)联立,解得

$$\alpha=\frac{mgr}{J+mr^2}=\frac{98\times0.2}{0.5+10\times0.2^2}\ \text{rad}\cdot\text{s}^{-2}=21.8\ \text{rad}\cdot\text{s}^{-2}$$

**例 3.3** 如图 3.14 所示,轻绳跨过一轴承光滑的定滑轮,滑轮可视为圆盘,圆盘的质量为 $m$,半径为 $r$,转动惯量 $J=\frac{1}{2}mr^2$,在绳的两端分别悬有质量为 $m_1$ 和 $m_2$ 的物体,且 $m_1<m_2$。绳与滑轮之间无相对滑动,绳不可伸长,求两物体的加速度、滑轮的角加速度和绳中的张力。

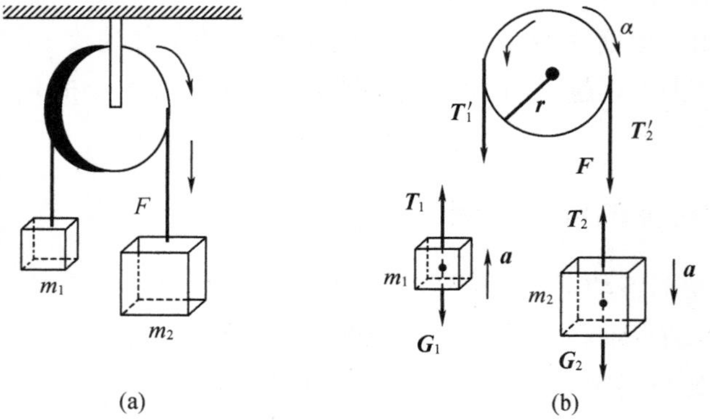


**图 3.14 受力分析**

**解** 根据题意,滑轮的质量不可忽略,因此必须考虑滑轮的转动惯量。另外,绳与滑轮之间无相对滑动,说明绳与滑轮之间有摩擦力,正是依靠这一摩擦力,绳在运动过程中带动滑轮转动,所以滑轮两边绳的张力不再相等。

选滑轮、$m_1$ 和 $m_2$ 为研究对象,因 $m_1<m_2$,所以 $m_1$ 的加速度 $\boldsymbol{a}_1$ 方向向上,$m_2$ 的加速度

$a_2$ 方向向下。因为绳不可伸长，所以 $m_1$ 和 $m_2$ 的加速度大小相等，即 $a_1=a_2$。滑轮做逆时针旋转，角加速度为 $\alpha$。用隔离法对 $m_1$、$m_2$ 和滑轮进行受力分析并应用牛顿第二定律对 $m_1$ 和 $m_2$ 列方程，对滑轮应用转动定律列方程得

$$T_1-m_1g=m_1a \tag{1}$$

$$m_2g-T_2=m_2a \tag{2}$$

$$T_2'r-T_1'r=J\alpha \tag{3}$$

因绳与滑轮之间无相对滑动，所以滑轮边缘上的切向加速度和物体的加速度相等，则有

$$a=r\alpha \tag{4}$$

又因为 $T_1$ 和 $T_1'$、$T_2$ 和 $T_2'$是作用力和反作用力，所以大小相等。解以上 4 个方程可得

$$a=\frac{(m_2-m_1)g}{m_1+m_2+\frac{1}{2}m}$$

$$\alpha=\frac{(m_2-m_1)g}{\left(m_1+m_2+\frac{1}{2}m\right)r}$$

$$T_1=\frac{m_1\left(2m_2+\frac{1}{2}m\right)g}{m_1+m_2+\frac{1}{2}m}$$

$$T_2=\frac{m_2\left(2m_1+\frac{1}{2}m\right)g}{m_1+m_2+\frac{1}{2}m}$$

**例 3.4** 如图 3.15 所示，一长为 $l$、质量为 $m$ 的均质细杆竖直放置，其下端与一固定铰链 $O$ 相接并可绕其转动。当细杆受到微小扰动时，将在重力作用下由静止开始绕铰链 $O$ 转动，试计算细杆转到与竖直线成 $\theta$ 角时的角加速度和角速度。

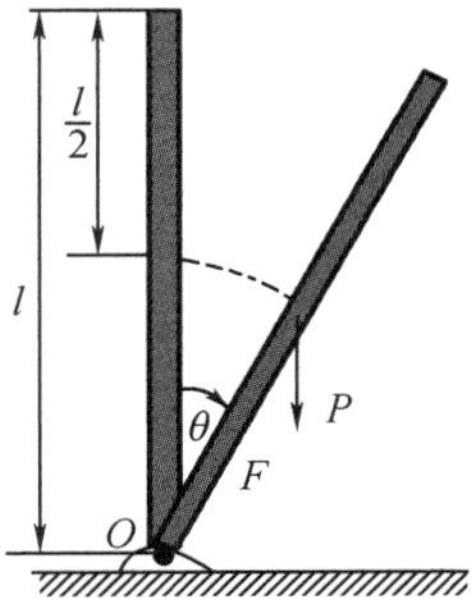

图 3.15 例 3.4 图

**解** 细杆受到两个力的作用，一个是铰链对细杆约束力 $F$，另一个是重力 $P$。由于细杆是匀质的，因此 $P$ 可视为作用于细杆的重心。当细杆以 $O$ 为轴转到与竖直线成 $\theta$ 角时，重力 $P$ 对铰链 $O$ 的力矩为$\frac{1}{2}mgl\sin\theta$，而约束力 $F$ 对铰链 $O$ 的力矩为零，设此时杆对转轴的转动惯量为 $J$，杆的角加速度为 $\alpha$，由转动定律得

$$\frac{1}{2}mgl\sin\theta=J\alpha=\frac{1}{3}ml^2\alpha$$

所以

$$\alpha=\frac{3g}{2l}\sin\theta$$

由于

$$\alpha = \frac{\mathrm{d}\omega}{\mathrm{d}t} = \frac{3g}{2l}\sin\,\theta$$

由角加速度定义知

$$\frac{\mathrm{d}\omega}{\mathrm{d}t} = \frac{\mathrm{d}\omega}{\mathrm{d}\theta}\frac{\mathrm{d}\theta}{\mathrm{d}t} = \omega\,\frac{\mathrm{d}\omega}{\mathrm{d}\theta}$$

即

$$\omega\,\frac{\mathrm{d}\omega}{\mathrm{d}\theta} = \frac{3g}{2l}\sin\,\theta$$

因此

$$\omega\mathrm{d}\omega = \frac{3g}{2l}\sin\,\theta\mathrm{d}\theta \tag{1}$$

对式(1)积分得

$$\int_0^{\omega}\omega\mathrm{d}\omega = \frac{3g}{2l}\int_0^{\theta}\sin\,\theta\mathrm{d}\theta$$

化简,得细杆转到与竖直线成 $\theta$ 角时的角速度为

$$\omega = \sqrt{\frac{3g}{l}(1-\cos\,\theta)}$$

以上几个例题中,研究对象均为若干个质点与刚体组成的系统,解决这类问题的方法可归纳如下:

(1)确定研究对象,并分别对各个对象进行受力分析;

(2)对于质点研究对象,应用牛顿第二定律列出动力学方程;

(3)对于刚体,确定其所受的合外力矩,并应用刚体绕定轴转动的转动定律列出方程;

(4)找到角量与线量之间的关系并列出方程;

(5)对方程求解。

### 3.2.5 转动惯量的计算

应用转动定律时,有时需要先计算出刚体对固定转轴的转动惯量。前面讲到,刚体对固定转轴的转动惯量可用式(3.26)求得,即

$$J = \sum m_k r_k^2 \tag{3.28}$$

式(3.28)可表述为:刚体对某一转轴的转动惯量等于刚体上各质元的质量与该质元到转轴的垂直距离平方的乘积之和。

实际上,刚体的质量多是连续分布的,因此式(3.28)的求和应以定积分代替,即

$$J = \int r^2\mathrm{d}m \tag{3.29}$$

由式(3.28)和式(3.29)可知,刚体的转动惯量不仅与刚体的总质量有关,而且和质量相对于转轴的分布有关。刚体的转动惯量由以下几个因素决定:刚体的质量、转轴位置、质量分布。

转动惯量是描述定轴转动刚体自身性质的物理量,其值反映了刚体转动惯性的大小。转动惯性大,转动状态难以改变;反之,转动惯性小,转动状态易于改变。在国际单位制中,

转动惯量的单位为千克二次方米，符号为 kg · m$^2$。

在日常生活和工程中，常需设计物体的质量分布，从而满足对转动惯量的需求。例如，为使机器运行平稳，常在回转轴上装置飞轮，而飞轮的质量很大且绝大部分集中到飞轮的边缘，这就增大了飞轮的转动惯量。

式(3.26)与式(3.29)提供了计算刚体转动惯量的方法，但在实际中，对于形状复杂和质量分布不均匀的刚体，应用理论计算求转动惯量是非常困难的，常采用实验的方法进行测定。

下面举例说明计算几何形状简单、质量分布均匀的刚体的转动惯量的方法。

**例 3.5** 一质量为 $m$、长为 $l$ 的均匀细棒，求：

(1)通过棒中心并与棒垂直的轴的转动惯量；

(2)通过棒一端中心并与棒垂直的轴的转动惯量。

**解** 如图 3.16 所示，细棒的质量是连续分布的，因此可用式(3.29)来计算细棒的转动惯量。沿细棒长方向取一长度为 d$r$ 的微元，质量为 $\mathrm{d}m=\lambda\mathrm{d}r$，$\lambda=\frac{m}{l}$为细棒的线密度。

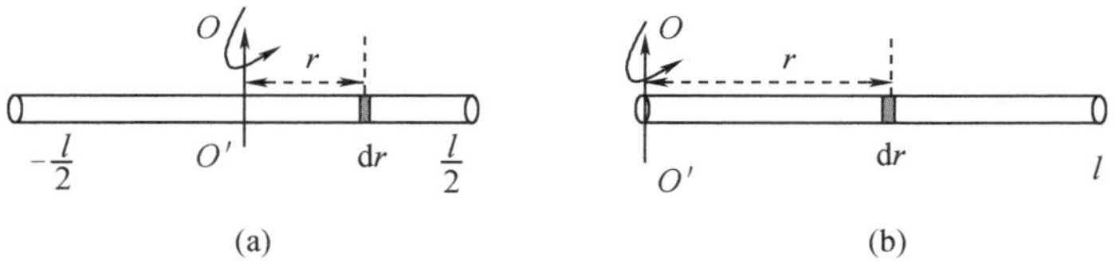


**图 3.16 例 3.5 图**

(1)如图 3.16(a)所示，转轴 $OO'$通过棒的中心并与棒垂直，则

$$J_1=\int r^2\mathrm{d}m=\int_{-\frac{l}{2}}^{\frac{l}{2}}r^2\lambda\mathrm{d}r=\frac{1}{12}ml^2$$

(2)如图 3.16(b)所示，转轴 $OO'$通过棒的一端并与棒垂直，则

$$J_2=\int r^2\mathrm{d}m=\int_0^l r^2\lambda\mathrm{d}r=\frac{1}{3}ml^2$$

由上述结果可以看出，对于同一刚体，转轴位置不同，转动惯量也不同。所以，刚体的转动惯量只有在指明具体的转轴时才有意义。实际上，对于同一刚体，其互相平行的不同转轴的转动惯量之间存在定量关系。

设刚体的质量为 $M$，如图 3.17 所示，质心为 $C$。该刚体对过质心的轴 $z_C$ 的转动惯量为 $J_C$，若有任一与 $z_C$ 轴平行的 $z$ 轴，其与 $z_C$ 轴的垂直距离为 $d$。设刚体对 $z$ 轴的转动惯量为 $J_z$，可以证明

$$J_z=J_C+Md^2 \tag{3.30}$$

式(3.30)可表述为：刚体对任意轴的转动惯量，等于刚体对

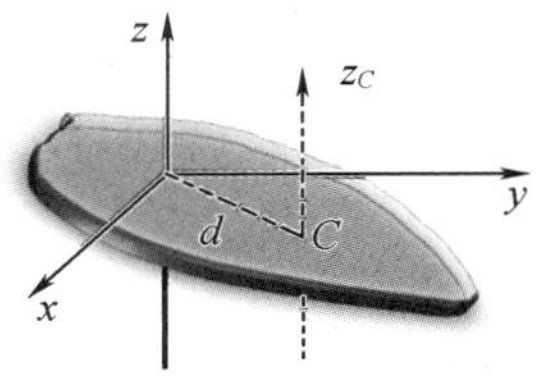


**图 3.17 平行轴定理**

通过质心并与该轴平行的轴的转动惯量加上刚体的质量与两轴之间的垂直距离的平方的乘积，这个结论称为**平行轴定理**。

转动惯量是标量，但具有可加性。一个具有复杂形状的刚体，如果可以分割成若干个简单部分，则整个刚体对某一转轴的转动惯量等于各个组成部分对同一转轴的转动惯量之和。

**例3.6** 现有质量均为 $m$、半径均为 $R$ 的均匀圆环和圆盘，分别绕通过各自的中心 $O$ 并与二者平面垂直的轴转动，求二者相对于转轴的转动惯量。

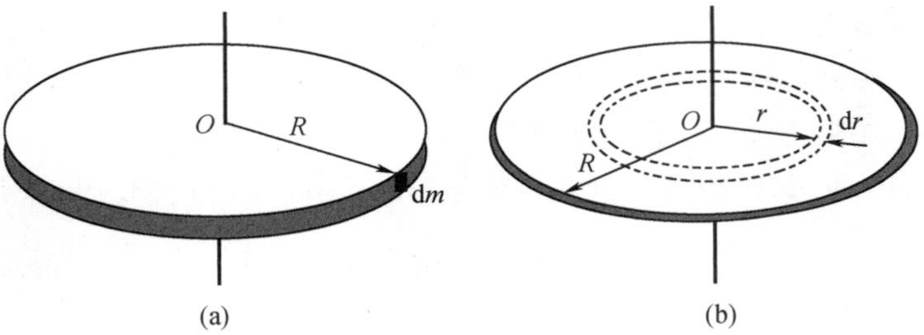


**图3.18 例3.6图**

**解** 如图3.18(a)所示，圆环是质量分布均匀的刚体，可根据式(3.29)计算，考虑到圆环的特点，先在圆环上取一小段，质量为 d$m$，其可视为质点，转动惯量为

$$\mathrm{d}J = R^2\mathrm{d}m$$

因为每个质元到转轴的距离都是 $R$，所以每个质元的转动惯量都相同，整个圆环的转动惯量为

$$J = \int R^2\mathrm{d}m = mR^2$$

考虑到圆盘质量是连续分布的特点，如图3.18(b)所示，先在圆盘上任取一半径为 $r$、宽度为 d$r$ 的圆环为质元，则圆环的面积 $\mathrm{d}s = 2\pi r\mathrm{d}r$，设圆盘的质量面密度为 $\sigma$，则圆环的质量为

$$\mathrm{d}m = \sigma\mathrm{d}s = \sigma 2\pi r\mathrm{d}r \tag{1}$$

圆环的转动惯量为

$$\mathrm{d}J = r^2\mathrm{d}m \tag{2}$$

将式(1)代入式(2)

$$\mathrm{d}J = \sigma 2\pi r^3\mathrm{d}r \tag{3}$$

对式(3)积分，求得整个圆盘的转动惯量为

$$J = \int_0^R \sigma 2\pi r^3\mathrm{d}r = \frac{1}{2}mR^2$$

由例3.6可知，在质量、半径、转轴位置均相同的情况下，圆环和圆盘两刚体的转动惯量并不相同，说明转动惯量的确与质量分布有关。

表3.2列出了几种常见刚体的转动惯量。

**表 3.2 几种常见刚体的转动惯量**

| 刚体 | 转轴 | 转动惯量 | 图形 |
|---|---|---|---|
| 均质杆<br>（质量 $M$,长 $L$） | 通过中心，<br>与杆垂直 | $\frac{1}{12}ML^2$ | 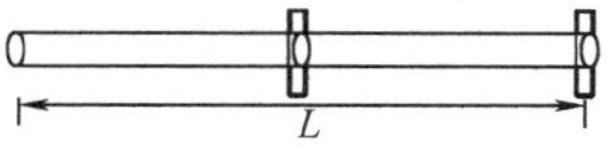 |
| 均质杆<br>（质量 $M$,长 $L$） | 通过一端，<br>与杆垂直 | $\frac{1}{3}ML^2$ | 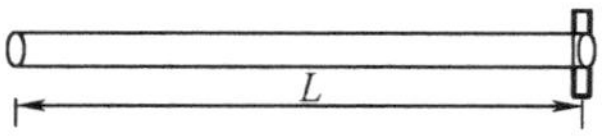 |
| 均质矩形薄板<br>（质量 $M$,长 $a$,宽 $b$） | 过中心，<br>垂直于板 | $\frac{1}{12}M(a^2+b^2)$ | 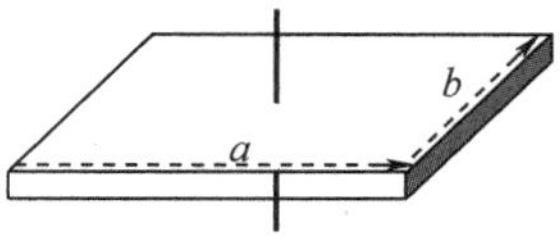 |
| 均质柱筒<br>（质量 $M$,内径 $R_1$,外径 $R_2$） | 沿几何轴 | $\frac{1}{2}M(R_1^2+R_2^2)$ | 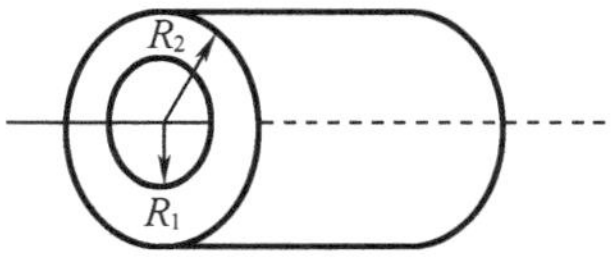 |
| 均质柱体<br>（质量 $M$,半径 $R$） | 沿几何轴 | $\frac{1}{2}MR^2$ | 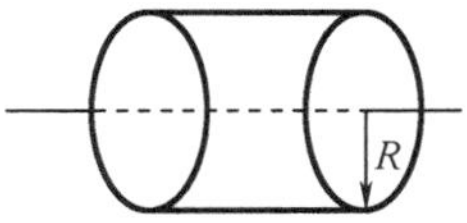 |
| 均质球体<br>（质量 $M$,半径 $R$） | 沿直径 | $\frac{2}{5}MR^2$ | 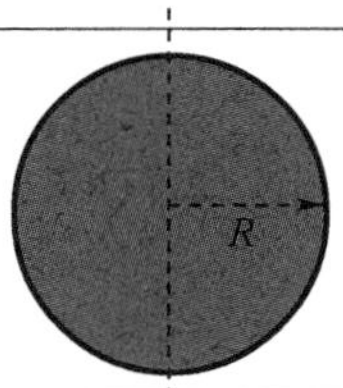 |
| 均质薄球壳<br>（质量 $M$,半径 $R$） | 沿直径 | $\frac{2}{3}MR^2$ | 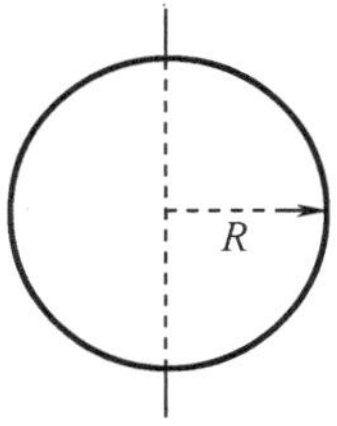 |

注:表中刚体均形状规则、密度均匀。

另外,对于其他一些几何形状规则、质量均匀物体的转动惯量,可以根据表 3.2 及平行轴定理求得。

## 3.3 刚体定轴转动中的功与能

根据前面学过的知识,我们知道,质点在外力的作用下产生了位移,运动状态发生了改变,这种改变从空间的角度来考虑,就是力对质点产生了空间的积累效应,即做了功。这使质点的动能发生了变化。刚体在力矩的作用下产生了一定的角位移,转动状态也发生了改变,在此过程中,力矩也对刚体做了功。下面就来推导力矩的功的表达式。

### 3.3.1 力矩的功

设刚体可绕 $z$ 轴转动,现有外力 $\boldsymbol{F}$ 作用于刚体上的 $P$ 点(图 3.19),当刚体在外力矩的作用下转过一角位移 $\mathrm{d}\theta$ 时,力的作用点位移为 $\mathrm{d}\boldsymbol{r}$,路程为 $\mathrm{d}s$。力 $\boldsymbol{F}$ 所做的元功可表示为

$$\mathrm{d}A=\boldsymbol{F}\cdot\mathrm{d}\boldsymbol{r} \tag{3.31}$$

由于角位移 $\mathrm{d}\theta$ 非常小,有 $|\mathrm{d}\boldsymbol{r}|=\mathrm{d}s=r\mathrm{d}\theta$,则

$$\mathrm{d}A=\boldsymbol{F}\cdot\mathrm{d}\boldsymbol{r}=F\mathrm{d}s\cos\alpha=(Fr\mathrm{d}\theta)\cos\alpha \tag{3.32}$$

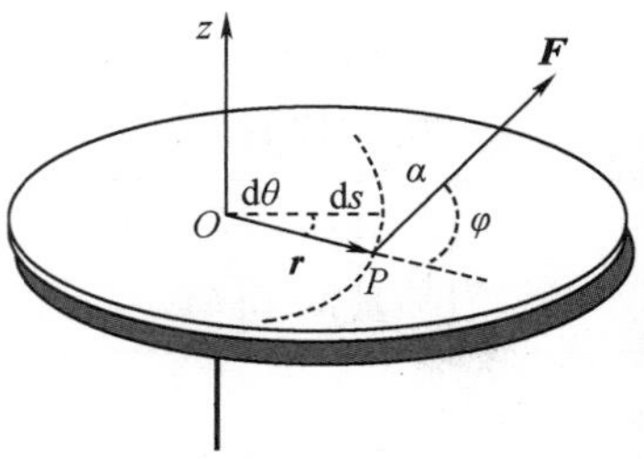

图 3.19 力矩的功

式中,$\alpha$ 为力 $\boldsymbol{F}$ 与该段元位移的夹角。若令力 $\boldsymbol{F}$ 与矢径 $\boldsymbol{r}$ 的夹角为 $\varphi$,则 $\cos\alpha=\sin\varphi$,则有

$$\mathrm{d}A=Fr\sin\varphi\mathrm{d}\theta \tag{3.33}$$

式(3.33)中,$Fr\sin\varphi$ 恰是力 $\boldsymbol{F}$ 对转轴 $z$ 的力矩,即 $Fr\sin\varphi=M$。因此,力 $\boldsymbol{F}$ 所做的元功可写作

$$\mathrm{d}A=M\mathrm{d}\theta \tag{3.34}$$

即该力对刚体所做的元功可表示为该力对转轴的力矩与在力矩作用下发生的元角位移的乘积。因为该力对刚体产生的是力矩的作用,所以式(3.34)是力矩的功的表达式。

对于有限的角位移,力矩的功可用积分来表示

$$A=\int_{\theta_1}^{\theta_2}M\mathrm{d}\theta \tag{3.35}$$

若在刚体的定轴转动过程中,有多个力($\boldsymbol{F}_1,\boldsymbol{F}_2,\cdots,\boldsymbol{F}_i,\cdots$)作用于刚体上,则刚体在绕转轴转过 $\mathrm{d}\theta$ 的过程中,各力对刚体所做总的元功 $\mathrm{d}A$ 等于各个力所做元功的代数和,即

$$\mathrm{d}A=\sum\mathrm{d}A_i=\sum M_i\mathrm{d}\theta$$

或

$$\mathrm{d}A=\left(\sum M_i\right)\mathrm{d}\theta=M\mathrm{d}\theta \tag{3.36}$$

式(3.36)中,$M=\sum M_i$ 表示作用在刚体上的各力对转轴的力矩的代数和。

在刚体由 $\theta_1$ 转到 $\theta_2$ 的过程中,$\boldsymbol{F}_1,\boldsymbol{F}_2,\cdots,\boldsymbol{F}_i,\cdots$对刚体做的总功为

$$A=\int_{\theta_1}^{\theta_2}\left(\sum M_i\right)\mathrm{d}\theta=\sum\int_{\theta_1}^{\theta_2}M_i\mathrm{d}\theta=\int_{\theta_1}^{\theta_2}M\mathrm{d}\theta \tag{3.37}$$

当 $M$ 为常量时,式(3.37)进一步可写作

$$A=M(\theta_2-\theta_1) \tag{3.38}$$

即作用于定轴转动刚体上的恒力矩对刚体所做的功等于该力矩与该角位移的乘积。

从本质上讲,力矩的功就是力的功,只不过在刚体定轴转动的过程中,力对刚体的作用表现为力矩的作用,而此时力的功可表示为该力对转轴力矩与对应角位移乘积的形式,力的功的本质未变。

力矩的功的瞬时功率也可以用力矩表示：

$$P=\frac{\mathrm{d}A}{\mathrm{d}t}=\frac{\mathrm{d}(M\theta)}{\mathrm{d}t}=M\omega \tag{3.39}$$

## 3.3.2 转动动能

运动的质点具有动能，表达式为 $E_{\mathrm{k}}=\frac{1}{2}mv^2$。绕定轴转动的刚体也具有动能，称为刚体的**转动动能**。刚体可看成是由无数个质元构成的，所以刚体的转动动能等于各质元动能的总和。

如图 3.20 所示，刚体绕 $z$ 轴转动，设其对 $z$ 轴转动惯量为 $J_z$。$t$ 时刻，刚体转动的角速度为 $\omega$，刚体上一质元到转轴的垂直距离为 $r_i$，质量为 $m_i$，速度为 $v_i$。显然，该质元做圆周运动，有 $v_i=r_i\omega$，该质元的动能为 $E_{\mathrm{k}i}=\frac{1}{2}m_iv_i^2=\frac{1}{2}m_ir_i^2\omega^2$，所以整个刚体具有的动能为

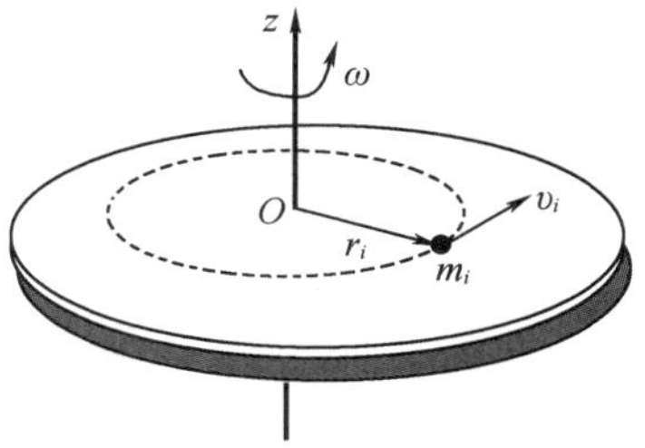

**图 3.20 定轴转动刚体的动能**

$$E_{\mathrm{k}}=\sum\frac{1}{2}m_ir_i^2\omega^2=\frac{1}{2}\left(\sum m_ir_i^2\right)\omega^2 \tag{3.40}$$

式(3.40)中，$\sum m_ir_i^2$ 恰是刚体对 $z$ 轴的转动惯量 $J_z$。因此

$$E_{\mathrm{k}}=\frac{1}{2}J_z\omega^2 \tag{3.41}$$

式(3.41)可表述为：绕定轴转动的刚体的动能等于刚体对转轴的转动惯量与刚体角速度的平方的乘积的一半。

可以看出，刚体转动动能的表达式$\frac{1}{2}J\omega^2$ 与质点的动能（平动动能）表达式$\frac{1}{2}mv^2$ 在形式上非常相似，可以对比记忆。在转动动能的表达式中，角速度 $\omega$ 取代了速率 $v$，转动惯量 $J$ 取代了质量 $m$。实际上，转动动能并非一种新的能量形式，只是表示刚体上所有质元动能的和。

## 3.3.3 刚体绕定轴转动的动能定理

在质点力学中发现，功与能之间存在着必然的联系，而利用功与能之间的联系来处理很多力学问题往往比较方便。另外，能量是物体运动量的量度，在物理学中具有普遍的意义。

设刚体可绕固定转轴 $z$ 转动，根据转动定律有

$$M_z=J_z\alpha=J_z\frac{\mathrm{d}\omega}{\mathrm{d}t} \tag{3.42}$$

即

$$M_z=J_z\frac{\mathrm{d}\theta\mathrm{d}\omega}{\mathrm{d}t\,\mathrm{d}\theta}=J_z\omega\frac{\mathrm{d}\omega}{\mathrm{d}\theta} \tag{3.43}$$

式(3.43)可改写为

$$M_z\mathrm{d}\theta = J_z\omega\mathrm{d}\omega$$

或

$$\mathrm{d}A = \mathrm{d}\left(\frac{1}{2}J_z\omega^2\right) \tag{3.44}$$

若在合外力矩的作用下，刚体的角速度由 $\omega_1$ 变为 $\omega_2$，将式(3.44)积分得到

$$A = \int_{\omega_1}^{\omega_2} J_z\omega\mathrm{d}\omega = \frac{1}{2}J_z\omega_2^2 - \frac{1}{2}J_z\omega_1^2 \tag{3.45}$$

式中，$A$ 表示在刚体角速度由 $\omega_1$ 变为 $\omega_2$ 过程中，所有外力矩对刚体做功的代数和。式(3.45)说明，刚体绕定轴转动过程中的动能增量等于在此过程中作用在刚体上的所有外力矩做功的代数和。这就是**绕定轴转动刚体的动能定理**。

在工程上，为了储能，许多机器都配置了飞轮。转动的飞轮因转动惯量很大，可以把能量以转动动能的形式储存起来，在需要做功的时候再予以释放。例如，冲床在冲孔时的冲力很大，如果由电动机直接带动冲头，电机将无法承受这样大的负荷。因此，中间要装上减速箱和飞轮储能装置，电动机通过减速箱带动飞轮转动，使飞轮储有动能 $\frac{1}{2}J\omega^2$。在冲孔时，由飞轮带动冲头对铜板冲孔做功，使飞轮的转动动能减少。这就是转动动能定理的应用。利用转动飞轮释放能量，可以大大减少电机的负荷，从而解决了上述矛盾。

应该指出，在任意过程中，内力做功之和均为零，而对于非刚体或任一质点系，式(3.44)和式(3.45)一般不适用。

### 3.3.4 刚体的重力势能

如果一个刚体受到保守力的作用，也可引入势能的概念。刚体在定轴转动中涉及的势能主要是重力势能。这里把刚体 - 地球系统的重力势能简称为刚体的重力势能，意思是取地面坐标系来计算势能值。对于一个质量为 $m$ 的刚体，它的重力势能应是组成刚体的各个质点的重力势能之和，即

$$E_\mathrm{p} = \sum_i \Delta m_i g h_i = \left(\sum_i \Delta m_i h_i\right)g \tag{3.46}$$

若刚体质心的高度为 $h_c$，根据质心的定义 $h_c = \frac{\sum_i \Delta m_i h_i}{m}$，重力势能可用质心的位置表示为

$$E_\mathrm{p} = mgh_c \tag{3.47}$$

式(3.47)说明刚体的重力势能与它的质量全部集中在质心时所具有的势能一样。

对于刚体系统，如果外力与非保守内力都不做功或做功的代数和为零，则该系统的机械能守恒，即

$$E_\mathrm{k} + E_\mathrm{p} = \text{恒量} \tag{3.48}$$

若刚体在重力场作用下做定轴转动，则刚体的重力势能和刚体的转动动能相互转换，总和不变，即

$$E=\frac{1}{2}J\omega^2+mgh_c=\text{恒量} \tag{3.49}$$

**例 3.7** 一根长为 $l$、质量为 $m$ 的均匀细直棒，可绕轴 $O$ 在竖直平面内转动（$J=\frac{1}{3}ml^2$），初始时杆在水平位置，求它由此下摆 $\theta_0$ 角时的 $\omega$。

**解** 取杆为研究对象，建立如图 3.21 所示的坐标系，杆受到转轴的支撑力（不做功）和重力的作用。重力对转轴的力矩 $M=\frac{1}{2}mgl\cos\theta$（变力矩），设末状态时杆的角速度为 $\omega$，在此过程中，重力矩做功为

$$A=\int_0^{\theta_0}M\mathrm{d}\theta=\int_0^{\theta_0}\frac{l}{2}mg\cos\theta\mathrm{d}\theta=\frac{lmg}{2}\sin\theta_0$$

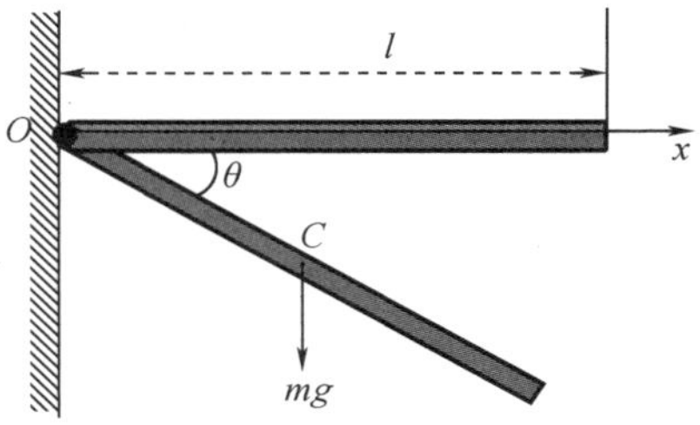


**图 3.21 例 3.7 图**

根据动能定理有

$$A=\frac{lmg}{2}\sin\theta_0=\frac{1}{2}J\omega^2-0 \tag{1}$$

将 $J=\frac{1}{3}ml^2$ 代入式(1)得

$$\omega=\left(\frac{3g\sin\theta_0}{l}\right)^{\frac{1}{2}}$$

**例 3.8** 如图 3.22 所示，质量为 $M$、半径为 $R$ 的匀质圆盘可绕一垂直通过盘心的水平轴转动。圆盘上绕有轻绳，一端悬挂质量为 $m$ 的物体。物体由静止下落高度 $h$ 时，其速度的大小为多少？（绳的质量忽略不计）

**解** 如图 3.22 所示，圆盘受到重力 $Mg$、支持力 $N$ 和拉力 $T$ 的作用。由于 $Mg$ 和 $N$ 均通过转轴 $O$，故作用于圆盘的外力矩仅是拉力 $T$ 的力矩。当物体下落高度 $h$ 时，圆盘的角位置由 $\theta_0$ 变为 $\theta$，由角量与线量的关系可知

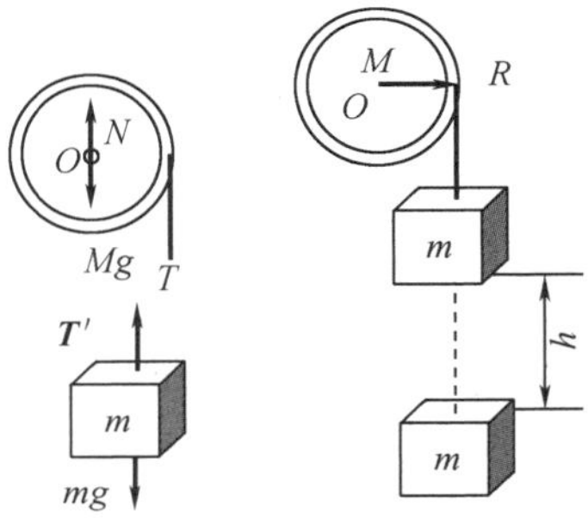


**图 3.22 例 3.8 图**

$$h=\int_{\theta_0}^{\theta}R\mathrm{d}\theta$$

根据刚体绕定轴转动的动能定理得

$$\int_{\theta_0}^{\theta}TR\,\mathrm{d}\theta=R\int_{\theta_0}^{\theta}T\mathrm{d}\theta=\frac{1}{2}J\omega^2-\frac{1}{2}J\omega_0^2 \tag{1}$$

式中，$\omega$ 和 $\omega_0$ 分别为圆盘在起始位置和终末位置的角速度大小。

物体受到拉力 $T'$ 和重力 $mg$ 的作用，且 $T'=T$，由质点的动能定理得

$$mgh-R\int_{\theta_0}^{\theta}T\mathrm{d}\theta=\frac{1}{2}mv^2-\frac{1}{2}mv_0^2 \tag{2}$$

式中，$v_0$ 和 $v$ 分别为物体在起始位置和终末位置的速度大小。

由于 $v_0=0$，$\omega_0=0$，且 $v=R\omega$。式(1)和式(2)联立得

$$v = \sqrt{\frac{2m}{m + \frac{J}{R^2}} gh}$$

式中，$J = \frac{1}{2}MR^2$ 为圆盘的转动惯量。所以

$$v = \sqrt{\frac{2m}{m + \frac{M}{2}} gh}$$

物体由高 $h$ 处自由下落的末速度大小为 $v_0 = \sqrt{2gh}$，因为 $m + \frac{M}{2} > m$，所以 $v_0 > v$。这是因为物体在下落的过程中，圆盘也随之转动（机械能是守恒的），物体的重力势能有一部分转换为物体的动能，而另一部分转换为圆盘的转动动能。

# 3.4 角动量 角动量守恒定律

## 3.4.1 质点的角动量 角动量定理和角动量守恒定律

前一章常用动量来描述质点的运动状态，但是有些时候，如在讨论质点相对于空间某一固定点的运动时，若只用动量来描述质点的运动，会给分析和计算带来很大的不便。因此，引入一个新的物理量——角动量（也称为动量矩）。

角动量是描述物体运动的一个十分重要的物理量。对于大到天体，小至电子、质子等基本粒子的运动的研究都需要用到角动量这一概念。质点的角动量的定义如下。

如图 3.23 所示，某时刻 $t$，一质量为 $m$ 的质点，运动速度为 $\boldsymbol{v}$，其动量为 $\boldsymbol{p} = m\boldsymbol{v}$，则此时该质点对定点 $O$ 的角动量为

$$\boldsymbol{L}_O = \boldsymbol{r} \times \boldsymbol{p} = \boldsymbol{r} \times m\boldsymbol{v} \tag{3.50}$$

式中，$\boldsymbol{r}$ 是此时质点相对于 $O$ 点的位矢。

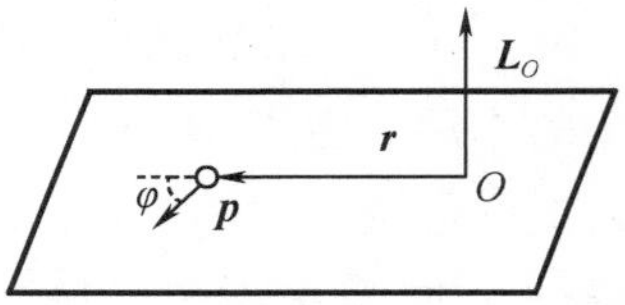

**图 3.23 质点对定点的角动量**

可见，角动量为矢量，根据矢积的定义，质点对定点 $O$ 的角动量大小为 $|\boldsymbol{L}_O| = rmv\sin\varphi$，式中，$\varphi$ 为 $\boldsymbol{r}$ 与 $\boldsymbol{p}$ 之间小于 180°的夹角，方向垂直于 $\boldsymbol{p}$ 和 $\boldsymbol{r}$ 所确定的平面，其指向用右手螺旋定则判定：让伸直的右手四指指向位矢 $\boldsymbol{r}$ 方向，然后沿小于 180°的角转向力 $m\boldsymbol{v}$ 的方向，这时伸直的大拇指所指的方向就是角动量 $\boldsymbol{L}_O$ 的方向。

由角动量的定义可知，质点的角动量与质点的位矢 $\boldsymbol{r}$ 有关，即与所选固定点的位置有关。同一质点相对于不同的固定点，其角动量不同。因此，在说明质点的角动量时，必须指明是相对于哪一个固定点而言的。

在国际单位制中，角动量的单位为千克二次方米每秒（$kg \cdot m^2 \cdot s^{-1}$）。当质点做平面运动时，质点对运动平面内任意一点 $O$ 的角动量只可能是垂直于运动平面的两个指向（图 3.24），此时，角动量可视为代数量。与力矩的情况类似，当质点在某一平面内运动时，质点对该平面内某定点 $O$ 的角动量，也称为该质点对过 $O$ 点、垂直于该平面的 $z$ 轴的角动量。

当运动的质点相对于某个定点的位矢和动量随时间变化时，相对于此定点的角动量也将随时间变化。设质量为 $m$ 的质点在力 $\boldsymbol{F}$ 的作用下运动，在某时刻 $t$，质点相对于定点 $O$ 的速度为 $\boldsymbol{v}$，则 $\boldsymbol{L}_O=\boldsymbol{r}\times m\boldsymbol{v}$，等号两边对时间求导得

$$\frac{\mathrm{d}\boldsymbol{L}_O}{\mathrm{d}t}=\frac{\mathrm{d}(\boldsymbol{r}\times m\boldsymbol{v})}{\mathrm{d}t}=\frac{\mathrm{d}\boldsymbol{r}}{\mathrm{d}t}\times m\boldsymbol{v}+\boldsymbol{r}\times\frac{\mathrm{d}(m\boldsymbol{v})}{\mathrm{d}t} \tag{3.51}$$

因为$\frac{\mathrm{d}\boldsymbol{r}}{\mathrm{d}t}=\boldsymbol{v}$，所以$\frac{\mathrm{d}\boldsymbol{r}}{\mathrm{d}t}\times m\boldsymbol{v}=0$，即式(3.51)中等号右边第一项为零。而$\frac{\mathrm{d}(m\boldsymbol{v})}{\mathrm{d}t}$为作用在质点上的合力 $\boldsymbol{F}$，所以式(3.51)中等号右边第二项 $\boldsymbol{r}\times\frac{\mathrm{d}(m\boldsymbol{v})}{\mathrm{d}t}=\boldsymbol{r}\times\boldsymbol{F}$，为作用在质点上的合力对 $O$ 点的力矩。因此

$$\frac{\mathrm{d}\boldsymbol{L}_O}{\mathrm{d}t}=\boldsymbol{r}\times\boldsymbol{F}=\boldsymbol{M}_O \tag{3.52}$$

式(3.52)表明，**在一惯性系中，质点所受的对于某一定点 $O$ 的合外力矩，等于它对该点的角动量对时间的变化率。**

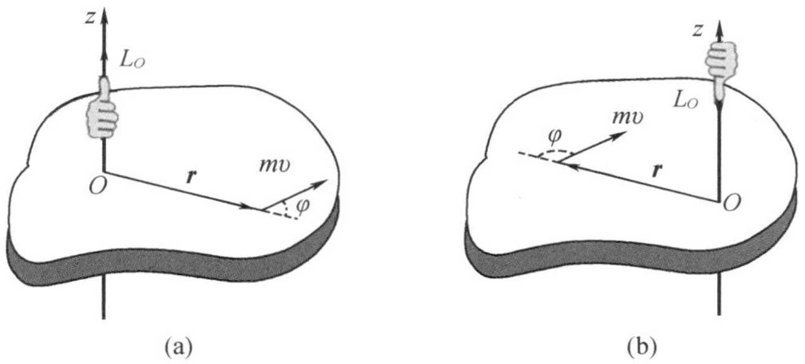


**图 3.24　质点对轴的角动量**

式(3.52)也可改写成

$$\boldsymbol{M}_O\mathrm{d}t=\mathrm{d}\boldsymbol{L}_O \tag{3.53}$$

把式(3.53)中的 $\boldsymbol{M}_O\mathrm{d}t$ 称为冲量矩。**质点在 $\mathrm{d}t$ 时间内受到的合外力的冲量矩等于质点在 $\mathrm{d}t$ 时间内角动量的增量。这就是质点的角动量定理的微分形式，**即只有在冲量矩的作用下，质点的角动量才能变化。

如果 $\boldsymbol{M}$ 作用在质点上一段时间，则式(3.53)积分得

$$\int_{t_1}^{t_2}\boldsymbol{M}\mathrm{d}t=\boldsymbol{L}_2-\boldsymbol{L}_1 \tag{3.54}$$

式中，$\boldsymbol{L}_1$ 和 $\boldsymbol{L}_2$ 是质点 $t_1$ 和 $t_2$ 时刻的角动量；$\int_{t_1}^{t_2}\boldsymbol{M}\mathrm{d}t$ 为质点在该时间段内所受的合外力的冲量矩。式(3.54)表明，**在同一惯性系中，质点所受的合外力的冲量矩等于它的角动量的增量，这就是质点的角动量定理的积分形式。**

质点的角动量定理可以直接用于求解质点的动力学问题，特别是质点在运动过程中始终和一个定点或定轴相关联的问题。必须指出的是，角动量定律只适用于惯性参考系，在

非惯性参考系中还必须考虑惯性力的力矩。

**例 3.9** 如图 3.25 所示，一小球沿竖直的光滑圆轨道由静止开始下滑，求小球在 $B$ 点时对环心的角动量和角速度。

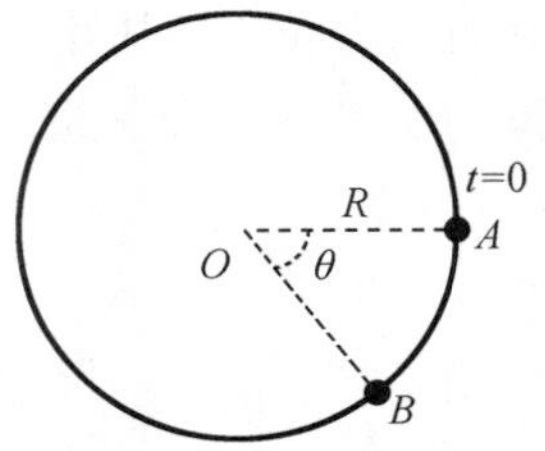

**图 3.25 例 3.9 图**

**解** 小球受重力和轨道的支持力作用，由于轨道光滑，轨道的支持力作用线通过圆心 $O$，即对 $O$ 点的力矩为零，由于小球做圆周运动，重力对 $O$ 的力矩垂直于圆面，为

$$M = mgR\cos\theta \tag{1}$$

由角动量定理 $M = \dfrac{\mathrm{d}L}{\mathrm{d}t}$，得

$$\mathrm{d}L = mgR\cos\theta\mathrm{d}t \tag{2}$$

而小球对 $O$ 的角动量也保持与圆面垂直，即

$$L = mR^2\omega = mR^2\frac{\mathrm{d}\theta}{\mathrm{d}t} \tag{3}$$

由式(2)和式(3)联立得

$$L\mathrm{d}L = m^2gR^3\cos\theta\mathrm{d}\theta \tag{4}$$

对式(4)积分得

$$\int_0^L L\,\mathrm{d}L = \int_0^\theta m^2gR^3\cos\theta\mathrm{d}\theta$$

$$L = mR^{\frac{3}{2}}\sqrt{2g\sin\theta}$$

$$\omega = \frac{L}{J} = \frac{L}{mR^2}$$

由式(3.52)和式(3.53)可以看出，当 $M_O = 0$ 时，

$$\frac{\mathrm{d}\boldsymbol{L}}{\mathrm{d}t} = 0(\text{或 } \boldsymbol{L} = \text{恒矢量}) \tag{3.55}$$

式(3.55)表明，**对于某一参考点，当质点所受的合外力矩为零时，则此质点对该参考点的角动量保持不变，这就是质点的角动量守恒定律。**

式(3.53)为矢量式，它对每一个分量都是成立的，即在直角坐标系中有

$$\frac{\mathrm{d}L_{Ox}}{\mathrm{d}t} = M_{Ox}$$

$$\frac{\mathrm{d}L_{Oy}}{\mathrm{d}t} = M_{Oy}$$

$$\frac{\mathrm{d}L_{Oz}}{\mathrm{d}t} = M_{Oz} \tag{3.56}$$

由此可知，若质点所受的合外力对某固定点的力矩不为零，但此力矩在某一方向上的分量为零，也就是说尽管质点对此固定点的角动量不守恒，但角动量在该方向上的分量却是守恒的。

角动量守恒定律是物理学中的另一个基本定律。在研究天体运动和微观粒子运动时，角动量守恒定律起着重要作用。和动量守恒定律一样，它不仅适用于宏观物体的运动，也适用于牛顿第二定律不能适用的微观粒子的运动。

如果质点所受的力的作用线始终通过某个固定点，则该力称为**有心力**，该点称为力心。由于有心力对力心的力矩永远为零，因此质点对该力心的角动量一定守恒（注意，此时质点所受的力并不为零，因此它的动量不守恒）。

在研究质点的运动时，人们经常可以遇到质点绕某一固定点运动的情况。例如，太阳系中行星绕太阳公转时，行星受到的太阳的引力指向太阳中心；月球、人造卫星绕地球运转时，它们受到的地球引力指向地球中心；在原子内部的电子绕原子核运动时，电子受到的原子核的静电引力指向原子核。如果认为太阳、地球及原子核不动，那么，行星、月球、人造卫星、电子所受到的引力就分别通过一个固定的中心，即它们都是在有心力的作用下运动的。因此，它们对各自的力心的角动量守恒。

用角动量守恒定律可以推导出行星运动的开普勒第二定律：行星对太阳的位置矢量（即径矢）在相等的时间内扫过相等的面积，即行星的径矢的面积速度为恒量。

如图 3.26 所示，行星所受恒星的引力始终指向恒星的中心，是有心力；行星受到的力矩为零（忽略其他天体的作用）；行星在运动过程中，对恒星的角动量守恒。设在很短的时间 $\Delta t$ 内，行星对太阳的位矢 $\boldsymbol{r}$ 扫过的面积为 $\Delta S$。$\Delta S$ 可近似地认为是图中三角形的面积。

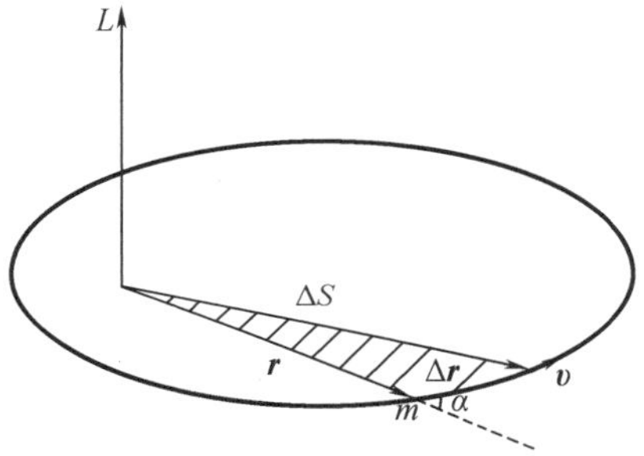


图 3.26 行星的运动

行星运动到椭圆轨道的任一位置的角动量为

$$L = mrv\sin\alpha = mr\left|\frac{\mathrm{d}\boldsymbol{r}}{rt}\right|\sin\alpha = m\lim_{\Delta t\to 0}\frac{r\,|\Delta\boldsymbol{r}|\sin\alpha}{\Delta t}$$

式中，$r\,|\Delta\boldsymbol{r}|\sin\alpha$ 等于三角形面积的 2 倍，即

$$r\,|\Delta\boldsymbol{r}|\sin\alpha = 2\Delta S$$

所以

$$L = 2m\lim_{\Delta t\to 0}\frac{\Delta S}{\Delta t} = 2m\,\frac{\mathrm{d}S}{\mathrm{d}t} \tag{3.57}$$

式中，$\frac{\mathrm{d}S}{\mathrm{d}t}$为行星对恒星的径矢在单位时间内扫过的面积，叫作行星的掠面速度。行星运动的角动量守恒意味着这一掠面速度保持不变，因此，得出“行星对恒星的径矢在相等的时间里扫过相等的面积”这一结论。

另外，由行星对太阳中心的角动量守恒还可以得出关于行星运动的另一结论。根据角动量的定义，行星对太阳的角动量应垂直于它对太阳的位矢和动量所决定的平面，角动量守恒时，其方向一定保持不变，所以行星绕太阳的运动必然是平面运动。

**例 3.10** 如图 3.27 所示，发射一宇宙飞船去考察一质量为 $M$、半径为 $R$ 的行星。当飞船静止于空间且距行星中心 $r_0 = 4R$ 时，以速度 $v_0$ 发射一质量为 $m$ 的仪器。要使该仪器恰好掠过行星表面，$\theta$ 角及仪器着陆滑行时的速度应为多大？

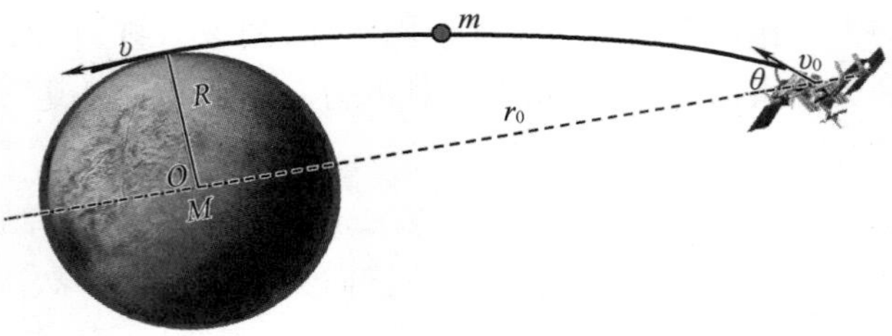


图 3.27　例 3.10 图

**解**　仪器仅受行星的引力场作用力（有心力），在不计其他星体对仪器的作用的情况下，仪器对行星中心的角动量守恒，而行星对仪器的作用力是万有引力（保守力），所以系统的机械能守恒，即

$$mv_0r_0\sin\theta = mvR \tag{1}$$

$$\frac{1}{2}mv_0^2 - \frac{GMm}{r_0} = \frac{1}{2}mv^2 - \frac{GMm}{R} \tag{2}$$

其中

$$r_0 = 4R$$

将式（1）和式（2）联立得

$$\sin\theta = \frac{1}{4}\left(1 + \frac{3GM}{2Rv_0^2}\right)^{\frac{1}{2}}$$

$$v = v_0\left(1 + \frac{3GM}{2Rv_0^2}\right)^{\frac{1}{2}}$$

## 3.4.2　刚体对定轴的角动量

刚体可以看成由大量质点组成的质点系，所以刚体对某一参考点的角动量应等于组成刚体的所有质点对同一参考点的角动量的矢量和。一般来说，刚体对定点的角动量并不平行于转轴。但对于定轴转动的刚体，研究只涉及刚体的角动量在转轴方向上的分量，即整个刚体相对于 $z$ 轴上的任意参考点 $O$ 的总角动量沿转轴 $z$ 的分量。

质点在平面内运动时，质点对该平面内某定点 $O$ 的角动量，也称为该质点对过 $O$ 点、垂直于该平面的 $z$ 轴的角动量。由于定轴转动的刚体上的所有质点都在做圆周运动，且运动平面垂直于转轴，因此，定轴转动的刚体上的任一点对 $z$ 轴的角动量都等于其对圆心 $O$ 的角动量（图 3.28）。在刚体上任取一质元，质量为 $\Delta m_i$，做圆周运动的半径为 $r_i$，某时刻速率为 $v_i$，则其对转轴的角动量为

$$L_{zi} = \Delta m_i v_i r_i = \Delta m_i r_i^2 \omega \tag{3.58}$$

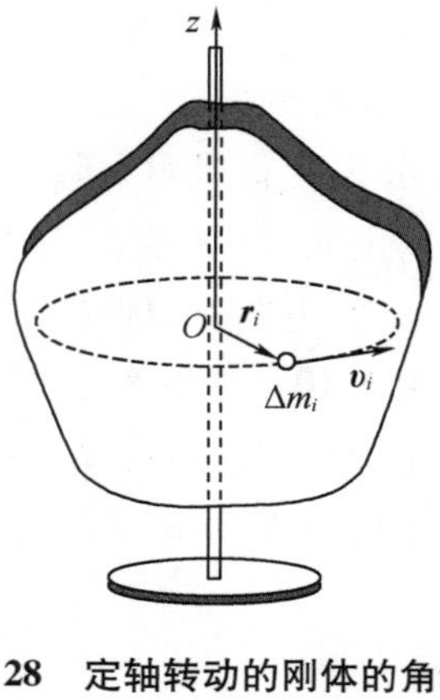


图 3.28　定轴转动的刚体的角动量

由于刚体上任一质点对 $z$ 轴的角动量具有相同的方向，整个刚体对 $z$ 轴的角动量 $L_z$ 即是刚体上各质点对 $z$ 轴的角动量之和：

$$L_z = \sum_i \Delta m_i v_i r_i = (\sum_i \Delta m_i r_i^2)\omega = J_z\omega \tag{3.59}$$

式(3.59)表明,**刚体对转轴的角动量等于刚体对同一转轴的转动惯量与其绕该转轴转动角速度的乘积。**

应指出,刚体的角动量是一个矢量,方向与 $\boldsymbol{\omega}$ 同向,但在研究刚体的定轴转动时,$\boldsymbol{L}$ 只能有两个方向,所以通常用标量来表示刚体的角动量,与规定的正方向相同时 $L>0$,反之 $L<0$。

### 3.4.3 刚体定轴转动的角动量定理及角动量守恒定律

前文提到,刚体对转轴的角动量等于刚体对同一转轴的转动惯量与其绕该转轴转动角速度的乘积:

$$L_z = J_z\omega \tag{3.60}$$

将式(3.60)等号两边对时间求导可得

$$\frac{\mathrm{d}L_z}{\mathrm{d}t} = \frac{\mathrm{d}(J_z\omega)}{\mathrm{d}t} \tag{3.61}$$

由于定轴转动的刚体的角动量为常量,因此式(3.61)可写成

$$\frac{\mathrm{d}L_z}{\mathrm{d}t} = J_z\frac{\mathrm{d}\omega}{\mathrm{d}t} = M_z \tag{3.62}$$

式中,$M_z = J_z\alpha$ 为作用在刚体上的外力对 $z$ 轴的外力矩之和。

式(3.62)表明,**刚体的角动量对时间的变化率等于刚体所受的对该转轴的合外力矩。**由式(3.62)可知

$$M_z\,\mathrm{d}t = \mathrm{d}(J_z\omega) = \mathrm{d}L_z \tag{3.63}$$

式中,$M_z\,\mathrm{d}t$ 为在 $\mathrm{d}t$ 时间内合外力矩对转轴的冲量矩。式(3.63)表明,**刚体在 $\mathrm{d}t$ 时间内受到的合外力的冲量矩等于刚体在 $\mathrm{d}t$ 时间内的角动量增量。这是刚体的角动量定理的微分形式。**可见,合外力矩的冲量矩就是在刚体定轴转动过程中力矩对时间的积累,它引起定轴转动的刚体的角动量发生变化。

与转动定律 $M=J\alpha$ 相比,式(3.63)具有更广泛的实用性,不仅适用于 $J_z$ 恒定的情况,也适用于 $J_z$ 变化的情况。

对式(3.63)积分得

$$\int_{t_1}^{t_2} M_z\,\mathrm{d}t = L_2 - L_1 = J_z\omega_2 - J_z\omega_1 \tag{3.64}$$

式(3.64)就是**刚体对定轴的角动量定理的积分形式**,此式说明,在 $t_2 - t_1$ 时间内,合外力矩对转轴的冲量矩等于刚体在这段时间内对该转轴的角动量的增量。可见,角动量定理反映了力矩的时间积累效应。

若式(3.64)中合外力对转轴的力矩为零,则刚体对该转轴的角动量保持不变,即

$$M_z = 0$$

则

$$L_z = J_z\omega = \text{恒量} \tag{3.65}$$

这就是**刚体绕定轴转动的角动量守恒定律**，其表明**当刚体所受的合外力矩为零时，刚体的角动量保持不变。**

以上是针对定轴转动的刚体进行讨论的。但是此定律不仅适用于做定轴转动的刚体，也适用于做定轴转动的刚体组甚至是非刚体（即转动惯量改变的物体）情况。

### 3.4.4 角动量守恒定律及其应用

角动量守恒定律在工程技术及日常生活中都有广泛的应用。例如，航天、航空、航海技术中用于定向的陀螺回转仪就是根据角动量守恒定律制成的。

下面根据研究对象的特点，将角动量守恒分为几种情况来讨论。

（1）绕某一轴转动的单个刚体，对该轴的转动惯量 $J$ 为定值。当刚体所受的对转轴的合外力矩为零时，角动量守恒，即 $\boldsymbol{L}=J\boldsymbol{\omega}$ 为恒矢量。显然这种情况下，刚体保持原有的转动状态不变，即刚体做匀速转动或静止。转轴的空间指向也保持不变，可见此时刚体具有定位功能，这就是刚体的角动量守恒定律在现代科学技术中的一个重要应用——惯区导航，其所用的装置叫作回转仪，也叫作陀螺，它的核心部分是装在常平架上的一个质量较大的转子，如图 3.29 所示。常平架是由套在一起的、分别具有竖直轴和水平轴的两个圆环组成的。转子装在内环上，其轴与内环的轴相互垂直。为使转子精确地对称于其转轴的圆柱，各轴承均高度润滑，这样转子就可以绕其能自由转动的3 个相互垂直的轴自由转动。因此，不管常平架如何移动或转动，转子都不会受到任何力矩的作用。一旦转子高速转动起来，根据角动量守恒定律，它将保持其对称轴在中间的指向不变。将其安装在船或飞行器上，这种回转仪就能指示这些船或飞行器的航向相对于空间某一定向的方向，从而起到导航的作用。在这种应用场景中，往往用3 个这样的回转仪并使它们的转轴相互垂直，从而提供一套绝对的笛卡儿直角坐标系。

上述导航装置的出现仅 100 年左右，但是在我国，常平架这种装置早在西汉时期就出现了，如图 3.30 所示的“被中香炉”就应用了常平架。设计者用两个套在一起的环形支架架起一个小香炉，香炉由于受到重力作用，总是悬着。不管支架如何转动，香炉总不会倾倒。

图 3.29　陀螺

图 3.30　被中香炉

（2）由两个或两个以上的刚体组成的刚体系，当合外力矩 $M=0$ 时，角动量守恒，总角动量守恒，角动量可在这几部分间传递。直升机的螺旋桨叶片和机身组成一个刚体系，当螺旋桨叶片旋转时，由于角动量守恒，机身会反向旋转。为防止机身发生反向转动，须在机尾附加一侧向旋叶以平衡机身[图 3.31(a)]，或者用两螺旋桨且沿相反方向转动[图 3.31(b)]。

（3）绕定轴转动的可变形物体，若组成物体的各个质点绕轴转动的角速度相同，则可以用一个角速度来描述整个物体的转动情况，某时刻物体对转轴的角动量可以表示为该时刻物体对转轴的转动惯量与瞬时角速度的乘积。只是由于物体形状可变，转动惯量不再是一常数。但是可以证明，这个可变形物体的角动量对时间的导数仍等于作用在该物体上的所有外力对同一转轴的力矩之和，即 $\frac{\mathrm{d}(J\omega)}{\mathrm{d}t}=M$ 仍然成立。此时，若作用于可变形物体上的所有外力对转轴的力矩之和为零，则在转动过程中，可变形物体上的角动量保持不变，即当 $J$ 增大时，角速度 $\omega$ 减小；当 $J$ 减小时，角速度 $\omega$ 增大。这一现象可以用下述实验来演示：如图 3.32 所示，花样滑冰运动员绕通过重心的铅直轴高速旋转时，所受外力（重力和水平面的支持力）对轴的力矩为零，因此，运动员对轴的角动量守恒。他们可以通过改变自身的姿态来改变对轴的转动惯量，从而调节自身旋转的角速度。又如跳水运动员在跳板上起跳时，总是向上伸直手臂，跳到空中时，又将身体收缩以减小转动惯量来加快空翻速度；当接近水面时，又伸直手臂以减小角速度，以便用稳定的状态竖直进入水中，如图 3.33 所示。

(a)

(b)

**图 3.31　直升机**

**图 3.32　角动量守恒演示（花样滑冰表演）**

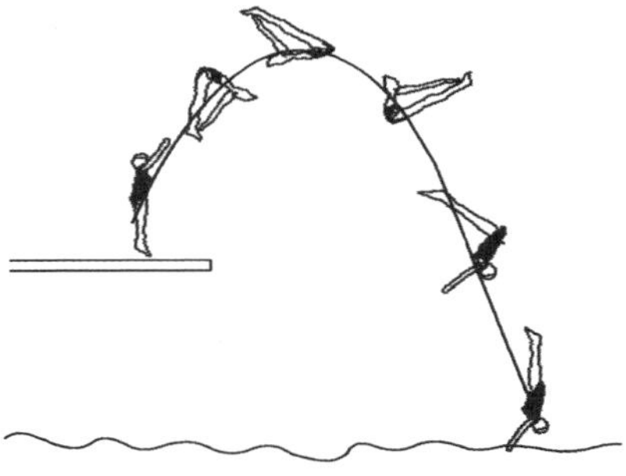

**图 3.33　角动量守恒演示（跳水）**

角动量守恒定律不仅适用于宏观世界，也是微观物理学中的重要基本规律。基本粒子在衰变、碰撞和转变过程中都遵守反映自然界普遍规律的守恒定律，也包括角动量守恒定律。

经天文观察发现，宇宙中存在着大大小小、各种层次的天体系统，它们都具有旋转的盘状结构，并且系统中的天体基本上都朝同一方向转动，无论是太阳系、银河系还是众多的河外旋涡星系都是如此。图 3.34 所示是用近红外线拍摄到的银河系侧面图，显然，这种现象的形成是天体系统遵守角动量守恒定律的必然结果。

**图 3.34　银河系侧面图**

从本章的讨论中，我们已经发现刚体定轴转动的规律与质点平动的规律之间存在很多相似性，学习时可以运用类比的方法。表 3.3 所示为质点平动和刚体定轴转动规律比较，列出了平动和定轴转动的一些重要公式，方便类比学习。

**表 3.3　质点平动和刚体定轴转动规律比较**

| 质点平动 | 刚体定轴转动 |
| --- | --- |
| 速度 $\boldsymbol{v}=\dfrac{\mathrm{d}\boldsymbol{r}}{\mathrm{d}t}$ | 角速度 $\omega=\dfrac{\mathrm{d}\theta}{\mathrm{d}t}$ |
| 加速度 $\boldsymbol{a}=\dfrac{\mathrm{d}\boldsymbol{v}}{\mathrm{d}t}$ | 角加速度 $\alpha=\dfrac{\mathrm{d}\omega}{\mathrm{d}t}$ |
| 力 $\boldsymbol{F}$ | 力矩 $\boldsymbol{M}=\boldsymbol{r}\times\boldsymbol{F}$ |
| 质量 $m$ | 转动惯量 $J=\int r^2\mathrm{d}m$ |
| 牛顿第二定律 $\boldsymbol{F}=m\boldsymbol{a}$ | 转动定律 $\boldsymbol{M}=J\boldsymbol{\alpha}$ |
| 动量 $\boldsymbol{p}=m\boldsymbol{v}$ | 角动量 $\boldsymbol{L}=J\boldsymbol{\omega}$ |
| 动量定理 $\int\boldsymbol{F}\mathrm{d}t=m\boldsymbol{v}_2-m\boldsymbol{v}_1$ | 角动量定理 $\int\boldsymbol{M}\mathrm{d}t=J\boldsymbol{\omega}_2-J\boldsymbol{\omega}_1$ |
| 动量守恒定律 $\sum\boldsymbol{F}=0,\ \sum m_i\boldsymbol{v}_i=$ 恒量 | 角动量守恒定律 $\sum\boldsymbol{M}=0,\ \sum J_i\boldsymbol{\omega}_i=$ 恒量 |
| 力的功 $A=\int\boldsymbol{F}\cdot\mathrm{d}\boldsymbol{r}$ | 力矩的功 $A=\int\boldsymbol{M}\mathrm{d}\boldsymbol{\theta}$ |
| 平动动能 $E_\mathrm{k}=\dfrac{1}{2}mv^2$ | 转动动能 $E_\mathrm{k}=\dfrac{1}{2}J\omega^2$ |
| 动能定理 $A=\dfrac{1}{2}m\boldsymbol{v}_2^2-\dfrac{1}{2}m\boldsymbol{v}_1^2$ | 转动动能定理 $A=\dfrac{1}{2}J\boldsymbol{\omega}_2^2-\dfrac{1}{2}J\boldsymbol{\omega}_1^2$ |

**例 3.11**　如图 3.35 所示,一均质棒,长度为 $L$,质量为 $M$,一端悬挂。棒可绕悬轴在竖直面内自由转动,开始时棒静止。现有一子弹在距轴为 $y$ 处水平射入棒,子弹的质量为 $m$,速度为 $v_0$。设过程时间极短,求子弹与细棒共同的角速度 $\omega$。

**解**　对子弹和棒组成的系统,子弹射入棒的过程时间极短,重力和悬轴的支持力皆通过悬轴,因此对轴的力矩为零,子弹与棒组成的系统对轴的角动量守恒,即

$$mv_0 y = J\omega \tag{1}$$

式中,$J = J_{棒} + J_{子} = \dfrac{1}{3}ML^2 + my^2$,代入式(1)得

$$\omega = \frac{mv_0 y}{\dfrac{1}{3}ML^2 + my^2}$$

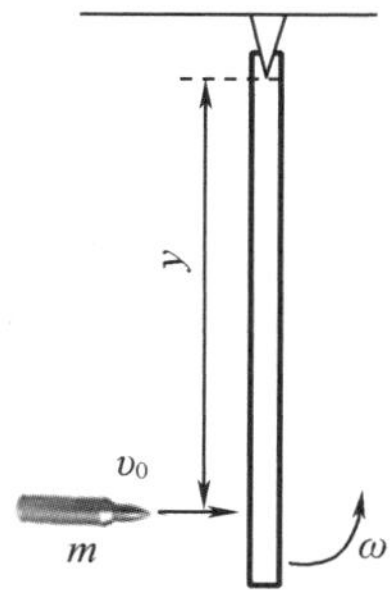


图 3.35　例 3.11 图

**例 3.12**　质量为 $M$、半径为 $R$ 的均质圆盘可绕过圆心的水平轴自由旋转,转轴光滑,开始时圆盘静止。如图 3.36 所示,有一质量为 $m$ 的油灰自圆盘上方由静止下落,落在圆盘边缘一点 $P$,并粘在圆盘上与圆盘一起转动,若 $M = 2m$,求此时圆盘获得的角速度 $\omega$。

**解**　对于圆盘、油灰系统,碰撞过程中 $m$ 所受重力对 $O$ 的轴冲量矩可忽略不计,系统对 $O$ 的轴角动量守恒。

油灰下落到圆盘边缘时的速度为

$$v = \sqrt{2gh} \tag{1}$$

由角动量守恒得

$$mv\sin\left(\frac{\pi}{2} + \theta\right) = J\omega \tag{2}$$

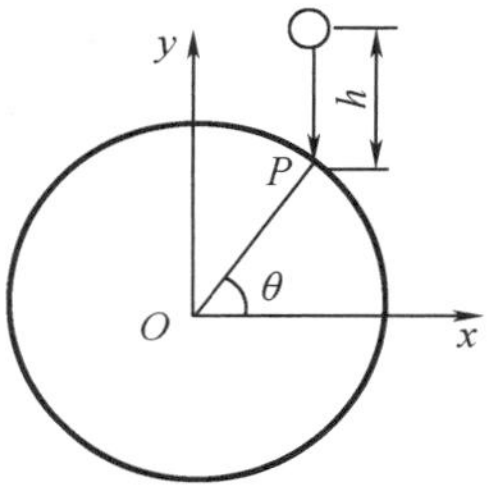


图 3.36　例 3.12 图

式中

$$J = \frac{1}{2}MR^2 + mR^2 = 2mR^2 \tag{3}$$

由式(1)~式(3)联立得,$\omega = \dfrac{\sqrt{2gh}}{2R}\cos\theta$。

**例 3.13**　如图 3.37 所示,有一质量为 $m_1$、长为 $l$ 的均匀细棒静止平放在滑动摩擦系数为 $\mu$ 的水平桌面上,它可绕通过其端点 $O$ 且与桌面垂直的固定光滑轴转动。另有一水平运动的、质量为 $m_2$ 的小滑块,从侧面垂直于棒,与棒的另一端 $A$ 相碰撞,设碰撞时间极短。已知小滑块在碰撞前后的速度分别为 $v_1$ 和 $v_2$。求碰撞后,从细棒开始转动到停止转动的过程所需的时间。(已知棒绕 $O$ 点的转动惯量 $J = \dfrac{1}{3}m_1 l^2$)

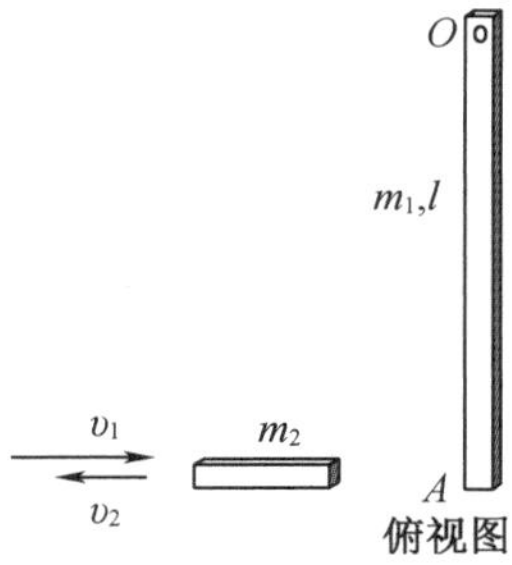


图 3.37　例 3.13 图

**解**　对于棒和滑块系统,在碰撞过程中,由于碰撞时间极短,因此棒所受的摩擦力矩≪滑块的冲力矩,故可认为合外力矩为零,因而系统的角动量守恒,即

$$m_2 v_1 l = -m_2 v_2 l + \frac{1}{3}m_1 l^2 \omega \tag{1}$$

碰撞后，棒在转动过程中所受的摩擦力矩为

$$M_f = \int_0^l -\mu g \frac{m_1}{l} x \cdot \mathrm{d}x = -\frac{1}{2}\mu m_1 g l \tag{2}$$

由角动量定理得

$$\int_0^t M_f \, \mathrm{d}t = 0 - \frac{1}{3} m_1 l^2 \omega \tag{3}$$

由式(1)～式(3)联立解得

$$t = 2m_2 \frac{v_1 + v_2}{\mu m_1 g}$$

### 3.4.5 刚体的进动

前面主要讨论的是刚体绕固定轴的转动。下面介绍一种刚体转轴不固定的情况。

大家都知道，当陀螺不转动时，在重力矩作用下将会倾倒；但当陀螺高速旋转时，尽管仍受重力矩的作用，它却不会倒下来，这时，陀螺在绕本身的对称轴转动（这种旋转叫自旋或自转）的同时，其对称轴还将绕竖直轴回转，如图 3.38 所示。这种高速自旋的物体的转轴在空间转动的现象就叫作旋进（进动），工程上常称为回转效应。

对陀螺进行分析，如图 3.39 所示。严格地讲，陀螺的总角动量应该是它的自旋角动量和进动角动量的矢量和。但当陀螺高速旋转时，其自转的角速度远大于进动的角速度，故可忽略进动的角动量而把陀螺对 $O$ 点的总角动量 $L$ 近似地看成是由它的自转运动引起的。

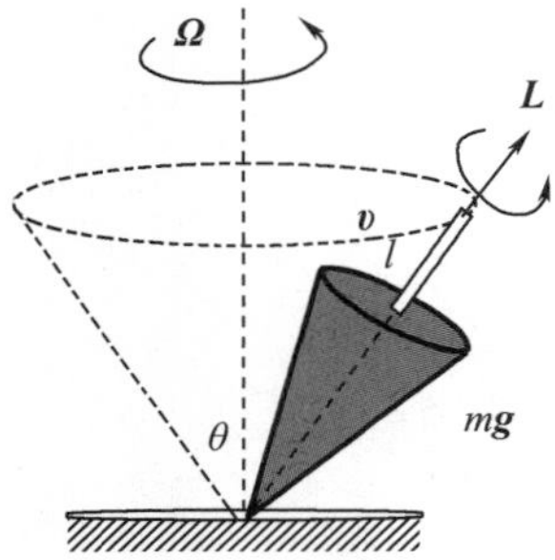


图 3.38 陀螺的进动

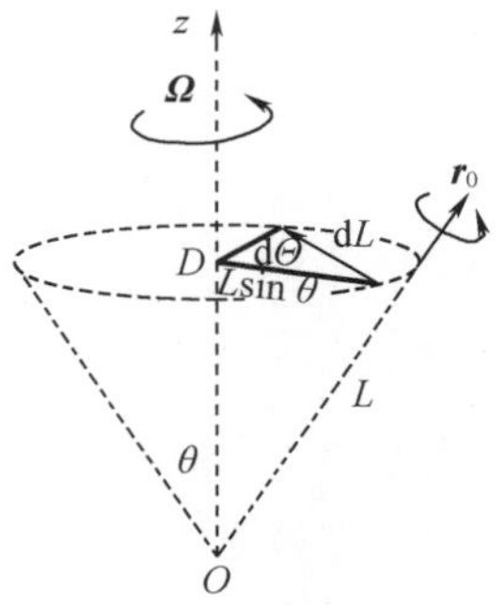


图 3.39 进动

由于陀螺的对称性，由它的自转运动引起的对 $O$ 点的角动量等于陀螺对本身对称轴的角动量，即自转角动量，可近似地表示为

$$\boldsymbol{L} = J\omega \boldsymbol{r}_0 \tag{3.66}$$

式中，$\omega$ 为陀螺的自转角速度；$\boldsymbol{r}_0$ 为沿陀螺轴线方向的单位矢量，其指向与陀螺旋转方向满足右手螺旋法则。

陀螺所受的重力对 $O$ 点产生一力矩作用，其方向垂直于转轴和重力的作用线所组成的平面。

根据质点系的角动量定理,陀螺所受的对给定参考点 $O$ 的合外力矩 $\boldsymbol{M}$ 满足$\frac{\mathrm{d}\boldsymbol{L}}{\mathrm{d}t}=\boldsymbol{M}$,也可写成 $\mathrm{d}\boldsymbol{L}=\boldsymbol{M}\mathrm{d}t$。在极短的时间 $\mathrm{d}t$ 内,陀螺的角动量由于重力矩的作用而产生一增量 $\mathrm{d}\boldsymbol{L}$,其方向与重力矩的方向相同。因重力矩的方向垂直于 $\boldsymbol{L}$,所以 $\mathrm{d}\boldsymbol{L}$ 的方向也与 $\boldsymbol{L}$ 垂直,结果 $\boldsymbol{L}$ 的大小不变,但 $\boldsymbol{L}$ 绕竖直轴 $z$ 转过一个角度 $\mathrm{d}\Theta$,即 $\boldsymbol{L}$ 的方向发生变化(图 3.39)。因此,陀螺的自转轴将从 $\boldsymbol{L}$ 的位置偏转到 $\boldsymbol{L}+\mathrm{d}\boldsymbol{L}$ 的位置上,而不是向下倾倒。如此持续不断地偏转下去就形成了自转轴的转动。从陀螺的顶部向下看,其自转轴是沿逆时针方向回转的。这样,陀螺不会倒下,而是沿一锥顶在陀螺尖顶与地面接触处的锥面转动,即绕竖直轴 $z$ 做旋进。可近似地求出旋进的角速度 $\Omega$,由图 3.38 可以得到

$$|\mathrm{d}\boldsymbol{L}|=|\boldsymbol{L}|\sin\theta\mathrm{d}\Theta$$

而

$$|\boldsymbol{M}|=\frac{|\mathrm{d}\boldsymbol{L}|}{\mathrm{d}t}=|\boldsymbol{L}|\sin\theta\frac{\mathrm{d}\Theta}{\mathrm{d}t}=|\boldsymbol{L}|\sin\theta\cdot\Omega$$

$$\Omega=\frac{|\boldsymbol{M}|}{|\boldsymbol{L}|\sin\theta}=\frac{|\boldsymbol{M}|}{J\omega\sin\theta}\tag{3.67}$$

可见,旋进的角速度 $\Omega$ 正比于外力矩,反比于陀螺的自旋角动量。若陀螺自转的角速度保持不变,则旋进的角速度也保持不变,陀螺将处于一种稳定的运动状态。但实际上,由于各种摩擦阻力矩的作用,其自转角速度不断减小,同时旋进角速度将不断增大,旋进变得不稳定。因此,要维持陀螺的旋进状态,就必须不断地对其施加外力矩作用。

需要指出的是,如果陀螺的自转角速度不太大,则它的轴线在进动时还会上上下下地做周期性的摆动,这种摆动就是所谓的章动。产生章动的原因是,由于此时陀螺的自转角速度不太大,陀螺的进动角动量和自旋角动量是可以比拟的,不能忽略掉,总角动量应该是自旋角动量和进动角动量的矢量和。但具体的分析较复杂,在此从略。

陀螺回转理论在地球物理学、电磁学、原子核物理学中,以及控制、导航等工程技术方面都有广泛应用,如利用进动来控制子弹和炮弹在空中的飞行。飞行中的子弹和炮弹受到空气阻力的作用,阻力的方向总是与子弹和炮弹的质心的速度方向相反,而且又不一定通过质心。这样,阻力对质心的力矩就可能使弹头在空中翻转,如图 3.40 所示。为了避免弹头在空中翻转,人们在枪膛和炮筒内壁上刻出螺旋线,这就是所谓的来复线。当弹头被高速气流推出枪膛或炮筒时,沿来复线的气流使弹头同时绕自己的对称轴高速旋转。正是由于这种旋转,弹头在行进中受到的空气阻力的力矩将不能使它翻转,而只是使它绕质心前进的方向做进动。这样,子弹或炮弹的自转抽就将与弹道方向始终保持不太大的偏离,而弹头就总是大致指向前方了。

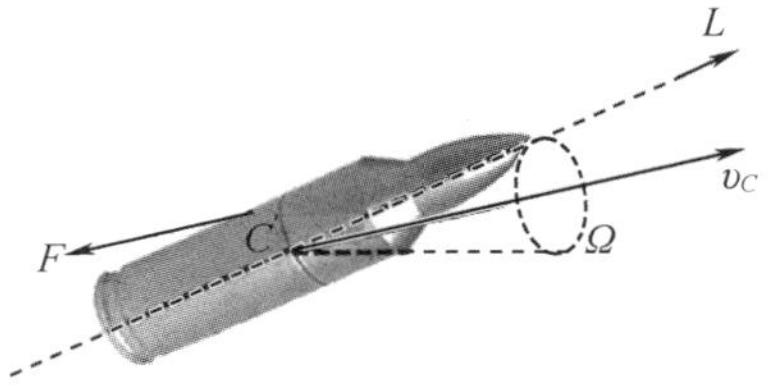

**图 3.40　弹头的飞行**

人们在对微观现象进行研究时也经常用到进动的概念,如原子中的电子同时参与绕核运动与电子本身的自旋,都具有角动量。在外磁场中,电子绕沿外磁场方向的轴线做进动,某些物质的磁性可以借助于电子的这种进动而从物质的电结构来加以说明。

# 本章小结

1. 力矩的计算

(1)公式:$\boldsymbol{M}_O=\boldsymbol{r}\times\boldsymbol{F}$。

(2)大小:$M=Fr\sin\varphi$。方向:由右手定则决定。

(3)合外力矩:不是先求合力再求力矩,而是先求各外力矩再求和(矢量和)。

(4)定轴转动的力矩(力对定轴的力矩):$M_z=rF_\tau$。力对定轴的力矩只有两个指向,可以用标量表示。

(5)刚体定轴转动的内力矩之和为零。

2. 刚体绕定轴转动的转动定律

$$M=J\alpha=\frac{\mathrm{d}\omega}{\mathrm{d}t}$$

3. 转动惯量的计算公式

$$J=\sum m_k r_k^2\text{(离散体)}$$

$$J=\int r^2\mathrm{d}m\text{(连续体)}$$

4. 力矩的功的计算公式

$$A=\int_{\theta_1}^{\theta_2}M\mathrm{d}\theta$$

5. 力矩的功的瞬时功率的计算公式

$$P=\frac{\mathrm{d}A}{\mathrm{d}t}=\frac{\mathrm{d}(M\theta)}{\mathrm{d}t}=M\omega$$

6. 绕定轴转动的刚体的动能

$$E_\mathrm{k}=\frac{1}{2}J_z\omega^2$$

7. 绕定轴转动的刚体的动能定理

$$A=\int_{\omega_1}^{\omega_2}J_z\omega\mathrm{d}\omega=\frac{1}{2}J_z\omega_2^2-\frac{1}{2}J_z\omega_1^2$$

8. 质点对定点 $O$ 的角动量

$$\boldsymbol{L}_O=\boldsymbol{r}\times\boldsymbol{p}=\boldsymbol{r}\times m\boldsymbol{v}$$

9. 质点角动量定理

$$\frac{\mathrm{d}\boldsymbol{L}_O}{\mathrm{d}t}=\boldsymbol{r}\times\boldsymbol{F}=\boldsymbol{M}_O$$

10. 质点角动量守恒定律

当 $M_O=0$ 时,则$\dfrac{\mathrm{d}\boldsymbol{L}}{\mathrm{d}t}=0$(或 $\boldsymbol{L}=$恒矢量 )。

11. 刚体对定轴的角动量

$$L_z = \sum_i \Delta m_i v_i r_i = \left(\sum_i \Delta m_i r_i^2\right)\omega = J_z\omega$$

12. 刚体对定轴的角动量定理

$$\frac{\mathrm{d}L_z}{\mathrm{d}t} = J_z\frac{\mathrm{d}\omega}{\mathrm{d}t} = M_z$$

13. 刚体对定轴的角动量守恒定律

当 $M_z=0$,则 $L_z=J_z\omega=$ 恒量。

14. 陀螺旋进角速度

$$\Omega = \frac{|\boldsymbol{M}|}{|\boldsymbol{L}|\sin\theta} = \frac{|\boldsymbol{M}|}{J\omega\sin\theta}$$

# 思 考 题

3.1 绕固定轴做匀变速转动的刚体,其上各点都绕转轴做圆周运动。刚体上任意一点是否有切向加速度?是否有法向加速度?切向加速度和法向加速度的大小是否变化,理由如何?

3.2 计算一个刚体对某转轴的转动惯量时,一般能不能认为它的质量集中于其质心,成为一质点,然后计算这个质点对该轴的转动惯量,为什么?举例说明你的结论。

3.3 刚体转动惯量的物理意义是什么?它与什么因素有关?

3.4 一车轮可绕通过轮心 $O$ 且与轮面垂直的水平光滑固定轴在竖直面内转动,车轮的质量为 $M$,可以认为质量均匀分布在半径为 $R$ 的圆周上,绕 $O$ 轴的转动惯量 $J=MR^2$。车轮原来静止。一质量为 $m$ 的子弹,以速度 $\boldsymbol{v}_0$ 沿与水平方向成 $\alpha$ 角度射中轮心 $O$ 正上方的轮缘 $A$ 处,并留在 $A$ 处,如图所示。设子弹与车轮的撞击时间极短。

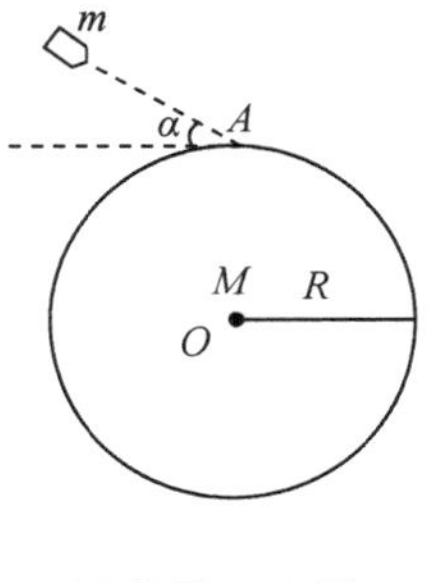

思考题3.4图

(1) 以车轮、子弹为研究系统,撞击前后系统的动量是否守恒,为什么?动能是否守恒,为什么?角动量是否守恒,为什么?

(2) 子弹和车轮开始一起运动时,车轮的角速度是多少?

# 习 题

3.1 一圆盘绕过盘心且与盘面垂直的光滑固定轴 $O$ 以角速度 $\omega$ 按图示方向转动。若如图所示的情况那样,将两个大小相等、方向相反但不在同一条直线的力 $F$ 沿盘面同时作用到圆盘上,则圆盘的角速度 $\omega$ （ ）

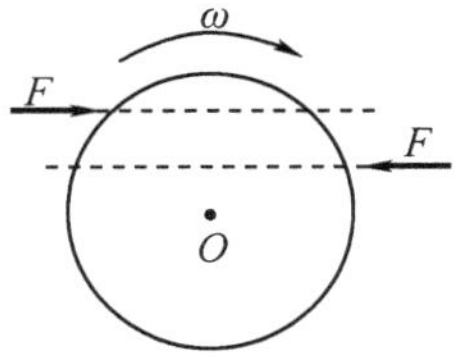

习题3.1图

(A)必然增大

(B)必然减少

(C)不会改变

(D)如何变化不能确定

3.2 均匀细棒 $OA$ 可绕通过其一端 $O$ 且与棒垂直的水平固定光滑轴转动，如图所示。今使棒从水平位置由静止开始自由下落，在棒摆动到竖直位置的过程中，下述说法中哪一个是正确的？（　　）

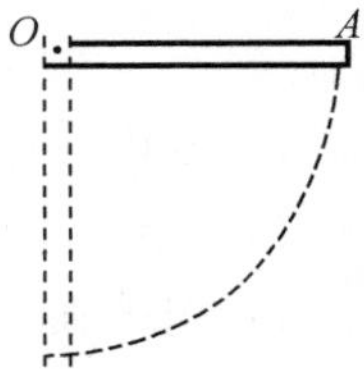


习题 3.2 图

(A)角速度从小到大，角加速度从大到小

(B)角速度从小到大，角加速度从小到大

(C)角速度从大到小，角加速度从大到小

(D)角速度从大到小，角加速度从小到大

3.3 一轻绳跨过一具有水平光滑轴、质量为 $M$ 的定滑轮，绳的两端分别悬有质量为 $m_1$ 和 $m_2$ 的物体（$m_1 < m_2$），如图所示。绳与轮之间无相对滑动。若某时刻滑轮沿逆时针方向转动，则绳中的张力（　　）

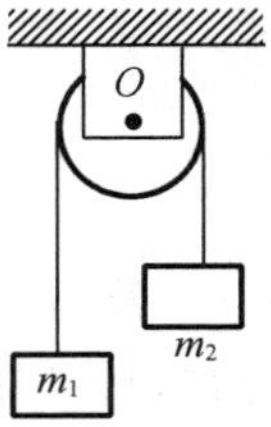

习题 3.3 图

(A)处处相等

(B)左边大于右边

(C)右边大于左边

(D)哪边大无法判断

3.4 花样滑冰运动员绕通过自身的竖直轴转动，开始时两臂伸开，转动惯量为 $J_0$，角速度为 $\omega_0$。然后她将两臂收回，使转动惯量减少为 $\frac{1}{3}J_0$，这时她转动的角速度变为（　　）

(A) $\frac{1}{3}\omega_0$　　(B) $\frac{1}{\sqrt{3}}\omega_0$

(C) $\sqrt{3}\omega_0$　　(D) $3\omega_0$

3.5 光滑的水平桌面上有一长为 $2L$、质量为 $m$ 的匀质细杆，可绕通过其中点且垂直于杆的竖直光滑固定轴 $O$ 自由转动，其转动惯量为 $\frac{1}{3}mL^2$，起初杆静止。桌面上有两个质量均为 $m$ 的小球，各自在垂直于杆的方向上正对着杆的一端，以相同速率 $v$ 相向运动，如图所示。当两小球同时与杆的两个端点发生完全非弹性碰撞后，就与杆粘在一起转动，则这一系统碰撞后的转动角速度应为（　　）

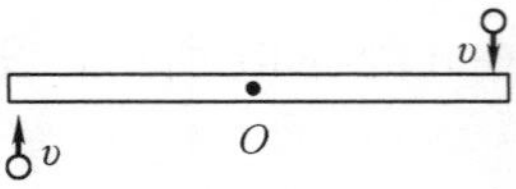


俯视图

习题 3.5 图

(A) $\frac{2v}{3L}$　　(B) $\frac{4v}{5L}$

(C) $\frac{6v}{7L}$　　(D) $\frac{8v}{9L}$

(E) $\frac{12v}{7L}$

3.6 一水平圆盘可绕通过其中心的固定竖直轴转动,盘上站着一个人。把人和圆盘作为系统,当此人在盘上随意走动时,若忽略轴的摩擦,此系统 ( )

(A)动量守恒

(B)机械能守恒

(C)对转轴的角动量守恒

(D)动量、机械能和角动量都守恒

(E)动量、机械能和角动量都不守恒

3.7 如图所示,一匀质细杆可绕通过上端与杆垂直的水平光滑固定轴 $O$ 旋转,初始状态为静止悬挂。现有一个小球自左方水平打击细杆。设小球与细杆之间为非弹性碰撞,则在碰撞过程中,对于细杆与小球这一系统 ( )

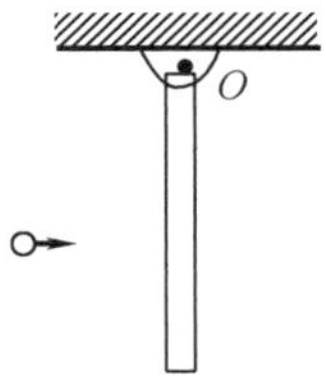


习题 3.7 图

(A)只有机械能守恒

(B)只有动量守恒

(C)只有对转轴 $O$ 的角动量守恒

(D)机械能、动量和角动量均守恒

3.8 刚体角动量守恒的充分且必要的条件是 ( )

(A)刚体不受外力矩的作用

(B)刚体所受合外力矩为零

(C)刚体所受的合外力和合外力矩均为零

(D)刚体的转动惯量和角速度均保持不变

3.9 一个物体正在绕固定光滑轴自由转动,则 ( )

(A)它受热膨胀或遇冷收缩时,角速度不变

(B)它受热时角速度变大,遇冷时角速度变小

(C)它受热或遇冷时,角速度均变大

(D)它受热时角速度变小,遇冷时角速度变大

3.10 有一半径为 $R$ 的水平圆转台,可绕通过其中心的竖直固定光滑轴转动,转动惯量为 $J$,开始时转台以匀角速度 $\omega_0$ 转动,此时有一质量为 $m$ 的人站在转台中心。随后人沿半径向外跑去,当人到达转台边缘时,转台的角速度为 ( )

(A)$\dfrac{J}{J+mR^2}\omega_0$　　(B)$\dfrac{J}{(J+m)R^2}\omega_0$

(C)$\dfrac{J}{mR^2}\omega_0$　　(D)$\omega_0$

3.11 半径为 30 cm 的飞轮,从静止开始以 0.50 $\mathrm{rad \cdot s^{-2}}$ 的匀角加速度转动,则飞轮边缘上一点在飞轮转过 240°时的切向加速度 $a_\tau =$ ________,法向加速度 $a_n =$ ________。

3.12 决定刚体转动惯量的因素是________________________________。

3.13 一长为 $l$、质量可以忽略的直杆,可绕通过其一端的水平光滑轴在竖直平面内做定轴转动,在杆的另一端固定着一质量为 $m$ 的小球,如图所示。现将杆由水平位置无初转速地释放,则杆刚被释放时的角加速度 $\beta_0 =$ ________,杆与水平方向夹角为 60°时的角加速

度 $\beta =$ ________。

3.14　质量为 20 kg、边长为 1.0 m 的均匀立方物体放在水平地面上。有一拉力 $F$ 作用在该物体一顶边的中点，且与包含该顶边的物体侧面垂直，如图所示。地面极粗糙，物体不可能滑动。若要使该立方体翻转 90°，则拉力 $F$ 不能小于________。

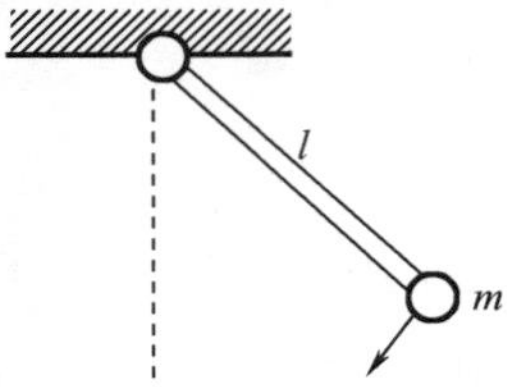


习题 3.13 图

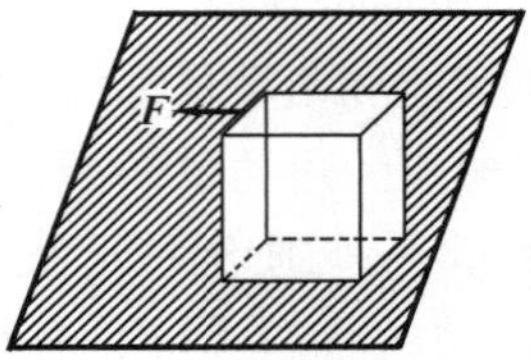


习题 3.14 图

3.15　一飞轮以 600 r · min$^{-1}$的转速旋转，转动惯量为 2.5 kg · m$^2$，现加一恒定的制动力矩使飞轮在 1 s 内停止转动，则该恒定制动力矩的大小 $M =$ ________。

3.16　如图所示，$P$、$Q$、$R$ 和 $S$ 是附于刚性轻质细杆上的质量分别为 $4m$、$3m$、$2m$ 和 $m$ 的 4 个质点，$PQ = QR = RS = l$，则系统对 $OO'$轴的转动惯量为________。

3.17　一长为 $L$ 的轻质细杆，两端分别固定质量为 $m$ 和 $2m$ 的小球，此系统在竖直平面内可绕过中点 $O$ 且与杆垂直的水平光滑固定轴（$O$ 轴）转动。开始时杆与水平成 60°角，处于静止状态。无初转速地释放以后，杆 - 球这一刚体系统绕 $O$ 轴转动。系统绕 $O$ 轴的转动惯量 $J =$ ________。释放后，当杆转到水平位置时，刚体受到的合外力矩 $M =$ ________；角加速度 $\beta =$ ________。

3.18　如图所示，滑块 $A$、重物 $B$ 和滑轮 $C$ 的质量分别为 $m_A$、$m_B$ 和 $m_C$，滑轮的半径为 $R$，滑轮对轴的转动惯量 $J = \frac{1}{2}m_C R^2$。滑块 $A$ 与桌面间、滑轮与轴承之间均无摩擦，绳的质量可不计，绳与滑轮之间无相对滑动。滑块 $A$ 的加速度 $a =$ ________。

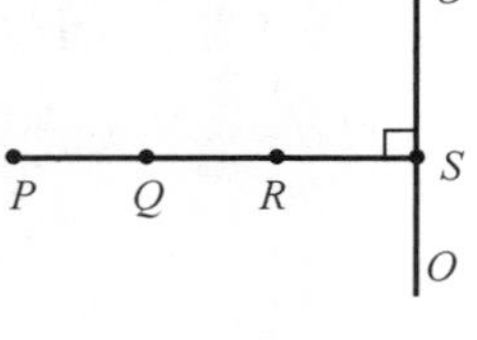


习题 3.16 图

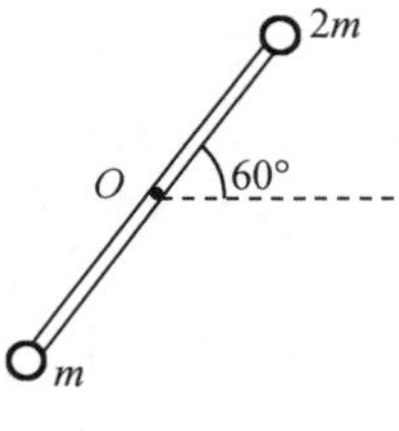


习题 3.17 图

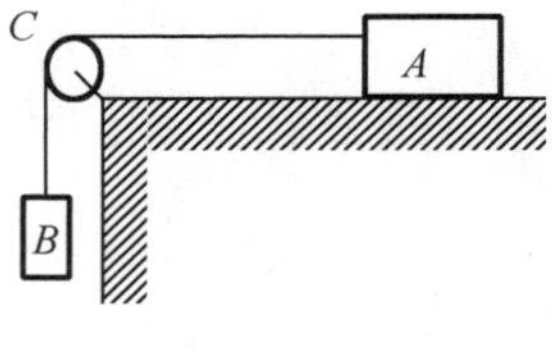


习题 3.18 图

3.19　一个圆柱体质量为 $M$，半径为 $R$，可绕固定的通过其中心轴线的光滑轴转动，开始时处于静止状态。现有一质量为 $m$、速度为 $v$ 的子弹，沿圆周切线方向射入圆柱体边缘。子弹嵌入圆柱体的瞬间，圆柱体与子弹一起转动的角速度 $\omega =$ ________。（已知圆柱体绕固定轴的转动惯量 $J = \frac{1}{2}MR^2$）

3.20　一飞轮以等角加速度 2 rad · s$^{-2}$转动，在某时刻以后的 5 s 内，飞轮转过了

100 rad。若此飞轮是由静止开始转动的，则在上述的某时刻以前，飞轮转动了多少时间？

3.21　一转动惯量为 $J$ 的圆盘绕一固定轴转动，起初角速度为 $\omega_0$。设它所受阻力矩与转动角速度成正比，即 $M=-k\omega$（$k$ 为正的常数），求圆盘的角速度从 $\omega_0$ 变为 $\frac{1}{2}\omega_0$ 时所需的时间。

3.22　一质量 $m=6.00$ kg、长 $l=1.00$ m 的匀质棒，放在水平桌面上，可绕通过其中心的竖直固定轴转动，对轴的转动惯量 $J=\frac{1}{12}ml^2t=\frac{J\ln 2}{k}$。$t=0$ 时棒的角速度 $\omega_0=10\ \text{rad}\cdot\text{s}^{-1}$。由于受到恒定的阻力矩的作用，$t=20$ s 时，棒停止运动。求：

（1）棒的角加速度的大小；

（2）棒所受阻力矩的大小；

（3）从 $t=0$ 到 $t=10$ s 时间内棒转过的角度。

3.23　如图所示，设两重物的质量分别为 $m_1$ 和 $m_2$，且 $m_1>m_2$，定滑轮的半径为 $r$，对转轴的转动惯量为 $J$，轻绳与滑轮间无滑动，滑轮轴上摩擦不计。设开始时系统静止，试求 $t$ 时刻滑轮的角速度。

3.24　如图所示，一个质量为 $m$ 的物体与绕在定滑轮上的绳子相连。绳子质量可以忽略，它与定滑轮之间无滑动。假设定滑轮质量为 $M$、半径为 $R$，其转动惯量为 $\frac{1}{2}MR^2$，滑轮轴光滑。试求该物体由静止开始下落的过程中，下落速度与时间的关系。

3.25　一长为 1 m 的均匀直棒可绕通过其一端且与棒垂直的水平光滑固定轴转动。抬起另一端使棒向上与水平面成 60°，然后无初转速地将棒释放。已知棒对轴的转动惯量为 $\frac{1}{3}ml^2$，式中，$m$ 和 $l$ 分别为棒的质量和长度。求：

（1）放手时棒的角加速度；

（2）棒转到水平位置时的角加速度。

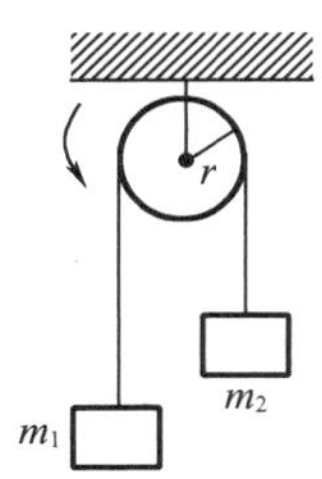


**习题 3.23 图**

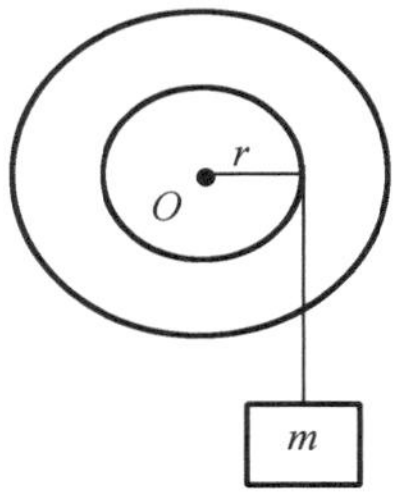


**习题 3.24 图**

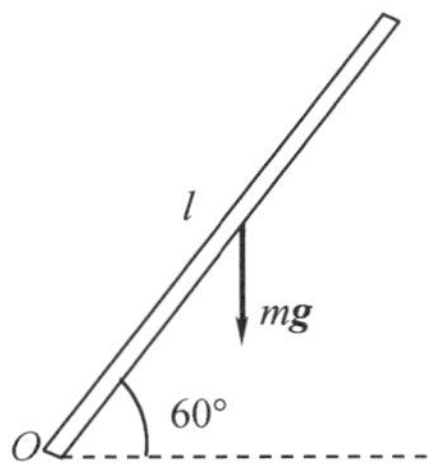


**习题 3.25 图**

3.26　一轻绳跨过两个质量均为 $m$、半径均为 $r$ 的均匀圆盘状定滑轮，绳的两端分别挂着质量为 $m$ 和 $2m$ 的重物，如图所示。绳与滑轮间无相对滑动，滑轮轴光滑。两个定滑轮的转动惯量均为 $\frac{1}{2}mr^2$。将由两个定滑轮以及质量为 $m$ 和 $2m$ 的重物组成的系统由静止状态释放，求两滑轮之间绳内的张力。

3.27　质量为 $M_1=24$ kg 的圆轮可绕水平光滑固定轴转动，一轻绳的一端缠绕于轮上，另一端通过质量为 $M_2=5$ kg 的圆盘形定滑轮悬有 $m=10$ kg 的物体。当物体由静止开始下降了 $h=0.5$ m 时，求：

(1)物体的速度；

(2)绳中张力。

（设绳与定滑轮间无相对滑动，圆轮、定滑轮绕通过轮心且垂直于横截面的水平光滑轴的转动惯量分别为 $J_1=\frac{1}{2}M_1R^2$，$J_2=\frac{1}{2}M_2r^2$）

3.28　一轻绳绕过一定滑轮，滑轮轴光滑，滑轮的半径为 $R$，质量为$\frac{M}{4}$且均匀分布在其边缘上。绳子的 $A$ 端有一质量为 $M$ 的人抓住了绳端，而在绳的另一端 $B$ 系了一质量为$\frac{M}{2}$的重物，如图所示。设人从静止开始相对于绳匀速向上爬时，绳与滑轮间无相对滑动，求 $B$ 端重物上升的加速度。（已知滑轮对通过滑轮中心且垂直于轮面的轴的转动惯量 $J=\frac{MR^2}{4}$）

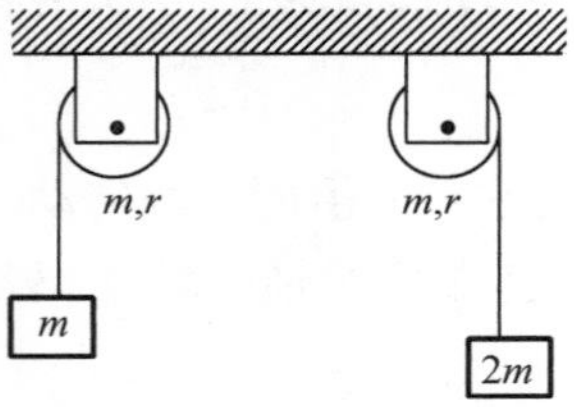

习题 3.26 图

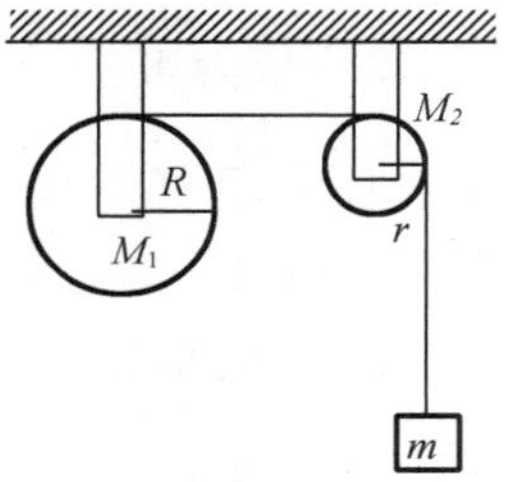

习题 3.27 图

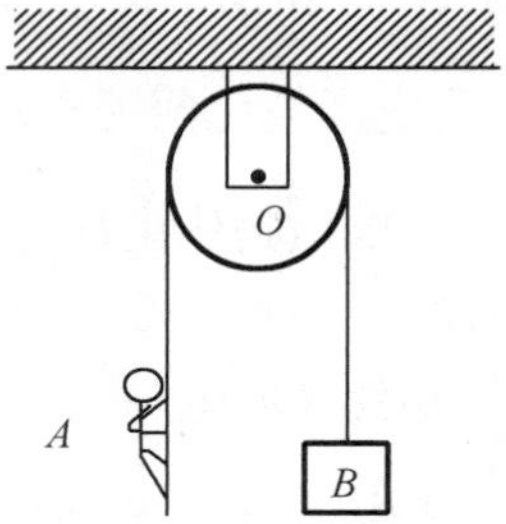

习题 3.28 图

3.29　物体 $A$ 和 $B$ 叠放在水平桌面上，由跨过定滑轮的轻质细绳相连，如图所示。今用大小为 $F$ 的水平力拉 $A$，设 $A$、$B$ 和滑轮的质量都为 $m$，滑轮的半径为 $R$，对轴的转动惯量 $J=\frac{1}{2}mR^2$。$A$ 与 $B$ 之间、$A$ 与桌面之间、滑轮与其轴之间的摩擦都可以忽略不计，绳与滑轮之间无相对滑动且绳不可伸长。已知 $F=10$ N，$m=8.0$ kg，$R=0.050$ m。求：

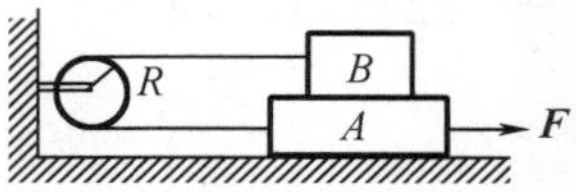

习题 3.29 图

(1)滑轮的角加速度；

(2)物体 $A$ 与滑轮之间的绳中的张力；

(3)物体 $B$ 与滑轮之间的绳中的张力。

3.30　一轴承光滑的定滑轮，质量为 $M=2.00$ kg，半径为 $R=0.100$ m，一根不能伸长的轻绳的一端固定在定滑轮上，另一端系有一质量为 $m=5.00$ kg 的物体，如图所示。已知定滑轮的转动惯量为 $J=\frac{1}{2}MR^2$，其初角速度 $\omega_0=10.0\ \text{rad}\cdot\text{s}^{-1}$，方向垂直纸面向里。求：

(1)定滑轮的角加速度的大小和方向；

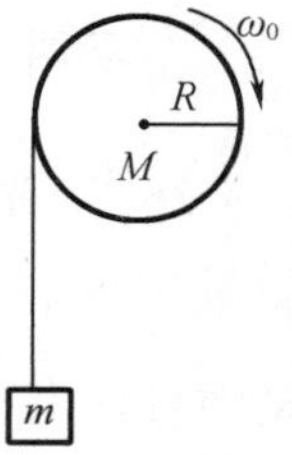

习题 3.30 图

(2)定滑轮的角速度变化到 $\omega=0$ 时,物体上升的高度;

(3)当物体回到原来位置时,定滑轮的角速度的大小和方向。

3.31 如图所示,长为 $l$ 的轻杆的两端各固定质量分别为 $m$ 和 $2m$ 的小球,杆可绕水平光滑固定轴 $O$ 在竖直面内转动,转轴 $O$ 距两端分别为 $\frac{1}{3}l$ 和 $\frac{2}{3}l$。轻杆原来静止在竖直位置。今有一质量为 $m$ 的小球,以水平速度 $\boldsymbol{v}_0$ 与杆下端小球 $m$ 做对心碰撞,碰后以 $\frac{1}{2}\boldsymbol{v}_0$ 的速度返回,试求碰撞后轻杆获得的角速度。

3.32 一匀质细棒长为 $2L$,质量为 $m$,以与棒长方向相垂直的速度 $v_0$ 在光滑水平面内平动时,与前方一固定的光滑支点 $O$ 发生完全非弹性碰撞。碰撞点位于棒中心一侧的 $\frac{1}{2}L$ 处,如图所示。求棒在碰撞后的瞬时绕 $O$ 点转动的角速度。(细棒绕通过其端点且与其垂直的轴转动时的转动惯量为 $\frac{1}{3}ml^2$,式中,$m$ 和 $l$ 分别为棒的质量和长度)

3.33 空心圆环可绕光滑的竖直固定轴 $AC$ 自由转动,转动惯量为 $J_0$,环的半径为 $R$,初始时环的角速度为 $\omega_0$。质量为 $m$ 的小球静止在环内最高处 $A$ 点,由于某种微小干扰,小球沿环向下滑动,则小球滑到与环心 $O$ 在同一高度的 $B$ 点和环的最低处的 $C$ 点时,环的角速度及小球相对于环的速度各为多大?(设环的内壁和小球都是光滑的,小球可视为质点,环截面半径 $r \ll R$)

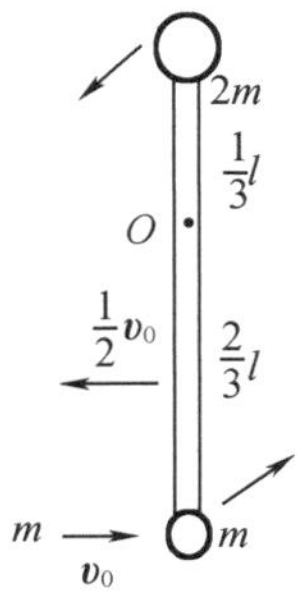


习题 3.31 图

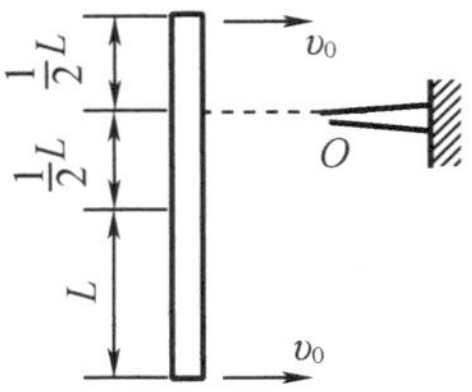


习题 3.32 图

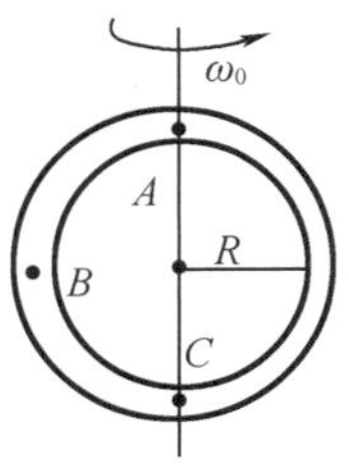


习题 3.33 图

3.34 有两位滑冰运动员,质量均为 50 kg,沿着距离为 3.0 m 的两条平行路径相向滑近。他们具有 $10\ \text{m}\cdot\text{s}^{-1}$ 的等值反向的速度。第一个运动员手握一根 3.0 m 长的刚性轻杆的一端,第二个运动员在与他相距 3 m 时抓住杆的另一端。(假设冰面无摩擦)

(1)试定量地描述两人被杆连在一起以后的运动;

(2)两人通过拉杆将距离减小为 1.0 m,这以后他们怎样运动?

3.35 一根放在水平光滑桌面上的匀质棒,可绕通过其一端的竖直固定光滑轴 $O$ 转动。棒的质量为 $m=1.5$ kg,长度 $l=1.0$ m,对轴的转动惯量为 $J=\frac{1}{3}ml^2$。初始时棒静止,

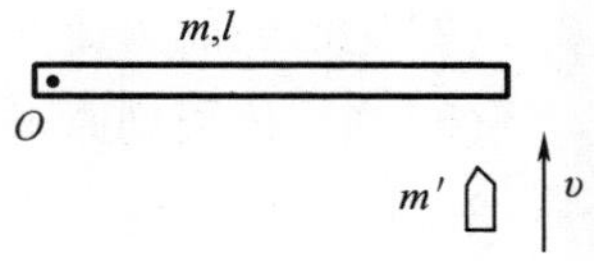


习题 3.35 图

今有一水平运动的子弹垂直地射入棒的另一端并留在棒中，如图所示。子弹的质量为 $m'=0.020$ kg，速率为 $v$。

（1）棒开始和子弹一起转动时角速度 $\omega$ 有多大？

（2）若棒转动时受到大小为 $M_r=4.0$ N·m 的恒定阻力矩作用，则棒能转过多大的角度 $\theta$？

# 第2篇　振动与波　波动光学

物体在一定位置附近所做的来回往复的运动称为**机械振动**。振动无处不在,大到地球和太阳的运动,小到原子、分子的运动。广义地说,任何一个物理量随时间的周期性变化都可以称为振动。例如,电路中的电流、电压,电磁场中的电场强度和磁场强度都可能随时间做周期性变化,这种变化称为电磁振动或电磁振荡。这种振动虽然和机械振动有本质的不同,但它们随时间变化的情况以及许多其他性质在形式上都遵从相同的规律。因此,研究机械振动的规律有助于了解其他形式的振动的规律。

振动状态的传播就是波动,简称波。波动是物质运动的一种普遍形式。在日常生活中有很多波动的例子。通常将波动分为两大类:一类是机械振动在介质中的传播,称为机械波,如声波、水波、地震波等;另一类是变化的电场和变化的磁场在空间的传播,称为电磁波,如无线电波、光波、X射线等。虽然各类波的本质不同,各有其特殊的性质和规律,但在形式上它们具有许多共同的特征和规律。例如,机械波和电磁波都具有一定的传播速度,都伴随着能量的传播,都能产生反射、折射、干涉、衍射等现象。机械波的基本规律中有许多对于电磁波也是适用的。

人们对光学现象的研究可追溯到古代。我国春秋战国时期,墨子及其弟子所著的《墨经》中就记载了关于光的直线传播和光在镜面(凹面和凸面)上的反射等现象,并提出了一系列经验规律,把物和像的位置、大小与所用镜面的曲率联系了起来。比《墨经》迟100多年,希腊数学家欧几里得在《光学》一书中研究了平面镜的成像问题,指出了反射角等于入射角的反射定律。早先关于光的本性的概念,是以光的直线传播观念为基础的,但从17世纪开始,人们就发现有与光的直线传播不完全符合的事实。意大利格里马第首先观察到光的衍射现象,接着,胡克也观察到衍射现象,并且和玻意耳研究了薄膜所产生的彩色干涉条纹,这些都是光的波动理论的萌芽。17世纪下半叶,牛顿和惠更斯等把光的研究引向进一步发展的道路。这一时期,在以牛顿为代表的"微粒说"占统治地位的同时,由于相继发现了干涉、衍射和偏振等光的波动现象,以惠更斯为代表的"波动说"也初步被提出来。

到了19世纪,初步发展起来的波动光学体系已经形成。1801年,英国物理学家托马斯·杨最先用干涉原理令人满意地解释了白光照射下薄膜颜色的由来和用双缝显示了光的干涉现象，并第一次成功地测定了光的波长。1815年，菲涅耳用杨氏干涉原理补充了惠更斯原理，形成了人们所熟知的惠更斯－菲涅耳原理。这一原理不仅圆满地解释了光在均匀的各向同性介质中的直线传播，而且还解释了光通过障碍物时所发生的衍射现象，因此它成为波动光学的一个重要原理。

1808年，马吕斯发现了光在两种介质表面上反射时的偏振现象，随后菲涅耳和阿喇果对光的偏振现象和偏振光的干涉进行了研究。1845年，法拉第发现了光的振动面在强磁场中的旋转，揭示了光学现象和电磁现象的内在联系。1856年，韦伯做的电学实验结果显示了电荷的电磁单位和静电单位的比值等于光在真空中的传播速度（即 $3.0\times10^{8}\ \mathrm{m\cdot s^{-1}}$）。人们从这些发现中得到了启示，即在研究光学现象时，必须和其他物理现象联系起来考虑。

麦克斯韦在1865年的理论研究中指出，电场和磁场的改变不会局限在空间中的某一部分，而是以数值等于电荷的电磁单位与静电单位的比值的速度传播，即电磁波以光速传播，这说明光是一种电磁波。这个理论在1888年被赫兹的实验证实。赫兹直接通过频率和波长测定了电磁波的传播速度，发现它恰好等于光速，至此确立了光的电磁理论基础。

光的电磁理论在整个物理学的发展中起着重要的作用，光和电磁现象的一致性使人们在认识光的本性方面又前进了一大步。

19世纪末到20世纪初是物理学发生伟大革命的时代。对光学的研究深入到光的发生、光和物质相互作用的微观机制。光的电磁理论研究的主要困难是不能解释光和物质相互作用的某些现象，如炽热黑体辐射中能量随波长分布的问题，特别是1887年赫兹发现的光电效应。1900年，普朗克提出了量子假说，认为各种频率的电磁波（包括光），只能像微粒似地以一定最小份的能量发生，这成功地解释了黑体辐射问题，开启了量子光学时期。1905年，爱因斯坦发展了普朗克的量子假说，把量子论贯穿到整个辐射和吸收过程中，提出了光量子（光子）理论，圆满地解释了光电效应，并为后来的许多实验如康普顿效应所证实。光子是和光的波动特性相联系的，光同时具有微粒和波动两种特性，即光具有波粒二象性。本书主要通过光的干涉、衍射和偏振现象讨论光的波动性。关于光的粒子性将在《大学物理（下）》中近代物理部分进行介绍。

# 第 4 章　机 械 振 动

按振动系统的受力或能量转换情况,振动可分为自由振动和受迫振动。其中,自由振动又可分为无阻尼振动和阻尼振动。振动也可分为线性振动和非线性振动。在不同的振动现象中,最简单、最基本的振动是简谐振动,它是某些实际振动的近似,是一种理想化的模型,一切复杂的振动都可以认为是许多简谐振动的合成。本章主要讨论了简谐振动的描述、旋转矢量图示法,进而讨论了简谐振动的合成;简单介绍了阻尼振动、受迫振动和共振。

## 4.1　简谐振动的描述

### 4.1.1　简谐振动

物体运动时,若离开平衡位置的坐标按余弦函数(或正弦函数)的规律随时间变化,这种运动称为**简谐振动**,简称**谐振动**。在忽略阻力的情况下,弹簧振子的小幅度振动以及单摆的小角度振动都是简谐振动。

### 4.1.2　简谐振动的动力学方程及其通解

下面以几个特殊的简谐振动为例,从系统动力学角度分析简谐振动的共同特征,由此得出简谐振动的动力学方程,并给出其通解形式。

1. 水平弹簧振子

一质量为 $m$ 的物体系于一端固定的轻弹簧上,这样的弹簧和物体组成的系统就称为弹簧振子。如图 4.1 所示,将弹簧振子水平放置,以弹簧处于原长时物体所在位置为平衡位置,用 $O$ 点表示,取该点为坐标原点。若沿弹簧长度方向拉动物体然后释放,则物体将在 $O$ 点两侧做往复运动。

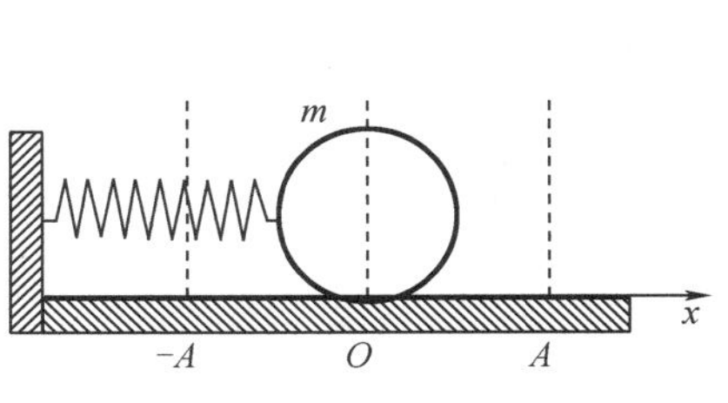


**图 4.1　弹簧振子的简谐振动**

在小幅度振动情况下,按胡克定律,物体受到的弹性力 $F$ 与弹簧的伸长量即物体相对于平衡位置的位移 $x$ 成正比,即

$$F = -kx \tag{4.1}$$

式中，$k$ 是弹簧的劲度系数；负号表示力和位移的方向相反。

根据牛顿第二定律，物体的加速度为

$$a = \frac{\mathrm{d}^2 x}{\mathrm{d}t^2} = \frac{F}{m} = -\frac{kx}{m} \tag{4.2}$$

对于给定的弹簧振子，$k$ 和 $m$ 都是大于零的常数，令

$$\omega = \sqrt{\frac{k}{m}} \tag{4.3}$$

将式(4.3)代入式(4.2)可得

$$\frac{\mathrm{d}^2 x}{\mathrm{d}t^2} + \omega^2 x = 0 \tag{4.4}$$

2. 单摆

有一根质量可以忽略且不会伸缩的细线，其上端固定，下端系一很小的重物就构成了一个单摆，如图 4.2 所示。把摆球从平衡位置拉开一段距离之后放手，摆球就会在竖直面内来回摆动。当细线与竖直方向成 $\theta$ 角时，忽略空气阻力，摆球所受的合力沿圆弧切线方向的分量为 $f_\tau = -mg\sin\theta$。在角位移 $\theta$ 很小的情况下，$\sin\theta \approx \theta$，因此

$$f_\tau = -mg\theta \tag{4.5}$$

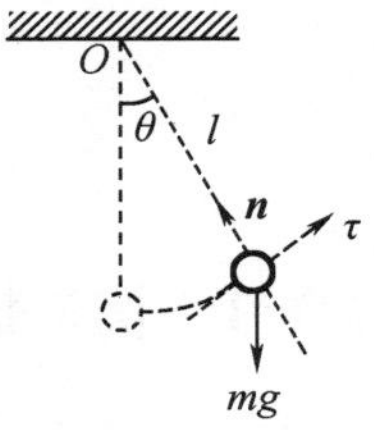


**图 4.2　单摆**

根据牛顿第二定律 $f_\tau = ma_\tau = ml\dfrac{\mathrm{d}^2\theta}{\mathrm{d}t^2}$ 有

$$ml\frac{\mathrm{d}^2\theta}{\mathrm{d}t^2} = -mg\theta \tag{4.6}$$

即

$$\frac{\mathrm{d}^2\theta}{\mathrm{d}t^2} + \frac{g}{l}\theta = 0 \tag{4.7}$$

式(4.7)与式(4.4)具有相同的形式，在角位移很小的情况下，单摆的振动是简谐振动。振动的角频率为

$$\omega = \sqrt{\frac{g}{l}} \tag{4.8}$$

振动周期为

$$T = \frac{2\pi}{\omega} = 2\pi\sqrt{\frac{l}{g}} \tag{4.9}$$

式(4.5)的力和角位移成正比且反向，这与弹性力类似。这种形式上类似于弹性力的力称为**准弹性力**。

3. 复摆

如图 4.3 所示，一个可绕固定轴 $O$ 摆动的刚体称为**复摆**，也称为**物理摆**。平衡时，摆的重心 $C$ 在轴的正下方；摆动时，重心与轴线的连线 $OC$ 偏离平衡位置的竖直方向。设任意时刻夹角为 $\theta$，规定偏离平衡位置沿逆时针方向转过的角位移为正，则复摆受到对轴 $O$ 的力

矩为

$$M = -mgl\sin\theta \tag{4.10}$$

式中,负号表示力矩 $M$ 的转向与角位移 $\theta$ 的转向相反。当摆角很小时,$\sin\theta\approx\theta$,则

$$M = -mgl\theta \tag{4.11}$$

设复摆绕 $O$ 轴的转动惯量为 $J$,根据转动定律有

$$J\frac{\mathrm{d}^2\theta}{\mathrm{d}t^2} = -mgl\theta \tag{4.12}$$

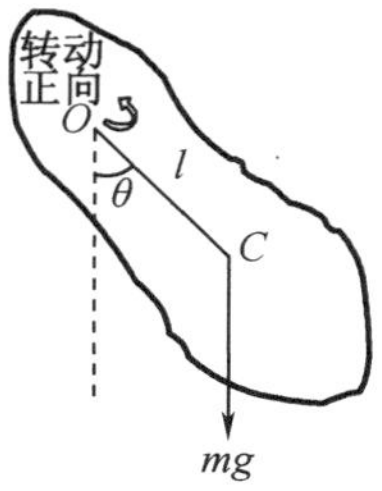

图 4.3 复摆

即

$$\frac{\mathrm{d}^2\theta}{\mathrm{d}t^2} + \frac{mgl}{J}\theta = 0 \tag{4.13}$$

比较式(4.13)与式(4.4)可知,在角位移很小的情况下,复摆在其平衡位置附近做简谐振动,其角频率为

$$\omega = \sqrt{\frac{mgl}{J}} \tag{4.14}$$

振动周期为

$$T = \frac{2\pi}{\omega} = 2\pi\sqrt{\frac{J}{mgl}} \tag{4.15}$$

由以上分析可知:在恢复力或恢复力矩的作用下,以平衡位置的坐标为原点,描述上述各系统的物理量(位移或角度)的动力学微分方程的形式与式(4.4)相同,即

$$\frac{\mathrm{d}^2x}{\mathrm{d}t^2} + \omega^2 x = 0$$

这一微分方程的通解为

$$x = A\cos(\omega t + \varphi) \tag{4.16}$$

式(4.16)即为弹簧振子的运动学方程,式中,$A$ 和 $\varphi$ 是两个积分常数。

### 4.1.3 简谐振动的速度及加速度

将式(4.16)对时间求一阶和二阶导数,得到简谐振动物体的速度和加速度如下:

$$v = \frac{\mathrm{d}x}{\mathrm{d}t} = -A\omega\sin(\omega t + \varphi) = -v_m\sin(\omega t + \varphi) \tag{4.17}$$

$$a = \frac{\mathrm{d}^2x}{\mathrm{d}t^2} = -A\omega^2\cos(\omega t + \varphi) = -a_m\cos(\omega t + \varphi) \tag{4.18}$$

式中,$v_m = A\omega$ 和 $a_m = A\omega^2$ 分别为速度振幅和加速度振幅。可见,物体做简谐振动时,其速度和加速度也随时间发生周期性变化。图 4.4 为简谐振动的位移、速度、加速度与时间的关系图。

### 4.1.4 简谐振动的振幅、周期、频率和相位

1. 振幅

在简谐振动方程中,余弦函数的绝对值不能大于 1,$A$ 表示质点离开平衡位置的最大距离,它给出了质点运动的范围,称为振动的**振幅**。

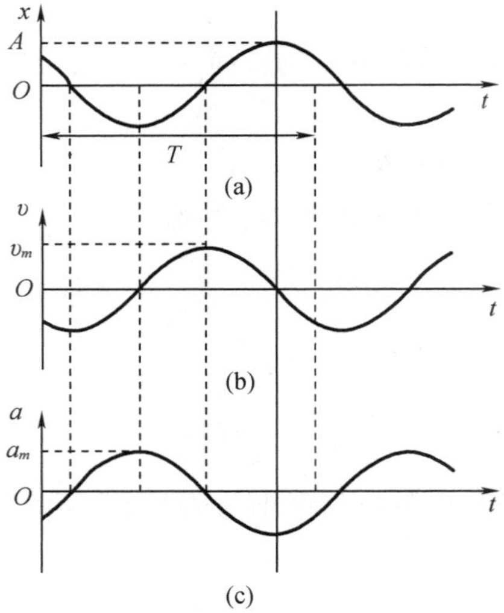


**图 4.4　简谐振动的位移、速度、加速度与时间的关系图**

2. 周期和频率

由于余弦函数是周期性函数,因此简谐振动是周期性运动。完成一次完整振动所经历的时间称为**周期**,用 $T$ 表示。每隔一个周期,振动状态就完全重复一次,即

$$x = A\cos[\omega(t+T)+\varphi] = A\cos(\omega t+\varphi) \tag{4.19}$$

余弦函数的周期是 $2\pi$,因此 $\omega T = 2\pi$,即

$$T = \frac{2\pi}{\omega} \tag{4.20}$$

单位时间内物体完成的振动次数称为振动**频率**,用 $\nu$ 表示,它显然与周期 $T$ 有倒数关系,即

$$\nu = \frac{1}{T} = \frac{\omega}{2\pi} \tag{4.21}$$

或写为

$$\omega = 2\pi\nu \tag{4.22}$$

式中,$\omega$ 表示物体在 $2\pi$ 时间内完成的振动次数,称为振动的**角频率**,也称为**圆频率**,它的单位是 $\text{rad}\cdot\text{s}^{-1}$。

对于弹簧振子,$\omega = \sqrt{\frac{k}{m}}$,所以弹簧振子的周期和频率分别为

$$T = 2\pi\sqrt{\frac{m}{k}} \tag{4.23}$$

$$\nu = \frac{1}{2\pi}\sqrt{\frac{k}{m}} \tag{4.24}$$

由于弹簧振子的质量 $m$ 和劲度系数 $k$ 是其本身固有的性质,因此周期和频率完全取决于振动系统本身的性质,因此常称之为**固有周期**和**固有频率**。

简谐振动方程也常用周期和频率表示为

$$x = A\cos\left(\frac{2\pi}{T}t + \varphi\right) = A\cos(2\pi\nu t + \varphi) \tag{4.25}$$

3. 相位

在角频率和振幅已知的简谐振动中，由式(4.16)~式(4.18)可知，振动物体在任意时刻 $t$ 的运动状态都由 $\omega t + \varphi$ 决定，$\omega t + \varphi$ 称为**相位**。常量 $\varphi$ 是 $t = 0$ 时的相位，称为**初相位**，简称**初相**。初相的数值取决于初始条件。

简谐振动的状态仅随相位的变化而变化，因而相位是描述简谐振动状态的物理量。相位是一个非常重要的概念，它在振动、波动、光学、无线电技术等方面都有广泛应用。关于相位，有两点需要注意：

(1)相位与时间一一对应，相位不同是指时间先后不同。相位对时间求导，可得 $\omega$，故角频率表示相位变化的速率，是描述简谐振动状态变化快慢的物理量。$\omega$ 是一个常量，表示相位是匀速变化的。

(2)相位的一般表达式中的初相 $\varphi$，即 $t = 0$ 时的相位，描述简谐振动的初始状态。在时间从 $t_1$ 到 $t_2$ 的过程中，相位从 $(\omega t + \varphi_1)$ 变化到 $(\omega t + \varphi_2)$，相位变化 $\Delta\varphi = (\omega t + \varphi_2) - (\omega t + \varphi_1) = \varphi_2 - \varphi_1$，它和相应的时间变化 $\Delta t = t_2 - t_1$ 的关系为

$$\Delta\varphi = \omega\Delta t \tag{4.26}$$

其直观的物理意义是：相位变化等于相位变化的速率与变化的时间之积。将式(4.26)进一步记作

$$\Delta\varphi = \omega\Delta t = \frac{2\pi}{T}\Delta t \tag{4.27}$$

式(4.27)表明，时间每过一个周期 $\Delta t = T$，则相位增加 $\Delta\varphi = 2\pi$。相位差与时间差的关系还常常用于讨论两个振动的同步。例如，有下列两个简谐振动：

$$x_1 = A_1\cos(\omega t + \varphi_1) \tag{4.28}$$

$$x_2 = A_2\cos(\omega t + \varphi_2) \tag{4.29}$$

它们的相位差(简称相差)为

$$\Delta\varphi = (\omega t + \varphi_2) - (\omega t + \varphi_1) = \varphi_2 - \varphi_1 \tag{4.30}$$

相差描述同一时刻两个振动的状态差。从式(4.30)可以看出，两个连续进行的同频率的简谐振动在任意时刻的相差，都等于其初相差，而与时间无关。由这个相差的值可以分析它们的步调是否相同。如果 $\Delta\varphi$ 等于0或 $2\pi$ 的整数倍，两振动质点将同时到达各自的极大值、同时越过原点并同时到达极小值，它们的步调始终相同，这种情况称二者**同相**。如果 $\Delta\varphi$ 等于 $\pi$ 或 $\pi$ 的奇数倍，两振动质点中的一个到达极大值时，另一个将同时到达极小值，二者将同时越过原点并同时到达各自的另一个极值，它们的步调正好相反，这种情况称二者**反相**。当 $\Delta\varphi$ 为其他值时，一般说二者不同相。例如，对于下面两个简谐振动：

$$x_1 = A_1\cos\omega t \tag{4.31}$$

$$x_2 = A_2\cos\left(\omega t + \frac{\pi}{2}\right) = A_2\cos\omega\left(t + \frac{T}{4}\right) \tag{4.32}$$

它们的相差 $\Delta\varphi = \frac{\pi}{2}$，即 $x_2$ 振动的相位始终要比 $x_1$ 振动的相位大 $\frac{\pi}{2}$。图4.5所示描述了这

两个振动的振动曲线。为了便于讨论相位差，把两个振动的振幅设为相同。图 4.5 中，实线表示 $x_1$ 振动，虚线表示 $x_2$ 振动。从图 4.5 中可以看出，在 $t=0$ 时，$x_1$ 振动的相位为 0，$x_2$ 振动的相位为$\frac{\pi}{2}$；在 $t=\frac{T}{4}$时，$x_1$ 振动的相位变为$\frac{\pi}{2}$，而 $x_2$ 振动的相位则变为

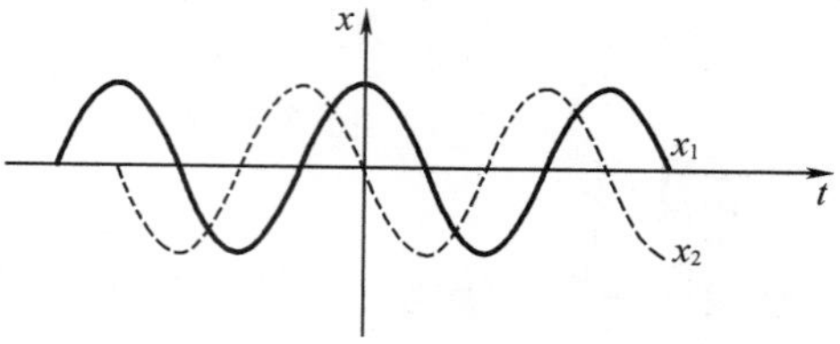

**图 4.5　两个同频率的简谐振动的振动曲线**

π。对于这种情况，称 $x_2$ 振动在相位上超前 $x_1$ 振动$\frac{\pi}{2}$，或称 $x_1$ 振动落后于 $x_2$ 振动$\frac{\pi}{2}$，即两个振动相比较，相位大的一个称为超前，相位小的一个称为落后。从时间上看，可以说 $x_2$ 振动超前 $x_1$ 振动$\frac{T}{4}$，即 $x_1$ 振动必须要在$\frac{T}{4}$后才能到达 $x_2$ 振动现在的状态。也就是说，两个振动相比较，时间因子大的一个称为超前，时间因子小的一个称为落后。

对于一个简谐振动，如果 $A$、$\omega$ 和 $\varphi$ 都已知，那么这个振动也就完全清楚了。因此，这 3 个量叫作描述简谐振动的 3 个特征量。

**例 4.1**　一质点沿 $x$ 轴做简谐振动，其角频率 $\omega=10\ \text{rad}\cdot\text{s}^{-1}$。试分别写出以下两种初始状态下的振动方程：

（1）其初始位移 $x_0=7.5$ cm，初始速度 $v_0=75.0\ \text{cm}\cdot\text{s}^{-1}$；

（2）其初始位移 $x_0=7.5$ cm，初始速度 $v_0=-75.0\ \text{cm}\cdot\text{s}^{-1}$。

**解**　设振动方程为

$$x=A\cos(\omega t+\varphi)$$

则

$$v=\frac{\mathrm{d}x}{\mathrm{d}t}=-A\omega\sin(\omega t+\varphi)$$

（1）$t=0$ 时

$$x_0=A\cos\varphi=0.075\ \text{m}$$
$$v_0=-A\omega\sin\varphi=0.75\ \text{m/s}$$

联立得

$$\begin{cases}A=\sqrt{x_0^2+\dfrac{v_0^2}{\omega^2}}\approx 10.6\times10^{-2}\ \text{m}\\ \varphi=\arctan\left(-\dfrac{v_0}{\omega x_0}\right)=-\dfrac{\pi}{4}\end{cases}$$

因此振动方程为

$$x=10.6\times10^{-2}\cos\left(10t-\frac{\pi}{4}\right)(\text{SI})$$

（2）$t=0$ 时

$$x_0=A\cos\varphi=0.075\ \text{m}$$
$$v_0=-A\omega\sin\varphi=-0.75\ \text{m}\cdot\text{s}^{-1}$$

联立得

$$\begin{cases} A=\sqrt{x_0^2+\dfrac{v_0^2}{\omega^2}}\approx 10.6\times 10^{-2}\ \text{m} \\ \varphi=\arctan\left(-\dfrac{v_0}{\omega x_0}\right)=\dfrac{\pi}{4} \end{cases}$$

因此振动方程为

$$x=10.6\times 10^{-2}\cos\left(10t+\frac{\pi}{4}\right)(\text{SI})$$

### 4.1.5 积分常数 $A$ 和 $\varphi$ 的确定

如果在振动的初始时刻，即在 $t=0$ 时，物体的初位移为 $x_0$，初速度为 $v_0$，代入式(4.16)和式(4.17)有

$$\begin{cases} x_0=A\cos\varphi \\ v_0=-A\omega\sin\varphi \end{cases} \tag{4.33}$$

由式(4.33)可求得两个积分常数

$$\begin{cases} A=\sqrt{x_0^2+\dfrac{v_0^2}{\omega^2}} \\ \varphi=\arctan\left(-\dfrac{v_0}{\omega x_0}\right) \end{cases} \tag{4.34}$$

振动物体在 $t=0$ 时的位移 $x_0$ 和速度 $v_0$ 称为振动的**初始条件**。由初始条件可以确定简谐振动方程中两个积分常数 $A$ 和 $\varphi$。因为在 $-\pi$ 与 $\pi$ 之间有两个 $\varphi$ 值的正切函数值相同，所以由式(4.34)求得的 $\varphi$ 值须代回式(4.33)中进行判断取舍。

### 4.1.6 简谐振动的能量

仍以水平弹簧振子为例来讨论做简谐振动的系统的能量。此时的系统除了具有动能外，还具有势能。振动物体的动能为

$$E_k=\frac{1}{2}mv^2=\frac{1}{2}mA^2\omega^2\sin^2(\omega t+\varphi) \tag{4.35}$$

若取物体平衡位置为势能零点，则弹性势能为

$$E_p=\frac{1}{2}kx^2=\frac{1}{2}kA^2\cos^2(\omega t+\varphi) \tag{4.36}$$

显然，在振动过程中，动能 $E_k$ 和势能 $E_p$ 都是周期性变化的，如图 4.6 所示，弹簧振子的总机械能为

$$E=E_k+E_p=\frac{1}{2}mA^2\omega^2\sin^2(\omega t+\varphi)+\frac{1}{2}kA^2\cos^2(\omega t+\varphi) \tag{4.37}$$

因为 $\omega^2=\dfrac{k}{m}$，则式(4.37)简化为

$$E=\frac{1}{2}kA^2 \tag{4.38}$$

即在弹簧振子做简谐振动的过程中，动能 $E_k$ 和势能 $E_p$ 虽然分别随时间变化，但总的机械能在振动过程中守恒。简谐振动系统的总能量和振幅的平方成正比，这一结论对任一简谐振动系统而言都是正确的。

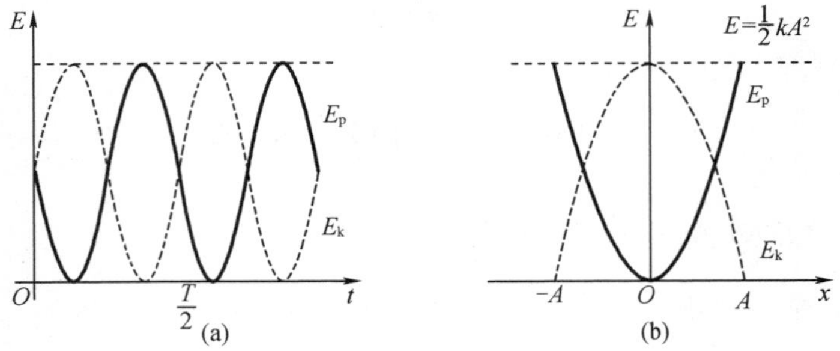


图 4.6　简谐振动的能量

## 4.2　简谐振动的旋转矢量图示法

为了直观地了解振幅、相位、角频率等物理量的意义，并简化简谐振动研究中的数学处理，下面介绍简谐振动的旋转矢量图示法。

简谐振动和匀速圆周运动有一个很简单的对应关系。如图 4.7 所示，设一质点沿圆心在 $O$ 点、半径为 $A$ 的圆周做匀速运动，其角速度为 $\omega$。以圆心 $O$ 为原点，设质点的径矢经过与 $x$ 轴夹角为 $\varphi$ 的位置时开始计时，则在任意时刻 $t$，此径矢与 $x$ 轴的夹角为 $\omega t+\varphi$，而质点在 $x$ 轴上的投影的坐标为

$$x=A\cos(\omega t+\varphi) \tag{4.39}$$

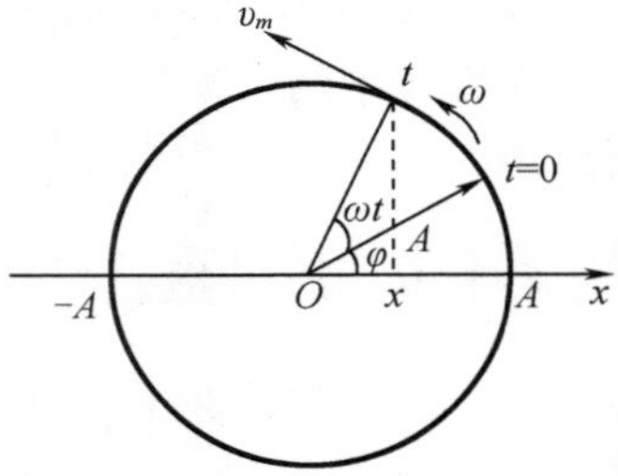


图 4.7　旋转矢量图示

式(4.39)正与简谐振动的运动学方程(4.16)相同。可见，圆周运动的质点在 $x$ 轴上的投影的运动就是简谐振动。圆周运动的角速度就等于振动的角频率，圆周运动的半径就等于振动的振幅。在初始时刻，圆周运动的质点的径矢与 $x$ 轴的夹角就是振动的初相。由于匀速圆周运动与简谐振动存在这种关系，因此常常借助圆周运动来研究简谐振动，对应的圆就称为**参考圆**。利用旋转矢量图可以很容易地表示两个简谐振动的相位差。

**例 4.2**　一质点在 $x$ 轴上做简谐振动，振幅 $A=4$ cm，周期 $T=2$ s，将其平衡位置取作坐标原点。若在 $t=0$ 时刻质点第一次通过 $x=-2$ cm 处，且向 $x$ 轴负方向运动，则求质点第二次通过 $x=-2$ cm 处的时刻。

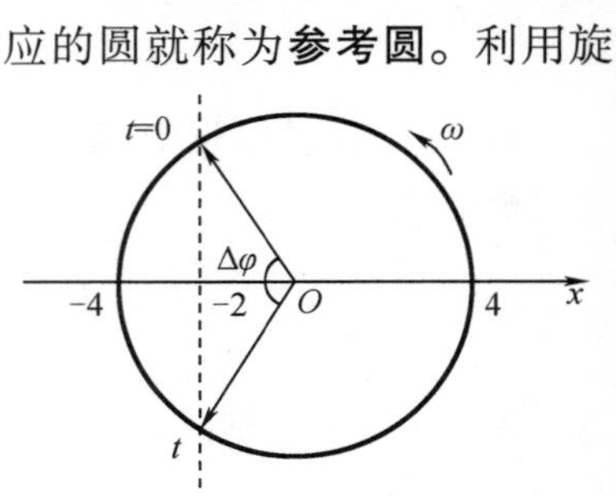


图 4.8　例 4.2 图

**解**　两次通过 $x=-2$ cm 处对应的相位差从图中可见，为

$$\Delta\varphi = \frac{2}{3}\pi$$

因为简谐振动对应于圆周运动,圆周运动的角速度为

$$\omega = \frac{2\pi}{T} = \frac{2\pi}{2} = \pi$$

所以有

$$\Delta t = \frac{\Delta\varphi}{\omega} = \frac{2}{3}\ \mathrm{s}$$

即质点第二次通过 $x = -2$ cm 处的时刻 $t$ 为

$$t = \Delta t + 0 = \frac{2}{3}\ \mathrm{s}$$

## 4.3 简谐振动的合成

在实际问题中,常会遇到一个质点同时参与几个振动的情况。例如,当两列声波同时传到空间中的某一点时,该点处的空气质点就同时参与两个振动。一般的振动合成比较复杂,下面只研究几种简单情况。

### 4.3.1 同一直线上两个同频率的简谐振动的合成

设一质点同时参与两个在同一直线上进行的简谐振动,它们在 $t$ 时刻的位移分别为

$$x_1 = A_1\cos(\omega t + \varphi_1)$$
$$x_2 = A_2\cos(\omega t + \varphi_2)$$

式中,$A_1$,$A_2$ 和 $\varphi_1$,$\varphi_2$ 分别为两个简谐振动的振幅和初相位;$x_1$ 和 $x_2$ 分别为两个简谐振动在同一直线上相对于同一平衡位置的位移,因此在任意时刻合振动的位移 $x$ 仍在同一直线上,为上述两个位移的代数和:

$$x = x_1 + x_2 = A_1\cos(\omega t + \varphi_1) + A_2\cos(\omega t + \varphi_2)$$

利用前面学过的旋转矢量图示法,我们很容易得到合振动的表达式。如图4.9所示,振幅矢量 $\boldsymbol{A}_1$ 和 $\boldsymbol{A}_2$ 以同一匀角速度 $\omega$ 绕 $O$ 点旋转,所以它们之间的夹角即两个分振动的相位差 $\varphi_2 - \varphi_1$ 保持不变,因而由 $\boldsymbol{A}_1$ 和 $\boldsymbol{A}_2$ 构成的平行四边形的形状始终保持不变,并以角速度 $\omega$ 整体地做逆时针旋转,其合矢量 $\boldsymbol{A}$ 的长度不变,并且也做同样的旋转。所以合矢量 $\boldsymbol{A}$ 的端点在 $x$ 轴上的投影所代表的运动也是简谐振动,其频率与原来两个分振动的频率相同。合振动的表达式为

$$x = A\cos(\omega t + \varphi)$$

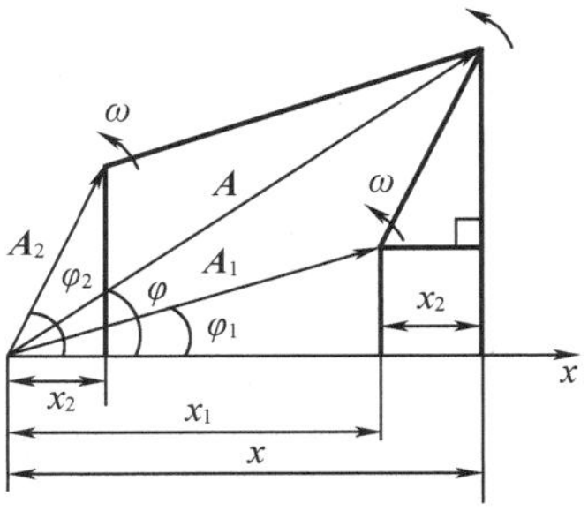

图 4.9 在 $x$ 轴上的两个同频率的简谐振动合成的相量图

参照图 4.9,可求得合振幅为

$$A=\sqrt{A_1^2+A_2^2+2A_1A_2\cos(\varphi_2-\varphi_1)} \tag{4.40}$$

合振动的初相满足

$$\tan\varphi=\frac{A_1\sin\varphi_1+A_2\sin\varphi_2}{A_1\cos\varphi_1+A_2\cos\varphi_2} \tag{4.41}$$

式(4.40)表明,合振动的振幅不仅与两个分振动的振幅有关,还与它们的初相差 $\varphi_2-\varphi_1$ 有关。

(1)若两分振动同相,则 $\varphi_2-\varphi_1=2k\pi, k=0,\pm1,\pm2,\cdots$,此时 $\cos(\varphi_2-\varphi_1)=1$,得

$$A=\sqrt{A_1^2+A_2^2+2A_1A_2}=A_1+A_2 \tag{4.42}$$

即此时合振动的振幅等于两个分振动的振幅之和,合振幅达到最大值,振动曲线如图4.10所示。

(2)若两分振动反相,$\varphi_2-\varphi_1=(2k+1)\pi$ 时,$\cos(\varphi_2-\varphi_1)=-1$,得

$$A=\sqrt{A_1^2+A_2^2-2A_1A_2}=|A_1-A_2| \tag{4.43}$$

即此时合振动的振幅等于两个分振动振幅之差的绝对值,合振幅达到最小值,振动曲线如图4.11所示。如果 $A_1=A_2$,则 $A=0$,质点处于静止状态。

(3)在一般情形下,相位差 $\cos(\varphi_2-\varphi_1)$ 的值介于1和-1之间,所以合振动的振幅介于 $|A_1-A_2|$ 和 $A_1+A_2$ 之间,即 $A_1+A_2\geqslant A\geqslant|A_1-A_2|$。

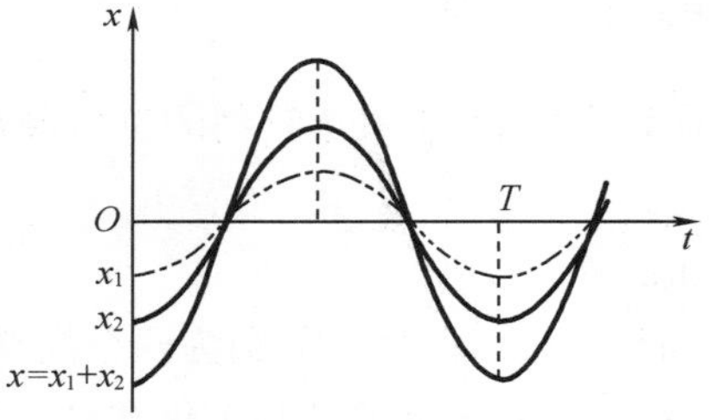


**图4.10　两同相振动的合成曲线**

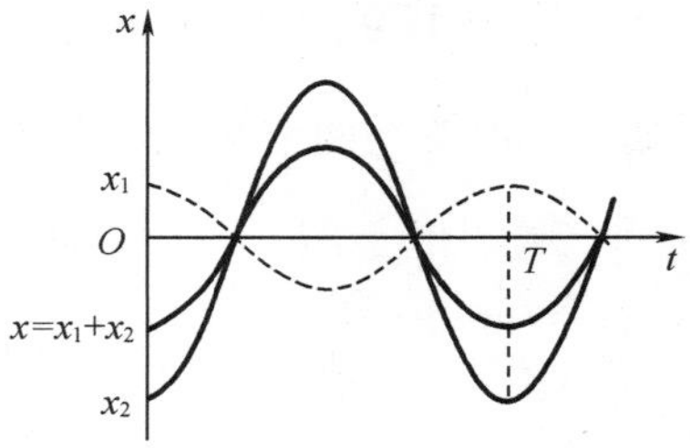


**图4.11　两反相振动的合成曲线**

### 4.3.2　同一直线上两个不同频率的简谐振动的合成

如果在一条直线上的两个分振动的频率不同,合成结果就比较复杂了。在旋转矢量图示法中,$\boldsymbol{A}_1$ 和 $\boldsymbol{A}_2$ 的转动速度就不相同。这样 $\boldsymbol{A}_1$ 和 $\boldsymbol{A}_2$ 之间的相位差将随着时间而改变。这时,合矢量 $\boldsymbol{A}$ 的长度和角速度都将随时间而改变。合矢量 $\boldsymbol{A}$ 所代表的合振动虽然仍与原来振动的方向相同,但不再是简谐振动,而是比较复杂的运动。

这两个分振动(设它们的角频率很接近,分别为 $\omega_1$ 和 $\omega_2$,且 $\omega_2>\omega_1$,初相相同)的振动方程分别为

$$x_1=A_1\cos(\omega_1 t+\varphi)$$
$$x_2=A_2\cos(\omega_2 t+\varphi)$$

则两者的合振动方程为

$$x = x_1 + x_2 = A_1\cos(\omega_1 t + \varphi) + A_2\cos(\omega_2 t + \varphi) \tag{4.44}$$

为方便计算,设两者振幅相等,即 $A_1 = A_2 = A$,式(4.44)可写为

$$x = 2A\cos\left(\frac{\omega_2 - \omega_1}{2}t\right)\cos\left(\frac{\omega_2 + \omega_1}{2}t + \varphi\right) \tag{4.45}$$

因为 $\omega_2 - \omega_1$ 远小于 $\omega_1$ 或 $\omega_2$,式(4.45)中第一项因子随时间而缓慢变化,第二项因子是角频率接近于 $\omega_1$ 或 $\omega_2$ 的简谐振动函数,所以合振动可以近似看成是角频率为$\frac{\omega_2 + \omega_1}{2} \approx \omega_1 \approx \omega_2$,振幅为$\left|2A\cos\left(\frac{\omega_2 - \omega_1}{2}t\right)\right|$的简谐振动。由于振幅的缓慢变化是周期性的,所以振动会出现时强时弱的拍现象。图4.12所示为拍的形成,即两个分振动和合振动的图形。从图4.12中看出,合振动的振幅做缓慢变化,由于余弦函数的绝对值以 π 为周期,因而振幅变化周期$\tau$满足$\left|\frac{\omega_2 - \omega_1}{2}\right|\tau = \pi$,振幅变化的周期$\tau$即为拍频

$$\nu = \frac{1}{\tau} = \left|\frac{\omega_2 - \omega_1}{2\pi}\right| = |\nu_2 - \nu_1| \tag{4.46}$$

由式(4.46)可知,拍频的数值等于两分振动频率之差。

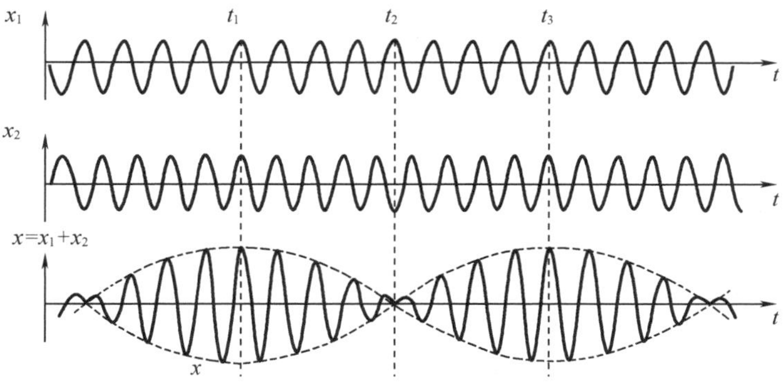


**图4.12 拍的形成**

### 4.3.3 两个相互垂直的简谐振动的合成

1. 两个相互垂直的同频率的简谐振动的合成

当一个质点同时参与两个不同方向的振动时,它的合位移是两个分位移的矢量和。这时质点在两个运动方向所决定的平面上运动,它的轨迹一般为平面曲线,曲线形状取决于两个振动的周期、振幅和相位差。下面讨论对于两个相互垂直的同频率的简谐振动的合成问题。设振动表达式分别为

$$x = A_1\cos(\omega t + \varphi_1) \tag{4.47}$$

$$y = A_2\cos(\omega t + \varphi_2) \tag{4.48}$$

式中,$\omega$ 为两个振动的角频率;$A_1$、$A_2$ 分别为两振动的振幅;$\varphi_1$、$\varphi_2$ 分别为两振动的初相位。式(4.47)和式(4.48)联立、整理得轨道的直角坐标方程:

$$\frac{x^2}{A_1^2}+\frac{y^2}{A_2^2}-\frac{2xy}{A_1A_2}\cos(\varphi_2-\varphi_1)=\sin^2(\varphi_2-\varphi_1) \tag{4.49}$$

一般式(4.49)为椭圆方程,其形状由两个分振动的相位差和振幅决定。如图4.13所示为相位差值不同的两同频率、不同方向的简谐振动的合成,即相位差 $\Delta\varphi=\varphi_2-\varphi_1$ 为不同值时的运动轨迹。

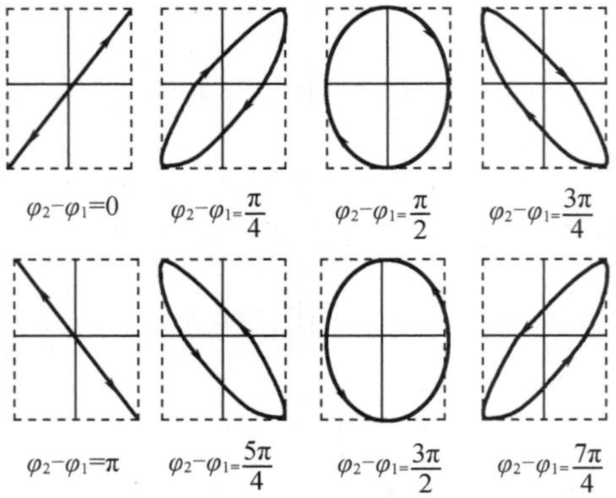


**图4.13　相位差值不同的两同频率、不同方向的简谐振动的合成**

2. 两个相互垂直的不同频率的简谐振动的合成

理论和实验都证明,两个频率不同、相互垂直的简谐振动的合成运动轨迹形状与两分振动的频率比有关,而且与它们的初相和初相差有关。另外,当原来两个相互垂直的简谐振动的频率比为整数比时,合成运动的轨迹将为稳定的闭合曲线,也就是说合成的运动是周期性的。图4.14是频率比为不同整数比、不同初相位情况下,两垂直简谐振动的合成运动可能出现的轨迹图,这样的轨迹图称为**利萨如图**。利用利萨如图,可由一已知振动的频率求得另一个未知振动的频率。若频率比已知,则可利用这些图形确定相位关系,这是无线电技术中常用的测定频率、确定相位关系的方法。

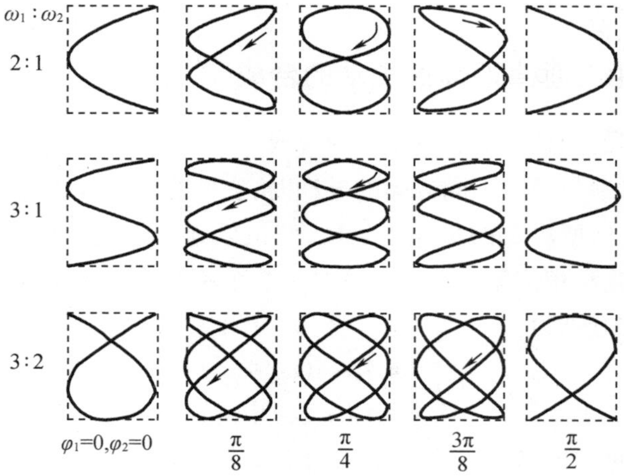


**图4.14　利萨如图**

# 4.4 阻尼振动 受迫振动 共振

## 4.4.1 阻尼振动

前面所讨论的简谐振动，都是物体在弹性力或准弹性力的作用下产生的，没有其他力（如阻力）的作用。这样的简谐运动又称为**无阻尼自由振动**，这是一种理想的振动状态。实际上，振动物体总要受到阻力的作用，这时的振动称为**阻尼振动**。在阻尼振动中，振动系统要不断地克服阻力做功，它所具有的能量将在振动过程中逐渐减小，阻尼振动的振幅也不断减小，因此这种振动又称为**减幅振动**。

通常，振动系统处在空气或液体中，它们受到的阻力就来自周围的介质。当运动物体的速度不太大时，介质对运动物体的阻力与速度成正比，且阻力方向总是与速度方向相反，因此有

$$f = -\gamma v \tag{4.50}$$

式中，$\gamma$ 为正的比例常数，它的大小由物体的大小、性状、表面状况和介质的性质决定。

设振动物体的质量为 $m$，在弹性力（或准弹性力）和阻力的作用下运动，则物体的运动学方程为

$$m\frac{\mathrm{d}^2x}{\mathrm{d}t^2} = -kx - \gamma\frac{\mathrm{d}x}{\mathrm{d}t} \tag{4.51}$$

令$\frac{k}{m} = \omega_0^2$，$\frac{\gamma}{m} = 2n$，式(4.51)可写为

$$\frac{\mathrm{d}^2x}{\mathrm{d}t^2} + 2n\frac{\mathrm{d}v}{\mathrm{d}t} + \omega_0^2x = 0 \tag{4.52}$$

式中，$n$ 表征阻尼的强弱，称为**阻尼因子**，它与系统本身的质量和介质的阻力系数有关；$\omega_0$是振动系统的**固有角频率**，由系统本身的性质决定。$n > \omega_0$ 时称为过阻尼，$n < \omega_0$ 时称为欠阻尼，$n = \omega_0$时称为临界阻尼（图4.15）。

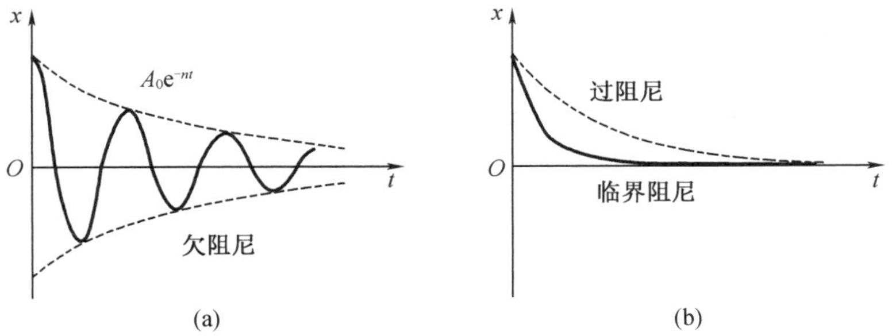


**图4.15 阻尼振动**

临界阻尼和过阻尼条件下的振动已经不是严格意义上的振动了。欠阻尼条件下，简谐振动运动学方程的通解为

$$x(t)=A_0e^{-nt}\cos(\sqrt{\omega_0^2-n^2}t+\varphi) \tag{4.53}$$

式中，$A_0$、$\varphi$ 为由起始条件决定的积分常数。随着 $t$ 增大，振幅 $A_0e^{-nt}$ 不断衰减。$n$ 越大，说明阻尼越大，振幅衰减得越快。$t=0$ 时，振幅为 $A_0$；$t\to\infty$ 时，振幅为零，即振动停止。这种情况属于**衰减振动**。从图 4.15 中可以看出，欠阻尼振动在一个位移极大值之后，隔一段固定的时间，就会出现下一个较小的极大值，因为位移不能在每一周期后恢复原值，严格来说，欠阻尼振动不是周期运动，因此常把欠阻尼振动称为**准周期性运动**。若把振动物体相继两次通过极大(或极小)位置所经历的时间称为衰减振动的周期 $T'$，则

$$T'>T,T'=\frac{2\pi}{\sqrt{\omega_0^2-n^2}},T=\frac{2\pi}{\omega} \tag{4.54}$$

式(4.54)表明，衰减振动的周期 $T'$ 较无阻尼自由振动的振动周期长，而且衰减振动周期不仅取决于弹簧振子本身的性质，也与阻尼大小有关。

### 4.4.2 受迫振动

阻尼振动消耗能量，振动会逐渐停止。要维持等振幅的振动，就需要对系统施加周期性外力，不断补充能量，这种周期性外力称为**驱动力**。在驱动力的作用下的振动称为**受迫振动**。许多实际的振动都属于受迫振动，如声波引起耳膜的振动等。

质量为 $m$ 的振动物体，在弹性力(或准弹性力)、与速度成正比的阻力以及驱动力 $F=F_0\cos\omega t$ 的作用下做受迫振动。开始时，运动复杂紊乱，但经过一段时间之后，振动会达到一种稳定的状态，其形式类似于简谐振动，运动学方程可表示为

$$x=A\cos(\omega t+\varphi) \tag{4.55}$$

式中，$\omega$ 为驱动力的角频率。受迫振动的振幅 $A$ 由系统的固有频率 $\omega_0$、阻尼系数 $n$ 及驱动力振幅 $F_0$ 决定，即

$$A=\frac{F_0}{m[(\omega_0^2-\omega^2)^2+4n^2\omega^2]^{\frac{1}{2}}} \tag{4.56}$$

对一定的振动系统而言，改变驱动力的频率，当驱动力的频率为某一值时，振幅就会达到极大值。用求极值的方法可求得使振幅达到极大值的角频率为

$$\omega_r=\sqrt{\omega_0^2-2n^2} \tag{4.57}$$

相应的最大振幅为

$$A_r=\frac{F_0}{2mn\sqrt{\omega_0^2-n^2}} \tag{4.58}$$

在弱阻尼情况下，$n\ll\omega_0$，由式(4.57)可知，当 $\omega_r=\omega_0$，即驱动力的频率等于振动系统的固有频率时，振幅达到最大值。把这种振幅达到最大值的现象称为**共振**。图 4.16 所示为受迫

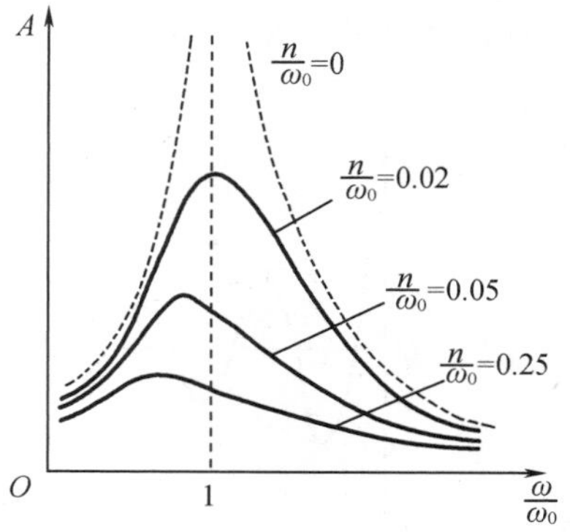

**图 4.16　受迫振动的振幅与外力频率的关系**

振动的振幅与外力频率的关系，即几种阻尼系数不同的情况下受迫振动的振幅随驱动力的角频率变化的情况。

共振现象极为普遍，在声、光、无线电、原子物理、核物理以及其他工程技术领域中都存在。共振现象有其有利的一面，如收音机、电视机只有与电磁波发生共振，才能接收到相应的电磁信号；核磁共振是研究固体性质和医疗检查的有力工具等。但共振现象也会引起危害，如共振时系统振幅过大会造成机械设备的损坏等。1940 年，世界上第一座悬索桥——美国连接华盛顿州与奥林匹克半岛的塔科马大桥在风中因发生共振而坍塌，如图 4.17 所示。

(a)　　(b)

**图 4.17　塔科马大桥坍塌前后**

# 本章小结

1. 简谐振动表达式

$$x = A\cos(\omega t + \varphi)$$

3 个特征量：振幅 $A$，角频率 $\omega$，初相 $\varphi$。

简谐振动可用旋转矢量图示法表示。

2. 初始条件决定振幅和初相

$$\begin{cases} A = \sqrt{x_0^2 + \dfrac{v_0^2}{\omega^2}} \\ \varphi = \arctan\left(-\dfrac{v_0}{\omega x_0}\right) \end{cases}$$

3. 简谐运动的能量

$$E = E_k + E_p = \frac{1}{2}kA^2$$

4. 阻尼振动

振动物体总要受到阻力的作用，这时的振动称为**阻尼振动**。

5. 受迫振动

受迫振动是在驱动力的作用下的振动。稳态时的振动频率等于驱动力的频率。当驱动力的频率等于振动系统的固有频率时发生共振现象。

6. 两个简谐振动的合成：

(1)同一直线上的两个同频率的简谐振动的合成：

$$A=\sqrt{A_1^2+A_2^2+2A_1A_2\cos(\varphi_2-\varphi_1)}$$

$$\tan\varphi=\frac{A_1\sin\varphi_1+A_2\sin\varphi_2}{A_1\cos\varphi_1+A_2\cos\varphi_2}$$

(2)同一直线上两个不同频率的简谐振动合成：两个分振动的频率都很大且频率差很小时，产生拍现象。

(3)两个相互垂直的简谐振动的合成：利萨如图。

## 思 考 题

4.1 什么是简谐振动？试从运动学和动力学两方面说明质点做简谐振动时的特征。

4.2 什么是阻尼振动？

4.3 什么是共振？产生共振的条件是什么？

4.4 同方向、同频率的简谐振动的合成结果是否是简谐振动？如果是，其频率等于多少？振幅取决于哪些因素？

4.5 什么是拍？什么情况下产生拍现象？拍频等于多少？

## 习 题

4.1 两个质点各自做简谐振动，它们的振幅相同、周期相同。第一个质点的振动方程为 $x_1=A\cos(\omega t+\alpha)$。当第一个质点从相对于其平衡位置的正位移处回到平衡位置时，第二个质点正在最大正位移处。则第二个质点的振动方程为 (　　)

(A) $x_2=A\cos\left(\omega t+\alpha+\frac{1}{2}\pi\right)$　　(B) $x_2=A\cos\left(\omega t+\alpha-\frac{1}{2}\pi\right)$

(C) $x_2=A\cos\left(\omega t+\alpha-\frac{3}{2}\pi\right)$　　(D) $x_2=A\cos(\omega t+\alpha+\pi)$

4.2 一质点做简谐振动，其运动速度与时间的曲线如图所示。若质点的振动规律可用余弦函数描述，则其初相应为 (　　)

(A) $\frac{\pi}{6}$　　(B) $\frac{5\pi}{6}$

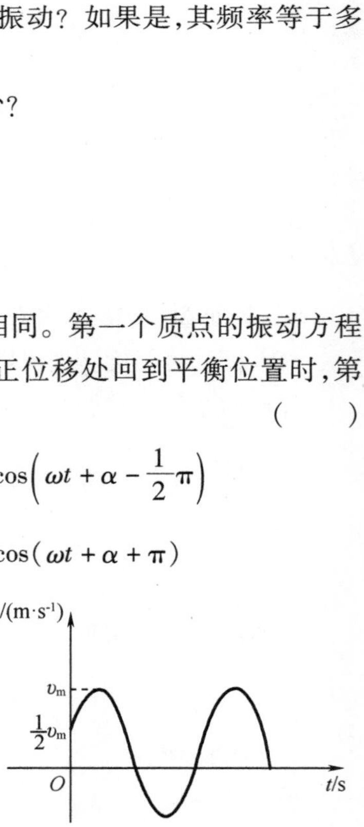

习题 4.2 图

(C) $-\frac{5\pi}{6}$　　(D) $-\frac{\pi}{6}$

(E) $-\frac{2\pi}{3}$

4.3　一质点沿 $x$ 轴做简谐振动,振动方程为 $x=4\times10^{-2}\cos\left(2\pi t+\frac{1}{3}\pi\right)$(SI)。从 $t=0$ s时刻起,到质点位置在 $x=-2$ cm 处,质点向 $x$ 轴正方向运动的最短时间间隔为 (　　)

(A) $\frac{1}{8}$ s　　(B) $\frac{1}{6}$ s

(C) $\frac{1}{4}$ s　　(D) $\frac{1}{3}$ s

(E) $\frac{1}{2}$ s

4.4　两个同周期简谐振动曲线如图所示,$x_1$ 的相位比 $x_2$ 的相位 (　　)

(A)落后 $\frac{\pi}{2}$

(B)超前 $\frac{\pi}{2}$

(C)落后 π

(D)超前 π

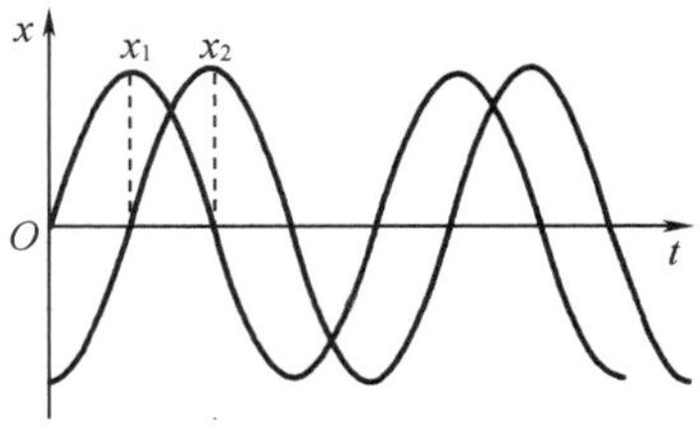

习题 4.4 图

4.5　已知一质点沿 $y$ 轴做简谐振动,其振动方程为 $y=A\cos(\omega t+\frac{3\pi}{4})$。与之对应的振动曲线是 (　　)

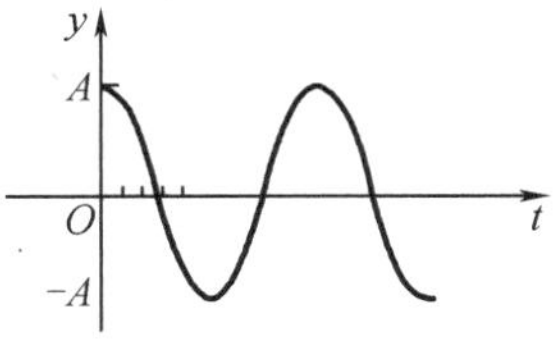

(A)

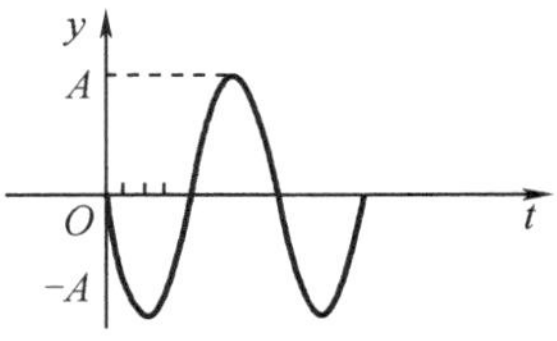

(B)

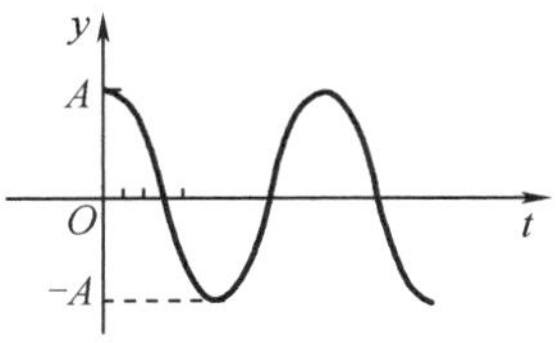

(C)

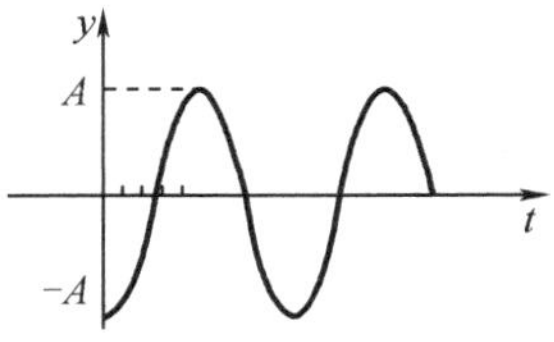

(D)

4.6　一质点做简谐振动,周期为 $T$。当它由平衡位置向$\frac{\pi}{6}$轴正方向运动时,从$\frac{1}{2}$最大位移处到最大位移处这段路程所需要的时间为 (　　)

(A) $\frac{T}{12}$　　(B) $\frac{T}{8}$

(C) $\frac{T}{6}$　　(D) $\frac{T}{4}$

4.7　用余弦函数描述一简谐振子的振动。若其速度－时间($v-t$)关系曲线如图所示,则振动的初相位为　　（　　）

(A)$\frac{\pi}{6}$　　(B)$\frac{\pi}{3}$

(C)$\frac{\pi}{2}$　　(D)$\frac{2\pi}{3}$

(E)$\frac{5\pi}{6}$

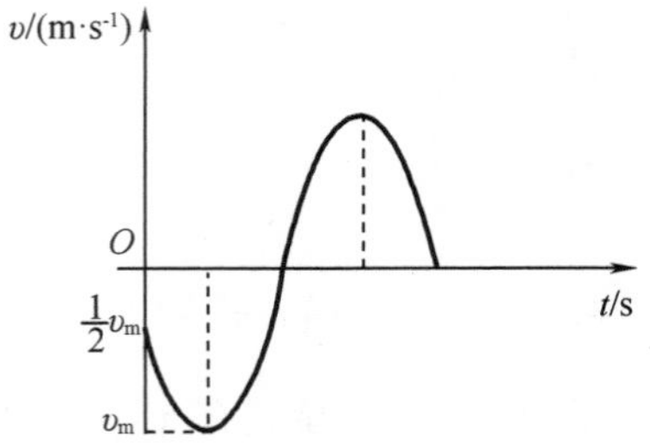


习题 4.7 图

4.8　图中 3 条曲线分别表示简谐振动中的位移 $x$、速度 $v$ 和加速度 $a$,下列说法中正确的是　　（　　）

(A)曲线 3,1,2 分别表示 $x$、$v$、$a$ 曲线

(B)曲线 2,1,3 分别表示 $x$、$v$、$a$ 曲线

(C)曲线 1,3,2 分别表示 $x$、$v$、$a$ 曲线

(D)曲线 2,3,1 分别表示 $x$、$v$、$a$ 曲线

(E)曲线 1,2,3 分别表示 $x$、$v$、$a$ 曲线

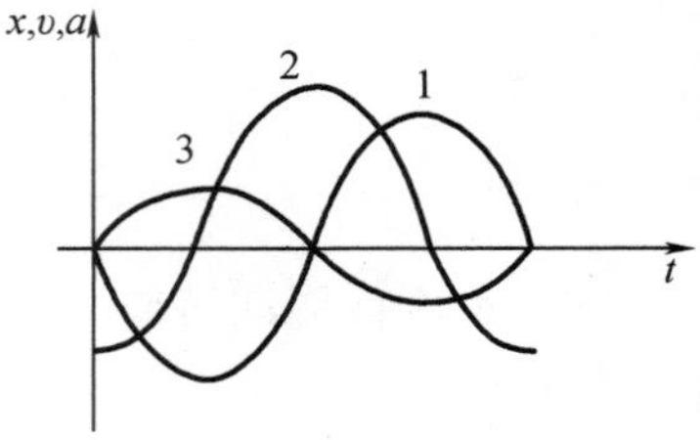


习题 4.8 图

4.9　一个质点做简谐振动,振幅为 $A$,质点在起始时刻的位移为$\frac{1}{2}A$,且向 $x$ 轴的正方向运动,以下可代表此简谐振动的旋转矢量图为（　　）

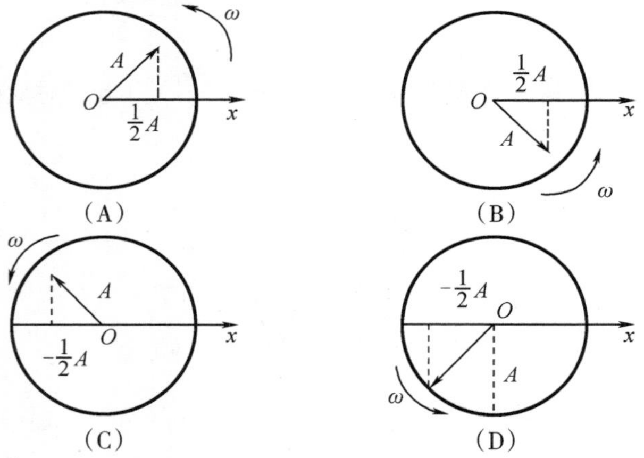


4.10　图中所画的是两个简谐振动的振动曲线,若这两个简谐振动可叠加,则合成的余弦振动的初相为　　（　　）

(A)$\frac{3}{2}\pi$

(B)$\pi$

(C)$\frac{1}{2}\pi$

(D)0

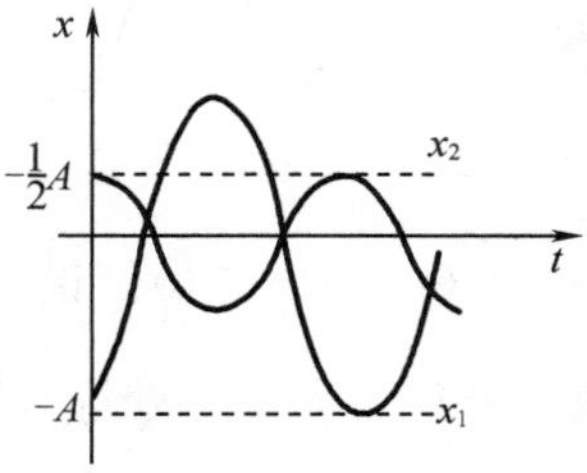


习题 4.10 图

4.11　一弹簧振子做简谐振动,振幅为 $A$,周期为 $T$,其运动学方程用余弦函数表示。

则 $t=0$ 时：

(1)振子在负的最大位移处，则初相为________；

(2)振子在平衡位置向正方向运动，则初相为________；

(3)振子在位移为$\frac{1}{2}A$处，且向负方向运动，则初相为________。

4.12 一质点做简谐振动，速度最大值 $v_m=5\ \text{cm}\cdot\text{s}^{-1}$，振幅 $A=2\ \text{cm}$。若令速度具有正最大值的那一时刻为 $t=0\ \text{s}$，则振动表达式为________。

4.13 一质点沿 $x$ 轴做简谐振动，振动范围的中心点为 $x$ 轴的原点。已知周期为 $T$，振幅为 $A$。

(1)若 $t=0$ 时质点过 $x=0$ 处且朝 $x$ 轴正方向运动，则振动方程为 $x=$________；

(2)若 $t=0$ 时质点处于 $x=\frac{1}{2}A$ 处且向 $x$ 轴负方向运动，则振动方程为 $x=$________。

4.14 一简谐振动用余弦函数表示，其振动曲线如图所示，则此简谐振动的 3 个特征量：$A=$________；$\omega=$________；$\varphi=$________。

4.15 一简谐振动曲线如图所示，则由图可确定在 $t=2$ s 时刻质点的位移为________，速度为________。

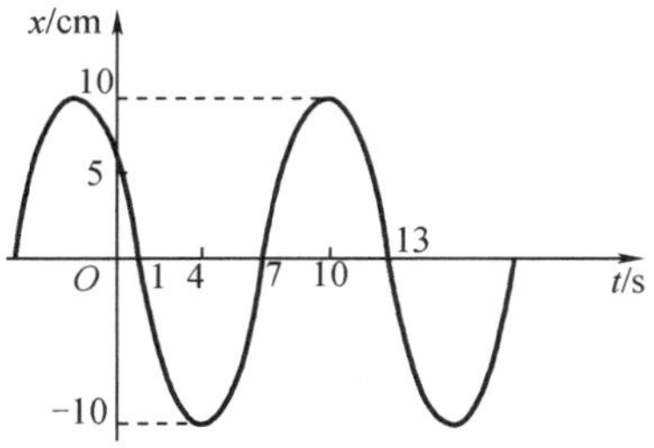


习题 4.14 图

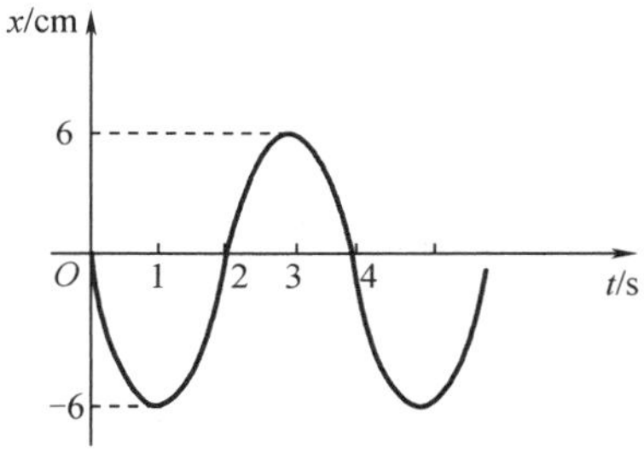


习题 4.15 图

4.16 一简谐振动的旋转矢量图如图所示，振幅矢量长 2 cm，则该简谐振动的初相为________，振动方程为________。

4.17 一质点做简谐振动，其振动曲线如图所示。根据此图，它的周期 $T=$________，用余弦函数描述时初相 $\varphi=$________。

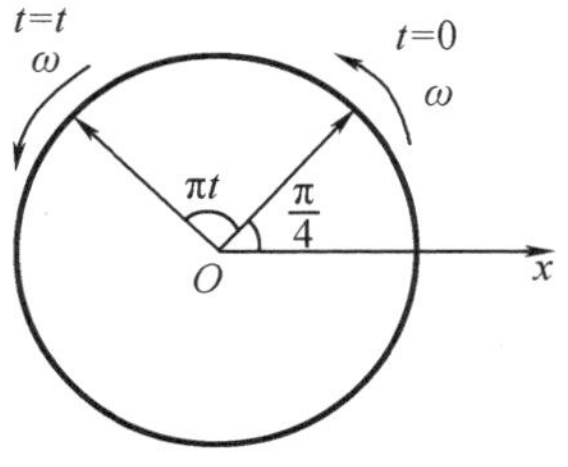


习题 4.16 图

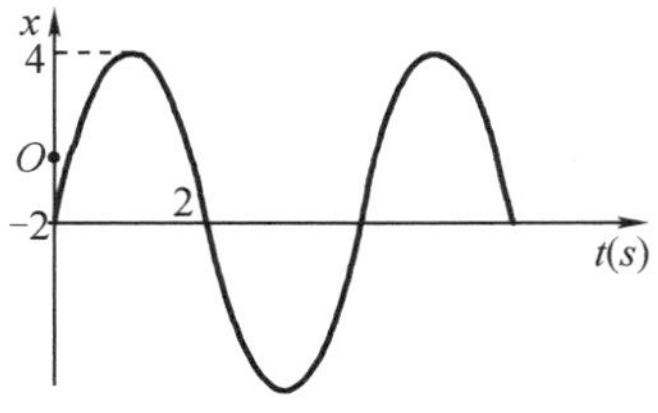


习题 4.17 图

4.18　两个同方向的简谐振动的曲线如图所示。合振动的振幅为________，合振动的振动方程为________。

4.19　两个同方向、同频率的简谐振动，振动表达式分别为

$$x_1=6\times10^{-2}\cos\left(5t+\frac{1}{2}\pi\right)(\mathrm{SI}),x_2=2\times10^{-2}\cos(\pi-5t)(\mathrm{SI})$$

它们的合振动的振幅为________，初相为________。

4.20　如图所示为两个简谐振动的振动曲线，若以余弦函数表示这两个振动的合成结果，则合振动的方程为 $x=x_1+x_2=$________(SI)。

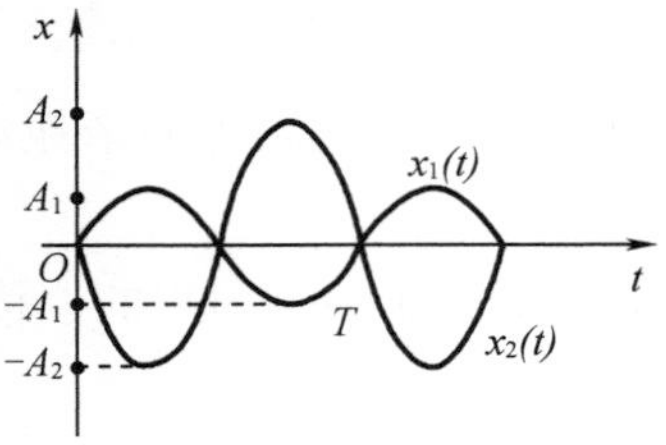


习题 4.18 图

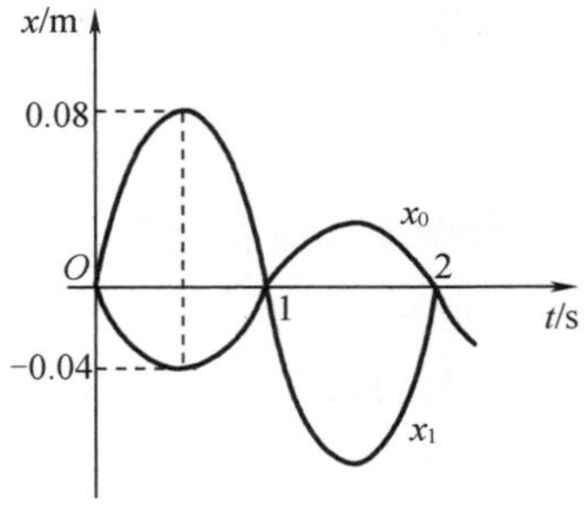


习题 4.20 图

4.21　质量为 2 kg 的质点按方程 $x=0.2\sin\left[5t-\frac{\pi}{6}\right]$(SI)沿着 $x$ 轴振动。求：

(1) $t=0$ 时，作用于质点的力的大小；

(2)作用于质点的力的最大值和此时质点的位置。

4.22　一质量为 0.20 kg 的质点做简谐振动，振动方程为 $x=0.6\cos\left(5t-\frac{1}{2}\pi\right)$(SI)。

(1)质点的初速度；

(2)质点在正向最大位移一半处所受的力。

4.23　一质点做简谐振动，振动方程为 $x=6.0\times10^{-2}\cos\left(\frac{1}{3}\pi t-\frac{1}{4}\pi\right)$(SI)。

(1)当 $x$ 值为多大时，系统的势能为总能量的一半？

(2)质点从平衡位置移动到上述位置时所需的最短时间为多少？

4.24　一质点按如下规律沿 $x$ 轴做简谐振动：$x=0.1\cos\left(8\pi t+\frac{2}{3}\pi\right)$(SI)。求此振动的周期、振幅、初相、速度最大值和加速度最大值。

4.25　如图，有一水平弹簧振子，弹簧的劲度系数 $k=24\ \mathrm{N\cdot m^{-1}}$，重物的质量 $m=6$ kg，重物静止在平衡位置上。设以一水平恒力 $F=10$ N 向左作用于物体(不计摩擦)，在使之由平衡位置向左运动了 0.05 m 时撤去力 $F$。在重物运动到左方最远位置时开始计时，求物体的运动学方程。

4.26　一物体做简谐振动，其速度最大值 $v_m=3\times10^{-2}\ \mathrm{m\cdot s^{-1}}$，振幅 $A=2\times10^{-2}$ m。若 $t=0$ 时，物体位于平衡位置且向 $x$ 轴的负方向运动，求：

(1)振动周期 $T$;

(2)加速度的最大值 $a_m$;

(3)振动方程的数值式。

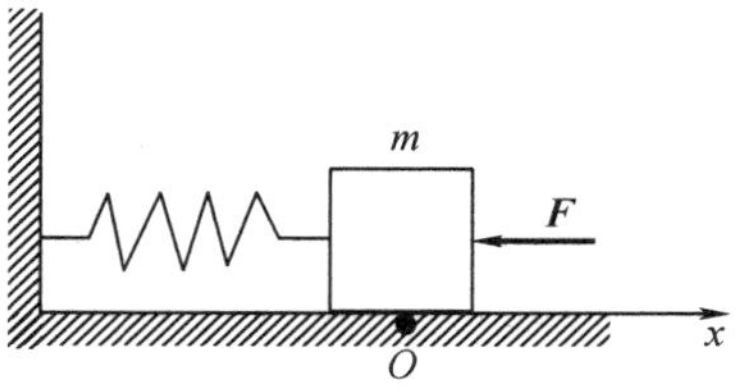


习题 4.25 图

4.27 一质点做简谐振动,振动方程为 $x=0.24\cos\left(\frac{1}{2}\pi t+\frac{1}{3}\pi\right)$(SI),试用旋转矢量图示法求出质点由初始状态($t=0$ 的状态)运动到 $x=-0.12$ m,$v<0$ 的状态时所需的最短时间 $\Delta t$。

4.28 一简谐振动的振动曲线如图所示。求振动方程。

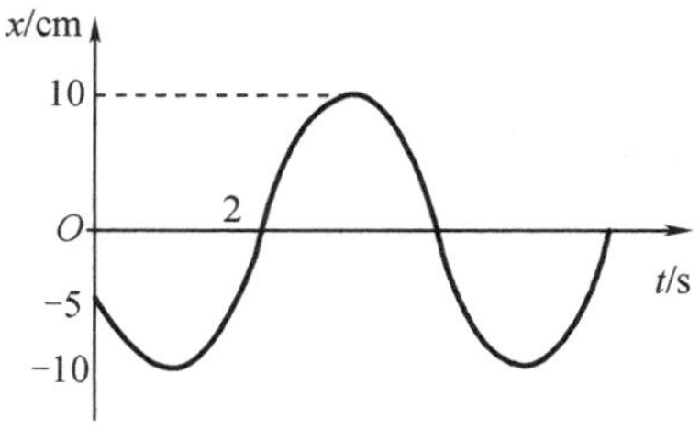


习题 4.28 图

4.29 一质点同时参与两个同方向的简谐振动,振动方程分别为

$$x_1=5\times10^{-2}\cos(4t+\frac{\pi}{3})\text{(SI)}$$

$$x_2=3\times10^{-2}\sin(4t-\frac{\pi}{6})\text{(SI)}$$

请画出两振动的旋转矢量图,并求合振动的振动方程。

4.30 两个同方向的简谐振动的振动方程分别为

$$x_1=4\times10^{-2}\cos\left[2\pi\left(t+\frac{1}{8}\right)\right]\text{(SI)}$$

$$x_2=3\times10^{-2}\cos\left[2\pi\left(t+\frac{1}{4}\right)\right]\text{(SI)}$$

求合振动方程。

# 第5章 机 械 波

一定的扰动的传播称为**波动**,简称**波**。波动现象是自然界中广泛存在的一种物质运动形式,这一现象贯穿物理学的所有领域,因此在这里集中讨论它。机械扰动在介质中的传播称为机械波,如声波、水波、地震波等。在这里,讨论不仅仅局限于特殊情况——机械波,因为其相关概念在物理学其他分支的渗透和广泛应用也得到了充分的洞察,变化电场和变化磁场在空间中的传播称为电磁波,如无线电波、光波、X 射线等。虽然各种波的本质不同,但它们都具有波动的共同特征,所遵循的规律也有许多相似之处,如它们都能产生干涉和衍射,都可以用类似的方程来描述等。而所有波动中最为直观、最令人印象深刻的莫过于机械波,几乎所有有关波动现象的概念、特性及其物理机制都可基于此进行阐述和理解,所以,对机械波的学习尤为重要。本章先介绍了机械波的产生和传播、平面简谐波,并在此基础上讲解了波的能量,接着讲解了波的传播规律——惠更斯原理与衍射,波的反射和折射,以及波的叠加现象——波的干涉,最后对多普勒效应加以简要的说明。

## 5.1 机械波的产生和传播

### 5.1.1 机械波的产生及分类

机械振动系统(如音叉)在介质中振动时可以影响周围的介质,使它们也陆续地发生振动。这就是说,机械振动系统能够把振动向周围介质传播出去,形成机械波。例如,小石子落在静止的水面上时,引起石子击水处水的振动,这个振动就向周围水面传播出去,形成水波;拉紧一根绳,同时使一端做垂直于绳子的振动,这个振动就沿着绳子向另一端传播,形成绳子上的波,如图 5.1 所示。

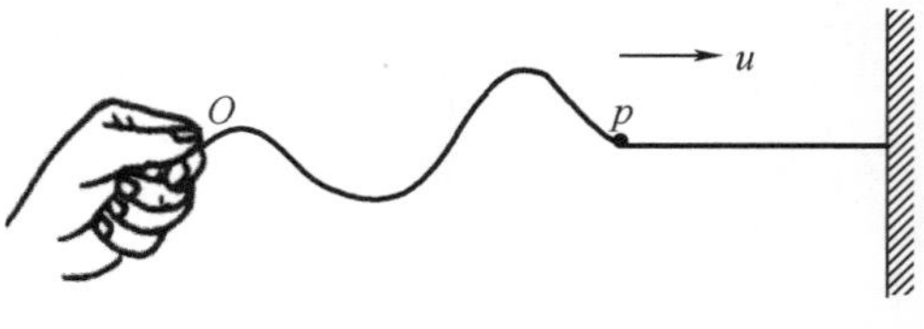

图 5.1　波的产生

可见,机械波的产生首先要有做机械振动的物体,称为机械波的波源;其次,要有能够传播这种机械振动的弹性介质。**波源和弹性介质是产生机械波的两个必须具备的条件。**例如,音叉在振动时,音叉就是波源,而空气就是传播声波的介质。又如,地下岩体断裂或错动产生振动,积蓄的能量以波的形式释放,从震源沿大地向四周传播,形成地震波。

下面以弹性绳上的波为例,详细讨论机械波在连续弹性介质中传播的物理机制。弹性绳上各质元彼此间以弹性力联系,任何一个质元所受的扰动都不会孤立于其他质元而单独存在。在连续弹性介质内部,由于各个质元间有弹性力相互联系着,因此,如果介质中有一个质元离开了平衡位置,由于邻近质元的弹性回复力作用,又要被迫回到平衡位置,因而产生振动。而根据牛顿第三定律,该质元周围的质元同时受到该质元的弹性力作用,使它们离开平衡位置;当它们离开平衡位置时,它们自己周围的其他质元又对它们施加弹性回复力,使它们回到平衡位置,因而也要产生振动。所以介质中一个质元的振动会引起邻近质元的振动,而邻近质元的振动又会引起较远处质元的振动。如图5.1所示,$O$处质元的振动会引起邻近质元的振动,进而邻近质元的振动又会引起较远$P$处质元的振动,这样振动就由近及远地向各个方向以一定的速度传播出去,形成了波。

波所传播的只是振动状态,而介质中的各质元仅在它们各自的平衡位置附近振动,并没有随着振动的传播而移动。例如,在漂浮着树叶的静水里,当投入石子而引起水波时,树叶只在原位置附近上下振动,并不移动到别处去。

波在传播时,质元的振动方向和波的传播方向也不一定相同。如果质元的振动方向和波的传播方向相垂直,则这种波称为**横波**,如在绳子上传播的波;如果质元的振动方向和波的传播方向相平行,则这种波称为**纵波**,如在空气中传播的声波。横波和纵波是自然界中存在的两种最简单的波,其他如水面波、地震波中都有横波和纵波的成分同时存在,情况就比较复杂了。

横波的形成过程可由横波演示图5.2(a)看出。波源的振动状态由弹性介质传播出去,形成一个具有波峰(正向最大位移)和波谷(负向最大位移)的完整波形,这就是横波。由于每个质元都在不断地振动,因此波峰和波谷的位置将随时间而转移,即整个波形在向前推移,这就是横波的传播过程。横波只能在固体中传播,这是因为横波的特点是振动方向与传播方向垂直,要求弹性介质产生切向的形变(即切变),而固体能够承受一定的切变,故在固体中,引起切变的切力(弹性力)便带动了邻近质元的运动。由于液体和气体不能承受切力,因此在液体和气体中不存在这种切向弹性力的联系,不能传播横波。

纵波的形成过程可由纵波演示图5.2(b)看出。纵波是介质密集和稀疏相间的波,如图5.3所示为声波的传播图。仿照上述横波的讨论可以类推,纵波在介质中传播时,介质中的质元沿波的传播方向振动,导致了质元分布时而密集,时而稀疏,使介质产生压缩和膨胀(或伸长)的形变,这种质元分布的疏密状态将随时间而沿波的传播方向移动。固体、液体和气体这三种介质,都能依靠质元之间相互作用的弹性力,承受一定的压缩和膨胀(或伸长)的形变,并借助这种弹性力的联系使振动传播出去,因此纵波能够在固体、液体和气体中传播。

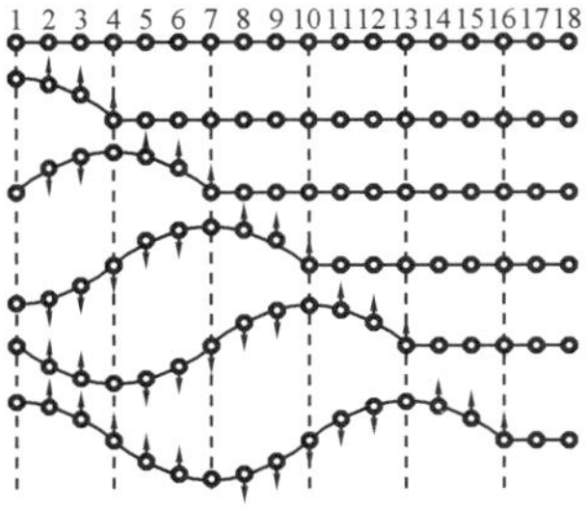


(a)横波

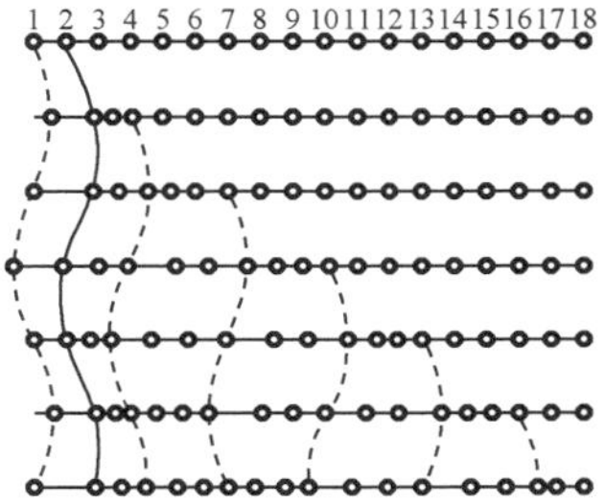


(b)纵波

**图5.2 横波与纵波的演示图**

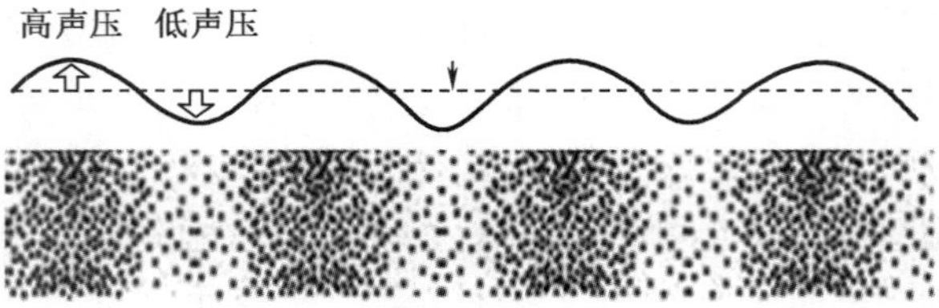


图 5.3　声波的传播图

波除了可以按照振动方向和传播方向的关系划分为横波和纵波外，还可以按形状分为平面波、球面波和柱面波；按复杂程度分为简谐波和复波；按持续时间分为连续波和脉冲波；按是否传播分为行波和驻波。

## 5.1.2　机械波的几何描述

当波源在介质中振动时，凭借介质中质元之间的相互作用，引起波源周围各质元围绕着自己的平衡位置相继投入振动。这样，振动将向各方向传播出去。人们形象地把波的传播方向称为**波线**或射线；把传播过程中振动相位相同的各点所连接成的曲面，称为**波面**，亦称同相面；而把某一时刻，波传播到的最前面的波面称为**波前**。在任何时刻都只能有一个确定的波前；而在任何时刻，波面的数目则是任意多的。由于波前上各点同时开始振动，各点的相位必然是相同的，因此波前是波面的特例。

若波源的大小和形状与波的传播距离相比较，可以忽略不计，则可以把它当作点波源。如图 5.4(a)所示，在各向同性的介质中，点波源振动在各个方向上的传播速度的大小是相同的，因此，其波前和波面都是以点波源为中心的球面。如图 5.4(b)所示，若点波源在无穷远处，则在一定范围的局部区域内，波面和波前的形状都近乎是平面，可用图 5.4(c)描绘。可按波面的形状将波分类，波面为球面的波称为球面波，波面为平面的波称为平面波。

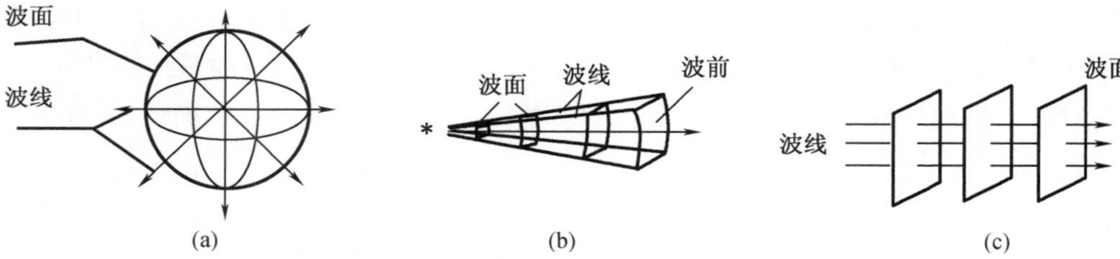


图 5.4　波面与波线

在各向同性的介质中，波线恒与波面垂直，如图 5.4 所示。因此在球面波的情况下，波线从点波源出发，沿径向呈辐射状；在平面波的情况下，波线是与波面垂直的许多平行直线。例如，传播到地球表面的太阳光线可以认为是平行的波线，即把太阳当作位于无限远处的点波源。

### 5.1.3 描述机械波的特征量

1. 波速

由横波演示图和纵波演示图可以看出，把一定振动状态（或相位）传播出去需要时间。单位时间内一定的振动相位所传播的距离称为**波速**（也称相速），用 $u$ 表示，即波速描述了振动在介质中传播的方向和快慢程度。显然，波速的单位也是 米·秒$^{-1}$（$\mathrm{m \cdot s^{-1}}$）。

波动的传播既然与介质的弹性有密切的关系，那么波速必然与介质的弹性模量有关。另外，波速也应该与介质的密度有关，因为密度是描述介质惯性的物理量，它反映了介质中任一部分在力的作用下运动改变的难易程度。理论证明：横波和纵波在固态介质中的波速 $u$ 可分别用式（5.1）和式（5.2）计算，即

$$u=\sqrt{\frac{G}{\rho}} \quad (横波) \tag{5.1}$$

$$u=\sqrt{\frac{Y}{\rho}} \quad (纵波) \tag{5.2}$$

式中，$G$ 和 $Y$ 分别为介质的切变弹性模量和杨氏弹性模量；$\rho$ 为介质的密度。纵波在无限大的固态介质中传播时，纵波公式（5.2）是近似的，但在固态细棒中沿着棒的长度传播时是准确的。

综上可知，在同一固态介质中，横波和纵波的传播速度是不相同的，当波源同时发出这两种波动时，如果在某处的观察者测定两种波动到达该处的前后相隔的时间，就可求出波源与观察者之间的距离，这一方法在研究地震、地层构造等问题中有广泛应用。

液体和气体只能传播纵波，波速可用式（5.3）计算，即

$$u=\sqrt{\frac{B}{\rho}} \quad (纵波) \tag{5.3}$$

式中，$B$ 是体变弹性模量；$\rho$ 是密度。在气体中，如果将气体视作理想气体，则声波的波速（称为声速）为

$$u=\sqrt{\frac{\gamma p}{\rho}}=\sqrt{\frac{\gamma RT}{M}}$$

式中，$\gamma$ 是气体摩尔定压热容与摩尔定容热容之比值；$p$ 是气体的压强；$R$ 是普适气体常量；$T$ 是热力学温度；$M$ 是气体的摩尔质量。

2. 波长、波数、周期、频率

在波传播时，各质元开始振动的时刻先后不同，亦即彼此存在着一个相位差。现在规定：沿波的传播方向上相位差为 $2\pi$ 的两个质元之间的距离称为**波长**，用 $\lambda$ 表示。在波的传播方向上，任一瞬时位移和速度都相同的相邻两个同相位点，它们之间的距离就是一个波长。可见，沿波的传播方向每隔一个波长的距离就出现振动相位相同的点。

对于简谐波，还常用**波数** $k$ 来表示其特征，它的定义是 $k=\frac{2\pi}{\lambda}$，如果把横波中相接的一峰一谷算作一个完整波，波数就等于在 $2\pi$ 的长度内含有的完整波的数目。

质元全振动一次，振动状态就传播一个波长，把传播一个波长所需的时间称为波的**周**

**期**，用 $T$ 表示。显然，对于振动质元来说，波的周期就是质元全振动一次所需的时间。周期的倒数 $\nu=\frac{1}{T}$ 称为波的**频率**，它是单位时间内波源做完全振动的次数。由于波源每完成一次振动，向介质中传播出去一个完整波形，因此，波的频率也是单位时间内在波的前进途中完整波长的个数，或单位时间内通过传播方向上任一点的完整波的数目。

波长、波的周期与频率以及波速是描述波的重要物理量。现在来说明它们之间的关系，按照上述定义可知，波长 $\lambda$ 是波在一个周期 $T$ 中传播的距离，如图 5.5 所示，因此波速是

$$u=\frac{\lambda}{T} \tag{5.4}$$

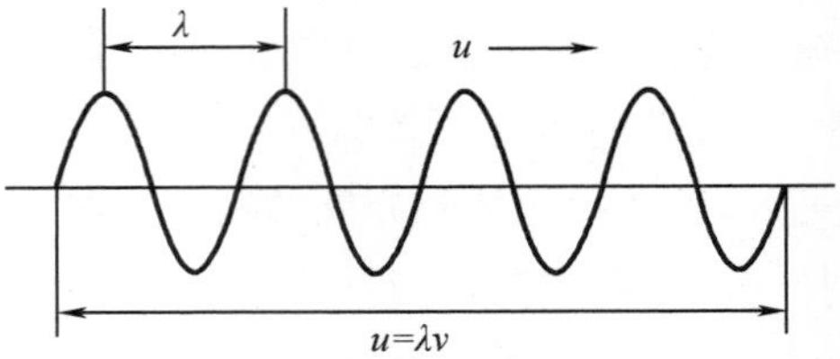

**图 5.5　波长**

由于波的频率 $\nu=\frac{1}{T}$，故得波长、波的频率与波速之间的基本关系式为

$$u=\lambda\nu \tag{5.5}$$

式中，波速 $u$ 由介质的性质决定；波的频率 $\nu$ 由波源的振动情况决定。这两个量便可决定在给定介质中从给定波源所发出的波的波长。波长的单位为米（m），波的频率的单位仍为赫兹（Hz）。

## 5.2　平面简谐波

在波传播时，各质元的振动情况一般是很复杂的。最简单而又最基本的波就是简谐波，它所传播的扰动形式是简谐运动。光谱中的单色光和声学中单纯音调的声波都可视作具有一定频率的简谐波。可以证明，复杂的波可以看成是由若干个不同频率的简谐波合成的。因此，这里只讨论简谐波。

### 5.2.1　平面简谐波的波动方程

如果传播的振动是简谐振动，且波所到之处，介质中各质元均做同频率、同振幅的简谐振动，这样的波称为**简谐波**（也称余弦波、单色波）。如果简谐波的波面为平面，则这样的简谐波称为**平面简谐波**。而描述平面简谐波沿波线传播的解析表达式，通常称为平面简谐波的**波动方程**。

下面讨论平面简谐波在均匀介质中传播时的波动方程。如图 5.6(a)所示，设有一平面简谐横波在均匀介质中沿 $x$ 轴的正向传播，波速为 $u$。平面波的波线是垂直于波面的平行直线，沿每条波线的波动的传播情况都是相同的。因此任取某一条波线，研究这条波线上的波动情况，就可以代表整个平面简谐波的传播情况。如图 5.6(b)所示，取 $Ox$ 轴与其中某条波线重合，且 $Ox$ 轴的正向与波的传播方向相同。不妨设 $x=0$ 处的质元振动表达式为

$$y=A\cos(\omega t)$$

式中，$A$ 是振幅；$\omega$ 是角频率；$y$ 是 $x=0$ 处质元的振动在时刻 $t$ 相对于平衡位置的位移 $y$，对

横波来说,相应的位移方向垂直于 $Ox$ 轴(如为纵波,则沿着 $Ox$ 轴)。设 $B$ 为波线上任一点,与坐标原点 $O$ 相距 $x$。当振动状态从 $O$ 点传播到 $B$ 点时,$B$ 点处的质元将重复 $O$ 点处质元的振动状态,但在相位上要落后一些。由于振动从 $O$ 点传到 $B$ 点需要$\frac{x}{u}$的时间,所以当 $O$ 点处的质元振动了 $t$ 时间时,$B$ 点处的质元只振动了$\left(t-\frac{x}{u}\right)$时间。也就是说,$B$ 点处的质元在 $t$ 时刻的位移等于 $O$ 点处的质元在$\left(t-\frac{x}{u}\right)$时刻的位移。因此,如果在波传播时,各点处质元振动的振幅相等,则 $B$ 点处的质元在时刻 $t$ 的位移即为平面简谐波的波动方程:

$$y=A\cos\left[\omega\left(t-\frac{x}{u}\right)\right] \tag{5.6}$$

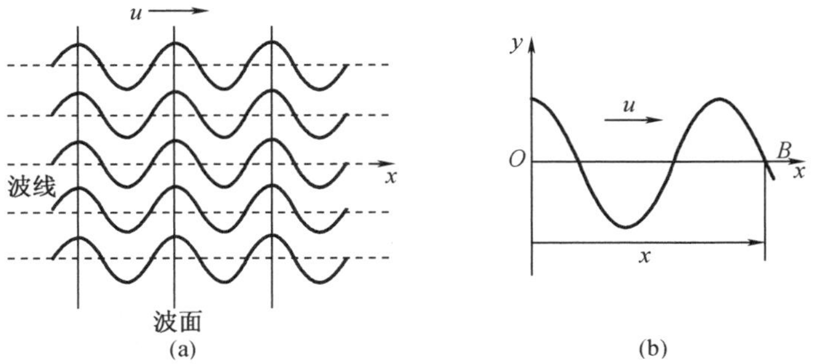


**图 5.6 波的传播**

同样,也很容易导出波沿 $x$ 轴负向传播时的波动方程:

$$y=A\cos\left[\omega\left(t+\frac{x}{u}\right)\right] \tag{5.7}$$

上面平面简谐波的波动方程式(5.6)和式(5.7)是假定原点 $x=0$ 处质元振动的初相为 $\varphi=0$ 而导出的。如果初相 $\varphi\neq0$,则 $x=0$ 处的振动表达式为 $y=A\cos(\omega t+\varphi)$,因此,一般地可将沿 $x$ 轴传播的平面简谐波波动方程式(5.6)和式(5.7)分别改写成

$$y=A\cos\left[\omega\left(t-\frac{x}{u}\right)+\varphi\right] \tag{5.8a}$$

$$y=A\cos\left[\omega\left(t+\frac{x}{u}\right)+\varphi\right] \tag{5.8b}$$

式(5.8a)是波沿 $x$ 轴正向传播的波动方程的一般表达式,其相位中 $x$ 前面为负号,称这样的波为**正行波**。而式(5.8b)是波沿 $x$ 轴负向传播的波动方程的一般表达式,其相位中 $x$ 前面为正号,称这样的波为**逆行波**。

考虑到 $\omega=\frac{2\pi}{T}=2\pi\nu$、$uT=\lambda$ 及 $k=\frac{2\pi}{\lambda}$,可以将上面式(5.8a)和式(5.8b)写成下列常用的形式:

$$y=A\cos\left[2\pi\left(\frac{t}{T}\pm\frac{x}{\lambda}\right)+\varphi\right] \tag{5.9a}$$

$$y = A\cos\left[2\pi\left(\nu t \pm \frac{x}{\lambda}\right) + \varphi\right] \tag{5.9b}$$

$$y = A\cos[(\omega t \pm kx) + \varphi] \tag{5.9c}$$

**例 5.1** 设平面简谐波的波动表达式为 $y = 2\cos[\pi(0.5t - 200x)]$ cm，式中，$x$ 的单位为 cm，时间 $t$ 的单位为 s。求振幅 $A$、波长 $\lambda$、波速 $u$ 和频率 $\nu$。

**解** 将波动表达式分别化成标准形式，即

$$y = 2\cos\left[2\pi\left(\frac{t}{4} - \frac{x}{\frac{1}{100}}\right)\right] \text{ cm} \tag{1}$$

$$y = 2\cos\left[\frac{\pi}{2}\left(t - \frac{x}{\frac{1}{400}}\right)\right] \text{ cm} \tag{2}$$

将式(1)和式(2)与标准形式(5.8a)和式(5.8a)比较可得

$$A = 2 \text{ cm}; \lambda = \frac{1}{100} \text{ cm}; u = \frac{1}{400} \text{ cm} \cdot \text{s}^{-1}; \nu = \frac{1}{4} \text{ Hz}$$

**例 5.2** 设有一沿 $x$ 轴负向传播的平面简谐波，其波长为 0.10 m，原点 $O$ 处质元的振动表达式为 $y = 0.03\cos \pi t$，式中，$t$ 的单位为 s，$y$ 的单位为 m。求波动表达式。

**解** 为便于比较，可将波动表达式写成如下形式：

$$y = A\cos 2\pi\left(\nu t + \frac{x}{\lambda}\right) \tag{1}$$

当 $x = 0$ 时，原点处质元振动表达式为

$$y = A\cos(2\pi \nu t) \tag{2}$$

因此，将题中给的原点 $O$ 处质元的振动表达式与式(2)相比较，得

$$A = 0.03 \text{ m}, \nu = 0.5 \text{ Hz}$$

已知波长为 0.10 m，将这些数据代入式(1)，所求的波动表达式为

$$y = 0.03\cos[2\pi(0.5t + 10x)]$$

在本题中，如波沿 $x$ 轴正向传播，则波动表达式为

$$y = 0.03\cos 2\pi[(0.5t - 10x)]$$

### 5.2.2 波动方程的物理意义

波动方程的表达式中含有 $x$ 和 $t$ 两个自变量，即各质元振动时的位移 $y$ 是相应质元在介质中处于平衡位置时的坐标 $x$ 和振动时间 $t$ 的二元函数：$y = y(x,t)$，它描述了 $t$ 时刻 $x$ 处质元的位移。在波传播时，$y(x,t)$ 的变化由 $x$ 和 $t$ 决定。为了进一步了解上述波动方程的意义，来分析下列情形。

(1) 如果 $x$ 给定，即观察空间一点 $x$，则该处质元的位移 $y$ 将只是 $t$ 的函数，这时波动方程就成为与原点相距 $x$ 的给定点上质元的振动方程，$A$ 是它的振幅，$\omega\left(t - \frac{x}{u}\right)$ 是振动的相位，$-\omega\frac{x}{u}$ 可以看作初相。

如以 $t$ 为横坐标，以 $y$ 为纵坐标，就得到一条给定质元的位移 $y$ 与时间 $t$ 关系的余弦曲

线，如图 5.7(a)中的实线所示。该曲线表示给定点上的质元在做简谐振动时各不同时刻的位移。对坐标 $x$ 不同处的质元，振动的其他特征（$A$、$\omega$ 等）都是一样的，只是初相 $-\omega\dfrac{x}{u}$ 不同而已，因此所作出的 $y-t$ 曲线，只是最大值出现的时刻不同。坐标 $x$ 较小处的质元，曲线的最大值（即位移的最大值）先出现，这表示离原点 $O$ 较近的质元的振动超前于离原点 $O$ 较远的质元，如图 5.7(a)的实线和虚线所示。

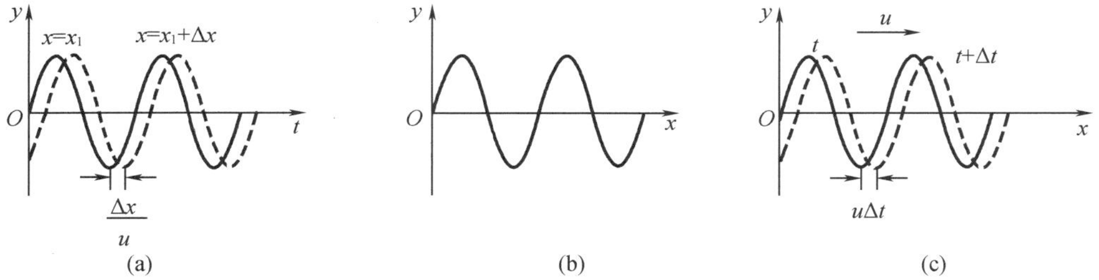


**图 5.7 波的传播**

(2)如果 $t$ 给定（如 $t=t_1$），则质元振动的位移 $y$ 将只是质元位置坐标 $x$ 的函数，这时波动表达式表示在给定时刻波线上各不同振动质元的位移。如以 $x$ 为横坐标，以 $y$ 为纵坐标，也得到一条余弦曲线，如图 5.7(b)所示。这条余弦曲线就表示在给定时刻的简谐波的波形，它显示了波峰和波谷的分布情况，就好像在给定时刻给波动拍摄的一幅照片。

(3)如果 $x$ 和 $t$ 都变化，则波动方程就表示出波线上各个质点在不同时刻的位移分布情况。以 $x$ 为横坐标，以 $y$ 为纵坐标，画出不同时刻的波形图，将看到波不断向前推进的图像。

如图 5.7(c)所示，$t$ 时刻的余弦曲线经过一段时间以后，波形虽仍是余弦曲线，但向前移动了一段距离。设波速为 $u$，则在 $\Delta t$ 时间内，振动状态沿波线传播了 $u\Delta t$ 的距离。因此，一个质元在 $t$ 时刻的位移等于与该质元相距 $u\Delta t$ 的另一个质元在 $t+\Delta t$ 时刻的位移。在 $\Delta t$ 时间内，时刻 $t$ 的整个波形曲线将沿着波线平移 $u\Delta t$ 的距离。由此可知，波形也以波速 $u$ 在空间传播。这也是行波概念的由来。

**例 5.3** 一平面简谐波沿 $x$ 轴正向传播，其振幅为 $A$，频率为 $\nu$，波速为 $u$。设 $t=t'$时刻的波形曲线如图 5.8 所示。求：

(1) $x=0$ 处质点振动方程；

(2)该波的表达式。

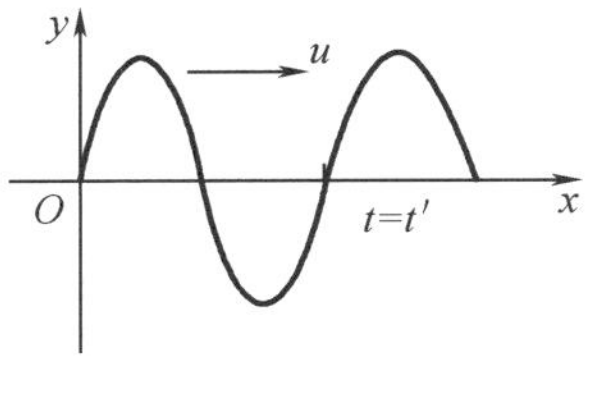


**图 5.8 例 5.3 图**

**解** (1)设 $x=0$ 处质点的振动方程为

$$y=A\cos(2\pi\nu t+\varphi)$$

由图 5.8 可知，$t=t'$时

$$y=A\cos(2\pi\nu t'+\varphi)=0$$

$$\frac{\mathrm{d}y}{\mathrm{d}t}=-2\pi\nu A\sin(2\pi\nu t'+\varphi)<0$$

所以

$$2\pi\nu t' + \varphi = \frac{1}{2}\pi$$

$$\varphi = \frac{1}{2}\pi - 2\pi\nu t'$$

$x = 0$ 处的振动方程为

$$y = A\cos\left[2\pi\nu(t - t') + \frac{1}{2}\pi\right]$$

(2)该波的表达式为

$$y = A\cos\left[2\pi\nu\left(t - t' - \frac{x}{u}\right) + \frac{1}{2}\pi\right]$$

**例 5.4** 一列平面简谐波在介质中以波速 $u = 5\ \mathrm{m\cdot s^{-1}}$ 沿 $x$ 轴正向传播,原点 $O$ 处质元的振动曲线如图 5.9 所示。

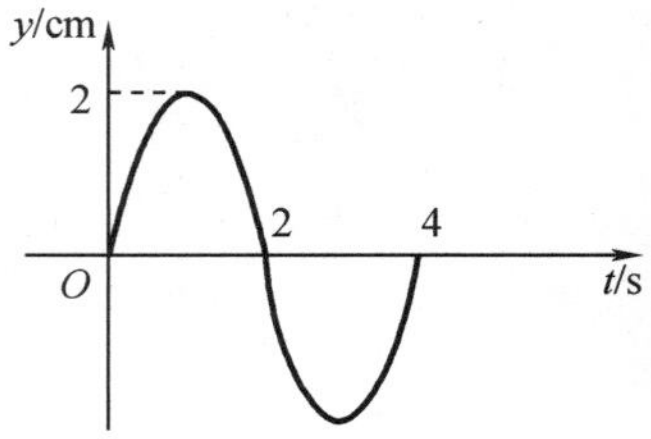


**图 5.9 例 5.4 图**

(1)求解并画出 $x = 25$ m 处质元的振动曲线;

(2)求解并画出 $t = 3$ s 时的波形曲线。

**解** (1) 原点 $O$ 处质元的振动方程为

$$y = 2\times10^{-2}\cos\left(\frac{1}{2}\pi t - \frac{1}{2}\pi\right)\ (\mathrm{SI})$$

波的表达式为

$$y = 2\times10^{-2}\cos\left[\frac{1}{2}\pi\left(t - \frac{x}{5}\right) - \frac{1}{2}\pi\right]\ (\mathrm{SI})$$

$x = 25$ m 处质元的振动方程为 $y = 2\times10^{-2}\cos\left(\frac{1}{2}\pi t - 3\pi\right)(\mathrm{SI})$,振动曲线如图 5.10(a)所示。

(2)$t = 3$ s 时的波形曲线方程 $y = 2\times10^{-2}\cos\left(\pi - \frac{\pi x}{10}\right)(\mathrm{SI})$,波形曲线如图 5.10(b)所示。

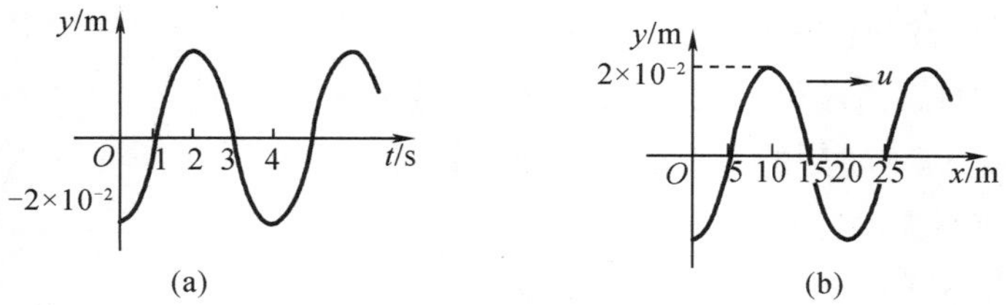


**图 5.10 例 5.4 结果曲线**

现在来讨论在上述行波的传播过程中,各点上质元振动的相位关系。在同一时刻 $t$,与原点 $O$ 分别相距为 $x_1$ 和 $x_2$ 的两点上,质元振动的相位差可按式(5.10)确定:

$$\Delta\varphi = \left[2\pi\left(\frac{t}{T} - \frac{x_1}{\lambda}\right) - 2\pi\left(\frac{t}{T} - \frac{x_2}{\lambda}\right)\right] = \frac{2\pi}{\lambda}(x_2 - x_1) \tag{5.10}$$

如果上述两点处质元振动的相位差等于 $2\pi$ 或 $2\pi$ 的整数倍,即

$$\Delta\varphi = 2k\pi(k = 0, \pm1, \pm2, \cdots) \tag{5.11}$$

则这时两质元振动的相位相同，它们在振动时，都具有相同的位移 $y$ 和振动速度。相应地，也可根据式(5.10)和式(5.11)，得

$$\frac{2\pi}{\lambda}(x_2 - x_1) = 2k\pi \tag{5.12}$$

$$x_2 - x_1 = k\lambda\ (k = 0,\ \pm 1,\ \pm 2,\cdots) \tag{5.13}$$

式(5.13)表明，两质元所在位置距原点 $O$ 的距离之差为波长 $\lambda$ 的整数倍时，在这两点上的质元振动时，具有相同的相位。同理，如果

$$\Delta\varphi = (2k+1)\pi\ (k = 0,\ \pm 1,\ \pm 2,\cdots) \tag{5.14}$$

则得

$$x_2 - x_1 = (2k+1)\frac{\lambda}{2}\ (k = 0,\ \pm 1,\ \pm 2,\cdots) \tag{5.15}$$

这时，两质元振动的相位差等于 $\pi$ 的奇数倍，两者的相位相反，即它们在振动时的位移 $y$ 和振动速度都大小相等，但方向相反。这表明两质元所在处与原点 $O$ 的距离之差为半波长$\frac{\lambda}{2}$的奇数倍时，在这两点上的质元的振动具有相反的相位。

**例 5.5** 设平面简谐波的波动表达式为 $y = 2\cos[\pi(0.5t - 200x)]$ cm，求：$x_1 = 20$ cm 和 $x_2 = 21$ cm 处两个质元振动的相位差。

**解** 根据式(5.10)，此两个质元的相位差为

$$\Delta\varphi = \frac{2\pi}{\lambda}(x_2 - x_1) = \frac{2\pi}{\frac{1}{100}}(21 - 20)\ \text{rad} = 200\pi\ \text{rad}$$

这说明 $x_1$ 与 $x_2$ 两点处质元振动的相位差为 $2\pi$ 的 100 倍，表明这两处质元的振动状态相同，即相位相同。为什么相距仅为 1 cm 的两点，相位竟然相差 $200\pi$ 这么大呢？这是由于本题中的波长很小，仅有$\frac{1}{100}$ cm，即在 1 cm 内就包含 100 个完整的波形。

### 5.2.3 平面波的波动微分方程

波动微分方程是描述经典波动过程的普遍方程。任何行波包括简谐波都是它的解。一般地，可将沿 $x$ 轴传播的平面简谐波表达式写为

$$y = A\cos\left[\omega\left(t - \frac{x}{u}\right) + \varphi\right] \tag{5.16}$$

将式(5.16)分别对 $t$ 和 $x$ 求二阶偏导数，得

$$\frac{\partial^2 y}{\partial t^2} = -A\omega^2\cos\left[\omega\left(t - \frac{x}{u}\right) + \varphi\right] \tag{5.17}$$

$$\frac{\partial^2 y}{\partial x^2} = -A\frac{\omega^2}{u^2}\cos\left[\omega\left(t - \frac{x}{u}\right) + \varphi\right] \tag{5.18}$$

比较式(5.17)和式(5.18)，有

$$\frac{\partial^2 y}{\partial x^2} = \frac{1}{u^2}\frac{\partial^2 y}{\partial t^2} \tag{5.19}$$

此方程即为波动微分方程，是描述经典波动过程的普遍方程。

总结：对于任意平面波，可以认为是由许多不同频率、同一波速传播的平面简谐波合成

的，当对 $t$ 和 $x$ 分别求二阶偏导数后，所得结果也一样。式(5.19)是一个二阶线性偏微分方程，它表达了一切以速度 $u$ 沿 $x$ 轴正向或负向传播的平面波的共同特征，称为平面波波动微分方程。而波动表达式(5.4)～式(5.6)等就是这个平面波波动方程的特解。

# 5.3 波的能量

当波在弹性介质中传播时，介质中各质元都在各自的平衡位置附近振动，因而具有动能，同时介质要产生形变，因而具有弹性势能。介质的动能与势能之和称为波的能量。这样，随同扰动的传播就有机械能量的传播，这是波动过程的一个重要特征。

## 5.3.1 波的能量和能量密度

设有一平面简谐波在密度为 $\rho$ 的弹性介质中沿 $x$ 轴正向传播，其表达式为

$$y = A\cos\,\omega\left(t - \frac{x}{u}\right) \tag{5.20}$$

在介质中坐标为 $x$ 处取一体积为 $\Delta V$ 的质元，其质量为 $\Delta m = \rho\Delta V$。当波传播到这个质元时，根据式(5.20)，其振动速度为

$$v = \frac{\partial y}{\partial t} = -A\omega\sin\,\omega\left(t - \frac{x}{u}\right)$$

质元的振动动能为

$$\Delta E_{\mathrm{k}} = \frac{1}{2}(\rho\Delta V)A^2\omega^2\sin^2\omega\left(t - \frac{x}{u}\right) \tag{5.21}$$

同时，质元因发生弹性形变而具有弹性势能。可以证明，质元的弹性势能为

$$\Delta E_{\mathrm{p}} = \frac{1}{2}(\rho\Delta V)A^2\omega^2\sin^2\omega\left(t - \frac{x}{u}\right) \tag{5.22}$$

**以弹性棒中的简谐横波为例来分析**：设其表达式为

$$y = A\cos\,\omega\left(t - \frac{x}{u}\right)$$

取图 5.11 中 $x$ 处质元，其原长为 $\Delta x$，由于参与波动而发生了形变，受到前后质元的拉伸，分析其所受的张力如图 5.12 所示。

图 5.12 由切变模量 $G = \dfrac{\frac{F}{S}}{\varphi}$ 知 $F = GS\varphi$，式中，$S$ 是横截面积，$\varphi = \dfrac{\Delta y}{\Delta x}$。

根据

$$\begin{aligned}\Delta W_{\mathrm{p}} &= \int_0^{\Delta y} F\,\mathrm{d}y = \int_0^{\varphi} GS\varphi\Delta x\mathrm{d}\varphi \\ &= \frac{1}{2}G\varphi^2\Delta V = \frac{1}{2}G\left(\frac{\Delta y}{\Delta x}\right)^2\Delta V \\ &= \frac{1}{2}u^2\rho\left(\frac{\Delta y}{\Delta x}\right)^2\Delta V\end{aligned}$$

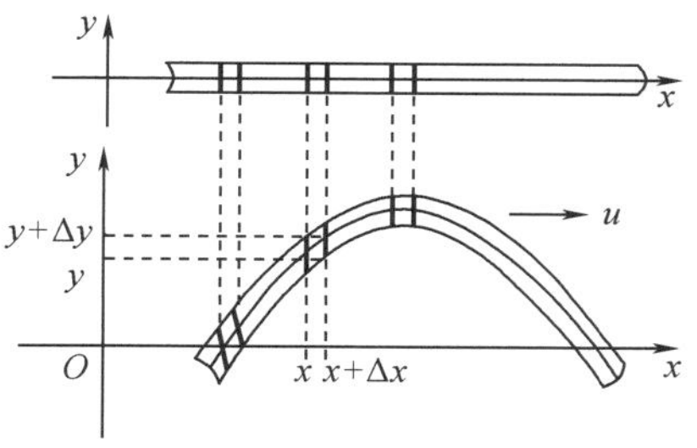


图 5.11 质元的形变

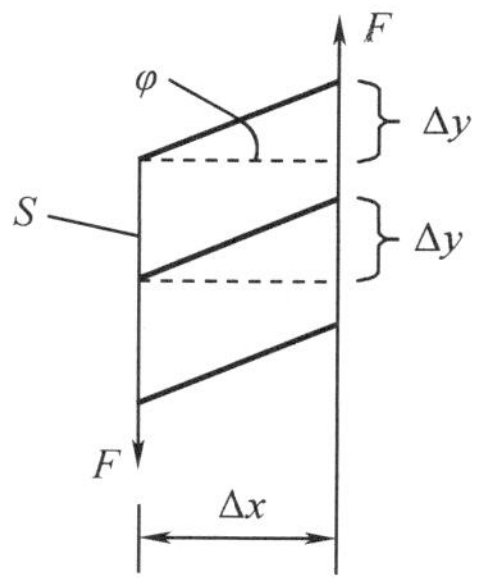


图 5.12 切变

根据

$$\frac{\Delta y}{\Delta x} \approx \frac{\mathrm{d}y}{\mathrm{d}x} = -\omega A \sin \omega\left(t - \frac{x}{u}\right) \cdot \frac{1}{u}$$

得

$$\Delta W_{\mathrm{p}} = \frac{1}{2}\rho \Delta V \omega^2 A^2 \sin^2 \omega\left(t - \frac{x}{u}\right)$$

比较可知

$$\Delta W_{\mathrm{p}} = \Delta W_{\mathrm{k}}$$

质元的总能量为其动能与势能之和,即

$$\Delta W = \Delta W_{\mathrm{p}} + \Delta W_{\mathrm{k}} = 2\Delta W_{\mathrm{p}} = 2\Delta W_{\mathrm{k}} = \rho \omega^2 A^2 \sin^2 \omega\left(t - \frac{x}{u}\right)\Delta V \tag{5.23}$$

由式(5.23)可以总结出波动中质元的动能和势能相等且同步变化,既同时达到最大,也同时达到最小。但动能和势能之和不再是一个常数,而是周期性的变化的,体现了能量是在波动中被传递的,不同于简谐振动。

在波传播的介质中,可用**能量密度**描述介质中各处能量的分布情况。波传播时,介质单位体积内的能量叫作波的能量密度,由式(5.23)可给出能量密度为

$$w = \frac{\Delta W}{\Delta V} = \rho \omega^2 A^2 \sin^2 \omega\left(t - \frac{x}{u}\right) \tag{5.24}$$

在介质中某一地点(即 $x$ 一定时),介质的能量密度 $w$ 随时间 $t$ 做周期性变化,如图 5.13 所示。而该处介质在一个周期内的平均能量密度则为

$$\overline{w} = \frac{1}{T}\int w \mathrm{d}t = \frac{1}{T}\rho A^2 \omega^2 \int_0^T \sin^2 \omega\left(t - \frac{x}{u}\right)\mathrm{d}t = \frac{1}{T}\rho A^2 \omega^2 \frac{T}{2} = \frac{1}{2}\rho A^2 \omega^2 \tag{5.25}$$

式(5.25)表明,对平面波来说,波的平均能量密度与振幅的平方、频率的平方和介质的密度三者成正比。这一公式虽然是由平面简谐波导出的,但对于各种弹性波均适用。

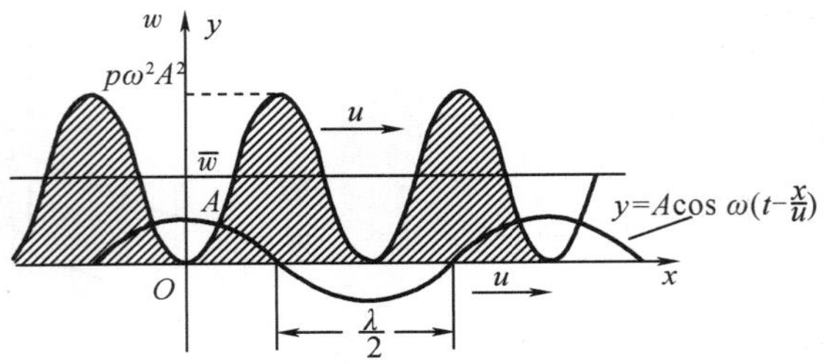


图 5.13　波的能量密度

## 5.3.2　波的能流和能流密度

波的能量来自波源,能量流动的方向就是波传播的方向。能量传播的速度就是波速 $u$。为了描述波的能量传播,常引入能流密度的概念。单位时间内通过介质中某一面积的平均能量,叫作通过该面积的**平均能流**。

在介质中,设想取一个垂直于波传播方向(即波速 $u$ 的方向)的面积 $S$。如图 5.14 所示,在单位时间内通过 $S$ 的平均能量等于体积 $uS$ 中的平均能量。这是因为能量以速度 $u$ 传播,则 1 s 末时,与面积 $S$ 相距为 $u$ 处的振动质元的能量将陆续传播过去,而恰好通过面积 $S$。由于单位体积内的平均能量(即平均能量密度)为 $\overline{w}$,因此,在单位时间内通过面积 $S$ 的平均能量为 $\overline{P}=\overline{w}uS$。

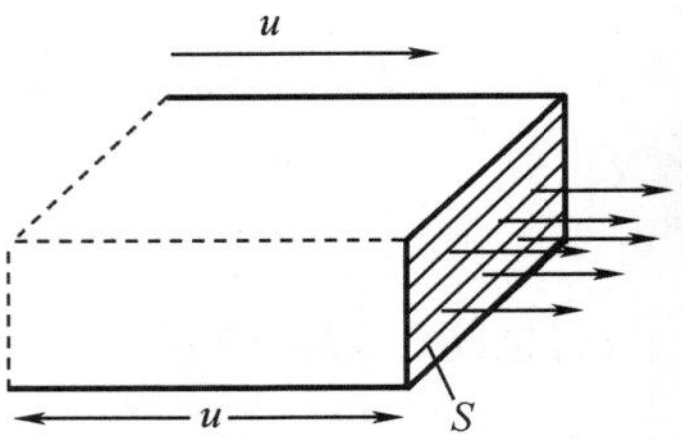


图 5.14　波的能流

故在单位时间内平均通过面积 $S$ 的能量为

$$\overline{P}=\overline{w}uS \tag{5.26}$$

在单位时间内通过垂直于波传播方向的单位面积上的平均能量,称为**能流密度**,以 $I$ 表示,由式(5.26)得

$$I=\frac{\overline{P}}{S}=\overline{w}u=\frac{1}{2}\rho A^2\omega^2 u \tag{5.27}$$

式中,$\rho$ 是介质的密度;$u$ 是波速;$A$ 是振幅;$\omega$ 是波的角频率。式(5.27)说明,在均匀介质(即 $\rho$、$u$ 一定)中,从一给定波源(即 $\omega$ 确定)发出的波,其能流密度与振幅的平方成正比。能流密度是一矢量(在电磁场理论中,电磁波的平均能流密度又称坡印廷矢量),它的方向即为波速的方向。故式(5.27)可写成如下的矢量形式:

$$\boldsymbol{I}=\frac{1}{2}\rho A^2\omega^2\boldsymbol{u} \tag{5.28}$$

能流密度越大,单位时间内通过垂直于波传播方向的单位面积的能量越多,波就越强,所以能流密度是波的强弱的一种量度,因而也称为波的强度。例如,声音的强弱取决于声波的能流密度(声强)的大小;光的强弱取决于光波的能流密度(光强)的大小。

由于波的强度与振幅有关,因此当平面简谐波在介质中传播时,若介质是均匀的,且不吸收波的能量,则其振幅 $A$ 将保持不变。但是,对球面波而言,情况就不同。

如图5.15所示,假定在均匀介质中有一个点波源$O$,其振动向各方向传播,形成球面波。与此同时,其能量也从波源往外传播。若距波源为$r_1$处的能流密度为$I_1$,距波源为$r_2$处的能流密度为$I_2$,以波源$O$为中心,作半径为$r_1$与$r_2$的两个同心球形波面,如果在介质内波的能量没有损失,则在单位时间内分别穿过这两个波面的总平均能量$4\pi r_1^2 I_1$和$4\pi r_2^2 I_2$应该相等,即

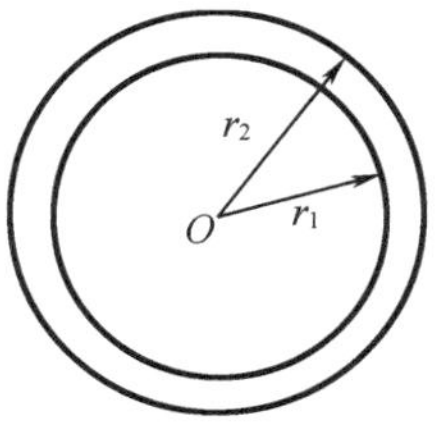

图5.15 球面波中能量传播

$$4\pi r_1^2 I_1 = 4\pi r_2^2 I_2$$

设$A_1$、$A_2$分别为该两球形波面处波的振幅,则由能流密度公式有

$$4\pi r_1^2\left(\frac{1}{2}\rho A_1^2\omega^2 u\right) = 4\pi r_2^2\left(\frac{1}{2}\rho A_2^2\omega^2 u\right)$$

由此得

$$\frac{A_1}{A_2} = \frac{r_2}{r_1} \tag{5.29}$$

即球面波在传播过程中,介质中各处质元的振幅与该处到波源的距离成反比。若已知距波源为单位距离处质元的振幅是$A_0$,即$r_1 = 1$,$A_1 = A_0$,则由式(5.29)有$\frac{A_0}{A} = \frac{r}{1}$,从而可把距波源为$r$处任一质元的振幅表示为$A = \frac{A_0}{r}$,并可列出如下的球面波表达式:

$$y = \frac{A_0}{r}\cos\left[\omega\left(t - \frac{r}{u}\right) + \varphi\right] \tag{5.30}$$

这里,由于$r$是变量,故球面波振幅不是恒量。由前面的波面的总平均能量相等公式还可得出一条本质上与式(5.22)相同的规律,如下:

$$\frac{I_1}{I_2} = \frac{r_2^2}{r_1^2} \tag{5.31}$$

也就是说,从点波源发出的球面波,在各处的能流密度与该处到波源的距离的平方成反比,这个规律在声学中就是某处的声强与该处到声源的距离的平方成反比;在光学中就是某处的光强与该处到光源的距离的平方成反比的定律。实际上,由于介质的内摩擦力的作用,介质内各质元在振动过程中,总有一部分能量转化为热;而且由于实际的介质的不均匀性,一部分能量发生散射(即改变它的传播方向)。总体来说,在波的传播过程中,能量沿途是有损耗的,波的振幅要衰减,这种能量的损耗现象称为波的吸收。由于波的吸收,点波源发出的波在介质中各处的能流密度并不严格地与距离的平方成反比。根据以上所述,就不难解释下述事实,即当声波传播得越远时,虽然其频率未变,但是声音的强度却越来越弱,甚至听不到。其原因:一方面,由于从声源发出的声波是球面波,它的强度随距离的增加而变小;另一方面,沿途介质的吸收使强度减弱,所以当强度减小到某一程度时就听不到了。

# 5.4　惠更斯原理与衍射　波的反射和折射

## 5.4.1　惠更斯原理

波在均匀的、各向同性的介质中传播时，波面及波前的形状不变，波线也保持为直线，沿途不会改变传播方向。例如，波在水面上传播时，只要沿途不遇到什么障碍物，波前的形状总是相似的，圆圈形的波前始终是圆圈，直线形的波线始终保持直线。也就是说，波沿直线传播。可是，当波在传播过程中遇到障碍物时，或当波从一种介质传播到另一种介质时，波面的形状和波的传播方向（即波线方向）将发生改变。例如，水波可以通过障碍物——小孔，在小孔后面出现圆形的波，原来的波前、波面都将改变，就好像是以小孔为新的子波源一样，它所发射出去的波称为子波。从这种观点出发，惠更斯于1690年提出了一条原理，称为**惠更斯原理**，内容如下：**介质中，波传到的各点不论是否在同一波前上，都可看作发射子波的波源。在任一时刻，这些子波的包络面就是该时刻的波前。**

利用惠更斯原理可以通过几何作图的方法（惠更斯作图法）由已知的波前确定下一时刻的波前，从而确定波的传播方向。如图5.16所示，当波在均匀的、各向同性的介质中传播时，用惠更斯作图法求出的波前的几何形状总是保持不变的。

应该指出，惠更斯原理虽然很好地解释了波的传播方向的问题，但却没有给出子波强度的分布，后来菲涅耳对惠更斯原理做了重要补充，解决了波的强度分布问题，这就是在光学中有重要应用的惠更斯－菲涅耳原理。

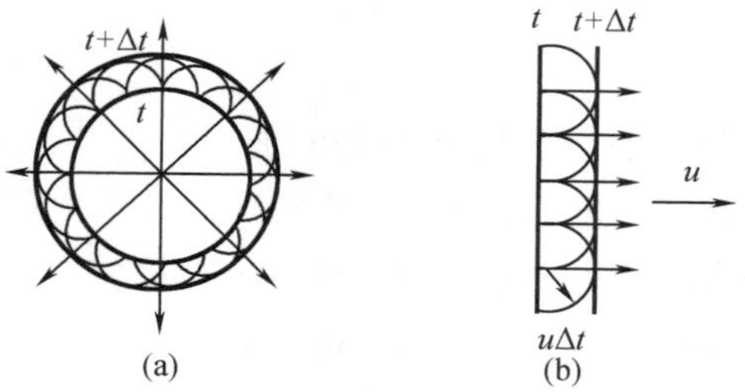


**图5.16　惠更斯作图法求新波阵面**

## 5.4.2　波的衍射

波的衍射在声学和光学中非常重要。在波向前传播的过程中遇到障碍物时，波线发生弯曲并绕过障碍物边缘的现象称为波的衍射（或绕射）现象。例如，两人隔着墙壁谈话，也能听到对方的声音，这就是由声波的衍射引起的。

利用惠更斯原理（惠更斯作图法）能够定性地解释波的衍射现象。如图5.17所示，当波到达障碍物的边缘时，这些地方将发出子波，许多子波所形成的包络面是新的波前，它不再保持原来波前的形状,即波线发生了弯曲,从而使障碍物后边的介质质元发生振动。

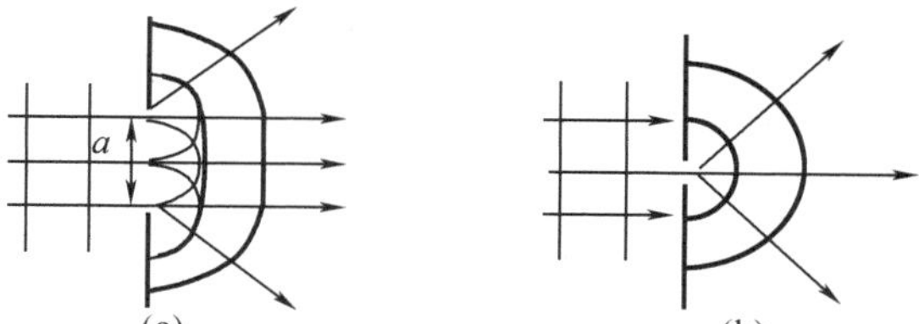


图 5.17 波的衍射

一般地说,任何一种波(声波、光波等)都会产生衍射现象。因此,衍射现象是波在传播过程中所独具的特征之一。如果障碍物的孔径(或缝)的宽度或障碍物本身的线度远大于波长 $\lambda$,则可以认为波将沿直线传播,衍射现象不显著。实验证明,衍射现象是否显著,取决于孔(或缝)的宽度 $d$ 和波长 $\lambda$ 的比值。通常考虑孔径 $d$ 和波长 $\lambda$ 是否可以比拟,如果可以比拟则衍射现象显著。声波的波长较大,有几米左右,因此衍射较显著,而波长较短的波(如超声波、光波等)的衍射现象就不显著,呈现出明显的方向性,即按直线做定向传播。

在技术上,凡需要定向传播信号,就必须利用波长较短的波。例如,用雷达探测物体和测定物体的远近时,需要把雷达发出的信号(电磁波)对准物体的方向发射出去,并从该物体上反射回来后被雷达接收,这就需采用波长数量级为几厘米或几毫米的电磁波(即微波)。利用超声波探测鱼群或材料内部的缺陷,主要也是由于超声波的波长较短(约几毫米),且超声波的方向性较好。但在有些情形下,如广播电台播送节目时,发射出去的电磁波并不要求定向传播,通常采用波长达几十米到几百米的电磁波(即无线电波)。这样,电磁波在传播途中即使遇到较大的障碍物,也能绕过它而到达任何角落,使得无线电收音机不论放在哪里,都能接收到电台的广播。

### 5.4.3 波的反射和折射

利用惠更斯原理还能说明波在入射到两种均匀且各向同性的介质的分界面上时传播方向改变的规律,也就是波的反射和折射。

设有一平面波以波速 $u$ 入射到两种介质的分界面上,根据惠更斯作图法,入射波传到的分界面上的各点都可以看作发射子波的波源。作出某一时刻这些子波的包络面,就能得到新的波阵面,从而确定反射波和折射波的传播方向。

先说明波的反射定律。如图 5.18 所示,设入射波的波阵面和两种介质的分界面均垂直于图面。在 $t$ 时刻,此波阵面与图面的交线 $AB$ 到达图示位置,$A$ 点和界面相遇。此后 $AB$ 上各点将依次到达界面。设经过相等的时间,此波阵面与图面的交线依次与分界面在 $E_1$、$E_2$ 和 $C$ 点相遇,而在 $t+\Delta t$ 时刻,$B$ 点到达 $C$ 点,可以作出此时刻界面上各点发出的子波的包络图。为清楚起见,图 5.18 中只画出了 $A$、$E_1$、$E_2$ 和 $C$ 点发出的子波。因为波在同一介质中传播,波速 $u$ 不变,所以在 $t+\Delta t$ 时刻,从 $A$、$E_1$、$E_2$ 发出的子波半径分别为 $d$、$\frac{2d}{3}$、$\frac{d}{3}$,这里 $d=u\Delta t$。显然,这些子波的包络面也是与图面垂直的平面。它与图面的交线为 $CD$,而且

$AD=BC$。作垂直于此波阵面的直线，即得**反射线**。与入射波阵面 $AB$ 垂直的线称为**入射线**。令 $An$、$Cn'$为分界面的法线，则由图可看出任一条入射线和它的反射线以及入射点的法线在同一平面内。令 $i$ 表示入射角，$i'$表示反射角，则由图 5.18 中还可以看出，两个直角三角形$\triangle BAC$ 和$\triangle DCA$ 全等，因此$\angle BAC=\angle DCA$，所以 $i=i'$，即入射角等于反射角。这就是**波的反射定律**。

如果波能进入第二种介质，则由于波在两种介质中的波速（指相速）不相同，在分界面上要发生折射现象。

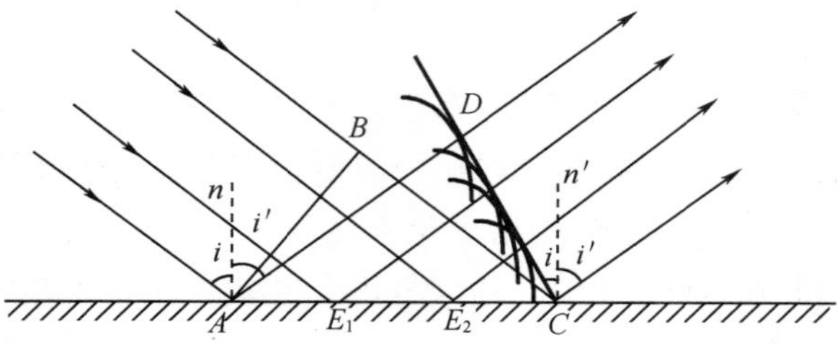


**图 5.18　波的反射**

如图 5.19 所示，以 $u_1$、$u_2$ 分别表示波在第一种介质和第二种介质中的波速。同如图 5.18，设 $t$ 时刻入射波波阵面 $AB$ 到达图示位置。其后经过相等的时间，此波阵面依次到达 $E_1$、$E_2$ 和 $C$ 点，而在 $t+\Delta t$ 时，$B$ 点到达 $C$ 点。画出 $t+\Delta t$ 时刻，从 $A$、$E_1$、$E_2$ 发出的在第二种介质中的子波，子波半径分别为 $d$、$\frac{2d}{3}$、$\frac{d}{3}$，但这里 $d=u_2\Delta t$。这些子波的包络面也是与图面垂直的平面，它与图面的交线为 $CD$，而且 $\Delta t=\frac{BC}{u_1}=\frac{AD}{u_2}$。作垂直于此波阵面的直线，即得**折射线**。以 $\gamma$ 表示折射角，则有$\angle ACD=\gamma$。再以 $i$ 表示入射角，则有$\angle BAC=i$。由图 5.19 可明显地看出

$$BC=u_1\Delta t=AC\sin i \tag{5.32}$$

$$AD=u_2\Delta t=AC\sin \gamma \tag{5.33}$$

式(5.32)和式(5.33)相除得

$$\frac{\sin i}{\sin \gamma}=\frac{u_1}{u_2}=n_{21} \tag{5.34}$$

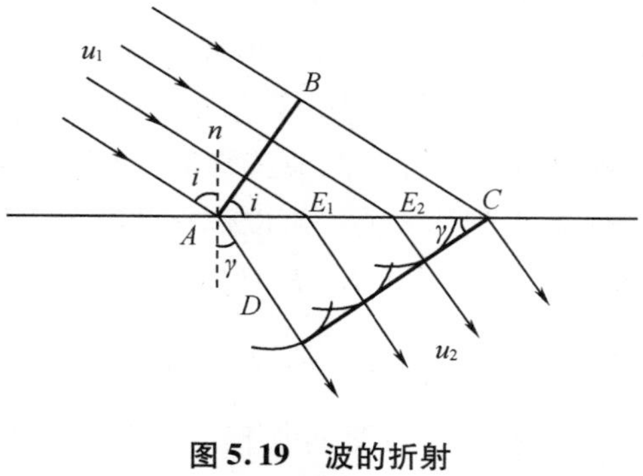


**图 5.19　波的折射**

比值 $n_{21}=\frac{u_1}{u_2}$ 称为第二种介质对于第一种介质的**相对折射率**，它对于给定的两种介质来说是常数。对于给定的两种介质，入射角的正弦与折射角的正弦之比等于常数，这就是**波的折射定律**。

反射定律和折射定律也用于说明光的反射和折射。历史上关于光的本性，曾有“微粒说”和“波动说”之争。二者对光的反射的解释相似，但对于光的折射的解释则有明显的不同：“微粒说”认为要解释折射定律，就需要认定折射率 $n_{21}=\frac{u_1}{u_2}$。因此，例如，水对空气的折射率大于1，所以光在水中的速度就应大于光在空气中的速度。而“波动说”则相反，按式(5.34)，光在水中的速度应小于光在空气中的速度。孰是孰非要靠光速的实测结果来判断。1850年，傅科首先测出了光在水中的速度，证实了它比光在空气中的速度小，这就最后否定了原来的光的“微粒说”。

由式(5.34)可得

$$\sin\gamma=\frac{u_2}{u_1}\sin i \tag{5.35}$$

如果 $u_2>u_1$，则当入射角 $i$ 大于某一值时，等式(5.35)右侧的值将大于1而使折射角 $i$ 无解。这时没有折射线产生，入射波将全部反射回原来的介质中。这种现象叫**全反射**。产生全反射的最小入射角称为**临界角**。以 $A$ 表示波从介质1射向介质2($u_2>u_1$)时的临界角，则由于相应的折射角为90°，所以由式(5.34)可得

$$\sin A=\frac{u_1}{u_2}=n_{21} \tag{5.36}$$

就光的折射现象来说，两种介质相比，在其中光速较大的介质叫光疏介质，光速较小的介质叫光密介质。光由光密介质射向光疏介质时，就会发生全反射现象。

光的反射的一个重要实际应用是制造光纤，它是现代光通信技术必不可少的材料。光可以沿着被称作光纤的玻璃细丝传播，这是由于光纤表皮的折射率小于芯的折射率的缘故。

# 5.5 波的干涉

几列波在同一介质中传播时可能发生干涉现象，本节讨论干涉现象的原理和主要结论。

## 5.5.1 波的叠加原理及相干条件

当几列波同时在一种介质中传播时，每列波的特征量如振幅、频率、波长、振动方向等，都不会因为有其他波的存在而改变，这是波传播的独立特性。例如，从两个探照灯射出的光波，交叉后仍然按原来的方向传播，彼此互不影响。乐队合奏或几个人同时谈话时，声波

也并不因在空间互相交叠而变成另外一种什么声音，所以我们能够辨别出各种乐器或各人的声音来。波的这种独立性，使得当几列波在空间的某一点相遇时，每列波都单独引起介质中该处质元的振动，并不因其他波的存在而有所改变，因此该质元实际的振动就是各列波单独存在时所引起该质元的各个振动的叠加。这就是**波的叠加原理**。

对于机械波，介质中的某一质元在任一时刻振动的位移，是各列波单独存在时在该处所引起的振动位移的矢量和，这称为机械波的叠加原理。这一原理可推广到电磁波和德布罗意波等波动现象，对于电磁波等非机械波现象，波的传播不一定需要介质，所研究的物理量一般也不是位移。

一般地说，振幅、频率、相位等都不同的几列波在某一点叠加时，情形是很复杂的。如果两列波满足相干条件：**频率相同；振动方向相同；相位差恒定**，称这样的两列波为相干波。在相干波的重叠区域内，介质中某些地方的振动很强，而在另一些地方的振动很弱或完全不动，这种现象称为波的干涉。

波的干涉现象可用水波演示仪演示（图 5.20），将相距一定距离的两根探针 $S_1$ 和 $S_2$ 分别固定在音叉的一臂上，当音叉振动时，两探针在水面上下振动，不断击打水面，水面上被扰动的 $S_1$ 和 $S_2$ 两点成为两个相干的波源，由它们发出两列相干波。在两波相遇的区域就会看到，有些地方的振动始终加强，有些地方的振动始终减弱。图 5.20(a)就是水面波的干涉照片。

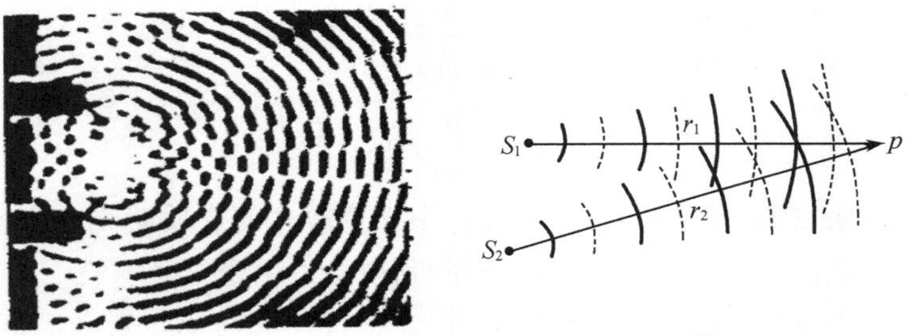


(a)　　(b)

**图 5.20　波的干涉**

## 5.5.2　干涉相长和相消的条件

现在讨论在空间某点 $p$ 发生干涉加强或减弱的条件。波的干涉计算用图如图 5.20(b) 所示。设有两个相干波源分别位于 $S_1$ 和 $S_2$ 点，它们的振动表达式分别为

$$y_1 = A_{10}\cos(\omega t + \varphi_1)$$

$$y_2 = A_{20}\cos(\omega t + \varphi_2)$$

这两个波源发出的波在空间任一点 $p$ 相遇时，$p$ 点上的质元振动可根据波的叠加原理来计算。设 $p$ 点离开 $S_1$ 和 $S_2$ 的距离分别为 $r_1$ 和 $r_2$，并设这两列波到达 $p$ 点时的振幅分别变为 $A_1$ 和 $A_2$，则 $p$ 点参与的两个同方向、同频率的分振动分别为

$$y_1 = A_1\cos\left[\omega\left(t - \frac{r_1}{u}\right) + \varphi_1\right] = A_1\cos\left(\omega t - \frac{2\pi r_1}{\lambda} + \varphi_1\right)$$

$$y_2 = A_2\cos\left[\omega\left(t - \frac{r_2}{u}\right) + \varphi_2\right] = A_2\cos\left(\omega t - \frac{2\pi r_2}{\lambda} + \varphi_2\right)$$

可得 $p$ 点的合振动表达式为

$$y = A\cos(\omega t + \varphi)$$

$$A = \sqrt{A_1^2 + A_2^2 + 2A_1A_2\cos\left(\varphi_1 - \varphi_2 - 2\pi\frac{r_1 - r_2}{\lambda}\right)}$$

$$\tan\varphi = \frac{A_1\sin\left(\varphi_1 - \frac{2\pi r_1}{\lambda}\right) + A_2\sin\left(\varphi_2 - \frac{2\pi r_2}{\lambda}\right)}{A_1\cos\left(\varphi_1 - \frac{2\pi r_1}{\lambda}\right) + A_2\cos\left(\varphi_2 - \frac{2\pi r_2}{\lambda}\right)}$$

在上述合振动振幅 $A$ 的表达式中，两列相干波在 $p$ 点引起的两个分振动的振幅 $A_1$ 和 $A_2$ 均已给出，故 $p$ 点的合振动振幅 $A$ 的大小取决于两个分振动的相位差 $\Delta\varphi$，即

$$\Delta\varphi = \varphi_2 - \varphi_1 - 2\pi\frac{r_2 - r_1}{\lambda} \tag{5.37}$$

式中，$\varphi_2 - \varphi_1$ 即为两个相干波源的相位差，它是恒定的；而对于空间任一点来说，它与两个波源的距离 $r_1$、$r_2$ 不变，即 $r_2 - r_1$ 也是确定的，所以 $\Delta\varphi$ 为一恒量，这就表明，每一点的合振幅 $A$ 亦是恒量，其量值则取决于该点在空间的位置（由 $r_2 - r_1$ 确定）。

若空间某点适合下述条件：

$$\Delta\varphi = \varphi_2 - \varphi_1 - 2\pi\frac{r_2 - r_1}{\lambda} = 2k\pi\ (k = 0,\ \pm1,\ \pm2,\cdots) \tag{5.38}$$

则该点合成振动的合振幅最大，$A = A_1 + A_2$，即干涉相长；

若空间某点适合下述条件：

$$\Delta\varphi = \varphi_2 - \varphi_1 - 2\pi\frac{r_2 - r_1}{\lambda} = (2k+1)\pi\ (k = 0,\ \pm1,\ \pm2,\cdots) \tag{5.39}$$

则该点合振动的合振幅最小，$A = |A_1 - A_2|$，即干涉相消。如果 $\varphi_1 = \varphi_2$（即初相相同，这在光学中常遇到），则上述条件可简化为

$$\delta = r_2 - r_1 = k\lambda\ (k = 0,\ \pm1,\ \pm2,\cdots)\ (\text{干涉相长}) \tag{5.40}$$

$$\delta = r_2 - r_1 = \left(k + \frac{1}{2}\right)\lambda\ (k = 0,\ \pm1,\ \pm2,\cdots)\ (\text{干涉相消}) \tag{5.41}$$

$\delta = r_2 - r_1$ 表示两列相干波同时从波源 $S_1$ 和 $S_2$ 出发而到达 $p$ 点时所经过的路程之差，称为波程差。所以式(5.40)和式(5.41)表明，当两列相干波在空间叠加时，若波源振动的相位相同，则在波程差等于零或等于波长的整数倍的各点振幅为极大（干涉相长）；在波程差等于半波长的奇数倍的各点，振幅为极小（干涉相消）。

**例5.6** 位于 $A$、$B$ 两点的两个波源，振幅相等，频率相等（都是100 Hz），相位差为 $\pi$，若两点相距30 m，波速为400 $\text{m}\cdot\text{s}^{-1}$，求 $AB$ 连线上静止点的位置。

**解** 考虑 $AB$ 连线上距离 $A$ 点为 $x$ 的一点，两波分别由 $A$、$B$ 点传到此的相位差为

$$\begin{aligned}\Delta\varphi &= \varphi_A - \frac{2\pi}{\lambda}x - \left[\varphi_B - \frac{2\pi}{\lambda}(l-x)\right] \\ &= \varphi_A - \varphi_B + \frac{2\pi\nu}{u}(l-2x) \\ &= \pi + \frac{2\pi\times 100}{400}(l-2x) \\ &= \pi + \frac{\pi}{2}(l-2x)\end{aligned}$$

两波叠加静止的条件是 $\Delta\varphi=(2n+1)\pi$，因此有

$$\pi + \frac{\pi}{2}(l-2x) = (2n+1)\pi \tag{1}$$

按题设 $l=30$ m，则由式(1)可解出

$$x = \frac{l}{2} - 2n = 15 - 2n$$

根据 $n$ 为整数，$0<x<30$，得到静止点的位置为 $x=1,3,5,\cdots,29$，单位为 m。

**例 5.7** 如图 5.21 所示，原点 $O$ 是波源，振动方向垂直于纸面，波长是 $\lambda$。$AB$ 为波的反射平面，反射时无相位突变 $\pi$。$O$ 点位于 $A$ 点的正上方，$\overline{AO}=h$。$Ox$ 轴平行于 $AB$。求 $Ox$ 轴上干涉加强点的坐标（限于 $x\geqslant 0$）。

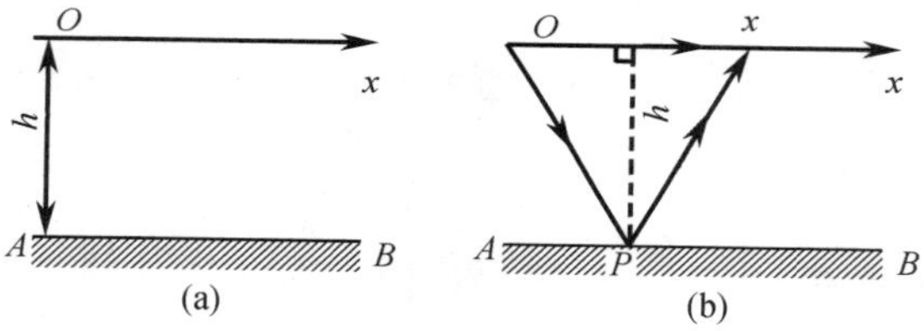


**图 5.21 例 5.7 图**

**解** 如图 5.21 所示，沿 $Ox$ 轴传播的波与从 $AB$ 面上 $P$ 点反射来的波在坐标 $x$ 处相遇，两波的波程差为

$$\delta = 2\sqrt{\left(\frac{x}{2}\right)^2 + h^2} - x$$

代入干涉加强的条件，有

$$2\sqrt{\left(\frac{x}{2}\right)^2 + h^2} - x = k\lambda\ (k=0,1,2,\cdots)$$

$$x^2 + 4h^2 = x^2 + k^2\lambda^2 + 2xk\lambda$$

$$2xk\lambda = 4h^2 - k^2\lambda^2$$

$$x = \frac{4h^2 - k^2\lambda^2}{2k\lambda} < \frac{2h}{\lambda}\ (k=1,2,3,\cdots)$$

当 $x=0$ 时，由 $4h^2-k^2\lambda^2$ 可得 $k=\dfrac{2h}{\lambda}$。

### 5.5.3 驻波

两列振幅相同、频率相同的相干波沿相反方向传播时叠加而成的波动，可以形成驻波。驻波是波干涉现象的一种，在声学和光学中都有重要的应用。

1. 弦线上的驻波实验

如图5.22所示，在音叉一臂末端系一根水平弦线，弦线另一端通过一滑轮被一砝码拉紧，使音叉振动并调节劈尖 $B$ 的位置，当 $AB$ 为某些固定长度时，可看到 $AB$ 弦线上有些点始终静止不动，有些点则振动最强，弦线 $AB$ 将分段振动，这就是驻波。弦线上的驻波是怎样形成的呢？音叉振动时带动弦线 $A$ 端振动，由 $A$ 端振动引起的波向右端传播，当它到达 $B$ 点遇到障碍物时，波被反射回来，不计反射时的能量损失，则反射波与入射波同方向、同频率、同振幅，但沿弦线向左传播。在弦线上的入射波和反射波发生干涉形成驻波。所以驻波是两列同类相干波沿相反方向传播时叠加而成的。

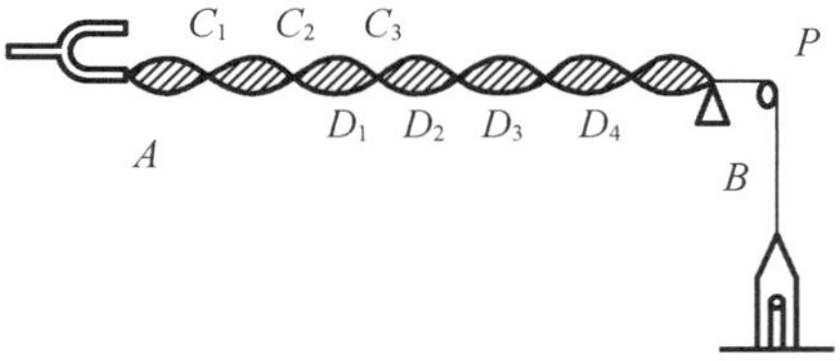

**图5.22 弦线上的驻波**

在图5.22所示的弦线驻波实验中，形成驻波时，弦线上始终不动的点，如 $C_1$、$C_2$、$C_3$、$B$ 等，统称为驻波的波节；而振动最强的点，如 $D_1$、$D_2$、$D_3$，$D_4$ 等，统称为驻波的波腹。在下面的讨论中将会看到，如入射波的波长为 $\lambda$，则两相邻波节和波腹之间的距离都是 $\frac{\lambda}{2}$。也就是说，形成驻波时弦线的长度 $L$ 必须满足条件 $L=n\frac{\lambda}{2}(n=1,2,3,\cdots)$，即弦线长度为半波长的整数倍。目前，驻波在许多现代工程技术问题研究中，诸如声学、激光原理、原子物理等许多学科中都有着广泛的应用。

2. 驻波的波动方程

用简谐波表达式对驻波做定量描述。如图5.23所示，短虚线和长虚线表示两个平面简谐波，实线为两波叠加的结果——驻波。

设沿 $x$ 轴正向和负向传播的波在 $x$ 轴原点 $x=0$ 处都出现波峰的时刻，将此选为开始计时的时刻，即 $t=0$，则它们的表达式分别为

$$y_1=A\cos 2\pi\left(\nu t-\frac{x}{\lambda}\right)$$

$$y_2=A\cos 2\pi\left(\nu t+\frac{x}{\lambda}\right)$$

两波叠加后，介质中各处质元振动的合位移为

$$y=y_1+y_2=2A\cos\left(\frac{2\pi x}{\lambda}\right)\cos(\omega t) \tag{5.42}$$

这是合成后所得的**驻波的波函数**。它表明在坐标为 $x$ 处的质元，做振幅为 $2A\cos\left(\frac{2\pi x}{\lambda}\right)$、频率为 $\nu$ 的简谐振动，即个质元做同频率的简谐振动。这一频率就是两个分振动的频率。驻波表达式中，$x$ 和 $t$ 分别出现在两个因子中，并不表现为 $t-\frac{x}{u}$ 或 $t+\frac{x}{u}$ 的形

式，所以它不是一个行波表达式，而实际上是一个振动表达式。

如图 5.23 所示，在驻波中，各质元的振幅 $2A\cos\left(\frac{2\pi x}{\lambda}\right)$ 与它们所在位置 $x$ 有关，而与时间 $t$ 无关。振幅的最大值（等于 $2A$）发生在 $2A\cos\left(\frac{2\pi x}{\lambda}\right)=\pm1$ 的点（图 5.23 中 $A$ 点），这些点称为波腹点，其坐标为

$$x=k\frac{\lambda}{2}(k=0,\pm1,\pm2,\cdots) \tag{5.43}$$

相邻两波腹间的距离为半波长。振幅的最小值（等于零）发生在 $2A\cos\left(\frac{2\pi x}{\lambda}\right)=0$ 的点（图 5.24 中 $N$ 点），这些点称为波节点，其坐标为

$$x=\left(k+\frac{1}{2}\right)\frac{\lambda}{2}(k=0,\pm1,\pm2,\cdots) \tag{5.44}$$

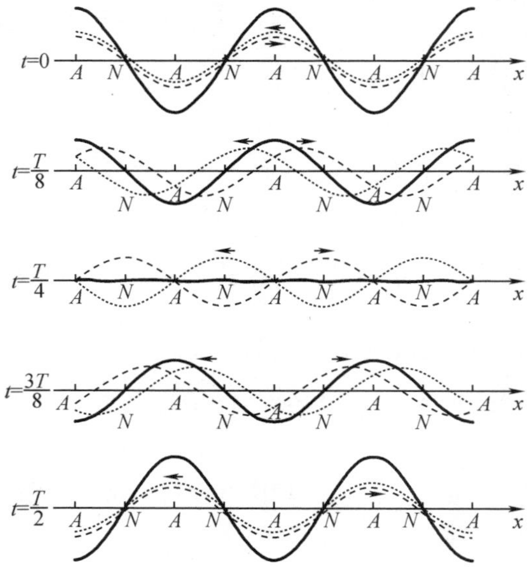

**图 5.23　驻波的形成**

相邻两波节之间的距离也是$\frac{\lambda}{2}$。图 5.23 刻画了驻波的形成过程，从上到下依次表示$t=0$，$\frac{T}{8}$，$\frac{T}{4}$，$\frac{3T}{8}$，$\frac{T}{2}$时刻，各质点振动位移的变化，其中 $A$ 标志的是波腹位置，$N$ 位置处质点始终保持不动，这些点就是波节。从图 5.23 上可以清晰地看出，每一时刻，驻波都有一定的波形，此波形既不向右移也不向左移，各点以各自确定的振幅在各自的平衡位置附近振动，没有振动状态和相位的传播，因而称为驻波。

现在来研究驻波的相位问题。在驻波表达式中，因子 $\cos(2\pi\nu t)$ 与质元的位置无关，只与时间 $t$ 有关，似乎在任一时刻所有质点都具有相同的相位，所有质点都同步振动，其实不然。由于因子 $\cos\left(\frac{2\pi x}{\lambda}\right)$ 在波节处为零，在波节两边符号相反，因此在驻波中，两波节之间各

点有相同的相位,它们同时达到最大位移,同时通过平衡位置;而同一波节两侧各点相位相反。

总之,在驻波中,两相邻波节间各质元的振幅不同,但具有相同的相位;在同一波节两侧的各质元的振幅也不同,但其振动相位相反。

3. 半波损失

在波向前传播途中垂直地遇到障碍物(或遇到另一种介质的边界面)而发生反射时,由于反射波和入射波是传播方向相反的相干波,因而干涉叠加的结果就会形成驻波。当入射波垂直入射到界面且界面为固定端(其位移始终为零)时,端点处一定为波节,即入射波与反射波在端点的振动相位差一定是 π,说明入射波在固定端反射时其相位有 π 的突变,它相当于半个波长的波程差,把入射波反射时发生相位突变 π 的现象叫**半波损失**。当界面为自由端时,该处出现波腹,入射波和反射波同相位,说明反射时没有相位突变,不产生半波损失。一般情况下,入射波在两种介质的分界面上反射时是否产生半波损失,取决于介质的密度与波速之乘积 $\rho u$,$\rho u$ 相对较大的介质称为波密介质,相对较小的介质称为波疏介质。当波从波疏介质向波密介质入射时,反射波就出现半波损失;反之,无半波损失。

**例 5.8** 设入射波的表达式为 $y_1 = A\cos 2\pi\left(\frac{x}{\lambda}+\frac{t}{T}\right)$,在 $x=0$ 处发生反射,反射点为一固定端。设反射时无能量损失,求:

(1)反射波的表达式;

(2)合成的驻波的表达式;

(3)波腹和波节的位置。

**解** (1)入射波在原点的振动方程 $y_{10} = A\cos 2\pi\left(\frac{t}{T}\right)$,由于反射点是固定端,因此反射有相位 π 突变,且反射波振幅为 $A$。反射波在原点的振动方程 $y_{20} = A\cos\left[2\pi\left(\frac{t}{T}\right)+\pi\right]$,进一步可以得到反射波的表达式为

$$y_2 = A\cos\left[2\pi\left(\frac{x}{\lambda}-\frac{t}{T}\right)+\pi\right]$$

(2)驻波的表达式是

$$y = y_1 + y_2 = 2A\cos\left(\frac{2\pi x}{\lambda}+\frac{\pi}{2}\right)\cos\left(\frac{2\pi t}{T}-\frac{\pi}{2}\right)$$

(3)波腹位置

$$\frac{2\pi x}{\lambda}+\frac{\pi}{2} = n\pi$$

$$x = \frac{1}{2}\left(n-\frac{1}{2}\right)\lambda\ (n=1,2,3,4,\cdots)$$

波节位置

$$\frac{2\pi x}{\lambda}+\frac{\pi}{2} = n\pi+\frac{\pi}{2}$$

$$x = \frac{1}{2}n\lambda\ (n=1,2,3,4,\cdots)$$

**例 5.9** 如图 5.24 所示，一平面简谐波沿 $x$ 轴正方向传播，$BC$ 为波密介质的反射面。波由 $P$ 点反射，$\overline{OP}=\frac{3\lambda}{4}$，$\overline{DP}=\frac{\lambda}{6}$。在 $t=0$ 时，$O$ 处质点的合振动是经过平衡位置向负方向运动。求 $D$ 点处入射波与反射波的合振动方程。（设入射波和反射波的振幅皆为 $A$，频率为 $\nu$）

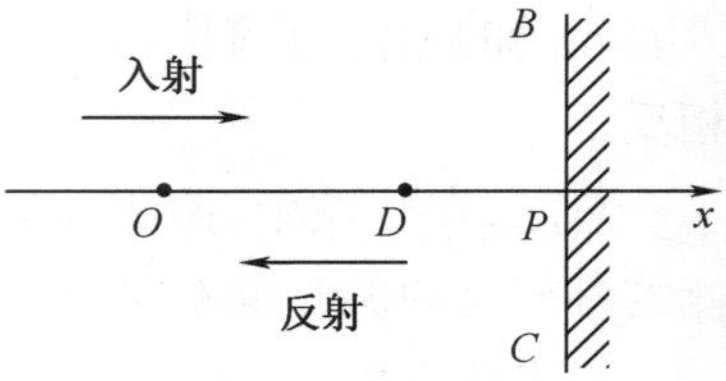


**图 5.24 例 5.9 图**

**解** 选 $O$ 点为坐标原点，设入射波表达式为

$$y_1=A\cos\left[2\pi\left(\nu t-\frac{x}{\lambda}\right)+\varphi\right]$$

入射波在 $P$ 点的振动方程为

$$y_{1p}=A\cos\left[2\pi\left(\nu t-\frac{\overline{OP}}{\lambda}\right)+\varphi\right]$$

由于 $BC$ 为波密介质的反射面，因此反射有相位 $\pi$ 突变，则反射波在 $P$ 点的振动方程为

$$y_{2p}=A\cos\left[2\pi\left(\nu t-\frac{\overline{OP}}{\lambda}\right)+\varphi+\pi\right]$$

进一步可以写出反射波的表达式是

$$y_2=A\cos\left[2\pi\left(\nu-\frac{2\ \overline{OP}-x}{\lambda}\right)+\varphi+\pi\right]=A\cos\left[2\pi\left(\nu+\frac{x}{\lambda}\right)+\varphi\right]$$

合成波表达式（驻波）为

$$y=2A\cos\left(\frac{2\pi x}{\lambda}\right)\cos(2\pi\nu+\varphi)$$

在 $t=0$ 时，$x=0$ 处的质点 $y_0=0$，$\frac{\partial y_0}{\partial t}<0$，故得

$$\varphi=\frac{1}{2}\pi$$

因此，$D$ 点处的合成振动方程是

$$y=2A\cos\left(2\pi\frac{\frac{3\lambda}{4}-\frac{\lambda}{6}}{\lambda}\right)\cos\left(2\pi\nu t+\frac{\pi}{2}\right)=\sqrt{3}A\sin 2\pi\nu t$$

# 5.6 多普勒效应

本章中上述各节，均是在波源与观察者相对于介质均为静止的情况下研究了波。这时，介质中各点的振动频率与波源的频率相等，亦即观察者接收到的频率与波源的频率相同。若波源与观察者或两者同时相对于介质在运动，观察者接收到的频率不同于波源频率。这种观察者接收到的频率有赖于波源或观察者运动的现象称为**多普勒效应**。例如，当高速行驶的火车鸣笛而来时，人们听到的汽笛音调变高；当它鸣笛离去时，人们听到的音调变低。这种现象是声学的多普勒效应。

本节讨论多普勒效应的规律,为简单起见,仅依据观察者与声源沿同一直线运动的特殊情况来讨论声波的多普勒效应。设声源 $S$ 相对于介质的运动速度为 $\boldsymbol{\nu}_S$,观察者 $R$ 相对于介质的运动速度为 $\boldsymbol{\nu}_R$,声波在介质中的传播速度仍用 $u$ 表示。规定:声源趋近观察者时,$\boldsymbol{\nu}_S$ 取正值;声源背离观察者时,$\boldsymbol{\nu}_S$ 取负值。观察者趋近声源时,$\boldsymbol{\nu}_R$ 取正值;观察者背离声源时,$\boldsymbol{\nu}_R$ 取负值。波速 $u$ 恒为正值。

设声源的频率为 $\nu$,观察者感觉到的频率为 $\nu'$。讨论以下 3 种情况:

(1)声源 $S$ 相对于介质静止,观察者以速度 $v_R$ 相对于介质运动($v_S=0, v_R\neq 0$),讨论观察者 $R$ 向着声源 $S$ 运动的情形,按规定,$v_R>0$。$R$ 以 $v_R$ 迎着声波的传播方向向左运动,这相当于声波以速度 $u+v_R$ 通过观察者,或者说,在单位时间内,原来到达观察者处的声波向右传播了距离 $u$,同时观察者向左运动了距离 $v_R$,这相当于声波相对于运动的观察者传播了距离 $u+v_R$,如图 5.25 所示。由于波长 $\lambda$ 不变,故在单位时间内通过观察者的波的数目,即观察者接收到的波的频率为

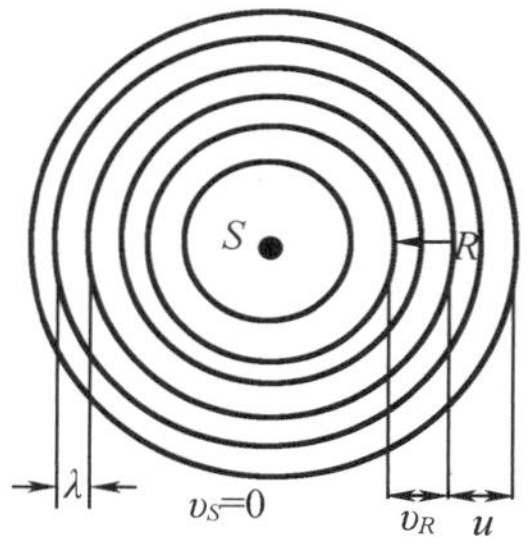


**图 5.25 波源静止时的多普勒效应**

$$\nu'=\frac{u+v_R}{u}\nu \tag{5.45}$$

其中,观察者趋近声源时,$v_R$ 取正值;观察者背离声源,$v_R$ 取负值。

(2)观察者 $R$ 相对于介质静止,声源 $S$ 以速度 $v_S$ 相对于介质运动($v_S\neq 0, v_R=0$),如图 5.26 所示,原波长将被压缩。观察者感觉到的波长为

$$\lambda_R=(u-v_S)T_S$$

所以可得

$$\nu'=\frac{u}{\lambda_R}=\frac{u}{(u-v_S)T_S}=\frac{u}{(u-v_S)}\nu \tag{5.46}$$

其中,声源趋近观察者时,$v_S$ 取正值;声源背离观察者时,$v_S$ 取负值。

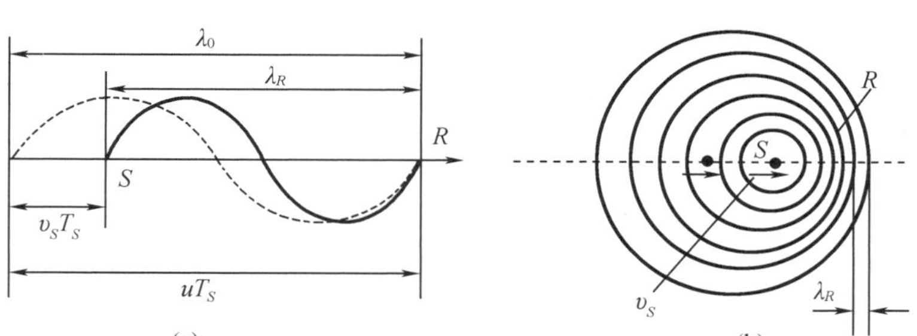


(a) (b)

**图 5.26 波源运动时的多普勒效应**

(3)声源和观察者均动($v_S\neq 0, v_R\neq 0$)。由于观察者以 $v_R$ 速度运动,声波相对于观察者的速度为 $u+v_R$;同时,由于声源以速度 $v_S$ 运动,声源发出的波的波长被压缩或拉长。因此

对于观察者观察到的频率，参考以上两种情况可得

$$\nu' = \frac{u + v_R}{u} \times \frac{u}{u - v_S}\nu = \frac{u + v_R}{u - v_S}\nu \tag{5.35}$$

其中，声源运动速度 $v_S$ 和观察者运动速度 $v_R$ 的正负按前面规定。

**例 5.10** 如图 5.27 所示，静止声源 $S$ 的频率 $\nu_S = 300$ Hz，声速 $u = 330\ \mathrm{m \cdot s^{-1}}$，观察者 $R$ 以速度 $v_R = 60\ \mathrm{m \cdot s^{-1}}$ 向右运动，反射壁以 $v = 100\ \mathrm{m \cdot s^{-1}}$ 的速度亦向右运动。求 $R$ 测得的拍频 $\nu_B$。

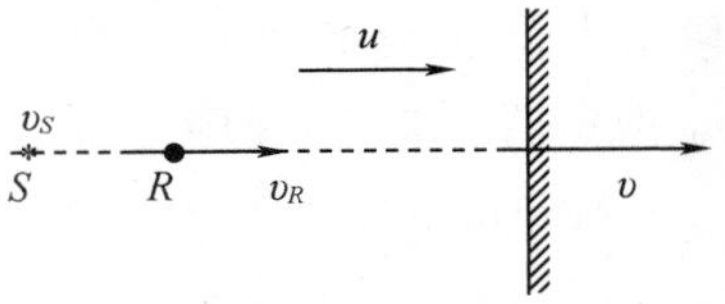

**图 5.27 例 5.10 图**

**解** $R$ 收到的声源发射波的频率

$$\nu_R = \frac{u - v_R}{u}\nu_S$$

反射壁收到的声源发射波的频率

$$\nu' = \frac{u - v}{u}\nu_S$$

$R$ 收到的反射壁反射波的频率

$$\nu_R' = \frac{u + v_R}{u + v}\nu' = \frac{u + v_R}{u + v} \times \frac{u - v}{u}\nu_S$$

则拍频为

$$\begin{aligned}\nu_B &= |\nu_R - \nu_R'| \\ &= 2\,\frac{v - v_R}{u + v}\nu_S \\ &= 2 \times \frac{100 - 60}{330 + 100} \times 300\ \mathrm{Hz} \\ &\approx 55.8\ \mathrm{Hz}\end{aligned}$$

对电磁波（无线电波或光波）来说，也能发生多普勒效应。由于电磁波可以在真空中传播，真空中不存在介质，因此在讨论时，只需要考察光源与观测者之间的相对运动。这时，必须根据相对论才能确定其多普勒效应的频率变化关系。设光源的频率为 $\nu$，它相对于观察者的速度为 $v_r$，计算表明，观察者测得的频率为

$$\nu' = \sqrt{\frac{C - v_r}{C + v_r}}\nu \tag{5.48}$$

式中，$c$ 为电磁波的传播速度（即光速）；$v_r$ 以相对于观察者远离时为正，接近时为负。式(5.48)表明，当光源相对于观察者离去（退行）时，$\nu' < \nu$；反之，$\nu' > \nu$。

由此可知，当光源远离接收器运动时，接收到的频率变小，因而波长变长，这种现象叫作红移，即在可见光谱中移向红色一端。天文学家将来自星球的光谱与地球上相同元素的光谱相比较，发现星球光谱几乎都发生红移，这说明星体都正在远离地球向四面飞去。这一观察结果被“大爆炸”的宇宙学理论的倡导者视为其理论的重要证据。

# 本章小结

1. 简谐波

波函数：$y = A\cos\omega\left(t \mp \frac{x}{u}\right) = A\cos 2\pi\left(\frac{t}{T} \mp \frac{x}{\lambda}\right) = A\cos(\omega t \mp kx)$

式中，正、负号用于区别扰动的传播方向。

各量关系：周期 $T = \frac{2\pi}{\omega} = \frac{1}{\nu}$，波数 $k = \frac{2\pi}{\lambda}$，速度 $u = \lambda\nu = \frac{\lambda}{T}$。

波形曲线为正弦曲线。

2. 波动方程和波速

波动微分方程：$\frac{\partial^2 y}{\partial x^2} = \frac{1}{u^2}\frac{\partial^2 y}{\partial t^2}$。

固态各向同性介质中的纵波波速：$u = \sqrt{\frac{Y}{\rho}}$。

固态各向同性介质中的横波波速：$u = \sqrt{\frac{G}{\rho}}$。

液体、气体中的纵波波速：$u = \sqrt{\frac{B}{\rho}}$。

气体中的声波波速：$u = \sqrt{\frac{\gamma p}{\rho}} = \sqrt{\frac{\gamma RT}{M}}$。

3. 简谐波的能量

平均能量密度：$\overline{w} = \frac{1}{2}\rho A^2\omega^2$。

平均能流密度，即波的强度：$I = \frac{1}{2}\rho A^2\omega^2 u$。

4. 惠更斯原理（惠更斯作图法）：介质中，波传到的各点不论是否在同一波前上，都可看作发射子波的波源。在任一时刻，这些子波的包络面就是该时刻的波前。

5. 驻波：两列频率、振动方向和振幅都相同而传播方向相反的简谐波叠加形成驻波，其表达式为 $y = 2A\cos\left(\frac{2\pi}{\lambda}x\right)\cos(\omega t)$。它实际上是稳定的分段振动，有波节和波腹。

6. 多普勒效应：接收器接收到的频率有赖于接收器（$R$）和波源（$S$）的运动。

（1）波源静止：$\nu' = \frac{u + v_R}{u}\nu$

其中，观察者趋近声源时，$v_R$ 取正值；观察者背离声源，$v_R$ 取负值。

（2）接收器静止：$\nu' = \frac{u}{(u - v_S)}\nu$

其中，声源趋近观察者时，$v_S$ 取正值；声源背离观察者时，$v_S$ 取负值。

(3)声源和观察者均动($v_S \neq 0, v_R \neq 0$)

$$\nu' = \frac{u + v_R}{u} \frac{u}{u - v_S} \nu = \frac{u + v_R}{u - v_S} \nu$$

其中,声源运动速度 $v_S$ 和观察者运动速度 $v_R$ 的正负按上述规定。

光学多普勒效应:决定于光源和接收器的相对运动。光源和接收器相对速度为 $v_r$ 时,

$$\nu' = \sqrt{\frac{C - v_r}{C + v_r}} \nu$$

式中,$c$ 为电磁波的传播速度(即光速);$v_r$ 以相对于观察者远离时为正,接近时为负。

## 思　考　题

5.1　设某时刻横波波形曲线如思考题 5.1 所示,试分别用箭头表示出图中 $A$、$B$、$C$、$D$、$E$、$F$、$G$、$H$、$I$ 等质点在该时刻的运动方向,并画出经过$\frac{1}{4}$周期后的波形曲线。

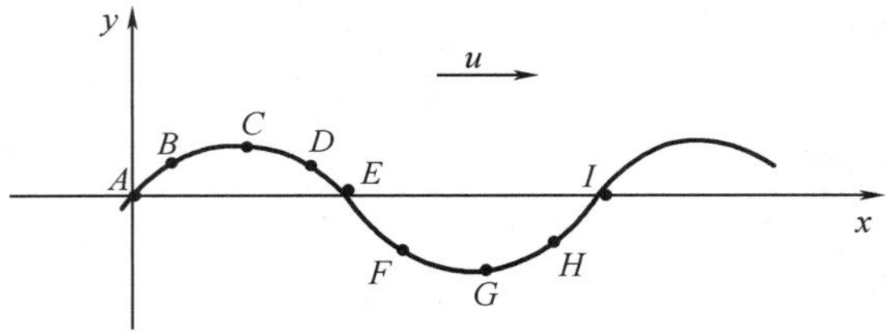


思考题 5.1 图

5.2　波动和振动有哪些联系和区别?

5.3　沿简谐波的传播方向相隔 $\Delta x$ 的两质点在同一时刻的相差是多少?分别以波长 $\lambda$ 和波数 $k$ 来表示。

5.4　波速、频率和波长各取决于什么?

5.5　试解释声波的衍射比光波的衍射更显著的原因?

5.6　相干的两列波应该满足什么样的条件?

5.7　驻波是怎样形成的?与行波比较,驻波有什么特点?

5.8　驻波中各质元的相有什么关系?为什么说相没有传播?

5.9　多普勒效应说明了什么?

# 习 题

5.1 机械波的表达式为 $y=0.03\cos 6\pi(t+0.01x)$ (SI),则 ( )

(A)其振幅为 3 m　　(B)其周期为 $\frac{1}{3}$ s

(C)其波速为 10 $\mathrm{m\cdot s^{-1}}$　　(D)波沿 $x$ 轴正向传播

5.2 把一根十分长的绳子拉成水平,用手握其一端,维持拉力恒定,使绳端在垂直于绳子的方向上做简谐振动,则 ( )

(A)振动频率越高,波长越长　　(B)振动频率越低,波长越长

(C)振动频率越高,波速越大　　(D)振动频率越低,波速越大

5.3 一平面简谐波沿 $Ox$ 正方向传播,波动表达式为 $y=0.10\cos\left[2\pi\left(\frac{t}{2}-\frac{x}{4}\right)+\frac{\pi}{2}\right]$ (SI),该波在 $t=0$ 时刻的波形图是 ( )

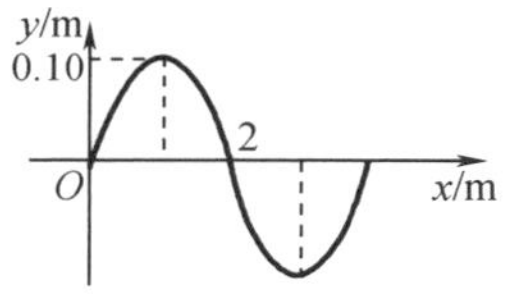

(A)

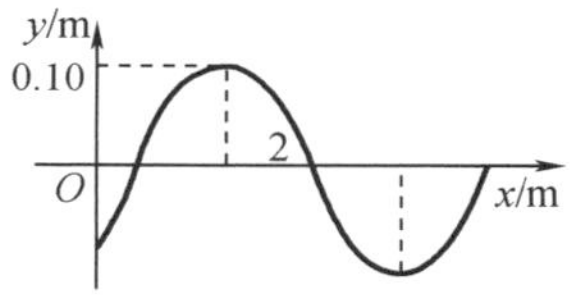

(B)

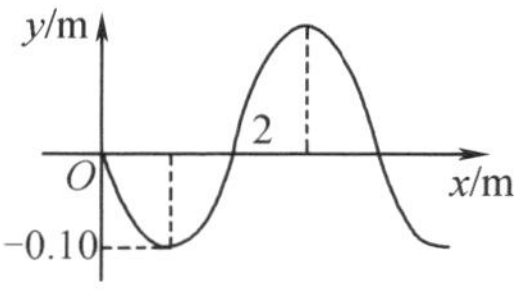

(C)

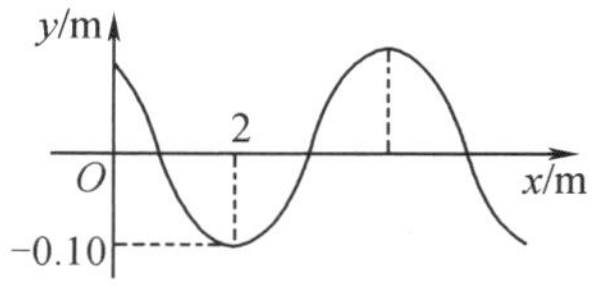

(D)

5.4 如图所示,画出一向右传播的简谐波在 $t$ 时刻的波形图,$BC$ 为波密介质的反射面,波由 $P$ 点反射,则反射波在 $t$ 时刻的波形图为 ( )

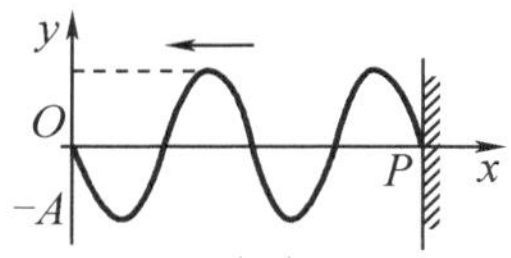

(A)

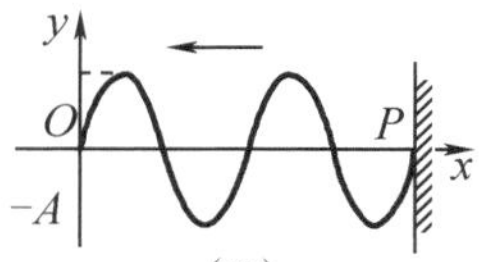

(B)

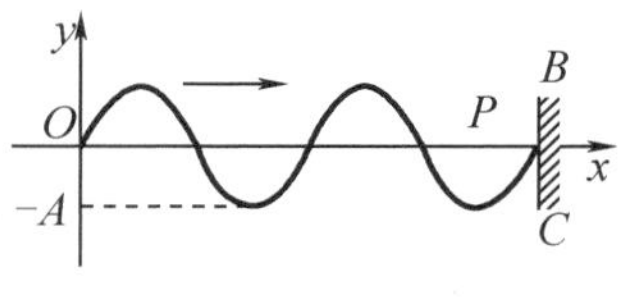

习题 5.4 图

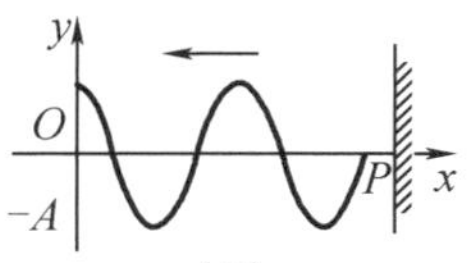

(C)

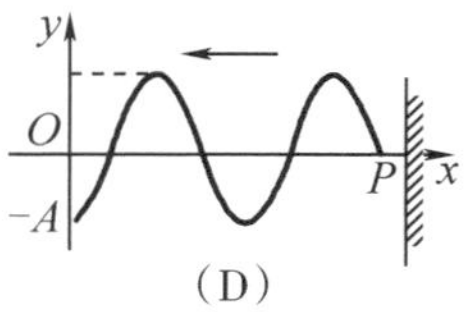

(D)

5.5 一平面简谐波沿 $Ox$ 轴正方向传播,$t=0$ 时刻的波形图如图所示,则 $P$ 处介质质点的振动方程是 ( )

(A) $y_P=0.10\cos\left(4\pi t+\frac{1}{3}\pi\right)$ (SI)

(B) $y_P=0.10\cos\left(4\pi t-\frac{1}{3}\pi\right)$ (SI)

(C) $y_P=0.10\cos\left(2\pi t+\frac{1}{3}\pi\right)$ (SI)

(D) $y_P=0.10\cos\left(2\pi t+\frac{1}{6}\pi\right)$ (SI)

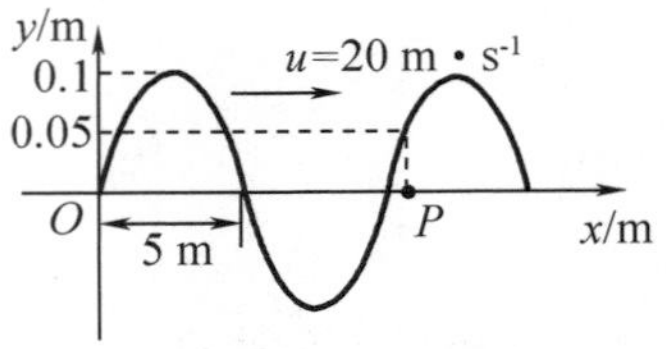


习题 5.5 图

5.6　一沿 $x$ 轴负方向传播的平面简谐波在 $t=2$ s 时的波形曲线如图所示，则原点 $O$ 的振动方程为　（　　）

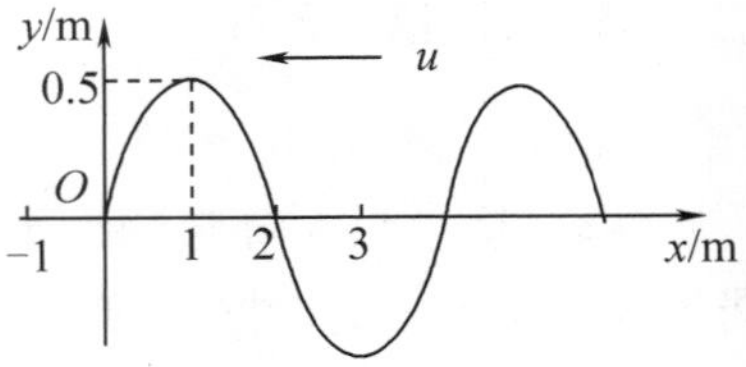


习题 5.6 图

(A) $y=0.50\cos\left(\pi t+\frac{1}{2}\pi\right)$ (SI)

(B) $y=0.50\cos\left(\frac{1}{2}\pi t-\frac{1}{2}\pi\right)$ (SI)

(C) $y=0.50\cos\left(\frac{1}{2}\pi t+\frac{1}{2}\pi\right)$ (SI)

(D) $y=0.50\cos\left(\frac{1}{4}\pi t+\frac{1}{2}\pi\right)$ (SI)

5.7　在同一介质中，两列相干的平面简谐波的强度之比 $\frac{I_1}{I_2}=4$，则两列波的振幅之比是　（　　）

(A) $\frac{A_1}{A_2}=16$　　(B) $\frac{A_1}{A_2}=4$

(C) $\frac{A_1}{A_2}=2$　　(D) $\frac{A_1}{A_2}=\frac{1}{4}$

5.8　当机械波在介质中传播时，一介质质元的最大变形量发生在　（　　）

(A) 介质质元离开其平衡位置最大位移处

(B) 介质质元离开其平衡位置 $\frac{\sqrt{2}A}{2}$ 处（$A$ 是振动振幅）

(C) 介质质元在其平衡位置处

(D) 介质质元离开其平衡位置 $\frac{1}{2}A$ 处（$A$ 是振动振幅）

5.9　在波长为 $\lambda$ 的驻波中，两个相邻波腹之间的距离为

(A) $\frac{\lambda}{4}$　　(B) $\frac{\lambda}{2}$

(C) $\frac{3\lambda}{4}$　　(D) $\lambda$

5.10　频率为 100 Hz 的波，其波速为 250 $\mathrm{m\cdot s^{-1}}$。在同一条波线上，相距为 0.5 m 的两点的相位差为________。

5.11　已知一平面简谐波的波长 $\lambda=1$ m，振幅 $A=0.1$ m，周期 $T=0.5$ s。选波的传播方向为 $x$ 轴正方向，并以振动初相为零的点为 $x$ 轴原点，则波动表达式为 $y=$________(SI)。

5.12　设沿弦线传播的一入射波的表达式为

$$y_1 = A\cos\left(\omega t - 2\pi \frac{x}{\lambda}\right)$$

波在 $x = L$ 处($B$ 点)发生反射,反射点为自由端(如图)。设波在传播和反射过程中振幅不变,则反射波的表达式是 $y_2 =$ ________。

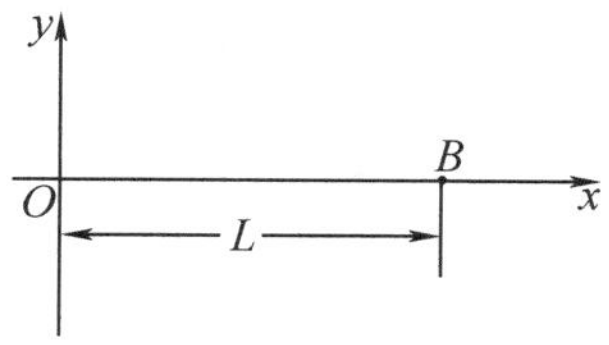


习题 5.12 图

5.13 一平面简谐波沿 $x$ 轴负方向传播。已知 $x = -1$ m 处质点的振动方程为 $y = A\cos(\omega t + \varphi)$,若波速为 $u$,则此波的表达式为________。

5.14 如图所示为一平面简谐波在 $t = 2$ s 时刻的波形图,波的振幅为 0.2 m,周期为 4 s,则图中 $P$ 点处质点的振动方程为________。

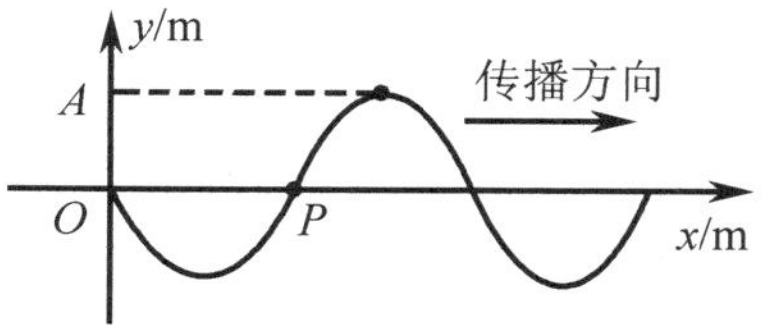


习题 5.14 图

5.15 在同一介质中的两列频率相同的平面简谐波的强度之比 $\frac{I_1}{I_2} = 16$,则这两列波的振幅之比 $\frac{A_1}{A_2}$ = ________。

5.16 一驻波表达式为 $y = 2A\cos\left(\frac{2\pi x}{\lambda}\right)\cos(\omega t)$,则 $x = -\frac{1}{2}\lambda$ 处质点的振动方程是________;该质点的振动速度表达式是________。

5.17 一简谐波沿 $x$ 轴负方向传播,波速为 1 $\mathrm{m \cdot s^{-1}}$,在 $x$ 轴上某质点的振动频率为 1 Hz、振幅为 0.01 m。$t = 0$ 时该质点恰好在正向最大位移处。若以该质点的平衡位置为 $x$ 轴的原点,求此一维简谐波的表达式。

5.18 一平面简谐纵波沿着线圈弹簧传播。设波沿着 $x$ 轴正向传播,弹簧中某圈的最大位移为 3.0 cm,振动频率为 25 Hz,弹簧中相邻两疏部中心的距离为 24 cm。当 $t = 0$ 时,在 $x = 0$ 处质元的位移为零并向 $x$ 轴正向运动,试写出该波的表达式。

5.19 一简谐波,振动周期 $T = \frac{1}{2}$ s,波长 $\lambda = 10$ m,振幅 $A = 0.1$ m。当 $t = 0$ 时,波源振动的位移恰好为正方向的最大值。若坐标原点和波源重合,且波沿 $Ox$ 轴正方向传播,求:

(1)此波的表达式;

(2)$t_1 = \frac{T}{4}$ 时刻,$x_1 = \frac{1}{4}\lambda$ 处质点的位移;

(3)$t_2 = \frac{T}{2}$ 时刻,$x_1 = \frac{1}{4}\lambda$ 处质点的振动速度。

5.20 在弹性介质中有一沿 $x$ 轴正向传播的平面波,其表达式为 $y = 0.01\cos\left(4t - \pi x - \frac{1}{2}\pi\right)$(SI)。若在 $x = 5.0$ m 处有一介质分界面,且在分界面处反射波相位突变 $\pi$,设反射波的强度不变,试写出反射波的表达式。

5.21 已知一平面简谐波的表达式为 $y = A\cos\pi(4t + 2x)$(SI)。

(1)求该波的波长 $\lambda$、频率 $\nu$ 和波速 $u$ 的值;

(2)写出 $t = 4.2$ s 时各波峰位置的坐标表达式,并求出此时离坐标原点最近的那个波峰的位置;

(3)求 $t=4.2$ s 时离坐标原点最近的那个波峰通过坐标原点的时刻 $t$。

5.22　已知一平面简谐波的表达式为 $y=0.25\cos(125t-0.37x)$(SI)。

(1)分别求 $x_1=10$ m, $x_2=25$ m 两点处质点的振动方程;

(2)求 $x_1$, $x_2$ 两点间的振动相位差;

(3)求 $x_1$ 点在 $t=4$ s 时的振动位移。

5.23　如图所示,一平面简谐波沿 $Ox$ 轴传播,表达式为 $y=A\cos\left[2\pi\left(\nu t-\frac{x}{\lambda}\right)+\varphi\right]$ (SI),求:

(1) $P$ 处质点的振动方程;

(2)该质点的速度表达式与加速度表达式。

5.24　如图所示,一平面简谐波沿 $Ox$ 轴的负方向传播,波速大小为 $u$,若 $P$ 处介质质点的振动方程为 $y_P=A\cos(\omega t+\varphi)$,求:

(1) $O$ 处质点的振动方程;

(2)该波的波动表达式;

(3)与 $P$ 处质点振动状态相同的那些点的位置。

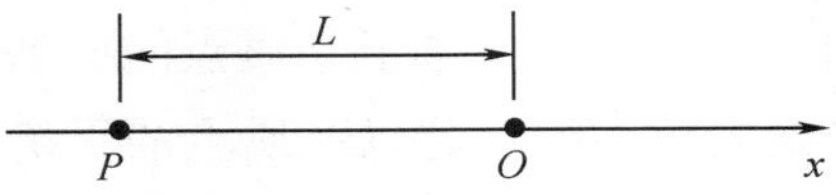


习题 5.23 图

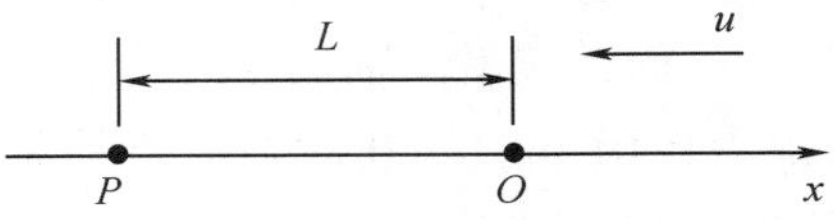


习题 5.24 图

5.25　一平面简谐波沿 $x$ 轴正向传播,其振幅为 $A$,频率为 $\nu$,波速为 $u$。设 $t=t'$ 时刻的波形曲线如图所示。求:

(1) $x=0$ m 处质点振动方程;

(2)该波的表达式。

5.26　如图为一平面简谐波在 $t=0$ 时刻的波形图,已知波速 $u=20.0\ \text{m}\cdot\text{s}^{-1}$。试画出 $P$ 处质点与 $Q$ 处质点的振动曲线,然后写出相应的振动方程。

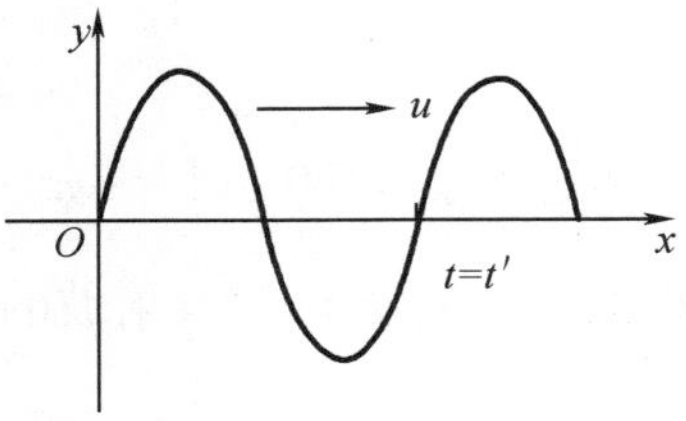


习题 5.25 图

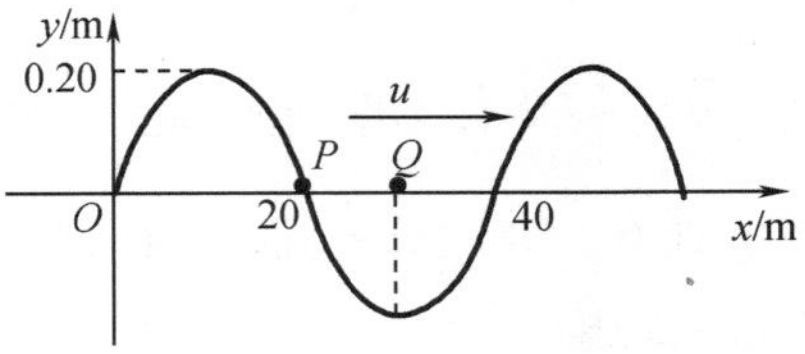


习题 5.26 图

5.27　一平面简谐波,频率为 300 Hz,波速为 $u=340.0\ \text{m}\cdot\text{s}^{-1}$,在截面面积为 $3.0\times10^{-2}\ \text{m}^2$ 的管内空气中传播,若在 10 s 内通过截面的能量为 $2.7\times10^{-2}$ J,求:

(1)通过截面的平均能流;

(2)波的平均能流密度;

(3)波的平均能量密度。

5.28 两波在一很长的弦线上传播,其表达式分别为

$$y_1 = 4.00\times10^{-2}\cos\frac{1}{3}\pi(4x-24t)\ (\mathrm{SI})$$

$$y_2 = 4.00\times10^{-2}\cos\frac{1}{3}\pi(4x+24t)\ (\mathrm{SI})$$

求:

(1)两波的频率、波长、波速;

(2)两波叠加后的节点位置;

(3)叠加后振幅最大的那些点的位置。

5.29 位于 $A$、$B$ 两点的两个波源,振幅相等,频率都是 100 Hz,相差为 $\pi$,若 $A$、$B$ 相距 30 m,波速为 400 $\mathrm{m\cdot s^{-1}}$,求 $AB$ 连线上二者之间因叠加而静止的各点的位置。

5.30 一驻波波函数为 $y=0.02\cos(20x)\cos(750t)$。求:

(1)形成此驻波的两行波的振幅和波速;

(2)相邻两波节间的距离;

(3)$t=2.0\times10^{-3}$ s 时,$x=5.0\times10^{-2}$ m 处质点振动的速度。

5.31 一观察者站在铁路旁,听到迎面开来的火车汽笛声的频率为 440 Hz,当火车驰过他身旁之后,他听到的汽笛声的频率为 392 Hz,问:火车行驶的速度为多大。已知空气中声速为 340 $\mathrm{m\cdot s^{-1}}$。

# 第6章 波动光学

## 6.1 相 干 光

### 6.1.1 光源

发射光波的物体称为**光源**。太阳、白炽灯、日光灯等都是常见的光源。各种光源的激发方式不同,常见的有:利用热能激发的,如白炽灯、弧光灯等;利用化学反应激发的,称为**化学发光**,如燃烧过程、萤火虫发光等;利用电能激发的,称为**电致发光**,如半导体发光二极管等;利用激光激发的,称为**光致发光**。其中,在外界光源移去后立刻停止发光的称为**荧光**;在外界光源移去后仍能持续发光的称为**磷光**。此外,还有受激辐射的激光光源。

一般普通光源(即非激光光源)发光的机理是处于激发态的原子(或分子)的自发辐射。光源中的原子因吸收了外界能量而处于激发态,激发态是极不稳定的,原子会自发地回到较低能量状态,在这个过程中,原子向外辐射电磁波即光波。这个过程持续的时间很短,约为 $10^{-8}$ s。在普通光源中,每个原子的激发与辐射是彼此独立、随机的,而且是间歇性进行的。因此,同一原子先后发射光波或同一瞬间不同原子发射的光波,其频率、振动方向和相位不可能完全相同。此外,光源中每个原子每次发光的持续时间极短,这就使得原子发射的光波是一段有限长的波列。按傅里叶分析,一个有限长的波列可以表示为许多不同频率、不同振幅的简谐波的叠加。因此,光源发出的光波是大量简谐波的叠加。

在光学中,具有单一波长的光称为**单色光**,严格的单色光是不存在的。任何光源发出的光波都有一定的波长范围,在这个范围内,各个波长对应的强度是不同的,以波长为横坐标,以强度为纵坐标绘制光谱曲线(简称**谱线**),可以直观地表示出这种强度与波长之间的关系。如图6.1所示,谱线对应的波长范围越窄,则光的单色性越好。设谱线中心处的波长为 $\lambda$,对应强度为 $I_0$,通常以强度为 $\frac{I_0}{2}$ 的两点之间的波长范围 $\Delta\lambda$ 作为**谱线宽度**,用 $\Delta\lambda$ 来表征谱线单色性的好坏。$\Delta\lambda$ 越小,谱线的单色性越好。

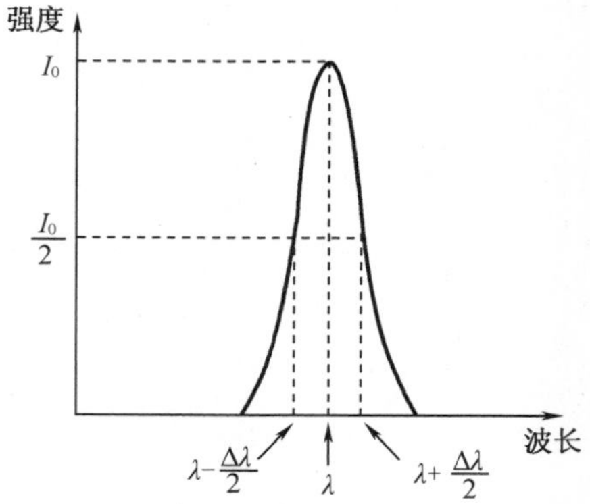


**图6.1 谱线及其宽度**

普通单色光源,如汞灯、钠光灯等,谱线宽度的数量级为 $10^{-1} \sim 10^{-3}$ nm。而激光的谱线宽度可以达到 $10^{-9}$ nm,甚至更小。激光器的发光机理与普通光源不同,激光不仅具有单色性好的优点,而且还具有方向性好、亮度高以及相干性好等一系列优异的性能,因此得到了越来越广泛的应用。

### 6.1.2 光的相干性

在讨论机械波时已经指出,两列机械波相遇时能产生干涉现象的条件是它们的频率相同、振动方向相同、相位差恒定。但是,在光学实验中发现,从两个独立的同频率的单色普通光源发出的光相遇不能得到干涉图样。要想实现光的干涉现象,必须创造一些条件。

光波是电磁波,传播的是交变的电磁场,即场矢量 $\boldsymbol{E}$ 和 $\boldsymbol{H}$ 的传播。在这两个矢量中,对人眼和感光仪器等起作用的是电场矢量 $\boldsymbol{E}$。因此,以后提到光波中的振动矢量时,用电场矢量 $\boldsymbol{E}$ 来表示,称为**光矢量**或**电矢量**。

设有两束同频率单色光波传播到空间中某点 $P$ 时的光矢量分别为 $\boldsymbol{E}_1$ 和 $\boldsymbol{E}_2$,其量值分别为

$$E_1 = E_{10}\cos(\omega t + \varphi_1) \tag{6.1}$$

$$E_2 = E_{20}\cos(\omega t + \varphi_2) \tag{6.2}$$

叠加后合成光矢量为 $\boldsymbol{E} = \boldsymbol{E}_1 + \boldsymbol{E}_2$。如果两列光波的振动方向相同,根据同方向、同频率简谐振动的合成,合成光矢量 $\boldsymbol{E}$ 的量值为

$$E = E_0\cos(\omega t + \varphi) \tag{6.3}$$

式中

$$E_0 = \sqrt{E_{10}^2 + E_{20}^2 + 2E_{10}E_{20}\cos(\varphi_2 - \varphi_1)} \tag{6.4}$$

$$\varphi = \arctan\frac{E_{10}\sin\varphi_1 + E_{20}\sin\varphi_2}{E_{10}\cos\varphi_1 + E_{20}\cos\varphi_2} \tag{6.5}$$

如果观察的时间间隔远大于光振动的周期,则在观察时间内的平均光强为

$$I \propto \overline{E_0^2} = E_{10}^2 + E_{20}^2 + 2E_{10}E_{20}\overline{\cos(\varphi_2 - \varphi_1)} \tag{6.6}$$

如果这两束同频率的单色光是分别由两个独立的普通光源发出的。由于光源中原子(或分子)发光的随机性与间歇性,这两种光波间的相位差$(\varphi_2 - \varphi_1)$也将随机变化,并以相同的概率取 0 到 $2\pi$ 间的一切数值。因此,在所观察时间内

$$\overline{\cos(\varphi_2 - \varphi_1)} = 0 \tag{6.7}$$

所以有

$$\overline{E_0^2} = E_{10}^2 + E_{20}^2 \tag{6.8}$$

因此有

$$I_P = I_1 + I_2 \tag{6.9}$$

式(6.9)表明,$P$ 点光强等于两束光分别照射时在该点的光强之和,这种叠加就是光的**非相干叠加**。

如果这两束光来自同一光源且它们的相位差 $\varphi_2 - \varphi_1$ 始终保持恒定,则其合成后有

$$E_0^2 = E_{10}^2 + E_{20}^2 + 2E_{10}E_{20}\cos(\varphi_2 - \varphi_1) \tag{6.10}$$

即

$$I_P = I_1 + I_2 + 2\sqrt{I_1 I_2}\cos(\varphi_2 - \varphi_1)$$

$$=I_1+I_2+2\sqrt{I_1I_2}\cos\Delta\varphi \tag{6.11}$$

式中，$2\sqrt{I_1I_2}\cos\Delta\varphi$ 将不随时间变化，称为**干涉项**。将这种情况称为光的**相干叠加**。由式(6.11)可知，合成后的光强不仅取决于两束光的光强 $I_1$ 和 $I_2$，还与两束光之间的相位差 $\Delta\varphi$ 有关。当两束光在空间中不同位置相遇时，其相位差也将有不同的数值，合成光波的光强在空间形成强弱相间的稳定分布。

当 $\Delta\varphi=\pm 2k\pi(k=0,1,2,3,\cdots)$ 时，有 $(I_P)_{\max}=I_1+I_2+2\sqrt{I_1I_2}=(\sqrt{I_1}+\sqrt{I_2})^2$。在这些位置的光的强度最大，称为**相长干涉**。当 $\Delta\varphi=\pm(2k+1)\pi(k=0,1,2,3,\cdots)$ 时，有 $(I_p)_{\min}=I_1+I_2-2\sqrt{I_1I_2}=(\sqrt{I_1}-\sqrt{I_2})^2$。在这些位置的光的强度最小，称为**相消干涉**。

如果两束光的光强相等，即 $I_1=I_2=I_0$，则 $(I_p)_{\max}=4I_0$，$(I_p)_{\min}=0$。在这种情况下，两束光叠加的区域内的明暗对比度最大。

综上所述，把能产生相干叠加的两束光称为**相干光**。相干光必须满足振动频率相同、振动方向相同、相位差恒定的条件。事实上，要想观察到明显的光的干涉现象，还需以下3个附加条件：两束光强不能相差太大，否则干涉现象将被强光所掩盖而观察不清；两束光到被研究点的距离差不能太大（详见时间相干性）；对光源的线宽有一定限度（详见空间相干性）。原子发光的独立性意味着光的干涉比机械波更困难。普通光源发出的光是由光源中各个原子（或分子）发出的波列组成的，而这些波列之间没有固定的相位联系。因此，来自两个独立光源的光波相位差不可能保持恒定，不能产生干涉现象。同一光源的两个不同部分发出的光，也不满足相干条件，也不是相干光。只有从同一光源的同一部分发出的光，通过某些装置分束后，才能获得相干光。

### 6.1.3　从普通光源获得相干光的方法

获得相干光方法的基本原理是把由同一光源上同一点发出的光一分为二，然后再将这两部分叠加起来。由于这两部分光都来自同一发光原子的同一次发光，即每一个光波列都分成两个频率相同、振动方向相同、相位差恒定的光波列，因此这两部分光是相干光。具体方法有两种：一种方法称为**分波阵面法**。因为同一波面上各点的振动具有相同相位，所以从同一波面上取出两部分可以作为相干光源。例如，杨氏双缝干涉实验就是采用了这种方法，如图6.2(a)所示。另一种方法称为**分振幅法**。当一束光投射到两种介质的分界面上时，一部分发生反射，一部分透射，光被分成两部分，光的振幅也同时被分开。例如，薄膜干涉实验就是应用了这种方法，如图6.2(b)所示。

### 6.1.4　光程及光程差

相位差的计算在分析光的叠加现象时非常重要。为了便于计算相干光经过不同介质时引起的相位差，引入**光程**及**光程差**的概念。

光在折射率为 $n$ 的介质中的传播速度 $u=\dfrac{c}{n}$。因此在这种介质中，单色光的波长 $\lambda'$ 将是真空中波长 $\lambda$ 的 $\dfrac{1}{n}$，即

$$\lambda' = uT = \frac{c}{n}T = \frac{\lambda}{n} \tag{6.12}$$

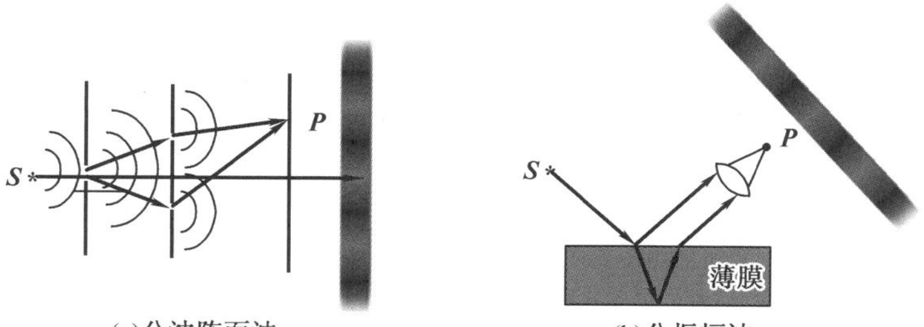


**图 6.2　相干光的获得方法**

若时间 $t$ 内光波在折射率为 $n$ 的介质中传播的路程为 $r$，那么在相同的时间 $t$ 内，光波在真空中传播的路程为

$$x = ct = c\frac{r}{u} = nr \tag{6.13}$$

定义光波在介质中的传播路程 $r$ 与该介质的折射率 $n$ 的乘积 $nr$ 为**光程**，两束光波的光程之差称为**光程差**。

下面举一个简单的例子，帮助我们进一步了解光程的意义。

如图6.3所示，$S_1$ 和 $S_2$ 为初相位相同的相干光源，经路程 $r_1$ 和 $r_2$ 到达空间某点 $P$ 相遇。光束 $S_1P$ 和 $S_2P$ 分别在折射率为 $n_1$ 和 $n_2$ 的介质中传播，这两个波在 $P$ 点引起的振动分别为

$$E_1 = E_{10}\cos 2\pi\left(\nu t - \frac{r_1}{\lambda_1}\right) \tag{6.14}$$

$$E_2 = E_{20}\cos 2\pi\left(\nu t - \frac{r_2}{\lambda_2}\right) \tag{6.15}$$

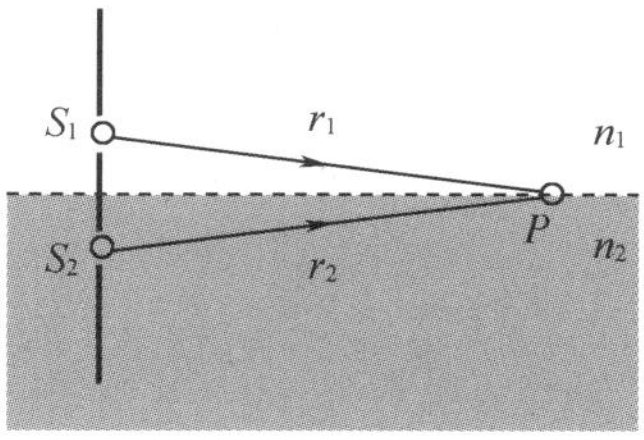


**图 6.3　光程差的计算**

两者在 $P$ 点的相位差为

$$\Delta\varphi = \frac{2\pi r_2}{\lambda_2} - \frac{2\pi r_1}{\lambda_1} = 2\pi\left(\frac{n_2 r_2}{\lambda} - \frac{n_1 r_1}{\lambda}\right) = \frac{2\pi}{\lambda}(n_2 r_2 - n_1 r_1) \tag{6.16}$$

由此可见，两相干光在相遇点的相位差不是取决于它们的几何路程之差 $(r_2 - r_1)$，而是取决于它们的光程之差 $(n_2 r_2 - n_1 r_1)$。通常，用 $\delta$ 来表示光程差。

采用光程的概念，把光在不同介质中的传播都折算为光在真空中的传播，相位差可以用光程差表示为

$$\Delta\varphi = \frac{2\pi}{\lambda}\delta \tag{6.17}$$

式中，$\lambda$ 为光在真空中的波长。

在干涉和衍射装置中，经常要用透镜。下面简单说明通过薄透镜的各光线的等光程性。平行光通过薄透镜后，各光线汇聚在焦点，形成一个亮点，如图6.4所示。这说明，与光

束正交的波面上的所有的同相点到透镜焦平面上的像点的光程相同，即图6.4中从$A$、$B$、$C$到$P$点的3条光线都是等光程的。光传播到像点的相位变化也一样，因而在像点的各个光振动同相，才能干涉加强形成亮点。这个结果可以通过光程的概念加以理解，虽然$AP$和$CP$在空气中传播的路径长，但在透镜中传播的路径短；而光线$BP$在空气中传播的路径虽短，而在透镜中传播的路径长，由于透镜的折射率大于空气的折射率，所以折算成光程，各光线光程相等。也就是说，薄透镜可以改变光线的传播方向，但不产生附加光程差。这也称为薄透镜的等光程性，即平行光经薄透镜汇聚时各光线的光程相等。图6.5中，物点$S$发出的光线经透镜成像为$S'$，说明物点和像点之间各光线也是等光程的。如果要计算两束平行光在汇聚点的光程，只需要在透镜前面垂直于光线作波面，只要计算两束光线在波面上的光程差即可。如在图6.4中两束光在$A$点和$B$点的光程差$\delta$也就是它们在$P$点的光程差。

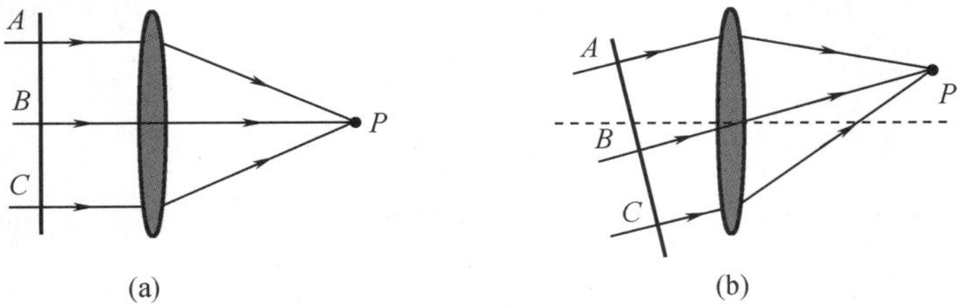


**图6.4　平行光经透镜汇聚时的等光程性**

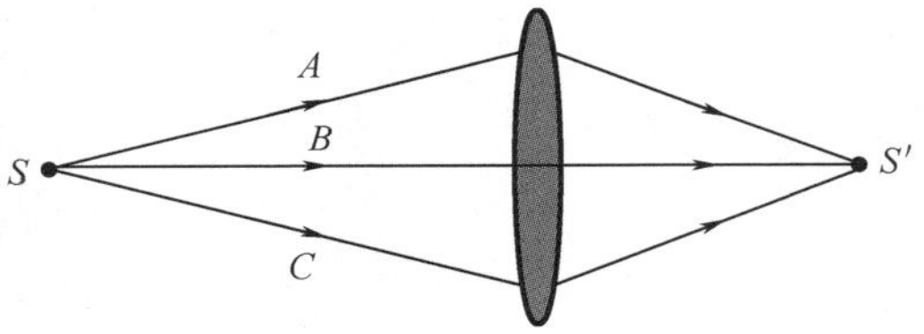


**图6.5　物像间的等光程性**

# 6.2　双缝干涉

## 6.2.1　杨氏双缝干涉

英国物理学家托马斯·杨在1801年首次成功地完成了光的干涉实验：他让太阳光通过一针孔后再通过离这针孔一段距离的两个针孔，之后在叠加区域放一白屏，就能看到在白屏上有明暗相间干涉图样出现。这种现象只能用光是一种波动来解释，杨还由此实验测出了光的波长。后来他发现，用相互平行的狭缝代替针孔，得到的干涉条纹明亮得多。杨氏干涉实验的成功，使光的“波动说”重新兴起，使光的波动理论得到了证实，具有重大历史意义。

现在的类似实验用双缝代替杨氏的两个点光源,因此叫杨氏双缝干涉实验。实验光路如图6.6(a)所示。图中 $S$、$S_1$ 和 $S_2$ 各表示垂直于纸面方向放置的狭缝,因为 $S_1$ 和 $S_2$ 是由 $S$ 发出的同一波阵面的两部分,所以这是利用分波阵面法获得相干光的。图6.6(b)为在观察屏上观察到的杨氏双缝干涉的条纹,其方向与狭缝方向平行且明暗间距相等。波长为 $\lambda$ 的平行光,垂直于狭缝 $S$ 入射,从 $S$ 出射光波的波阵面被双缝 $S_1$、$S_2$ 分割。设 $S_1$、$S_2$ 之间的距离为 $d$,且它们与入射缝 $S$ 之间的距离相等,则从 $S_1$、$S_2$ 发出的光波的初相位相同,初相差为零,它们传播到观察屏上某点 $P$ 时的相位差,取决于传播过程的波程差。则光波从 $S_1$ 和 $S_2$ 传播到 $P$ 点的波程分别为 $r_1$ 和 $r_2$,波程差 $\delta = r_2 - r_1$。若以双缝距离 $d$ 的中垂线与观察屏的交点作为坐标原点 $O$,可根据光路图计算出光程差 $\delta$ 与 $P$ 点位置坐标 $x$ 的关系。

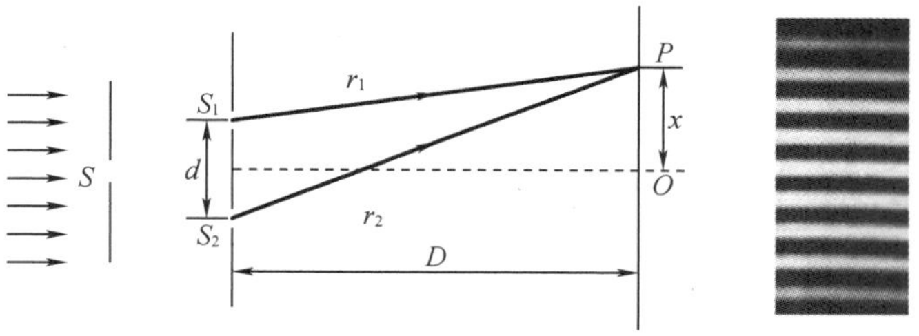

(a) (b)

**图6.6 杨氏双缝干涉**

$$r_1^2 = D^2 + \left(x - \frac{d}{2}\right)^2 \tag{6.18}$$

$$r_2^2 = D^2 + \left(x + \frac{d}{2}\right)^2 \tag{6.19}$$

所以

$$r_2^2 - r_1^2 = 2xd \tag{6.20}$$

因此,从 $S_2$ 和 $S_1$ 到达 $P$ 点的波程差为

$$\delta = r_2 - r_1 = \frac{2xd}{r_2 + r_1} \tag{6.21}$$

由于杨氏双缝干涉实验中的双缝距离 $d$ 通常远小于双缝到观察屏的距离 $D$,而且,可观察到清晰干涉条纹的分布范围(即从 $-x$ 到 $+x$ 的范围)也很小,因此,允许使用 $d \ll D$ 的条件进行近似计算。有

$$r_2 + r_1 \approx 2D \tag{6.22}$$

波程差为

$$\delta = r_2 - r_1 = \frac{xd}{D} \tag{6.23}$$

因为两相干波初相位相同,即 $\varphi_1 = \varphi_2$,则两相干波在 $P$ 点的相位差为

$$\Delta\varphi = \varphi_2 - \varphi_1 + \frac{2\pi}{\lambda}\delta = \frac{2\pi}{\lambda}\delta = \frac{2\pi}{\lambda} \cdot \frac{xd}{D} \tag{6.24}$$

当 $\Delta\varphi = \pm 2k\pi(k = 0, 1, 2, \cdots)$时,有

$$\delta = \frac{xd}{D} = \pm k\lambda\,(k=0,1,2\cdots) \tag{6.25}$$

即

$$x = \pm k\frac{D\lambda}{d}(k=0,1,2\cdots) \tag{6.26}$$

此时，在 $P$ 点形成明条纹。当 $x=0$ 时，$k=0$，对应在原点 $O$ 处出现的明条纹称为**中央明条纹**。按顺序与 $k=1,k=2,\cdots$ 相对应的明条纹分别称为第一级、第二级、……明条纹。式(6.26)中，"$\pm$"表示各级明条纹在 $x$ 坐标原点 $O$ 两侧对称分布。

当 $\Delta\varphi = \pm(2k+1)\pi(k=0,1,2,\cdots)$ 时，有

$$\delta = \frac{xd}{D} = \pm(2k+1)\cdot\frac{\lambda}{2}(k=0,1,2,\cdots) \tag{6.27}$$

即

$$x = \pm(2k+1)\cdot\frac{D\lambda}{2d}(k=0,1,2,\cdots) \tag{6.28}$$

此时，在 $P$ 点形成暗条纹。同样依次与 $k=1,k=2,\cdots$ 相对应的暗条纹分别称为第一级、第二级……暗条纹。

相邻明纹(或相邻暗纹)中心的距离 $\Delta x$ 称为条纹间距，因 $\Delta x = x_{k+1} - x_k$，所以无论从明条纹位置的公式还是暗条纹位置的公式都可得到条纹间距

$$\Delta x = \frac{D}{d}\lambda \tag{6.29}$$

从式(6.29)可以看出，干涉条纹是等距离分布的。实验上常根据测得的 $\Delta x$ 值和 $D,d$ 的值求出光的波长。

若实验所用的光为复色光，如白光时，屏上将出现彩色光谱。由式(6.29)可知，同级次的明条纹，波长小的光如紫光的位置更靠近屏中心，故同级次的明纹将按波长的大小在屏上展开形成光谱。白光将形成紫、蓝、青、绿、黄、橙、红有序排列的彩色条纹，为彩色光谱。中央明纹仍为白色条纹，其余各级条纹，特别是较高级次条纹会出现色彩重叠。

## 6.2.2 劳埃德镜

劳埃德于 1834 年提出了一个更简单的观察干涉的装置，如图 6.7 所示。反射光就好像从 $S$ 的虚像 $S'$ 发出的一样，$S$ 和 $S'$ 形成一对相干光源，对干涉条纹的分析与杨氏双缝干涉实验相同。图 6.7 中，阴影部分表示相干光在空间叠加的区域。这时在屏上可以观察到明暗相间的干涉条纹。如果把屏幕移到和镜边缘 $M$ 相接触，这时从 $S$ 和 $S'$ 发出的光到达接触点的路程相等，应该出现明纹，但实验结果却是暗纹，其他的条纹也有相应的变化。这一实验事实说明了由镜面反射出来的光和直接射到屏上的光在 $M$ 处的相位相反，即相位差为 $\pi$。因为直射光的相位不会变化，所以只能认为光从空气射向玻璃平板发生反射时，反射光的相位跃变了 $\pi$。这种变化等效于反射光的波程在反射过程中附

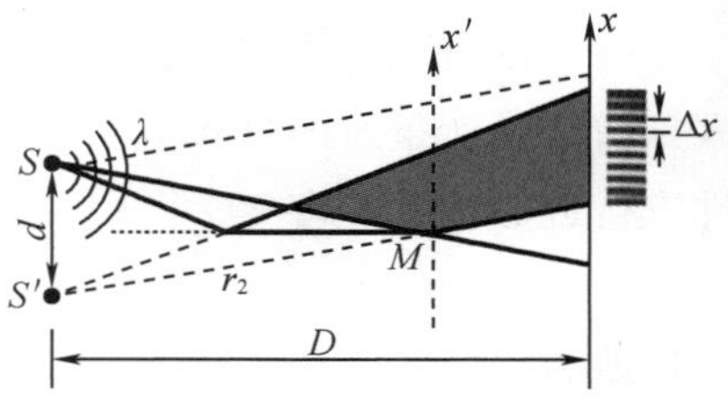

图 6.7　劳埃德镜实验简图

加了半个波长,因而把这种现象称为**半波损失**。进一步的实验表明,光从光疏介质射到光密介质界面发生反射时,在掠射(入射角 $i\approx90°$)或正入射($i\approx0°$)的情况下,反射光都会产生半波损失。劳埃德镜实验验证了光反射时有半波损失的存在。

以上是利用普通光源产生相干光的方法,现代的干涉实验基本采用激光光源。激光光源发光面上的各点发出的光都是同频率、同振动方向、同相位的相干光波。因而,将一个激光光源的发光面的两部分发出的光直接叠加起来,或者采用两个同频率的激光光源发的光相叠加,也可以产生明显的干涉现象。

**例 6.1** 用某种波长的光做双缝干涉实验,所得第一级明条纹($k=1$)与 $O$ 点的距离 $x=5.0$ mm。已知 $D=1.0$ m,$d=0.1$ mm。试求:

(1)入射光的波长;

(2)两相邻明条纹之间的距离。

**解** (1)由明条纹在屏上出现的条件 $x=\pm k\dfrac{D}{d}\lambda$ 知,当 $k=1$ 时 $x=\dfrac{D}{d}\lambda$,因此有

$$\lambda=\frac{xd}{D}=\frac{5.0\times0.1}{1\ 000}\ \text{mm}=5\times10^{-4}\ \text{mm}$$

即入射光为波长等于 $5\times10^{-4}$ mm 的绿光。

(2)第 $k+1$ 级和 $k$ 级两相邻明条纹的间距为

$$\Delta x=x_{k+1}-x_k=\frac{D}{d}\lambda$$

代入数据有

$$\Delta x=\frac{D}{d}\lambda=\frac{1\ 000\times5\times10^{-4}}{0.1}\ \text{mm}=5.0\ \text{mm}$$

**例 6.2** 用白光作为光源观察杨氏双缝干涉。设缝间距为 $d$,缝面与屏间距为 $D$,求能清晰观察到的光谱级次。

**解** 白光波长在 400 ~ 760 nm,杨氏双缝干涉实验的明条纹条件为

$$\delta=\frac{xd}{D}=\pm k\lambda\ (k=0,1,2\cdots)$$

当 $k=0$ 时,由于各个波长的光波程差都等于零,因此各个波长的光的零级明条纹在屏上的原点 $O$ 处重叠,形成中央白色明条纹。在中央明条纹两侧,各个波长的同一级次的明条纹由于波长不同而 $x$ 值不同,因而彼此错开,从中央向外,由紫到红,并产生不同级次条纹的重叠。最先发生重叠的是某一级次的红光和高一级次的紫光。故

$$k\lambda_{红}=(k+1)\lambda_{紫}$$

解得

$$k=\frac{\lambda_{紫}}{\lambda_{红}-\lambda_{紫}}=\frac{400}{760-400}=1.1$$

$k$ 取整数,清晰的光谱只有一级。

**例 6.3** 在双缝干涉实验中,波长 $\lambda=550$ nm 的单色平行光垂直入射到缝间距 $d=2\times10^{-4}$ m 的双缝上,屏到双缝的距离 $D=2$ m。求:

(1)中央明条纹两侧的两条第十级明条纹中心的间距;

(2)用一厚度 $e=6.6\times10^{-6}$ m、折射率 $n=1.58$ 的玻璃片覆盖一缝后，零级明条纹将移到原来的第几级明条纹处。

**解**　(1)相邻明条纹中心的间距 $\Delta x'$ 为

$$\Delta x'=\frac{D}{d}\lambda$$

中央明条纹两侧的两条第十级明条纹中心有 20 条明条纹，间距为

$$\begin{aligned}\Delta x&=20\Delta x'=20\frac{D}{d}\lambda\\&=20\times\frac{2}{2\times10^{-4}}\times5.50\times10^{-7}\ \text{m}\\&=0.11\ \text{m}\end{aligned}$$

(2) 覆盖玻璃片后，零级明条纹应满足

$$r_1+(n-1)e=r_2$$

设不盖玻璃片时，此点为第 $k$ 级明条纹，则应有

$$r_2-r_1=k\lambda$$

所以

$$(n-1)e=k\lambda$$

$$k=\frac{(n-1)e}{\lambda}=\frac{(1.58-1)\times6.6\times10^{-5}}{5.50\times10^{-7}}=6.96\approx7$$

即零级明条纹移到原第七级明条纹处。

## 6.3　薄 膜 干 涉

肥皂泡在太阳光的照射下显出五颜六色，水面上的油膜也会呈现出彩色的花纹，这是一种光经过薄膜的上、下表面反射后相互叠加所形成的干涉现象，称为**薄膜干涉**。由于反射波和透射波的能量都是由入射波分出来的，属于分振幅的干涉。

对薄膜干涉现象的详细分析比较复杂，但实际上，比较简单且应用广泛的是厚度均匀的薄膜在无穷远处形成的等倾干涉条纹和厚度不均匀薄膜表面上的等厚干涉条纹。

### 6.3.1　等倾干涉

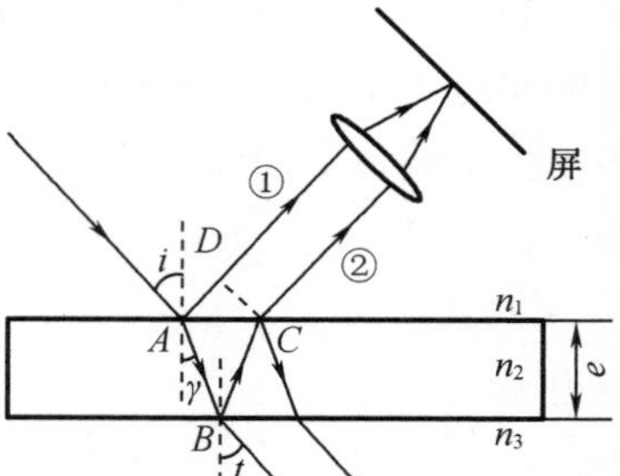

**图 6.8　薄膜干涉**

图 6.8 为厚度均匀的透明平行平面介质薄膜，其折射率为 $n_2$，厚度为 $e$，放在折射率为 $n_1$ 的透明介质中，波长为 $\lambda$ 的单色光入射到薄膜表面上，入射角为 $i$，经薄膜上、下表面反射后产生一对相干的平行光束①和②。这对光束只能在无限远处发生干涉，因此用一个透镜使它们在透镜的焦平面上叠加产生干涉。考

虑其中一束光线反射时有半波损失,①和②两束光的光程差为

$$\begin{aligned}\delta &= n_2(\overline{AB}+\overline{BC})-n_1\overline{AD}+\frac{\lambda}{2}\\&=2n_2\frac{e}{\cos\gamma}-n_1\overline{AC}\sin i+\frac{\lambda}{2}\\&=2n_2\frac{e}{\cos\gamma}-2e\tan\gamma\cdot n_1\sin i+\frac{\lambda}{2}\end{aligned}\tag{6.30}$$

根据折射定律 $n_2\sin\gamma=n_1\sin i$,代入式(6.30)并整理得

$$\delta=2n_2e\cos\gamma+\frac{\lambda}{2}=2e\sqrt{n_2^2-n_1^2\sin^2 i}+\frac{\lambda}{2}\tag{6.31}$$

由式(6.31)可见,对于厚度均匀的薄膜,光程差是由入射角 $i$ 决定的,凡是以相同的倾角入射的光,经薄膜上、下表面反射后产生的相干光束都有相同的光程差,因而对应着干涉图样中的同一条条纹。将此类干涉条纹称为等倾干涉条纹,这种干涉现象称为**等倾干涉**。

图6.9(a)是等倾干涉实验装置,来自光源 $S$ 的光经过半反射板射向薄膜表面,经薄膜上、下表面反射的两束光线,透过半反射板后,在透镜上方焦平面上得到等倾干涉条纹。凡是入射角相同的光线,在屏上位于以透镜上方焦点 $O$ 为中心的同一圆周上,干涉条纹如图6.9(b)所示。

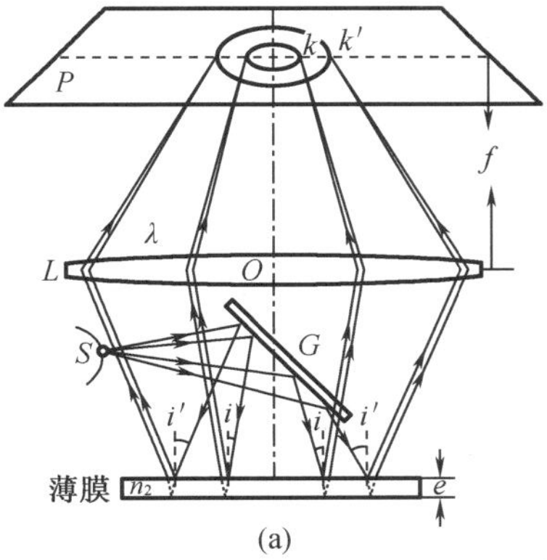


(a)

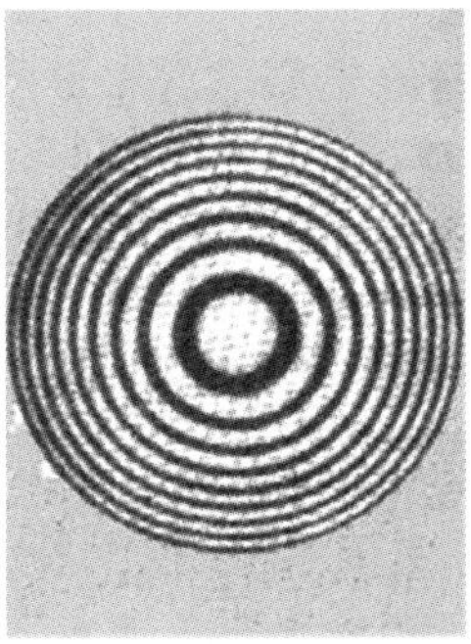

(b)

**图6.9 等倾干涉实验装置及干涉条纹**

等倾干涉明纹的光程差的条件是

$$\delta=2e\sqrt{n_2^2-n_1^2\sin^2 i}+\frac{\lambda}{2}=k\lambda\,(k=1,2,3,\cdots)\tag{6.32}$$

暗纹的光程差的条件是

$$\delta=2e\sqrt{n_2^2-n_1^2\sin^2 i}+\frac{\lambda}{2}=(2k+1)\frac{\lambda}{2}(k=0,1,2,\cdots)\tag{6.33}$$

由式(6.32)和式(6.33)可知,入射角 $i$ 越小,光程差 $\delta$ 越大,干涉级也越高。在等倾环纹中,半径越小的圆环对应的 $i$ 越小,所以中心处的干涉级最高,越往外的圆环的干涉级越低。另外,如图6.9(b)所示,中央的环纹间的距离较大,环纹较稀疏;越向外,条纹间的距离越小,环纹越紧密。

透射光也有干涉现象。图6.8中光束①′是由光线直接透射而来的，而光线②′是光线折射后在$B$点和$C$点反射后再透射出来的。因为两次反射同时有（或没有）半波损失，所以不存在反射时的附加光程差。这两束透射光的光程差为

$$\delta = 2e\sqrt{n_2^2 - n_1^2\sin^2 i} \tag{6.34}$$

式(6.34)与式(6.31)相比差$\frac{\lambda}{2}$。可见，当反射光相互加强时，透射光将相互减弱；当反射光相互减弱时，透射光将相互加强。两者是互补的。

在比较复杂的光学系统中，为了减少反射造成的光能严重损耗，常在镜头上镀上一层透明介质薄膜。如果薄膜厚度合适，利用干涉效应，可使用某一波长的光只透射不反射，这种薄膜称为**增透膜**。

人眼和照相机底片对波长为550 nm的黄绿光最敏感。要想使照相机对此波长反射小，可在照相机镜头上镀一层氟化镁（$MgF_2$）薄膜，它的折射率$n_2 = 1.38$，介于玻璃与空气之间。假设薄膜厚度为$e$，如图6.10所示，光垂直入射（为看得清楚，图中把入射角画大了些）时，薄膜上下表面反射光都有半波损失，它们的光程差为$\delta = 2en_2$，两反射光干涉相消应满足的条件是

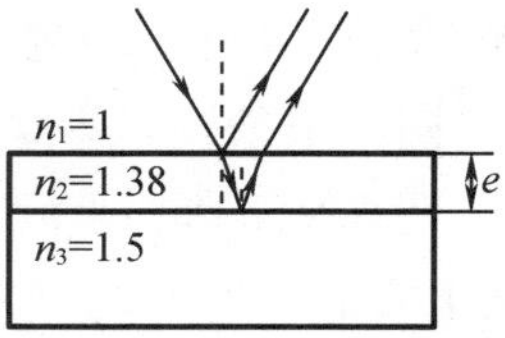

**图6.10 增透膜**

$$\delta = 2en_2 = (2k+1)\frac{\lambda}{2}\ (k = 0, 1, 2, \cdots)$$

取$k = 0$，则氟化镁增透膜的最小厚度应为

$$e = \frac{\lambda}{4n_2} = \frac{550}{4\times 1.38}\ \text{nm} \approx 100\ \text{nm}$$

此时，反射光中黄绿光少，所以镜头呈蓝紫色。

在上述例子中，如果换一个折射率比玻璃还大的薄膜，薄膜上表面反射光有半波损失，而下表面反射光没有半波损失。此时，两束反射光光程差多了一个半波长，叠加后产生相长干涉。这样的薄膜称为**增反膜**。比如氦氖激光器中的谐振腔反射镜，要求对波长$\lambda = 632.8$ nm的单色光的反射率达到99%以上，因此需要镀上高反射率的透明薄膜。由于反射光能量约占入射光能量的5%，为了达到具有高反射率的目的，通常在玻璃表面交替镀上折射率高低不同的多层介质膜，每层介质膜的光学厚度均为$\frac{\lambda}{4}$。一般镀到7层、9层，有的多达15层、17层。采用的介质膜对光的吸收很少，比镀银或铝的反射镜的效果更好。

## 6.3.2 等厚干涉

上面介绍的是厚度均匀的薄膜产生的等倾干涉现象，现在介绍厚度不均匀的薄膜产生的干涉现象，即等厚干涉。在实验室中观察这两种现象时常用的是劈尖膜和牛顿环。

1. 劈尖干涉

如果一个薄膜的上、下表面互不平行，且构成很小的夹角$\theta$，这样的薄膜称为劈形薄膜，简称**劈尖**，如图6.11所示。设构成劈尖的透明介质的折射率为$n$，其上、下两表面以外的介质的折射率都为$n_1$。

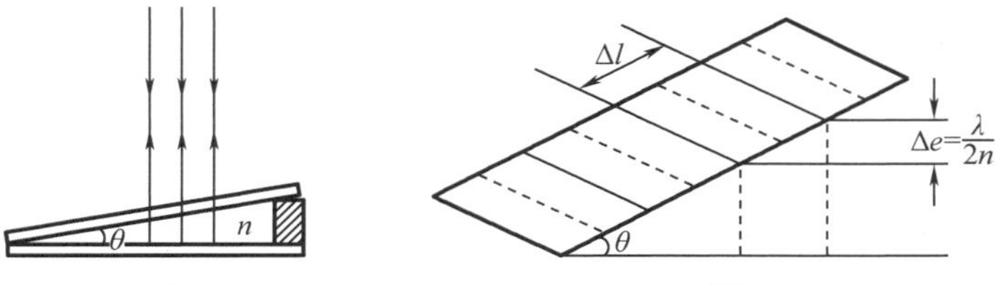


**图 6.11 劈尖干涉**

当平行单色光垂直入射到这样的薄膜上时,在劈尖的上、下表面引起的反射光是相干光。设薄膜的任意位置的厚度用 $e$ 表示,劈尖上、下表面反射的两光束之间的光程差为

$$\delta = 2ne + \frac{\lambda}{2} \tag{6.35}$$

$$\begin{cases} \delta = 2ne + \dfrac{\lambda}{2} = k\lambda, k = 1,2,3,\cdots(\text{明条纹}) \\ \delta = 2ne + \dfrac{\lambda}{2} = (2k+1)\dfrac{\lambda}{2}, k = 0,1,2,\cdots(\text{暗条纹}) \end{cases} \tag{6.36}$$

从式(6.36)可以看出,干涉条纹为平行于劈尖棱边的直线条纹。显然,同一条纹对应相同厚度的薄膜,因而称为等厚干涉条纹。在两块玻璃片相接触的棱边,薄膜厚度 $e=0$,对应式(6.36)中 $k=0$ 的暗条纹条件,所以棱边是暗条纹。

由式(6.36)可以求出,相邻明条纹(或暗条纹)对应的薄膜厚度为

$$\Delta e = e_{k+1} - e_k = \frac{\lambda}{2n}$$

如图 6.11 所示,任意两个相邻的明条纹(或暗条纹)之间的距离 $\Delta l$ 满足

$$\Delta l \sin\theta = \Delta e = \frac{\lambda}{2n} \tag{6.37}$$

式中,$\theta$ 为劈尖的夹角。由式(6.37)可以看出,干涉条纹是等间距的,而且 $\theta$ 越大,干涉条纹越密。当 $\theta$ 大到一定程度时,干涉条纹将密得无法分辨,这时将看不到干涉现象。

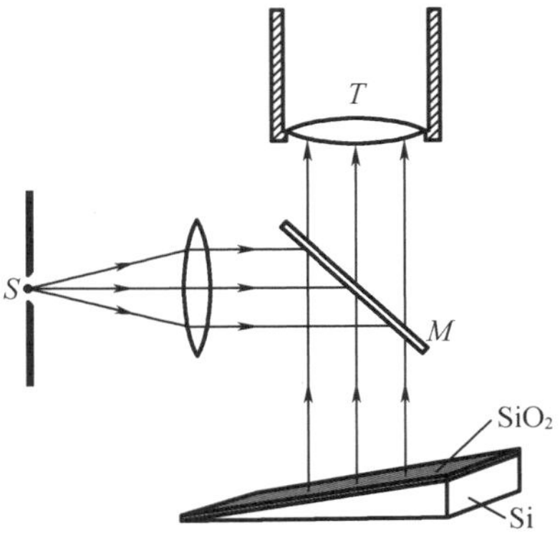


$T$—目镜;$M$—半反半透镜;$S$—光源。

**图 6.12 二氧化硅薄膜厚度的测定**

从式(6.37)中还可以看出,如果已知夹角 $\theta$,则测出条纹间距 $\Delta l$ 就可以算出波长 $\lambda$。反之,如果波长 $\lambda$ 已知,则测出条纹间距 $\Delta l$ 就可以算出微小的角度 $\theta$。工程技术上常利用这一原理来测量细丝的直径或薄片的厚度。例如,制造半导体元件时,常需要精确测量硅片上二氧化硅($SiO_2$)薄膜的厚度。这时,可以用化学方法把二氧化硅薄膜一部分腐蚀成劈尖形状,如图 6.12所示。用已知波长的单色光垂直照射到二氧化硅的劈尖上,用显微镜数出干涉条纹的数目,就可以求出二氧化硅薄膜的厚度。

**例 6.4** 为测量金属细丝的直径,把金属丝夹在两块平玻璃板之间,按图 6.13 使空气

形成劈尖。用单色光垂直照射形成等厚干涉条纹，测出干涉条纹间的距离，就可以算出金属丝的直径。入射光波长 $\lambda=589.3\ \text{nm}$。某次测量结果是：金属丝与劈尖顶点距离 $l=28.880\ \text{mm}$，第1条明条纹到第31条明条纹的距离为4.295 mm，求金属丝直径 $d$。

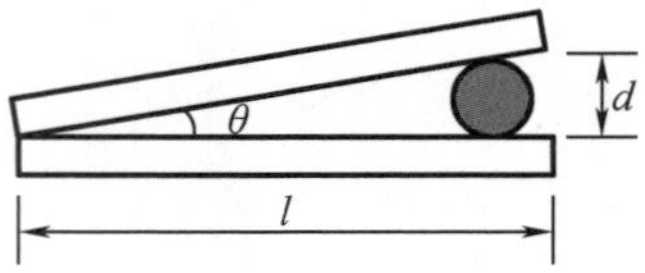


**图6.13　利用等厚干涉条纹测量金属丝的直径**

**解**　相邻明条纹之间的距离为

$$\Delta l=\frac{4.295}{30}\ mm\approx 0.1413\ \text{mm}$$

相邻明条纹之间的厚度差为

$$\Delta e=\frac{\lambda}{2n}=\frac{\lambda}{2}$$

因为角度 $\theta$ 很小，所以

$$\sin\theta\approx\frac{\mathrm{d}}{l}=\frac{\Delta e}{\Delta l}$$

因此有

$$d=\frac{\lambda l}{2\Delta l}=\frac{589.3\times10^{-6}\times28.880}{2\times0.1413}\ \text{mm}\approx0.059\ \text{mm}$$

**例6.5**　利用劈尖干涉还可以检测机械加工的工件表面粗糙度，如图6.14(a)所示，把一块标准平面玻璃覆盖在待测工件表面上，并使之形成一个劈形空气膜。用单色光垂直入射，观察到的干涉条纹不是直的，则可判断待测表面不平整。试根据干涉条纹的方向判断工件表面是凹的还是凸的，并求出凹凸深度 $h$。

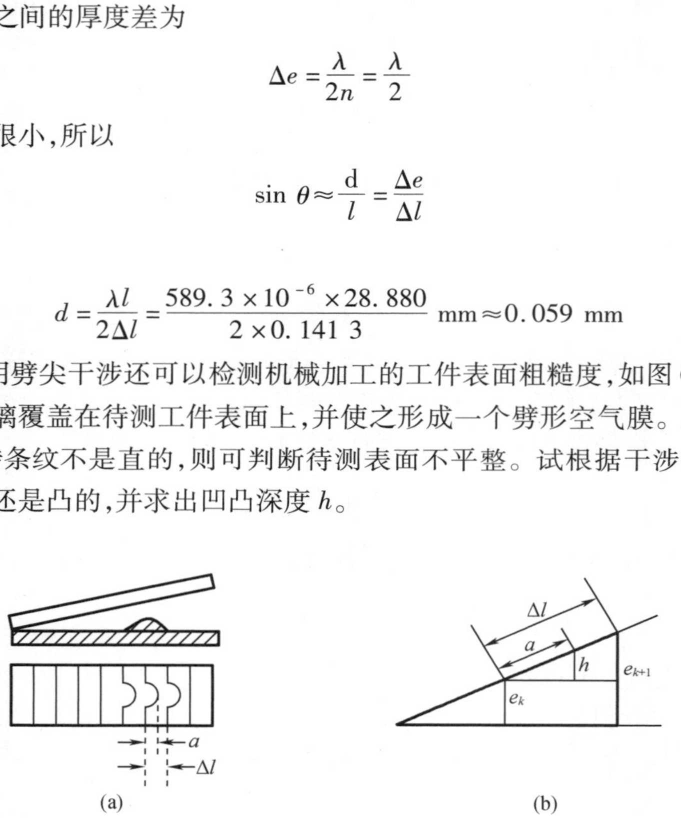


**图6.14　检验工件表面的加工纹路**

**解**　从显微镜中观察到干涉条纹向劈形膜背离棱边方向弯曲，说明不平整处对应的条纹与左方某处的条纹属于同一级条纹，即薄膜厚度相同，可以判断是凸痕。设两相邻明条纹（或暗条纹）的间距为 $\Delta l$，相邻明纹（或暗纹）之间空气膜的厚度差为

$$\Delta e=e_{k+1}-e_k=\frac{\lambda}{2n}=\frac{\lambda}{2}$$

凸痕的高度 $h$ 与条纹的弯曲距离 $a$ 成正比，如图6.14(b)所示，所以凸痕的高度 $h$ 为

$$h=\frac{a}{\Delta l}\Delta e=\frac{a}{\Delta l}\frac{\lambda}{2}\tag{1}$$

同理，若待测工件表面上有凹痕，则凹痕处的干涉条纹向劈形膜棱边方向弯曲，利用式

(1)同样可以计算出凹痕的深度。

2. 牛顿环

图6.15是牛顿环的装置图。在一块平面玻璃 $B$ 和一块曲率半径很大的平凸透镜 $A$ 之间形成一个上表面是球面、下表面是平面的空气薄膜。当用单色光垂直照射时,从上向下观察会看到以接触点 $O$ 为中心的一组同心圆形干涉条纹,称为**牛顿环**。

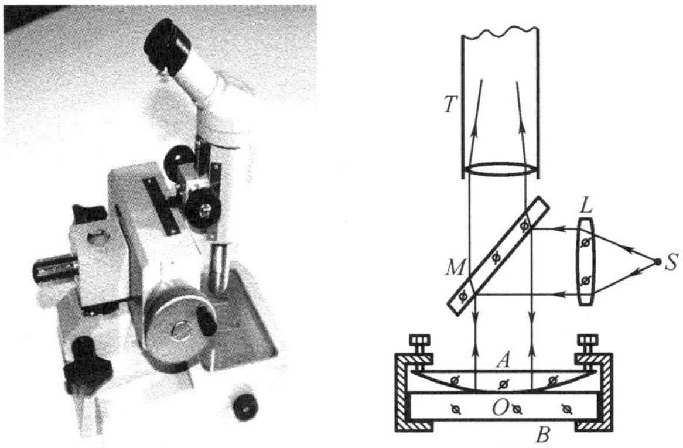


(a) (b)

$A$—平凸透镜;$T$—目镜;$L$—透镜;$S$—点光源;$M$—半反半透镜。

**图6.15 牛顿环的装置图**

牛顿环是由平凸透镜下表面反射的光和平面玻璃上表面反射的光发生干涉而形成的,以 $O$ 点为中心的同一圆周上的空气薄膜的厚度相等,所以产生的环形条纹是等厚干涉条纹。因此,明、暗条纹对应的空气层厚度 $e$ 满足

$$\begin{cases} 2e+\dfrac{\lambda}{2}=k\lambda, k=1,2,3,\cdots(\text{明环}) \\ 2e+\dfrac{\lambda}{2}=(2k+1)\dfrac{\lambda}{2}, k=0,1,2,\cdots(\text{暗环}) \end{cases} \tag{6.38}$$

图6.16(a)中,$R$ 为平凸透镜的曲率半径,$r$ 为环形干涉条纹的半径,入射光波长为 $\lambda$。若半径为 $r$ 的环形条纹下面的空气层厚度为 $e$,则从图中的三角形可知

$$R^2=r^2+(R-e)^2=r^2+R^2-2eR+e^2 \tag{6.39}$$

因 $e \ll R$,可以将 $e^2$ 略去,有

$$e=\frac{r^2}{2R} \tag{6.40}$$

式(6.40)表明,$e$ 与 $r^2$ 成正比,因此离中心越远,光程差增大得越快,牛顿环也就越密。把这一关系代入式(6.38),可得到反射光中明环和暗环的半径分别为

$$\begin{cases} r=\sqrt{\dfrac{(2k-1)R\lambda}{2}}, k=1,2,3,\cdots(\text{明环}) \\ r=\sqrt{kR\lambda}, k=0,1,2,\cdots(\text{暗环}) \end{cases} \tag{6.41}$$

图6.16(b)所示为牛顿环的照片。

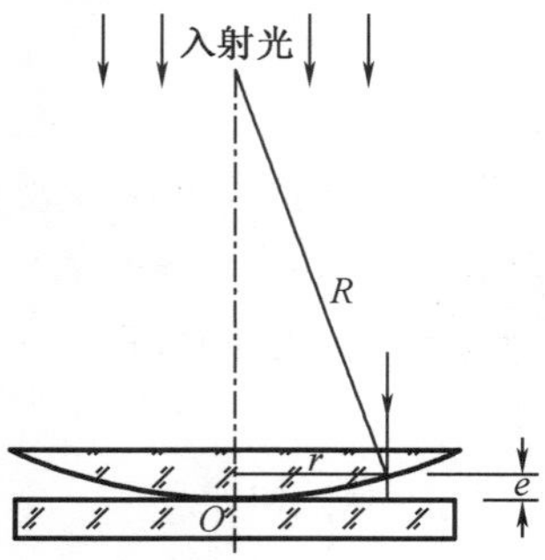


(a)牛顿环的半径计算用图

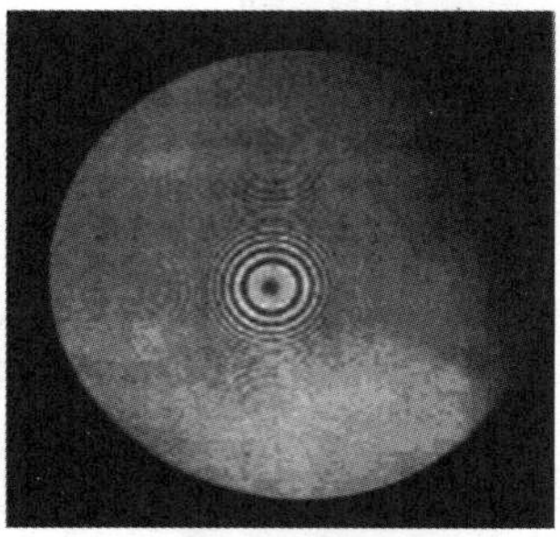

(b)牛顿环的照片

图 6.16　牛顿环

**例 6.6**　如图 6.17 所示，牛顿环装置的平凸透镜与平板玻璃有一小缝隙 $e_0$。现用波长为 $\lambda$ 的单色光垂直照射，已知平凸透镜的曲率半径为 $R$，求反射光形成的牛顿环的各暗环半径。

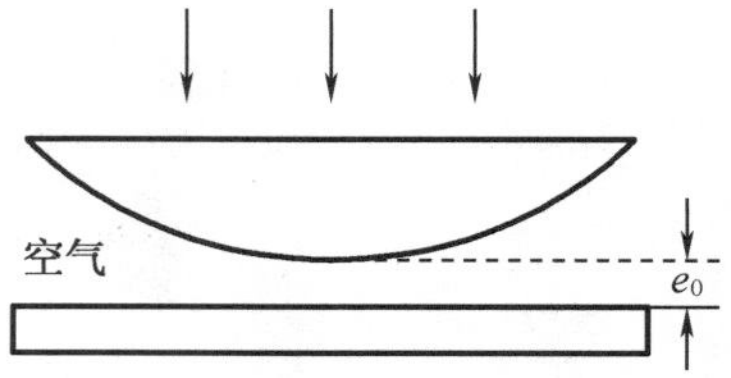


图 6.17　计算牛顿环暗环半径

**解**　设半径为 $r$ 处薄膜厚度为 $e+e_0$，则此处反射光形成的暗环满足的条件为

$$\delta=2(e+e_0)+\frac{\lambda}{2}=(2k+1)\frac{\lambda}{2},(k=1,2,3,\cdots) \tag{1}$$

根据牛顿环图形的几何关系有 $e=\frac{r^2}{2R}$，代入式(1)整理得

$$r=\sqrt{R(\lambda-2e_0)}\left(k\text{ 为整数且 }k>\frac{2e_0}{\lambda}\right)$$

## 6.3.3　迈克耳孙干涉仪

干涉仪是根据光的干涉原理制成的精密测量仪器，可以测量长度及长度的微小变化等，在科学技术方面有着广泛而重要的应用。干涉仪的种类很多，其中，迈克耳孙干涉仪是一种比较典型的干涉仪，很多近现代的干涉仪都是以它为原形的。迈克耳孙干涉仪在物理学发展史上曾起过重要作用，并且在近代物理和近代计量的发展上仍起着重要的作用，现在就来介绍迈克耳孙干涉仪的原理。

迈克耳孙干涉仪的装置图如图 6.18 所示。$M_1$ 和 $M_2$ 是两面精密磨光的平面反射镜，分别安装在相互垂直的两臂上。其中 $M_2$ 固定，$M_1$ 用螺旋控制可以前后做微小移动。$G_1$ 和 $G_2$ 是两块与 $M_1$ 和 $M_2$ 成 45°平行放置的平面玻璃板，它们材料相同、薄厚均匀。$G_1$ 的背面镀有半反射膜，可以使照射在 $G_1$ 上的光，一半反射、一半透射，称为**分光板**，$G_2$ 称为**补偿板**。

由光源 $S$ 发出的光，经分光板 $G_1$ 分成两部分，反射光束 1 射向 $M_1$，经 $M_1$ 反射后透过 $G_1$ 射向 $E$ 处；透射光束 2 通过 $G_2$ 射向 $M_2$，经 $M_2$ 反射后又经过 $G_2$ 到达 $G_1$，反射后也到达 $E$ 处。由于光束 1′和 2′是相干光，在 $E$ 处可以看到干涉图样。

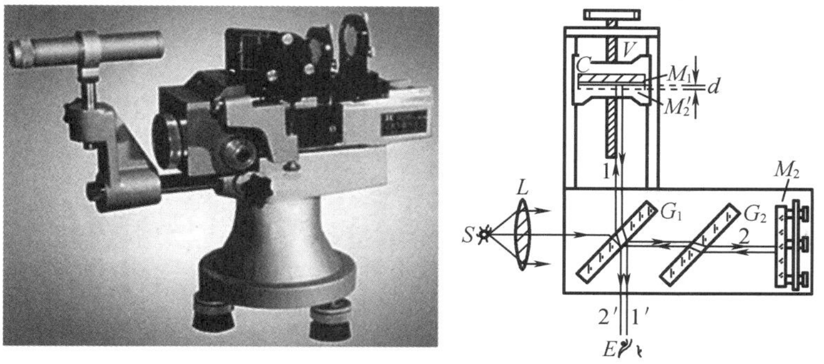


(a)实物图　　　　(b)构造示意图

$L$—透镜；$M_1$，$M_2$—平面镜；$V$—用于调节 $M_1$ 的前后位置；

$C$—用于调节 $M_1$ 的角度；$G_1$，$G_2$—半反射膜。

**图 6.18　迈克耳孙干涉仪装置图**

从光路图中可以看出，光束 1 和 2 都是 3 次通过玻璃板，因此光束 1 和 2 的光程差和玻璃板中的光程无关。对 $E$ 处的观察者来说，光在 $M_1$ 和 $M_2$ 上的反射相当于在相距为 $d$ 的 $M_1$ 和 $M_2'$上的反射，其中，$M_2'$是平面镜 $M_2$ 经 $G_1$ 半反射膜反射所成的虚像。因此，观察者在 $E$ 处所看到的干涉现象取决于 $M_1$ 和 $M_2'$之间的空气膜厚度 $d$。

如果 $M_1$ 和 $M_2$ 严格地相互垂直，那么相应地，$M_1$ 和 $M_2'$严格地相互平行，相当于 $M_1$ 和 $M_2'$形成一个等厚的空气层，所以在 $E$ 处的干涉条纹为环形的等倾干涉条纹，如图 6.19(a)所示。如果 $M_1$ 和 $M_2$ 并不严格垂直，则 $M_1$ 和 $M_2'$有微小夹角并形成一空气劈尖，此时在 $E$ 处观察到的干涉条纹为等厚干涉条纹，如图 6.19(b)所示。

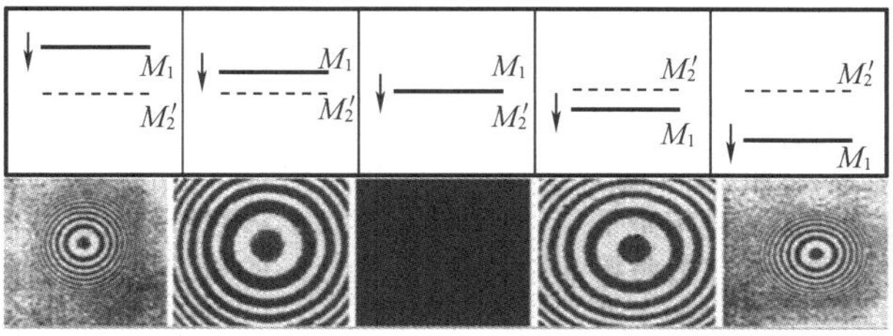


(a)

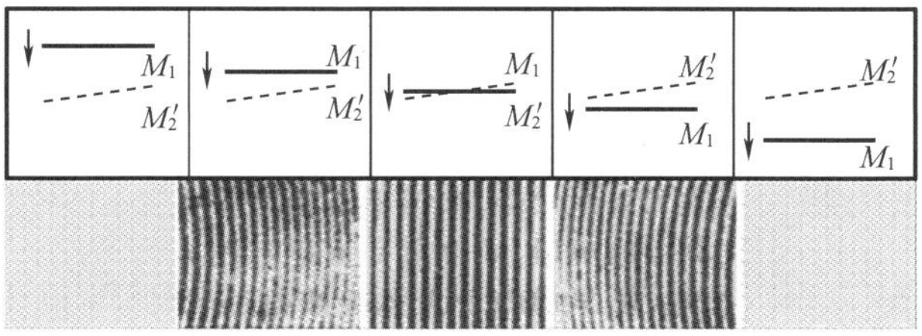


(b)

**图 6.19　迈克耳孙干涉仪中观察到的几种典型条纹**

干涉条纹取决于光程差。只要光程差有微小的变化，干涉条纹就会发生移动。$M_1$ 每平移$\frac{\lambda}{2}$的距离，视场中就有一条明条纹移过。所以数出视场中移过的明条纹数 $N$，就可算出 $M_1$ 平移的距离。计算式为

$$d = N\frac{\lambda}{2} \tag{6.42}$$

从式(6.42)可以看出，用已知波长的光波可以测定长度，也可以用已知的长度来测定光波的波长。

迈克耳孙干涉仪可测定光谱的精细结构、薄膜的厚度，还可以用光波作为标准对长度进行标定，具有广泛的用途。而且，迈克耳孙干涉仪还是许多近现代干涉仪的原型。因为发明了干涉仪和测定光速，迈克耳孙获得了 1907 年诺贝尔物理学奖。

## 6.4 空间相干性 时间相干性

### 6.4.1 空间相干性

在双缝干涉实验中，如果逐渐增加光源狭缝 $S$ 的宽度，则屏幕 $P$ 上的条纹就会逐渐变得模糊起来，最后完全消失。这是因为 $S$ 内所包含的各小部分 $S'$、$S''$等(图 6.20)是非相干波源，它们互不相干，且 $S'$发出的光与 $S''$发出的光通过双缝到达点 $P$ 的波程差并不相等，即 $S'$、$S''$发出的光将各自满足不同的干涉条件。比如，当 $S'$发出的光经过双缝后恰在点 $P$ 形成干涉极大的光强时，$S''$发出的光可能在点 $P$ 形成干涉较小的光强。由于 $S'$、$S''$是非相干光源，它们在点 $P$ 形成的合光强只是上述结果的简单相加，即非相干叠加，因此不会出现干涉叠加结果。所以，光源狭缝 $S$ 越宽，所包含的非相干子波源越多，结果是最暗的光强不为零，使最亮和最暗的差别缩小，从而造成干涉条纹的模糊甚至消失。只有当光源狭缝 $S$ 的线度较小时，才能获得较清晰的干涉条纹，这一特性称为光场的空间相干性。

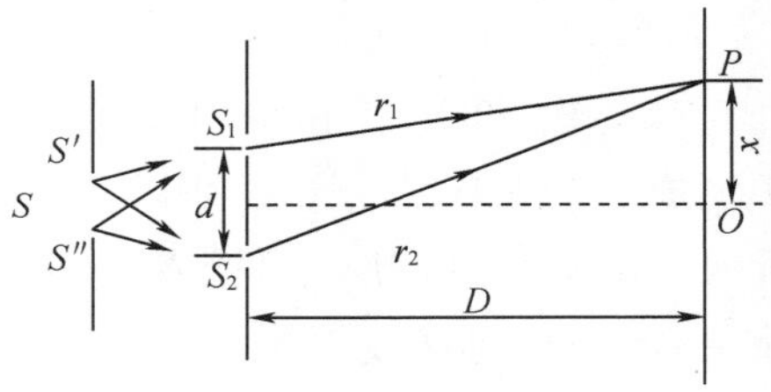


**图 6.20 双缝干涉的空间相干性**

对于激光光源，不存在空间相干性问题，因为激光光源输出的光波的各部分都是相干的，这是激光光源所具有的优越性。

### 6.4.2 时间相干性

前面已经说到了迈克耳孙干涉仪中补偿玻璃 $G_2$ 的作用是使两束相干光相遇干涉时不致具有额外的光程差。事实上，若两束相干光的光程差较大，就会导致干涉条纹模糊甚至消失。这是由光的时间相干性决定的，下面对此做一简要说明。

原子发光的波列长度是有限的。如果相干光的光程差大于波列长度所对应的光程，那么同一波列分裂为两部分并经不同路径传播后就会因错过而不可能再相遇，因此也就不能

产生干涉现象。设原子发出的一个光波列在某介质(折射率为 $n$)中传播时的长度为 $l_0$,则对应的光程 $L_0 = nl_0$ 通常被称为**相干长度**,相应地,把传播一个波列所需要的时间 $t_0$ 叫作**相干时间**。显然,$t_0 = \frac{L_0}{c}$,这里 $c$ 为真空中的光速。于是可以说,若两相干光的光程差超过相干长度 $L_0$,或相应的传播时间之差超过相干时间 $t_0$,则不可能产生干涉现象。可见 $t_0$(或 $L_0$)标志着相干光的性能如何,所以称这一属性为**光的时间相干性**。

在迈克耳孙干涉仪中,如果没有补偿玻璃 $G_2$,或者 $M_1$ 和 $M_2'$之间的距离过大,容易使干涉条纹消失。一般来说,普通光源的相干长度只有几毫米,最多不超过米的量级,时间相干性较差。随着激光技术的发展,在干涉仪中已广泛采用激光作为光源,普通激光器产生的激光的相干长度已经可以达到 $10^2$ m 的量级,这使迈克耳孙干涉仪的应用更加方便,测量更加精确。而使用激光光源时,迈克耳孙干涉仪中的补偿玻璃 $G_2$ 是否存在已经不是至关重要的了。

最后应当指出,时间相干性问题不是仅存在于迈克耳孙干涉仪中,而是存在于所有的干涉现象中。读者可以自己了解一下双缝、牛顿环、劈尖等干涉现象中的时间相干性问题。

# 6.5 光的衍射

## 6.5.1 光的衍射现象及衍射分类

波的衍射是指波在其传播路径上遇到障碍物时,能绕过障碍物的边缘而进入几何阴影内传播的现象。作为电磁波,光也同样存在衍射现象。由于光的波长很短,因此光的衍射现象不容易被观察到,只有当障碍物的几何尺度与光的波长相近时,才能观察到衍射现象。在光的衍射现象中,光不仅可以绕过障碍物的边缘传播,而且还能产生明暗相间的条纹。在如图 6.21 所示的圆孔衍射实验中,$S$ 为单色点光源,$H$ 为遮光板,上面有一个直径为十分之几毫米的小圆孔,$P$ 为观察屏。在观察屏上可以观察到光斑由几个明暗相间的圆环组成,而且比圆孔大了许多。如果把遮光板换成一个与圆孔大小差不多的小圆板,那么在屏上也可以看到几个明暗相间的圆环,并且圆环的中心是一个亮斑。如果把圆孔换成狭缝或者细线,则在屏上可以看到明暗相间的条纹。以上实验都说明了光能产生衍射现象,显示了光的波动性。

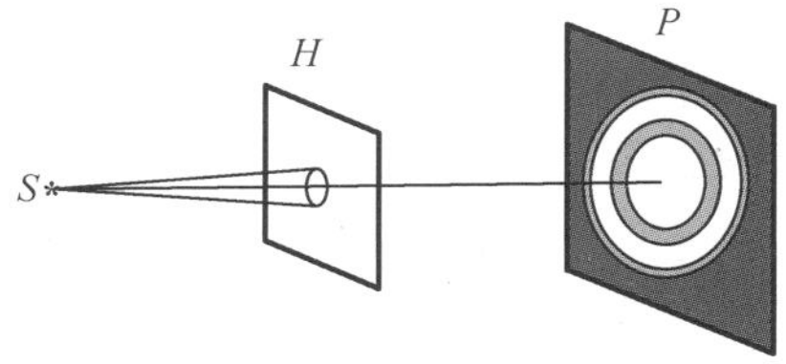

**图 6.21 圆孔衍射实验**

观察光衍射的装置,通常由 3 个部分组成:光源、衍射物(缝或孔等障碍物)、观察屏。按三者相对位置的不同,通常把衍射现象分为两类。一类如图 6.22(a)所示,光源和观察屏离衍射屏的距离有限,这种衍射称为**菲涅耳衍射**,这类衍射的数学处理比较复杂。另一类如图 6.22(b)所示,光源和观察屏离衍射屏的距离都是无穷远,即照射到衍射屏上的入射光和离开的衍射光都是平行光，这种衍射称为**夫琅禾费衍射**。在实验室中，夫琅禾费衍射可用两个汇聚透镜来实现，如图 6.22(c)所示。因为夫琅禾费衍射的分析和计算都比菲涅耳衍射简单，而且应用广泛，所以本书只讨论夫琅禾费衍射。

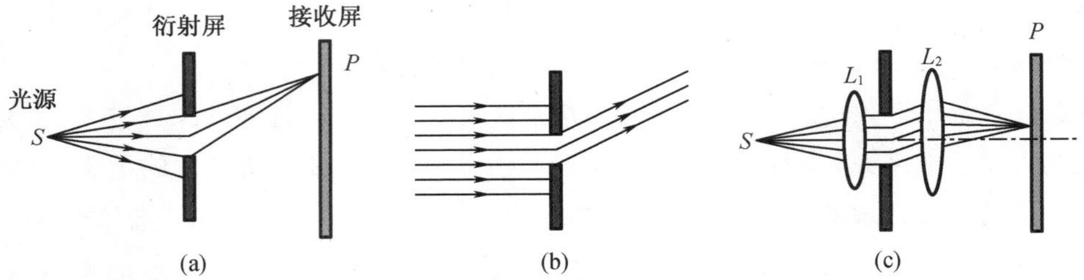


**图 6.22　菲涅耳衍射和夫琅禾费衍射**

## 6.5.2　惠更斯－菲涅耳原理

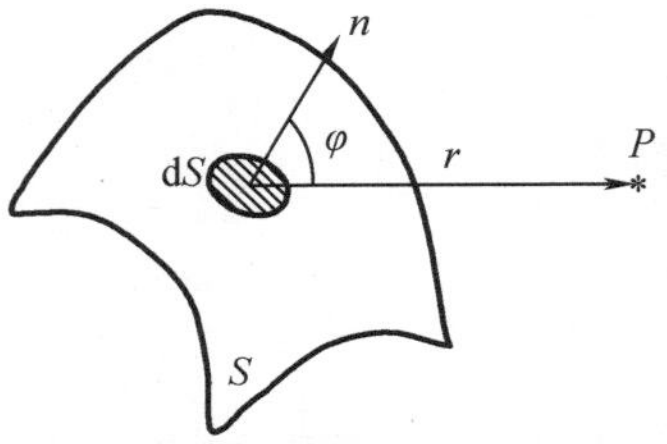


**图 6.23　惠更斯－菲涅耳原理**

惠更斯原理可以解释光偏离直线传播的现象。但是，惠更斯原理不能解释光的衍射图样中光强的分布。菲涅耳接受了惠更斯的子波概念，并提出各子波都是相干的，从而发展了惠更斯原理，为衍射理论奠定了基础。惠更斯－菲涅耳原理可定性地表述为：从同一波阵面各点发出的子波经过传播，在空间中某点相遇时发生相干叠加。根据这个原理，在给定波阵面 $S$ 上(图 6.23)，每个面元 $dS$ 都可以看成是发出球面子波的新波源，空间中任意一点 $P$ 的振动是所有这些子波在该点的相干叠加。每个面元 $dS$ 发出的子波在波阵面前方某点 $P$ 上引起的光振动振幅的大小与面元的面积 $dS$ 成正比，与面元到 $P$ 点的距离 $r$ 成反比，而且和倾角 $\varphi$ 有关，计算整个波阵面 $S$ 上所有面元发出的子波在 $P$ 点引起的光振动的总和就可得到 $P$ 点处的光强。若取 $t=0$ 时刻，$S$ 面上各子波的初相为 $\varphi_0$，则点 $P$ 处的光矢量的大小可由式(6.43)计算，即

$$E(P)=\int_S dE=C\int_S \frac{dS}{r}k(\varphi)\cos\left(\omega t+\varphi_0-\frac{2\pi r}{\lambda}\right) \tag{6.43}$$

式中，$C$ 为比例系数；$k(\varphi)$ 为随 $\varphi$ 增大而减小的倾斜因子。当 $\varphi=0$ 时，即沿原来光波传播方向的子波，$k(\varphi)=1$，为最大；当 $\varphi\geqslant\frac{\pi}{2}$ 时，$k(\varphi)=0$，表示子波不能向后传播。

借助于惠更斯－菲涅耳原理，原则上我们可以定量地描述各种衍射现象。但对一般衍射问题，积分计算相当复杂，因此后面主要通过半波带法研究单缝和多缝的夫琅禾费衍射现象。

## 6.5.3　单缝的夫琅禾费衍射

图 6.24 为单缝的夫琅禾费衍射光路图。光源 $S$ 放在透镜 $L_1$ 的主焦面上，因此从透镜 $L_1$ 透过的光为平行光束。平行光束照射在单缝上，一部分穿过单缝，经过透镜 $L_2$ 汇聚在焦

平面上。在 $L_2$ 的焦平面处放置一屏幕,可以看到明暗相间的条纹。

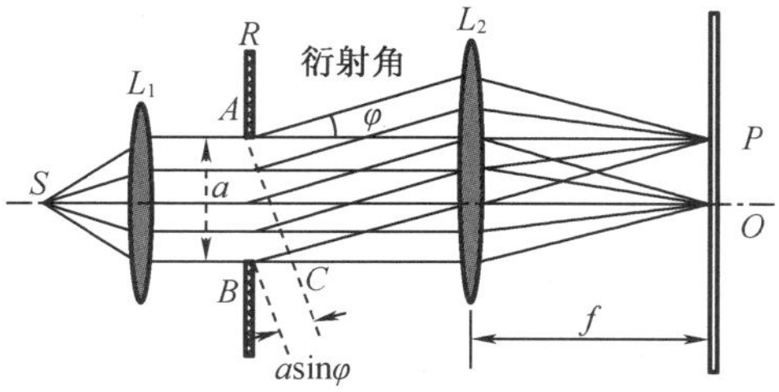


图 6.24 单缝的夫琅禾费衍射光路图

根据惠更斯 - 菲涅耳原理,单缝后面空间中任意一点 $P$ 的光振动是单缝处波阵面上各点发出的子波传到 $P$ 点的振动的相干叠加。菲涅耳采用了一个非常直观而简洁的方法来决定屏上光强分布的规律,称为**菲涅耳半波带法**。单缝处波阵面上各点发出的子波沿各个方向传播。把衍射后沿某一方向传播的子波波线与平面衍射屏法线之间的夹角称为**衍射角**。衍射角 $\varphi$ 相同的平行光束经过透镜后,聚焦在屏幕上的 $P$ 点处。设单缝宽度为 $a$,则两条边缘衍射光束的光程差为

$$\overline{BC} = a\sin\varphi$$

$P$ 点条纹的明暗完全取决于光程差 $BC$ 的量值。考虑到 $P$ 点的振动合成,想象在衍射角 $\varphi$ 为某些特定值时能将单缝处宽度为 $a$ 的波阵面 $AB$ 分成许多等宽度的纵长条带,并使相邻两带上的对应点发出的光在 $P$ 点的光程差为半个波长。这样的条带称为**半波带**,如图 6.25 所示。利用半波带来分析衍射图样的方法称为**半波带法**。

当 $BC$ 等于半波长的偶数倍时,单缝处波阵面 $AB$ 可被分成偶数个半波带,如图 6.25(a)所示,相邻的半波带上的任意两个对应点所发出的子波在 $P$ 点的光程差总是 $\frac{\lambda}{2}$,即相位差总是 $\pi$。结果:任意两个相邻半波带所发出的子波在 $P$ 点引起的光振动完全抵消,在 $P$ 点将出现暗条纹。当 $BC$ 等于半波长的奇数倍时,单缝处波阵面 $AB$ 可被分成奇数个半波带,如图 6.25(b)所示,相邻两个半波带的作用抵消之后还留下一个半波带的作用,$P$ 点将出现明纹,而且衍射角 $\varphi$ 越大,半波带面积越小,相应明纹的光强越小。当衍射角 $\varphi=0$ 时,各衍射光的光程差为零,经透镜汇聚在焦平面上,这就是中央明条纹的位置,此处光强最大。对于其他的衍射角 $\varphi$,波阵面 $AB$ 不能恰巧分成整数个半波带,此时,衍射图样介于最明和最暗之间。上述结果可用如下数学式表示:

暗条纹中心

$$a\sin\varphi = \pm k\lambda\,(k=1,2,3,\cdots) \tag{6.44}$$

明条纹中心

$$a\sin\varphi = \pm(2k+1)\frac{\lambda}{2}\,(k=1,2,3,\cdots) \tag{6.45}$$

中央明条纹中心

$$\varphi = 0 \tag{6.46}$$

单缝衍射光强分布如图6.26所示。从图6.26中可以看出，单缝衍射各明条纹处的光强是不同的。中央明条纹处光强最大，同时也最宽，其他各级明纹的光强随着级数的增大而迅速下降。

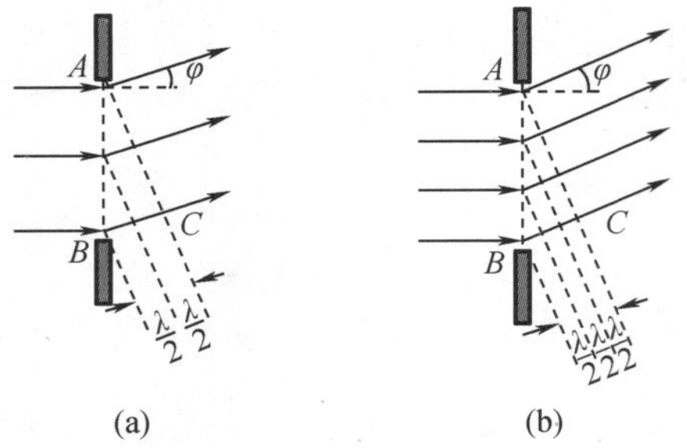


图6.25　单缝衍射条纹的计算

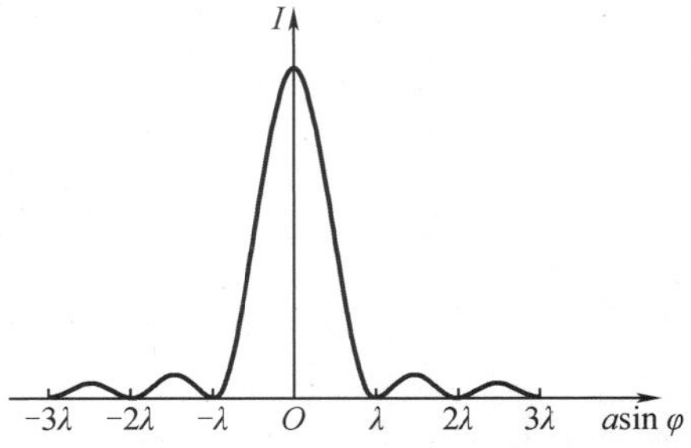


图6.26　单缝衍射条纹的光强分布

把 $k=\pm1$ 的两个暗条纹中心之间的角距离作为中央明条纹的角宽度。$k=1$ 时的暗条纹中心对应着衍射角 $\varphi_1$，显然它就是中央明条纹的半角宽度，有

$$\varphi_1 \approx \sin\varphi_1 = \frac{\lambda}{a}$$

如果透镜的焦距为 $f$，则在屏上得到的中央明条纹的线宽度为

$$\Delta x = 2f\tan\varphi_1 \approx 2f\sin\varphi_1 = 2f\frac{\lambda}{a} \tag{6.47}$$

式(6.47)表明，中央明条纹的宽度正比于波长 $\lambda$，反比于缝宽 $a$。当缝宽 $a \gg \lambda$ 时，各级衍射条纹向中央靠拢，密集得无法分辨，此时衍射现象消失，相当于光沿直线传播的情况。可见，光的直线传播是衍射现象不显著时的情形。对于透镜成像，只有当衍射现象不显著时才能形成物的几何像，如果衍射不能忽略，则透镜所成的像将不是物的几何像，而是衍射图样。

**例6.7**　在单缝夫琅禾费衍射实验中，波长为 $\lambda$ 的单色光垂直入射在宽度 $a=4\lambda$ 的单缝上，对应于衍射角为30°的方向，问：单缝处波面可分成的半波带数目是多少？对应点是明条纹中心还是暗条纹中心？

**解**　半波带数目主要看 $a\sin\varphi$ 等于多少倍的 $\frac{\lambda}{2}$，根据已知条件有

$$a\sin\varphi = 4\lambda\times\sin 30^\circ = 4\times\frac{\lambda}{2}$$

半波带数目为

$$N=4$$

半波带数目为偶数，因此对应点应为暗条纹中心。

**例6.8**　在一单缝夫琅禾费衍射实验中，缝宽 $a=5\lambda$，缝后透镜焦距 $f=40$ cm 试求：中央明条纹和第一级明条纹的宽度。

**解**　由式(6.44)可得到第一级暗条纹和第二级暗条纹的中心有

$$a\sin\varphi_1=\lambda,\ a\sin\varphi_2=2\lambda$$

第一级暗条纹和第二级暗条纹的中心在屏上的位置分别为

$$x_1 = f\tan\varphi_1 \approx f\sin\varphi_1 = f\frac{\lambda}{a} = 40\times\frac{\lambda}{5\lambda}\ \text{cm} = 8\ \text{cm}$$

$$x_2 = f\tan\varphi_2 \approx f\sin\varphi_2 = f\frac{2\lambda}{a} = 40\times\frac{2\lambda}{5\lambda}\ \text{cm} = 16\ \text{cm}$$

中央明条纹宽度为

$$\Delta x_0 = 2x_1 = 16\ \text{cm}$$

第一级明条纹的宽度为

$$\Delta x_1 = x_2 - x_1 = (16-8)\ \text{cm} = 8\ \text{cm}$$

第一级明条纹是中央明条纹宽度的一半。

菲涅耳半波带法只能大致说明衍射图样的情况,要定量给出衍射图样的强度分布,需要对子波进行相干叠加。下面用相图法导出夫琅禾费单缝衍射的强度公式。

用波长为 $\lambda$ 的单色光垂直照射宽度为 $a$ 的单缝上,将单缝上的波面分成 $N$ 个宽度为 $\Delta a$ 的微波带。根据惠更斯-菲涅耳原理,每个微波带都是一个子波源。在衍射角 $\varphi$ 比较小时,可假设各子波源发出的子波到达屏上的各点时有相同的振幅,各子波在屏上 $P$ 点处形成的光振动的相位依次差一个相同的值(图 6.27),即

$$\varphi_0 = \frac{2\pi}{\lambda}\Delta a\sin\varphi = \frac{2\pi a\sin\varphi}{N\lambda} \tag{6.48}$$

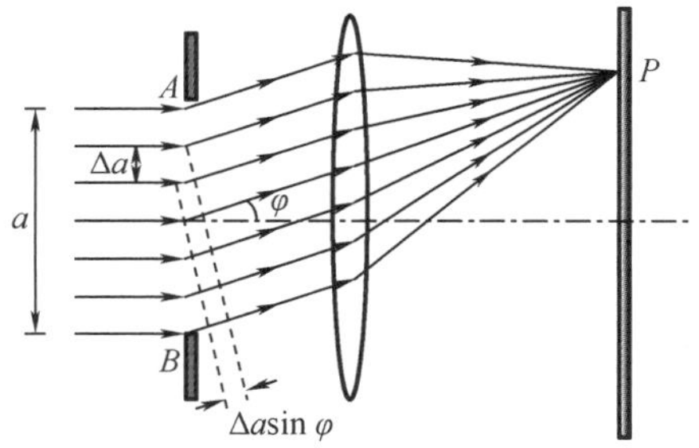


图 6.27 单缝衍射条纹光强的计算

因此,屏上 $P$ 点处形成的光振动可以看作同频率、同方向、同振幅且相位依次差 $\varphi_0$ 的 $N$ 个子波在 $P$ 点处形成的光振动的叠加。图 6.28 是这 $N$ 个光振动叠加的振幅矢量图,当 $N$ 很大时,$\varphi_0$ 很小,各振幅矢量叠加形成的多边形近似为圆心在 $O$ 点、半径为 $R$ 的一段圆弧。合成振动的振幅为

$$\boldsymbol{E} = \sum_i \boldsymbol{E}_i \tag{6.49}$$

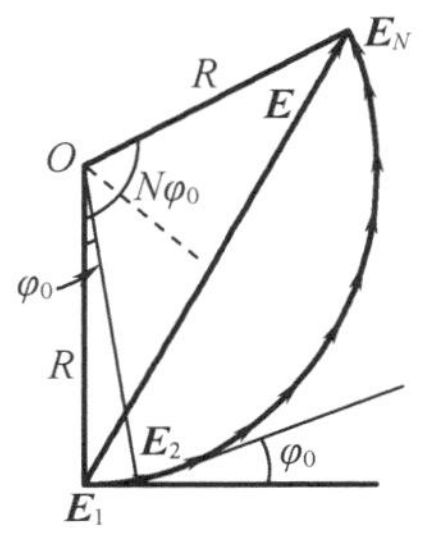


图 6.28 不同相位的子波的叠加

第一个分振动矢量 $\boldsymbol{E}_1$ 与第 $N$ 个分振动矢量 $\boldsymbol{E}_N$ 的夹角为

$$N\varphi_0 = \frac{2\pi a\sin\varphi}{\lambda} \tag{6.50}$$

每个分振动矢量对应的圆心角与相邻分振动的相位差 $\varphi_0$ 相等，因此有

$$E_i = R\varphi_0 \tag{6.51}$$

由几何关系可知，合振动振幅矢量 $\boldsymbol{E}$ 的大小为

$$E = 2R\sin\frac{N\varphi_0}{2} \tag{6.52}$$

将 $E_i = R\varphi_0$ 代入式(6.52)有

$$E = 2\frac{E_i}{\varphi_0}\sin\frac{N\varphi_0}{2} \tag{6.53}$$

令 $u = \dfrac{N\varphi_0}{2}$，则

$$E = \frac{NE_i}{\dfrac{N\varphi_0}{2}}\sin\frac{N\varphi_0}{2} = NE_i\frac{\sin u}{u} \tag{6.54}$$

对于中央明条纹，衍射角 $\varphi = 0$，则 $\varphi_0 = 0$，$u = 0$，而$\dfrac{\sin u}{u} = 1$，因此有

$$E_0 = NE_i \tag{6.55}$$

代入式(6.55)，则可表示为

$$E = E_0\frac{\sin u}{u} \tag{6.56}$$

于是 $P$ 点的光强为

$$I = I_0\left(\frac{\sin u}{u}\right)^2 \tag{6.57}$$

式中，$I_0$ 为中央明条纹中心处的光强。式(6.57)为单缝夫琅禾费衍射的光强分布公式。

根据光强分布公式，可对单缝衍射的特征做如下描述：

(1)中央明条纹

$\varphi = 0$ 处，$I = I_0$，对应最大光强，是中央明条纹中心。

(2)暗条纹

当 $u = \dfrac{\pi a\sin\varphi}{\lambda} = \pm k\pi(k = 1,2,3,\cdots)$时，即

$$a\sin\varphi = \pm k\lambda \tag{6.58}$$

有 $I = 0$，因此式(6.58)为暗条纹中心的条件，这一结果与用半波带法得到的结果相同。

(3)次级明条纹

在相邻的两个暗条纹之间，有一级次极大，出现的条件为

$$\frac{\mathrm{d}}{\mathrm{d}u}\left(\frac{\sin u}{u}\right)^2 = 0 \tag{6.59}$$

可得到

$$\tan u = u \tag{6.60}$$

这是一个超越方程，用图解法(图 6.29)求出次极大相应的 $u$ 值为

$$u_1 = \pm 1.43\pi, u_2 = \pm 2.46\pi, u_3 = \pm 3.47\pi, \cdots \tag{6.61}$$

相应的，次级大的强度为

$$I_1 = 0.0472 I_0, I_2 = 0.0165 I_0, I_3 = 0.0083 I_0, \cdots \tag{6.62}$$

可见,次极大的光强比中央明条纹中心的光强小得多,而且随着 $k$ 值的增大而迅速减小。

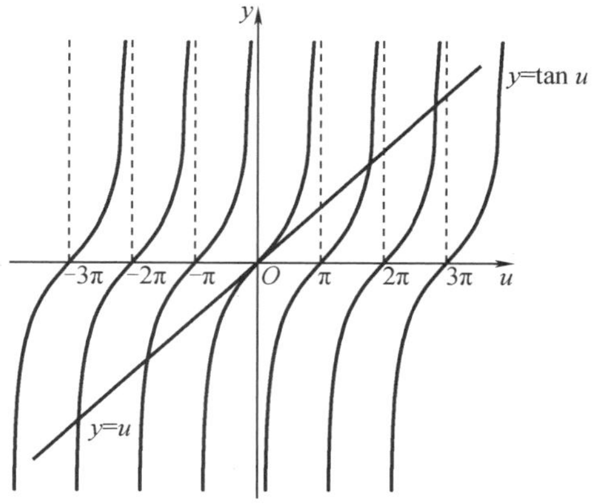


图 6.29 超越方程的解

### 6.5.4 圆孔的夫琅禾费衍射

当光波入射到小圆孔时,也会产生衍射现象。光学仪器中所用的光阑和透镜都是圆形的,所以研究圆孔的夫琅禾费衍射对评价仪器的成像质量具有重要意义。

当平行单色光垂直照射到圆孔上时,光通过圆孔后会被透镜汇聚。按照几何光学,在屏幕上只能出现一个亮点,但实际上在屏幕上看到的是明暗相间的衍射图样,中央是一个较亮的圆斑,称为**艾里斑**,如图 6.30 所示,外围是一组同心的暗环和明环。由理论计算,第一级暗环的衍射角满足下列条件:

$$\sin \varphi_1 = 1.22 \frac{\lambda}{D} \tag{6.63}$$

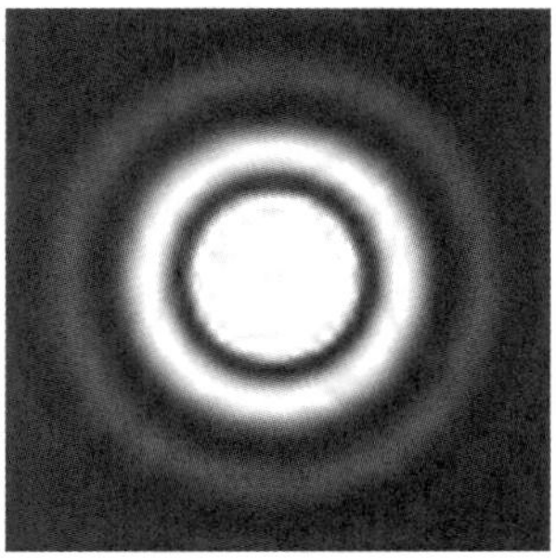

图 6.30 艾里斑

式中,$D$ 为圆孔的直径。艾里斑的角半径就是第一暗环所对应的衍射角,为

$$\varphi_1 \approx \sin \varphi_1 = 1.22 \frac{\lambda}{D} \tag{6.64}$$

由式(6.64)可知,$\lambda$ 越大或 $D$ 越小,衍射现象越显著。当 $\frac{\lambda}{D} \ll 1$ 时,衍射现象可忽略。

### 6.5.5 光学仪器分辨率

借助光学仪器观察微小物体或远处物体时,光学仪器不仅要有一定的放大倍数,还要有足够的分辨本领。从波动光学角度看,即使没有任何像差的成像系统,它的分辨本领也会受到衍射的限制。当放大率达到一定程度后,即使再增加放大率,光学仪器分辨物体细节的性能也不会再提高了。也就是说,由于衍射的限制,光学仪器的分辨本领有一个最高的极限。例如，天上的一颗星体发出的光经望远镜的物镜后所成的像并不是一个点，而是一个有一定大小的光斑。当天上两颗星相隔很近的时候，如果它们形成像斑的中心并不重叠，如图 6.31(a)所示，则这两颗星可分辨；若像斑中心大部分重叠，如图 6.31(b)所示，则这两颗星就分辨不清了。为了给光学仪器规定一个最小分辨角的标准，瑞利提出了一个标准，称为**瑞利判据**。这个判据规定，对于两个强度相等的不相干点光源，一个点光源的衍射图样中心刚好和另一个点光源的衍射图样的第一级暗环重合时，就可以认为这两个点光源恰为这一光学仪器所分辨，如图 6.31(c)所示。

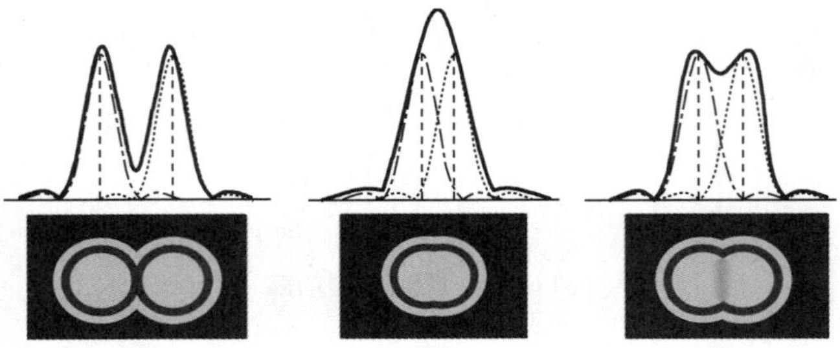


**图 6.31　分辨两个衍射图样的条件**

以透镜为例，恰能分辨时，两物点在透镜处的张角称为最小分辨角，用 $\varphi_0$ 表示，如图 6.32所示。通常，把最小分辨角的倒数称为光学仪器的分辨本领或分辨率，用 $R$ 表示，即

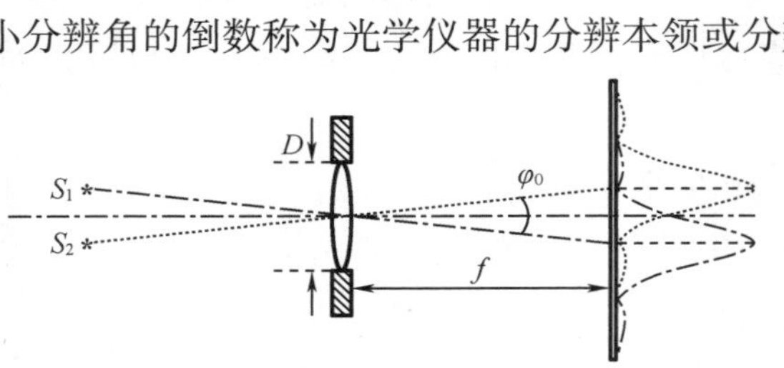


**图 6.32　最小分辨角**

$$R = \frac{1}{\varphi_0} = \frac{D}{1.22\lambda} \tag{6.65}$$

由式(6.65)可知，分辨率的大小与仪器的孔径 $D$ 成正比，与光波波长 $\lambda$ 成反比。因此，望远镜通常采用大口径的 物镜。1990 年发射的哈勃太空望远镜(图 6.33)的凹面物镜的直径为 2.4 m，角分辨率约为 0.1″。

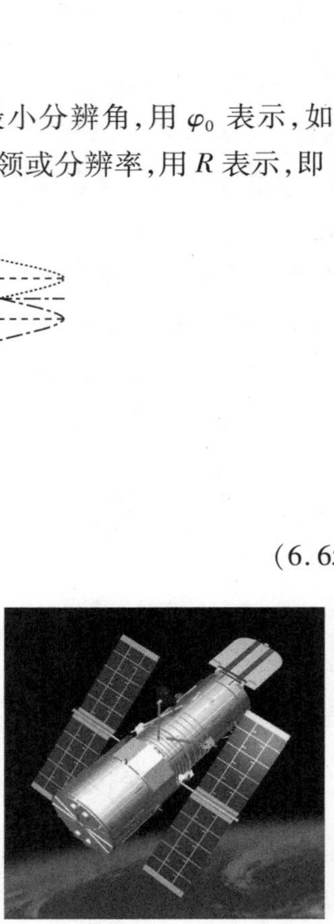

**图 6.33　哈勃太空望远镜**

显微镜则采用极短波长的光来提高分辨率。光学显微镜使用波长为 400 nm 的紫光，显微镜的最小分辨距离约为 200 nm，这已经是光学显微镜的极限。电子也具有波动性，当加速电压为几十万伏时，电子的波长约 $10^{-3}$ nm，因

此电子显微镜可以获得很高的分辨率。

# 6.6 光栅衍射

双缝干涉和单缝衍射都不能用于高精度的测量,因为条纹间距太小,亮度很暗,不易观测。如果将许多等宽的狭缝等距离地排列起来,形成一种栅栏式的光学元件——透射光栅,就能获得间距较大的、极细极亮的衍射条纹,便于进行精密测量。

## 6.6.1 光栅及光栅常数

由大量等宽的狭缝等间距地排列起来形成的光学器件称为**光栅**。在一块很平的玻璃上刻出一系列等宽等距的平行刻痕,刻痕处因为漫反射而不大透光,相当于不透光部分,未刻过的部分相当于透光的狭缝,这样就做成了透射光栅。还有利用两刻痕间的反射光衍射的光栅,如在镀有金属层的表面上刻出许多平行刻痕,两刻痕间的光滑金属面可以反射光,这种光栅称为**反射光栅**。实用光栅的每毫米内有几十条甚至上万条刻痕。实验中用光透过光栅衍射产生尖锐的亮纹,或在入射光为复色光的情况下产生光谱进行光谱分析。光栅是近代物理实验中常用的重要光学元件。本节只讨论透射光栅的基本衍射规律。

设透射光栅的总缝数为 $N$,缝宽为 $a$,缝间不透光部分的宽度为 $b$,如图 6.34 所示。$a+b=d$ 称为**光栅常数**,表示了光栅的空间周期性。当平面单色光垂直入射到光栅表面上时,光栅后的衍射光束通过透镜汇聚在透镜焦平面处的屏幕上,并在屏幕上产生一系列又细又亮的明条纹。

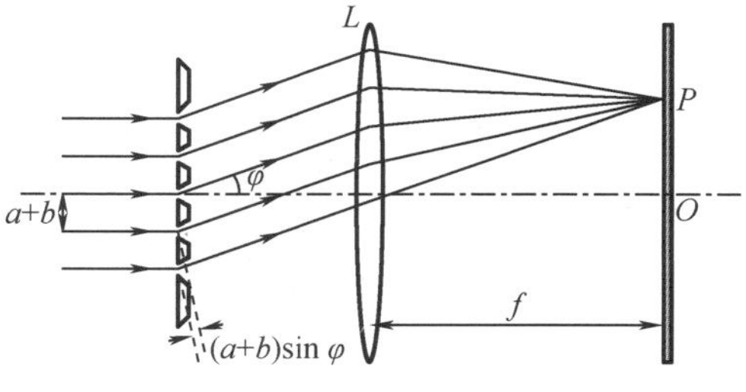


**图 6.34 光栅衍射**

光栅衍射与单缝衍射的条纹如此不同,原因是前者是干涉和衍射的综合结果。透过光栅的每个缝的光都有衍射,这 $N$ 个缝的 $N$ 套衍射条纹完全重合,而通过光栅不同的缝的光要发生干涉,所以,$N$ 个缝的干涉条纹要受到单缝衍射的调制。

## 6.6.2 光栅衍射规律

1. 光栅方程

先考虑多缝干涉的影响,这时可以认为各缝共形成 $N$ 个间距都是 $d$ 的同相的子波波源，它们沿每一个方向都发出频率相同、振幅相同的光波，这些光波的叠加就成了多光束干涉。如图 6.34 所示，对应于衍射角 $\varphi$，任意相邻两缝发出的光到达 $P$ 点的光程差都为 $(a+b)\sin\varphi$。由振动的叠加规律可知，当 $\varphi$ 满足

$$(a+b)\sin\varphi = \pm k\lambda\ (k=0,1,2,\cdots) \tag{6.66}$$

时，所有的缝发出的光到达 $P$ 点时都是同相的，它们将发生相长干涉，因而在 $P$ 点形成明条纹。这时在 $P$ 点的合振幅应是来自一条缝的光的振幅的 $N$ 倍，而合光强将是来自一条缝的光强的 $N^2$ 倍。也就是说，光栅的多光束干涉形成的明纹的亮度要比单缝发出的光的亮度大得多。和这些明条纹相应的光强的极大值称为**主极大**，决定主极大位置的式(6.66)称为**光栅方程**，它是研究光栅衍射的重要公式。

光栅方程中，$k$ 为主极大级数。$k=0$ 时，$\varphi=0$，为中央明纹；$k=1$，$k=2$，…，分别为第一级、第二级……明条纹。式(6.66)中的“±”表示各级明条纹对称地分布在中央明条纹的两侧。需要注意的是，衍射角 $|\varphi|$ 不可能大于 $\frac{\pi}{2}$，即 $|\sin\varphi|$ 不可能大于 1，这就对能观察到的主极大数目有了限制，主极大的最大级数 $k<\frac{a+b}{\lambda}$。

从光栅方程中可以看出，光栅常数越小，各级明条纹的衍射角越大，各级明条纹也就分得越开。如果光栅长度给定，总缝数越多则明条纹越亮。图 6.35 所示为几种不同缝数的光栅的衍射图样。

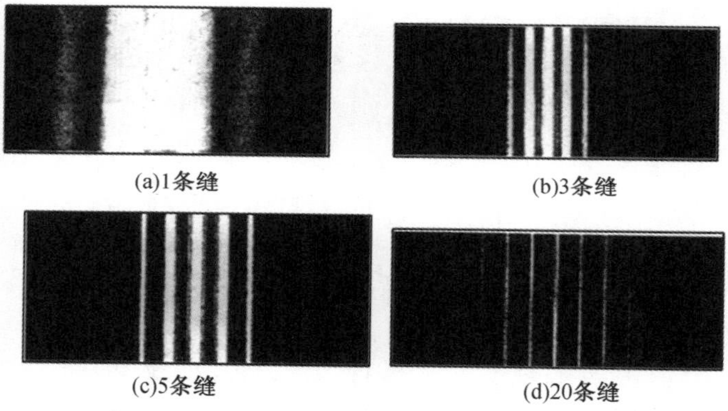


**图 6.35　几种不同缝数的光栅的衍射图样**

2. 光谱线的缺级

上面只研究了由光栅各缝发出的光因干涉在屏上形成的极大的情况，没有考虑单缝衍射对明条纹的影响。设想光栅中只留下一条缝透光，其余缝全部被遮住，这时屏上呈现的是单缝衍射条纹。不论留下的是哪条缝，屏上的单缝衍射图样都是一样的，位置也完全重合，这是因为同一衍射角的平行光线经透镜汇聚后都会聚焦在同一点上。因此，满足光栅方程的衍射角 $\varphi$，如果同时满足单缝衍射的暗条纹条件，即

$$(a+b)\sin\varphi = \pm k\lambda \tag{6.67}$$

$$a\sin\varphi = \pm k'\lambda\,(k' = 1,2,3,\cdots) \tag{6.68}$$

此时对应的衍射角为 $\varphi$，多光束干涉的主极大位置恰好为单缝衍射的暗条纹中心时，将产生抑制性的调制，这些主极大将在屏上消失，这就造成了虽然满足光栅方程，对应于衍射角 $\varphi$ 的主极大条纹并不出现，这称为光谱线的缺级，缺级的级数 $k$ 为

$$k = \pm\frac{a+b}{a}k'\,(k' = 1,2,3,\cdots) \tag{6.69}$$

例如，当 $a+b=4a$ 时，缺级的级数为 $k=4,8,12,\cdots$。图 6.36 所示为光谱线的缺级情况。

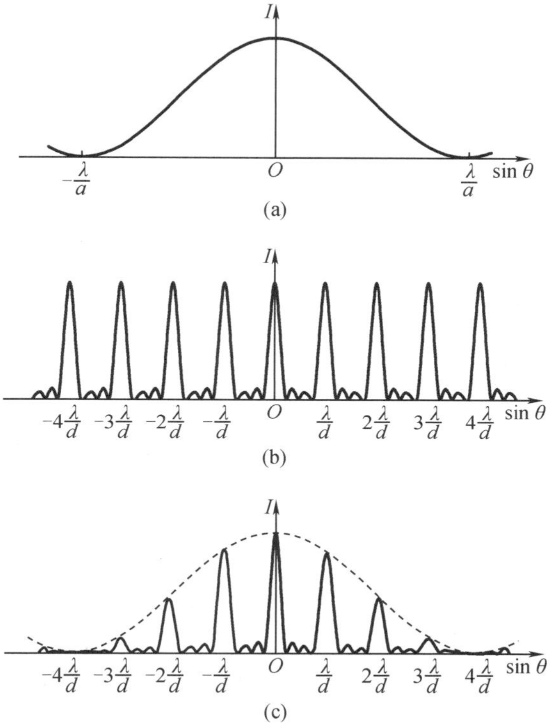


**图 6.36 光谱线的缺级情况**

3. 形成暗条纹的条件

在光栅衍射中，两个主极大之间分布着一些暗条纹，也就是极小。这些暗条纹是由各单缝射出的光聚焦于屏上一点相消干涉而形成的。屏上任一点 $P$ 的光振动矢量 $\boldsymbol{E}$ 是来自各缝光振动矢量 $\boldsymbol{E}_1,\boldsymbol{E}_2,\boldsymbol{E}_3,\cdots,\boldsymbol{E}_n$ 之和。由于各缝面积相等，且对应于同一衍射角 $\varphi$，因此光矢量 $\boldsymbol{E}_1,\boldsymbol{E}_2,\boldsymbol{E}_3,\cdots,\boldsymbol{E}_n$ 的大小应相等。只要知道了来自各缝光振动矢量的夹角，就可以用矢量多边形法则求得合矢量 $\boldsymbol{E}$。前面讲过，相邻两缝沿衍射角 $\varphi$ 方向发出的光的光程差都等于 $d\sin\varphi$，相应的相位差 $\Delta\varphi$ 都等于

$$\Delta\varphi = \frac{2\pi d\sin\varphi}{\lambda} \tag{6.70}$$

根据简谐振动的矢量表示法，$\Delta\varphi$ 就是 $\boldsymbol{E}_1,\boldsymbol{E}_2,\boldsymbol{E}_3,\cdots,\boldsymbol{E}_n$ 各矢量依次的夹角。如图 6.37

所示，如果矢量 $\boldsymbol{E}_1,\boldsymbol{E}_2,\boldsymbol{E}_3,\cdots,\boldsymbol{E}_n$ 组成的多边形是封闭的，即合矢量 $\boldsymbol{E}=\boldsymbol{E}_1+\boldsymbol{E}_2+\cdots+\boldsymbol{E}_n=0$，则 $P$ 点为暗纹。因此暗纹条件为 $N\Delta\varphi=\pm m2\pi$，即 $\varphi$ 角满足

$$d\sin\varphi=\pm\frac{m\lambda}{N} \tag{6.71}$$

式中，$m$ 为不等于 $N$ 的整数倍的整数。

衍射角 $\varphi$ 在满足式(6.71)的方向上出现暗条纹。当 $m$ 等于 $N$ 的整数倍时，由式(6.71)可知，此时相邻两缝沿衍射角 $\varphi$ 方向发出的光相位差正好为 $2\pi$ 的整数倍，满足相长干涉的条件。事实上，此时相应的衍射角 $\varphi$ 正是光栅方程确定的主极大条纹位置。例如，若 $N=5$，当 $m=1,2,3,4,6,7,8,9,11,\cdots$ 时，式(6.71)确定的衍射角 $\varphi$ 都对应着暗条纹；当 $m=5,10,15,\cdots$ 时，则式(6.71)成为

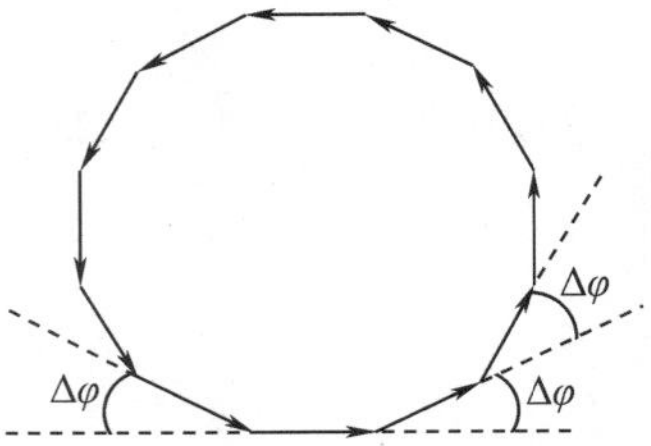


**图 6.37　暗条纹条件图示**

$$(a+b)\sin\varphi_1=\pm\lambda,(a+b)\sin\varphi_2=\pm2\lambda,(a+b)\sin\varphi_3=\pm3\lambda,\cdots \tag{6.72}$$

这些正是出现主极大的条件。

从以上内容可知，在相邻的两个主极大之间有 $N-1$ 条暗条纹，在这 $N-1$ 条暗条纹之间还有 $N-2$ 个光强很小的次级大。因此，当 $N$ 很大时，相邻两个主极大之间实际上形成了一片暗背景。随着 $N$ 的增大，明条纹宽度 $f\dfrac{\lambda}{Nd}$ 变小，这就是光栅衍射条纹在几乎黑暗的背景上出现了一系列又细又亮的明条纹的缘故。

### 6.6.3　光栅光谱

单色光经过光栅衍射后形成了各级又细又亮的明条纹，因此可以精确地确定其波长。根据光栅方程 $(a+b)\sin\varphi=\pm k\lambda\ (k=0,1,2,\cdots)$ 可知，如果是复色光入射，除中央明条纹外，不同波长的同一级明条纹的角位置是不同的，并按照波长由短到长的顺序排列成**光栅光谱**。

各种元素或化合物都有它们自己特定的谱线，测定光谱中各谱线的波长和相对强度，可确定该物质的成分及其含量，这种方法称为光谱分析。光谱分析是现代物理学的重要研究手段之一，在工程技术中也广泛地应用于分析、鉴定等方面。

**例 6.9**　用波长 $\lambda=600$ nm 的单色光垂直照射光栅，观察到第二级和第三级明条纹分别出现在 $\sin\varphi=0.20$ 和 $\sin\varphi=0.30$ 处，而第四级缺级。试求：(1)光栅常数；(2)狭缝宽度；(3)全部条纹的级数。

**解**　(1)根据光栅方程，第二级明条纹满足

$$(a+b)\sin\varphi=2\lambda$$

因此光栅常数为

$$(a+b)=\frac{2\lambda}{\sin\varphi}=\frac{2\times600\times10^{-9}}{0.20}\ \text{m}=6.0\times10^{-6}\ \text{m}=6\ \mu\text{m}$$

(2)根据题意，第四级缺级应对应着 $k'=1$，因此有

$$4=\frac{a+b}{a}$$

解得缝宽为

$$a=\frac{a+b}{4}=\frac{6}{4}\ \mu m=1.5\ \mu m$$

(3)按题意,衍射角的最大值为$\varphi=\pm\frac{\pi}{2}$,代入光栅公式,解得相应的级次为

$$k_{max}=\frac{(a+b)\sin\varphi}{\lambda}=\frac{6\times10^{-6}\ m\times\sin\left(\pm\frac{\pi}{2}\right)}{0.6\times10^{-6}\ m}=\pm10$$

对应于衍射角$\varphi=\pm\frac{\pi}{2}$的$k=10$,即第十级明条纹不出现在屏幕上,因而,可能呈现的明条纹级次至多为九级,即包含$k=0, \pm1, \pm2, \pm3, \cdots, \pm9$等级次。

根据缺级公式

$$k=\frac{a+b}{a}k'(k'=1,2,3,\cdots)$$

有

$$k=\frac{a+b}{a}k'=\frac{6\times10^{-6}\ m}{1.5\times10^{-6}\ m}k'=4k'$$

令$k'=1$,则第四级明条纹为缺级;令$k'=2$,对应于第八级明条纹为缺级。于是,可观察到的明条纹级次依次为:$k=0, \pm1, \pm2, \pm3, \pm5, \pm6, \pm7\ \pm9$,共有15条。

**例6.10** 波长为500 nm及520 nm的平面单色光同时垂直照射在光栅常数为0.002 cm的衍射光栅上,在光栅后面用焦距为2 m的透镜把光线汇聚在屏上,求这两种单色光的第一级光谱线间的距离。

**解** 根据光栅方程,第一级光谱线满足

$$(a+b)\sin\varphi_1=\lambda$$

可得

$$\sin\varphi_1=\frac{\lambda}{a+b}$$

$$\sin\varphi_1'=\frac{\lambda'}{a+b}$$

第一级光谱线的位置为

$$x_1=f\tan\varphi_1\approx f\sin\varphi_1=\frac{f\lambda}{a+b}$$

$$x_1'=f\tan\varphi_1'\approx f\sin\varphi_1'=\frac{f\lambda'}{a+b}$$

因此有

$$\Delta x_1=x_1'-x_1=\frac{f}{a+b}(\lambda'-\lambda)=\frac{2\times10^2\times(520-500)\times10^{-7}}{0.002}\ cm=0.2\ cm$$

### 6.6.4 X 射线衍射　布拉格公式

1. X 射线衍射

X 射线是伦琴于 1895 年发现的,故又称伦琴射线。X 射线在本质上和可见光一样,是一种波长为 $10^{-1}$ nm 数量级的电磁波。对于这样短的波长,常见的光学光栅已毫无用处,而且也无法用机械方法制造出适用于 X 射线的光栅。图 6.38 所示为 X 射线管的结构示意图。K 是发射电子的热阴极,A 是由钼或钨等金属制成的阳极,也叫对阴极。在两极间加数万伏的电压,阴极发射的电子在强磁场的作用下被加速,高速电子撞击阳极时,就从阳极发出 X 射线。

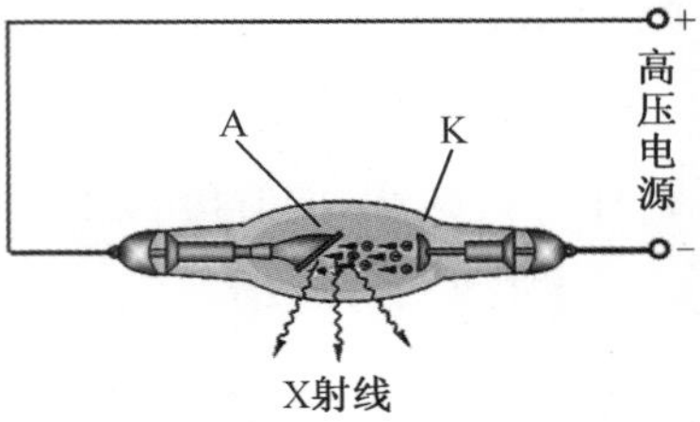


图 6.38　X 射线管的结构示意图

2. 劳厄斑

1912 年,德国物理学家劳厄想到晶体中原子的规则排列是一种适用于 X 射线的三维空间光栅。他用天然晶体进行了实验,圆满地获得了 X 射线的衍射图样,图 6.39 所示为劳厄的实验原理图。劳厄实验的成功既证明了 X 射线是一种电磁波,也证明了晶体内的原子是按一定的间隔规则地排列的。图 6.40 为将 X 射线分别通过红宝石晶体和硅单晶体所拍摄的劳厄斑照片。这是固体物理学中具有里程碑意义的发现,从此,人们可以通过观察衍射花纹研究晶体的微观结构,并且这对生物学、化学、材料科学的发展都起到了巨大的推动作用。例如,1953 年,英国的沃森和克里克就是通过 X 射线衍射方法得到了遗传基因脱氧核糖核酸(DNA)的双螺旋结构,如图 6.41 所示,并以此荣获了 1962 年度诺贝尔生理学或医学奖。

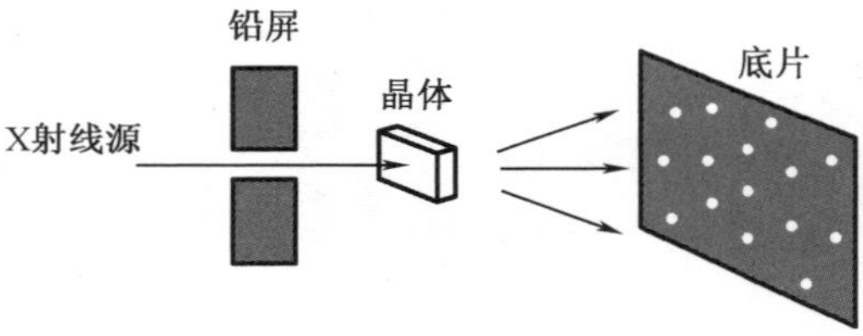


图 6.39　劳厄的实验原理图

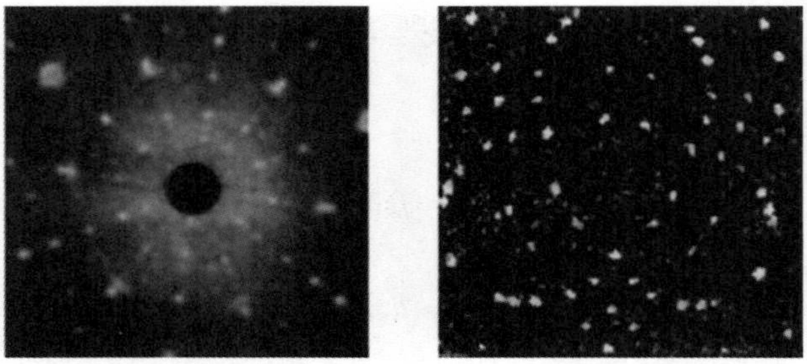

(a)红宝石晶体　　(b)硅单晶体

图 6.40　劳厄斑照片

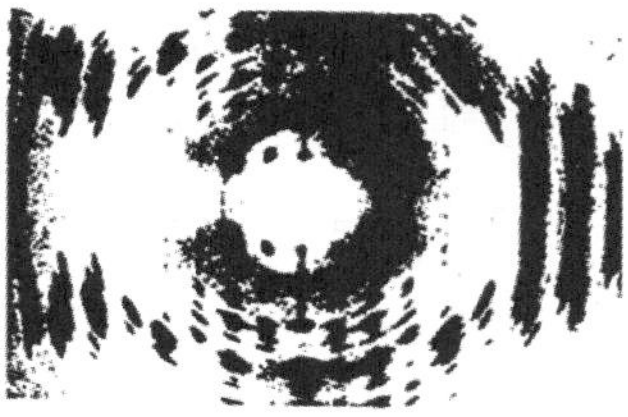

(a)DNA的X射线衍射图

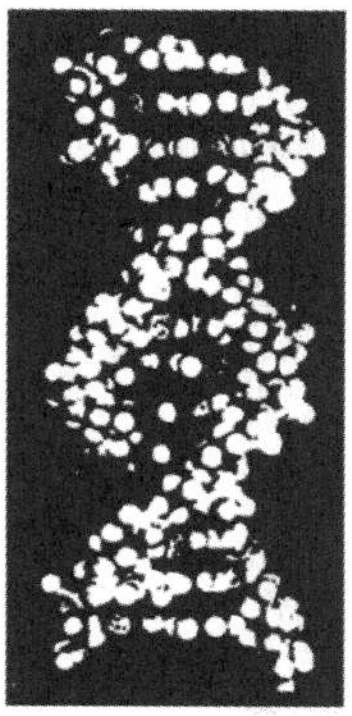

(b)DNA的双螺旋结构

**图 6.41 遗传基因脱氧核糖核酸(DNA)的双螺旋结构**

3. 布拉格公式

1909 年,英国的布拉格父子提出了一种研究 X 射线的方法。他们把晶体的空间点阵简化,当作反射光栅处理。想象晶体是由一系列平行的原子层(即**晶面**)构成的,如图 6.42 所示。设晶面之间的距离为 $d$,称为**晶面间距**。当一束 X 射线以掠角 $\varphi$ 入射到晶面上时,在符合反射定律的方向上可以得到强度最大的光线。但由于各个晶面上衍射中心发出的子波的干涉,这一强度也随掠射角的改变而改变。由图 6.42 可知,相邻两个晶面反射的两条光线干涉加强的条件为

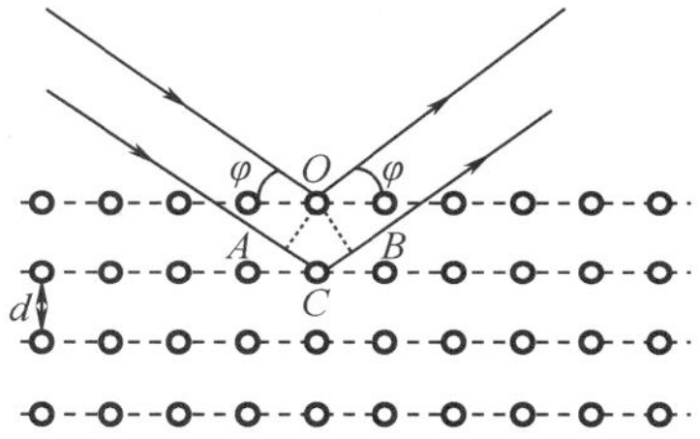



**图 6.42 推导布拉格公式图**

$$2d\sin\varphi = k\lambda\,(k=1,2,3,\cdots) \tag{6.73}$$

式(6.73)称为**布拉格公式**。

应该指出,对于同一块晶体的晶格点阵,从不同方向看,可以看到粒子形成取向不相同且间距也各不相同的许多晶面族。当 X 射线入射到晶体表面上时,对于不同的晶面族,掠射角 $\varphi$ 和晶面间距 $d$ 都不同。凡是满足式(6.73)的 X 射线,都能在相应的反射方向得到加强。

晶体对 X 射线的衍射应用很广。如果作为衍射光栅的晶格结构已知,即晶格常量已知,就可以测定 X 射线的波长。这方面的工作发展了 X 射线的光谱分析,对原子结构的研究极为重要。如果用已知波长的 X 射线在晶体上衍射,就可测定晶体的晶格常数。这方面的工作称为 X 射线的晶体结构分析,分子物理中很多重要结论都是以此为基础的。X 射线的晶体结构分析在工程技术中也有极大的应用价值。

## 6.7 光的偏振

在前面讨论光的干涉和衍射的规律时,并没有强调光是横波还是纵波。这就是说无论是横波还是纵波,都可以产生干涉和衍射现象。因此,通过这两类现象无法判定光究竟是

横波还是纵波。从17世纪末到19世纪初,在这漫长的一百多年间,相信“波动说”的人们都将光波与声波相比较,无形中已把光视为纵波了,惠更斯也是如此。相信光为横波的论点是杨于1817年提出的。1817年1月12日,他在给阿喇果的信中根据光在晶体中传播产生的双折射现象推断光是横波。菲涅耳当时也已独立地领悟到了这一思想,并运用横波理论解释了偏振光的干涉。事实上,双折射现象是一种偏振现象,光的偏振现象是“光是横波”的直接证明。

### 6.7.1 光的偏振状态

光是横波,若在一个垂直于光传播方向的平面内考察,光振动在各个方向上的强弱可能不同,可能在某一个方向上强,在另一个方向上弱(甚至为零),这称为**光的偏振现象**。光的偏振有5种可能的状态:自然光、部分偏振光、线偏振光(也叫平面偏振光)、圆偏振光和椭圆偏振光。自然界的大多数光源发出的光是自然光。

1. 自然光和偏振光

光波是特定频率范围内的电磁波。在这种电磁波中起作用的是主要是电场矢量 $\boldsymbol{E}$(称为光矢量)。因为光波是横波,所以光波中的光矢量 $\boldsymbol{E}$ 的振动方向总和光的传播方向垂直。但是在垂直于光的传播方向的平面内,光矢量 $\boldsymbol{E}$ 还可能有不同的振动状态。如果光矢量沿各个方向都有,平均来讲,光矢量 $\boldsymbol{E}$ 的分布各向均匀,而且各方向光振动的振幅都相同,如图6.43所示,这种光称为**自然光**。自然光中各光矢量之间没有固定的相位关系。可以设想把每个波列的光矢量都沿任意取定的两个垂直方向分解,用两个相互垂直的振幅相等的光振动来表示自然光。从侧面表示这种光线时,光振动用图6.44所示的交替配置的点和短线表示。其中,短线表示纸面内的光振动,点表示垂直于纸面的光振动。

如果在垂直于光传播方向的平面内,光矢量 $\boldsymbol{E}$ 始终沿某一方向振动,这样的光就称为**线偏振光**。把光的振动方向和传播方向组成的平面称为**振动面**。由于线偏振光的光矢量保持在固定的振动面内,因此线偏振光又称为**平面偏振光**。光的振动方向在振动面内不具有对称性,这叫作偏振。只有横波才具有偏振现象,这是横波区别于纵波的一个最明显的标志。图6.45是线偏振光的图示。

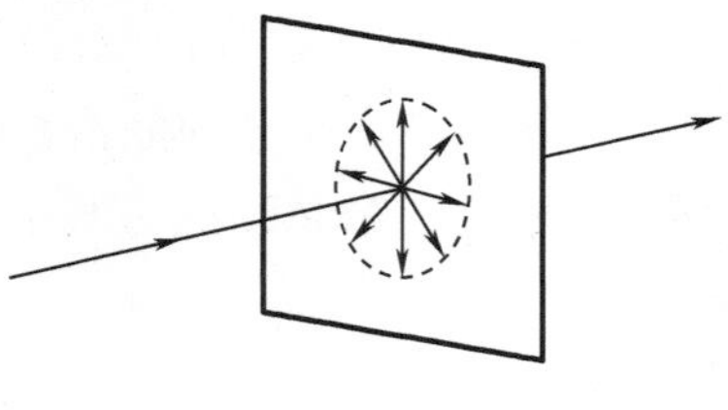

**图6.43　自然光**

**图6.44　自然光的图示**

如果在垂直于光传播方向的平面内,光矢量 $\boldsymbol{E}$ 各方向都有,但在某一方向上 $\boldsymbol{E}$ 的振幅明显较大,这种光称为**部分偏振光**,如图6.46所示。

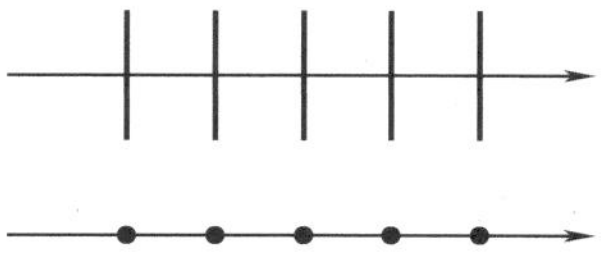

图 6.45 线偏振光的图示

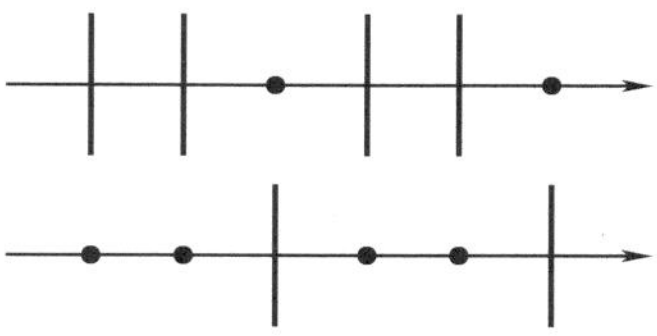

图 6.46 部分偏振光的图示

在光学实验中,常采用某些装置完全移去自然光中两个相互垂直的分振动之一而获得线偏振光。若部分移去分振动之一,则获得部分偏振光。

2. 椭圆偏振光和圆偏振光

光传播时,若光矢量绕着传播方向旋转,其旋转角速度对应于光的角频率。迎着光的传播方向看,光矢量的端点轨迹是一个椭圆形,这种光振动称为**椭圆偏振光**。如果光矢量的端点轨迹是一个圆,则称为**圆偏振光**,椭圆偏振光和圆偏振光可以看成是两个振动相互垂直、相位差为$\frac{\pi}{2}$的线偏振光的合成。椭圆偏振光和圆偏振光又分为左旋和右旋两种情况。图 6.47 为某时刻右旋偏振光的光矢量 $\boldsymbol{E}$ 随 $Z$ 的变化。

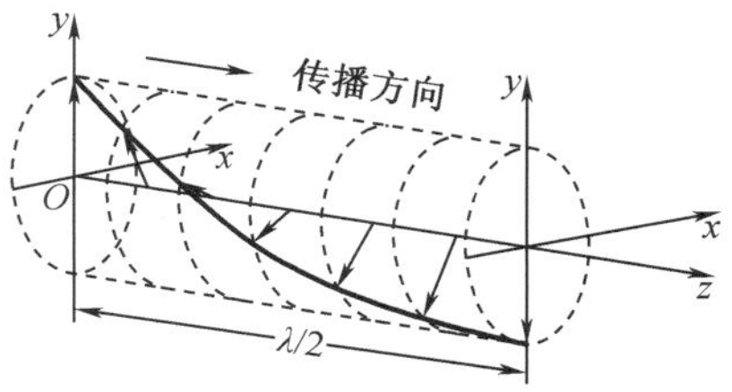


图 6.47 某时刻右旋偏振光的光矢量 $\boldsymbol{E}$ 随 $z$ 的变化

## 6.7.2 偏振片的起偏和检偏 马吕斯定律

1. 线偏振光的获得与检验

从自然光中获得偏振光的过程称为**起偏**,产生起偏作用的光学元件称为**起偏器**。起偏器有多种,如玻璃片堆、尼科耳棱镜及各类偏振片。

偏振片是一种常用的起偏器,它对入射自然光的光矢量在某个方向上的分量有强烈的吸收,而对与该方向垂直的分量吸收得很少。这个透光方向称为偏振片的**偏振化方向**或**起偏方向**。

两个平行放置的偏振片 $P_1$ 和 $P_2$,它们的偏振化方向分别用一组平行虚线表示,如图 6.48所示。当自然光垂直入射于偏振片 $P_1$,只有平行于其偏振化方向的光振动才能透过,所以透过的光就变成了线偏振光,强度等于入射自然光强度的$\frac{1}{2}$。偏振片被这样用来产生偏振光时,它叫**起偏器**。透过 $P_2$ 的线偏振光再入射到 $P_2$ 上,如果 $P_2$ 的偏振化方向与 $P_1$ 的偏振化方向平行,则透过 $P_2$ 的光强最强。如果两者的偏振化方向相互垂直,透过 $P_2$ 的光强为零,称为**消光**。将 $P_2$ 绕光的传播方向慢慢转动,透过 $P_2$ 的光强将随着 $P_2$ 的转动而变化。将 $P_2$ 旋转一周时,透射光光强出现两次最强、两次消光。这种情况只有入射到 $P_2$ 上的光是线偏振光时才会发生,因此这就成为识别入射光是否为线偏振光的依据。可见,此处偏振片 $P_2$ 的作用是检验入射光的偏振状态,故称其为**检偏器**。

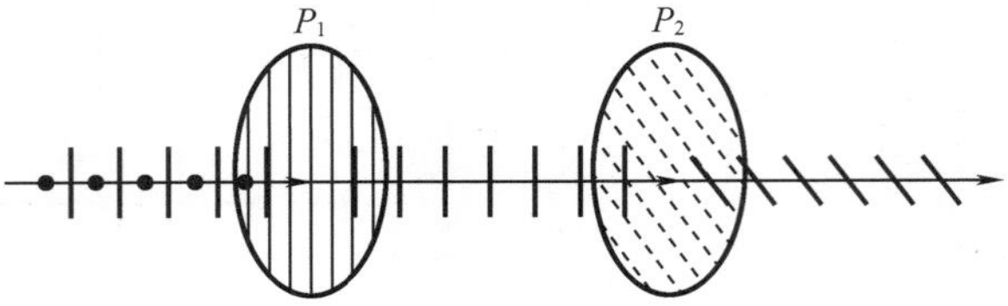


**图 6.48　起偏和检偏**

2. 马吕斯定律

如图 6.49 所示，以 $E_0$ 表示线偏振光的光矢量的振幅，当入射的线偏振光的光矢量振动方向与检偏器的偏振化方向成 $\alpha$ 角时，透过检偏器的光矢量振幅只是 $E_0$ 在偏振化方向上的投影。

$$E = E_0 \cos\alpha \qquad (6.74)$$

由于光强和光振动振幅的平方成正比，以 $I_0$ 表示入射线偏振光的光强，则透过检偏器的光强 $I$ 为

$$I = I_0 \cos^2\alpha \qquad (6.75)$$

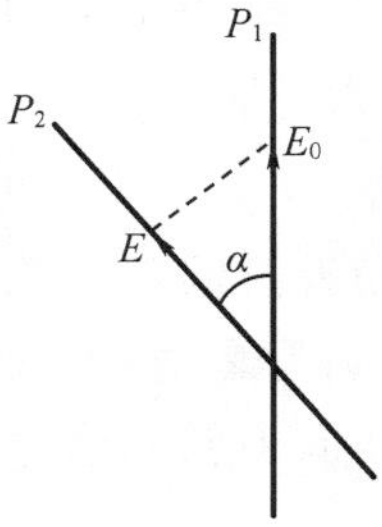


**图 6.49　马吕斯定律**

式(6.75)称为**马吕斯定律**。由马吕斯定律可知，当 $\alpha = 0°$ 或 $180°$ 时，$I = I_0$；当 $\alpha = 90°$ 或 $270°$ 时，$I = 0$，没有光从检偏器射出。

**例 6.11**　有两个偏振片，一个用作起偏器，一个用作检偏器。当它们偏振化方向间的夹角为 30°时，一束单色自然光穿过它们，出射光强为 $I_1$；当它们偏振化方向间的夹角为 60°时，另一束单色自然光穿过它们，出射光强为 $I_2$，且 $I_1 = I_2$。求两束单色自然光的强度之比。

**解**　设两束自然光的强度分别为 $I_{10}$ 和 $I_{20}$，经过起偏器后光强分别为 $\frac{I_{10}}{2}$ 和 $\frac{I_{20}}{2}$。根据马吕斯定律，经过检偏器后光强分别为

$$I_1 = \frac{I_{10}}{2}\cos^2 30° = \frac{3I_{10}}{8}$$

$$I_2 = \frac{I_{20}}{2}\cos^2 60° = \frac{I_{20}}{8}$$

因为 $I_1 = I_2$，所以有

$$\frac{3I_{10}}{8} = \frac{I_{20}}{8}$$

整理得

$$\frac{I_{10}}{I_{20}} = \frac{1}{3}$$

## 6.7.3　反射和折射时光的偏振　布儒斯特定律

1. 反射和折射时光的偏振

自然光在两种介质的分界面上产生反射和折射时，反射光和折射光都将成为部分偏振

光。在特定的情况下,反射光有可能成为完全偏振光。

如图6.50所示,一束自然光入射到两种介质的分界面上,产生反射和折射。用偏振片检验反射光,发现当偏振化方向与入射面垂直时,透过偏振片的光强最大;当偏振化方向与入射面平行时,透过偏振片的光强最小。这说明反射光为偏振方向垂直入射面成分较多的部分偏振光。用同样的方法可以检测出折射光为偏振方向平行于入射面成分较多的部分偏振光。从以上实验结果可以看出,反射和折射过程会使入射的自然光变为部分偏振光。这种现象在日常生活中很常见,比如我们看到的水面反射的光就是部分偏振光。

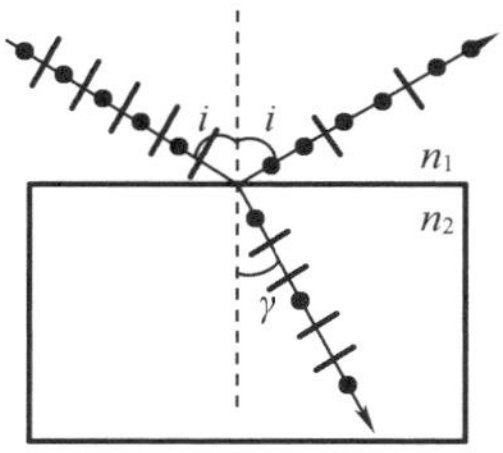

图6.50 自然光反射和折射后产生的部分偏振光

2. 布儒斯特定律

1815年,布儒斯特在研究反射光的偏振化程度时发现反射光的偏振化程度和入射角有关。当入射角等于某一特定值 $i_0$ 时,反射光是光振动垂直于入射面的线偏振光,如图6.51所示。这个特定的角度称为**布儒斯特角**,也称为**起偏角**。当光线以布儒斯特角入射时,反射光和折射光的传播方向相互垂直,即

$$i_0+\gamma=90^\circ \tag{6.76}$$

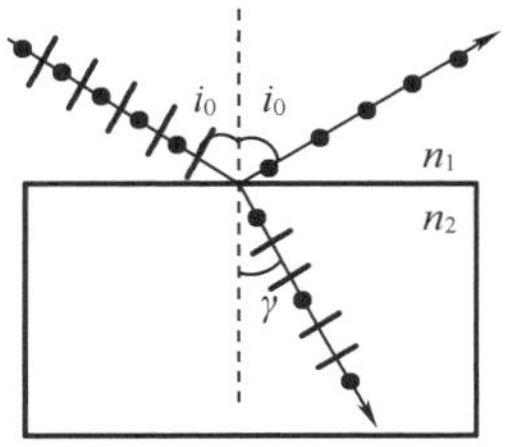

图6.51 布儒斯特角

根据折射定律,有

$$n_1\sin i_0=n_2\sin\gamma=n_2\cos i_0 \tag{6.77}$$

整理得

$$\tan i_0=\frac{n_2}{n_1} \tag{6.78}$$

式(6.78)称为**布儒斯特定律**。

当自然光以布儒斯特角入射时,反射光只有垂直于入射面的光振动,所以入射光中平行于入射面的光振动全部被折射,而且垂直于入射面的光振动也大部分被折射,反射的仅是其中的一部分。因此,反射光虽然完全偏振,但光强较弱;折射光虽然是部分偏振光,光强却很强。例如,自然光以布儒斯特角从空气射向玻璃而产生反射时,反射光的光强度只占约15%,约85%的光强被折射。为了增强反射光的强度和折射光的偏振化程度,可以把玻璃片叠起来,成为玻璃片堆。当自然光连续通过玻璃片堆时,如图6.52所示,入射光在各层玻璃面上经过多次的反射和折射,使得反射光的垂直于入射面的振动成分得到加强;同时折射光中的垂直于入射面的振动成分也被各层玻璃面不断地反射,从而使得折射光的偏振化程度逐渐加强。当玻璃片足够多时,最后透射出来的折射光就接近于完全偏振光,其振动面就在折射面(折射光与法线所成的面)内,与反射光的振动面相互垂直。

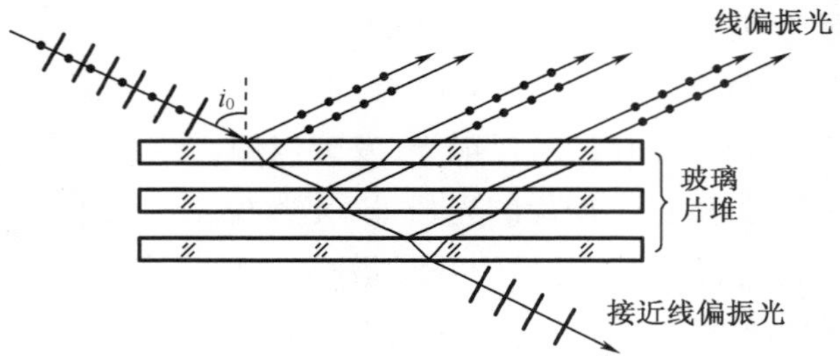


图 6.52　利用玻璃片堆产生完全偏振光

**例 6.12**　已知某一物质的全反射临界角是 45°，它的起偏角是多大？

**解**　全反射时有

$$n_2 \sin i_2 = n_1 \sin 90°$$

整理得

$$\sin i_2 = \frac{n_1}{n_2}\sin 90° = \frac{n_1}{n_2}$$

由布儒斯特定律

$$\tan i_0 = \frac{n_2}{n_1} = \frac{1}{\sin i_2} = \frac{1}{\sin 45°} = \sqrt{2}$$

得

$$i_0 = 54°42'$$

### 6.7.4　双折射现象

当一束光射到各向同性介质（如玻璃、水等）的表面时，它将按折射定律沿某一方向折射，这就是一般常见的折射现象。但是如果光射到各向异性介质（如方解石）中时，折射光将分成两束，它们各沿着略微不同的方向前进。从晶体透射出来时，由于方解石相对的两个表面互相平行，因此这两束光的传播方向仍旧不变。如果入射光足够细，同时晶体足够厚，则透射出来的两束光可以完全分开。如果把一块透明的方解石晶体（即 $CaCO_3$ 晶体）放在有字的纸上，看到的是字呈现双像，如图 6.53 所示。这个现象说明，光进入方解石后分成了两束光，它们沿不同的方向折射，这就是双折射现象，如图 6.54 所示。双折射现象是由晶体的各向异性造成的。除了立方晶体（如岩盐），光线进入晶体时都将产生双折射现象。

图 6.53　方解石的双折射现象

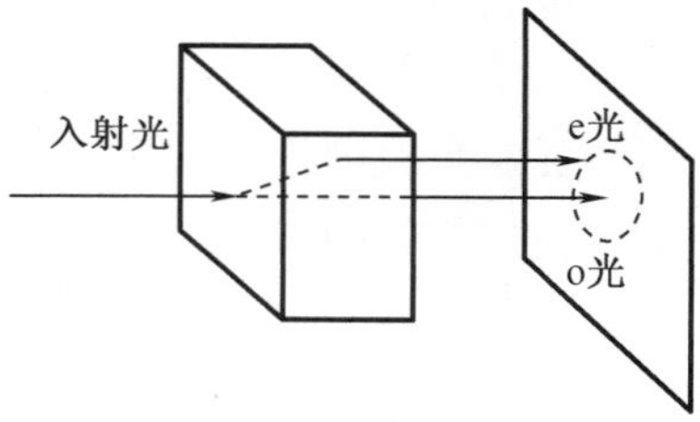


图 6.54　双折射现象

1. 寻常光和非常光

除光在两种各向同性介质的分界面上反射时产生光的偏振现象外,在自然光通过晶体后也可以观察到光的偏振现象。光通过晶体后的偏振现象是和晶体对光的双折射现象同时发生的。

实验证明,当光垂直于晶体表面入射而产生双折射时,若将晶体绕着光的入射方向慢慢旋转,将发现其中按原方向传播的那一束光的方向不变,而另一束光随着晶体的转动而绕前一束光旋转。根据折射定律,入射角为零时,折射光应沿着原方向传播。可以看出,沿着原方向传播的光遵守折射定律,而另一束不遵守。即使改变入射角,两束光中的一束总是遵守折射定律,这束光称为**寻常光**,通常用 o 表示,简称 o 光。另一束光不遵守折射定律,称为**非常光**,通常用 e 表示,简称 e 光。若用偏振片检验,可发现 o 光和 e 光都是线偏振光,而且它们的振动面相互垂直,如图 6.55 所示。

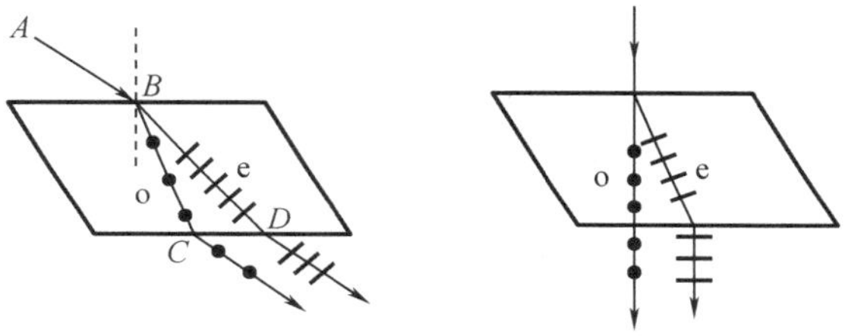


图 6.55　寻常光和非常光

光的双折射现象是由于光在晶体中的传播速率与传播方向和光的偏振状态有关而产生的。理论证明:寻常光沿不同方向的折射率以及传播速率都是相同的;而非常光则不同,晶体内各方向上的折射率不同导致非常光在晶体内的传播速率随方向的不同而不同。如图 6.56 所示,为方解石晶体内从 $O$ 点发出的自然光中寻常光(o 光)和非常光(e 光)的波阵面。

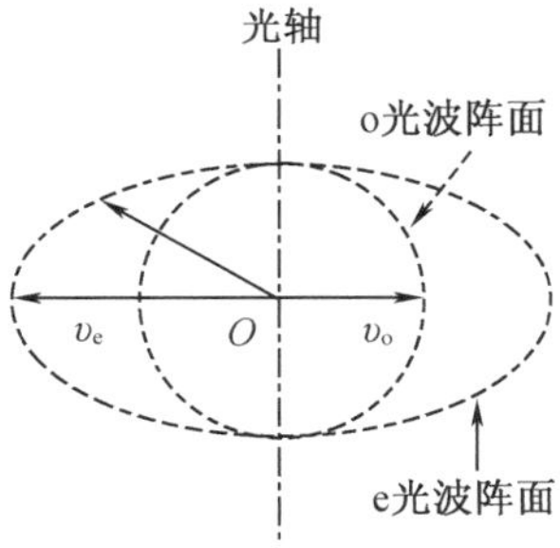


图 6.56　o 光和 e 光的波阵面

2. 光轴及主平面

实验发现,在晶体内部存在着一个特殊的方向,光沿着这个方向传播时,寻常光和非常光的折射率和传播速度都相同,不产生双折射现象,这一方向称为晶体的光轴(图6.57)。光轴仅表示晶体中一个特定的方向,任何平行于这个方向的直线都是晶体的光轴。图 6.57 所示为方解石晶体,$AD$ 连线是它的光轴方向。方解石、红宝石等这类晶体只有一个光轴方向,称为单轴晶体。有些晶体如云母、硫黄等具有两个光轴方向,称为双轴晶体。

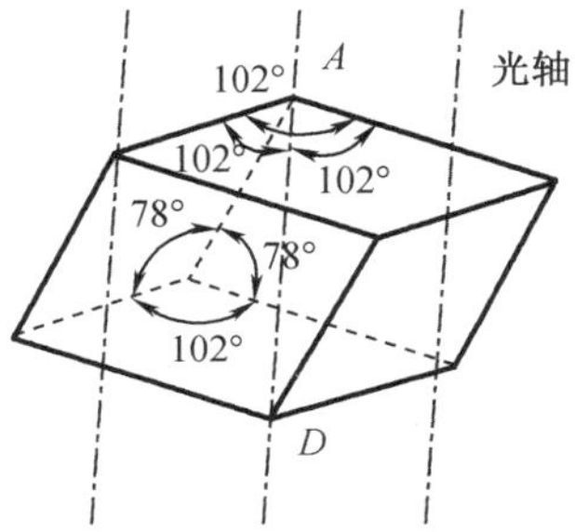


图 6.57　晶体的光轴

在晶体中,把包含光轴和任一已知光线所组成的平面称为晶体中该光线的主平面。由 o 光和光轴所组成的平面就是 o 光的主平面;由 e 光和光轴组成的平面就是 e 光的主平面。

实验指出,o 光和 e 光都是线偏振光,它们的光矢量的振动方向不同,o 光的振动方向垂直于它对应的主平面,e 光的振动方向平行于与它对应的主平面。一般来说,对一给定的入射光,o 光和 e 光的主平面并不重合,但当光轴位于入射面内时,这两个主平面是重合的。大多数情况下,这两个主平面之间的夹角很小,因而 o 光和 e 光的振动方向可以认为是相互垂直的。

3. 单轴晶体的子波波面

一般情况下,在晶体中 o 光和 e 光以不同的速率传播。o 光的速率在各个方向上是相同的,因此在晶体中任意一点引起的子波波面是一球面。e 光的速率在各个方向上是不同的,在晶体中同一点引起的子波波面是旋转的椭球面。两束光只有在沿光轴方向传播时才具有相同的速率,所以,它们的子波波面在光轴上相切,如图 6.58 所示。在垂直于光轴的方向上两束光的速率相差最大。

图 6.58 中,$v_o$ 表示 o 光在晶体中传播的速率,$v_e$ 表示 e 光在晶体中沿垂直于光轴方向的传播速率,对于 $v_o > v_e$ 的晶体,球面包围椭球面[图 6.58(a)],例如石英,这类晶体称为**正晶体**。另一类晶体,$v_o < v_e$,则椭球面包围球面[图 6.58(b)],方解石就属于这类晶体,称为**负晶体**。根据折射定律,对于 o 光,晶体的折射率 $n_o = \dfrac{c}{v_o}$,由于各方向的 $v_o$ 都相同,o 光的折射率是由晶体材料决定的常数,与方向无关。对于 e 光,在各方向的传播速率不同,不存在普通意义的折射率,通常把真空中的光速 $c$ 与 e 光沿垂直于光轴方向的传播速率 $v_e$ 的比值称为 e **光的主折射率**,$n_e = \dfrac{c}{v_e}$。$n_o$ 和 $n_e$ 是晶体中两个重要的光学参量。正晶体的 $n_e > n_o$,负晶体的 $n_e < n_o$。

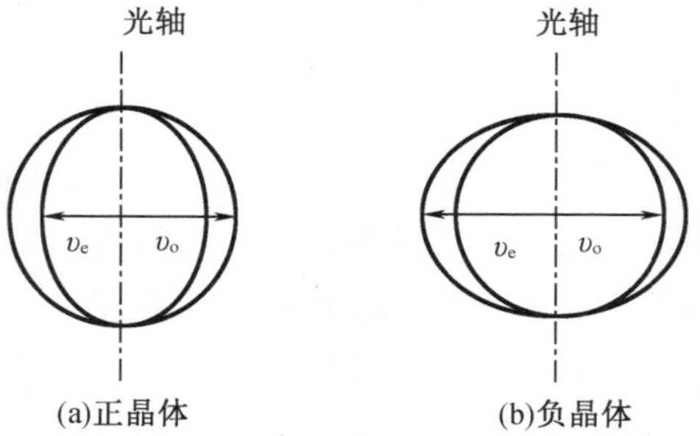


**图 6.58　正晶体和负晶体的子波波阵面**

4. 惠更斯原理在双折射现象中的应用

根据球面波和旋转椭球面波的概念,在 3 种特殊情况下与用惠更斯作图法求出单轴晶体中 o 光和 e 光的波阵面。

(1)平面波倾斜地入射

如图6.59(a)所示,$AC$ 是平面入射波的波阵面,当入射波由 $C$ 点传到 $D$ 点时,从 $A$ 点已向晶体内发出球形和椭球形两个子波波阵面。这两个子波波阵面相切于光轴上的 $G$ 点。从 $D$ 点画出两个平面 $DE$ 和 $DF$ 分别与球面和椭球面相切。在晶体中,$DE$ 是 o 光的新波阵面,$DF$ 是 e 光的新波阵面。$AE$ 和 $AF$ 两线就是光在晶体中传播方向的两条光线。

(2)平面波垂直入射

如图 6.59(b)所示,当平面波垂直入射到晶体表面时,平面波波阵面上任意两点 $B$、$D$ 分别向晶体内发出球形和椭球形两个子波波阵面,两个子波波阵面相切于光轴上 $G$ 点和 $G'$ 点。作面 $EE'$ 和 $FF'$ 分别与上述子波波阵面相切,即为 o 光和 e 光在晶体中的波阵面。分别连接 $BE$ 和 $BF$ 两线就得到了晶体中两条光线的方向。

(3)平面波垂直入射(晶体的光轴平行于晶体表面)

如图 6.59(c)所示,晶体中两种光线仍沿原方向。但是两者的传播速率不相等,这与光沿着晶轴方向传播时只有一种速率、无双折射的情况是有根本区别的。

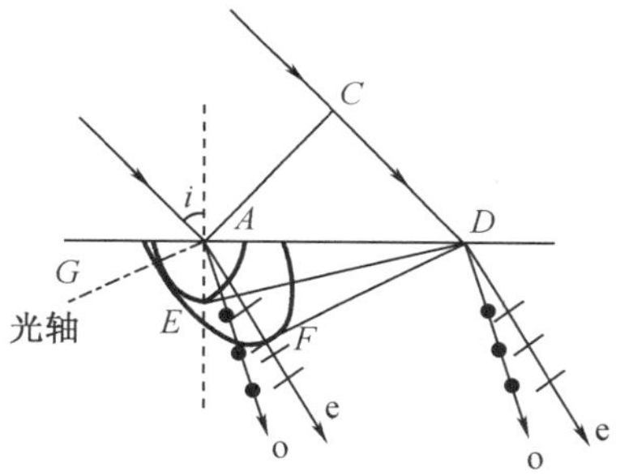


(a)平面波倾斜地射入方解石的双折射现象

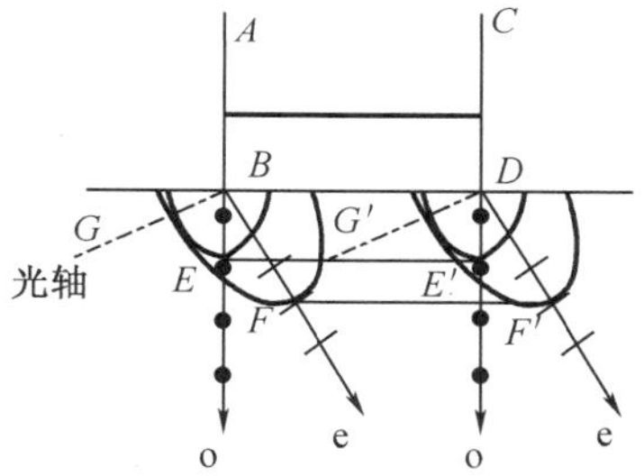


(b)平面波垂直射入方解石的双折射现象

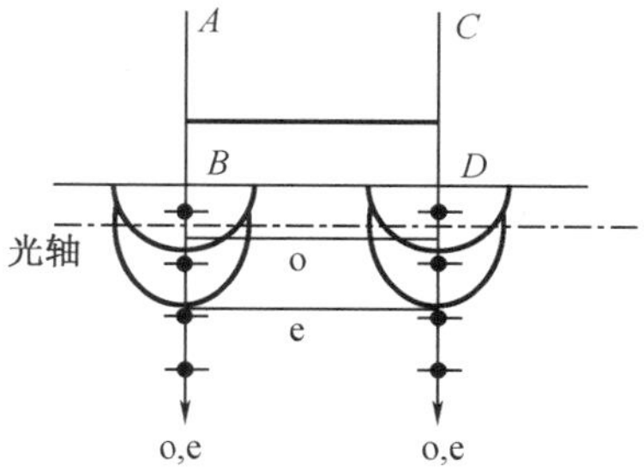


(c)平面波垂直入射方解石(光轴在折射面内平行于晶面)的双折射现象

**图 6.59　方解石晶体内 o 光和 e 光的传播**

5. 晶体的二向色性和偏振片

有一些双折射晶体(如电气石)对振动方向相互垂直的 o 光和 e 光有不同的吸收,这种特性称为**二向色性**。例如,在 1 mm 厚的电气石内,o 光几乎全被吸收,而 e 光只略微被吸收。利用晶体的二向色性可以从自然光中获得线偏振光。

常用的偏振片是利用二向色性很强的细微晶体物质的涂层制成的。例如,把聚乙烯醇薄膜加热,沿一定的方向拉伸,使氢碳化合物分子沿拉伸方向排列起来,然后浸入含碘的溶液中,取出烘干后就制成了**偏振片**,这种偏振片称为 H 偏振片。另外,如果将聚乙烯醇薄膜放在高温炉上,通以氯化氢,除去聚乙烯醇分子中的一些水分子,形成聚乙烯醇的细长分子,再单向拉伸就制成了 K 偏振片。这种偏振片性能稳定、耐高温且不易褪色。H 偏振片和 K 偏振片组合成 HK 偏振片,适用于远红外。偏振片的成本低廉,轻便,面积能做得很大,可大量生产,所以在实际中得到广泛应用。

### 6.7.5 偏振元件

利用光的双折射现象可以从自然光中获得高质量的线偏振光。用双折射晶体制成的可获得线偏振光的棱镜有很多种,下面简单介绍其中两种比较有代表性的棱镜:尼科尔棱镜和渥拉斯顿棱镜。

1. 尼科尔棱镜

如图 6.60 所示,尼科尔棱镜是由一块方解石晶体切成两半,再用加拿大树胶黏合而成的,这种树胶的折射率能使 o 光全反射。因此,从尼科尔棱镜另一端出射的是一束线偏振光。

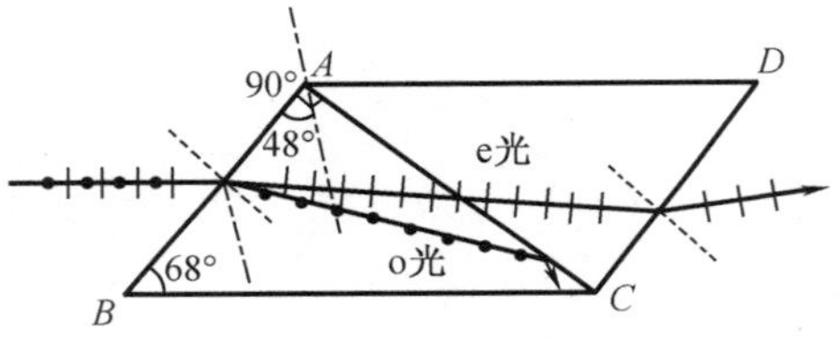


**图 6.60　尼科尔棱镜**

2. 渥拉斯顿棱镜

如图 6.61 所示,渥拉斯顿棱镜是由两块方解石做成的直角棱镜拼成的。棱镜 *ABD* 的光轴平行于 *AB* 面,棱镜 *BCD* 的光轴垂直于 *ABD* 的光轴。当自然光垂直入射到 *AB* 面时,o 光和 e 光将分别以速率 $v_o$ 和 $v_e$ 无折射地沿同一方向前进。当它们进入第二个棱镜 *BCD* 后,由于第二个棱镜与第一棱镜光轴垂直,因此在第一棱镜中的 o 光对第二棱镜来说变成 e 光;第一棱镜中的 e 光对第二棱镜来说变成 o 光,它们的折射率也相应发生变化。由于方解石的 $n_o > n_e$,因此,第一棱镜中的 o 光进入第二棱镜时,折射角应大于入射角,折射光远离 *BD* 面的法线传播;而第一棱镜中的 e 光进入第二棱镜时,折射角应小于入射角,折射光靠近 *BD* 面的法线传播。由此,两束偏振光在第二棱镜 *BCD* 中分开。当这两束光出射到空气时,它们将进一步分开。

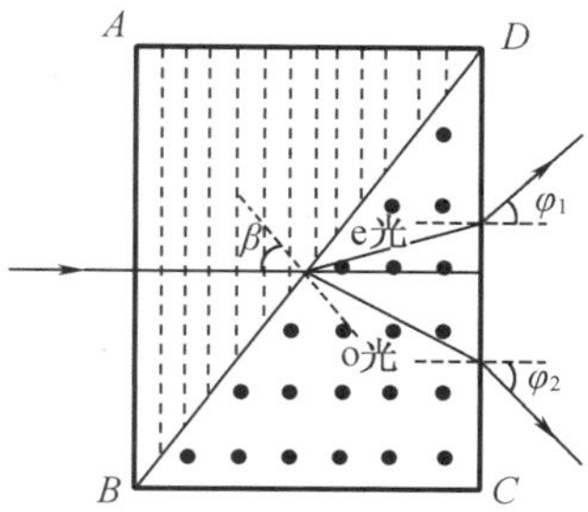


**图 6.61 渥拉斯顿棱镜**

3. 波晶片

一块表面平行的单轴晶体,其光轴与晶体表面平行时,o 光和 e 光沿同一方向传播,把这样的晶体叫作**波晶片**。当一束振幅为 $A_0$ 的平行光垂直地入射到波晶片上时,在入射点分解成的 o 光和 e 光的位相是相等的。但光一进入晶体,由于 o 光和 e 光的传播速率不同,因此二者的波长也不同,就逐渐形成了相位不同的两束光。这两束光在波晶片内引起的振动分别为

$$E_e = A_e \cos 2\pi\left(\nu t - \frac{r}{\lambda_e}\right) \tag{6.79}$$

$$E_o = A_o \cos 2\pi\left(\nu t - \frac{r}{\lambda_o}\right) \tag{6.80}$$

式中,$\lambda_e$ 和 $\lambda_o$ 分别表示波晶片中 e 光和 o 光的波长;$r$ 表示光波进入波晶片内部某点离波晶片表面的距离。因此,波晶片中两束光的相位差为

$$\Delta\varphi = \varphi_e - \varphi_o = 2\pi\left(\nu t - \frac{r}{\lambda_e}\right) - 2\pi\left(\nu t - \frac{r}{\lambda_o}\right) = 2\pi\left(\frac{r}{\lambda_o} - \frac{r}{\lambda_e}\right) \tag{6.81}$$

将 $n_e = \dfrac{c}{v_e} = \dfrac{\lambda}{\lambda_e}, n_o = \dfrac{c}{v_o} = \dfrac{\lambda}{\lambda_o}$代入(6.81),得

$$\Delta\varphi = \frac{2\pi}{\lambda}(n_o - n_e)r \tag{6.82}$$

式(6.82)中 $\lambda$ 为光在真空中的波长。由此可见,两束光在波晶片内不同深度的各点相位差不同,当两束光射出波晶片后,相位差即为

$$\Delta\varphi = \frac{2\pi}{\lambda}(n_o - n_e)d \tag{6.83}$$

式(6.83)中,$d$ 为波晶片厚度。由此可见,o 光和 e 光通过波晶片后的相位差和折射率之差$(n_o - n_e)$成正比,与波晶片厚度成正比。厚度 $d$ 不同,两束光之间的相位差就不同。在实际工作中,比较常用的波晶片是四分之一波片和二分之一波片。例如,四分之一波片的厚度满足

$$(n_o - n_e)d = \pm\frac{\lambda}{4} \tag{6.84}$$

这表示光通过四分之一波片后,o 光和 e 光的相位差 $\Delta\varphi = \pm\dfrac{\pi}{4}$。当然,四分之一波片只是

对某一特定波长而言的，波长不同，四分之一波片的厚度也不同。例如，对于波长为 $\lambda=460$ nm的蓝光，$n_o-n_e=0.184$，厚度 $d=6.3\times10^{-5}$ cm，制造这样薄的波晶片相当困难，通常采用的四分之一波片的厚度是上述数值的奇数倍，即

$$(n_o-n_e)d=\pm(2k+1)\frac{\lambda}{4}(k=0,1,2,\cdots) \tag{6.85}$$

式(6.85)对应的相位差为

$$\Delta\varphi=\pm(2k+1)\frac{\pi}{2}(k=0,1,2,\cdots) \tag{6.86}$$

如果晶片的厚度满足

$$(n_o-n_e)d=\pm(2k+1)\frac{\lambda}{2}(k=0,1,2,\cdots) \tag{6.87}$$

则引入的相位差为

$$\Delta\varphi=\pm(2k+1)\pi(k=0,1,2,\cdots) \tag{6.88}$$

这种波片称为**半波片**。线偏振光垂直入射到半波片上，经投射后仍为线偏振光。若入射时振动面和晶体主截面之间夹角为 $\theta$，则投射出来的线偏振光的振动面从原来的方位转过 $2\theta$ 角。

### 6.7.6 偏振光的干涉

典型的偏振光干涉装置是在两块共轴偏振片 $P_1$ 和 $P_2$ 之间放一块厚度为 $d$ 的波晶片 $C$，如图 6.62 所示。在这一装置中，波晶片同时起分解光束和相位延迟的作用。如果入射偏振光的振动方向与波晶片 $C$ 的光轴之间的夹角为 $\alpha$，则偏振光射入波晶片 $C$ 后，将分成振动面相互垂直的 o 光和 e 光，这两束光射出波晶片时，具有一定的相位延迟。干涉装置中的第一块波晶片 $P_1$ 的作用是把自然光转变为线偏振光，第二块偏振片 $P_2$ 的作用是把两束光的振动引导到相同方向上。在自然光入射的情况下，第一块偏振片 $P_1$ 是不可缺少的，否则射出波晶片的光仍是自然光。自然光的两个垂直分振动通过第二块偏振片后，虽然满足振动方向相同这一干涉条件，但没有固定的相位关系，仍不能发生干涉。如果以 $n_o$ 和 $n_e$ 分别表示波晶片 $C$ 对 o 光和 e 光的主折射率，$d$ 表示波晶片的厚度，$\lambda$ 表示入射单色光在真空中的波长，则 o 光和 e 光通过晶片 $C$ 所产生的相位差为

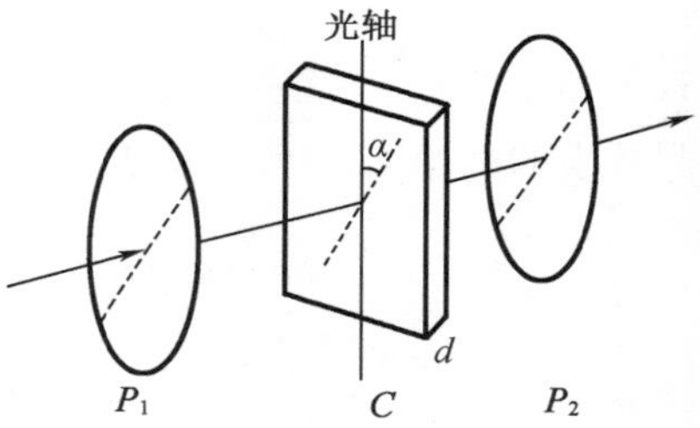

图 6.62 偏振光的干涉

$$\Delta\varphi=\frac{2\pi}{\lambda}d(n_o-n_e) \tag{6.89}$$

对于干涉装置，我们主要关心的是最后的出射光强。以图 6.63 为例，图中表示偏振片 $P_2$ 与偏振

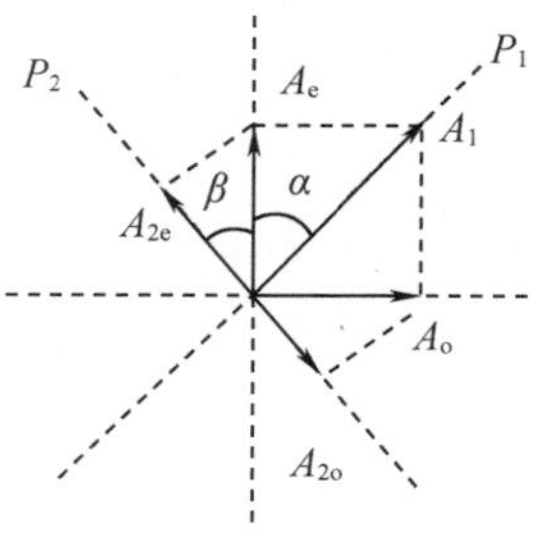

图 6.63 两束相干偏振光的振幅的确定

片 $P_1$ 放在偏振化方向两相正交的位置。o 光和 e 光通过 $P_2$ 时，只有和 $P_2$ 偏振化方向平行的分振动可以通过，而且所透过的两个分振动的振幅矢量 $A_{2o}$ 和 $A_{2e}$ 的方向相反。而 $A_{2o}$ 和 $A_{2e}$ 的量值分别为 $A_o$ 和 $A_e$ 在 $P_2$ 偏振化方向上的分量，即

$$A_{2o}=A_o\sin\beta \tag{6.90}$$

$$A_{2e}=A_e\cos\beta \tag{6.91}$$

式中，$\beta$ 为偏振片 $P_2$ 的偏振化方向与晶片的光轴之间的夹角。由于偏振片 $P_1$ 和 $P_2$ 相互正交，因此有

$$A_{2o}=A_1\sin\alpha\sin\beta=A_1\sin\alpha\cos\alpha \tag{6.92}$$

$$A_{2e}=A_1\cos\alpha\cos\beta=A_1\sin\alpha\cos\alpha \tag{6.93}$$

由此可知，透过偏振片 $P_2$ 的光是由透过 $P_1$ 的线偏振光产生的振动方向相同、振幅相同且有恒定相位差的两束相干光，能够产生干涉现象。因为这两束光的相位相反，所以除了与晶片厚度有关的相位差$\frac{2\pi}{\lambda}d(n_o-n_e)$之外，还有一附加相位差 $\pi$，总的相位差为

$$\Delta\varphi=\frac{2\pi}{\lambda}d(n_o-n_e)+\pi \tag{6.94}$$

当 $\Delta\varphi=2k\pi$，即 $d(n_o-n_e)=(2k-1)\frac{\lambda}{2}(k=1,2,3,\cdots)$时，干涉最强，视场最明亮；当$\Delta\varphi=(2k+1)\pi$，即 $d(n_o-n_e)=k\lambda(k=1,2,3,\cdots)$时，干涉最弱，视场变暗。如果用白光为光源，对不同波长的光，干涉最强和最弱的条件各不相同。当正交偏振片之间的晶片厚度一定时，视场将出现一定的色彩，这种现象称为**色偏振**，所呈现的颜色叫**干涉色**。

色偏振应用广泛。根据不同晶体在起偏器和检偏器之间形成不同的干涉彩色图样，可以精确地鉴别矿石的种类，研究晶体的内部结构。在地质和冶金工业中常用的偏光显微镜通常是在显微镜上附加起偏振器和检偏器而制成的。图 6.64 为用偏光显微镜观察矿物晶体的干涉色，旁边刻度是已知长度的测微尺，可以度量晶体的干涉条纹。

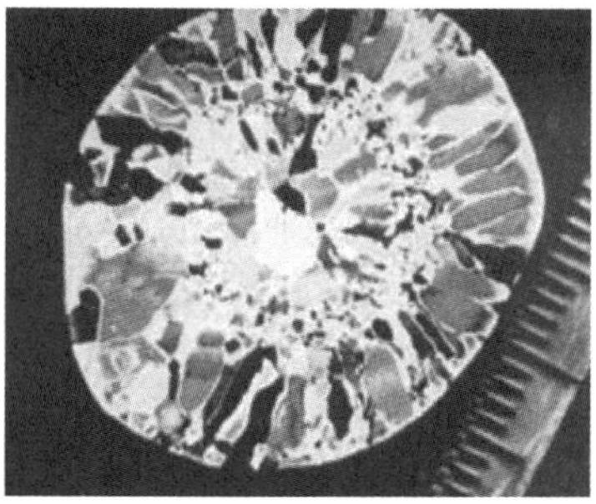

**图 6.64 用偏光显微镜观察矿物晶体的干涉色**

## 6.7.7 人为双折射

塑料、玻璃、环氧树脂等非晶体在通常情况下是各向同性且不产生双折射现象的。但当它们受到应力时，就会变成各向异性并可显示出双折射性质；将某些液体[如硝基苯($C_6H_5NO_2$)]放在玻璃盒内，通常也没有双折射现象，但在电场的作用下，液体会变成类似于晶体的物质并显示出双折射现象。这类双折射现象都是在人为条件的影响下产生的，因此称为**人为双折射**。

1. 光弹性效应

非晶体物质在机械力的作用下变形时，使非晶体失去各向同性的特征而具有各向异性的性质，也能呈现双折射现象，这种现象称为**光弹性效应**，可按图 6.65 中的装置来观测。图中 $E$ 是非晶体，放在两相正交的偏振片之间，当 $E$ 受到沿 $OO'$ 方向的单向机械力的压缩或拉长时，$E$ 的光学性质就和以 $OO'$ 为光轴的单轴晶体相仿。这时，垂直入射的线偏振光在 $E$ 内分解为寻常光和非常光。

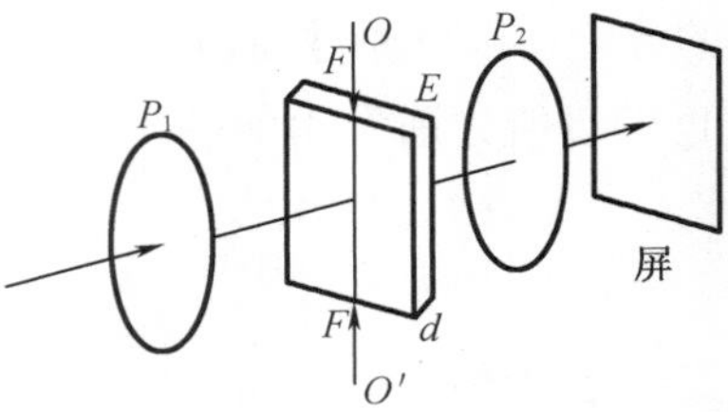


**图 6.65　压力下的双折射现象**

两束光的传播方向一致，但速度不等，即折射率不等。实验证明，在一定的压强范围内，$(n_o - n_e)$ 与压强 $p = \frac{F}{S}$ 成正比

$$n_o - n_e = kp \tag{6.95}$$

式中，$k$ 是非晶体 $E$ 的压强光学系数，取决于非晶体的性质。不仅如此，o 光和 e 光穿过偏振片 $P_2$ 之后，将进行干涉。如果样品各处压强不同，将出现干涉条纹。利用这种特性，在工业上可以制造各种零件的透明模型，然后在外力的作用下，观测和分析这些干涉的色彩和条纹的形状，从而判断模型内部受力的情况。这种方法称为光弹性方法。这种用偏振光来检查透明物体的内部压强的方法具有比较可靠、经济和迅速的优点，还能通过模拟的方法显现出试件或样品全部干涉图像的直观效果，因此光弹性方法在工程技术上得到了广泛的应用，成为光测弹性学的基础。图 6.66 为模拟机车挂钩的光弹性干涉图样，图中的黑色条纹表示有应力存在，条纹越密的地方应力越集中。

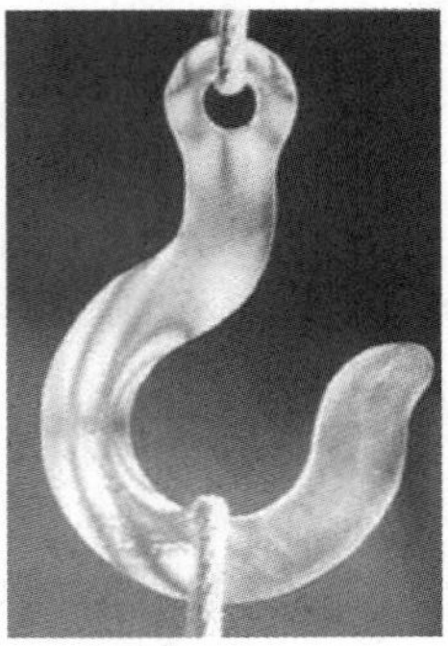

**图 6.66　模拟机车挂钩的光弹性干涉图样**

2. 电光效应

电场的作用可以使某些各向同性的透明介质变为各向异性，从而产生双折射，这种现象称为电光效应。它是由克尔在 1875 年发现的，所以也称为克尔效应。

图 6.67 的实验装置是把某种液体（如硝基苯）放在装有平行板电容器的玻璃盒内，再把玻璃盒放在正交的偏振片 $P_1$ 和 $P_2$ 之间。在电容器没有充电之前，光不能通过。加电场之后，电容器两极板之间的液体获得单轴晶体的性质，其光轴沿电场方向。实验指出，折射率的差值正比于电场强度的平方，即

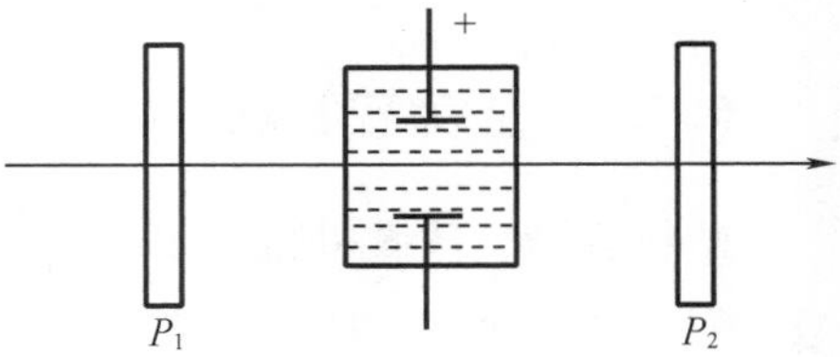


**图 6.67　电光效应**

$$n_o - n_e = kE^2 \tag{6.96}$$

在通过厚度为 $l$ 的液体后，o 光和 e 光所产生的相位差为

$$\Delta\varphi = \frac{2\pi}{\lambda} l(n_o - n_e) = \frac{2\pi}{\lambda} lkE^2 \tag{6.97}$$

式中，$k$ 为**克尔常数**，它只和液体的种类有关（这里假设电场是匀强的，并且光线前进的方向和电场方向垂直）。装有平板电极并盛有特定液体的玻璃盒称为**克尔盒**。若平板间距离为 $d$，电势差为 $U = Ed$，有

$$\Delta\varphi = \frac{2\pi}{\lambda} lk\frac{U^2}{d^2} \tag{6.98}$$

因此，当加在克尔盒电极上的电势差发生变化时，$\Delta\varphi$ 随之发生相应的变化，透射光强度也随之发生变化。因而，利用克尔盒可以对入射线偏振光进行调制，即可以使从偏振片 $P_2$ 出射的光强随外加电信号的变化而变化。这样的调制系统在现代通信和电视等中有着广泛的应用。由于从 $P_2$ 出射的光强的大小随外加在克尔盒上电压的变化极快（如硝基苯克尔盒约为 $10^{-9}$ s），因而克尔效应还可用于制作高速开关，称为光开关。光开关广泛应用于高速摄影、光速测量及脉冲激光器等。

近年来，随着激光技术的发展，对光开关、电光调制器（利用电信号来改变光的强弱的器件）的要求越来越高。由于硝基苯有毒、易爆炸，并且工作电压较高，因此克尔盒逐渐为某些具有克尔效应的晶体所代替，如钛酸钡（$BaTiO_3$）和混合的铌酸钾晶体（$KTa_{0.65}Nb_{0.35}O_3$，简称 KTN）等。

此外，还有一种非常重要的电光效应，称为泡克尔斯效应，其中最典型的是由 KDP（$KH_2PO_4$）晶体和 ADP（$NH_4H_2PO_4$）晶体所产生的。这些晶体在自由状态下是单轴晶体，但在电场的作用下变成双轴晶体，沿原来光轴方向产生双折射效应。与克尔效应不同，对这类晶体，由电场感应产生的双折射的两主折射率之差与电场强度的一次方成正比。利用晶体泡克尔斯效应制成的光开关与硝基苯克尔盒光开关相比，具有无毒、快速、要求工作电压低以及便于携带等优点。另外，泡克尔斯盒也被应用到数据处理和显示技术等电光系统中。

### 6.7.8 旋光现象

1811 年，阿喇果发现，当线偏振光通过某些透明物体时，其振动面将旋转一定的角度，这种现象称为振动面的旋转，也称**旋光现象**。能使振动面旋转的物质称为**旋光性物质**，石英等晶体以及糖、酒石酸等溶液都是旋光性较强的物质。实验证明，振动面旋转的角度取决于旋光性物质的性质、厚度或浓度以及入射光的波长等。

物质的旋光性可用图 6.68 所示的装置来研究。图 6.68 中，$C$ 是旋光物质，如晶面与光轴垂直的石英片。当将旋光物质放在两相正交的偏振片 $P_1$ 和 $P_2$ 之间时，将会看到视场由原来的黑暗变为明亮。将偏振片 $P_2$ 旋转某一角度后，视场又将由明亮变为黑暗。这说明线偏振光透过旋光物质后仍然是线偏振光，但是振动面旋转了一个角度，这旋转角等于偏振片 $P_2$ 旋转的角度。

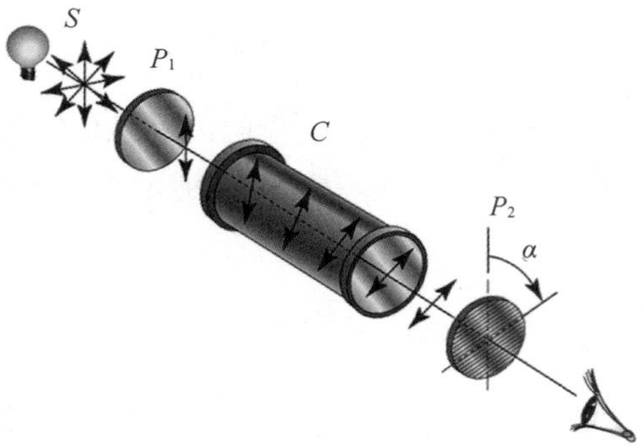


图 6.68　观察旋光现象的实验装置简图

应用上述方法，实验结果指出：

(1)不同的旋光物质可以使线偏振光的振动面向不同的方向旋转。如果面对光源观测，使振动面向右(顺时针)旋转的物质称为**右旋物质**；使振动面向左(逆时针)旋转的物质称为**左旋物质**。石英晶体由于结晶形态的不同，具有右旋和左旋两种类型。

(2)振动面的旋转角与波长有关，而在给定波长的情况下，与旋光物质的厚度 $d$ 有关。旋转角的大小 $\theta$ 可用式(6.99)表示：

$$\theta = ad \tag{6.99}$$

式中，$a$ 称为**旋光率**，与物质的性质、入射光的波长等有关。例如，1 mm 厚的石英片对红光、黄色钠光、紫光产生的旋转角分别为 15°、21.7°、51°。紫光的旋转角大约是红光的 4 倍。当偏振白光通过旋光物质后，各种色光的振动面分散在不同的平面内，这种现象称为**旋光色散**。

(3)偏振光通过糖溶液、松节油时，振动面的旋转角可用式(6.100)表示：

$$\theta = acd \tag{6.100}$$

式中，$a$ 和 $d$ 的意义同上；$c$ 是旋光物质的浓度。可见，当一定波长的偏振光通过一定厚度 $d$ 的旋光物质后，其旋转角度 $\theta$ 与液体的浓度 $c$ 成正比。用旋光效应测定液体的浓度既可靠又迅速，早已在工业等生产部门中广为应用，例如，制糖工业中测定糖溶液浓度的糖量计就是根据这一原理制成的。在医学检验中，旋光效应还被用来测定血糖等。

前面指出，旋光率与波长有关，这称为旋光色散现象。对不同的旋光物质，旋光色散现象可能很不相同，而且旋光色散现象对分子结构的变化、分子内部和分子间相互作用的反应特别灵敏。因此，研究旋光现象不仅在物理学中，而且在化学、生物学及药物学中都有重要意义。

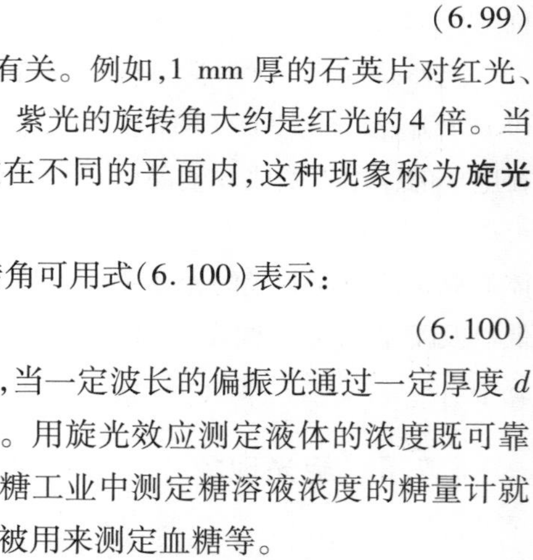

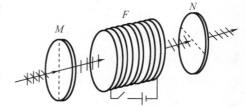

图 6.69　磁致旋光

正如可用人工方法产生双折射一样，也可以用人工方法产生旋光效应，其中最重要的是磁致旋光，通常称为**法拉第旋光效应**。

利用图 6.69 所示的装置可以观测磁致旋光效应。在两个透振方向正交的偏振片 $M$ 和 $N$ 之间沿光的传播方向放置一个螺线管,将待测的透明介质样品插入螺线管内。单色平行自然光通过起偏器 $M$ 后变为线偏振光,如果螺线管未接通电源,透明介质样品无旋光性,透射光将完全被检偏器 $N$ 阻隔。螺线管接通电源后,介质样品在强磁场的作用下产生旋光性,因而将有光从偏振片 $N$ 射出。这时若将 $N$ 旋转某个角度 $\theta$,则会重新产生消光,这说明从介质样品出射的光仍是线偏振光,只是其振动面相对于入射线偏振光的振动面转过了角度 $\theta$。实验表明,磁致旋光效应中振动面的旋转角 $\theta$ 正比于光在介质中通过的距离 $l$,正比于介质内的磁感应强度 $B$,即

$$\theta = VlB \tag{6.101}$$

式中,$V$ 是比例系数,称为**韦尔代常数**,取决于介质的性质,也与入射光的波长有关。一般物质的韦尔代常数都很小,参看表6.1。

**表6.1　一般物质的韦尔代常数($\lambda_0$ =589.3 nm)**

| 物质 | 温度/℃ | V/[(°)·$m^{-1}$·$T^{-1}$] |
|---|---|---|
| 水 | 20 | $2.18\times10^2$ |
| 磷冕玻璃 | 18 | $2.68\times10^2$ |
| 二氧化硫 | 20 | $7.05\times10^2$ |
| 磷 | 33 | $22.10\times10^2$ |
| 乙酮 | 15 | $1.85\times10^2$ |
| 食盐 | 16 | $5.98\times10^2$ |
| 乙醇 | 25 | $1.85\times10^2$ |

另外,从实验可知,磁致旋光性与天然旋光性是有差别的。天然旋光性的右旋和左旋取决于物质的结构,与光的传播方向无关;磁致旋光性的右旋和左旋与光相对于磁场的传播方向有关,若光沿磁场方向传播是右旋的,则逆着磁场方向传播变为左旋。所以,线偏振光往返两次通过天然旋光物质,振动面将恢复到原先的方位。而线偏振光往返两次通过磁致旋光物质情况就不同了,如果光沿磁场方向通过,振动面右旋了 $\theta$ 角,那么当它沿原路径逆着磁场返回时,物质变为左旋的,振动面又旋转了 $\theta$ 角,这样往返两次通过同一物质振动面共旋转了 $2\theta$ 角。利用磁致旋光的这种性质,可以制成光隔离器、光调制器等器件。

# 本章小结

1.光的干涉现象:两列光波叠加时在空间产生的光强的稳定分布的现象。

相干光:能够产生相干现象的光。

相干光的条件:振动方向相同、频率相同、相位差恒定。

2. 杨氏双缝干涉实验

干涉条纹是等间距的直条纹,条纹间距为 $\Delta x = \frac{D}{d}\lambda$。

3. 光程:折射率为 $n$ 的介质中的几何路程 $x$ 相应的光程为 $nx$。

光程差与相位差的关系:

$$相位差 = \frac{2\pi}{\lambda} \times 光程差(\lambda\ 为真空中波长)$$

半波损失:光由光疏介质射向光密介质在界面上反射时,发生半波损失。

4. 薄膜干涉

入射光在薄膜上、下表面反射的光为相干光。在对薄膜干涉的分析中应注意光程差与几何路程有关,还需要考虑由反射引起的半波损失。

$$\begin{cases} \delta = k\lambda\,(k=1,2,3,\cdots)\,(明条纹) \\ \delta = (2k+1)\dfrac{\lambda}{2}\,(k=1,2,3,\cdots)\,(暗条纹) \end{cases}$$

5. 迈克耳孙干涉仪

利用分振幅法使两个相互垂直的平面镜形成一等效空气薄膜。当 $M_1$ 每平移$\frac{\lambda}{2}$的距离时,视场中就有一条明纹移过。所以数出视场中移过的明条纹数 $N$,就可算出 $M_1$ 平移的距离为

$$d = N\frac{\lambda}{2}$$

6. 惠更斯–菲涅耳原理:波阵面上各点都可以当成子波波源,波长中各点的波强由各子波在该点的相干叠加决定。

7. 夫琅禾费单缝衍射:

暗条纹中心

$$a\sin\varphi = \pm k\lambda\,(k=1,2,3,\cdots)$$

明条纹中心

$$a\sin\varphi = \pm(2k+1)\frac{\lambda}{2}\,(k=1,2,3,\cdots)$$

中央明条纹中心

$$\varphi = 0$$

8. 光栅衍射

光栅方程

$$(a+b)\sin\varphi = \pm k\lambda\,(k=0,1,2,\cdots)$$

缺级

$$k = \pm\frac{a+b}{a}k'\,(k'=1,2,3,\cdots)$$

9. X 射线衍射的布拉格公式

$$2d\sin\varphi = k\lambda\,(k=1,2,3,\cdots)$$

10. 自然光和偏振光：在垂直于光的传播方向的平面内，光振动的各方向的振幅都相等的光为自然光，只在某一方向有光振动的光为**线偏振光**，各方向的光振动都有但振幅不同的为**部分偏振光**。

11. 马吕斯定律：若入射线偏振光强度为 $I_0$，当它的光振动方向与偏振片的偏振化方向夹角为 $\alpha$ 时，通过偏振片的光的强度为

$$I = I_0\cos^2\alpha$$

12. 布儒斯特定律：自然光在介质表面反射时，反射光是部分偏振光，当入射角 $i_0$ 满足

$$\tan i_0 = \frac{n_2}{n_1}$$

的条件时，反射光是线偏振光，其光振动方向与入射面垂直。$i_0$ 称为此介质的**布儒斯特角**。

13. 双折射：一束自然光入射到某一晶体时会分成两束：一束遵守折射定律，折射率不随入射方向的改变而改变，称为寻常光（o 光）；另一束折射率随入射方向的改变而改变，称为非常光（e 光）。o 光和 e 光都是线偏振光，且二者偏振方向相垂直。

14. 偏振元件

通过偏振元件，利用光的双折射现象可以从自然光中获得高质量的线偏振光。

15. 人为双折射

塑料、玻璃、环氧树脂等非晶体在受到应力时，显示出双折射性质；将某些液体放在玻璃盒内，液体在电场的作用下可变成类似于晶体的物质而显示出双折射现象。这类双折射现象称为人为双折射。

16. 旋光现象：当线偏振光通过某些透明物体时，线偏振光的振动面将旋转一定的角度。这种现象称为振动面的旋转，也称**旋光现象**。

# 思 考 题

6.1 在杨氏双缝干涉实验中，若将狭缝间距离增大，干涉条纹如何变化？

6.2 若将杨氏双缝干涉实验装置由空气中移入水中，干涉图样如何变化？

6.3 为什么说透镜不引起附加的光程差？

6.4 在劈尖干涉实验中，若把上面的玻璃板向上平移，干涉条纹将怎样变化？若将它绕接触线转动，使劈尖角增大，干涉条纹又将怎样变化？

6.5 在双缝干涉实验中，如果在上方的缝后贴一片透明云母片，干涉条纹间距有无变化？中央条纹的位置有无变化？

6.6 在日常生活中，为什么声波的衍射比光波的衍射更加显著？

6.7 在单缝的夫琅禾费衍射中，如果将单缝宽度逐渐加宽，衍射图样将发生怎样的

变化？

6.8 在观察单缝夫琅禾费衍射图样时，如果单缝垂直于透镜的光轴向上或向下移动，屏上的衍射图样是否发生变化？

6.9 在观察夫琅禾费衍射的实验中，透镜的作用是什么？

6.10 如果光栅中透光狭缝宽度与不透光部分宽度相等，将出现怎样的衍射图样？

6.11 什么叫光谱线缺极？缺极的原因是什么？

6.12 一束光可能是：(1)自然光；(2)线偏振光；(3)部分偏振光。怎样用实验来确定这束光是哪一种光？

6.13 一束自然光射到前后放置的两个偏振片上，光不能透过，如果把第三个偏振片放在这两个偏振片之间，是否可以有光通过？

6.14 怎样确定偏振片的偏振化方向？

# 习　题

6.1 在真空中波长为 $\lambda$ 的单色光，在折射率为 $n$ 的透明介质中从 $A$ 点沿某路径传播到 $B$ 点，若 $A$、$B$ 两点相位差为 $3\pi$，则此路径 $AB$ 的光程为 (　　)

(A) $1.5\lambda$　　(B) $\dfrac{1.5\lambda}{n}$

(C) $1.5n\lambda$　　(D) $3\lambda$

6.2 单色平行光垂直照射在薄膜上，经上、下两表面反射的两束光发生干涉，如图所示，若薄膜的厚度为 $e$，且 $n_1 < n_2$，$n_2 > n_3$，$\lambda_1$ 为入射光在 $n_1$ 中的波长，则两束反射光的光程差为 (　　)

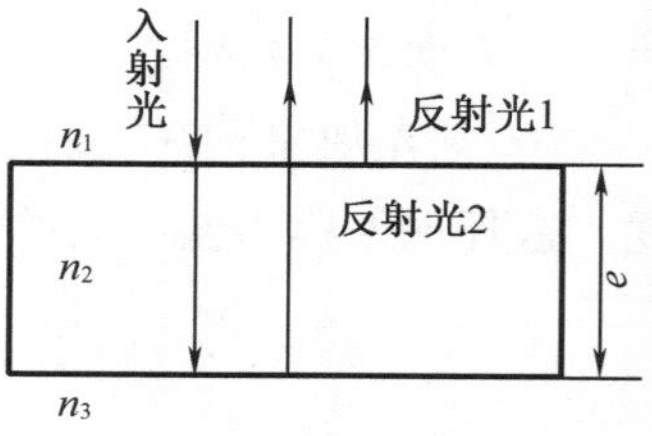

习题 6.2 图

(A) $2n_2e$　　(B) $\dfrac{2n_2e-\lambda_1}{2n_1}$

(C) $\dfrac{2n_2e-n_1\lambda_1}{2}$　　(D) $\dfrac{2n_2e-n_2\lambda_1}{2}$

6.3 在双缝干涉实验中，为使屏上的干涉条纹间距变大，可以采取的办法是 (　　)

(A)使屏靠近双缝　　(B)使两缝的间距变小

(C)把两个缝的宽度稍微调小　　(D)改用波长较小的单色光源

6.4 把双缝干涉实验装置放在折射率为 $n$ 的水中，两缝间距离为 $d$，双缝到屏的距离为 $D(D\gg d)$，所用单色光在真空中的波长为 $\lambda$，则屏上干涉条纹中相邻的明纹之间的距离是 (　　)

(A) $\dfrac{\lambda D}{nd}$　　(B) $\dfrac{n\lambda D}{d}$

(C)$\dfrac{\lambda d}{nD}$　　　　(D)$\dfrac{\lambda D}{2nd}$

6.5　一束波长为 $\lambda$ 的单色光由空气垂直入射到折射率为 $n$ 的透明薄膜上，将透明薄膜放在空气中，要使反射光得到干涉加强，则薄膜最小的厚度为　(　　)

(A)$\dfrac{\lambda}{4}$　　　　(B)$\dfrac{\lambda}{4n}$

(C)$\dfrac{\lambda}{2}$　　　　(D)$\dfrac{\lambda}{2n}$

6.6　用劈尖干涉法可检测工件表面缺陷，当波长为 $\lambda$ 的单色平行光垂直入射时，若观察到的干涉条纹如图所示，每一条纹弯曲部分的顶点恰好与其左边条纹的直线部分的连线相切，则工件表面与条纹弯曲处对应的部分　(　　)

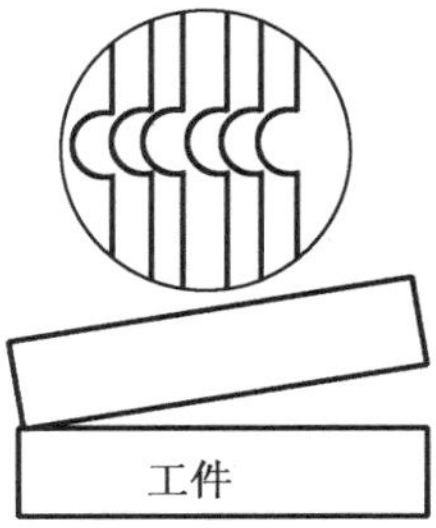

习题 6.6 图

(A)凸起，且高度为$\dfrac{\lambda}{4}$

(B)凸起，且高度为$\dfrac{\lambda}{2}$

(C)凹陷，且深度为$\dfrac{\lambda}{2}$

(D)凹陷，且深度为$\dfrac{\lambda}{4}$

6.7　如图，用单色光垂直照射在观察牛顿环的装置上，当平凸透镜垂直向上缓慢平移而远离平面玻璃时，可以观察到这些环状干涉条纹　(　　)

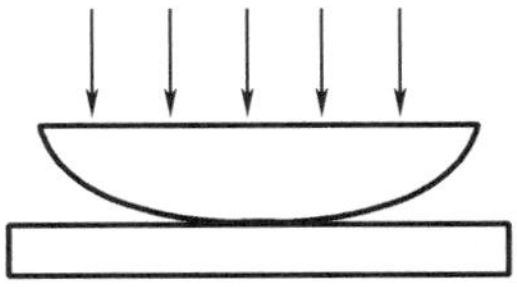

习题 6.7 图

(A)向右平移
(B)向中心收缩
(C)向外扩张
(D)静止不动
(E)向左平移

6.8　两块平玻璃构成空气劈形膜，左边为棱边，用单色平行光垂直入射。若上面的平玻璃以棱边为轴，沿逆时针方向做微小转动，则干涉条纹的　(　　)

(A)间隔变小，并向棱边方向平移
(B)间隔变大，并向远离棱边方向平移
(C)间隔不变，向棱边方向平移
(D)间隔变小，并向远离棱边方向平移

6.9　在迈克耳孙干涉仪的一条光路中，放入一折射率为 $n$、厚度为 $d$ 的透明薄片，放入后，这条光路的光程改变了　(　　)

(A)$2(n-1)d$　　　　(B)$2nd$

(C)$2(n-1)d+\frac{\lambda}{2}$　　(D)$nd$

(E)$(n-1)d$

6.10　在牛顿环实验装置中，曲率半径为 $R$ 的平凸透镜与平玻璃板在中心恰好接触，它们之间充满折射率为 $n$ 的透明介质，垂直入射到牛顿环装置上的平行单色光在真空中的波长为 $\lambda$，则反射光形成的干涉条纹中暗环半径 $r_k$ 的表达式为　　(　　)

(A)$r_k=\sqrt{k\lambda R}$　　(B)$r_k=\sqrt{\frac{k\lambda R}{n}}$

(C)$r_k=\sqrt{kn\lambda R}$　　(D)$r_k=\sqrt{\frac{k\lambda}{nR}}$

6.11　在单缝夫琅禾费衍射实验中，波长为 $a=4\lambda$ 的单色光垂直入射在宽度为 $a=4\lambda$ 的单缝上，对应于衍射角为30°的方向，单缝处波阵面可分成的半波带数目为　　(　　)

(A)2 个　　(B)4 个

(C)6 个　　(D)8 个

6.12　波长为 λ 的单色平行光垂直入射到一狭缝上，若第一级暗纹的位置对应的衍射角为 $\theta=\pm\frac{\pi}{6}$，则缝宽的大小为　　(　　)

(A)$\frac{\lambda}{2}$　　(B)$\lambda$

(C)$2\lambda$　　(D)$3\lambda$

6.13　如果单缝夫琅禾费衍射的第一级暗纹发生在衍射角为 $\varphi=30°$的方位上，所用单色光波长为 $\lambda=500$ nm，则单缝宽度为　　(　　)

(A)$2.5\times10^{-5}$ m　　(B)$1.0\times10^{-5}$ m

(C)$1.0\times10^{-6}$ m　　(D)$2.5\times10^{-7}$ m

6.14　一单色平行光束垂直照射在宽度为 1.0 mm 的单缝上，在缝后放一焦距为 2.0 m 的会聚透镜。已知位于透镜焦平面处的屏幕上的中央明条纹宽度为 2.0 mm，则入射光波长约为

(A)100 nm　　(B)400 nm

(C)500 nm　　(D)600 nm

6.15　在单缝夫琅禾费衍射实验中，波长为 $\lambda$ 的单色光垂直入射到单缝上，对应于衍射角为30°的方向上，若单缝处波面可分成 3 个半波带，则缝宽度 $a$ 等于　　(　　)

(A)$\lambda$　　(B)$1.5\lambda$

(C)$2\lambda$　　(D)$3\lambda$

6.16　一束平行单色光垂直入射在光栅上，当光栅常数$(a+b)$为下列哪种情况时（$a$ 代表每条缝的宽度），$k=3,6,9$ 等级次的主极大均不出现？　　(　　)

(A)$a+b=2a$　　(B)$a+b=3a$

(C)$a+b=4a$　　(D)$a+b=6a$

6.17 一束白光垂直照射在一光栅上，在形成的同一级光栅光谱中，偏离中央明纹最远的是 （ ）

(A)紫光 (B)绿光

(C)黄光 (D)红光

6.18 波长为 $\lambda$ 的单色光垂直入射于光栅常数为 $d$、缝宽为 $a$、总缝数为 $N$ 的光栅上，取 $k=0,\pm1,\pm2,\cdots$，则决定出现主极大的衍射角 $\theta$ 的公式可写成 （ ）

(A)$Na\sin\theta=k\lambda N$ (B)$a\sin\theta=k\lambda$

(C)$Nd\sin\theta=k\lambda$ (D)$d\sin\theta=k\lambda$

6.19 在光栅光谱中，假如所有偶数级次的主极大都恰好在单缝衍射的暗纹方向上，因而实际上不出现，那么此光栅每个透光缝宽度 $a$ 和相邻两缝间不透光部分宽度 $b$ 的关系为 （ ）

(A)$a=\frac{1}{2}b$ (B)$a=b$

(C)$a=2b$ (D)$a=3b$

6.20 波长 $\lambda=550$ nm 的单色光垂直入射于光栅常数 $d=2\times10^{-4}$ cm 的平面衍射光栅上，可能观察到的光谱线的最大级次为 （ ）

(A)2 (B)3

(C)4 (D)5

6.21 在双缝干涉实验中，用单色自然光，在屏上形成干涉条纹。若在两缝后放一个偏振片，则 （ ）

(A)干涉条纹的间距不变，但明纹的亮度加强

(B)干涉条纹的间距不变，但明纹的亮度减弱

(C)干涉条纹的间距变窄，且明纹的亮度减弱

(D)无干涉条纹

6.22 一束光是自然光和线偏振光的混合光，让它垂直通过一偏振片。若以此入射光束为轴旋转偏振片，测得透射光强度最大值是最小值的5倍，那么入射光束中自然光与线偏振光的光强比值为 （ ）

(A)$\frac{1}{2}$ (B)$\frac{1}{3}$

(C)$\frac{1}{4}$ (D)$\frac{1}{5}$

6.23 一束光强为 $I_0$ 的自然光，相继通过3个偏振片 $P_1$、$P_2$、$P_3$ 后，出射光的光强 $I=\frac{I_0}{8}$。已知 $P_1$ 和 $P_2$ 的偏振化方向相互垂直，若以入射光线为轴，旋转 $P_2$，要使出射光的光强为零，$P_2$ 最少要转过的角度是 （ ）

(A)30° (B)45°

(C)60° (D)90°

6.24　一束光强为 $I_0$ 的自然光垂直穿过两个偏振片，且此两偏振片的偏振化方向成 45°角，则穿过两个偏振片后的光强 $I$ 为　（　　）

(A) $\frac{I_0}{4\sqrt{2}}$　　(B) $\frac{I_0}{4}$

(C) $\frac{I_0}{2}$　　(D) $\frac{\sqrt{2}I_0}{2}$

6.25　两偏振片堆叠在一起，一束自然光垂直入射其上时没有光线通过。当其中一偏振片慢慢转动 180°时，透射光强度发生的变化为　（　　）

(A) 光强单调增加

(B) 光强先增加，后又减小至零

(C) 光强先增加，后减小，再增加

(D) 光强先增加，然后减小，再增加，再减小至零

6.26　3 个偏振片 $P_1$、$P_2$ 与 $P_3$ 堆叠在一起，$P_1$ 与 $P_3$ 的偏振化方向相互垂直，$P_2$ 与 $P_1$ 的偏振化方向间的夹角为 30°。强度为 $I_0$ 的自然光垂直入射于偏振片 $P_1$，并依次透过偏振片 $P_1$、$P_2$ 与 $P_3$，则通过 3 个偏振片后的光强为　（　　）

(A) $\frac{I_0}{4}$　　(B) $\frac{3I_0}{8}$

(C) $\frac{3I_0}{32}$　　(D) $\frac{I_0}{16}$

6.27　使一光强为 $I_0$ 的平面偏振光先后通过两个偏振片 $P_1$ 和 $P_2$。$P_1$ 和 $P_2$ 的偏振化方向与原入射光光矢量振动方向的夹角分别是 $\alpha$ 和 90°，则通过这两个偏振片后的光强 $I$ 是　（　　）

(A) $\frac{1}{2}I_0\cos^2\alpha$　　(B) 0

(C) $\frac{1}{4}I_0\sin^2(2\alpha)$　　(D) $\frac{1}{4}I_0\sin^2\alpha$

(E) $I_0\cos^4\alpha$

6.28　一束自然光自空气射向一块平板玻璃（如图），设入射角等于布儒斯特角 $i_0$，则在界面 2 的反射光　（　　）

(A) 是自然光

(B) 是线偏振光且光矢量的振动方向垂直于入射面

(C) 是线偏振光且光矢量的振动方向平行于入射面

(D) 是部分偏振光

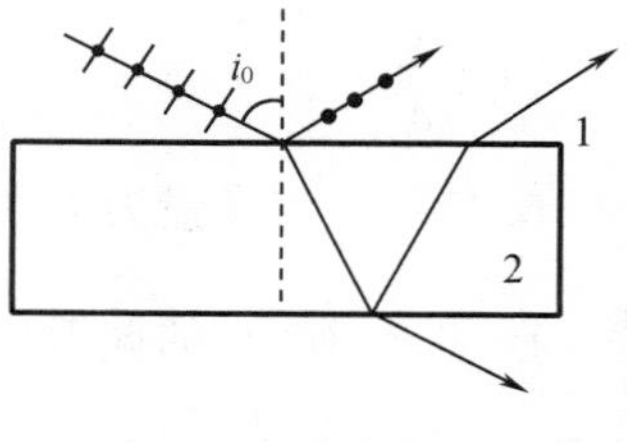


习题 6.28 图

6.29　自然光以布儒斯特角由空气入射到一玻璃表面上，反射光是　（　　）

(A) 在入射面内振动的完全线偏振光

（B）平行于入射面的振动占优势的部分偏振光

（C）垂直于入射面振动的完全线偏振光

（D）垂直于入射面的振动占优势的部分偏振光

6.30 自然光以60°的入射角照射到某两介质交界面时，若反射光为完全线偏振光，则可知折射光为 （ ）

（A）完全线偏振光且折射角是30°

（B）部分偏振光且只是在该光由真空入射到折射率为$\sqrt{3}$的介质时，折射角是30°

（C）部分偏振光，但须知两种介质的折射率才能确定折射角

（D）部分偏振光且折射角是30°

6.31 波长为$\lambda$的单色光垂直照射如图所示的透明薄膜，膜厚度为$e$，两束反射光的光程差$\delta=$________。

6.32 波长为$\lambda$的平行单色光垂直照射到如图所示的透明薄膜上，膜厚为$e$，折射率为$n$，透明薄膜放在折射率为$n_1$的媒质中，$n_1<n$，则上、下两表面反射的两束反射光在相遇处的相位差$\Delta\varphi=$________。

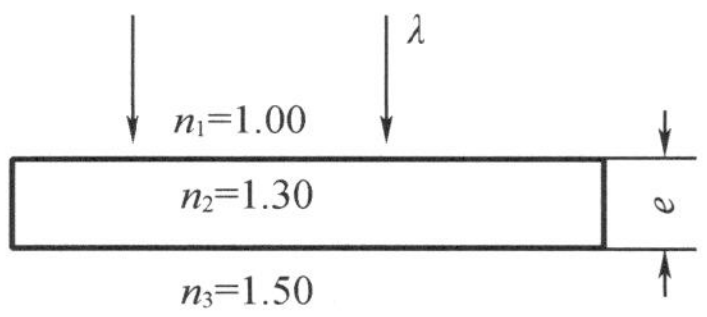


**习题6.31图**

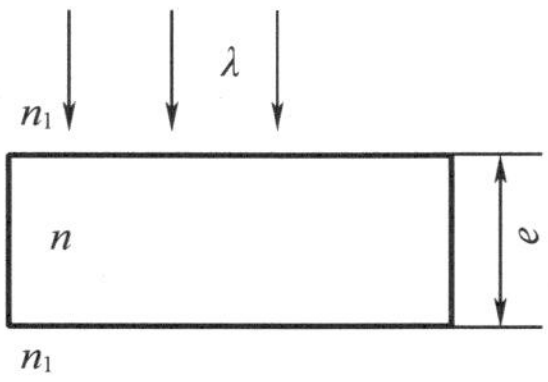


**习题6.32图**

6.33 一双缝干涉装置，在空气中观察时干涉条纹间距为1.0 mm。若将整个装置放在水中，干涉条纹的间距将为________ mm。（设水的折射率为$\frac{4}{3}$）

6.34 如图所示，在双缝干涉实验中，$SS_1=SS_2$，用波长为$\lambda$的光照射双缝$S_1$和$S_2$，通过空气后在屏幕$E$上形成干涉条纹。已知$P$点处为第三级明条纹，则$S_1$和$S_2$到$P$点的光程差为________。若将整个装置放于某种透明液体中，$P$点为第四级明条纹，则该液体的折射率$n=$________。

6.35 用波长为$\lambda$的单色光垂直照射如图所示的牛顿环装置，观察从空气膜上、下表面反射的光形成的牛顿环。若使平凸透镜慢慢地垂直向上移动，从透镜顶点与平面玻璃接触到两者距离为$d$的移动过程中，移过视场中某固定观察点的条纹数目等于________。

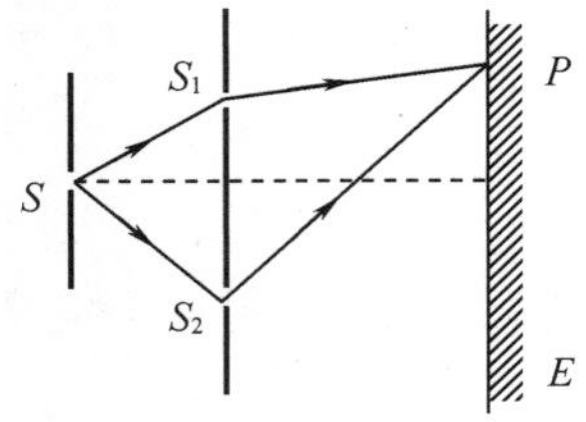


习题 6.34 图

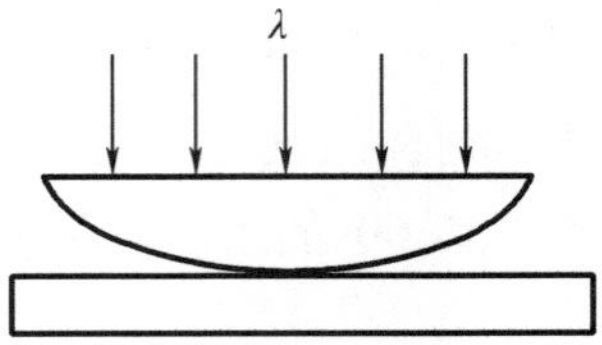


习题 6.35 图

6.36　图(a)为一块光学平板玻璃与一个加工过的平面一端接触，构成的空气劈尖，用波长为 $\lambda$ 的单色光垂直照射，看到反射光干涉条纹（实线为暗条纹）如图(b)所示。则干涉条纹上 $A$ 点处所对应的空气薄膜厚度为 $e=$________。

6.37　用波长为 $\lambda$ 的单色光垂直照射折射率为 $n_2$ 的劈形膜（如图），图中各部分折射率的关系是 $n_1<n_2<n_3$。观察反射光的干涉条纹，从劈形膜顶开始向右数第五条暗条纹中心所对应的厚度 $e=$________。

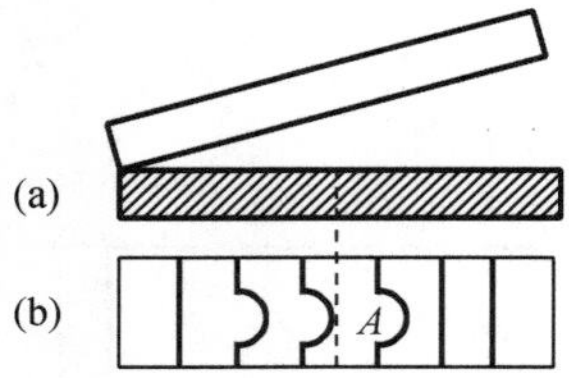


习题 6.36 图

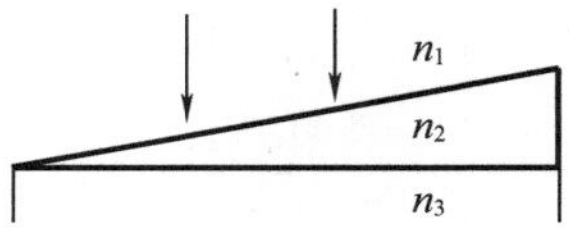


习题 6.37 图

6.38　用波长为 $\lambda$ 的单色光垂直照射折射率为 $n$ 的劈形膜形成等厚干涉条纹，若测得相邻明条纹的间距为 $l$，则劈尖角 $\theta=$________。

6.39　波长为 $\lambda$ 的平行单色光垂直地照射到劈形膜上，劈形膜的折射率为 $n$，第二条明纹与第五条明纹所对应的薄膜厚度之差是________。

6.40　波长为 $\lambda$ 的单色光垂直入射在缝宽 $a=4\lambda$ 的单缝上，对应于衍射角 $\varphi=30°$，单缝处的波面可划分为________个半波带。

6.41　惠更斯引入________概念，提出了惠更斯原理，菲涅耳再用________的思想补充了惠更斯原理，发展成了惠更斯－菲涅耳原理。

6.42　平行单色光垂直入射在缝宽为 $a=0.15$ mm 的单缝上，缝后有焦距为 $f=400$ mm 的凸透镜，在其焦平面上放置观察屏幕。现测得屏幕上中央明条纹两侧的两个第三级暗纹之间的距离为 8 mm，则入射光的波长为 $\lambda=$________。

6.43　若对应于衍射角 $\varphi=30°$，单缝处的波面可划分为 4 个半波带，则单缝的宽度 $a=$________$\lambda$（$\lambda$ 为入射光波长）。

6.44　如果单缝夫琅禾费衍射的第一级暗纹发生在衍射角为 30°的方位上，所用单色光波长 $\lambda=500$ nm，则单缝宽度为________m。

6.45 在单缝夫琅禾费衍射实验中，波长为 $\lambda$ 的单色光垂直入射在宽度 $a=5\lambda$ 的单缝上。对应于衍射角 $\varphi$ 的方向上，若单缝处波面恰好可分成 5 个半波带，则衍射角 $\varphi=$________。

6.46 某单色光垂直入射到一个每毫米有 800 条刻线的光栅上，如果第一级谱线的衍射角为 30°，则入射光的波长应为________。

6.47 波长为 $\lambda$ 的单色光垂直投射于缝宽为 $a$、总缝数为 $N$、光栅常数为 $d$ 的光栅上，光栅方程（表示出现主极大的衍射角 $\varphi$ 应满足的条件）为________。

6.48 波长为 $\lambda=550$ nm 的单色光垂直入射于光栅常数 $d=2\times10^{-4}$ m 的平面衍射光栅上，可能观察到光谱线的最高级次为第________级。

6.49 若光栅的光栅常数 $d$、缝宽 $a$ 和入射光波长 $\lambda$ 都保持不变，而使其缝数 $N$ 增加，则光栅光谱的同级光谱线将变得________。

6.50 一束自然光垂直穿过两个偏振片，两个偏振片的偏振化方向成 45°角。已知通过此两偏振片后的光强为 $I$，则入射至第二个偏振片的线偏振光强度为________。

6.51 用相互平行的一束自然光和一束线偏振光构成的混合光垂直照射在一偏振片上，以光的传播方向为轴旋转偏振片时，发现透射光强的最大值为最小值的 5 倍，则入射光中，自然光强 $I_0$ 与线偏振光强 $I$ 之比为________。

6.52 一束自然光通过两个偏振片，若两偏振片的偏振化方向间夹角由 $\alpha_1$ 转到 $\alpha_2$，则转动前后透射光强度之比为________。

6.53 光强为 $I_0$ 的自然光垂直通过两个偏振片后，出射光强 $I=\dfrac{I_0}{8}$，则两个偏振片的偏振化方向之间的夹角为________。

6.54 一束自然光从空气投射到玻璃表面上（空气折射率为 1），当折射角为 30°时，反射光是完全偏振光，则此玻璃板的折射率等于________。

6.55 一束自然光以布儒斯特角入射到平板玻璃片上，就偏振状态来说，反射光为________，反射光矢量 $\boldsymbol{E}$ 的振动方向________，透射光为________。

6.56 一束自然光入射到折射率分别为 $n_1$ 和 $n_2$ 的两种介质的交界面上，发生反射和折射。已知反射光是完全偏振光，那么折射角 $r$ 的值为________。

6.57 当一束自然光以布儒斯特角入射到两种介质的分界面上时，就偏振状态来说，反射光为________光，其振动方向________于入射面。

6.58 在双折射晶体内部，有某种特定方向称为晶体的光轴。光在晶体内沿光轴传播时，________光和________光的传播速度相等。

6.59 一束光线入射到单轴晶体后，成为两束光线，沿着不同方向折射，这样的现象称为双折射现象。其中一束折射光称为寻常光，它________定律；另一束光线称为非常光，它________定律。

6.60 在双缝干涉实验中，双缝与屏间的距离 $D=1.2$ m，双缝间距 $d=0.45$ mm，若测得屏上干涉条纹相邻明条纹间距为 1.5 mm，求光源发出的单色光的波长 $\lambda$。

6.61　在双缝干涉实验中，用波长 $\lambda=546.1\ \text{nm}$ 的单色光照射，双缝与屏的距离 $D=300\ \text{mm}$。测得中央明条纹两侧的两个第五级明条纹的间距为 12.2 mm，求双缝间的距离。

6.62　在图示的双缝干涉实验中，若用薄玻璃片（折射率 $n_1=1.4$）覆盖缝 $S_1$，用同样厚度的玻璃片（但折射率 $n_2=1.7$）覆盖缝 $S_2$，将使原来未放玻璃时屏上的中央明条纹处 $O$ 变为第五级明条纹。设单色光波长 $\lambda=480\ \text{nm}$，求玻璃片的厚度 $d$。（可认为光线垂直穿过玻璃片）

6.63　在如图所示的牛顿环装置中，把玻璃平凸透镜和平面玻璃（设玻璃折射率 $n_1=1.50$）之间的空气（$n_2=1.00$）改换成水（$n_2'=1.33$），求第 $k$ 个暗环半径的相对改变量 $\dfrac{r_k-r_k'}{r_k}$。

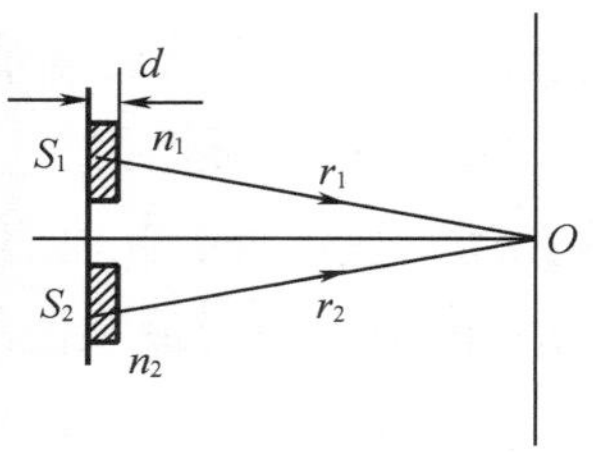


习题 6.62 图

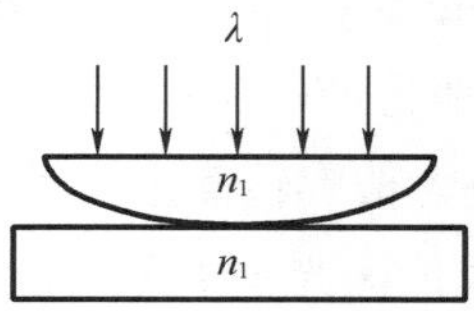


习题 6.63 图

6.64　如图，两块平板玻璃的一端接触，另一端用纸片隔开，形成空气劈形膜。用波长为 $\lambda$ 的单色光垂直照射，观察透射光的干涉条纹。

（1）设 $A$ 点处空气薄膜厚度为 $e$，求发生干涉的两束透射光的光程差；

（2）在劈形膜顶点处，透射光的干涉条纹是明纹还是暗纹？

6.65　用波长 $\lambda=500\ \text{nm}$ 的平行光垂直照射折射率 $n=1.33$ 的劈形膜，观察反射光的等厚干涉条纹。从劈形膜的棱算起，第五条明条纹中心对应的膜厚度是多少？

6.66　曲率半径为 $R$ 的平凸透镜和平板玻璃之间形成空气薄层，如图所示。波长为 $\lambda$ 的平行单色光垂直入射，观察反射光形成的牛顿环。设平凸透镜与平板玻璃在中心 $O$ 点恰好接触。求：（1）从中心向外数第 $k$ 个明环所对应的空气薄膜的厚度 $e_k$。（2）第 $k$ 个明环的半径 $r_k$。（用曲率半径 $R$、波长 $\lambda$ 和正整数 $k$ 表示，$R\gg R_k$）

6.67　波长为 $\lambda$ 的单色光垂直照射到折射率为 $n_2$ 的劈形膜上，如图所示。图中，$n_1<n_2<n_3$，观察反射光形成的干涉条纹。

（1）从劈形膜顶部 $O$ 开始向右数起，第五条暗纹中心所对应的薄膜厚度 $e_5$ 是多少？

（2）相邻的两明纹所对应的薄膜厚度之差是多少？

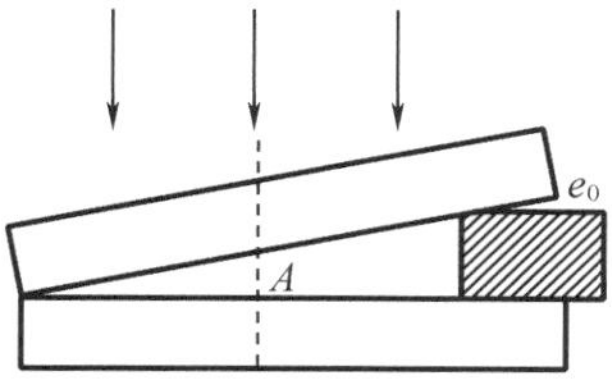

习题 6.64 图

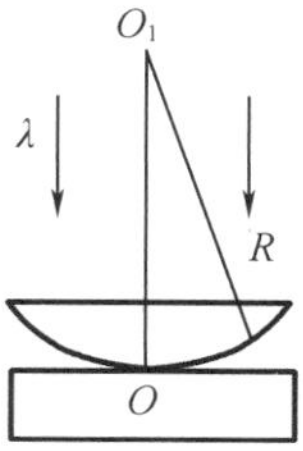

习题 6.66 图

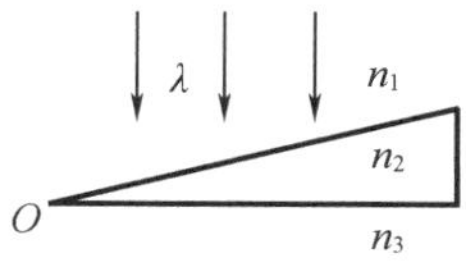

习题 6.67 图

6.68　在折射率 $n=1.50$ 的玻璃上，镀上 $n'=1.35$ 的透明介质薄膜。入射光波垂直于介质膜表面照射，观察反射光的干涉，发现对 $\lambda_1=600$ nm 的光波干涉相消，对 $\lambda_2=700$ nm 的光波干涉相长，且在 600 nm 到 700 nm 之间没有别的波长是最大限度相消或相长的情形。求：所镀介质膜的厚度。

6.69　用波长为 $\lambda$ 的单色光，观察迈克耳孙干涉仪的等倾干涉条纹。先看到视场中共有 10 个亮纹（包括中心的亮斑在内）。在移动可动反射镜 $M_2$ 的过程中，看到往中心缩进去 10 个亮纹。移动 $M_2$ 后，视场中共有 5 个亮纹（包括中心的亮斑在内）。设不考虑两束相干光在分光板 $G_1$ 的镀银面上反射时产生的相位突变之差，试求：开始时视场中心亮斑的干涉级 $k$。

6.70　在某个单缝衍射实验中，光源发出的光含有两秏波长 $\lambda_1$ 和 $\lambda_2$，垂直入射于单缝上。假如 $\lambda_1$ 的第一级衍射极小与 $\lambda_2$ 的第二级衍射极小相重合。

（1）这两种波长之间有何关系？

（2）在这两种波长的光所形成的衍射图样中，是否还有其他极小相重合？

6.71　波长为 600 nm 的单色光垂直入射到宽度为 $a=0.10$ mm 的单缝上，观察夫琅禾费衍射图样，透镜焦距 $f=1.0$ m，屏在透镜的焦平面处。求：

（1）中央衍射明条纹的宽度 $\Delta x_0$；

（2）第二级暗纹离透镜焦点的距离 $x_2$。

6.72　在用钠光（$\lambda=589.3$ nm）做光源进行的单缝夫琅禾费衍射实验中，单缝宽度 $a=0.50$ mm，透镜焦距 $f=700$ mm。求透镜焦平面上中央明条纹的宽度。

6.73　在单缝夫琅禾费衍射实验中，垂直入射的光有两种波长，$\lambda_1=400$ nm，$\lambda_2=760$ nm。已知单缝宽度 $a=1.0\times10^{-2}$ cm，透镜焦距 $f=50$ cm。

（1）求两种光第一级衍射明纹中心之间的距离；

（2）若用光栅常数 $d=1.0\times10^{-3}$ cm 的光栅替换单缝，其他条件和上一问相同，求两种光第一级主极大之间的距离。

6.74　波长 $\lambda=600$ nm 的单色光垂直入射到一光栅上，测得第二级主极大的衍射角为 30°，且第三级是缺级。

（1）光栅常数 $(a+b)$ 等于多少？

（2）透光缝可能的最小宽度 $a$ 等于多少？

(3)在选定了上述$(a+b)$和$a$之后,求在衍射角$-\frac{\pi}{2}<\varphi<\frac{\pi}{2}$范围内可能观察到的全部主极大的级次。

6.75　一束具有两种波长$\lambda_1$和$\lambda_2$的平行光垂直照射到一衍射光栅上,测得波长$\lambda_1$的第三级主极大衍射角和$\lambda_2$的第四级主极大衍射角均为30°。已知$\lambda_1=560$ nm,试求:

(1)光栅常数$a+b$;

(2)波长$\lambda_2$。

6.76　用钠光($\lambda=589.3$ nm)垂直照射到某光栅上,测得第三级光谱的衍射角为60°。

(1)若换用另一光源测得其第二级光谱的衍射角为30°,求后一光源发光的波长。

(2)若以白光(波长为400～760 nm)照射在该光栅上,求其第二级光谱的张角。

6.77　以波长400～760 nm的白光垂直照射在光栅上,在它的衍射光谱中,第二级光谱和第三级光谱发生重叠,求第二级光谱被重叠的波长范围。

6.78　一衍射光栅,每厘米有200条透光缝,每条透光缝宽为$a=2\times10^{-3}$ cm,在光栅后放一焦距$f=1$ m的凸透镜,现以$\lambda=600$ nm的单色平行光垂直照射光栅,则

(1)透光缝$a$的单缝衍射中央明条纹宽度为多少?

(2)在该宽度内,有几个光栅衍射主极大?

6.79　将3个偏振片叠放在一起,第二个与第三个的偏振化方向分别与第一个的偏振化方向成45°和90°角。

(1)强度为$I_0$的自然光垂直入射到这堆偏振片上,试求经每一偏振片后的光强和偏振状态。

(2)如果将第二个偏振片抽走,情况又如何?

6.80　两个偏振片叠在一起,在它们的偏振化方向成$\alpha_1=30°$时,观测一束单色自然光。又在$\alpha_2=45°$时,观测另一束单色自然光。若两次所测得的透射光强度相等,求两次入射自然光的强度之比。

6.81　有3个偏振片叠在一起。已知第一个偏振片与第三个偏振片的偏振化方向相互垂直。一束光强为$I_0$的自然光垂直入射在偏振片上,已知通过3个偏振片后的光强为$\frac{I_0}{16}$。求第二个偏振片与第一个偏振片的偏振化方向之间的夹角。

6.82　一束光强为$I_0$的自然光垂直入射在3个叠在一起的偏振片$P_1$、$P_2$、$P_3$上,已知$P_1$与$P_3$的偏振化方相互垂直。

(1)求$P_2$与$P_3$的偏振化方向之间夹角为多大时,穿过第三个偏振片的透射光强为$\frac{I_0}{8}$;

(2)若以入射光方向为轴转动$P_2$,当$P_2$转过多大角度时,穿过第三个偏振片的透射光强由原来的$\frac{I_0}{8}$单调减小到$\frac{I_0}{16}$?此时$P_2$、$P_1$的偏振化方向之间的夹角多大?

6.83　有3个偏振片叠在一起,已知第一个与第三个的偏振化方向相互垂直。一束光强为$I_0$的自然光垂直入射在偏振片上,问:第二个偏振片与第一个偏振片的偏振化方向之

间的夹角为多大时，该入射光连续通过3个偏振片之后的光强为最大？

6.84　两个偏振片 $P_1$，$P_2$ 叠在一起，一束单色线偏振光垂直入射到 $P_1$ 上，其光矢量振动方向与 $P_1$ 的偏振化方向之间的夹角固定为30°。当连续穿过 $P_1$，$P_2$ 后的出射光强为最大出射光强的 $\frac{1}{4}$ 时，$P_1$ 与 $P_2$ 的偏振化方向夹角是多大？

6.85　一束自然光自空气入射到水（折射率为1.33）表面上，若反射光是线偏振光，则

（1）此入射光的入射角为多大？

（2）折射角为多大？

6.86　在水（折射率 $n_1=1.33$）和一种玻璃（折射率 $n_2=1.56$）的交界面上，自然光从水中射向玻璃，求起偏角 $i_0$。若自然光从玻璃中射向水，再求此时的起偏角 $i_0'$。

# 第3篇　热　学

热学是研究物质的热现象及其规律的物理学分支，热现象是与温度有关的现象。热学有两种不同的描述方法——热力学和统计物理学（或叫气体分子运动理论）。热力学是热学的宏观理论，以观察和实验为基础，运用归纳和分析方法总结出热现象的宏观规律。通常认为热力学的发展始于17世纪末，蒸汽机的发明和广泛应用有力地推动了热力学的研究。至19世纪前半叶，热机理论和热力学的基本思想已经形成。在此基础上，迈耶、焦耳、亥姆霍兹等人于19世纪40年代建立了与热现象有关的能量转化和守恒定律，即热力学第一定律。紧接着，克劳修斯和开尔文等人又建立了用于描述热现象进行方向的热力学第二定律。与此同时，热学的微观理论（统计物理学）也开始得到建立。统计物理学的研究方法是从物质的微观结构和分子运动论出发，以每个微观粒子遵循力学规律为基础，运用统计方法，导出热运动的宏观规律。它的根本任务是通过物理简化模型，运用统计方法找出微观量与宏观量之间的本质联系。从微观角度来看，宏观热现象其实是物体内部大量分子或原子等微观粒子永不停息地做无规则运动的平均效果。统计物理学是由克劳修斯、麦克斯韦、玻尔兹曼、吉布斯等人在经典力学基础上建立起来的。至20世纪初，由于量子力学的建立，狄拉克、爱因斯坦、费米、玻色等人又在此基础上创立了量子统计物理学。

综上所述，经过不断地发展，热学最终形成了热力学和统计物理学两大分支。热力学的结论来自实验，可靠性好，但对问题的本质缺乏深入了解；而统计物理学的分析对热现象的本质给出了解释，但是只有当它与热力学的结论相一致时，其本身才能得到确认。两者相辅相成，缺一不可。

# 第 7 章　气体分子运动理论

## 7.1　平衡态　温度　理想气体的状态方程

### 7.1.1　分子运动理论

分子运动理论的基本内容是：物体是由大量分子组成的，分子永不停息地做无规则运动，分子之间存在着相互作用的引力和斥力。按照分子运动理论，热现象是大量分子无规则运动的表现，温度表示分子无规则运动的激烈程度（图 7.1），热能是大量做无规则运动的分子具有的能量。分子和分子的运动虽然看不见，但分子运动理论也跟其他物理理论一样，是建立在一定的实验基础之上的。

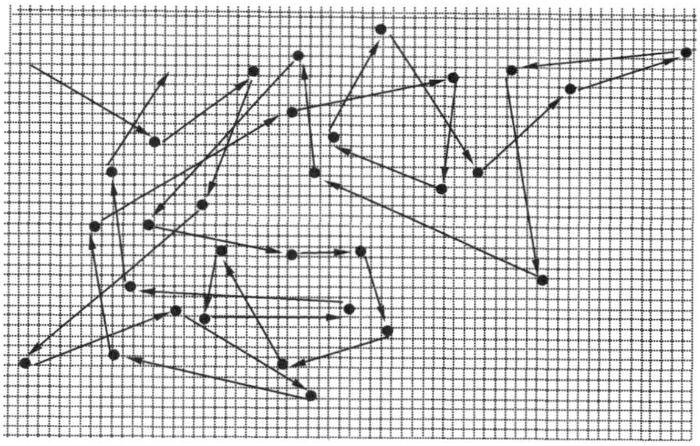

图 7.1　分子的无规则运动

分子看不见，摸不到，那么怎样能知道分子的大小呢？

一种粗略地测定分子大小的方法是油膜法。把油滴滴到水面上，油在水面上要尽可能地散开，形成单分子油膜。如果把分子看成球形，单分子油膜的厚度就可以认为等于油分子的直径。事先测出油滴的体积，再测出油滴在水面上散开的面积，就可以算出单分子油膜的厚度，这样就测出了分子的直径。测定结果表明，分子直径的数量级是 $10^{-10}$ m。物体里的分子永不停息地做无规则运动，这个结论也是在实验事实的基础上得到的。

扩散现象表明分子在不停地运动，还有一种现象可以更明显地证实分子的无规则运动，这种现象叫作布朗运动。1827 年，英国植物学家布朗用显微镜观察悬浮在水中的花粉，发现花粉颗粒不停地做无规则运动。后来人们把颗粒的这种无规则运动叫作布朗运动。不只是花粉，悬浮在液体中的微粒都做布朗运动。布朗运动是毫无规则的。那么，布朗运动是怎样产生的呢？当微粒足够小时，它受到的来自各个方向的液体分子的撞击作用是不平衡的。在某一瞬间，微粒在某个方向上受到的撞击作用强，它就沿着这个方向运动；在下一瞬间，微粒在另一方向上受到的撞击作用强，它又向着另一方向运动。这样，就引起了微粒的无规则运动。可见，液体分子永不停息地做无规则运动是产生布朗运动的原因。分子的运动是看不见的。做布朗运动的微粒是由成千上万个分子组成的，微粒的布朗运动并不是分子的运动，但是微粒的布朗运动的无规则性却反映了液体内部分子运动的无规则性。

实验表明，布朗运动随着温度的升高而愈加激烈。这表示分子的无规则运动与温度有关，温度越高，分子的无规则运动越激烈。正因为分子的无规则运动与温度有关，所以通常也把分子的这种运动叫作热运动。

分子间同时存在着引力和斥力，它们的大小都与分子间的距离有关。图7.2中的两条虚线分别表示两个分子间的引力和斥力随距离变化的情形，实线表示引力和斥力的合力，即实际表现出来的分子间的作用力随距离变化的情形。可以看到，引力和斥力都随着距离的增大而减小。当两分子间的距离等于 $r_0$ 时，分子间的引力和斥力相互平衡，分子间的作用力为零。$r_0$ 的数量级约为 $10^{-10}$ m。相当于距离为 $r_0$ 的位置叫作平衡位置。当分子间的距离小于 $r_0$ 时，引力和斥力虽然都随着距离的减小而增大，但是斥力增大得更快，因而分子间的作用力表现为斥力；当分子间的距离大于 $r_0$ 时，引力和斥力虽然都随着距离的增大而减小，但是斥力减小得更快，因而分子间的作用力表现为引力。当分子间距离的数量级大于 $10^{-9}$ m 时，分子间作用力已经变得十分微弱，可以忽略不计。

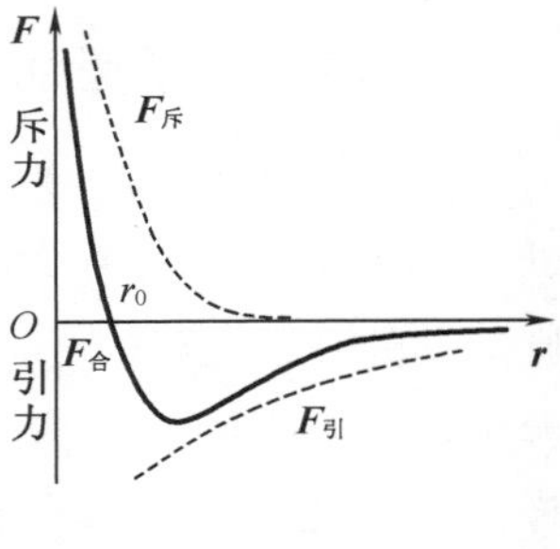


$r_0$—$10^{-10}$ m。

图7.2　分子间作用力

众所周知，分子是由原子组成的，原子内部有带正电的原子核和带负电的电子。分子间这样复杂的作用力就是由这些带电粒子的相互作用引起的。

以上就是有关分子运动理论的基本内容。

### 7.1.2　平衡态

热学的研究对象是由大量微观粒子（分子、原子等微观粒子）组成的宏观物体，通常称这样的研究对象为热力学系统，简称系统。根据系统与外界的关系可以把系统分为以下3类：与周围环境没有任何相互作用的系统称为孤立系统（严格来说是不存在的，只是一种近似）；与周围环境没有物质交换但可以有能量交换的系统称为封闭系统；与周围环境既有物质交换又有能量交换的系统称为开放系统。本书中所涉及的热力学系统除特殊说明外，均属于封闭系统。

一定量的气体组成的系统，在不受外界的影响下，经过一定的时间，达到一个稳定的、宏观性质不随时间变化的状态，称为热力学平衡态，简称**平衡态**，否则称为**非平衡态**。这里所谓的“不受外界的影响”，是指外界既不对系统做功，也不传热，显然这是一种理想情形，实际上并不存在完全不受外界影响和宏观性质绝对保持不变的系统。由于从微观的角度来看，组成系统的微观粒子仍在进行复杂的运动，只是此时不论个别分子如何运动，大量分子的总体给出的宏观物理参量,如压强、体积、温度等,不再随时间变化,因此热学平衡态又叫**热动平衡态**。只有在平衡态下,系统的宏观性质才可以用一组确定的参量($p$、$V$、$T$ 等)来描述。实际上,严格的平衡态是不存在的,但对过程进行极其缓慢的过程,可将其处于任意时刻的状态视为平衡态。在下面的讨论中,如不做特殊说明,所说的状态都是指平衡态。

注意,平衡态的特点如下:

(1)单一性(处处相等);

(2)物态的稳定性——与时间无关;

(3)自发过程的终点;

(4)热动平衡(有别于力平衡)。

### 7.1.3 温度

温度表征物体的冷热程度。冷热是人们对自然界的一种体验,对物质世界的直接感觉。但是单凭人的感觉,认为热的系统温度高,冷的系统温度低,这不但不能定量地表示出系统的温度,有时甚至会得出错误的结论。因此,要定量地表示出系统的温度,必须给温度一个严格而科学的定义。

温度概念的建立是以热力学第零定律为基础的。假设不受外界影响的 A 和 B 两个系统,各自处在一定的平衡态。如果使 A 和 B 两系统相互接触,让两系统之间发生传热,一般地,两系统的状态都会发生变化。经过一段时间后,两个相互接触的系统之间不再发生热传递,各自的状态也不再随时间发生变化,这时两系统就处在一个新的共同的平衡态。此时,称两系统彼此处于热平衡。现在考虑 A、B、C 3 个系统,若在 C 系统状态不变的情况下,A、B 分别与 C 接触均处于热平衡,则 A、B 两系统直接接触时也一定处于热平衡。即如果两个系统分别与第三个系统的同一平衡态达到热平衡,则这两个系统彼此也处于热平衡。这就是**热力学第零定律**。

热力学第零定律说明,处在相互热平衡状态的系统必定拥有某一个共同的宏观物理性质。当两个系统的这一共同的宏观物理性质相同时,两系统热接触时系统之间不会有热传递,彼此处于热平衡状态;当两系统的这一共同的宏观物理性质不相同时,两系统热接触时就会有热传递,彼此的热平衡态将会发生变化。系统热平衡的这一共同的宏观物理性质被称为系统的**温度**。也就是说,温度是决定一个系统是否与其他系统处于热平衡的宏观性质。A、B 两系统热接触时,如果彼此处于平衡态,则说两系统温度相同;如果发生 A 到 B 的热传导,则说 A 的温度比 B 的温度高。一切互为热平衡的系统都具有相同的温度。

温度的数值表示称为**温标**。常用的温标有摄氏温标和热力学温标,摄氏温标由摄尔西斯建立,用 $t$ 表示,单位为摄氏度(℃);热力学温标是开尔文在热力学第二定律的基础上建立的,用 $T$ 表示,单位为开尔文(K)。两种温标的换算关系为

$$t = T - 273.15 \tag{7.1}$$

即热力学温标的 273.15 K 为摄氏温标的零度(0 ℃)。

### 7.1.4 理想气体的状态方程

1662 年,玻意耳发现,一定质量的气体在温度不变时,它的压强和体积的乘积是一个常

量，即

$$pV = C \tag{7.2}$$

常数 $C$ 在不同的温度下有不同的数值。1676 年，马略特也发现了这一现象。因此，这个关系叫作**玻意耳 - 马略特定律**。大量的实验结果表明，不论何种气体，只要它的压强不太高、温度不太低，都近似地遵从玻意耳 - 马略特定律，气体的压强越低，对此定律符合得越好。严格遵守玻意耳 - 马略特定律的气体称为**理想气体**，它是实际气体在压强趋于零时的极限情况。

当系统处于热平衡态时，描写系统状态的各个状态参量之间存在一定的函数关系。在热平衡状态下，各个状态参量之间的关系式叫作**系统的状态方程**，状态方程的具体形式是由实验来确定的。从气体的 3 个实验定律：玻意耳 - 马略特定律，查理定律，盖 - 吕萨克定律，可得到一定质量的理想气体的状态方程为

$$pV = \frac{m}{M}RT \tag{7.3}$$

式中，$p$、$V$、$T$ 分别为理想气体的压强、体积和温度；$m$ 是气体的质量；$M$ 是该气体的摩尔质量；$R$ 是**普适气体常量**，在 SI 单位制中，$R = 8.31\ \text{J} \cdot \text{mol}^{-1} \cdot \text{K}^{-1}$。对任一平衡状态，式(7.3)都成立。

1 mol 的任何气体中有 $N_A$ 个分子，$N_A$ 叫阿伏伽德罗常数，$N_A = 6.02 \times 10^{23}\ \text{mol}^{-1}$。计算中常常用到另一普适常数，称为玻尔兹曼常量，用 $k$ 表示

$$k = \frac{R}{N_A} = 1.38 \times 10^{-23}\ \text{J} \cdot \text{K}^{-1}$$

因此，理想气体状态方程(7.3)又可写作

$$pV = NkT \text{ 或 } p = nkT \tag{7.4}$$

式中，$N$ 是体积 $V$ 中气体分子总数；$n = \dfrac{N}{V}$是单位体积内气体分子数，叫作气体分子数密度。

### 7.1.5 统计规律的基本概念

由前述内容可知，一切宏观物体都是由大量分子组成的，分子间还有作用力，并且这些分子都在不停地做无规则热运动。由于分子数目巨大，故分子在热运动中发生相互间的碰撞是极其频繁的。对气体来说，在常温常压下，一个分子在 1 s 的时间里大约要经历 $10^9$ 次碰撞。在这样频繁的碰撞下，分子的速度不断变化，导致分子间的能量频繁进行交换，从而使气体内各部分分子的平均速率相同，气体内各部分的温度、压强趋于相等，从而达到平衡状态。所以说，无序性是气体分子热运动的基本特性。从牛顿力学的角度来看，虽然每个气体分子的运动都遵从牛顿运动定律，但由于分子间极其频繁而又无法预测的碰撞所导致的分子运动的无序性，气体分子在某一时刻位于容器中的哪一位置、速度是多大都有一定的偶然性。这是不是说分子的运动状态就无规律性可言了呢？仔细考察一下就会发现，气体处于平衡态时，不管个别分子的运动状态具有何种偶然性，大量分子的整体表现是有规律的。例如，在外界条件不变的情况下，当容器中的气体处于平衡态时，容器中各处的温度、密度、压强都是均匀分布的。这表明：在大量的偶然、无序的分子运动中包含着一种规

律性。这种规律性来自大量偶然事件的集合,故称为统计规律性。

统计规律性是对大量分子整体而言的。下面举一个容易理解的例子来说明统计规律性。设骰子为密度均匀的正六面体,每个面分别标有 1 ~6 点。投掷骰子时,骰子出现哪一点纯属偶然,但骰子出现1 ~6 点中任意一点的概率均为$\frac{1}{6}$。这表明:投掷一次,骰子出现的点数虽是偶然的,但若投掷大量次数,则骰子点数的出现却有其规律性。同理,一个分子的热运动具有偶然性,但大量分子的热运动却会表现出某些规律,这些规律被称为**统计规律**。

## 7.2 理想气体的压强

### 7.2.1 理想气体的微观模型 平衡态气体的统计假设

热力学系统是由大量分子、原子等无规则运动的微观粒子组成的,若要从微观上来讨论理想气体,了解其宏观状态参量(如温度、压强等)与微观粒子的运动之间的关系,应先明确平衡态下理想气体分子的微观模型和性质。

从分子运动和分子相互作用来看,理想气体的微观模型如下:

(1)分子可以看作质点。

在标准状态下,气体分子间的平均距离约为分子有效直径的 50 倍。气体越稀薄,分子间距越比其有效直径大。因此一般情况下,气体分子可视为质点。

(2)除碰撞外,分子间的相互作用力和分子所受重力可以略去不计。

由于气体分子间距很大,除碰撞瞬间有力的作用外,分子间的相互作用力可以忽略,也可不计分子所受的重力,因此,在两次碰撞之间,分子做匀速直线运动,即自由运动。

(3)分子间的碰撞是完全弹性的。

由于分子与器壁的碰撞只改变分子的运动方向,不改变它的速率,气体分子的动能也不因与器壁碰撞而有任何变化,因此分子间及分子与器壁之间的碰撞是完全弹性碰撞。

综上所述,理想气体的一个分子可以视为弹性的自由运动的质点。实际上,气体在压强不太大、温度不太高的情况下均可视为理想气体。

在含有大量分子的理想气体中,由于频繁地碰撞,一个分子的运动状态是极为复杂和难以预测的,而大量分子的整体却呈现出确定的规律性,这是统计平均的效果。平衡态时,理想气体分子的统计假设如下:

(1)在无外场作用时,气体分子在各处出现的概率相同。

平均而言,分子的数密度 $n$ 处处相同,沿各个方向运动的分子数相同。

(2)分子可以有各种不同的速度,速度取向在各方向等概率。

平衡态时,气体的性质与方向无关,分子速度按方向的分布是完全相同的,各个方向上速率的各种平均值相等。如

$$\overline{v_x}=\overline{v_y}=\overline{v_z},\overline{v_x^2}=\overline{v_y^2}=\overline{v_z^2} \tag{7.5}$$

### 7.2.2 理想气体的压强及其统计意义

根据气体分子运动理论，气体对器壁的压强是大量分子对器壁不断碰撞的集体效应，就像密集的雨滴打在伞上对伞产生一种压力那样。雨滴打在雨伞上使雨伞受到冲力，单个雨滴对伞面的冲力是短暂的，但是大量密集的雨滴接连不断地打在伞面上，就会对伞面形成一个持续、均匀的压力，且雨滴的动能越大，产生的压力就越大。同理，气体的压强即气体对容器器壁的压强也是由于气体分子对容器器壁的撞击而产生的。单个气体分子对器壁的冲力是短暂的，但是大量的气体分子接连不断地撞击器壁，就会对器壁形成一个持续的压力，所以气体压强的本质就是：**大量气体分子作用在器壁单位面积上的平均作用力。**

下面推导平衡态下理想气体的压强公式。

假设有一边长分别为 $l_1, l_2, l_3$ 的长方形容器，贮有 $N$ 个质量为 $m$ 的同种气体分子。如图 7.3 所示，在平衡态下器壁各处压强相同，任选器壁的一个面，如选择与 $x$ 轴垂直的 $A_1$ 面，计算其所受压强。在大量分子中，任选一个分子 $i$，设其速度为

$$\boldsymbol{v}_i = v_{ix}\boldsymbol{i} + v_{iy}\boldsymbol{j} + v_{iz}\boldsymbol{k} \tag{7.6}$$

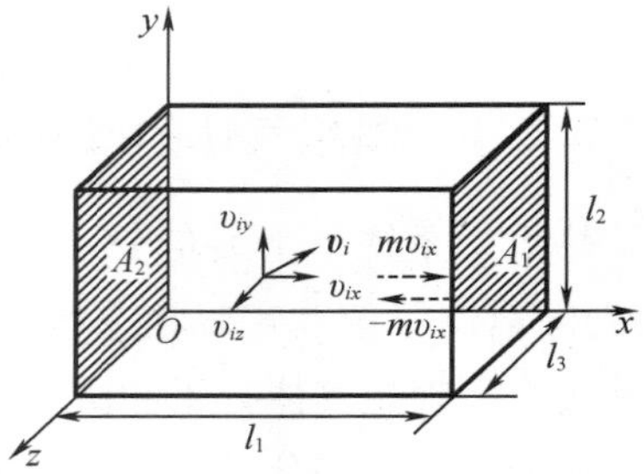


图 7.3 压强公式推导示意图

当分子 $i$ 与器壁 $A_1$ 碰撞时，由于碰撞是完全弹性的，因此碰撞后速度大小不变而方向相反，该分子在 $x$ 方向的动量增量为

$$\Delta p_{ix} = -mv_{ix} - mv_{ix} = -2mv_{ix} \tag{7.7}$$

又由牛顿第三定律知，该分子每次碰撞时对器壁的冲量与该分子在 $x$ 方向的动量增量等值反向，大小为

$$I_{ix} = -\Delta p_{ix} = 2mv_{ix} \tag{7.8}$$

分子 $i$ 在相继两次与器壁 $A_1$ 碰撞的过程中，在 $x$ 轴方向上移动的距离为 $2l_1$，因此分子相继两次与器壁 $A_1$ 碰撞的时间间隔为 $\Delta t = \dfrac{2l_1}{v_{ix}}$，那么，单位时间内分子 $i$ 对器壁 $A_1$ 的碰撞次数为

$$z = \frac{1}{\Delta t} = \frac{v_{ix}}{2l_1} \tag{7.9}$$

所以单位时间内分子 $i$ 对器壁 $A_1$ 的冲量为

$$I_{ix} = 2mv_{ix}\frac{v_{ix}}{2l_1} = \frac{mv_{ix}^2}{l_1} \tag{7.10}$$

根据动量定理，该冲量就是分子 $i$ 对器壁 $A_1$ 的平均冲力 $\overline{F}_{ix}$，即

$$\overline{F}_{ix} = \frac{mv_{ix}^2}{l_1} \tag{7.11}$$

所有分子对器壁 $A_1$ 的平均作用力就是对所有分子的平均冲力求和，即

$$\overline{F}_x = \sum_{i=1}^{N}\overline{F}_{ix} = \sum_{i=1}^{N}\frac{mv_{ix}^2}{l_1} = \frac{m}{l_1}\sum_{i=1}^{N}v_{ix}^2 \tag{7.12}$$

由压强定义有

$$p=\frac{\overline{F}_x}{l_2l_3}=\frac{m}{l_1l_2l_3}\sum_{i=1}^{N}v_{ix}^2=\frac{mN\sum\limits_{i=1}^{N}v_{ix}^2}{l_1l_2l_3N} \tag{7.13}$$

考虑到 $\overline{v_x^2}=\frac{\sum\limits_{i=1}^{N}v_{ix}^2}{N}$，单位体积内的分子数 $n=\frac{N}{l_1l_2l_3}$。得到 $p=mn\overline{v_x^2}$，平衡状态下根据理想气体的性质可知：$\overline{v_x^2}=\frac{1}{3}\overline{v^2}$ 则

$$p=nm\frac{1}{3}\overline{v^2}=\frac{2}{3}n\left(\frac{1}{2}m\overline{v^2}\right) \tag{7.14}$$

式中，$\frac{1}{2}m\overline{v^2}$ 表示分子的平动动能的平均值，简称分子的平均平动动能，用 $\overline{\varepsilon}_k$ 表示，则

$$p=\frac{2}{3}n\overline{\varepsilon}_k \tag{7.15}$$

式(7.15)称为**理想气体的压强公式**，是气体分子运动理论的基本公式之一。它表明：理想气体的压强 $p$，正比于单位体积内的分子数 $n$ 和分子的平均平动动能 $\overline{\varepsilon}_k$。即单位体积内的分子数 $n$ 越多，与器壁碰撞得越频繁，压强 $p$ 越大；分子的平均平动动能 $\overline{\varepsilon}_k$ 越大，分子运动越剧烈，压强 $p$ 越大。

推导压强公式时，用到了分子的质量 $m$、速度 $v_i$、平均平动动能 $\overline{\varepsilon}_k$ 等，这些都是表征微观粒子状态特征的物理量，称为微观量。微观量一般是无法测量的。用统计平均的方法得到宏观量与微观量的关系，目的在于揭示宏观量的微观本质，从而进一步阐明系统的宏观性质。

压强是个统计量、宏观量，可由实验直接测定，但分子的平均平动动能却不能被直接测量，这就意味着压强公式不能用实验直接验证。压强公式的正确性在于由此出发，可以圆满地解释或论证已经验证过的关于理想气体的诸多定律。因此，压强公式在一定范围内正确反映了气体分子运动的实际情况。

## 7.3 温度的微观本质

### 7.3.1 温度的微观解释

由人的感觉来判断物体的冷热程度，是建立在主观感觉的基础上的。为了能客观地反映物体的冷热程度，人们引入了温度的概念。从分子运动理论的角度来看，温度是物体内部大量分子无规则热运动剧烈程度的体现，热运动越剧烈，物体的温度就越高。由理想气体的压强公式和状态方程，很容易导出宏观量温度 $T$ 和微观量间的关系，从而揭示温度的微观本质。

由式(7.4)可知理想气体状态方程可写为

$$p = nkT$$

又由式(7.15)可得宏观量温度 $\boldsymbol{T}$ 与微观量 $\bar{\varepsilon}_k = \frac{1}{2}m\overline{v^2}$ 的关系如下：

$$\bar{\varepsilon}_k = \frac{3}{2}kT \tag{7.16}$$

式(7.16)揭示了温度的微观本质，即**温度是气体分子平均平动动能的量度**。某一物体温度的升高或降低，标志着该物体内部分子热运动的平均平动动能的增加或减少。

如果各种气体有相同的温度，则它们的分子平均平动动能均相等；如果一种气体的温度高些，则这一种气体分子的平均平动动能要大些。按照这个观点，热力学温标的零度将是理想气体分子热运动停止时的温度，然而实际上分子运动是永远不会停息的，热力学温标的零度也是永远不可能达到的。事实上，任何(实际)气体，在温度达到热力学温标的零度以前，就已经变成了液体或者固体，此公式已不再适用。热力学温标的零度永远不可能达到，这称为**热力学第三定律**。近代量子理论证实，即使在热力学温标的零度时，组成固体点阵的粒子也还保持着某种振动的能量，被称为零点能量。这说明了物质运动的绝对性。

**例 7.1** 一容器内储有氧气，其压强 $p = 1.013\times10^5$ Pa，温度 $T = 27$ ℃。求：

(1)单位体积内的分子数；

(2)氧气分子的质量；

(3)气体分子的平均平动动能。

**解** 由于容器内压强不太大，温度也不太低，因此氧气可视为理想气体。

(1)由 $p = nkT$，可得单位体积内分子数为

$$n = \frac{p}{kT} = \frac{1.013\times10^5}{1.38\times10^{-23}\times(273+27)}\ \text{m}^{-3} = 2.45\times10^{25}\ \text{m}^{-3}$$

(2)氧气分子的质量为

$$m = \frac{M}{N_A} = \frac{32\times10^{-3}}{6.023\times10^{23}}\ \text{kg} = 5.31\times10^{-26}\ \text{kg}$$

(3)气体分子的平均平动动能为

$$\bar{\varepsilon}_k = \frac{3}{2}kT = \frac{3}{2}\times1.38\times10^{-23}\times(273+27)\ \text{J} = 6.21\times10^{-21}\ \text{J}$$

### 7.3.2 方均根速率

根据气体分子平均平动动能与温度的关系式，可求出给定气体在一定温度下，分子运动速率平方的平均值。如果把这个平方的平均值开方，就可得到气体分子的**方均根速率**。由 $\frac{1}{2}m\overline{v^2} = \frac{3}{2}kT$，可得方均根速率为

$$\sqrt{\overline{v^2}} = \sqrt{\frac{3kT}{m}} = \sqrt{\frac{3RT}{M}} \tag{7.17}$$

方均根速率与将要学习的最概然速率、平均速率共同称为同一种气体分子的 3 种特征速率，物理意义各不相同。

# 7.4 能量均分定理 理想气体的内能

前几节中，分子均被视为质点而不考虑其内部结构，因此只考虑了分子的平动。但实际上，分子有比较复杂的结构。分子除平动外，还有转动和分子内原子间的振动。本节讨论在平衡态下分子各种运动形式能量的统计规律。

## 7.4.1 分子的自由度

物体运动的自由程度称为该物体的**自由度**，它等于**确定该物体的空间位置所必须引入的独立坐标的数目**。一般来说，物体所受的约束越少，运动的自由度就越大。气体分子自由度的大小与气体的内能关系紧密。

所谓独立坐标的数目就是描述物体位置所需的最少坐标数。例如，物体沿一维直线运动，最少只需 1 个坐标数，则自由度为 1；轮船在海平面上行驶，要描述轮船的位置需要 2 个坐标，则自由度为 2；飞机在天空中飞翔，要描述飞机的空间位置至少需要 3 个坐标，则自由度为 3。

对刚体来说，除平动外还可能有转动，不过刚体的一般运动总可以看成是其质心的平动和刚体绕通过质心轴线的转动的叠加。因此，除了需要 3 个独立坐标确定其质心位置外，还需要确定通过质心轴线的方位和刚体绕该轴转过的角度。确定轴线方位需用 $\alpha$、$\beta$、$\gamma$ 3 个方位角，因有 $\cos^2\alpha+\cos^2\beta+\cos^2\gamma=1$，故只有两个是独立的。

一般来说，气体分子按结构可分为单原子分子（如 He、Ne 等）、双原子分子（如 $H_2$、$O_2$ 等）和多原子分子（3 个或 3 个以上原子组成的分子，如 $H_2O$、$NH_3$ 等），气体分子模型如图 7.4 所示。

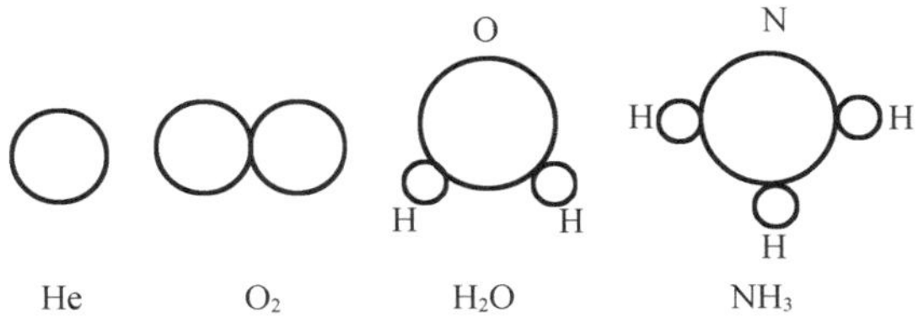


**图 7.4 气体分子模型**

当分子内原子间距离保持不变（不振动）时，这种分子称为刚性分子，否则称为非刚性分子，下面主要讨论刚性分子的自由度。

单原子分子可被视为质点，因此，在空间中一个自由的单原子分子，只有 3 个平动自由度，如图 7.5(a) 所示。如果这类分子被限制在平面或曲面上运动，则自由度降为 2；如果限制在直线或曲线上运动，则自由度降为 1。

刚性双原子分子可用两个质点通过一个刚性键联结的模型（哑铃形）来表示，如图 7.5(b) 所示。其质心在空间的位置要由 3 个坐标 $(x,y,z)$ 来确定，故有 3 个平动自由度，另外还需要两个方位角 $\beta$、$\gamma$ 来确定其联结两原子的轴的方位。由于两个原子均被视为质点，故绕轴的转动不存在。因此刚性双原子分子有 3 个平动自由度和 2 个转动自由度，共有 5 个自由度。

多原子分子除了具有双原子的 3 个质心平动自由度和 2 个转动自由度外，还有 1 个绕轴自转的自由度，如图 7.5(c) 所示。因此，刚性多原子分子有 3 个平动自由度和 3 个转动自由度，共有 6 个自由度。设用 $i$ 表示刚性分子自由度，$t$ 表示平动自由度，$r$ 表示转动自由度，则 $i=t+r$。

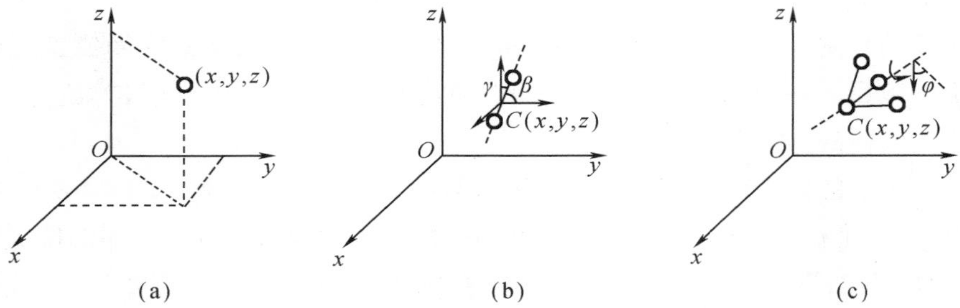


**图 7.5　刚性分子的自由度**

常温下理想气体分子的自由度通常被确定为

单原子分子　　$i=3$

刚性双原子分子　　$i=5$

刚性多原子分子　　$i=6$

实际上，原子还要发生振动，特别是气体处于高温状态时，这种振动更是不容忽略。这时就不能把双原子分子或多原子分子视为刚性分子，而应将其视为非刚性分子，此时还需增加振动自由度。一般来说，由 $n\geqslant 3$ 个原子组成的非刚性分子，最多有 $i=3n$ 个自由度，其中 3 个平动自由度，3 个转动自由度，还有 $(3n-6)$ 个振动自由度。

### 7.4.2　能量均分定理

由 7.3 节式(7.16)可知，温度为 $T$ 的理想气体处于热平衡时，气体分子的平均平动动能与温度的关系为

$$\bar{\varepsilon}_{\mathrm{k}}=\frac{3}{2}kT$$

此外，考虑到气体处于平衡态时，分子在任何一个方向上的运动都不能比其他方向占有优势，分子在各个方向上运动的概率是相等的，即 $\overline{v_x^2}=\overline{v_y^2}=\overline{v_z^2}=\frac{1}{3}\overline{v^2}$。于是，由 $\varepsilon_{\mathrm{k}}=\frac{3}{2}kT$ 可得

$$\frac{1}{2}m\overline{v_x^2}=\frac{1}{2}m\overline{v_y^2}=\frac{1}{2}m\overline{v_z^2}=\frac{1}{2}kT \tag{7.18}$$

式(7.18)表明，分子平均平动动能有 3 个独立的速度二次方项，而且与每一个独立的速度

二次方项相对应的平均平动动能是相等的，都等于$\frac{1}{2}kT$。即在平衡态下，分子在每一个平动自由度具有相同的平均平动动能，且大小均等于$\frac{1}{2}kT$。这个结论同样适用于转动自由度和振动自由度。

1871 年，玻尔兹曼提出了等概率假设：当系统处于平衡态时，其各个可能的微观状态出现的概率相等。由等概率假设通过推导可知：分子在任一自由度（包括平动、转动和振动）上运动的平均动能都相等。**即在温度为 $T$ 的平衡态下，物质分子的每一个自由度都具有相同的平均动能，大小均为**$\frac{1}{2}kT$。这就是**能量按自由度均分定理**，简称**能量均分定理**。

按照这个定理，如果分子具有的自由度是 $i$，则分子的平均动能为

$$\bar{\varepsilon}_{\mathrm{k}} = \frac{i}{2}kT \tag{7.19}$$

如果将分子看作刚性分子（以后若无特别说明，均将分子视为刚性分子），则根据之前关于分子自由度的分析可知：温度为 $T$ 时，刚性理想气体分子的平均动能为

单原子理想气体　$\bar{\varepsilon}_{\mathrm{k}} = \frac{3}{2}kT$

双原子理想气体　$\bar{\varepsilon}_{\mathrm{k}} = \frac{5}{2}kT$

多原子理想气体　$\bar{\varepsilon}_{\mathrm{k}} = \frac{6}{2}kT = 3kT$

能量按自由度均分定理描述的是对大量分子统计平均的结果。对个别分子而言，它的动能随时间变化，并不都等于$\frac{i}{2}kT$，并且它在各自由度上的动能也并非均分。但对大量分子整体而言，由于分子的无规则热运动及频繁地碰撞，能量可以从一个分子转移到另一个分子，从一种自由度的能量转化成另一种自由度的能量。这样在平衡态时，就形成了能量按自由度均匀分配的统计规律。

能量均分定理是经典理论的一个重要结论。在经典统计物理理论中，能量均分定理可以得到严格的证明。它不仅适用于气体，对于液体和固体也同样适用。

### 7.4.3　理想气体的内能

组成物体的分子或原子除具有热运动的动能外，还具有分子势能。分子势能由分子间势能和分子内原子间势能两部分组成。通常把物体中所有分子的热运动动能与分子势能的总和，称为物体的内能。由于对于理想气体而言，分子间作用可忽略不计，因此，在计算理想气体的内能时，仅需考虑分子热运动的动能，即理想气体的内能等于其中所有分子热运动的动能之和。

对于 1 mol 理想气体而言，其中每一个分子的平均动能为$\frac{i}{2}kT$，可知这 1 mol 理想气体整体的内能为

$$E = N_A \frac{i}{2}kT = \frac{i}{2}RT \tag{7.20}$$

对式(7.20)进行推广，可得任意质量的理想气体内能为

$$E = \frac{m}{M}\frac{i}{2}RT \tag{7.21}$$

式中，$m$ 为理想气体的质量；$M$ 为该理想气体的摩尔质量。

式(7.21)表明：理想气体的内能不仅与温度有关，还与分子的自由度有关。对于给定的理想气体，其内能仅与温度有关，是温度的单值函数。只要温度变化相同，内能变化就一定相同，而与变化的具体过程无关。这是理想气体的一个重要性质。

当温度变化时，理想气体的内能变化可以写为

$$\mathrm{d}E = \frac{m}{M}\frac{i}{2}R\mathrm{d}T \tag{7.22}$$

或者

$$\Delta E = \frac{m}{M}\frac{i}{2}R\Delta T \tag{7.23}$$

**例 7.2** 某刚性双原子理想气体处于 0 ℃。试求：

(1)分子平均平动动能；

(2)分子平均转动动能；

(3)分子平均动能；

(4)分子平均能量；

(5)$\frac{1}{2}$ mol 的该气体内能。

**解** 刚性双原子理想气体自由度 $i=5$，其中平动自由度为 3，转动自由度为 2，因此

(1)分子平均平动动能 $\bar{\varepsilon}_k = \frac{3}{2}kT = \frac{3}{2}\times 1.38\times 10^{-23}\times 273\ \mathrm{J} = 5.65\times 10^{-21}\ \mathrm{J}$；

(2)分子平均转动动能 $\bar{\varepsilon}_r = \frac{2}{2}kT = \frac{2}{2}\times 1.38\times 10^{-23}\times 273\ \mathrm{J} = 3.76\times 10^{-21}\ \mathrm{J}$；

(3)分子平均动能 $\bar{\varepsilon}_{平均动能} = \frac{5}{2}kT = \frac{5}{2}\times 1.38\times 10^{-23}\times 273\ \mathrm{J} = 9.41\times 10^{-21}\ \mathrm{J}$；

(4)分子平均能量 $\bar{\varepsilon}_{平均能量} = \bar{\varepsilon}_{平均动能} = 9.41\times 10^{-21}\ \mathrm{J}$；

(5)$\frac{1}{2}$ mol 的该气体内能 $E = \frac{m}{M}\frac{i}{2}RT = \frac{1}{2}\times\frac{5}{2}\times 8.31\times 273\ \mathrm{J} = 2.84\times 10^{3}\ \mathrm{J}$。

**例 7.3** 有 $2\times 10^{-3}\ \mathrm{m}^3$ 刚性双原子分子理想气体，其内能为 $6.75\times 10^{2}$ J。求：

(1)气体的压强；

(2)设分子总数为 $5.4\times 10^{22}$ 个，求分子的平均平动动能和气体的温度。

**解** 刚性双原子理想气体的自由度 $i=5$，其中平动自由度为 3。

(1)由压强公式 $p = nkT = \frac{N}{V}kT$，又有 $E = N\bar{\varepsilon} = N\frac{i}{2}kT$，所以 $p = \frac{2E}{iV} = 1.35\times 10^{5}\ \mathrm{Pa}$；

(2)因为 $\frac{\bar{\varepsilon}_k}{E} = \frac{\frac{3}{2}kT}{N\frac{5}{2}kT} = \frac{3}{5N}$，所以 $\bar{\varepsilon}_k = \frac{3E}{5N} = 7.5\times 10^{-21}\ \mathrm{J}$；

又因为$E=N\frac{5}{2}kT$,所以$T=\frac{2E}{5Nk}=362\ \text{K}$。

# 7.5 麦克斯韦分子速率分布律 3种统计速率

由7.4节可知,给定气体处于温度一定的平衡态时,其中的分子具有明确的平均动能。然而,就任一分子而言,其速度却不断发生着变化,任一时刻的速度具有极大的偶然性。尽管如此,对于大量分子整体而言,分子的速度仍拥有明确的统计规律。1859年,麦克斯韦依据统计理论,导出平衡态时理想气体分子按速度的分布规律——麦克斯韦速度分布律。在不考虑速度方向的情况下,麦克斯韦速度分布律可以过渡为麦克斯韦速率分布律,相应的速率分布函数称为麦克斯韦速率分布函数,下面就来介绍麦克斯韦速率分布律。

## 7.5.1 麦克斯韦分子速率分布律

麦克斯韦根据气体在平衡态下分子热运动具有各向同性的特点,运用概率的方法,导出了在平衡态下气体分子按速率的分布规律。研究气体分子按速率的分布情况,与研究一般的分布问题相似,需要把速率分成若干相等的区间。为了便于比较,特把各速率区间取作相等,从而突出分布的意义,所取区间越小,对分布情况的描述也越精确。

设在平衡态时,一定量气体的分子总数为$N$,速率在$v\sim v+\mathrm{d}v$区间内的分子数为$\mathrm{d}N$,则$\frac{\mathrm{d}N}{N}$表示$N$个气体分子中,速率在$v\sim v+\mathrm{d}v$区间内分子的数量$\mathrm{d}N$在总分子数$N$中的比率(百分比)。这个比率也表示$N$个分子中任一分子的速率处于$v\sim v+\mathrm{d}v$区间内的概率。显然,这个比值与速率区间的宽度$\mathrm{d}v$成正比,即$\frac{\mathrm{d}N}{N}\propto \mathrm{d}v$,同时与速率有关。可以对速率$v$附近$\Delta v$区间内的分子数在总分子数中所占的比率取极限,则

$$f(v)=\lim_{\Delta v\to 0}\frac{\Delta N}{N\Delta v}=\frac{\mathrm{d}N}{N\mathrm{d}v}$$

即

$$f(v)=\frac{\mathrm{d}N}{N\mathrm{d}v} \tag{7.24}$$

式(7.24)称为分子的速率分布函数。它表示**气体处于平衡态时,速率$v$附近单位速率区间内的分子数在总分子数中所占的比率(百分比)**。从概率的角度,也可以将$f(v)$的物理意义表述为:**气体中任一分子的速率出现在$v$附近单位速率区间内的概率**。因此,$f(v)$也称为**概率密度**。

1860年,麦克斯韦从理论上导出了理想气体处于平衡态且无外力场作用时,气体分子按速率的分布函数$f(v)$。具体形式如下:

$$f(v)=4\pi\left(\frac{m}{2\pi kT}\right)^{\frac{3}{2}}\mathrm{e}^{-\frac{mv^2}{2kT}}v^2 \tag{7.25}$$

气体中分子速率在$v\sim v+\mathrm{d}v$区间内的概率为

$$\frac{\mathrm{d}N}{N}=4\pi\left(\frac{m}{2\pi kT}\right)^{\frac{3}{2}}\mathrm{e}^{-\frac{mv^2}{2kT}}v^2\mathrm{d}v \tag{7.26}$$

式(7.26)为**麦克斯韦速率分布律**(函数)。麦克斯韦速率分布函数曲线如图7.6所示。

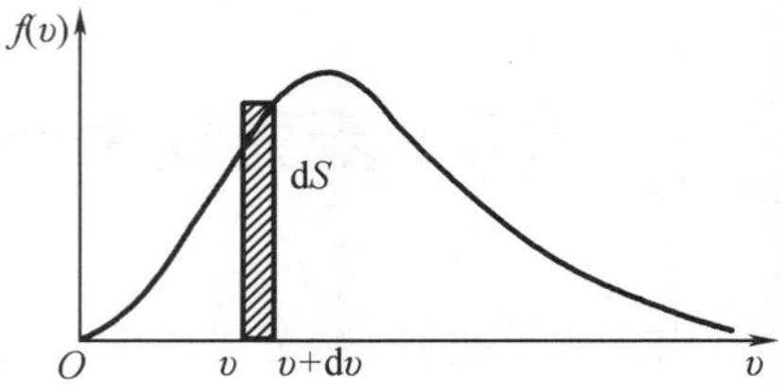


**图7.6　麦克斯韦速率分布函数曲线**

下面对麦克斯韦速率分布函数曲线做简要讨论。

(1)曲线从原点出发,随着速率的增大而上升,经过一个极大值后,又随着速率的增大而下降,并渐近于横坐标轴。这说明分子的速率可以取大于零的一切可能有限值。

(2)在横坐标轴上任一速度 $v$ 附近取速率间隔 $v\sim v+\mathrm{d}v$(图7.6)。与该速率间隔对应的曲线下面的窄条矩形的面积为 $f(v)\mathrm{d}v=\frac{\mathrm{d}N}{N}$,显然,这个窄条矩形的面积表示速率分布在该速率间隔内的分子数与总分子数的比率。

(3)从曲线上可以看出,存在一个与速率分布函数 $f(v)$ 的极大值相对应的速率 $v_p$,且分布在 $v_p$ 附近单位速率间隔中的分子数与总分子数的比率最大。

(4)曲线下的总面积,等于整个速率区间内分布于各速率间隔中的分子数与总分子数的比率之和。显然,这个和等于1,写成积分形式,有

$$\int_0^\infty f(v)\mathrm{d}v = 1 \tag{7.27}$$

式(7.27)称为**速率分布函数的归一化条件**,它由速率分布函数本身的物理意义决定。

在麦克斯韦导出速率分布律后,由于当时难以获得足够高的真空,麦克斯韦速率分布律在很长一段时间内没有获得实验验证。直至1920年,才由德国物理学家施特恩通过实验证实。1933年,我国物理学家葛正权用更精确的实验验证了这条定律。

**例7.4**　说明下列几式的物理意义。

(1)$f(v)\mathrm{d}v$;(2)$Nf(v)\mathrm{d}v$;(3)$\int_{v_1}^{v_2}f(v)\mathrm{d}v$;(4)$\int_{v_1}^{v_2}Nf(v)\mathrm{d}v$。

**解**　由速率分布函数 $f(v)=\frac{\mathrm{d}N}{N\mathrm{d}v}$ 可以得出下列各式的物理意义。

(1)$f(v)\mathrm{d}v=\frac{\mathrm{d}N}{N}$ 表示速率 $v$ 附近 $\mathrm{d}v$ 区间的分子数占总分子数的百分比。

(2)$Nf(v)\mathrm{d}v=\mathrm{d}N$ 表示速率 $v$ 附近 $\mathrm{d}v$ 区间的分子数。

(3)$\int_{v_1}^{v_2}f(v)\mathrm{d}v=\frac{\Delta N}{N}$ 表示速率处于 $v_1\sim v_2$ 区间内的分子数占总分子数的百分比。

(4)$\int_{v_1}^{v_2}Nf(v)\mathrm{d}v=\Delta N$ 表示速率处于 $v_1\sim v_2$ 区间内的分子数。

**例 7.5**　设有 $N$ 个粒子,其速率分布函数为 $f(v)=\begin{cases}\dfrac{av}{v_0}(0\leqslant v\leqslant v_0)\\ a(v_0\leqslant v\leqslant 2v_0)\\ 0(v>2v_0)\end{cases}$

(1)作速率分布曲线并求 $a$ 值;

(2)求速率大于 $v_0$ 和小于 $v_0$ 的粒子数。

**解**　(1)由于分布函数必须满足归一化条件:

$$\int_0^{\infty} f(v)\,\mathrm{d}v = 1$$

$$\int_0^{2v_0} f(v)\,\mathrm{d}v = \int_0^{v_0} \frac{av}{v_0}\mathrm{d}v + \int_{v_0}^{2v_0} a\,\mathrm{d}v = 1$$

因此$\dfrac{1}{2}v_0 a + v_0 a = 1$,解得:$a=\dfrac{2}{3v_0}$。

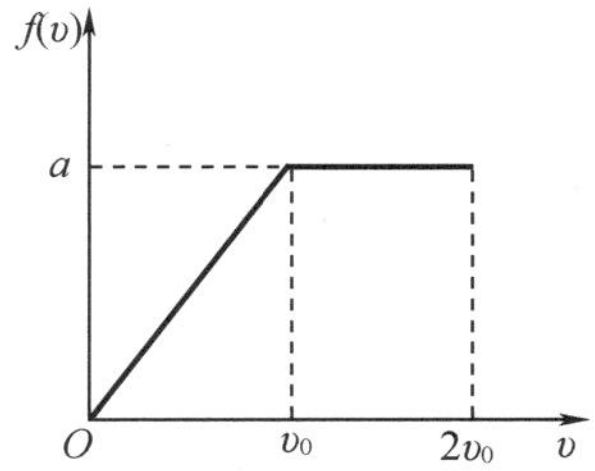

**图 7.7　例 7.5 图**

作如图 7.7 所示的速率分布曲线。

(2)速率大于 $v_0$ 的粒子数为

$$N' = \int \mathrm{d}N = \int_{v_0}^{2v_0} Nf(v)\,\mathrm{d}v = \int_{v_0}^{2v_0} Na\,\mathrm{d}v = N\frac{2}{3v_0}\int_{v_0}^{2v_0}\mathrm{d}v = \frac{2N}{3}$$

速率小于 $v_0$ 的粒子数

$$N' = \int \mathrm{d}N = \int_0^{v_0} Nf(v)\,\mathrm{d}v = N\int_0^{v_0}\frac{av}{v_0}\int v = N\frac{a}{v_0}\frac{v_0^2}{2} = N\frac{2}{3v_0}\frac{v_0}{2} = \frac{N}{3}$$

## 7.5.2　3 种统计速率

麦克斯韦速率分布函数可以导出气体分子的 3 种统计速率。

1. 最概然速率 $v_\mathrm{p}$

气体分子速率分布曲线有个极大值,与这个极大值对应的速率叫作气体分子的**最概然速率**,常用 $v_\mathrm{p}$ 表示,如图 7.8 所示。最概然速率的物理意义是:在所有间隔相同的速率区间中,含有 $v_\mathrm{p}$ 的速率区间内的分子数在总分子数中的比率最大。这一意义按概率可以表述为:在所有间隔相同的速率区间中,任一分子的速率处于含有 $v_\mathrm{p}$ 的速率区间内的概率最大。

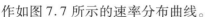

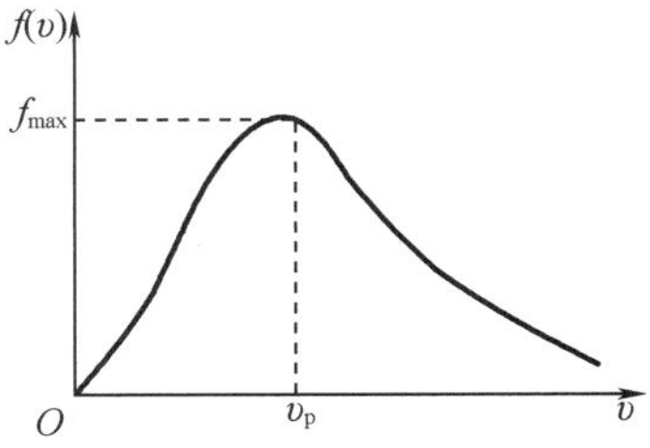

**图 7.8　最概然速率**

由极值条件可以求出平衡态下气体分子的最概然速率。由$\dfrac{\mathrm{d}f(v)}{\mathrm{d}v}=0$,可得

$$v_\mathrm{p}=\sqrt{\frac{2kT}{m}}=\sqrt{\frac{2RT}{M}}\approx 1.414\sqrt{\frac{RT}{M}} \tag{7.28}$$

2. 平均速率 $\bar{v}$

根据求平均值的定义有 $\bar{v}=\dfrac{\sum v_i \Delta N_i}{N}$,对于连续分布,式(7.28)可过渡为

$$\bar{v}=\frac{\int_0^\infty v\mathrm{d}N}{N}=\int_0^\infty v\frac{\mathrm{d}N}{N}=\int_0^\infty vf(v)\mathrm{d}v \tag{7.29}$$

将麦克斯韦速率分布函数$f(v)$代入式(7.29)，得理想气体从0到∞整个区间的平均速率为

$$\bar{v}=\sqrt{\frac{8kT}{\pi m}}=\sqrt{\frac{8RT}{\pi M}}\approx 1.60\sqrt{\frac{RT}{M}} \tag{7.30}$$

3. 方均根速率$\sqrt{\overline{v^2}}$

根据求平均值的定义有$\overline{v^2}=\frac{\sum v_i^2\Delta N_i}{N}$，对于连续分布，式(7.30)可写为

$$\overline{v^2}=\frac{\int_0^\infty v^2\mathrm{d}N}{N}=\int_0^\infty v^2\frac{\mathrm{d}N}{N}=\int_0^\infty v^2 f(v)\mathrm{d}v \tag{7.31}$$

将麦克斯韦速率分布函数$f(v)$代入式(7.31)，可得理想气体分子的方均根速率为

$$\sqrt{\overline{v^2}}=\sqrt{\frac{3kT}{m}}=\sqrt{\frac{3RT}{M}}\approx 1.732\sqrt{\frac{RT}{M}} \tag{7.32}$$

由以上结果可以看出，这3种统计速率都与$\sqrt{T}$成正比，与$\sqrt{m}$或$\sqrt{M}$成反比。对于给定的气体，当温度一定时，它们的值是确定的，并且有$v_p<\bar{v}<\sqrt{\overline{v^2}}$。

在室温下，这3种统计速率的数量级一般为$10^2\ \mathrm{m\cdot s^{-1}}$，它们在不同的问题中有各自的应用。最概然速率$v_p$表征了气体分子按速率分布的特征；平均速率$\bar{v}$运用于分析气体分子的碰撞；方均根速率$\sqrt{\overline{v^2}}$用于计算分子的平均平动动能。

上述3种速率都具有统计平均的意义，都反映了大量分子做热运动的统计规律。对于给定的气体而言，它们只依赖于气体的温度。当温度升高时，气体分子的速率普遍增大，速率分布曲线中的最概然速率$v_p$向量值增大的方向迁移。图7.9给出了$N_2$分子在不同温度下的速率分布曲线。可见，温度升高时，分布曲线的峰值向量值增大的方向移动，曲线的宽度增大，高度降低，整个曲线变得较为平坦。对于不同种类的气体而言，在温度相同的情况下，分子质量较大的气体的最概然速率较小。随着分子质量的增大，速率分布曲线的峰值向量值减小的方向迁移，分布曲线宽度变窄，高度增加，整个曲线变陡，如图7.10所示。

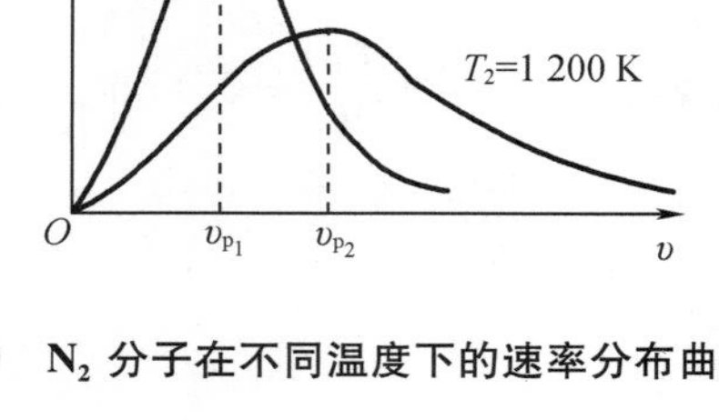


**图7.9　$N_2$分子在不同温度下的速率分布曲线**

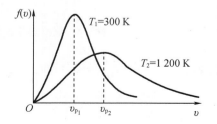

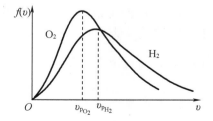

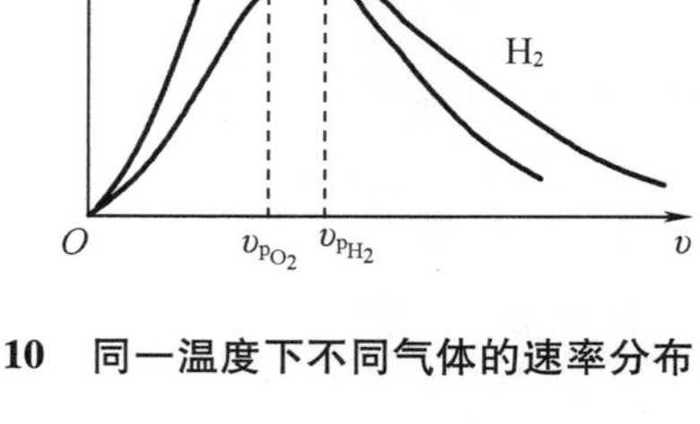


**图7.10　同一温度下不同气体的速率分布曲线**

**例 7.6** 如图 7.11 所示：

(1)若两条曲线对应同一理想气体，则哪条曲线对应的温度高？

(2)在(1)中，哪条曲线对应的气体内能大？

(3)若两条曲线分别反映了不同气体在相同温度下的速率分布情况，则哪条曲线对应的气体分子质量较大？

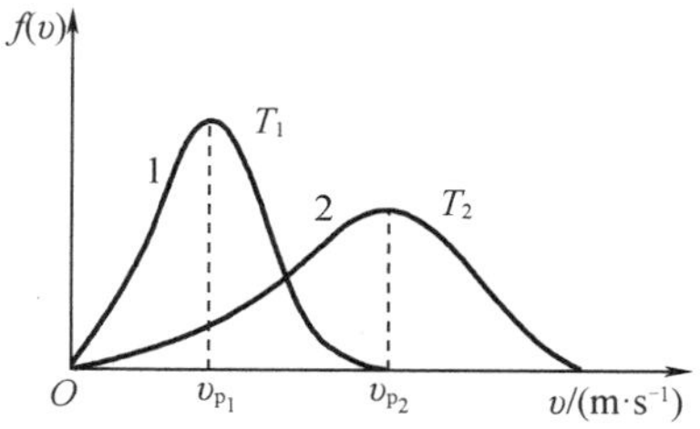


**图 7.11 例 7.6 图**

**解** (1)因为 $v_p=\sqrt{\dfrac{2kT}{m}}$，而 $\begin{cases}v_{p_1}<v_{p_2}\\ m=c\end{cases}$，

所以 $T_1<T_2$

(2)因为 $E=\dfrac{m}{M}\dfrac{i}{2}RT$，所以 $E_2>E_1$。

(3)因为 $v_p=\sqrt{\dfrac{2kT}{m}}$，而 $\begin{cases}v_{p_2}>v_{p_1}\\ T\text{一定}\end{cases}$，

所以 $m_1>m_2$。

**例 7.7** 在体积 $V=10^{-3}\ \mathrm{m^3}$ 的容器中储有理想气体，分子总数 $N=10^{23}$，每个分子的质量 $m=5\times10^{-26}$ kg，分子的方均根速率为 $\sqrt{\bar{v^2}}=400\ \mathrm{m\cdot s^{-1}}$。试求该理想气体的压强、温度、以及分子的总平均平动动能。

**解** 根据理想气体的压强公式有

$$p=\frac{2}{3}n\bar{\varepsilon}_k=\frac{2}{3}\frac{N}{V}\left(\frac{1}{2}m\bar{v^2}\right)$$

代入已知数据，可得

$$p=\frac{2\times10^{23}\times5\times10^{-26}\times400^2}{3\times10^{-3}\times2}\ \mathrm{Pa}=2.67\times10^5\ \mathrm{Pa}$$

根据温度的微观公式，有

$$\frac{3}{2}kT=\frac{1}{2}m\bar{v^2}$$

故

$$T=\frac{m\bar{v^2}}{3k}=\frac{5\times10^{-26}\times400^2}{3\times1.38\times10^{-23}}\ \mathrm{K}=193\ \mathrm{K}$$

分子的总平均平动动能

$$E_k=N\frac{1}{2}m\bar{v^2}=\frac{10^{23}\times5\times10^{-26}\times400^2}{2}\ \mathrm{J}=400\ \mathrm{J}$$

# 7.6 分子平均碰撞频率和平均自由程

气体中的分子在永不停息地做无规则热运动。在热运动的过程中，分子之间难免发生碰撞，并且这种碰撞会极其频繁。就气体中的任一分子而言，其单位时间内与其他分子发生碰撞的次数，以及连续两次碰撞之间运动的路程，都是偶然且不可预测的。但对于大量分子整体而言，分子间的碰撞却遵循着明确的统计规律。

分子连续两次碰撞之间所走的路程叫作**分子的自由程**。一个分子在单位时间内与其他分子碰撞的次数叫作**分子的碰撞频率**。从图 7.12 可以看出，分子碰撞的自由程时刻随时间变化，单位时间内的碰撞频率也各不相同。为了便于研究，可以采用统计平均的方法计算分子的平均自由程和平均碰撞频率。

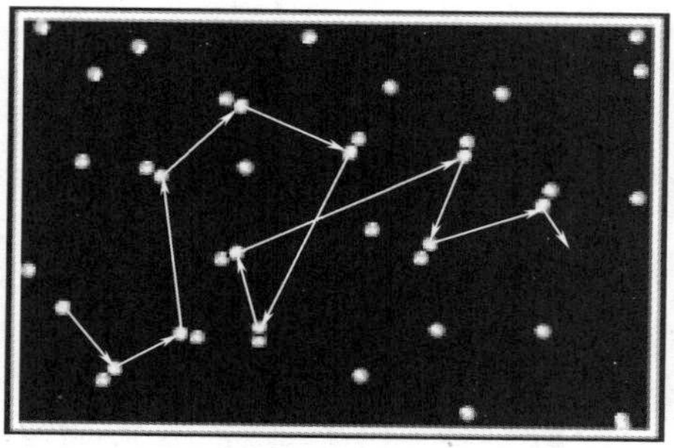

**图 7.12　分子碰撞示意图**

## 7.6.1 分子平均碰撞频率

为了简化问题，假定气体中分子的有效直径均为 $d$，且分子之间的碰撞均为完全弹性碰撞。将分子间的碰撞考虑成只有一个分子 A 在运动，其余分子均处于静止的情形，则分子间碰撞的情况如图 7.13 所示。在分子 A 运动的过程中，分子 A 的球心轨迹是一条折线。若以分子 A 的球心轨迹为轴线，以分子的有效直径 $d$ 为半径作一个圆柱体。由分析可知，球心位于圆柱体内的分子均与 A 发生碰撞，而球心位于圆柱体外的分子则不会与 A 发生碰撞。圆柱体的横截面积 $\sigma=\pi d^2$，称为**碰撞截面**。1 s 内，分子平均通过的路程为 $\bar{v}$，所对应的圆柱体的体积为 $\pi d^2\bar{v}$。若气体中分子的数密度是 $n$，平均而言，圆柱体内的分子数为 $\pi d^2\bar{v}n$（图 7.13），分子 A 单位时间内与其他分子碰撞的平均次数为

$$\bar{Z}=\pi d^2\bar{v}n \tag{7.33}$$

$\bar{Z}$ 称为**分子的平均碰撞频率**（或分子每秒的平均碰撞次数）。

以上结果是在假设只有一个分子运动而其他分子均静止的前提下得出的。但实际上，气体中的一切分子都在运动。因此，对式(7.33)必须加以修正。麦克斯韦从理论上得出了修正后的分子平均碰撞频率，为

$$\overline{Z}=\sqrt{2}\,\pi d^2\overline{v}n \tag{7.34}$$

运用式(7.34)简单估算标准状态下氢气分子的平均碰撞频率，$\overline{v}\approx1.70\times10^3\ \mathrm{m\cdot s^{-1}}$，$d\approx2\times10^{-10}\ \mathrm{m}$，$n\approx2.2\times10^{25}\ \mathrm{m^{-3}}$，计算得出 $\overline{Z}\approx7.95\times10^9\ \mathrm{s^{-1}}$，每秒约 80 亿次，可见分子间的碰撞是多么频繁！

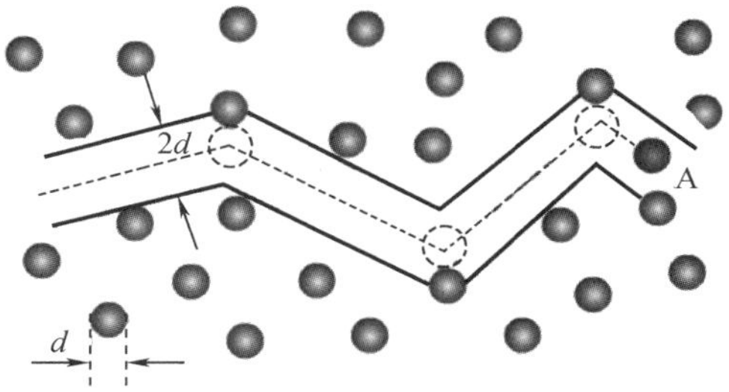


图 7.13　分子每秒的平均碰撞次数

## 7.6.2　平均自由程

分子相邻两次碰撞之间通过的平均路程称为**分子的平均自由程**。它可由 1 s 内分子平均走过的路程 $\overline{v}$ 和分子的平均碰撞频率 $\overline{Z}$ 通过计算得到。具体形式如下：

$$\overline{\lambda}=\frac{\overline{v}}{\overline{Z}}=\frac{1}{\sqrt{2}\,\pi d^2 n} \tag{7.35}$$

由式(7.35)可知，分子的平均自由程 $\overline{\lambda}$ 与分子数密度 $n$ 以及分子有效直径 $d$ 的平方成反比。又由于 $p=nkT$，于是式(7.35)可以改写为

$$\overline{\lambda}=\frac{kT}{\sqrt{2}\,\pi d^2 p} \tag{7.36}$$

式(7.36)表明：当温度一定时，气体的平均自由程与压强成反比，气体越稀薄，压强越小，平均自由程越长。

需要指出的是，在推导过程中，气体分子被看作直径为 $d$ 的弹性小球，且分子间的碰撞被视为完全弹性碰撞。但事实上，分子间的碰撞并非是完全弹性碰撞，而是在分子力作用下的散射过程。散射过程中，分子质心最小间距的平均值称为**分子的有效直径**，通常用 $d$ 表示。有效直径 $d$ 会随温度的升高而略有减小。这是因为随着温度的升高，分子的热运动加快，分子间更易于相互穿插。这也使得在分子数密度 $n$ 一定的情况下，平均自由程 $\overline{\lambda}$ 会随温度的升高而略有增加。

在常温和常压下，各种气体的平均自由程的数量级为 $10^{-8}\sim10^{-9}\ \mathrm{m}$，而平均碰撞频率的数量级为 $10^9\ \mathrm{s^{-1}}$。如氧分子，$\overline{v}\cong450\ \mathrm{m\cdot s^{-1}}$，$\overline{\lambda}$ 的数量级为 $10^{-7}\ \mathrm{m}$，$\overline{Z}$ 的数量级为 $10^{10}\ \mathrm{s^{-1}}$。正是因为碰撞频繁，所以分子的平均自由程才非常短。表 7.1 列出了标准状态下几种气体分子的平均自由程。

表 7.1　标准状态下几种气体的平均自由程

| 气体 | 氢 | 氮 | 氧 | 空气 |
|---|---|---|---|---|
| $\overline{\lambda}$/m | $1.123\times10^{-7}$ | $0.599\times10^{-7}$ | $0.647\times10^{-7}$ | $0.700\times10^{-7}$ |

**例 7.8**　计算标准状态下氢分子的 $\overline{\lambda}$ 和 $\overline{Z}$。取分子的有效直径为 $2.0\times10^{-10}$ m。

**解**　在标准状态下，$p=1.013\times10^5$ Pa，$T=273$ K。代入平均自由程公式得

$$\overline{\lambda}=\frac{kT}{\sqrt{2}\pi d^2 p}=2.1\times10^{-7}\ \text{m}$$

可见，标准状态下氢分子的 $\overline{\lambda}$ 是分子有效直径的 1 000 倍。

氢分子的平均速率为

$$\overline{v}=\sqrt{\frac{8RT}{\pi M}}=\sqrt{\frac{8\times8.31\times273}{3.14\times2.0\times10^{-3}}}=1.7\times10^3\ \text{m}\cdot\text{s}^{-1}$$

于是氢分子的碰撞频率为

$$\overline{Z}=\frac{\overline{v}}{\overline{\lambda}}=\frac{1.7\times10^3}{2.1\times10^{-7}}=8.1\times10^9\ \text{s}^{-1}$$

即氢分子在 1 s 内平均与其他分子碰撞 8.1 亿次。

# 本章小结

1. 气体分子运动理论及统计规律

气体分子运动理论的基本内容：物体是由大量分子组成的，分子永不停息地做无规则运动，分子之间存在着相互作用的引力和斥力。热现象是大量分子无规则运动的表现，温度表示分子无规则运动的激烈程度，热能是大量做无规则运动的分子具有的能量。

统计规律：大量分子做无规则热运动所表现出的统计性规律。

2. 理想气体状态方程

$$pV=\frac{m}{M}RT \text{ 或 } p=nkT$$

3. 理想气体的压强和温度

理想气体的压强公式　　$p=\frac{2}{3}n\overline{\varepsilon}_k$

温度 $T$ 与微观量 $\overline{\varepsilon}_k=\frac{1}{2}m\overline{v^2}$ 的关系　$\overline{\varepsilon}_k=\frac{3}{2}kT$

4. 能量均分定理和理想气体的内能

能量均分定理：在温度为 $T$ 的平衡态下，物质分子的每一个自由度都具有相同的平均动能，大小均为 $\frac{1}{2}kT$。

任意质量的理想气体内能为

$$E=\frac{m}{M}\ \frac{i}{2}RT$$

式中，$m$ 为理想气体的质量；$M$ 为理想气体的摩尔质量。

5. 麦克斯韦速率分布律　3 种统计速率

麦克斯韦速率分布律(函数)为

$$f(v)=4\pi\left(\frac{m}{2\pi kT}\right)^{\frac{3}{2}}\mathrm{e}^{-\frac{mv^2}{2kT}}v^2$$

3 种统计速率如下：

最概然速率　$v_{\mathrm{p}}=\sqrt{\frac{2kT}{m}}=\sqrt{\frac{2RT}{M}}\approx1.414\sqrt{\frac{RT}{M}}$

平均速率　$\bar{v}=\sqrt{\frac{8kT}{\pi m}}=\sqrt{\frac{8RT}{\pi M}}\approx1.60\sqrt{\frac{RT}{M}}$

方均根速率　$\sqrt{\overline{v^2}}=\sqrt{\frac{3kT}{m}}=\sqrt{\frac{3RT}{M}}\approx1.732\sqrt{\frac{RT}{M}}$

6. 平均碰撞频率与平均自由程

(1)平均碰撞频率：分子单位时间内与其他分子碰撞的平均次数。其公式为

$$\bar{Z}=\sqrt{2}\pi d^2\bar{v}n$$

(2)平均自由程：分子相邻两次碰撞之间通过的平均路程。其公式为

$$\bar{\lambda}=\frac{\bar{v}}{\bar{Z}}=\frac{1}{\sqrt{2}\pi d^2 n}$$

也可写成

$$\bar{\lambda}=\frac{kT}{\sqrt{2}\pi d^2 p}$$

# 思　考　题

7.1　设想把分子一个挨一个地排起来，要多少个分子才能排满 1 m 的长度？

7.2　把体积为 1 $\mathrm{mm}^3$ 的石油滴在水面上，其在水面上形成面积为 3 $\mathrm{m}^2$ 的单分子油膜。试估算石油分子的直径 $d$。

7.3　为什么悬浮在液体中的颗粒越小，它的布朗运动越明显？为什么悬浮在液体中的颗粒越大，它的布朗运动越不明显，甚至观察不到？

7.4　物体为什么能够被压缩？但为什么又不能无限地被压缩？

7.5　统计规律有哪些重要特征？

7.6　为什么说统计规律对大量的偶然事件才有意义？

7.7　怎样理解分子之间的碰撞是频繁的？

7.8　气体处于平衡态，有 $\bar{\boldsymbol{v}}_x=\bar{\boldsymbol{v}}_y=\bar{\boldsymbol{v}}_z=0$，此时 $\bar{\boldsymbol{v}}$ 是否为0？若为零，是否表示分子静止不动？

7.9　推导理想气体压强时，没有考虑分子之间的碰撞。如果考虑，会对结果有何影响？

7.10　为何对单个分子或少量分子根本不用谈“压强”的概念？

7.11　气体温度为 0 K 时，是否分子停止运动？

7.12　铀原子核裂变后的粒子具有 $1.1\times10^{-11}$ J 的平均平动动能，设想由这些粒子组成的“气体”，其温度是多少？

7.13　能量按自由度均分定理中的能量是什么能量？1 mol 理想气体温度为 0 ℃时的内能是多少？

7.14　如果氢和氦的温度相同，物质的量也相同，那么

(1)两种气体的平均动能是否相等？

(2)两种气体的平均平动动能是否相等？

(3)两种气体的内能是否相等？

7.15　从能量的角度说明下列各式的物理意义。

(1)$\frac{1}{2}kT$；(2)$\frac{3}{2}kT$；(3)$\frac{1}{2}RT$；(4)$\frac{m}{M}\ \frac{i}{2}RT$。

7.16　3 种统计速率的意义有何不同？它们与温度、摩尔质量的关系是什么？

7.17　最概然速率是不是速率分布中最大速率的值？

7.18　两种不同理想气体均处于平衡态，若它们的最概然速率相等，则它们的速率分布曲线是否也一定相同？

7.19　一定质量的气体，保持容积不变，当温度增加时分子运动得更剧烈，因而平均碰撞次数增多，平均自由程是否也因此而减小？

7.20　气体分子的平均速率每秒可达几百米，那么为什么在房间内打开一瓶汽油，需隔一段时间才能闻到汽油味？

7.21　在推导 $\overline{Z}$、$\overline{\lambda}$ 的公式时，哪里体现了统计平均的概念？

# 习　　题

7.1　若理想气体的体积为 $V$，压强为 $p$，温度为 $T$，一个分子的质量为 $m$，$k$ 为玻尔兹曼常量，$R$ 为普适气体常量，则该理想气体的分子数为　　(　　)

(A)$\frac{pV}{m}$　　(B)$\frac{pV}{kT}$

(C)$\frac{pV}{RT}$　　(D)$\frac{pV}{mT}$

7.2　一定量的理想气体贮于某一容器中，温度为 $T$，气体分子的质量为 $m$。根据理想气体的分子模型和统计假设，分子速度在 $x$ 方向的分量平方的平均值　　(　　)

(A)$\overline{v_x^2}=\sqrt{\frac{3kT}{m}}$　　(B)$\overline{v_x^2}=\frac{1}{3}\sqrt{\frac{3kT}{m}}$

(C) $\overline{v_x^2}=\dfrac{3kT}{m}$　　(D) $\overline{v_x^2}=\dfrac{kT}{m}$

7.3 温度、压强相同的氦气和氧气,它们分子的平均动能 $\bar{\varepsilon}$ 和平均平动动能 $\bar{\varepsilon}_k$ 的关系为 ( )

(A) $\bar{\varepsilon}$ 和 $\bar{\varepsilon}_k$ 都相等　　(B) $\bar{\varepsilon}$ 相等,而 $\bar{\varepsilon}_k$ 不相等

(C) $\bar{\varepsilon}_k$ 相等,而 $\bar{\varepsilon}$ 不相等　　(D) $\bar{\varepsilon}$ 和 $\bar{\varepsilon}_k$ 都不相等

7.4 在一定速率 $v$ 附近麦克斯韦速率分布函数 $f(v)$ 的物理意义是:一定量的气体在给定温度下处于平衡态时的 ( )

(A)速率为 $v$ 的分子数

(B)分子数随速率 $v$ 的变化

(C)速率为 $v$ 的分子数占总分子数的百分比

(D)速率在 $v$ 附近单位速率区间内的分子数占总分子数的百分比

7.5 如果氢气和氦气的温度相同,物质的量也相同,则 ( )

(A)这两种气体的平均动能相同　　(B)这两种气体的平均平动动能相同

(C)这两种气体的内能相等　　(D)这两种气体的势能相等

7.6 在恒定不变的压强下,理想气体分子的平均碰撞次数 $\bar{z}$ 与温度 $T$ 的关系为 ( )

(A)与 $T$ 无关　　(B)与 $\sqrt{T}$ 成正比

(C)与 $\sqrt{T}$ 成反比　　(D)与 $T$ 成正比

(E)与 $T$ 成反比

7.7 根据经典的能量按自由度均分原理,每个自由度的平均能量为 ( )

(A) $\dfrac{kT}{4}$　　(B) $\dfrac{kT}{3}$

(C) $\dfrac{kT}{2}$　　(D) $\dfrac{3kT}{2}$

(E) $kT$

7.8 一定量的理想气体,在温度不变的条件下,当体积增大时,分子的平均碰撞频率 $\overline{Z}$ 和平均自由程 $\bar{\lambda}$ 的变化情况是 ( )

(A) $\overline{Z}$ 减小而 $\bar{\lambda}$ 不变　　(B) $\overline{Z}$ 减小而 $\bar{\lambda}$ 增大

(C) $\overline{Z}$ 增大而 $\bar{\lambda}$ 减小　　(D) $\overline{Z}$ 不变而 $\bar{\lambda}$ 增大

7.9 A、B、C 3 个容器中皆装有理想气体,它们的分子数密度之比为 $n_A:n_B:n_C=4:2:1$,而分子的平均平动动能之比为 $\overline{w}_A:\overline{w}_B:\overline{w}_C=1:2:4$,则它们的压强之比 $p_A:p_B:p_C=$________。

7.10 设氮气为刚性分子组成的理想气体,其分子的平动自由度为________,转动自由度为________;分子内原子间的振动自由度为________。

7.11 对于单原子分子理想气体,下面各式分别代表什么物理意义?

(1) $\dfrac{3}{2}RT$:________________________________;

（2）$\frac{3}{2}R$：________________________________________________；

（3）$\frac{5}{2}R$：________________________________________________。

（$R$ 为普适气体常量，$T$ 为气体的温度）

7.12　分子热运动自由度为 $i$ 的一定量的刚性分子理想气体，当其体积为 $V$、压强为 $p$ 时，其内能 $E$ ________。

7.13　1 mol 氧气和 2 mol 氮气组成混合气体，在标准状态下，氧分子的平均能量为________，氮分子的平均能量为________；氧气与氮气的内能之比为________。

7.14　在平衡状态下，已知理想气体分子的麦克斯韦速率分布函数为 $f(v)$、分子质量为 $m$、最概然速率为 $v_p$，试说明下列各式的物理意义。

（1）$\int_{v_p}^{\infty} f(v)\,dv$ 表示________；

（2）$\int_{0}^{\infty} \frac{1}{2}mv^2 f(v)\,dv$ 表示________。

7.15　同一温度下的氢气和氧气的速率分布曲线如图所示，其中，曲线 1 为________的速率分布曲线，________（填“氢气”或“氧气”）的最概然速率较大。若图中曲线表示同一种气体在不同温度下的速率分布曲线，温度分别为 $T_1$ 和 $T_2$ 且 $T_1 < T_2$；则曲线 1 代表温度为________（填“$T_1$”或“$T_2$”）的分布曲线。

7.16　图示的两条 $f(v)-v$ 曲线分别表示氢气和氧气在同一温度下的麦克斯韦速率分布曲线。由此可得

（1）氢气分子的最概然速率为________；

（2）氧气分子的最概然速率为________。

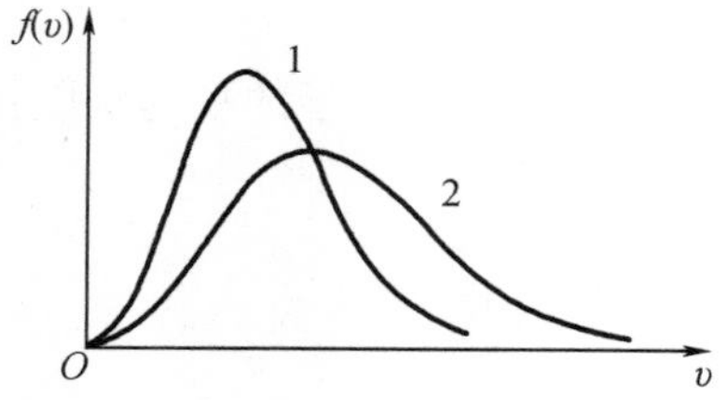


习题 7.15 图

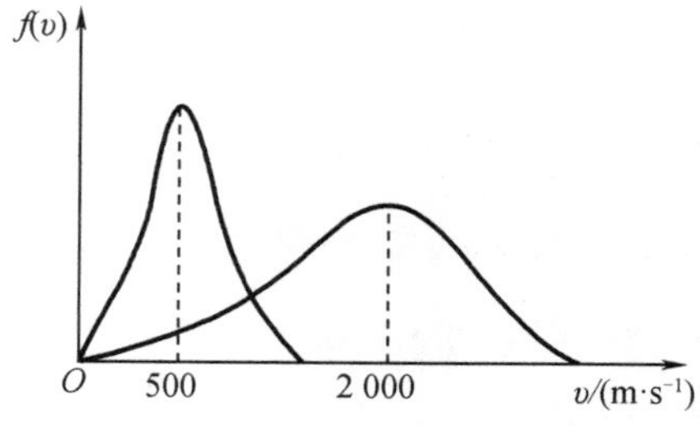


习题 7.16 图

7.17　一体积为 $1.0\times10^{-3}$ m³ 容器中含有 $4.0\times10^{-5}$ kg 的氦气和 $4.0\times10^{-5}$ kg 的氢气，它们的温度为 30 ℃，试求容器中的混合气体的压强。

7.18　（1）有一带有活塞的容器中盛有一定量的气体，如果压缩气体并对它加热，使它的温度从 27 ℃升到 177 ℃、体积减小一半，则气体压强变化多少？

（2）在(1)的前提下，气体分子的平均平动动能变化了多少？分子的方均根速率变化了多少？

7.19 两个相同的容器装有氢气,以一细玻璃管相连通,管中用一滴水银作为活塞,如图所示。当左边容器的温度为 0 ℃而右边容器的温度为 20 ℃时,水银滴刚好在管的中央。则当左边容器温度由 0 ℃增加到 5 ℃,而右边容器温度由 20 ℃增加到 30 ℃时,水银滴是否会移动?如何移动?

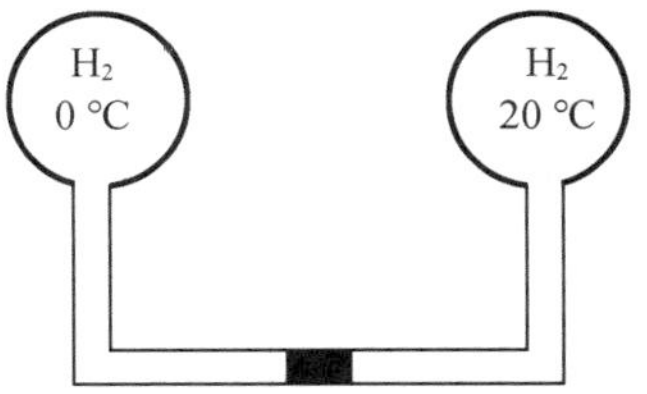

习题 7.19 图

7.20 水蒸气分解为同温度 $T$ 的氢气和氧气($H_2O \to H_2 + \frac{1}{2}O_2$)时,1 mol 的水蒸气可分解成 1 mol $H_2$ 和$\frac{1}{2}$ mol $O_2$。当不计振动自由度时,求此过程中内能的增量。

7.21 有 $2 \times 10^3$ $m^3$ 刚性双原子分子理想气体,其内能为 $6.75 \times 10^2$ J。

(1)试求气体的压强;

(2)设分子总数为 $5.4 \times 10^{22}$ 个,求分子的平均平动动能及气体的温度。

7.22 容积 $V = 1$ $m^3$ 的容器内混有 $N_1 = 1.0 \times 10^{25}$ 个 $O_2$ 分子和 $N_2 = 4.0 \times 10^{25}$ 个 $N_2$ 分子,混合气体的压强是 $2.76 \times 10^5$ Pa,求:

(1)分子的平均平动动能;

(2)混合气体的温度。

7.23 有 $N$ 个粒子,其速率分布函数为

$$f(v) = c(0 \leqslant v \leqslant v_0)$$
$$f(v) = 0(v > v_0)$$

试求其速率分布函数中的常数 $c$ 和粒子的平均速率。(均用 $v_0$ 表示)

7.24 由 $N$ 个分子组成的气体,其分子速率分布如图所示。

(1)试用 $N$ 与 $v_0$ 表示 $a$ 的值;

(2)试求速率在 $1.5v_0 \sim 2.0v_0$ 之间的分子数目;

(3)试求分子的平均速率。

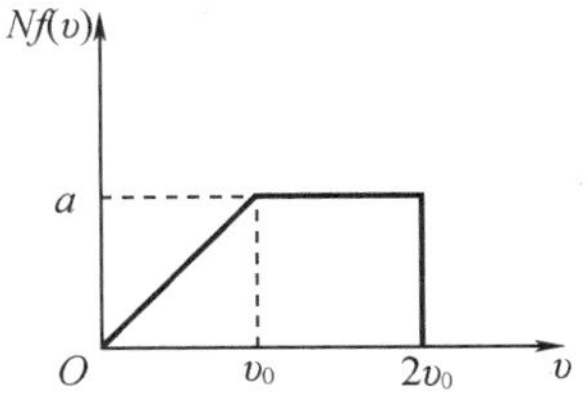

习题 7.24 图

7.25 容积为 $3.0 \times 10^{-2}$ $m^3$ 的容器内贮有某种理想气体 20 g,设气体的压强为 0.5 atm。试求气体分子的最概然速率、平均速率和方均根速率。(1 atm = $1.013 \times 10^5$ Pa)

7.26 计算空气分子在标准状态下的平均自由程和碰撞频率。取分子的有效直径 $d = 3.5 \times 10^{-10}$ m,已知空气的相对分子质量为 29。

7.27 一容器内储有氧气,其压强 $P = 1.0$ atm,温度 $t = 27$ ℃,求:(1)单位体积内的分子数;(2)氧气的质量密度;(3)氧分子的质量;(4)分子间的平均距离;(5)分子的平均平动能。

7.28 水银气压计内混进了一个空气泡,因此它的读数比实际的气压小些。当实际气压为 768 mmHg 时,它的读数只有 748 mmHg,此时管中水银面到管顶的距离为 80 mm。则此气压计读数为 734 mmHg 时,实际气压是多少?(保持温度不变,1 mmHg = 133.322 4 Pa)

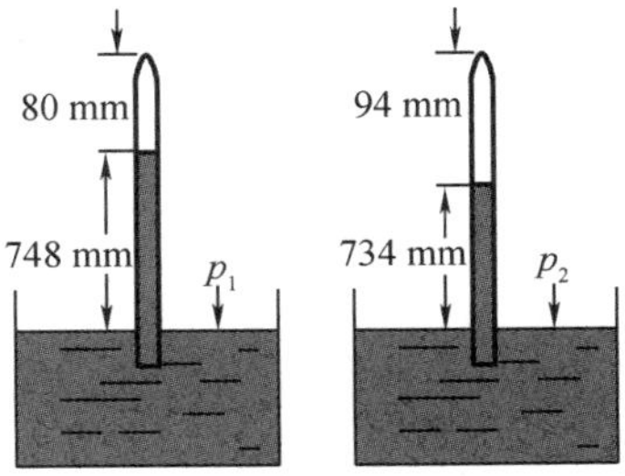

习题 7.28 图

# 第 8 章 热力学基础

## 8.1 准静态过程 功、热量、内能

### 8.1.1 准静态过程

在热力学中，一般把所研究的宏观物体（如气体、液体、固体、电介质、磁介质等）叫作**热力学系统**（简称**“系统”**），而把与热力学系统相互作用的环境称为外界。当系统与外界有能量交换时，描述它的状态参量 $V$、$p$ 和 $T$ 等就要发生变化，从一个状态变化到另一个状态，其间所经历的过渡称为状态变化过程。如果过程所经历的所有中间状态都无限接近于平衡态，这个过程称为**准静态过程**，也称为**平衡过程**。准静态过程是一种理想过程，因为状态变化必然会破坏系统的平衡，原来的平衡态被破坏以后，需要经过一段时间才能达到新的平衡态。但一般来说，只要变化过程进行得足够缓慢，使得在过程中的每一步中，系统状态都非常接近于平衡态，这个过程就可以近似地看成是准静态过程。然而实际发生的过程，往往进行较快，以至于在达到新的平衡态以前又继续了下一步的变化，因而过程中系统经历的是一系列非平衡态，这样的过程称为**非准静态过程**。在实际问题中，除了一些进行极快的过程（如爆炸过程）外，大多数情况下都可以把实际过程看成是准静态过程。

在准静态过程中，由于系统经历的所有状态都可视为平衡态，因此，对于系统经历过的每一个状态，都可以用确定的状态参量 $V$、$p$ 和 $T$ 等来描写。例如，封闭在气缸中的气体，在一个准静态过程中，任何一个中间态都可以用 $p-V$ 图上的一个点表示，而一个具体的准静态热力学过程则可以用 $p-V$ 图上的一条曲线表示。如图 8.1(a) 所示，一定量气体贮于气缸内，气缸底部导热，并与恒温热源接触，其余外壁绝热。气缸的活塞可自由移动，它与器壁之间光滑而无摩擦。开始时，活塞上有许多小沙粒，气体处于初始平衡态 $a(p_1, V_1, T)$，在图 8.1(b) 上用 $a$ 点表示。将小沙子一粒一粒地慢慢拿走，气体便缓慢地从初状态 $a(p_1, V_1, T)$ 变到末状态 $b(p_2, V_2, T)$。由于小沙子非常微小，拿走的过程又极缓慢，因此，在这一过程中的任一时刻，系统都无限接近于平衡态，即此过程是等温准静态过程（本书中所涉及的热力学过程除特殊说明外，都可以看成是准静态过程）。这一过程可用 8.1(b) 中端点分别为 $a$ 和 $b$（分别代表初、末状态）的 $p-V$ 曲线表示。

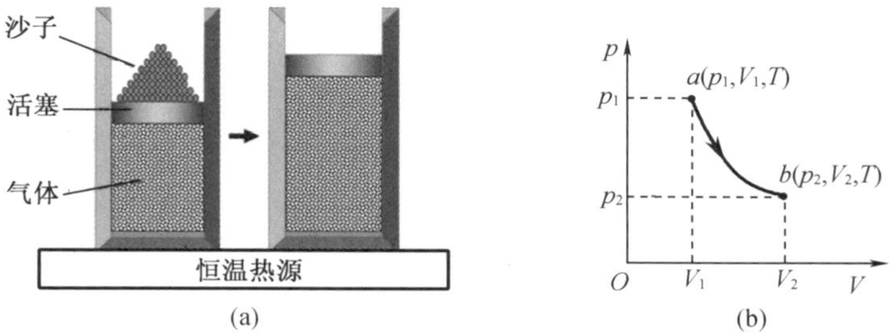


图 8.1 准静态过程

## 8.1.2 功、热量、内能

1. 功

现在讨论系统在准静态过程中,由于其体积变化所做的功。如图 8.2(a)所示,一定量的气体封闭于气缸中,气体的压强为 $p$,活塞的面积为 $S$,则作用在活塞上的力 $F=pS$。当系统经历一微小的准静态过程使活塞移动一微小距离 $\Delta l$ 时,气体所做的功为

$$A=F\Delta l=pS\Delta l=p\Delta V \tag{8.1}$$

式中,$\Delta V$ 表示气体体积的变化量;$A$ 表示气体对外界所做的功。如果气体在做功的过程中由状态 A 变化到状态 B,则气体在这一过程中所做的功为 $A=\sum p\Delta V$。

在 $p-V$ 图中,$A$ 等于曲线下所有小矩形面积之和。这一过程所做的功也可以用积分式表示。当气体体积变化无限小为 $\mathrm{d}V$ 时,气体对外界所做的功为 $\mathrm{d}A=p\mathrm{d}V$。

这样,气体在由状态 A 向状态 B 变化的过程中对外所做的总功为

$$A=\int_{V_1}^{V_2}p\mathrm{d}V \tag{8.2}$$

它等于 $p-V$ 图中实曲线下的面积。也就是说,气体所做的功等于 $p-V$ 图中过程曲线下的面积。当气体膨胀时,它对外界做正功;当气体被压缩时,它对外做负功。但其数值都等于过程曲线下的面积。假定气体从状态 A 到状态 B 经历了另一个路径,如图 8.2(b)中的虚线所示,则气体所做的功就应该等于虚线下的面积。状态变化过程不同,过程曲线下的面积也不相同,系统所做的功也就不同。因此,系统所做的功不仅与系统的初、末状态有关,也与状态变化的路径有关,所以功不是状态的函数,而是一个过程量。

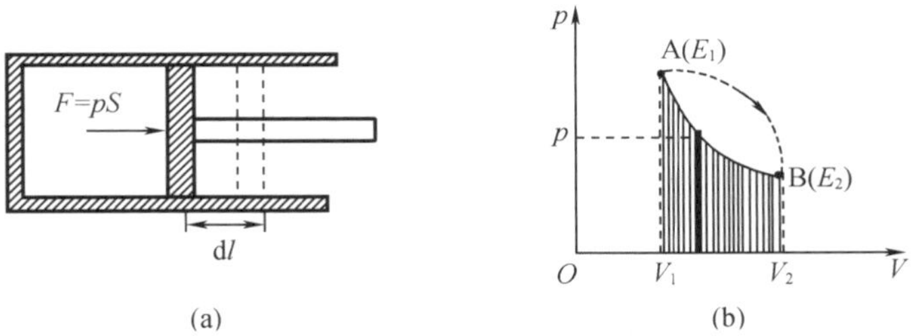


图 8.2 准静态过程中的功

2. 热量

除对系统做功能改变系统的状态外，向系统传递能量也可以改变系统的状态，这类的例子很多。例如，把一壶冷水放在电炉上加热，高温电炉不断地把能量传递给低温的水，从而使水温也相应提高，水的状态就发生了改变。又如，在一杯水中放进一块冰，冰将因吸收水的能量而融化，从而使水和冰的状态都发生变化。系统与外界之间由于存在温度差而传递的能量叫作**热量**，用符号 $Q$ 表示。在国际单位制中，热量 $Q$ 的单位与能量和功的单位相同，均为焦耳(J)。

如图 8.3 所示，把温度为 $T_1$ 的系统 A 放在温度为 $T_2$ 的外界环境 B 中。若 $T_2 > T_1$，则有热量 $Q$ 从 B 传向 A；若 $T_2 < T_1$，则有热量 $Q$ 从 A 传向 B。可见，热量传递的方向总是从高温传向低温。此外还应当指出，热量传递的多少与传热的具体过程有关，热量与功一样是过程量。

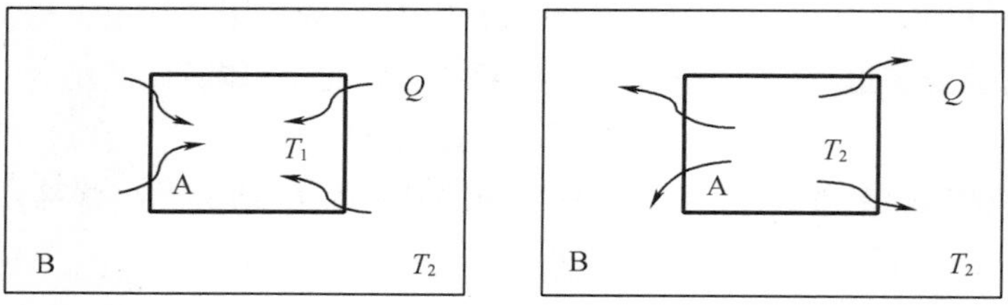

(a) $T_2 > T_1$　　(b) $T_2 < T_1$

**图 8.3　吸热与放热**

3. 内能

做功和热传递都可以改变系统的状态，说明系统状态的变化与热量和功有关。然而，大量事实表明：当系统的初始状态和末状态给定时，传递热量和做功的总和一定，是一个确定值，而与状态变化的具体过程或路径无关。这说明系统状态的改变可以用这个确定值进行量化描述。也就是说，系统的状态可以用一个物理量 $E$ 来表征，并且物理量 $E$ 仅与系统的状态有关，当系统由初始状态变化到末状态时，这个物理量的增量 $\Delta E$ 是一个确定值，与状态变化的具体过程或路径无关。这个表征系统状态的物理量 $E$ 被称为系统的**内能**，内能仅是系统状态的单值函数。

由理想气体内能公式 $E = \frac{m}{M}\frac{i}{2}RT$ 可知：对于给定的理想气体而言，内能仅是温度 $T$ 的单值函数。但对于实际气体而言，在考虑气体中分子间势能变化的情况下，内能也与体积 $V$ 有关。总之，内能只与系统状态有关，温度 $T$ 和体积 $V$ 都是描述系统状态的状态参量。

做功和热传递都可以改变系统的内能，但两者在本质上有区别。做功通过物体的宏观位移实现，是系统外物体的有规则运动与系统内分子的无规则运动之间的能量转换，是机械能转化为内能的过程。而热传递是由于系统内外温度不一致而导致的能量传递过程，是系统外物质分子的无规则运动与系统内分子的无规则运动之间的能量转移，是内能在系统内外的转移过程。

## 8.2 热力学第一定律及其对理想气体的应用

### 8.2.1 热力学第一定律

做功和热传递都可以使系统的内能发生变化。一般情况下，在系统状态改变的过程中，做功和热传递往往是同时进行的。大量事实表明：

$$\Delta E = E_2 - E_1 = Q + A' \tag{8.3}$$

式中，$Q$ 为系统从外界吸收的热量；$A'$ 为外界对系统所做的功；$E_1$ 为系统初始状态的内能；$E_2$ 为系统末状态的内能；$\Delta E$ 是系统内能的改变量。8.1 节用 $A$ 表示系统对外界所做的功，可以将外界对系统所做的功考虑成系统对外界做功的负值，即 $A' = -A$。这样式(8.3)也可以写成

$$Q = E_2 - E_1 + A = \Delta E + A \tag{8.4}$$

式(8.4)表明，**系统从外界吸收的热量，一部分使系统的内能增加，另一部分使系统对外界做功**，这就是**热力学第一定律**。式(8.4)是热力学第一定律的表达式。显然，热力学第一定律是包括热现象在内的能量守恒与转换定律。需要注意式(8.4)中各物理量正、负的意义，这里规定：系统从外界吸热时 $Q$ 为正值，向外界放热时 $Q$ 为负值；系统对外界做功时 $A$ 为正值，外界对系统做功时 $A$ 为负值；系统的内能增加时 $\Delta E$ 为正值，内能减少时 $\Delta E$ 为负值。

对于状态发生微小变化的过程，即微过程，如果系统吸收的热量为 $\mathrm{d}Q$，系统对外做功为 $\mathrm{d}A$，内能的增量为 $\mathrm{d}E$，则在微过程中，热力学第一定律的表达式为

$$\mathrm{d}Q = \mathrm{d}E + \mathrm{d}A \tag{8.5}$$

由热力学第一定律可知，如果系统经历一个变化过程，在这个过程中系统的内能保持不变，那么系统对外界所做的功就必然等于系统从外界吸收的热量。历史上，曾经有人企图制造一种不需要外界提供任何能量而可以不断对外界做功的机器，这种机器被称为**第一类永动机**。显然，第一类永动机违反了热力学第一定律，因而不可能实现。热力学第一定律也常被人们表述为：**第一类永动机是不可能造成的。**

**例 8.1** 如图 8.4 所示，系统经过程曲线 $abc$ 从 $a$ 态变化到 $c$ 态共吸收热量 500 J，同时对外做功 400 J，后沿过程曲线 $cda$ 回到 $a$ 态，并向外放热 300 J。求系统沿过程曲线 $cda$ 从 $c$ 态变化到 $a$ 态时内能的变化及对外做的功。

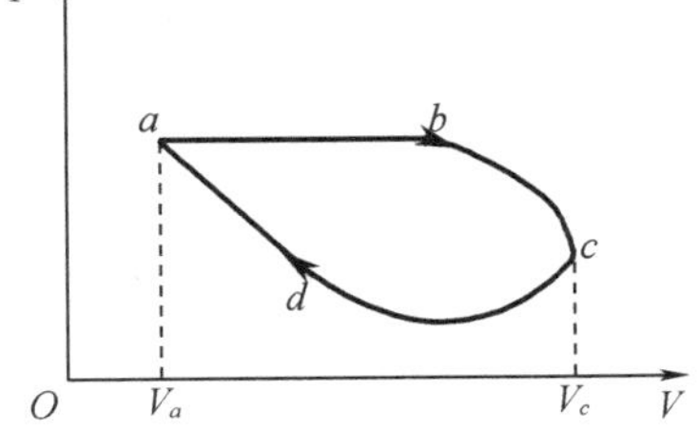


**图 8.4 例 8.1 图**

**解** 在 $abc$ 过程中应用热力学第一定律，得

$$E_c - E_a = Q_1 - A_1 = (500 - 400)\ \mathrm{J} = 100\ \mathrm{J}$$

由于内能是状态函数

$$E_a - E_c = -(E_c - E_a) = -100\ \text{J}$$

在 $cda$ 过程中应用热力学第一定律，得

$$A_2 = Q_2 - (E_a - E_c) = [-300 - (-100)]\ \text{J} = -200\ \text{J}$$

$A_2$ 为负值表明外界对系统做功。

### 8.2.2 热力学第一定律对理想气体的应用

对于理想气体的一些典型的准静态过程，可以应用热力学第一定律和理想气体状态方程进行研究，以计算这些过程中功、热量和内能的变化，明确它们之间的转化关系。

1. 等体过程　摩尔定容热容

对于由理想气体构成的系统而言，**等体过程**是指理想气体体积保持不变的过程，即 $\mathrm{d}V = 0$。这一过程在 $p-V$ 图上为一条平行于 $p$ 轴的直线，称为**等体线**。在等体过程中，由于气体体积不发生变化，因此系统不对外做功，即 $\mathrm{d}A = p\mathrm{d}V = 0$。由热力学第一定律可知，此时系统内能的改变全部源于系统与外界之间的热传递，即 $\mathrm{d}Q_V = \mathrm{d}E$，式中，$Q_V$ 表示在等体过程中系统吸收的热量。对于有限的等体过程，如理想气体由状态 1 变化到状态 2，有 $Q_V = E_2 - E_1$。

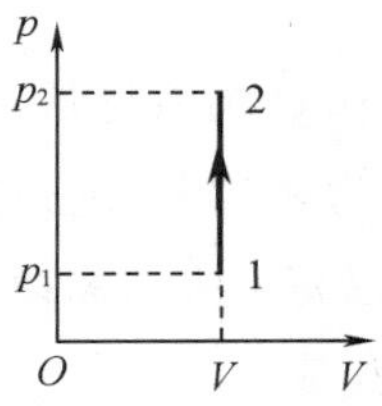


**图 8.5　等体过程**

在等体过程中，系统与外界之间仅有热量传递，系统的温度只因从外界吸收热量（或向外界放出热量）而改变。但不同的物质因其自身性质不同，在吸收（或放出）相同热量的情况下，温度升高（或降低）的数值并不相同。为了衡量系统的这一性质，特别引入了比热容这一物理量。设质量为 $m$ 的系统与外界交换的热量为 $\mathrm{d}Q$，系统的温度变化为 $\mathrm{d}T$。则系统的比热容的定义为

$$C = \frac{\mathrm{d}Q}{m\mathrm{d}T} \tag{8.6}$$

它表示系统中单位质量的物质温度每升高（或降低）1 K 所需要吸收（或放出）的热量。把 1 mol的某种物质温度升高（或降低）1 K 所需要吸收（或放出）的热量称为这种物质的**摩尔热容**，以 $C_\mathrm{m}$ 表示，单位为 $\mathrm{J \cdot mol^{-1} \cdot K^{-1}}$。有

$$C_\mathrm{m} = \frac{\mathrm{d}Q}{\frac{m}{M}\mathrm{d}T} \tag{8.7}$$

实验表明，不同物质的摩尔热容 $C_\mathrm{m}$ 不同，并且同一物质的摩尔热容 $C_\mathrm{m}$ 也会随温度变化。但在实际问题中，当温度的变化范围不太大时，可以近似认为摩尔热容 $C_\mathrm{m}$ 与温度无关，将其作为常数处理。这样，在一个热力学过程中，当系统的温度由 $T_1$ 变化到 $T_2$ 时，系统吸收（或放出）的热量可以表示为

$$Q = \frac{m}{M}C_\mathrm{m}(T_2 - T_1) \tag{8.8}$$

**摩尔定容热容**：1 mol 物质在等体过程中温度升高（或降低）1 K 所需要吸收（或放出）的热量，以 $C_{V,\mathrm{m}}$表示。

$$C_{V,\mathrm{m}} = \frac{1}{\frac{m}{M}}\left(\frac{\mathrm{d}Q}{\mathrm{d}T}\right)_V \tag{8.9}$$

等体过程中，吸收热量的微分表达式为

$$\mathrm{d}Q_V = \frac{m}{M}C_{V,\mathrm{m}}\mathrm{d}T \tag{8.10}$$

对于有限过程，有

$$Q_V = \frac{m}{M}C_{V,\mathrm{m}}\Delta T = \Delta E \tag{8.11}$$

以上各式中，下标 $V$ 表示过程中体积不变。

对于由理想气体构成的热力学系统，由理想气体内能公式 $E = \frac{m}{M}\ \frac{i}{2}RT$ 可知 $\Delta E = \frac{m}{M}\ \frac{i}{2}R\Delta T$，结合 $\Delta E = \frac{m}{M}C_{V,\mathrm{m}}\Delta T$ 可得

$$C_{V,\mathrm{m}} = \frac{i}{2}R \tag{8.12}$$

因此，可以计算理想气体的摩尔定容热容：单原子的 $C_{V,\mathrm{m}} = \frac{3}{2}R$；刚性双原子的 $C_{V,\mathrm{m}} = \frac{5}{2}R$；刚性多原子的 $C_{V,\mathrm{m}} = 3R$。需要说明：$\Delta E = \frac{m}{M}C_{V,\mathrm{m}}\Delta T$ 不仅适用于等体过程，也适用于任何过程的理想气体的内能变化。

2. 等压过程　摩尔定压热容

等压过程是指热力学系统气压保持不变的过程，即 $\mathrm{d}p = 0$。如图 8.6 所示，理想气体的等压过程在 $p-V$ 图中是一条平行于 $V$ 轴的直线，称为**等压线**。

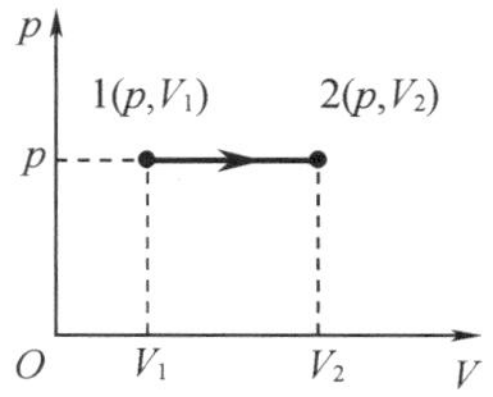


**图 8.6　等压过程**

在等压过程中，向气体传递的热量为 $\mathrm{d}Q_p$，气体对外做功 $\mathrm{d}A = p\mathrm{d}V$，气体内能的变化为 $\mathrm{d}E$，由热力学第一定律可知

$$\mathrm{d}Q_p = \mathrm{d}E + p\mathrm{d}V \tag{8.13}$$

对于有限的等压过程，则有

$$Q_p = \Delta E + p\Delta V \tag{8.14}$$

接下来讨论理想气体的摩尔定压热容。1 mol 理想气体在等压过程中温度升高（或降低）1 K 所需要吸收（或放出）的热量，即为该理想气体的**摩尔定压热容**，用 $C_{p,\mathrm{m}}$ 表示。定义式如下：

$$C_{p,\mathrm{m}} = \frac{1}{\frac{m}{M}}\left(\frac{\mathrm{d}Q}{\mathrm{d}T}\right)_p \tag{8.15}$$

等压过程中，吸收热量的微分表达式为

$$\mathrm{d}Q_p = \frac{m}{M}C_{p,\mathrm{m}}\mathrm{d}T \tag{8.16}$$

对于有限过程，有

$$Q_p = \frac{m}{M}C_{p,\mathrm{m}}\Delta T \tag{8.17}$$

以上各式中，下标 $p$ 表示过程中理想气体压强不变。

根据式(8.14)和(8.17)，可得

$$\frac{m}{M}C_{p,\mathrm{m}}\Delta T = \Delta E + p\Delta V \tag{8.18}$$

式中，$\Delta E = \frac{m}{M}C_{V,\mathrm{m}}\Delta T$，又由理想气体状态方程 $pV = \frac{m}{M}RT$ 可知

$$p\Delta V = \frac{m}{M}R\Delta T \tag{8.19}$$

结合以上各式可得

$$C_{p,\mathrm{m}} = C_{V,\mathrm{m}} + R \tag{8.20}$$

式(8.20)称为**迈耶公式**。将 $C_{V,\mathrm{m}} = \frac{i}{2}R$ 代入式(8.20)得

$$C_{p,\mathrm{m}} = \frac{i+2}{2}R \tag{8.21}$$

由此可知理想气体的摩尔定压热容：单原子的 $C_{p,\mathrm{m}} = \frac{5}{2}R$；刚性双原子的 $C_{p,\mathrm{m}} = \frac{7}{2}R$；刚性多原子的 $C_{p,\mathrm{m}} = 4R$。

实际应用中，常用到 $C_{p,\mathrm{m}}$与 $C_{V,\mathrm{m}}$的比值，这个值用 $\gamma$ 表示，称为热容比。

$$\gamma = \frac{C_{p,m}}{{}_{V,m}} \tag{8.22}$$

简单分析可知：单原子分子气体（如 He、Ne、Ar 等）的 $\gamma \approx 1.67$；双原子分子气体（如 $H_2$、$O_2$、$N_2$、CO 等）的 $\gamma \approx 1.40$；多原子分子气体（如 $H_2O$、$CO_2$、$CH_4$ 等）的 $\gamma \approx 1.33$。

**例 8.2** 水蒸气的摩尔定压热容 $C_{p,\mathrm{m}} = 36.2\ \mathrm{J \cdot mol^{-1} \cdot K^{-1}}$。今将 1.5 kg 温度为 100 ℃ 的水蒸气在标准大气压下缓慢加热，使其温度上升到 400 ℃。试求此过程中水蒸气吸收的热量、对外所做的功和内能的改变。

**解** 等压过程吸收的热量为

$$Q_p = \frac{m}{M}C_{p,\mathrm{m}}\Delta T = \frac{1.5}{18\times 10^{-3}} \times 36.2 \times (400-100)\ \mathrm{J} = 9.05 \times 10^5\ \mathrm{J}$$

等压过程对外所做的功为

$$A = p\Delta V = \frac{m}{M}R\Delta T = \frac{1.5}{18\times 10^{-3}} \times 8.31 \times (400-100)\ \mathrm{J} = 2.08 \times 10^5\ \mathrm{J}$$

此过程内能的改变，由热力学第一定律得

$$\Delta E = Q_p - A = (9.05\times 10^5 - 2.08\times 10^5)\ \mathrm{J} = 6.96\times 10^5\ \mathrm{J}$$

表 8.1 给出了几种气体摩尔热容的实验值。

**表 8.1 几种气体摩尔热容的实验值($p=1.013\times10^5$ Pa,$t=25$ ℃)**

| 气体 | | 摩尔质量 $M$/(kg · mol$^{-1}$) | $C_{p,m}$/(J · mol$^{-1}$ · k$^{-1}$) | $C_{V,m}$/(J · mol$^{-1}$ · k$^{-1}$) | $C_{p,m}-C_{V,m}$/(J · mol$^{-1}$ · k$^{-1}$) | $\gamma=\frac{C_{p,m}}{C_{V,m}}$ |
|---|---|---|---|---|---|---|
| 单原子气体 | 氦(He) | $4.003\times10^{-3}$ | 20.79 | 12.52 | 8.27 | 1.66 |
| | 氖(Ne) | $20.180\times10^{-3}$ | 20.79 | 12.68 | 8.11 | 1.64 |
| | 氩(Ar) | $39.950\times10^{-3}$ | 20.79 | 12.45 | 8.34 | 1.67 |
| 双原子气体 | 氢($H_2$) | $2.016\times10^{-3}$ | 28.82 | 20.44 | 8.38 | 1.41 |
| | 氮($N_2$) | $28.010\times10^{-3}$ | 29.12 | 20.80 | 8.32 | 1.40 |
| | 氧($O_2$) | $32.000\times10^{-3}$ | 29.37 | 20.98 | 8.39 | 1.40 |
| | 空气 | $28.970\times10^{-3}$ | 29.01 | 20.68 | 8.33 | 1.40 |
| | 氧化碳(CO) | $28.010\times10^{-3}$ | 29.04 | 20.74 | 8.30 | 1.40 |
| 多原子气体 | 二氧化碳($CO_2$) | $44.010\times10^{-3}$ | 36.62 | 28.17 | 8.45 | 1.30 |
| | 一氧化二氮($N_2O$) | $40.010\times10^{-3}$ | 36.90 | 28.39 | 8.51 | 1.31 |
| | 硫化氢($H_2S$) | $34.080\times10^{-3}$ | 36.12 | 27.36 | 8.76 | 1.32 |
| | 水蒸气($H_2O$) | $18.016\times10^{-3}$ | 36.21 | 27.82 | 8.39 | 1.30 |

由表 8.1 的实验值与理论值比较发现,在 $p=1.013\times10^5$ Pa、$t=25$ ℃的实验条件下,各种气体(特别是单原子分子气体和双原子分子气体)的 $C_{p,m}$ 和 $C_{V,m}$ 的实验值与根据能量均分定理推得的理论值比较接近。但对于多原子分子气体,理论值与实验值之间存在较大差异。另外,实验发现 $C_{p,m}$、$C_{V,m}$、$\gamma$ 的量值还与温度有关,表 8.2 给出了氢气在不同温度下的 $C_{V,m}$ 值。

**表 8.2 氢气摩尔定容热容与温度之间的关系($p=1.013\times10^5$ Pa)**

| 温度 $T$/K | 40 | 90 | 197 | 273 | 775 | 1 273 | 1 773 | 2 273 |
|---|---|---|---|---|---|---|---|---|
| 摩尔定容热容 $C_{V,m}$/(J · mol$^{-1}$ · k$^{-1}$) | 12.46 | 13.59 | 18.31 | 20.27 | 21.04 | 22.95 | 25.04 | 26.71 |

从表 8.2 中的数据可以看出:氢气的 $C_{V,m}$ 是随温度的升高而增大的。其他气体的 $C_{V,m}$ 与温度 $T$ 之间也存在类似的关系。

3. 等温过程

对于由理想气体构成的热力学系统,**等温过程**是指理想气体的温度 $T$ 保持不变的过程,即 $\mathrm{d}T=0$。过程中气体状态参量遵守下列关系式:

$$pV = \frac{m}{M}RT = \nu RT = 常数 \tag{8.23}$$

式中，$\nu = \frac{m}{M}$表示理想气体的物质的量。

理想气体的准静态等温过程，在 $p-V$ 图上可表示为一条曲线，如图 8.7 所示，该线称为**等温线**。

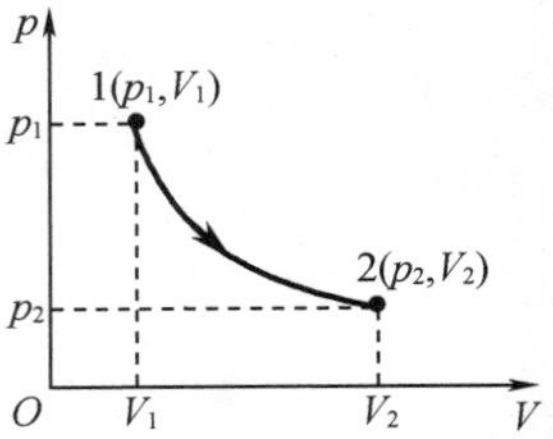


**图 8.7　等温过程**

对于理想气体而言，当温度保持不变时，其内能也始终保持不变，即 $dE=0$。故由热力学第一定律可知

$$dQ_T = dA = pdV \tag{8.24}$$

式中，$dQ_T$ 为等温过程中气体从外界吸收的热量。式(8.24)表明：在等温膨胀过程中，气体从外界吸收的热量全部用于对外做功，气体所做的功等于 $p-V$ 图中等温线下面的面积；在等温压缩过程中，外界对气体所做的功全部转化为气体向外界放出的热量。

当气体从状态 1 等温变化到状态 2 时，有

$$Q_T = A = \int_{V_1}^{V_2} pdV = vRT\int_{V_1}^{V_2}\frac{dV}{V} \tag{8.25}$$

积分得

$$Q_T = A = \nu RT\ln\frac{V_2}{V_1} \tag{8.26}$$

由于

$$p_1V_1 = p_2V_2 \tag{8.27}$$

$Q_T$ 也可以表示为

$$Q_T = A = \nu RT\ln\frac{p_1}{p_2} \tag{8.28}$$

**例 8.3**　将压强为 $1.013\times10^5$ Pa、体积为 100 $cm^3$ 的氮气压缩至 20 $cm^3$，经历如下两个过程：(1) 等温压缩；(2) 先等压压缩，然后再等体积升压到同样状态。计算气体内能的增加、吸收的热量和所做的功各是多少？

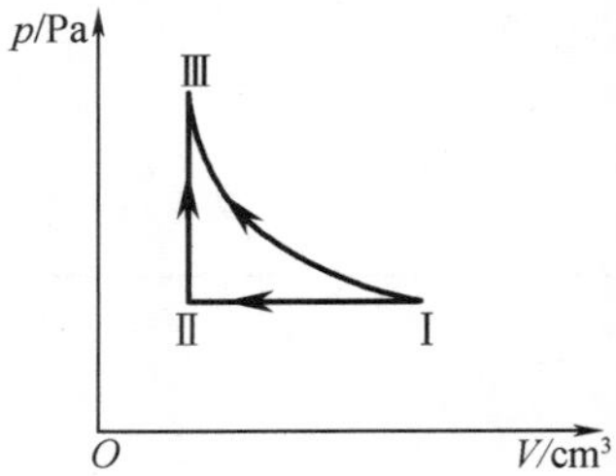


**图 8.8　例 8.3 图**

**解**　(1) 气体从初状态Ⅰ到末状态Ⅲ为等温过程，即

$$\Delta E = 0$$

$$Q_T = A = \nu RT\ln\frac{V_2}{V_1} = P_1V_1\ln\frac{V_2}{V_1}$$

$$= 1.013\times10^5\times100^{-6}\times\ln\frac{20\times10^{-6}}{100\times10^{-6}}\ \text{J} = -16.3\ \text{J}$$

式中，负号表示在等温压缩过程中，气体由于外界对系统做功而对外放出的热量。

(2) 气体先从状态Ⅰ等压压缩到状态Ⅱ，再等体升压至状态Ⅲ。

由于与第一个过程相比，初始状态和末状态都一样，因此内能改变也一样。

$$\Delta E = 0$$

由热力学第一定律可知,气体吸热和做功相等

$$Q = A = A_{\mathrm{p}} = p_1(V_2 - V_1) = 1.013\times10^5(20-100)\times10^{-6}\ \mathrm{J} = -8.1\ \mathrm{J}$$

从以上结果可以看出,尽管初、末状态相同,但过程不同时,气体吸收的热量和所做的功仍不相同。这个例子再次说明,热量和做功是过程量。

4. 绝热过程

绝热过程是热力学过程中一个十分重要的过程。如果在一个热力学过程中,系统与外界始终没有热量交换,这个过程就称为**绝热过程**。实际上,绝对的绝热过程是不存在的。但一般而言,如果一个热力学过程传递的热量很小,就可以近似地视为绝热过程。生活中可视为绝热过程的例子有很多,如内燃机气缸中混合气体的燃烧和爆炸、蒸汽机气缸中蒸汽的膨胀、压缩机中空气的压缩等。上述过程之所以可以被视为绝热过程是因为这些过程进行得很迅速,在过程中只有少量热量进入或传出系统。下面研究的绝热过程是进行得十分缓慢的准静态过程。

在绝热过程中

$$\mathrm{d}Q = 0 \tag{8.29}$$

由热力学第一定律得

$$\mathrm{d}A = -\mathrm{d}E \tag{8.30}$$

即

$$p\mathrm{d}V = -\nu C_{V,\mathrm{m}}\mathrm{d}T \tag{8.31}$$

对理想气体状态方程 $pV = \nu RT$ 取微分,有

$$p\mathrm{d}V + V\mathrm{d}p = \nu R\mathrm{d}T \tag{8.32}$$

由式(8.31)和(8.32)消去 $\mathrm{d}T$ 得

$$(C_{V,\mathrm{m}} + R)p\mathrm{d}V + C_{V,\mathrm{m}}V\mathrm{d}p = 0 \tag{8.33}$$

将 $C_{p,\mathrm{m}} - C_{V,\mathrm{m}} = R$, $\dfrac{C_{p,\mathrm{m}}}{C_{V,\mathrm{m}}} = \gamma$ 代入式(8.33)得

$$\frac{\mathrm{d}p}{p} + \gamma\frac{\mathrm{d}V}{V} = 0 \tag{8.34}$$

式(8.34)为理想气体准静态绝热过程所满足的微分方程。若 $\gamma$ 为常数,积分可得

$$\ln p + \gamma\ln V = 常量 \tag{8.35}$$

或写作

$$pV^{\gamma} = C_1 \tag{8.36}$$

将理想气体状态方程 $pV = \nu RT$ 代入式(8.36),分别消去 $p$ 或 $V$ 可得

$$TV^{\gamma-1} = C_2 \tag{8.37}$$

$$p^{\gamma-1}T^{-\gamma} = C_3 \tag{8.38}$$

式(8.36)~式(8.38)统称为**理想气体的绝热方程**,也称为**泊松方程**。式中,$C_1$、$C_2$、$C_3$ 均为常量。

下面尝试利用式(8.36)，计算理想气体在绝热过程中对外界所做的功。若理想气体经绝热过程由状态1变为状态2，则在此过程中理想气体对外界做功为

$$A = -\Delta E = -\nu C_{V,m}\Delta T \tag{8.39}$$

由绝热方程可知：

$$pV^{\gamma} = p_1 V_1^{\gamma} = p_2 V_2^{\gamma} = 常量 \tag{8.40}$$

则

$$A = \int_{V_1}^{V_2} p\mathrm{d}V = \int_{V_1}^{V_2} p_1 V_1^{\gamma} \frac{\mathrm{d}V}{V^{\gamma}} \tag{8.41}$$

即

$$A = \frac{1}{\gamma - 1}(p_1 V_1 - p_2 V_2) \tag{8.42}$$

结合理想气体状态方程，式(8.42)可化为

$$A = -\frac{\nu R}{\gamma - 1}(T_2 - T_1) \tag{8.43}$$

根据式(8.36)，可以在 $p-V$ 图中画出与理想气体绝热过程相对应的过程曲线，即**绝热线**，如图8.9所示。再画一条与绝热线相交于 $A$ 点的等温线做比较，在 $A$ 点绝热线的斜率为

$$\left(\frac{\mathrm{d}p}{\mathrm{d}V}\right)_A = -\gamma\frac{p_A}{V_A} \tag{8.44}$$

而等温线的斜率为

$$\left(\frac{\mathrm{d}p}{\mathrm{d}V}\right)_T = -\frac{p_A}{V_A} \tag{8.45}$$

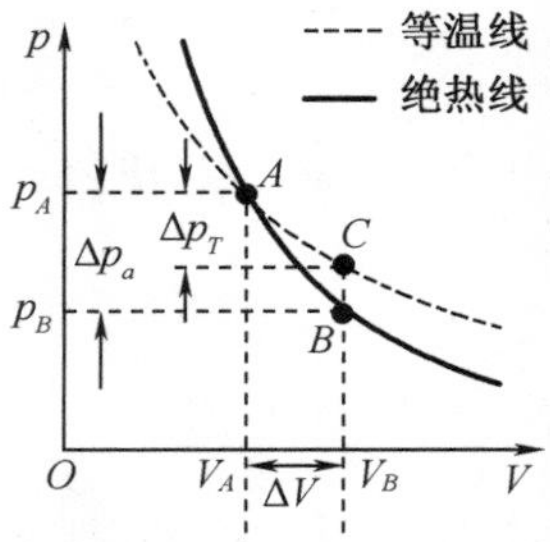


**图8.9　绝热线与等温线**

由于 $\gamma > 1$，因此绝热线比等温线更陡。这是因为在等温过程中，压强的降低仅由气体密度降低(体积膨胀)引起；而在绝热过程中，气体在膨胀的同时，内能也在不断减小，温度不断降低，气体密度下降和温度降低这两个因素的共同作用，使得在绝热过程中压强随体积的变化比在等温过程中更加迅速。

**例8.4**　1 mol刚性双原子理想气体，由状态 $A(p_1, V_1)$ 沿直线变为状态 $B(p_2, V_2)$，试求这一过程中的内能变化、对外做功和吸热量。

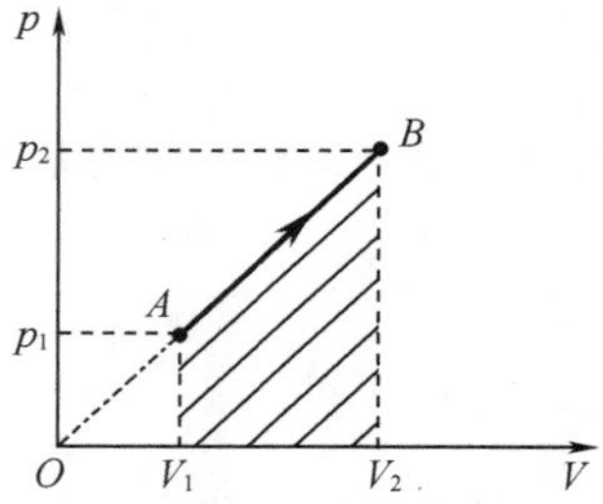


**图8.10　例8.4图**

**解**　此题目为非等值过程

(1) $\Delta E = \frac{i}{2}R(T_B - T_A) = \frac{i}{2}(p_B V_B - p_A V_A)$

$= \frac{5}{2}(p_B V_B - p_A V_A) = \frac{5}{2}(p_2 V_2 - p_1 V_1)$

(2) $A = S_{阴影} = \frac{p_2 V_2 - p_1 V_1}{2}$

(3) $Q=\Delta E+A=\frac{5}{2}(p_2V_2-p_1V_1)+\frac{1}{2}(p_2V_2-p_1V_1)=3(p_2V_2-p_1V_1)$

**例 8.5** 试讨论:理想气体在图 8.11 的Ⅰ、Ⅲ两个过程中是吸热还是放热?(Ⅱ为绝热过程)

**解** 由Ⅱ为绝热过程可得

$Q_{\mathrm{II}}=(E_b-E_a)+A_{\mathrm{II}}=0$ (因为 $A_{\mathrm{II}}>0$,所以 $E_b-E_a<0$)

又由分析可知

$$Q_{\mathrm{I}}=(E_b-E_a)+A_{\mathrm{I}} \text{ 且 } A_{\mathrm{I}}<A_{\mathrm{II}}$$

$$Q_{\mathrm{III}}=(E_b-E_a)+A_{\mathrm{III}} \text{ 且 } A_{\mathrm{III}}>A_{\mathrm{II}}$$

故 $Q_{\mathrm{I}}<0$,理想气体在过程Ⅰ中放热;$Q_{\mathrm{III}}>0$,理想气体在过程Ⅲ中吸热。

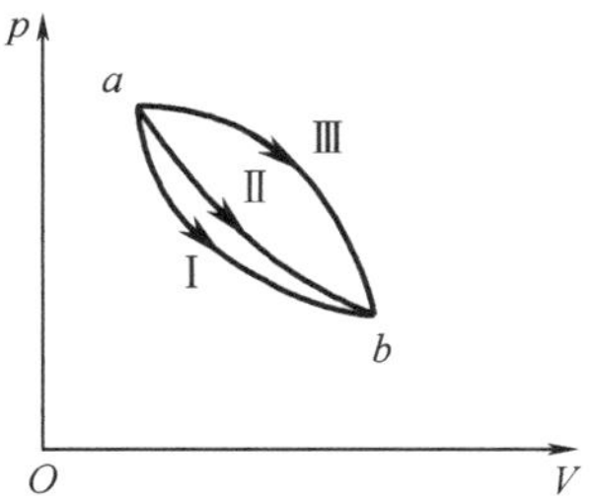


图 8.11 例 8.5 图

**例 8.6** 如图 8.12 所示,1 mol 单原子理想气体,经过一平衡过程 $a\to b\to c$,$ab$ 和 $bc$ 均为直线。则:

(1)在 $a\to b$ 及 $b\to c$ 过程中,系统内能变化、对外做功和吸收热量各是多少?

(2) $a\to b\to c$ 过程中,温度最高状态 $d$ 的压强和体积各是多少?

(3)在 $b\to c$ 过程中,系统是否一直在吸收热量?

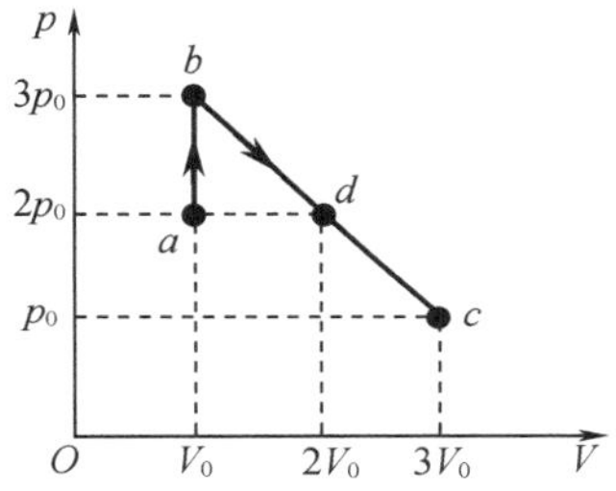


图 8.12 例 8.6 图

**解** (1) $a\to b$(等容过程):

$$\Delta E_{ab}=\frac{i}{2}R(T_b-T_a)=\frac{3}{2}(p_bV_b-p_aV_a)=\frac{3}{2}p_0V_0$$

$$A_{ab}=0$$

$$Q_{ab}=\Delta E_{ab}=\frac{3}{2}p_0V_0$$

$b\to c$(非等值过程):

$$\Delta E_{bc}=\frac{i}{2}R(T_c-T_b)=\frac{3}{2}(p_cV_c-p_bV_b)=0$$

$$A_{bc}=\frac{(p_0+3p_0)(3V_0-V_0)}{2}\text{(梯形面积)}=4p_0V_0$$

$$Q_{bc}=A_{bc}=4p_0V_0$$

(2)由等温线的位置可知,在 $a\to b$ 过程中,温度递增,所以最高温度状态一定在 $b\to c$ 过程中。

由理想气体状态方程得

$$T=\frac{1}{R}pV \tag{1}$$

由图(8.12)可知 $b\to c$ 过程中的状态方程:

$$p=-\frac{p_0}{V_0}V+4p_0 \tag{2}$$

结合式(1)和式(2)可得

$$T = -\frac{1}{R}\frac{p_0}{V_0}V^2 + \frac{4p_0}{R}V$$

当 $T = T_{max}$ 时，有

$$\frac{dT}{dV} = -\frac{2p_0}{RV_0}V + \frac{4p_0}{R} = 0$$

可知：$V_d = 2V_0$（此时 $\frac{d^2T}{dV^2}$，温度为极大值），温度最高的状态为 $(2p_0, 2V_0)$。

(3)在 $b \to d$ 过程中，因为 $\frac{dT}{dV} > 0$，所以 $dT > 0$，由此可知 $dE > 0$。又因为 $dA > 0$，所以 $dQ = dE + dA > 0$，即在 $b \to d$ 过程中，气体一直在吸热。

在 $d \to c$ 过程中：

$$Q_{dc} = \Delta E_{dc} + A_{dc} = \frac{i}{2}R(T_c - T_d) + \frac{(p_0 + 2p_0)(3V_0 - 2V_0)}{2}$$

$$= \frac{3}{2}(p_c V_c - p_d V_d) + \frac{3}{2}p_0 V_0 = 0$$

因为 $d \to c$ 不是绝热过程（$p$、$V$ 关系式不是 $pV^\gamma = C_1$），所以此过程中吸热与放热之和等于0。可见在 $d \to c$ 过程中存在放热现象，所以在 $b \to c$ 过程中，气体并非一直在吸热。

注：(1) $Q = 0$ 并不能说明是绝热过程，绝热过程的特征是 $dQ = 0$。

(2) $Q > 0$ 不一定是吸热过程，吸热过程是 $dQ > 0$ 的过程。

## 8.3 循环过程 卡诺循环

### 8.3.1 循环过程

在生产技术上，需要将热功之间的转换持续地进行下去，这就需要利用循环过程。人们将工作物质（简称“工质”）经过一系列过程又回到初始状态的整个过程称为**循环过程**，简称“**循环**”。

由于系统的状态决定内能，因此系统在经过一个循环后，内能的大小并不改变，即 $\Delta E = 0$。由热力学第一定律可知 $Q = A$，即系统运行一个循环从外界吸收的净热量全部用于对外做功。

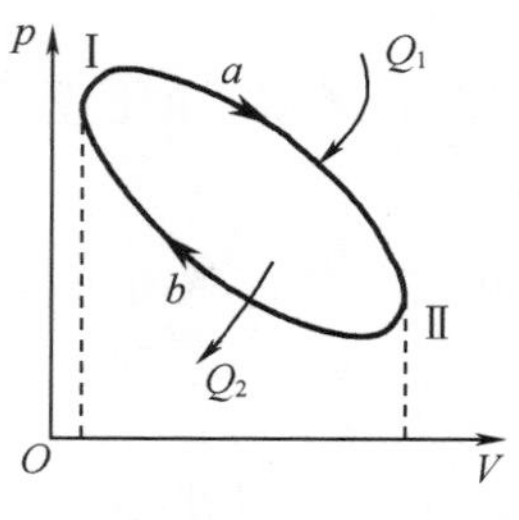

**图 8.13 正循环过程示意图**

现在考虑以气体充当工质的准静态循环过程。准静态循环过程在 $p-V$ 图上可以用一条封闭的曲线来表示，按过程进行的方向可分成正循环和逆循环两大类。

**正循环**：在 $p-V$ 图上按顺时针方向进行的循环过程。

如图 8.13 所示，设系统从状态 Ⅰ 开始，经准静态过程 $a$ 到状态 Ⅱ，在此膨胀过程中，工质从外界吸收热量 $Q_1$，对外做

功为 $A_1$，$A_1$ 值等于曲线 Ⅰ $-a-$ Ⅱ线下包围的面积；

系统又从状态Ⅱ经准静态过程 $b$ 回到状态Ⅰ，外界对其做功 $A_2$，其值等于曲线Ⅱ $-b-$ Ⅰ下所包围的面积，同时工作物质向外界放出热量 $Q_2$。整个循环过程中，工质对外所做的净功(**循环过程中系统做功的代数和**) $A=A_1-A_2$，其值等于闭合曲线 Ⅰ $-a-$ Ⅱ $-b-$ Ⅰ所包围的面积。

整个循环下来吸收的热量：$Q=Q_1-Q_2>0$；

整个循环下来对外做功：$A=A_1-A_2>0$。

**可见，经过一个完整的正循环过程，系统从外界吸收热量并对外做功，吸收的热量在数值上等于系统对外所做的功。**

能完成正循环(或通过工质将热量不断转换为功)的装置称为**热机**，常用的热机有蒸汽机、内燃机、汽轮机等。虽然它们在工作方式、效率上各不相同，但工作原理都基本相同。一般来说，都是工质在工作时从高温热源吸收热量，将一部分热量用于对外做功，将另一部分热量向低温热源释放。由热力学第一定律可知，吸热量 $Q_1$ 等于对外做功 $A$ 与放热量 $Q_2$ 之和，原理如图 8.14 所示。

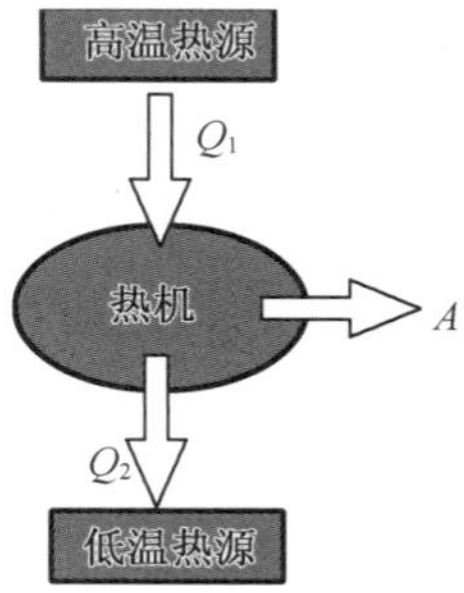


**图 8.14　热机工作原理示意图**

热机工作一个循环，对外做功 $A$ 与从高温热源吸收热量 $Q_1$ 的比值称为**热机的循环效率**，简称**“效率”**。效率体现了热机将热量转化为有用功的本领，可用于衡量热机性能的好坏，常用 $\eta$ 表示。热机效率 $\eta$ 的表达式为

$$\eta=\frac{A}{Q_1}=\frac{Q_1-Q_2}{Q_1}=1-\frac{Q_2}{Q_1} \tag{8.46}$$

需要注意：在热力学中，放热 $Q_2$ 的值是负值，因此在计算热机效率时，$Q_2$ 应取绝对值。

**逆循环**：在 $p-V$ 图上按逆时针方向进行的循环过程。

如图 8.15 所示，设系统从状态Ⅰ开始，经准静态过程 $b$ 到状态Ⅱ，在此膨胀过程中，工质从外界吸收热量 $Q_2$，对外做功为 $A_2$，$A_2$ 值等于曲线Ⅰ $-b-$ Ⅱ线下包围的面积；

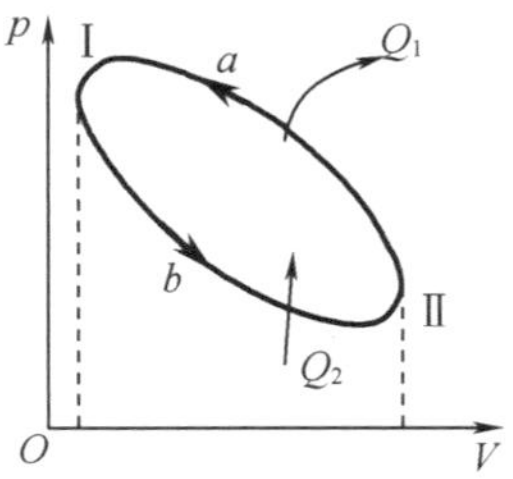


**图 8.15　逆循环过程示意图**

系统又从状态Ⅱ经准静态过程 $a$ 回到状态Ⅰ，外界对其做功 $A_1$，其值等于曲线Ⅱ $-a-$ Ⅰ下所包围的面积，同时工质向外界放出热量 $Q_1$。整个循环过程中，工质对外所做的净功(**循环过程中系统做功的代数和**) $A=A_2-A_1$，其值等于闭合曲线Ⅰ $-b-$ Ⅱ $-a-$ Ⅰ所包围面积的负值。

整个循环下来热量的变化：$Q=Q_2-Q_1<0$；

整个循环下来做功：$A=A_2-A_1<0$。

**可见，经过一个完整的逆循环过程，外界对系统做功，系统向外界放热，做功量与放热量在数值上相等。**

工质做逆循环(或利用外界做功使热量由低温热源流向高温热源)的机器称为**制冷机**，常用的制冷机包括冰箱、冰柜、热泵等。它们都是采用逆循环过程，通过外界对其做功，将

热量从低温热源传至高温热源，原理如图 8.16 所示。也就是说，逆循环需要外界对工质做功，工质才能从低温热源吸收热量，以实现制冷目的。这就是制冷机的工作原理，逆循环也常被称为**制冷循环**。

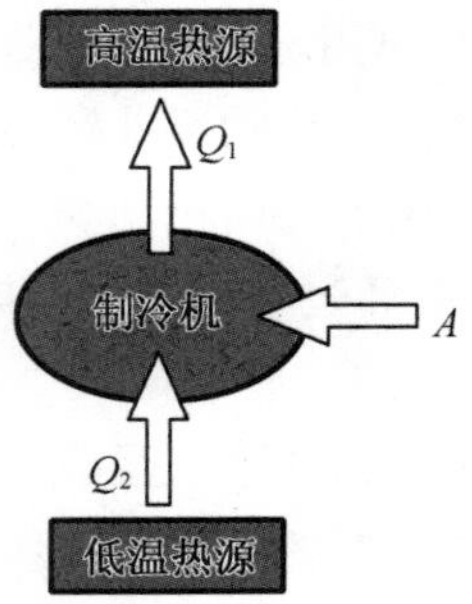

**图 8.16　制冷机工作原理示意图**

制冷机的目的是从低温热源吸收热量，为实现这一目的必须以外界对工质（一般为制冷剂）做功为代价。人们常用一个逆循环过程中工质从冷库中吸收的热量 $Q_2$ 与外界对工质所做的功 $A$ 的比值来衡量制冷机的效能。这一比值称为逆循环的**制冷系数**，用 $w$ 表示。制冷系数 $w$ 的表达式为

$$w = \frac{Q_2}{A} = \frac{Q_2}{Q_1 - Q_2} \tag{8.47}$$

式中，$Q_1$ 表示向高温热源放出的热量；$Q_2$ 表示制冷机从低温热源吸收的热量；$A$ 表示外界对工质所做的功。

**例 8.7**　一定量的理想气体经历如图 8.17 所示的循环过程，$A \to B$ 和 $C \to D$ 是等压过程，$B \to C$ 和 $D \to A$ 是绝热过程。已知：$T_C = 300\ \text{K}$，$T_B = 400\ \text{K}$。试求：此循环的效率。（提示：循环效率的定义式 $\eta = 1 - \frac{Q_2}{Q_1}$，$Q_1$ 为循环中气体吸收的热量，$Q_2$ 为循环中气体放出的热量。）

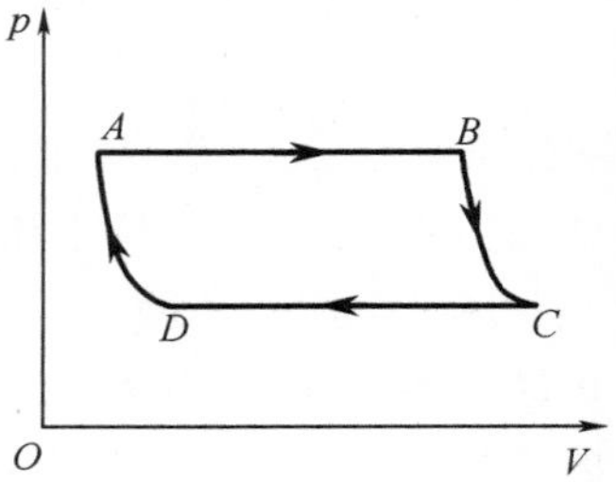

**图 8.17　例 8.7 图**

**解**　因为

$$\eta = 1 - \frac{Q_2}{Q_1}, Q_1 = \frac{m}{M} C_{p,\text{m}} (T_B - T_A), Q_2 = \frac{m}{M} C_{p,\text{m}} (T_C - T_D)$$

所以

$$\frac{Q_2}{Q_1} = \frac{T_C - T_D}{T_B - T_A} = \frac{T_C\left(1 - \frac{T_D}{T_C}\right)}{T_B\left(1 - \frac{T_A}{T_B}\right)}$$

由绝热方程得

$$p_A^{\gamma-1} T_A^{-\gamma} = p_D^{\gamma-1} T_D^{-\gamma}$$
$$p_B^{\gamma-1} T_B^{-\gamma} = p_C^{\gamma-1} T_C^{-\gamma}$$

又因为

$$p_A = p_B, p_C = p_D$$

所以

$$\frac{T_A}{T_B} = \frac{T_D}{T_C}$$

$$\eta = 1 - \frac{Q_2}{Q_1} = 1 - \frac{T_C}{T_B} = 25\%$$

**例 8.8** 一个以氧气为工质的循环由等温、等压及等体3个过程组成，如图 8.18 所示，已知 $p_a=4.052\times10^5$ Pa，$p_b=1.013\times10^5$ Pa，$V_a=1.00\times10^{-3}$ m$^3$，求此循环的效率。(氧气的摩尔定容热容 $C_{V,m}=\frac{5}{2}R$)

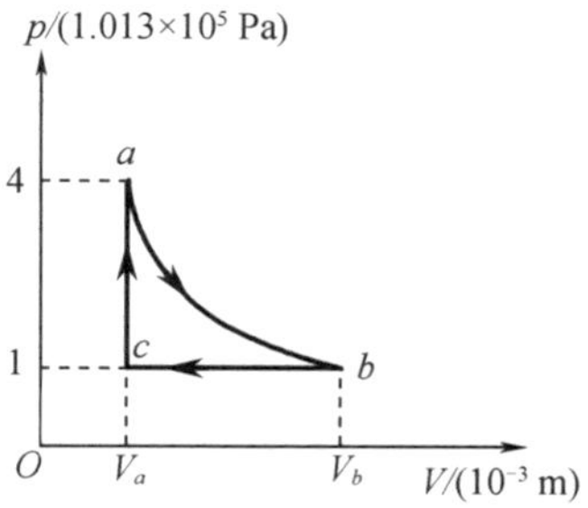


**图 8.18 例 8.8 图**

**解** 视氧气为理想气体，从 $p-V$ 图上可以看出，$abca$ 构成的循环过程为正循环，其循环效率为 $\eta=1-\frac{Q_2}{Q_1}$，需要先求出整个过程中吸收的热量 $Q_1$ 和放出的热量 $Q_2$。

摩尔定容热容

$$C_{V,m}=\frac{5}{2}R$$

摩尔定压热容

$$C_{p,m}=\frac{7}{2}R$$

由于 $ab$ 过程为等温膨胀过程。满足 $p_aV_a=p_bV_b$

$$V_b=\frac{p_aV_a}{p_b}$$

在 $ab$ 过程中系统吸收的热量

$$\begin{aligned}Q_{ab}&=\frac{m}{M}RT_a\ln\frac{V_b}{V_a}\\&=p_aV_a\ln\frac{V_b}{V_a}\\&=4.052\times10^5\times1.00\times10^{-3}\ln\frac{4.00\times10^{-3}}{1.00\times10^{-3}}\text{ J}\\&=562\text{ J}\end{aligned}$$

$bc$ 过程为等压压缩过程，在 $bc$ 过程中，系统吸收的热量

$$\begin{aligned}Q_{bc}&=\frac{m}{M}C_{p,m}(T_c-T_b)\\&=\frac{C_{p,m}}{R}p_b(V_c-V_b)\\&=\frac{29.1}{8.31}\times1.013\times10^5\times(1.00\times10^{-3}-4.00\times10^{-3})\text{ J}\\&=-1.06\times10^3\text{ J}\end{aligned}$$

式中，负号表示气体向外界放出热量。

$ca$ 过程为等体过程，故系统吸收的热量

$$Q_{ca}=\frac{m}{M}C_{V,m}(T_a-T_c)$$

$$= \frac{C_{V,m}}{R} p_c (p_a - p_c)$$

$$= \frac{20.8}{8.31} \times 1.00 \times 10^{-3} \times (4.052 \times 10^5 - 1.013 \times 10^5) \text{ J}$$

$$= 761 \text{ J}$$

于是整个过程系统从外界吸收的热量

$$Q_1 = Q_{ab} + Q_{ca} = (5.62 \times 10^2 + 7.61 \times 10^2) \text{ J} = 1.32 \times 10^3 \text{ J}$$

整个过程系统向外界放出的热量

$$Q_2 = |Q_{bc}| = 1.06 \times 10^3 \text{ J}$$

所以

$$\eta = 1 - \frac{Q_2}{Q_1} = 1 - \frac{1.06 \times 10^3}{1.32 \times 10^3} = 19.7\%$$

### 8.3.2 卡诺循环

从19世纪初开始，最早的热机——蒸汽机被广泛地应用于纺织、轮船、火车。但当时蒸汽机的效率很低，只有3% ~5%，因而人们迫切地要求提高热机的效率。1824年，法国青年工程师卡诺提出了一种理想热机。这种热机的工质工作在两个恒温热源之间，不存在散热、漏气等因素。卡诺证明了它与其他循环相比，具有最高的效率。人们将这种热机称为**卡诺热机**，并将卡诺热机的循环过程称为**卡诺循环**。

卡诺循环由4个准静态过程组成，其中两个是等温过程，两个是绝热过程。卡诺循环对工质没有规定，可以是理想气体，也可以是气液两相系统等。下面就以理想气体为工质进行讨论。如图8.19(a)所示，曲线$AB$和$CD$表示温度分别为$T_1$和$T_2$的两条等温线，曲线$BC$和$DA$是两条绝热线。整个循环过程为一个闭合曲线$ABCDA$。工作物质从状态$A(p_1, V_1, T_1)$出发，先经过等温膨胀过程到状态$B(p_2, V_2, T_1)$，然后绝热膨胀到状态$C(p_3, V_3, T_2)$，再等温压缩到状态$D(p_4, V_4, T_2)$，最后绝热压缩回到初始状态$A$，完成一个循环。

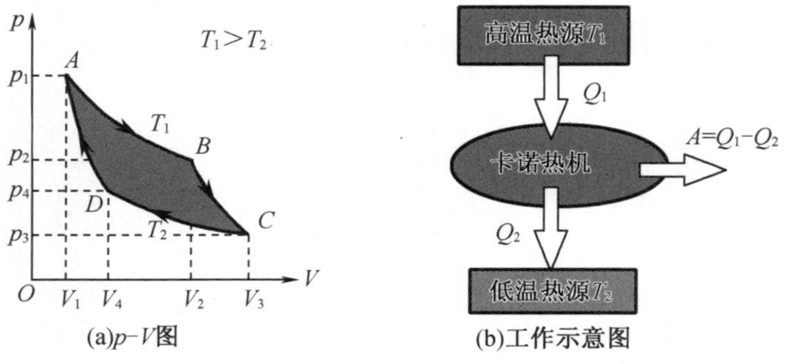


图8.19 卡诺循环

下面来计算卡诺循环的效率。

假设工质是 $\nu$ mol 的理想气体。在由 $A$ 到 $B$ 的等温过程中,工质从温度为 $T_1$ 的高温热源吸收的热量为

$$Q_1 = \nu RT_1 \ln \frac{V_2}{V_1} \tag{8.48}$$

在由 $C$ 到 $D$ 的等温过程中,工质向温度为 $T_2$ 的低温热源放出的热量为

$$Q_2 = \nu RT_2 \ln \frac{V_3}{V_4} \tag{8.49}$$

由于绝热过程无热量传递,因此卡诺循环的效率为

$$\eta = \frac{A}{Q_1} = 1 - \frac{Q_2}{Q_1} = 1 - \frac{T_2 \ln \dfrac{V_3}{V_4}}{T_1 \ln \dfrac{V_2}{V_1}} \tag{8.50}$$

对 $B \rightarrow C$ 和 $D \rightarrow A$ 应用绝热方程,则

$$T_1 V_2^{\gamma-1} = T_2 V_3^{\gamma-1} \tag{8.51}$$

$$T_2 V_4^{\gamma-1} = T_1 V_1^{\gamma-1} \tag{8.52}$$

取式(8.51)与式(8.52)的比值得

$$\frac{V_2}{V_1} = \frac{V_3}{V_4} \tag{8.53}$$

于是,卡诺循环的效率可表示为

$$\eta = 1 - \frac{T_2}{T_1} \tag{8.54}$$

综上,要完成一次卡诺循环必须有高温和低温两个热源,循环的效率由两个热源的温度决定。高温热源的温度越高,低温热源的温度越低,效率就越高。这就指出了提高热机效率的方向。通常,用周围环境作为低温热源,温度不可能很低,因此提高高温热源的温度是提高热机效率的主要方向。

如果卡诺循环逆向进行,则构成卡诺制冷机,制冷系数为

$$w = \frac{T_2}{T_1 - T_2} \tag{8.55}$$

当高、低温热源温差确定,低温热源的温度越低,制冷系数越小,做一样的功从不同温度的低温热源吸收的热量是不同的。一般制冷机的制冷系数为 2 ~7。

**例 8.9** 一个卡诺热机工作于温度分布为 $T_1 = 27$ ℃,$T_2 = 127$ ℃的两个热源之间,则:(1)若在正循环中该热机从高温热源吸收热量 5 840 J,该热机向低温热源放出多少热量?对外做功多少?(2)若使它逆向运转成为制冷机,当它从低温热源吸收 5 840 J 热量时,会向高温热源释放多少热量?同时需要外界对其做功多少?

**解** (1)卡诺热机的效率为

$$\eta = 1 - \frac{T_2}{T_1} = 1 - \frac{300}{400} = 25\%$$

由题意知 $Q_1=5\ 840$ J,则热机向低温热源放出的热量为

$$Q_2=Q_1(1-\eta)=5\ 840\times(1-25\%)\ \text{J}=4\ 380\ \text{J}$$

对外做功为

$$A=\eta Q_1=0.25\times5\ 840\ \text{J}=1\ 460\ \text{J}$$

(2)逆循环时,制冷系数为

$$w=\frac{Q_2}{A}=\frac{T_2}{T_1-T_2}=\frac{300}{400-300}=3$$

由题意知 $Q_2=5\ 840$ J,则需要外界做功为

$$A=\frac{Q_2}{w}=\frac{5\ 840}{3}\ \text{J}=1\ 947\ \text{J}$$

向高温热源放出的热量为

$$Q_1=Q_2+A=(5\ 840+1\ 947)\ \text{J}=7\ 787\ \text{J}$$

**例 8.10** 一卡诺制冷机从 −9 ℃的冷藏室中吸取热量,向 21 ℃的水放出热量。该制冷机所消耗的功率为 15 kW,求其每分钟从冷藏室中吸取的热量。

**解** 该卡诺制冷机的制冷系数为

$$w=\frac{Q_2}{|A|}=\frac{T_2}{T_1-T_2}=\frac{264}{294-264}=8.8$$

该制冷机每分钟从冷藏室中吸收的热量为

$$Q=60wP=60\times8.8\times15\times10^3\ \text{J}=7.92\times10^6\ \text{J}$$

# 8.4 热力学第二定律 卡诺定理

在 19 世纪初期,蒸汽机已在工业、航海等部门得到了广泛应用。随着技术水平的提高,蒸汽机的效率也有所提高,但是提高的效率有无上限呢?提高效率的关键又在哪里?这都是当时在理论上亟待解决的问题。许多人经过艰苦努力,总结了长期以来积累的科学知识和丰富的实践经验,最后终于发现了一个新的自然规律,即热力学第二定律。

## 8.4.1 热力学第二定律

热力学第一定律指出,任何热力学过程必须满足能量守恒定律,那么在自然界中凡是满足能量守恒的过程一定能发生吗?答案是否定的。例如,将两个温度不同的物体相接触,热量会自发地从高温物体传到低温物体,最终两个物体的温度一样。反过来,将两个温度相同的物体接触,没有人看到热量会自发地从一个物体传到另一个物体,使两物体有温差且越来越大。这就是说,热量由低温物体自动地传向高温物体的过程是不能实现的。在焦耳实验中,重物下降会使水温升高,但没有办法让水自发地降低温度、放出能量再使重物升高。这表明,热自动转换为功的过程是不能实现的。又如,打开香水瓶盖,因扩散作用,

人们能够闻到香味。但已经扩散的香气分子不会自动地回到香水瓶中去。这说明,气体扩散过程的相反过程也是不能自动实现的。然而这些相反方向的过程却都不违反热力学第一定律。

以上现象说明,满足热力学第一定律的过程不一定都能发生,还应有一个规律来支配热力学过程进行的方向和限度,这就是热力学第二定律。克劳修斯和开尔文分别于 1850 年、1851 年提出了热力学第二定律的两种表述。

**开尔文表述:不可能从单一热源吸收热量,使之完全转换为功,而不引起其他变化。**

如果热机从单一热源吸热并完全转化为功,则其效率等于 100%,而且这样的过程与热力学第一定律不矛盾。但开尔文表述揭示出这样的热机并不存在,任何热机的效率一定小于 100%。也就是说,任何热机从热源吸取热量做功,总要放出一部分热量到温度较低的热源,才能使工质恢复到初始状态。

开尔文表述的内容往往被人们曲解为“热量不能全部转换为功”。对其表述内容正确的理解是:在没有引起其他变化(或不产生其他影响)的情况下,热量不可能全部转换为功。如以上提到的效率 100% 的热机,即在一次循环中,把吸收的热量全部转换成功,而系统恢复到循环过程的初始状态,没有引起系统状态改变,这样的热力学过程是根本不可能发生的。但是,如果只经历一个单一热力学过程,使系统或环境状态发生变化,热量是可以全部转换成功的。例如,理想气体经历等温膨胀过程,系统把从单一热源吸收的热量全部转换成功,但在此热力学过程中,系统的状态发生了变化,其体积变大,压强变小。

历史上把从单一热源吸收热量而对外做功的热机称为第二类永动机。有人曾计算,如果能制成第二类永动机,使它从海水中吸热而做功,那么海水的温度只要降低 0.01 K,所获得的功就可以使全世界的机器开动几个世纪。然而,热力学第二定律说明了“第二类永动机是不可能制成的”,因此人们也常将“第二类永动机不可能制成”作为热力学第二定律的另一种表述。

**克劳修斯表述:不可能把热量从低温物体传到高温物体,而不引起其他变化。**

该表述的准确含义是:在不引起其他变化(或产生其他影响)的情况下,要使热量从低温物体传到高温物体是不可能的。或者说,热量不能自动地从低温物体传到高温物体。不能把克劳修斯表述简单地理解为“ 热量不可能从低温物体传到高温物体”。事实上,如在两个温度不同的物体之间连接一台制冷机,就可以实现把热量由低温物体传到高温物体,但是此过程中的热量传递不是自发的,而是要靠外界对系统做功来实现的,其结果必然会引起周围环境状态的改变。

热力学第二定律反映了自然界过程进行的方向和条件,它指出自然界中出现的过程是有方向的,某些方向的过程可以实现,而另一些方向的过程则不能实现。在自然界中,自发过程都是不可逆的,因此热力学第二定律是不可逆过程方向性的体现。热力学第二定律与热力学第一定律一样,都是大量实验事实的总结和概括,其正确性在于由此做出的一切推论均与客观事实相符。

### 8.4.2　热力学第二定律两种表述的等效性

热力学第二定律的两种表述，从表面上看是不相同的，但可以证明它们是完全等效的。

首先证明若克劳修斯表述不成立，则开尔文表述也不成立。如图 8.20 所示，热量 $Q_2$ 可以通过某种方式由低温热源 $T_2$ 传递给高温热源 $T_1$，而不产生其他影响。那么，在高温热源 $T_1$ 和低温热源 $T_2$ 之间设计一个卡诺热机，令它在一个循环中从高温热源吸收热量 $Q_1=Q_2+A$，一部分热量用于向外界做功 $A$，另一部分热量 $Q_2$ 向低温热源释放。这样，总的效果是：低温热源没有发生任何变化，而只是从单一的高温热源吸收热量 $Q_1-Q_2=A$，并全部用来对外做功。这就违反了热力学第二定律的开尔文表述。

其次证明若开尔文表述不成立，则必然导致克劳修斯表述也不成立。如图 8.21 所示，一个违反开尔文表述的机器从高温热源 $T_1$ 吸收热量 $Q$，并将其全部转化为有用功 $A=Q$，而未产生其他影响。那么，就可以利用该机器输出的功 $A$ 去供给在高温热源 $T_1$ 和低温热源 $T_2$ 之间工作的制冷机。该制冷机在一个循环中得到功 $A(A=Q)$，并从低温热源 $T_2$ 处吸收热量 $Q_2$，最终向高温热源 $T_1$ 释放热量 $Q_1=Q_2+Q$。两部机器总的效果是：高温热源净吸收热量 $Q_2$，而低温热源恰好放出热量 $Q_2$，此外再没有任何其他变化。这就违反了热力学第二定律的克劳修斯表述。

综上所述，热力学第二定律的开尔文表述和克劳修斯表述是等效的。

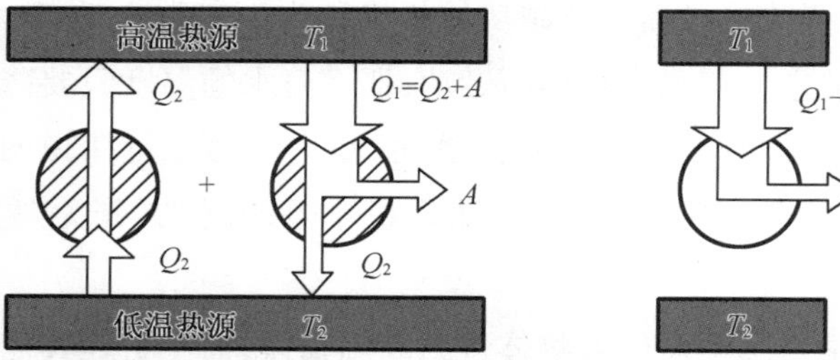


(a)违反克劳修斯表述的机器+制冷机　　(b)违反开尔文表述的机器

**图 8.20　克劳修斯表述与开尔文表述的等效性**

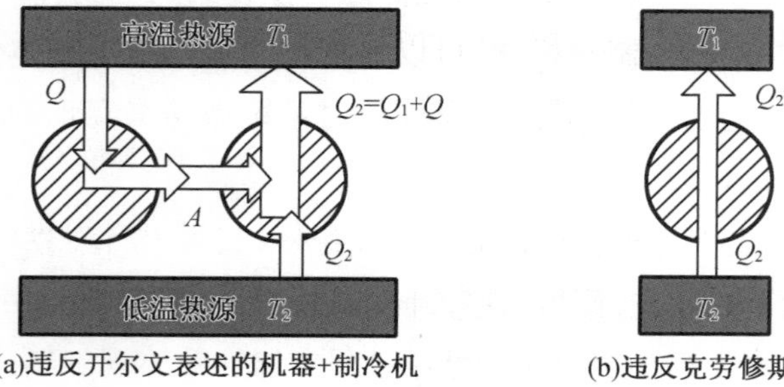


(a)违反开尔文表述的机器+制冷机　　(b)违反克劳修斯表述的机器

**图 8.21　开尔文表述与克劳修斯表述的等效性**

### 8.4.3 可逆过程与不可逆过程

热力学第二定律的克劳修斯表述表明：高温物体能自动地把热量传递给低温物体，而低温物体不可能自动地将热量传向高温物体。这说明自然界发生的过程具有方向性，为更好地描述过程的方向性，需要引入可逆过程和不可逆过程的概念。

一个状态变化过程，如果可以沿着相反方向进行，使系统经过与原来完全一样的中间状态回到初始状态，并且不引起外界的任何变化，这样的过程称为**可逆过程**。反之，如果过程不可以沿反方向进行，或者虽然可以沿反方向进行，却引起了外界环境的变化，这种过程就称为**不可逆过程**。

对于热学系统，只有在系统状态变化过程进行得无限缓慢，即为准静态过程，并且过程中没有摩擦力做功时，其状态变化过程才是可逆的。可以用气缸内活塞的运动来说明这一点（图 8.22），为了实现过程的可逆，气缸内的活塞必须无限缓慢地移动，气体状态的变化过程可以看成是由一系列变化无限缓慢的平衡态组成的。这样才能使过程沿反方向进行时，经历与原来一样的中间平衡状态；此外，活塞与气缸间的接触是完全光滑的，没有摩擦力的作用，在这样的条件下，气缸中气体作用在活塞上的力与外界作用在活塞上的力相等。由于没有摩擦力做功，在经过正、逆两过程后，外界环境也不会发生任何变化。因此，无限缓慢的无摩擦过程是可逆过程。

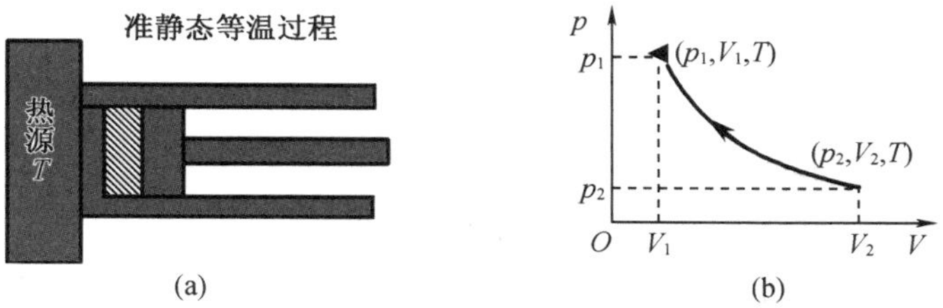


**图 8.22 准静态等温过程**

在自然界中存在着大量的不可逆过程，如功转变为热、热量由高温物体传向低温物体、气体的自由扩散、多孔塞实验中的节流过程、各种爆炸过程等。这些热力学过程都是在无外界作用的情况下自发进行的，所以被称为**自发过程**。大量事实表明：与热现象有关的宏观自发过程都是不可逆的。

### 8.4.4 卡诺定理

热力学第二定律已指出热机效率不可能达到 100%，卡诺定理则进一步指出实际热机所能达到的最高效率，具体如下：

（1）在相同的高温热源（温度为 $T_1$）和相同的低温热源（温度为 $T_2$）之间工作的一切可逆热机的效率都相等，与工作物质无关；

（2）在相同的高温热源和相同的低温热源之间工作的一切不可逆热机的效率不可能高

于可逆热机的效率。

用一个数学表达式可将卡诺定理表示为

$$\eta \leqslant 1-\frac{T_2}{T_1} \tag{8.56}$$

式中，“ = ”对应可逆热机；“ < ”对应不可逆热机。

热力学第一定律表明，在一切热力学过程中，能量之间的转换或传递遵守能量守恒定律；而热力学第二定律和卡诺定理又指出，在热力学过程中有用能（或可资利用能）是受到限制的。例如，工作在高温热源和低温热源之间、效率为 $\eta$ 的热机，在完成一个循环后，它从高温热源吸收的热量 $Q_1$，并不能全部用于做功，而必须将 $(1-\eta)Q_1$ 的能量传递给低温热源。这就意味着，从高温热源吸收的能量只有一部分可以被利用，而其余部分则会被耗散到周围环境中，最终成为不可利用的能量。人们用可利用能量的多少来衡量能量的品质，可以证明只要存在不可逆过程，能量的品质就会下降。在开发和利用能源时，人们应当尽量避免能量品质的降低。

**例 8.11** 热机的高温热源温度为600 K，低温热源温度为300 K，它的耗煤量为 $11.9\ \mathrm{t\cdot h^{-1}}$，煤的发热量 $\lambda=1.5\times10^4\ \mathrm{J\cdot g^{-1}}$，实际功率为 5 000 kW，求：

(1) 此热机理论上的最高效率；

(2) 实际的效率。

**解** (1) 由卡诺定理知，热机理论上的最大效率等于可逆热机的效率，即

$$\eta_{\text{理论}}=1-\frac{T_2}{T_1}=1-\frac{300}{600}=50\%$$

(2) 热机的实际效率为

$$\eta_{\text{实际}}=\frac{A}{Q_1}$$

$Q_1$ 为煤的总发热量，$A$ 为热机做的功，则 $Q_1=m_{\text{煤}}\cdot\lambda$，$A=P\cdot t$，所以

$$\eta_{\text{实际}}=\frac{5\ 000\times10^3\times3.6\times10^3}{11.9\times10^6\times1.5\times10^4}=10\%$$

## 8.5 热力学第二定律的统计意义　熵

### 8.5.1 热力学第二定律的统计意义

热力学第二定律指出，一切与热现象有关的宏观过程都是不可逆的。那么为什么这些过程都是不可逆的？下面就通过分析微观粒子热运动来进一步揭示宏观过程不可逆性的本质。

先分析气体自由扩散问题。如图 8.23 所示，设有一容器被隔板分为体积相等的 A 和 B 两边，开始时 A 边贮有气体，B 边为真空。隔板抽掉前，分子只能在 A 边运动；当抽掉隔板

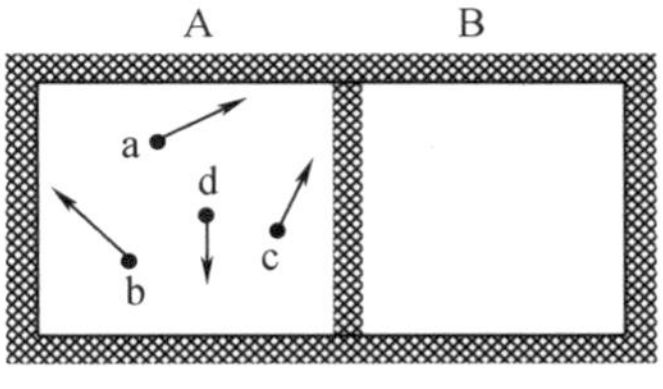

图 8.23 自由扩散

以后,分子运动的空间为整个容器。由于分子运动的无规则性,每个分子出现在 A 边和 B 边的概率各占$\frac{1}{2}$。为简单起见,假设这个系统只有 4 个分子,分别表示为 a、b、c、d。表 8.3列出了分子 a、b、c、d 在容器两边的分布, 表中微观态指的是给定标记的分子在 A 边和 B 边的一种分布,宏观态指的是给定数量的分子(不考虑分子标记)在 A 边和 B 边的一种分布。从表 8.3 中可以看出,4 个分子在 A 和 B 两边分布可能出现的总微观状态数为 $16 = 2^4$,所有分子都集中在某一边的宏观态只包含一种微观态,两边各有 2 个分子的宏观态所包含的微观态最多。根据统计物理中的等概率假设:孤立系统中各微观态出现的概率相同,可得所有分子都集中在某一边的宏观态出现的概率为$\frac{1}{2^4}$,两边各有 2 个分子的宏观态出现的概率最大。

表 8.3 分子在容器两边的分布

| | | | | | | | | | | | | | | | | | |
|---|---|---|---|---|---|---|---|---|---|---|---|---|---|---|---|---|---|
| 微观态 | A | abcd | 0 | bcd | acd | abd | abc | a | b | c | d | ab | ac | ad | bc | bd | cd |
| | B | 0 | abcd | a | b | c | d | bcd | acd | abd | abc | cd | bd | bc | ad | ac | ab |
| 宏观态 | A | 4 | 0 | 3 | | | | 1 | | | | 2 | | | | | |
| | B | 0 | 4 | 1 | | | | 3 | | | | 2 | | | | | |
| 各宏观态对应的微观态数 | | 1 | 1 | 4 | | | | 4 | | | | 6 | | | | | |

对于由 $N$ 个分子组成的系统,可能出现的总微观态数为 $2^N$,所有分子都在某一边的宏观态出现的概率$\frac{1}{2^N}$。对于实际的宏观系统,$N$ 的数量级为 $10^{23}$,所有分子集中一边的概率极其微小,以至于根本不可能出现。实际上,对于分子数 $N$ 的数量级为 $10^{23}$ 的宏观系统,基本均匀分布的宏观态包含了 $2^N$ 个可能的微观态中的绝大部分,甚至稍微偏离均匀分布的状态出现的概率都小到可以忽略不计。

根据以上分析结果,气体自由扩散的不可逆性实质上反映了系统内部发生的过程总是由概率小的宏观状态向概率大的宏观状态进行的,而相反过程出现的概率是极小的。

接下来分析热功转换的方向性问题。热功转换更确切地说应当是机械能与内能的相互转换。机械能表示宏观运动的能量,即所有分子做同样的定向运动所对应的能量;而内能则代表大量分子做无规则热运动的能量。所以热功转换的实质是规则运动的能量与无规则运动的能量之间的相互转换。如图 8.24 所示,考虑一装在容器中的气体,假设初始时刻时所有分子都以一个共同的速度做定向运动,但此后每一个分子的运动都是随机的。不难想象,系统内的分子将很快从规则运动转变为无规则运动。相反地,假设初始时刻时分子的运动是无规则的,那么此后是否可能出现在某一时刻,所有分子刚好以共同的速度朝一个方向运动？这种可能性并非没有，只是概率实在太小了。

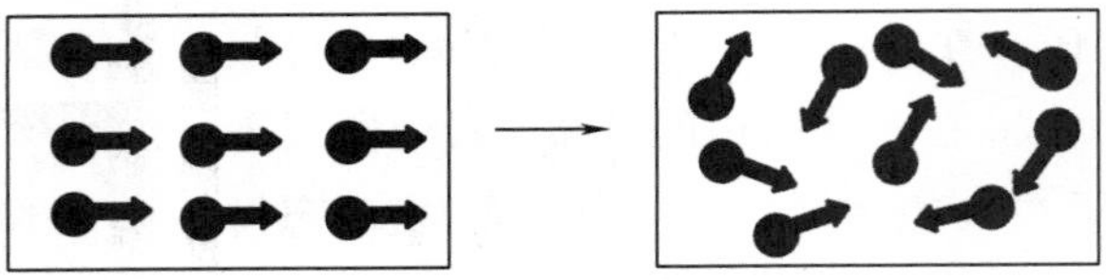


**图 8.24　机械能转化为内能**

以上分析表明，功变成热的实质是从概率小的宏观态向概率大的宏观态过渡，而热变成功则是从概率大的宏观态向概率小的宏观态过渡。

对于热传递不可逆性问题，也可以做类似的分析。高温物体分子的平均动能要比低温物体分子的平均动能大，两物体相接触时，能量从高温物体传到低温物体的概率显然比反向传递的概率大很多。

综合以上分析结果，可以得到热力学第二定律的统计意义：一切孤立系统，其内部发生的过程，总是从包含微观态数少的宏观态向包含微观态数多的宏观态进行，从较为有序的宏观态向较为无序的宏观态进行。相反的过程并非不可能，但出现这种过程的概率太小了！

### 8.5.2　熵　熵增加原理

由热力学第二定律的统计意义可知，热力学过程总是从概率小的宏观态向概率大的宏观态进行，宏观态出现概率的大小由它包含的微观态数决定。因此，一般将宏观态所包含的微观态数称作该宏观状态的**热力学概率**，用 $W$ 表示。

为便于理论上处理，1877 年，玻尔兹曼引入了一个状态函数**熵**，用 $S$ 表示，其与热力学概率的关系为

$$S = k\ln W \tag{8.57}$$

式(8.57)称为**玻尔兹曼关系**，也称为**玻尔兹曼熵公式**。式中，$k$ 为玻尔兹曼常量，熵的单位是 $J \cdot K^{-1}$。对于热力学系统的每一个宏观状态，都有一个热力学概率 $W$ 值与之对应，也就有一个熵值 $S$ 与之对应。因此，熵 $S$ 是系统的状态函数。

按照热力学概率与宏观态出现概率的对应关系可知：孤立系统统中进行的不可逆过程总是朝着熵增加的方向进行；孤立系统中进行的可逆过程，由于系统总是处于平衡态（热力学概率 $W$ 最大的状态），而平衡态又是熵最大的状态，因而系统的熵值 $S$ 始终保持不变。这个结论叫作**熵增加原理**。在孤立系统中，熵增加原理可写成如下形式：

$$\Delta S \geqslant 0 \tag{8.58}$$

式中，“ > ”对应不可逆过程；“ = ”对应可逆过程。熵增加原理也可以表述为：**一个孤立系统的熵永不减少**。实际上，在孤立系统内部自发进行的过程必然是不可逆的，其熵总是朝着增加的方向变化，而不可逆过程的结果将使系统达到新的平衡，这时熵具有极大值。根据

这个特点,就可以利用熵的变化情况来判断一个孤立系统是否处于平衡态,这种判断方法称为**熵判据**。

### 8.5.3 熵的热力学表示

在玻尔兹曼提出熵公式前,克劳修斯曾根据卡诺定理,从宏观角度引出过态函数熵。下面就来简单介绍克劳修斯熵(热力学熵)的建立过程。

根据卡诺定理,工作于两恒温热源 $T_1$ 和 $T_2$ 之间的可逆热机,循环的最大效率为

$$\eta = 1 - \frac{T_2}{T_1} = 1 - \frac{Q_2}{Q_1} \tag{8.59}$$

所以对于一切不可逆热机有

$$\eta_{\text{不可逆}} \leqslant \eta_{\text{可逆}} \tag{8.60}$$

即

$$1 - \frac{Q_2}{Q_1} \leqslant 1 - \frac{T_2}{T_1} \tag{8.61}$$

$$-\frac{Q_2}{T_2} + \frac{Q_1}{T_1} \leqslant 0 \tag{8.62}$$

在式(8.62)中,$Q_1$ 和 $Q_2$ 都是正的,是工质所吸收热量和放出热量的绝对值。如果采用热力学第一定律中对 $Q$ 规定的代数符号,则式(8.62)可改写成

$$\frac{Q_1}{T_1} + \frac{Q_2}{T_2} \leqslant 0 \tag{8.63}$$

这表明在两恒温热源 $T_1$ 和 $T_2$ 之间工作的循环,其所交换的热量与相应的温度之比(称**热温比**)之和在可逆循环时为零,在不可逆循环时小于零,任意的可逆循环可视为由许多可逆卡诺循环组成,可写作

$$\sum_{i=1}^{2} \frac{Q_i}{T_i} \leqslant 0 \tag{8.64}$$

这就是克劳修斯不等式。

可以证明,对于工作在两恒温热源 $T_1$ 和 $T_2$ 之间的任意循环 $C$,式(8.64)可以写成

$$\oint_C \frac{\mathrm{d}Q}{T} \leqslant 0 \tag{8.65}$$

它表明在一可逆循环中,热温比的闭合积分等于零,称为**克劳修斯等式**;在一不可逆循环中,热温比的闭合积分小于零,这就是任意循环 $C$ 的**克劳修斯不等式**。

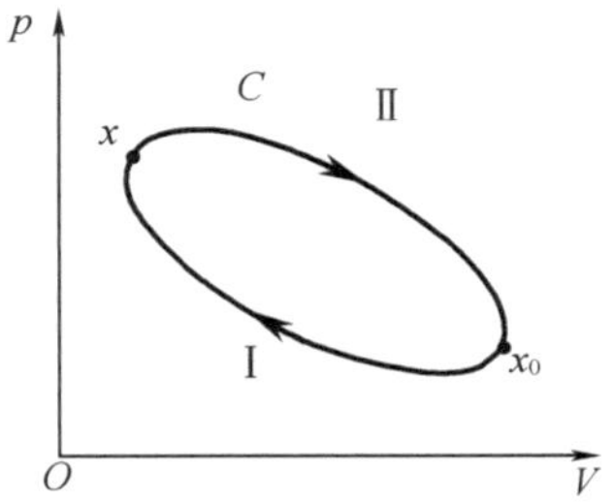


图 8.25 熵的推导示意图

由式(8.65)得,对于任意一个可逆循环 $C$,克劳修斯等式为

$$\oint_{C,R} \frac{\mathrm{d}Q}{T} = 0 \tag{8.66}$$

现在此循环上任选两个状态 $x_0$ 和 $x$,系统从 $x_0$ 态经过过程 I

到达 $x$ 态，又从 $x$ 态经过Ⅱ回到 $x_0$ 态，完成一个循环，如图 8.25 所示。因此克劳修斯等式可写作

$$\oint_{C,R}\frac{dQ}{T}=\left(\int_{x_0}^{x}\frac{dQ}{T}\right)_{\mathrm{I}}+\left(\int_{x}^{x_0}\frac{dQ}{T}\right)_{\mathrm{II}}$$

$$=\left(\int_{x_0}^{x}\frac{dQ}{T}\right)_{\mathrm{I}}-\left(\int_{x_0}^{x}\frac{dQ}{T}\right)_{\mathrm{II}}=0 \tag{8.67}$$

所以

$$\left(\int_{x_0}^{x}\frac{dQ}{T}\right)_{\mathrm{I}}=\left(\int_{x_0}^{x}\frac{dQ}{T}\right)_{\mathrm{II}} \tag{8.68}$$

式(8.68)说明热温比$\frac{dQ}{T}$自 $x_0$ 到 $x$ 的线积分，只决定于 $x_0$ 和 $x$ 两点，而与积分路径无关。这说明此积分等于这两点的某一态函数的差。克劳修斯将此态函数称为**熵**，并用 $S$ 表示。有

$$S-S_0=\left(\int_{x_0}^{x}\frac{dQ}{T}\right)_R \tag{8.69}$$

式中，$S$、$S_0$ **分别表示系统在 $x$、$x_0$ 态的熵**。式(8.69)的物理意义是：在热力学过程中，系统从初态 $x_0$ 变化到末态 $x$ 时，系统熵的增量等于初态和末态之间任意一可逆过程热温比$\left(\frac{dQ}{T}\right)$的积分。

如系统经无限小的可逆过程，则有

$$dS=\frac{dQ}{T} \tag{8.70}$$

熵同温度一样，是描述物体热现象所特有的物理量。熵与状态如何形成的过程无关，只取决于系统的状态。在国际单位制下，熵的单位是 $J\cdot K^{-1}$。对于任意一个不可逆循环，克劳修斯不等式为

$$\oint_{C,S}\frac{dQ}{T}<0 \tag{8.71}$$

由此可以证明热温比$\left(\frac{dQ}{T}\right)$自一个平衡态到另一个平衡态的不可逆过程的线积分，小于这两个平衡态的熵差，即

$$\left(\int_{x_0}^{x}\frac{dQ}{T}\right)_S<S-S_0 \tag{8.72}$$

可以证明不可逆过程熵的微分形式为

$$dS>\frac{dQ}{T} \tag{8.73}$$

把可逆过程和不可逆过程的熵的微分形式合并起来，得

$$dS \geqslant \frac{dQ}{T} \tag{8.74}$$

式(8.74)就是热力学第二定律的数学表述。

对于孤立系统 $dQ=0$,有 $dS \geqslant 0$。这说明:**当孤立系统从一个平衡态到达另一个平衡态时,它的熵永不减少**。其中,如果过程是可逆的,则熵的数值不变;如果过程是不可逆的,则熵的数值增加。这样就从热力学过程的角度推得了**熵增加原理**。

必须指出,熵增加原理虽然看似是针对孤立系统提出的,但实际上却是个十分普遍的规律。因为任何一个热力学过程,只要把过程所涉及的物体都看作系统的一部分,那么,这系统对于该过程来说就变成了孤立系统,过程中这系统的熵变就一定满足熵增加原理。例如,温度不同的 $A$ 和 $B$ 两物体,温度分别为 $T_1$ 和 $T_2$($T_1 > T_2$),相互接触后发生热量从物体 $A$ 流向物体 $B$ 的热传导过程。如果单把物体 $A$(或物体 $B$)视作需讨论的系统,则系统是非孤立系统。比如物体 $B$ 因为吸收热量,熵增加;而物体 $A$ 因为放出热量,熵减少。但是如果把物体 $A$ 和物体 $B$ 合起来视作一个系统,这就成了孤立系统。对此孤立系统来说,热传导过程一定会使该系统的熵增加。因此,熵增加原理中的熵增加是指组成孤立系统的所有物体的熵之和的增加。而对于孤立系统内的个别物体来说,在热力学过程中,它的熵增加或者减少都是可能的。

最后还需说明,玻尔兹曼给出的熵和基于克劳修斯等式所定义的熵在形式上有很大的差异,但它们在实质上是一致的。两者的一致性在统计物理学中可以得到严格的证明。

## 本章小结

1. 准静态过程

如果热力学过程所经历的所有中间状态都无限接近于平衡态,这个过程就称为**准静态过程**。

2. 主要物理量——功、热量和内能

(1)准静态过程中的功

$$dA = p dV, A = \int_{V_1}^{V_2} p dV$$

(2)热量

$$dQ = \frac{m}{M} C_m dT, Q_V = \frac{m}{M} C_{V,m} \Delta T, Q_p = \frac{m}{M} C_{p,m} \Delta T$$

(3)理想气体的内能

$$E = \frac{m}{M} \frac{i}{2} RT, \Delta E = \frac{m}{M} \frac{i}{2} R \Delta T = \frac{m}{M} C_{V,m} \Delta T$$

3. 热力学第一定律及其应用

(1)热力学第一定律

$$\mathrm{d}Q=\mathrm{d}E+\mathrm{d}A,Q=\Delta E+A$$

(2)热力学第一定律的应用

等体过程 $\mathrm{d}A=p\mathrm{d}V=0,Q_V=\frac{m}{M}C_{V,\mathrm{m}}\Delta T=\Delta E$

等压过程 $A=p\Delta V,Q_p=\frac{m}{M}C_{p,\mathrm{m}}\Delta T,\Delta E=\frac{m}{M}C_{V,\mathrm{m}}\Delta T,Q_p=\Delta E+A$

等温过程 $\mathrm{d}E=0,Q_T=A=\nu RT\ln\frac{V_2}{V_1}=\nu RT\ln\frac{p_1}{p_2}$

绝热过程 $\mathrm{d}Q=0,A=-\Delta E=-\nu C_{V,\mathrm{m}}\Delta T$

(3)循环过程

①循环的定义及其分类

人们将工作物质经过一系列过程又回到初始状态的整个过程称为**循环过程**,简称**"循环"**。

**正循环**:在 $p-V$ 图上按顺时针方向进行的循环过程。

**逆循环**:在 $p-V$ 图上按逆时针方向进行的循环过程。

②热机的效率与制冷机的制冷系数

循环效率 $\eta=\frac{A}{Q_1}=\frac{Q_1-Q_2}{Q_1}=1-\frac{Q_2}{Q_1}$

卡诺循环效率 $\eta=1-\frac{T_2}{T_1}$

制冷系数 $w=\frac{Q_2}{A}=\frac{Q_2}{Q_1-Q_2}$

4. 热力学第二定律

(1)热力学第二定律的两种表述:开尔文表述、克劳修斯表述。

(2)熵与微观状态数的关系

玻尔兹曼熵公式为

$$S=k\ln W$$

式中,$W$ 为系统所处的宏观态包含的微观态数,也称为热力学概率;$k$ 为玻尔兹曼常量。

(3)熵增加原理:孤立系统中进行的不可逆过程总是朝着熵增加的方向进行;孤立系统中进行的可逆过程,由于系统总是处于平衡态(即热力学概率 $W$ 最大的状态),而平衡态又是熵最大的状态,因而系统的熵值 $S$ 始终保持不变。

熵增加原理的数学表述为

$$\Delta S\geqslant 0$$

式中,"＞"对应不可逆过程;"＝"对应可逆过程。

(4)熵的热力学表示

$$S - S_0 = \left(\int_{x_0}^{x} \frac{\mathrm{d}Q}{T}\right)_R$$

热力学第二定律的数学表述：$\mathrm{d}S \geqslant \frac{\mathrm{d}Q}{T}$。

# 思 考 题

8.1　从增加内能来看，做功和热传递是等效的，但如何理解它们在本质上的区别呢？

8.2　摩尔定容热容和摩尔定压热容有何区别与联系？

8.3　一个系统能否吸收热量，仅使其内能变化？一个系统能否吸收热量，而不使其内能变化？

8.4　为什么理想气体在任何热力学过程中变化的内能，都可用 $\Delta E = \frac{m}{M} C_{V,\mathrm{m}} \Delta T$ 来计算？

8.5　为什么第一类永动机不可能制成？

8.6　在一个巨大容器内储满温度与室温相同的水，容器底部有一小气泡缓缓上升，逐渐变大，这是什么过程？在气泡上升过程中，泡内气体是吸热还是放热？

8.7　试计算在等压过程中，氧气从外界吸收的热量有多少用于对外做功？（用百分数表示）

8.8　气体在两个同样的气缸中做同温下的等温膨胀，其中一个膨胀到体积为原来体积的 2 倍时停止，另一个膨胀到压强为原来压强的一半时停止。试问它们对外做的功是否相同。

8.9　自行车轮胎爆炸时，胎内剩余气体的温度是升高还是降低，为什么？

8.10　有人说：“因为在循环过程中系统对外做的净功在数值上等于 $p-V$ 图中封闭曲线所包围的面积，所以，封闭曲线包围的面积越大，循环效率就越高。”这个说法对吗？

8.11　下述 3 种说法是否正确？说明理由。

(1)系统经历一正循环后，系统的状态没有变化；

(2)系统经历一正循环后，系统与外界都没有变化；

(3)系统经历一正循环后，接着再经历一逆循环，系统与外界都没有变化。

8.12　一定量的理想气体分别经等温、等压、绝热过程后，膨胀了相同的体积，试从 $p-V$图上比较这 3 种过程做功的差异。

8.13　两条绝热线和一条等温线能否构成一个循环过程？为什么？

8.14　有人说：“不可逆过程就是不能往反方向进行的过程。”这个说法对吗？为什么？

8.15　下列过程是否可逆？为什么？

(1)通过活塞（它与器壁无摩擦），极其缓慢地压缩绝热容器中的空气；

(2)用旋转的叶片使绝热容器中的水温上升。(焦耳热功当量实验)

8.16　墨水在水中的扩散过程是可逆过程还是不可逆过程？在日常生活中有哪些过程是不可逆过程？如果一个系统从状态 $A$ 经历一个不可逆过程到达状态 $B$,那么这个系统是否可以回到状态 $A$ 呢？

8.17　从热力学角度来看,熵函数具有什么性质？

8.18　在平衡态之间进行的各种过程(包括不可逆过程)中,怎样来计算两平衡态的熵变？

8.19　为什么从统计意义看,热力学第二定律只适用于由大量粒子组成的系统？对于粒子很少的系统,会有什么情况发生？

8.20　系统中分子热运动的无序度、可能微观态数与熵之间有什么关系？

8.21　热力学过程的不可逆性与熵之间有什么关系？

## 习　　题

8.1　如图,若在某个过程中,一定量的理想气体的内能 $E$ 随压强 $p$ 的变化关系为一直线(其延长线过 $E-p$ 图的原点),则该过程为　(　　)

(A)等温过程　　(B)等压过程

(C)等体过程　　(D)绝热过程

8.2　一定量理想气体经历的循环过程用 $V-T$ 曲线表示,如图所示。在此循环过程中,气体从外界吸热的过程是　(　　)

(A)$A\to B$　　(B)$B\to C$

(C)$C\to A$　　(D)$B\to C$ 和 $B\to C$

8.3　理想气体经历如图所示的 $abc$ 平衡过程,则该系统对外做功 $A$,从外界吸收的热量 $Q$ 和内能的增量 $\Delta E$ 的正负情况为　(　　)

(A)$\Delta E>0,Q>0,A<0$　　(B)$\Delta E>0,Q>0,A>0$

(C)$\Delta E>0,Q<0,A<0$　　(D)$\Delta E<0,Q<0,A<0$

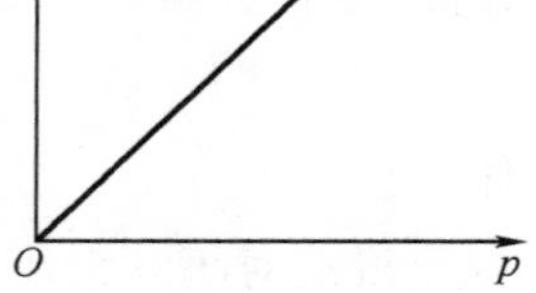


习题 8.1 图

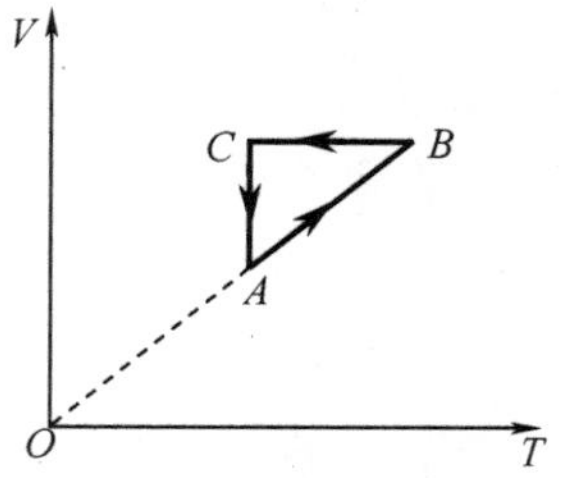


习题 8.2 图

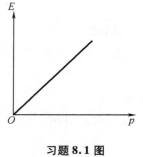

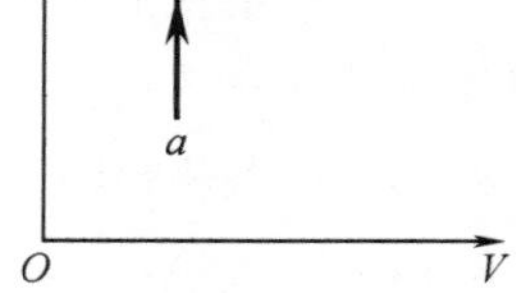

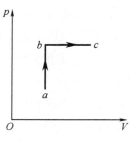

习题 8.3 图

8.4 理想气体向真空做绝热膨胀 ( )

(A)膨胀后,温度不变,压强减小 (B)膨胀后,温度降低,压强减小

(C)膨胀后,温度升高,压强减小 (D)膨胀后,温度不变,压强不变

8.5 如图所示,一定量的理想气体,沿着图中直线从状态 $a$(压强 $p_1=4$ atm,体积 $V_1=2$ L)变到状态 $b$(压强 $p_2=2$ atm,体积 $V_2=4$ L)。则在此过程中 ( )

(A)气体对外做正功,向外界放出热量

(B)气体对外做正功,从外界吸热

(C)气体对外做负功,向外界放出热量

(D)气体对外做正功,内能减少

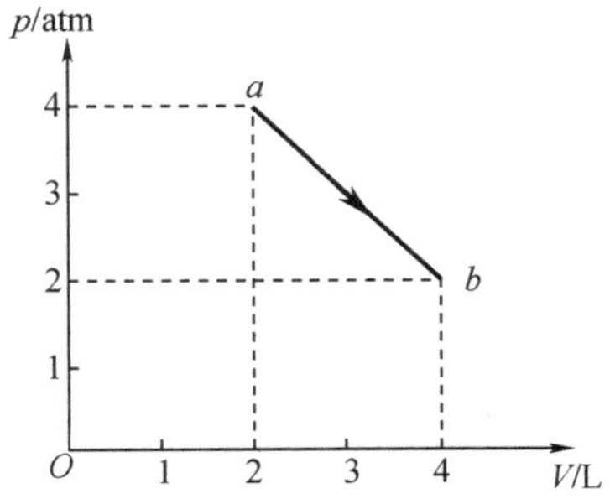


1 atm = $1.013\times10^5$ Pa。

**习题 8.5 图**

8.6 对于室温下的双原子分子理想气体,在等压膨胀的情况下,系统对外所做的功与从外界吸收的热量之比$\frac{A}{Q}$等于 ( )

(A)$\frac{2}{3}$ (B)$\frac{1}{2}$

(C)$\frac{2}{5}$ (D)$\frac{2}{7}$

8.7 在温度分别为 327 ℃和 27 ℃的高温热源和低温热源之间工作的热机,理论上的最大效率为 ( )

(A)25.00% (B)50.00%

(C)75.00% (D)91.74%

8.8 如果卡诺热机的循环曲线所包围的面积从图中的 $abcda$ 增大为 $ab'c'da$,那么循环 $abcda$ 与 $ab'c'da$ 所做的净功和热机效率的变化情况是 ( )

(A)净功增大,效率提高

(B)净功增大,效率降低

(C)净功和效率都不变

(D)净功增大,效率不变

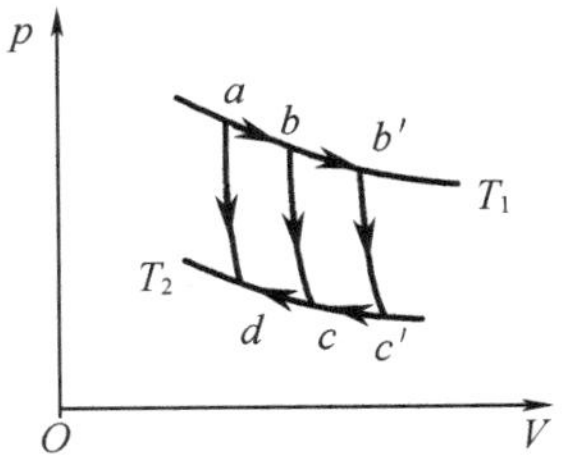


**习题 8.8 图**

8.9 在下列各种说法中,哪些是正确的? ( )

(1)平衡过程就是无摩擦力作用的过程;

(2)平衡过程一定是可逆过程;

(3)平衡过程是无限多个连续变化的平衡态的连接;

(4)平衡过程在 $p-V$ 图上可用一连续曲线表示。

(A)(1)(2) (B)(3)(4)

(C)(2)(3)(4) (D)(1)(2)(3)(4)

8.10　一定量的理想气体向真空做绝热自由膨胀，体积由 $V_1$ 增至 $V_2$。在此过程中，气体的　　（　　）

（A）内能不变，熵增加　　（B）内能不变，熵减少

（C）内能不变，熵不变　　（D）内能增加，熵增加

8.11　要使一热力学系统的内能增加，可以通过________或________的方式，或者两种方式兼用来完成。热力学系统的状态发生变化时，其内能的改变量只取决于________，而与________无关。

8.12　一定量的某种理想气体在等压过程中对外做功为 200 J。若此种气体为单原子分子气体，则该过程中需吸热________J；若为双原子分子气体，则需吸热________J。

8.13　有 1 mol 刚性双原子分子理想气体，在等压膨胀过程中对外做功 $A$，则其温度变化 $T=$________；从外界吸取的热量 $Q_p=$________。

8.14　已知一定量的理想气体经历 $p-T$ 图上所示的循环过程，图中各过程的吸热、放热情况为：

①过程 1→2 中，气体________；

②过程 2→3 中，气体________；

③过程 3→1 中，气体________。

8.15　一定量理想气体，从状态 $A(2p_1, V_1)$ 经历如图所示的直线过程变到状态 $B(2p_1, V_2)$，则 $AB$ 过程中系统做功 $A=$________；内能改变 $E=$________。

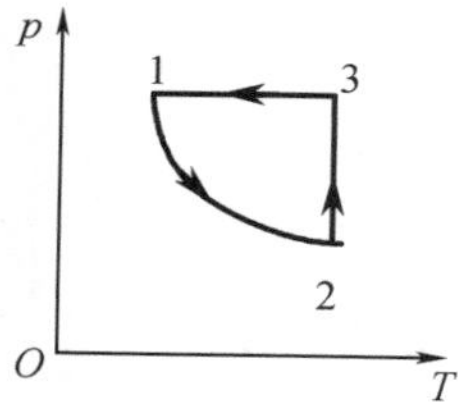


习题 8.14 图

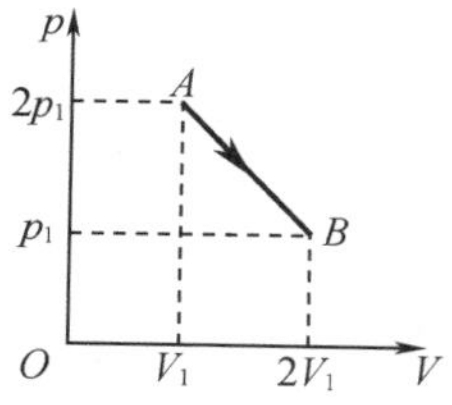


习题 8.15 图

8.16　一热机从温度为 727 ℃的高温热源吸热，向温度为 527 ℃的低温热源放热。若热机在最大效率下工作，且每一循环吸热 2 000 J，则此热机每一循环做功________J。

8.17　如图所示，理想气体从状态 $A$ 出发经 $ABCDA$ 循环过程，回到初态 $A$ 点，则循环过程中气体净吸的热量为 $Q=$________。

8.18　压强、体积和温度都相同的氢气和氦气（均可视为刚性分子的理想气体），它们的质量之比 $m_1:m_2=$________，它们的内能之比 $E_1:E_2=$________，如果它们分别在等压过程中吸收了相同的热量，则它们对外做功之比 $A_1:A_2=$________。（各量下角标 1 表示氢气，2 表示氦气）

8.19　一定量的理想气体，在 $p-T$ 图上经历一个如图所示的循环过程（$a\to b\to c\to d\to$

$a$),其中 $a\to b$,$c\to d$ 两个过程是绝热过程,则该循环的效率 $\eta=$________。

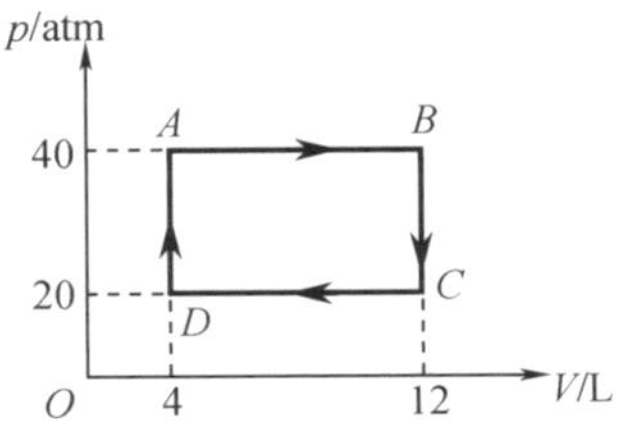


习题 8.17 图

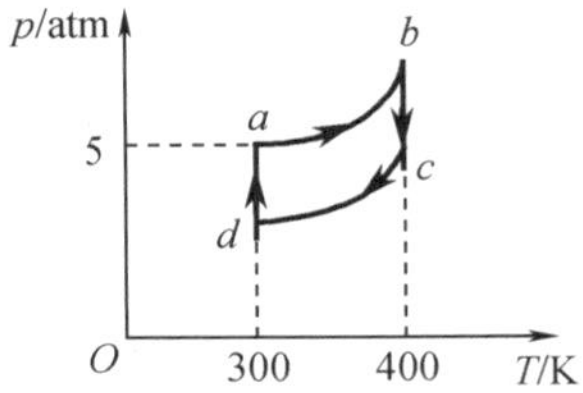


习题 8.19 图

8.20 热力学第二定律的克劳修斯表述是:________________________________;开尔文表述是:________________________________。

8.21 温度为 25 ℃、压强为 $1.013\times10^5$ Pa 的 1 mol 刚性双原子分子理想气体,经等温过程,体积膨胀至原来的 3 倍。(普适气体常量 $R=8.31\ \text{J}\cdot\text{mol}^{-1}$,$\ln 3=1.0986$)

(1)计算这个过程中气体对外所做的功。

(2)假若气体经绝热过程后体积后膨胀为原来的 3 倍,那么气体对外做的功又是多少?

8.22 一定量的单原子分子理想气体,从初态 $A$ 出发,沿图示直线过程变到另一状态 $B$,又经过等容、等压两过程回到状态 $A$。

(1)求 $A\to B$、$B\to C$、$C\to A$ 各过程中系统对外所做的功 $A$、内能的增量 $\Delta E$ 以及所吸收的热量 $Q$。

(2)整个循环过程中系统对外所做的总功以及从外界吸收的总热量(过程吸热的代数和)。

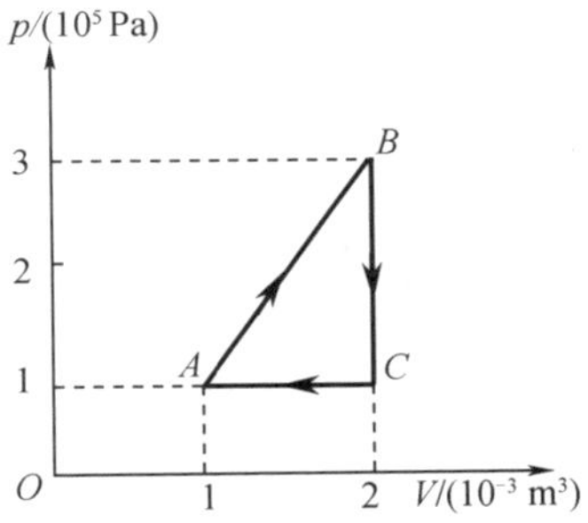


习题 8.22 图

8.23 一定量的理想气体由状态 $a$ 经 $b$ 到达 $c$(如图,$abc$ 为一直线)求下列过程中:

(1)气体对外做的功;

(2)气体内能的增量;

(3)气体吸收的热量。(1 atm $=1.013\times10^5$ Pa)

8.24 一定量的刚性双原子分子理想气体,开始时处于压强 $p_0=1.0\times10^5$ Pa,体积 $V_0=4\times10^{-3}\ \text{m}^3$,温度 $T_0=300$ K 的初态,后经等压膨胀过程,温度上升到 $T_1=450$ K,再经绝热过程,温度降回到 $T_2=300$ K,求气体在整个过程中对外做的功。

8.25 如图所示,$abcda$ 为 1 mol 单原子分子理想气体的循环过程,求:

(1)气体循环一次,在吸热过程中从外界共吸收的热量;

(2)气体循环一次对外做的净功;

(3)证明在 $a$、$b$、$c$、$d$ 4 种状态下,气体的温度 $T_aT_c=T_bT_d$。

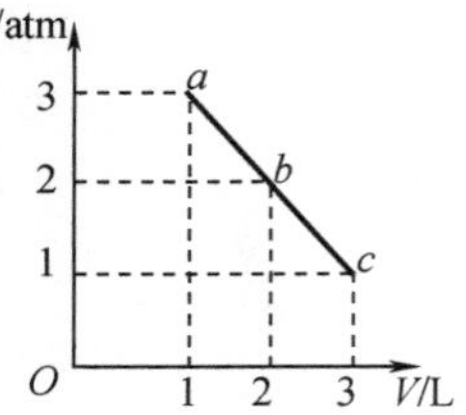


习题 8.23 图

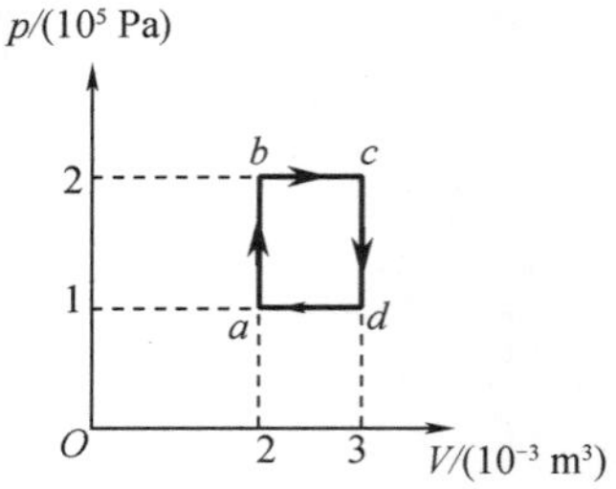


习题 8.25 图

8.26　如果有一定量的理想气体，其体积和压强依照 $V=\frac{a}{\sqrt{p}}$ 的规律变化，其中 $a$ 为已知常量。试求：

（1）气体从体积 $V_1$ 膨胀到 $V_2$ 所做的功；

（2）气体体积为 $V_1$ 时的温度 $T_1$ 与体积为 $V_2$ 时的温度 $T_2$ 之比。

8.27　1 mol 单原子分子理想气体的循环过程如 $T-V$ 图所示，其中 $c$ 点的温度 $T_c=600$ K。试求：

（1）$ab$、$bc$、$ca$ 各个过程系统吸收的热量；

（2）经一循环系统所做的净功；

（3）循环的效率。

（注：循环效率 $\eta=\frac{A}{Q_1}$。式中，$A$ 为循环过程系统对外做的净功；$Q_1$ 为循环过程系统从外界吸收的热量；$\ln 2=0.693$。）

8.28　气缸内贮有 36 g 水蒸气（可视为刚性分子理想气体），经 $abcda$ 循环过程如图所示。其中 $a\to b$、$c\to d$ 为等体过程，$b\to c$ 为等温过程，$d\to a$ 为等压过程。试求：

（1）$d\to a$ 过程中水蒸气做的功 $A_{da}$；

（2）$a\to b$ 过程中水蒸气内能的增量 $\Delta E_{ab}$；

（3）循环过程水蒸气做的净功 $A$；

（4）循环效率。

（注：循环效率 $\eta=\frac{A}{Q_1}$。式中，$A$ 为循环过程水蒸气对外做的净功；$Q_1$ 为循环过程水蒸气吸收的热量；$1\ \text{atm}=1.013\times10^5$ Pa。）

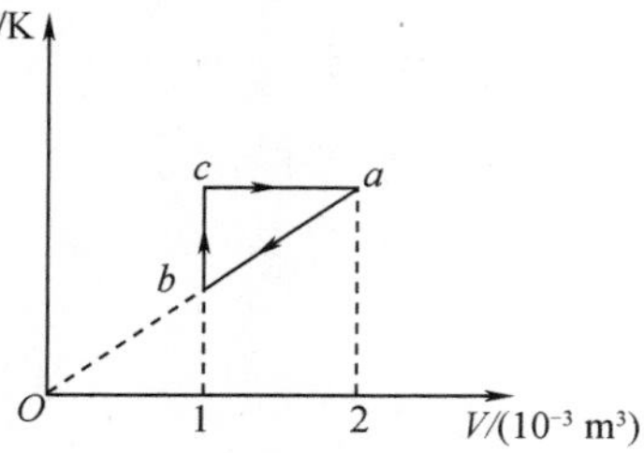


习题 8.27 图

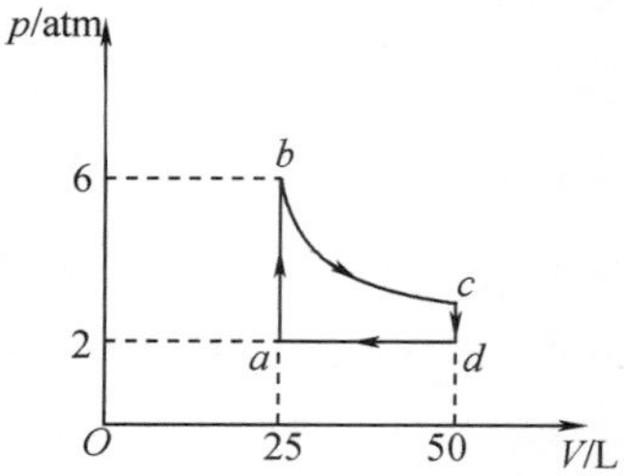


习题 8.28 图

8.29 1 mol 理想气体在 $T_1=400$ K 的高温热源与 $T_2=300$ K 的低温热源间做卡诺循环(可逆的),在 400 K 的等温线上起始体积为 $V_1=0.001\ \mathrm{m}^3$,终止体积为 $V_2=0.005\ \mathrm{m}^3$,试求:此气体在每一循环中,

(1)从高温热源吸收的热量 $Q_1$;

(2)气体所作的净功 $A$;

(3)气体传给低温热源的热量 $Q_2$。

8.30 如图,一容器被一可移动、无摩擦且绝热的活塞分割成Ⅰ、Ⅱ两部分。活塞不漏气。容器左端封闭且导热,其他部分绝热。开始时在Ⅰ、Ⅱ中各有温度为 0 ℃,压强为 $1.013\times10^5$ Pa 的刚性双原子分子的理想气体。Ⅰ、Ⅱ两部分的容积均为 36 L。现从容器左端缓慢地对Ⅰ中气体加热,使活塞缓慢地向右移动,直到Ⅱ中气体的体积变为 18 L 为止。求:

(1)Ⅰ中气体末态的压强和温度。

(2)外界传给Ⅰ中气体的热量。

8.31 1 mol 单原子分子的理想气体,经历如图所示的可逆循环,连接 $ac$ 两点的曲线Ⅲ的方程为 $p=\dfrac{p_0V^2}{V_0^2}$,$a$ 点的温度为 $T_0$。

(1)试以 $T_0$、普适气体常量 $R$ 表示Ⅰ、Ⅱ、Ⅲ过程中气体吸收的热量;

(2)求此循环的效率。

(注:循环效率的定义式 $\eta=1-\dfrac{Q_2}{Q_1}$。式中,$Q_1$ 为循环中气体吸收的热量;$Q_2$ 为循环中气体放出的热量。)

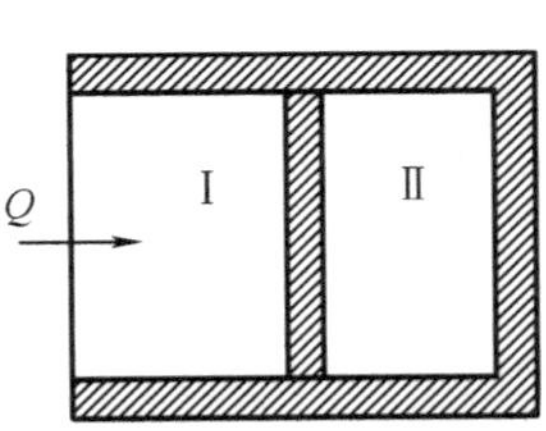


习题 8.30 图

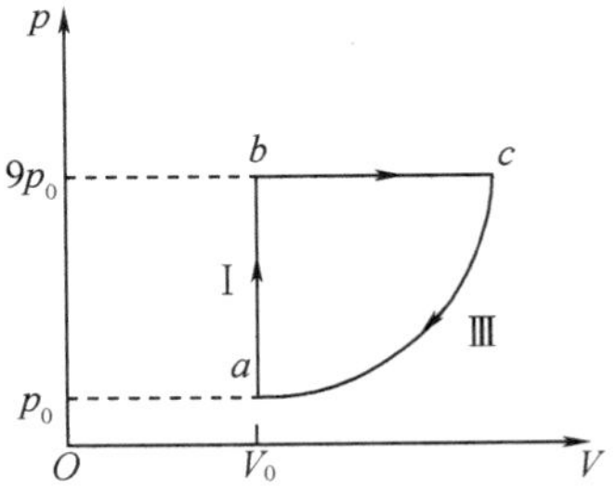


习题 8.31 图

8.32 一定量的某种理想气体进行如图所示的循环过程。已知气体在状态 $A$ 的温度为 $T_A=300$ K,求:

(1)气体在状态 $B$、$C$ 的温度;

(2)各过程中气体对外所做的功;

(3)经过整个循环过程,气体从外界吸收的总热量(各过程吸热的代数和)。

8.33　1 mol 氦气做如图所示的可逆循环过程,其中 $ab$ 和 $cd$ 是绝热过程,$bc$ 和 $da$ 为等体过程,已知 $V_1=16.4\ \text{L}$,$V_2=32.8\ \text{L}$,$P_a=1\ \text{atm}$,$P_b=3.18\ \text{atm}$,$P_c=4\ \text{atm}$,$P_d=1.26\ \text{atm}$,试求:

(1)在各态氦气的温度;

(2)在各态氦气的内能;

(3)在一循环过程中氦气所做的净功。

($1\ \text{atm}=1.013\times10^5\ \text{Pa}$,普适气体常量 $R=8.31\ \text{J}\cdot\text{mol}^{-1}\cdot\text{K}^{-1}$)

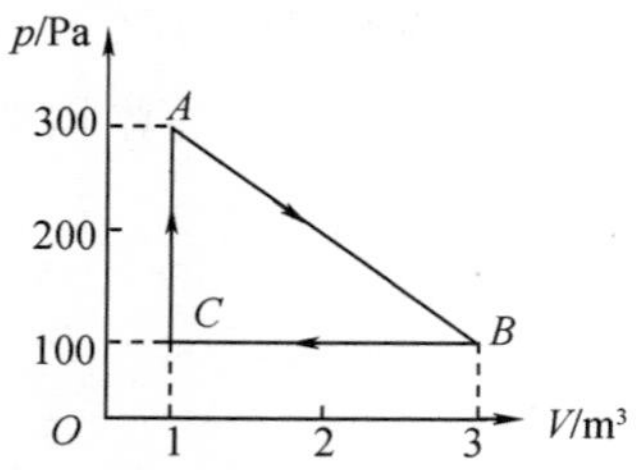


习题 8.32 图

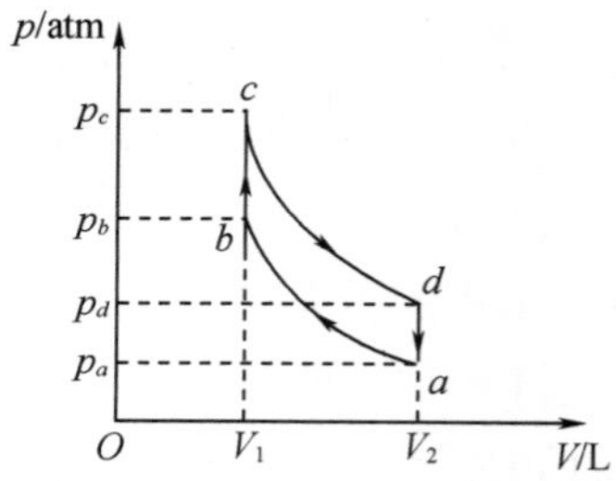


习题 8.33 图

# 附录 A　矢　　量

矢量代数在物理学中是常用的数学工具,它可用较为简洁的数学语言表达某些物理量及其变化规律,这对加深理解物理量及物理定律的含义是很有帮助的。这里主要介绍矢量的概念、矢量合成的几何法、矢量合成的解析法、矢量的标积和矢积,以及矢量的导数和积分。

1. 标量和矢量的概念

客观世界中有很多量,如物体的体积、质量,两点间的距离,某一过程所需的时间等,这些量只有大小、多少之分,因此只需要用数字就可以刻画,并且处理这些量的规则也与实数的运算规则相当,称为标量;还有一些物理量,如位移、速度、加速度、力等,不但有大小之分,还有方向,称为矢量。

矢量通常用黑体字母或上方加箭头的字母来记,如 $\boldsymbol{A}$、$\vec{A}$、$\vec{a}$、$\vec{v}$①等。在作图中,常用有向线段来表示矢量(图 A.1),线段的长度表示矢量的大小,线段的方向表示矢量的方向。

矢量的大小叫作矢量的模,矢量 $\boldsymbol{A}$ 的模常用 $|\boldsymbol{A}|$ 或 $A$ 表示。如果有一矢量,其模与矢量 $\boldsymbol{A}$ 的模相等、方向相反,这时就可用 $-\boldsymbol{A}$ 来表示这个矢量。

如把矢量 $\boldsymbol{A}$ 在空间平移,则矢量 $\boldsymbol{A}$ 的大小和方向都不会因平移而改变。矢量的这个性质称为矢量平移的不变性,它是矢量的一个重要性质(图 A.2)。

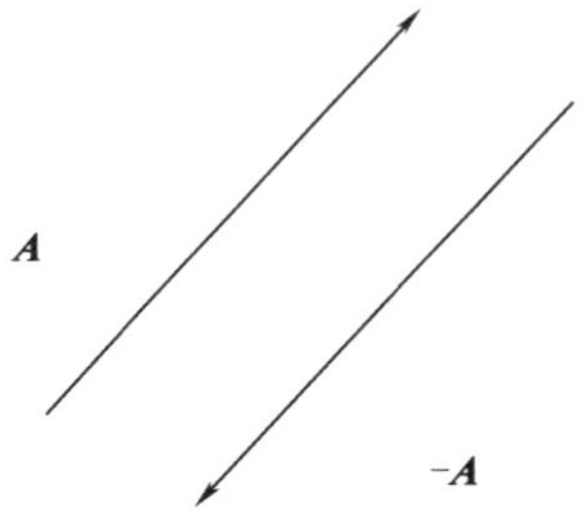


**图 A.1　用有向线段表示矢量**

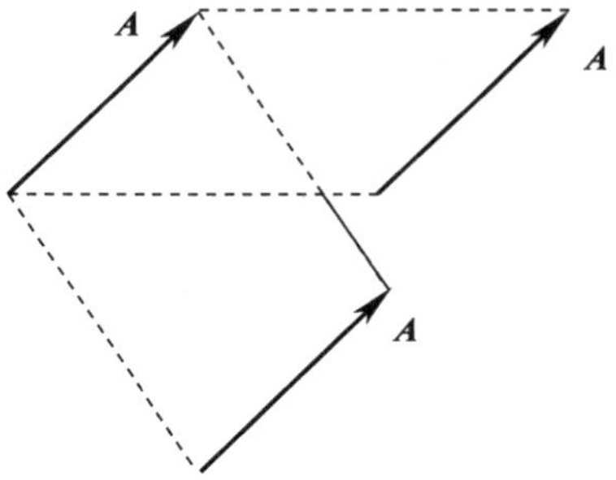


**图 A.2　矢量平移的不变性**

2. 矢量合成的几何法

在实际问题中,矢量与矢量之间常发生一定的联系,并产生出另一个矢量,这就是矢量的运算。下面对矢量的几种运算分别进行介绍。

(1)矢量相加

设有矢量 $\boldsymbol{A}$ 与 $\boldsymbol{B}$,任取一点 $a$,作 $ab=\boldsymbol{A}$,$ad=\boldsymbol{B}$,以 $ab$,$ad$ 为邻边的平行四边形 $abcd$ 的

---

① 印刷用黑体,如 $\boldsymbol{A}$;书写用 $\vec{A}$。

对角线是 $ac$，则矢量 $\boldsymbol{ac}$ 称为矢量 $\boldsymbol{A}$ 和 $\boldsymbol{B}$ 的和，记为 $\boldsymbol{A}+\boldsymbol{B}$（图 A.3）。

以上规则叫作矢量相加的平行四边形法则，但此法则对两个平行矢量的加法没有做说明，而以下的法则不仅蕴含了平行四边形法则，还适用于平行矢量的相加：设有两个矢量 $\boldsymbol{A}$ 和 $\boldsymbol{B}$，任取一点 $a$ 作 $ab=\boldsymbol{A}$，再以 $b$ 为起点，作 $bc=\boldsymbol{B}$，连接 $ac$，则矢量 $\boldsymbol{ac}$ 即为矢量 $\boldsymbol{A}$ 和 $\boldsymbol{B}$ 的和 $\boldsymbol{A}+\boldsymbol{B}$（图 A.4）。这一规则叫作矢量相加的三角形法则。

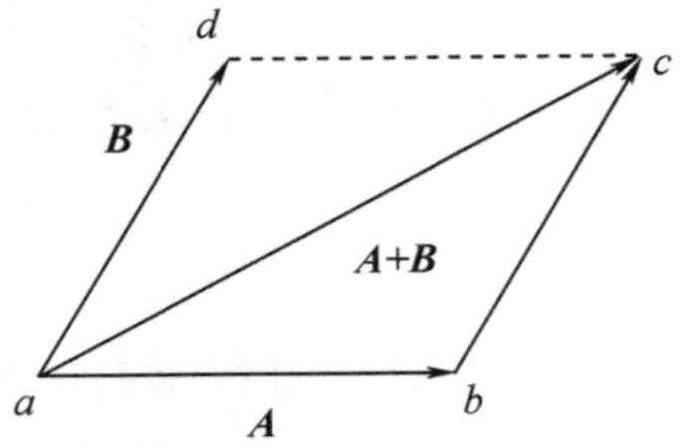


图 A.3　矢量相加的平行四边形法则

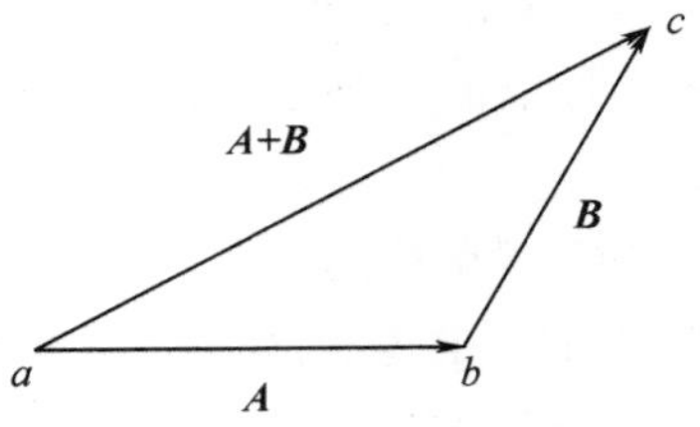


图 A.4　矢量相加的三角形法则

合矢量的大小和方向，除了上述几何作图法外，还可由计算求得。

在图 A.5 中，设 $\alpha$ 为矢量 $\boldsymbol{A}$ 和 $\boldsymbol{B}$ 之间小于 π 的夹角，合矢量 $\boldsymbol{C}$ 与矢量 $\boldsymbol{A}$ 的夹角为 $\varphi$，由图可知

$$C=\sqrt{A^2+B^2+2AB\cos\alpha} \tag{A.1}$$

$$\varphi=\arctan\frac{B\sin\alpha}{A+B\cos\alpha} \tag{A.2}$$

合矢量 $\boldsymbol{C}$ 的大小和方向由式（A.1）和式（A.2）确定。

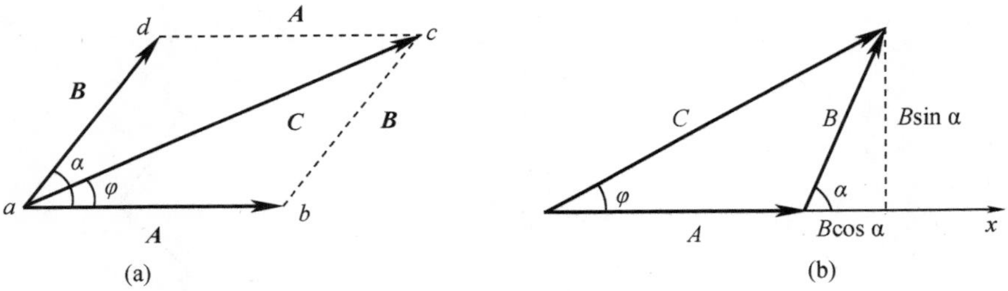


图 A.5　合矢量的大小和方向

对于在同一平面上的多矢量 $\boldsymbol{A}_1,\boldsymbol{A}_2,\cdots,\boldsymbol{A}_n$ 的相加，利用矢量相加的三角形法则如下：以前一矢量的终点作为次一矢量的起点、相继作矢量 $\boldsymbol{A}_1,\boldsymbol{A}_2,\cdots,\boldsymbol{A}_n$，再以第一矢量的起点为起点、最后一矢量的终点为终点作一矢量，这个矢量即为所求的和，如图 A.6 所示，有

$$\boldsymbol{S}=\boldsymbol{A}_1+\boldsymbol{A}_2+\boldsymbol{A}_3+\boldsymbol{A}_4+\boldsymbol{A}_5$$

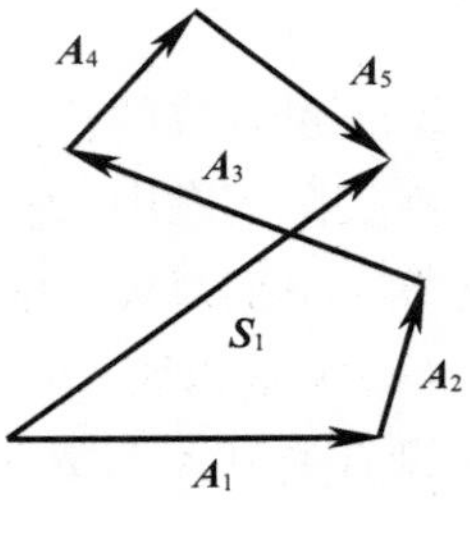


图 A.6　多矢量的相加

（2）矢量相减

两个矢量 $\boldsymbol{A}$ 与 $\boldsymbol{B}$ 之差也是一个矢量，可用 $\boldsymbol{A}-\boldsymbol{B}$ 表示。矢

量 $\boldsymbol{A}$ 与 $\boldsymbol{B}$ 之差可写成矢量 $\boldsymbol{A}$ 与矢量 $-\boldsymbol{B}$ 之和，即 $\boldsymbol{A}-\boldsymbol{B}=\boldsymbol{A}+(-\boldsymbol{B})$。

3. 矢量合成的解析法

(1)矢量在直角坐标轴上的分矢量和分量

由前述内容已知，任意几个矢量可以相加为一个合矢量，反过来，一个矢量也可以分解为任意数目的分矢量。就一个矢量分解为两个分矢量而言，相当于已知一平行四边形的对角线求平行四边形两邻边的问题。由于对角线不变的平行四边形可以有无限多种，因此把一个矢量分解成两个分矢量的方法可以有无限多个。图 A.7 所示只是其中的两种。

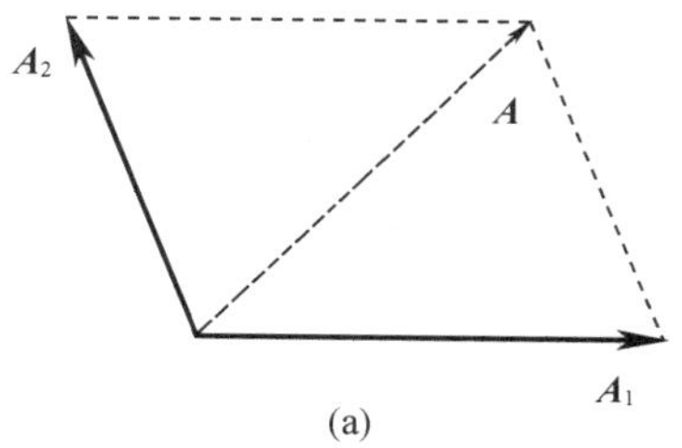

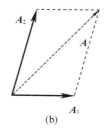

**图 A.7 矢量的分解**

在实际问题中，常把一个矢量在选定的直角坐标系上进行分解。如图 A.8 所示，在平面直角坐标系 $Oxy$ 上，矢量 $\boldsymbol{A}$ 的始端位于原点 $O$，它与 $x$ 轴的夹角为 $\alpha$。从图 A.8 可见，矢量 $\boldsymbol{A}$ 在 $x$ 轴上的**分矢量** $\boldsymbol{A}_x$ 和在 $y$ 轴上的**分矢量** $\boldsymbol{A}_y$ 都是一定的，即

$$\boldsymbol{A}=\boldsymbol{A}_x+\boldsymbol{A}_y \tag{A.3}$$

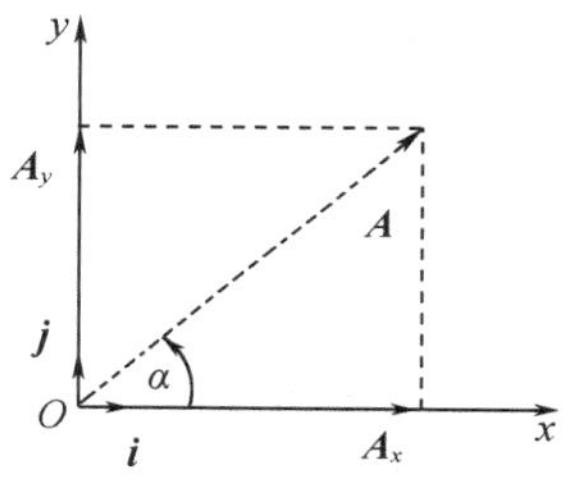


**图 A.8 矢量在二维直角坐标系上的分解**

若沿 $Ox$ 轴的正向取一长度为 1 的**单位矢量** $\boldsymbol{i}$，则分量 $\boldsymbol{A}_x$ 和 $\boldsymbol{A}_y$ 为

$$\boldsymbol{A}_x=A_x\boldsymbol{i},\boldsymbol{A}_y=A_y\boldsymbol{j} \tag{A.4}$$

式中，$A_x$ 和 $A_y$ 分别叫作矢量 $\boldsymbol{A}$ 在 $x$ 轴和在 $y$ 轴上的分量，即它们是矢量 $\boldsymbol{A}_x$ 和 $\boldsymbol{A}_y$ 的模，所以有

$$A_x=A\cos\alpha,A_y=A\sin\alpha \tag{A.5}$$

式中，$\alpha$ 是由 $Ox$ 轴按逆时针方向旋转至 $A$ 的角度。于是式(A.3)可写成

$$\boldsymbol{A}=A_x\boldsymbol{i}+A_y\boldsymbol{j} \tag{A.6}$$

显然，矢量 $\boldsymbol{A}$ 的模为

$$A=\sqrt{A_x^2+A_y^2}$$

矢量 $\boldsymbol{A}$ 与 $x$ 轴的夹角 $\alpha$ 以及分量 $A_x$、$A_y$ 之间的关系为

$$\alpha=\arctan\frac{A_y}{A_x}$$

分量 $A_x$、$A_y$ 的值可正可负，取决于矢量 $\boldsymbol{A}$ 与 $x$ 轴的夹角 $\alpha$。由式(A.4)可见，当 $\boldsymbol{A}$ 与 $x$ 轴的夹角 $\alpha=0°$时，$A_x=A,A_y=0$；当 $\alpha=\pi$ 时，$A_x=-A,A_y=0$。

若一矢量 $\boldsymbol{A}$ 在如图 A.9 所示的三维直角坐标系中，那么它在 $x$，$y$ 和 $z$ 轴上的分矢量分

别为 $\boldsymbol{A}_x$、$\boldsymbol{A}_y$ 和 $\boldsymbol{A}_z$，于是有

$$\boldsymbol{A}=\boldsymbol{A}_x+\boldsymbol{A}_y+\boldsymbol{A}_z$$

另外，矢量 $\boldsymbol{A}$ 在在 $x$、$y$ 和 $z$ 轴上的分量分别为 $A_x$、$A_y$ 和 $A_z$。如以 $\boldsymbol{i}$、$\boldsymbol{j}$、$\boldsymbol{k}$ 分别表示 $x$、$y$ 和 $z$ 轴上的单位矢量，则有

$$\boldsymbol{A}=A_x\boldsymbol{i}+A_y\boldsymbol{j}+A_z\boldsymbol{k}$$

矢量 $\boldsymbol{A}$ 的模为

$$A=\sqrt{A_x^2+A_y^2+A_z^2}$$

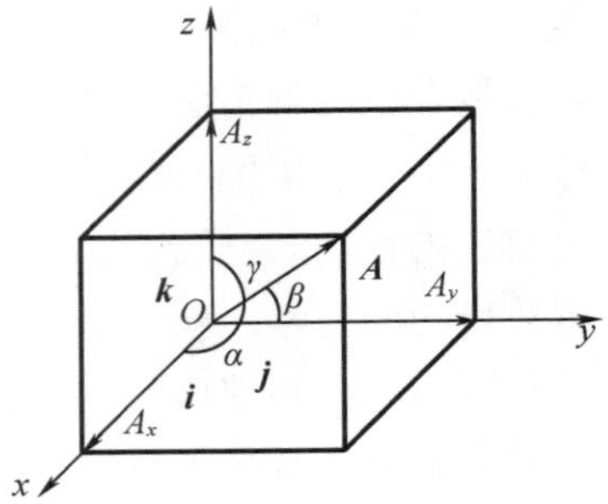

图 A.9　矢量在三维直角坐标系上的分解

矢量 $\boldsymbol{A}$ 的方向由该矢量与 $x$、$y$ 和 $z$ 轴的夹角 $\alpha$、$\beta$、$\gamma$ 来确定，$\alpha$、$\beta$、$\gamma$ 称为矢量 $\boldsymbol{A}$ 的方向角，方向角的余弦称为 $\boldsymbol{A}$ 的方向余弦，并有

$$\cos\alpha=\frac{A_x}{A},\cos\beta=\frac{A_y}{A},\cos\gamma=\frac{A_z}{A}$$

(2)矢量合成的解析法

运用矢量在直角坐标轴上的分量表示法，可以使矢量的加减运算简化。设平面直角坐标内有矢量 $\boldsymbol{A}$ 和 $\boldsymbol{B}$，它们与 $x$ 轴的夹角分别为 $\alpha$ 和 $\beta$(图 A.10)，根据式(A.4)，矢量 $\boldsymbol{A}$ 和 $\boldsymbol{B}$ 在两坐标轴上的分量可分别表示为

$$\begin{cases}A_x=A\cos\alpha\\A_y=A\sin\alpha\end{cases}及\begin{cases}B_x=B\cos\beta\\B_y=B\sin\beta\end{cases}$$

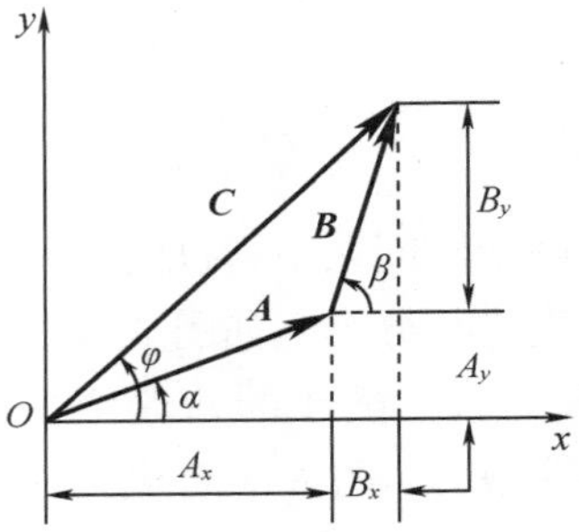

图 A.10　合矢量在直角坐标系中的分量

由图 A.10 可以看出，合矢量 $\boldsymbol{C}$ 在两坐标轴上的分量 $C_x$ 和 $C_y$ 与矢量 $\boldsymbol{A}$、$\boldsymbol{B}$ 的分量之间的关系为

$$\begin{cases}C_x=A_x+B_x\\C_y=A_y+B_y\end{cases}\tag{A.7}$$

矢量 $\boldsymbol{C}$ 的大小和方向由式(A.8)确定：

$$\begin{cases}C=\sqrt{C_x^2+C_y^2}\\\varphi=\arctan\dfrac{C_y}{C_x}\end{cases}\tag{A.8}$$

4. 矢量的标积和矢积

(1)矢量的标积

设 $\boldsymbol{A}$ 与 $\boldsymbol{B}$ 是两个矢量，两向量的小于 π 的夹角为 $\theta$，规定矢量 $\boldsymbol{A}$ 与 $\boldsymbol{B}$ 的数量积(记作 $\boldsymbol{A}\cdot\boldsymbol{B}$)是由式(A.9)确定的一个数：

$$\boldsymbol{A}\cdot\boldsymbol{B}=A\cdot B\cos\theta\tag{A.9}$$

如果把 $\boldsymbol{A}$、$\boldsymbol{B}$ 看成三角形的两边，那么 $\boldsymbol{A}-\boldsymbol{B}$ 就是第三边(图 A.11)。根据余弦定理得

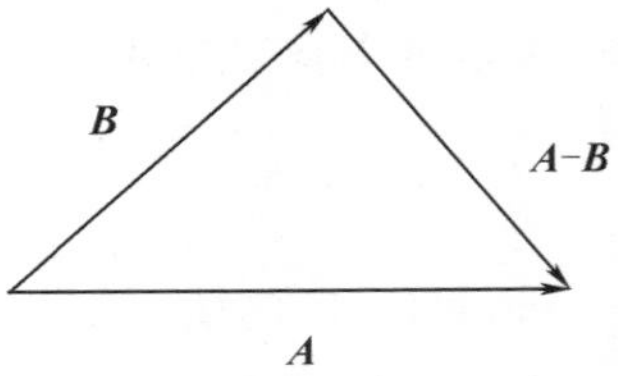

图 A.11　矢量相减

$$A \cdot B\cos\theta = \frac{1}{2}[A^2 + B^2 - (A-B)^2] \tag{A.10}$$

设 $\boldsymbol{A}=(A_x,A_y,A_z)$，$\boldsymbol{B}=(B_x,B_y,B_z)$，则式(A.10)可以写成

$$\begin{aligned} A \cdot B\cos\theta &= \frac{1}{2}\left\{(A_x^2+A_y^2+A_z^2)+(B_x^2+B_y^2+B_z^2)-[(A_x-B_x)^2+(A_y-B_y)^2+(A_z-B_z)^2]\right\} \\ &= A_xB_x + A_yB_y + A_zB_z \end{aligned}$$

于是得到

$$\boldsymbol{A} \cdot \boldsymbol{B} = A_xB_x + A_yB_y + A_zB_z$$

(2)矢量的矢积

设 $\boldsymbol{A}$ 与 $\boldsymbol{B}$ 是两个矢量，规定 $\boldsymbol{A}$ 与 $\boldsymbol{B}$ 的矢量积仍是一个矢量，记作 $\boldsymbol{A}\times\boldsymbol{B}$，它的大小与方向分别为：

① $|\boldsymbol{A}\times\boldsymbol{B}| = AB\sin\theta$（$\theta$ 为 $\boldsymbol{A}$ 与 $\boldsymbol{B}$ 之间小于 $\pi$ 的夹角）；

② $\boldsymbol{A}\times\boldsymbol{B}$ 同时垂直于 $\boldsymbol{A}$ 和 $\boldsymbol{B}$，并且 $\boldsymbol{A}$、$\boldsymbol{B}$ 和 $\boldsymbol{C}=\boldsymbol{A}\times\boldsymbol{B}$ 符合右手法则(图 A.12)。

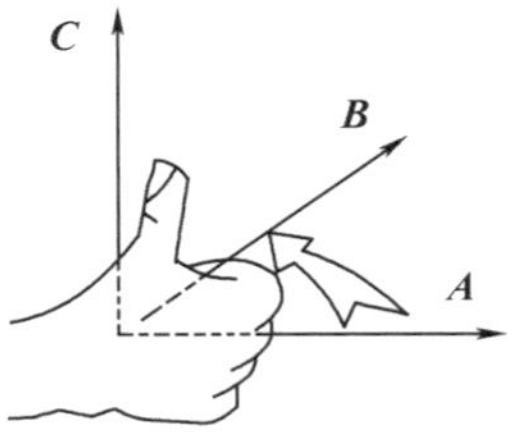


图 A.12 矢量矢积的右手法则

利用矢积的定义，容易看出，对任意的矢量 $\boldsymbol{A}$、$\boldsymbol{B}$，有

$$\boldsymbol{0}\times\boldsymbol{A} = \boldsymbol{A}\times\boldsymbol{0} = 0$$

$$\boldsymbol{A}\times\boldsymbol{A} = \boldsymbol{0}$$

$$\boldsymbol{A}\times\boldsymbol{B} = -\boldsymbol{B}\times\boldsymbol{A}$$

$$(\boldsymbol{A}+\boldsymbol{B})\times\boldsymbol{C} = \boldsymbol{A}\times\boldsymbol{C} + \boldsymbol{B}\times\boldsymbol{C}$$

设 $\boldsymbol{A}=A_x\boldsymbol{i}+A_y\boldsymbol{j}+A_z\boldsymbol{k}$，$\boldsymbol{B}=B_x\boldsymbol{i}+B_y\boldsymbol{j}+B_z\boldsymbol{k}$，按矢量积的运算率，有

$$\begin{aligned} \boldsymbol{A}\times\boldsymbol{B} &= (A_x\boldsymbol{i}+A_y\boldsymbol{j}+A_z\boldsymbol{k})\times(B_x\boldsymbol{i}+B_y\boldsymbol{j}+B_z\boldsymbol{k}) \\ &= A_xB_x(\boldsymbol{i}\times\boldsymbol{i}) + A_xB_y(\boldsymbol{i}\times\boldsymbol{j}) + A_xB_z(\boldsymbol{i}\times\boldsymbol{k}) + A_yB_x(\boldsymbol{j}\times\boldsymbol{i}) + A_yB_y(\boldsymbol{j}\times\boldsymbol{j}) + \\ &\quad A_yB_z(\boldsymbol{j}\times\boldsymbol{k}) + A_zB_x(\boldsymbol{k}\times\boldsymbol{i}) + A_zB_y(\boldsymbol{k}\times\boldsymbol{j}) + A_zB_z(\boldsymbol{k}\times\boldsymbol{k}) \end{aligned}$$

由于

$$\boldsymbol{i}\times\boldsymbol{i} = \boldsymbol{j}\times\boldsymbol{j} = \boldsymbol{k}\times\boldsymbol{k} = \boldsymbol{0}$$

并容易算得

$$\boldsymbol{i}\times\boldsymbol{j} = \boldsymbol{k},\ \boldsymbol{j}\times\boldsymbol{k} = \boldsymbol{i},\ \boldsymbol{k}\times\boldsymbol{i} = \boldsymbol{j}$$

$$\boldsymbol{j}\times\boldsymbol{i} = -\boldsymbol{k},\ \boldsymbol{k}\times\boldsymbol{j} = -\boldsymbol{i},\ \boldsymbol{i}\times\boldsymbol{k} = -\boldsymbol{j}$$

故经整理可得

$$\boldsymbol{A}\times\boldsymbol{B} = (A_yB_z - A_zB_y)\boldsymbol{i} + (A_zB_x - A_xB_z)\boldsymbol{j} + (A_xB_y - A_yB_x)\boldsymbol{k}$$

用行列式记号，即

$$\boldsymbol{A}\times\boldsymbol{B} = \begin{vmatrix} \boldsymbol{i} & \boldsymbol{j} & \boldsymbol{k} \\ A_x & A_y & A_z \\ B_x & B_y & B_z \end{vmatrix}$$

5. 矢量的导数和积分

(1)矢量的导数

如图 A.13 所示，在直角坐标系中有一矢量 $\boldsymbol{A}$，它仅是时间的函数。随着时间的流逝，矢量 $\boldsymbol{A}$ 的大小和方向

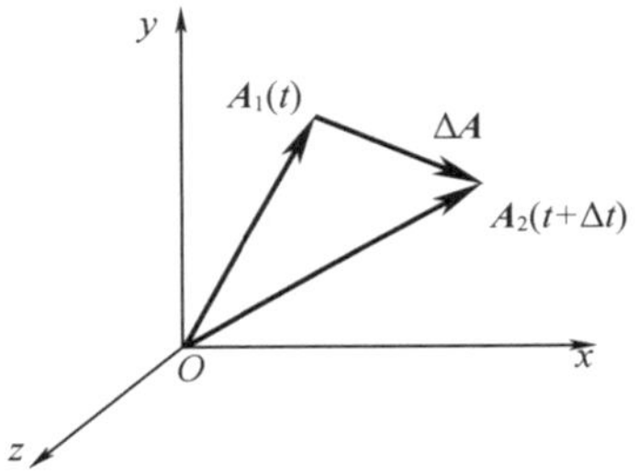


图 A.13 矢量的导数

都在改变。设在时刻 $t$，该矢量为 $\boldsymbol{A}_1(t)$；在时刻 $t+\Delta t$，该矢量为 $\boldsymbol{A}_2(t+\Delta t)$。那么在 $\Delta t$ 时间间隔内，其增量为

$$\Delta\boldsymbol{A}=\boldsymbol{A}_2(t+\Delta t)-\boldsymbol{A}_1(t)$$

当 $\Delta t\to 0$ 时，$\dfrac{\Delta\boldsymbol{A}}{\Delta t}$的极限值为

$$\lim_{\Delta t\to 0}\frac{\Delta\boldsymbol{A}}{\Delta t}=\frac{\mathrm{d}\boldsymbol{A}}{\mathrm{d}t} \tag{A.11}$$

式中，$\dfrac{\mathrm{d}\boldsymbol{A}}{\mathrm{d}t}$为矢量 $\boldsymbol{A}$ 对时间 $t$ 的导数。在一般情况下，矢量 $\boldsymbol{A}$ 不仅是时间 $t$ 的函数，还是坐标 $x,y,z$ 等的函数，即是一多元函数。关于多元函数的求导，请参阅有关的数学书籍。

矢量函数的导数常用其分量函数的导数来表示。在直角坐标系上，矢量 $\boldsymbol{A}_1$ 和 $\boldsymbol{A}_2$ 可分别写成

$$\boldsymbol{A}_1=A_{1x}\boldsymbol{i}+A_{1y}\boldsymbol{j}+A_{1z}\boldsymbol{k}$$
$$\boldsymbol{A}_2=A_{2x}\boldsymbol{i}+A_{2y}\boldsymbol{j}+A_{2z}\boldsymbol{k}$$

于是

$$\Delta\boldsymbol{A}=(A_{2x}-A_{1x})\boldsymbol{i}+(A_{2y}-A_{1y})\boldsymbol{j}+(A_{2z}-A_{1z})\boldsymbol{k}$$

如令

$$\Delta A_x=A_{2x}-A_{1x},\Delta A_y=A_{2y}-A_{1y},\Delta A_z=A_{2z}-A_{1z}$$

则有

$$\Delta\boldsymbol{A}=\Delta A_x\boldsymbol{i}+\Delta A_y\boldsymbol{j}+\Delta A_z\boldsymbol{k}$$

把式(A.12)代入式(A.11)，可得

$$\frac{\mathrm{d}\boldsymbol{A}}{\mathrm{d}t}=\lim_{\Delta t\to 0}\frac{\Delta A_x}{\Delta t}\boldsymbol{i}+\lim_{\Delta t\to 0}\frac{\Delta A_y}{\Delta t}\boldsymbol{j}+\lim_{\Delta t\to 0}\frac{\Delta A_z}{\Delta t}\boldsymbol{k} \tag{A.12}$$

即

$$\frac{\mathrm{d}\boldsymbol{A}}{\mathrm{d}t}=\frac{\mathrm{d}A_x}{\mathrm{d}t}\boldsymbol{i}+\frac{\mathrm{d}A_y}{\mathrm{d}t}\boldsymbol{j}+\frac{\mathrm{d}A_z}{\mathrm{d}t}\boldsymbol{k}$$

利用矢量导数的公式可以证明下列公式：

①$\dfrac{\mathrm{d}}{\mathrm{d}t}(\boldsymbol{A}+\boldsymbol{B})=\dfrac{\mathrm{d}\boldsymbol{A}}{\mathrm{d}t}+\dfrac{\mathrm{d}\boldsymbol{B}}{\mathrm{d}t}$；

②$\dfrac{\mathrm{d}(C\boldsymbol{A})}{\mathrm{d}t}=C\dfrac{\mathrm{d}\boldsymbol{A}}{\mathrm{d}t}$（$C$ 为常数）；

③$\dfrac{\mathrm{d}}{\mathrm{d}t}(\boldsymbol{A}\cdot\boldsymbol{B})=\boldsymbol{A}\dfrac{\mathrm{d}\boldsymbol{B}}{\mathrm{d}t}+\boldsymbol{B}\dfrac{\mathrm{d}\boldsymbol{A}}{\mathrm{d}t}$；

④$\dfrac{\mathrm{d}}{\mathrm{d}t}(\boldsymbol{A}\times\boldsymbol{B})=\boldsymbol{A}\times\dfrac{\mathrm{d}\boldsymbol{B}}{\mathrm{d}t}+\dfrac{\mathrm{d}\boldsymbol{A}}{\mathrm{d}t}\times\boldsymbol{B}$。

（2）矢量的积分

矢量函数的积分是很复杂的，下面举两个简单的例子。

设 $\boldsymbol{A}$ 和 $\boldsymbol{B}$ 均在同一平面直角坐标系内，且$\dfrac{\mathrm{d}\boldsymbol{B}}{\mathrm{d}t}=\boldsymbol{A}$，于是有

$$\mathrm{d}\boldsymbol{B}=\boldsymbol{A}\mathrm{d}t \tag{A.13}$$

对式(A.13)积分并略去积分常数,得

$$\boldsymbol{B} = \int \boldsymbol{A}\mathrm{d}t = \int (A_x\boldsymbol{i} + A_y\boldsymbol{j})\mathrm{d}t$$

即

$$\boldsymbol{B} = \int (A_x\mathrm{d}t)\boldsymbol{i} + \int (A_y\mathrm{d}t)\boldsymbol{j} \tag{A.14}$$

其中

$$B_x = \int A_x\mathrm{d}t, B_y = \int A_y\mathrm{d}t$$

式(A.14)在物理学中是经常遇到的,如计算直线运动和曲线运动的位置矢量或位移及力的冲量等。

若矢量 $\boldsymbol{A}$ 沿如图 A.14 所示的曲线变化,那么 $\int \boldsymbol{A}\cdot \mathrm{d}\boldsymbol{s}$ 为这个矢量沿此曲线的线积分,由于

$$\boldsymbol{A} = A_x\boldsymbol{i} + A_y\boldsymbol{j} + A_z\boldsymbol{k}$$
$$\mathrm{d}\boldsymbol{s} = \mathrm{d}x\boldsymbol{i} + \mathrm{d}y\boldsymbol{j} + \mathrm{d}z\boldsymbol{k}$$

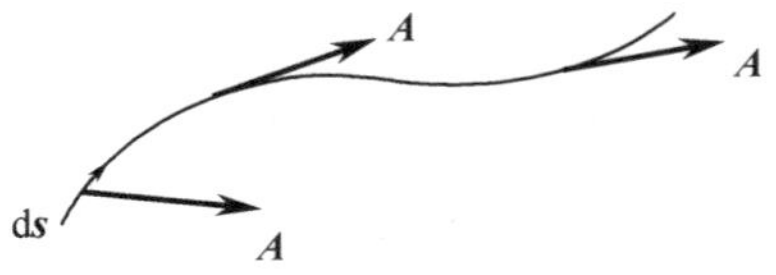

图 A.14 矢量的积分

因此

$$\int \boldsymbol{A}\cdot \mathrm{d}\boldsymbol{s} = \int (A_x\boldsymbol{i} + A_y\boldsymbol{j} + A_z\boldsymbol{k})\cdot(\mathrm{d}x\boldsymbol{i} + \mathrm{d}y\boldsymbol{j} + \mathrm{d}z\boldsymbol{k})$$

由于 $\boldsymbol{i}\cdot\boldsymbol{i} = \boldsymbol{j}\cdot\boldsymbol{j} = \boldsymbol{k}\cdot\boldsymbol{k} = 1, \boldsymbol{i}\cdot\boldsymbol{j} = \boldsymbol{j}\cdot\boldsymbol{k} = \boldsymbol{k}\cdot\boldsymbol{i} = 0$,可得

$$\int \boldsymbol{A}\cdot \mathrm{d}\boldsymbol{s} = \int A_x\mathrm{d}x + \int A_y\mathrm{d}y + \int A_z\mathrm{d}z \tag{A.15}$$

若式(A.15)中的 $\boldsymbol{A}$ 为力,$\mathrm{d}\boldsymbol{s}$ 为位移元,则式(A.15)就是变力做功的计算式。

# 附录 B　物理量的量纲与单位

我国国务院于 1984 年 2 月 27 日颁布了《中华人民共和国法定计量单位》,明确了我国法定计量单位是以先进的国际单位制为基础的,具有结构简单、科学性强、使用方便、易于推广的特点。

国际单位制中以长度、质量、时间、电流、热力学温度、物质的量和发光强度 7 个量作为基本物理量,并以这 7 个量的单位为基本单位(表 B.1)。

物理量之间存在着规律性的联系,所以,非基本量可以根据定义或借助方程用基本物理量来表示,这些非基本量称为导出量,其单位称为导出单位。例如,根据速度的定义 $v\equiv\frac{\mathrm{d}s}{\mathrm{d}t}$,可导出它的单位为 $\mathrm{m\cdot s^{-1}}$。

**表 B.1　国际单位制(SI)的基本单位**

| 量的名称 | 单位名称 | | 单位的定义 |
|---|---|---|---|
| 长度 | 米<br>(meter) | m | 米是光在真空中 1/299 792 458 s 的时间间隔内所经路径的长度 |
| 质量 | 千克<br>(kilogram) | kg | 千克等于国际千克原器的质量 |
| 时间 | 秒<br>(second) | s | 秒是铯 - 133 原子基态的两个超精细能级间跃迁所对应的辐射的 9 192 631 770个周期的持续时间 |
| 电流 | 安[培]<br>(Ampere) | A | 在真空中,截面积可忽略的两根相距 1 m 的无限长平行圆直导线内通以等量恒定电流时,若导线间相互作用力在每米长度上为 $2\times10^{-7}$ N,则每根导线中的电流为 1 A |
| 热力学温度 | 开[尔文]<br>(Kelvin) | K | 开尔文是水三相点热力学温度的 1/273.16 |
| 物质的量 | 摩[尔]<br>(mole) | mol | 摩尔是一系统的物质的量,该系统中所包含的基本单元数与 0.012 kg 碳 - 12 的原子数目相等。在使用摩尔时,基本单元应予以指明,可以是原子、分子、离子、电子及其他粒子,或是这些粒子的特定组合 |
| 发光强度 | 坎[德拉]<br>(candela) | cd | 坎德拉是发出频率为 $540\times10^{12}$ Hz 的单色辐射的光源在给定方向上的发光强度,而且在此方向上的辐射强度为 1/683 $\mathrm{W\cdot sr^{-1}}$ |

为了定性地描述物理量,特别是定性地给出导出量和基本量之间的关系,引入了量纲的概念。在不考虑数字因数时,表示一个量是由哪些基本量导出的以及如何导出的式子,称为此量的量纲(或量纲式)。如某一物理量 $Q$,可写出下列量纲式:

$$\dim Q = \mathrm{L}^{\alpha}\mathrm{M}^{\beta}\mathrm{T}^{\gamma}\mathrm{I}^{\delta}\Theta^{\varepsilon}\mathrm{N}^{\xi}\mathrm{J}^{\eta} \tag{B.1}$$

式(B.1)中,dim $Q$ 表示物理量 $Q$ 在国际单位制中的量纲,L、M、T、I、Θ、N、J 分别表示7个基本量(长度、质量、时间、电流、热力学温度、物质的量和发光强度)的量纲。$\alpha$、$\beta$、$\gamma$、$\delta$、$\varepsilon$、$\xi$、$\eta$ 称为量纲指数。表 B.2 中列出了几种物理量的量纲。

**表 B.2　几种物理量的量纲**

| 量 | 量纲 | 量 | 量纲 |
|---|---|---|---|
| 速度 | $\mathrm{LT}^{-1}$ | 电容率 | $\mathrm{L}^{-3}\mathrm{M}^{-1}\mathrm{T}^{4}\mathrm{I}^{2}$ |
| 力 | $\mathrm{LMT}^{-2}$ | 磁通量 | $\mathrm{L}^{2}\mathrm{MT}^{-2}\mathrm{I}^{-1}$ |
| 能 | $\mathrm{L}^{2}\mathrm{MT}^{-2}$ | 照度 | $\mathrm{L}^{-2}\mathrm{J}$ |
| 冲量 | $\mathrm{LMT}^{-1}$ | 法拉第常数 | $\mathrm{TIN}^{-1}$ |
| 电位 | $\mathrm{L}^{2}\mathrm{MT}^{-3}\mathrm{I}^{-1}$ | 平面角 | 1 |
| 熵 | $\mathrm{L}^{2}\mathrm{MT}^{-2}\Theta^{-1}$ | 相对密度 | 1 |

所有量纲指数都等于零的量称为量纲一的量。由于只有量纲相同的物理量才能相加或相减,因此只有等号两边具有相同的量纲的等式才能成立。对于量纲不同的物理量之间相乘或相除是没有限制的。

表 B.3 中列出了物理量的名称、符号,单位名称、符号及量纲(SI)。表 B.4 和表 B.5 给出了基本物理常量,保留单位和标准值。表 B.6 和表 B.7 给出了国际单位制(SI)的词头和希腊字母表。

**表 B.3　物理量的名称、符号,单位名称、符号及量纲(SI)**

| 物理量的名称 | 物理量的符号 | 单位名称 | 单位符号 | 量纲 |
|---|---|---|---|---|
| 长度 | $l,L$ | 米 | m | L |
| 面积 | $S,A$ | 平方米 | $\mathrm{m}^2$ | $\mathrm{L}^2$ |
| 体积,容积 | $V$ | 立方米 | $\mathrm{m}^3$ | $\mathrm{L}^3$ |
| 时间 | $t$ | 秒 | s | T |
| [平面]角 | $\alpha,\beta,\gamma,\theta,\varphi$ 等 | 弧度 | rad | 1 |
| 立体角 | $\Omega$ | 球面度 | sr | 1 |
| 速度 | $v,u,c$ | 米每秒 | $\mathrm{m}\cdot\mathrm{s}^{-1}$ | $\mathrm{LT}^{-1}$ |
| 加速度 | $a$ | 米每二次方秒 | $\mathrm{m}\cdot\mathrm{s}^{-2}$ | $\mathrm{LT}^{-2}$ |
| 角位移 | $\theta$ | 弧度 | rad | 1 |
| 角速度 | $\omega$ | 弧度每秒 | $\mathrm{rad}\cdot\mathrm{s}^{-1}$ | $\mathrm{T}^{-1}$ |
| 角加速度 | $\alpha$ | 弧度每二次方秒 | $\mathrm{rad}\cdot\mathrm{s}^{-2}$ | $\mathrm{T}^{-2}$ |
| 周期 | $T$ | 秒 | s | T |

表 B.3(续 1)

| | | | | |
|---|---|---|---|---|
| 旋转频率(转速) | $n$ | 每秒 | $s^{-1}$ | $T^{-1}$ |
| 质量 | $m$ | 千克 | kg | M |
| 力 | $F$ | 牛[顿] | N | $LMT^{-2}$ |
| 功 | $A,W$ | 焦[耳] | J | $L^2MT^{-2}$ |
| 能[量] | $E$ | 焦[耳] | J | $L^2MT^{-2}$ |
| 动能 | $E_k$ | 焦[耳] | J | $L^2MT^{-2}$ |
| 势能 | $E_p$ | 焦[耳] | J | $L^2MT^{-2}$ |
| 功率 | $P$ | 瓦[特] | W | $L^2MT^{-3}$ |
| 冲量 | $I$ | 牛[顿]秒 | N · s | $LMT^{-1}$ |
| 动量 | $p$ | 千克米每秒 | $kg \cdot m \cdot s^{-1}$ | $LMT^{-1}$ |
| 力矩 | $M$ | 牛[顿]米 | N · m | $L^2MT^{-2}$ |
| 转动惯量 | $I,J$ | 千克二次方米 | $kg \cdot m^2$ | $L^2M$ |
| [质量]密度 | $\rho$ | 千克每立方米 | $kg \cdot m^{-3}$ | $L^{-3}M$ |
| 面密度 | $\rho_S$ | 千克每平方米 | $kg \cdot m^{-2}$ | $L^{-2}M$ |
| 线密度 | $\rho_l$ | 千克每米 | $kg \cdot m^{-1}$ | $L^{-1}M$ |
| 角动量,动量矩 | $L$ | 千克二次方米每秒 | $kg \cdot m^2 \cdot s^{-1}$ | $L^2MT^{-1}$ |
| 电荷[量] | $Q,q$ | 库[仑] | C | TI |
| 电流 | $I,i$ | 安[培] | A | I |
| 电荷线密度 | $\lambda$ | 库[仑]每米 | $C \cdot m^{-1}$ | $L^{-1}TI$ |
| 电荷面密度 | $\sigma$ | 库[仑]每平方米 | $C \cdot m^{-2}$ | $L^{-2}TI$ |
| 电荷[体]密度 | $\rho$ | 库[仑]每立方米 | $C \cdot m^{-3}$ | $L^{-3}TI$ |
| 电场强度 | $E$ | 伏[特]每米 | $V \cdot m^{-1}$或$N \cdot C^{-1}$ | $LMT^{-3}I^{-1}$ |
| 电场强度通量 | $\Phi_e$ | 伏[特]米 | V · m | $L^3MT^{-3}I^{-1}$ |
| 电势,电位 | $V$ | 伏[特] | V | $L^2MT^{-3}I^{-1}$ |
| 电势差,电压 | $U,V$ | 伏[特] | V | $L^2MT^{-3}I^{-1}$ |
| 电动势 | $E$ | 伏[特] | V | $L^2MT^{-3}I^{-1}$ |
| 介电常数,电容率 | $\varepsilon$ | 法[拉]每米 | $F \cdot m^{-1}$ | $L^{-3}M^{-1}T^4I^2$ |
| 相对介电常数,相对电容率 | $\varepsilon_r$ | — | — | — |
| 电偶极矩 | $p,p_e$ | 库[仑]米 | C · m | LTI |
| 电极化强度 | $P$ | 库[仑]每平方米 | $C \cdot m^{-2}$ | $L^{-2}TI$ |
| 电极化率 | $\chi_e$ | — | — | — |
| 电位移 | $D$ | 库[仑]每平方米 | $C \cdot m^{-2}$ | $L^{-2}TI$ |
| 电通[量](电位移通量) | $\psi$ | 库[仑] | C | TI |
| 电容 | $C$ | 法[拉] | F | $L^{-2}M^{-1}T^4I^2$ |
| 电流密度 | $J$ | 安[培]每平方米 | $A \cdot m^{-2}$ | $L^{-2}I$ |
| 电阻 | $R$ | 欧[姆] | Ω | $L^2MT^{-3}I^{-2}$ |

表 B.3(续 2)

| | | | | |
|---|---|---|---|---|
| 电阻率 | $\rho$ | 欧[姆]米 | $\Omega\cdot m$ | $L^3MT^{-3}I^{-2}$ |
| 电导率 | $\gamma$ | 西[门子]每米 | $S\cdot m^{-1}$ | $L^{-3}M^{-1}T^3I^2$ |
| 磁感应强度 | $B$ | 特[斯拉] | T | $MT^{-2}I^{-1}$ |
| 磁导率 | $\mu$ | 亨[利]每米 | $H\cdot m^{-1}$ | $LMT^{-2}I^{-2}$ |
| 相对磁导率 | $\mu_r$ | — | — | — |
| 磁通[量] | $\Phi$ | 韦[伯] | Wb | $L^2MT^{-2}I^{-1}$ |
| 磁化强度 | $M$ | 安[培]每米 | $A\cdot m^{-1}$ | $L^{-1}I$ |
| 磁化率 | $\chi_m$ | — | — | — |
| 磁场强度 | $H$ | 安[培]每米 | $A\cdot m^{-1}$ | $L^{-1}I$ |
| [面]磁矩 | $m, p_m$ | 安[培]平方米 | $A\cdot m^2$ | $L^2I$ |
| 自感 | $L$ | 亨[利] | H | $L^2MT^{-2}I^{-2}$ |
| 互感 | $M$ | 亨[利] | H | $L^2MT^{-2}I^{-2}$ |
| 频率 | $\nu, f$ | 赫[兹] | Hz | $T^{-1}$ |
| 角频率 | $\omega$ | 弧度每秒 | $rad\cdot s^{-1}$ | $T^{-1}$ |
| 波长 | $\lambda$ | 米 | m | L |
| 振幅 | $A$ | 米 | m | L |
| 波数 | $\sigma, \bar{\nu}$ | 每米 | $m^{-1}$ | $L^{-1}$ |
| 波的强度 | $I$ | 瓦[特]每平方米 | $W\cdot m^{-2}$ | $MT^{-3}$ |
| 坡印廷矢量 | $S$ | 瓦[特]每平方米 | $W\cdot m^{-2}$ | $MT^{-3}$ |
| 声强级 | $L_I$ | 贝[尔] | B | — |
| 折射率 | $n$ | — | — | — |
| 发光强度 | $I$ | 坎[德拉] | cd | J |
| 压强 | $p$ | 帕[斯卡] | Pa | $L^{-1}MT^{-2}$ |
| 热力学温度 | $T$ | 开[尔文] | K | $\Theta$ |
| 摄氏温度 | $t$ | 摄氏度 | ℃ | $\Theta$ |
| 摩尔质量 | $M$ | 千克每摩[尔] | $kg\cdot mol^{-1}$ | $MN^{-1}$ |
| 热量 | $Q$ | 焦[耳] | J | $L^2MT^{-2}$ |
| 比热容 | $c$ | 焦[耳]每千克开[尔文] | $J\cdot kg^{-1}\cdot K^{-1}$ | $L^2T^{-2}\Theta^{-1}$ |
| 摩尔定容热容 | $C_{V,m}$ | 焦[耳]每摩[尔]开[尔文] | $J\cdot mol^{-1}\cdot K^{-1}$ | $L^2MT^{-2}\Theta^{-1}N^{-1}$ |
| 摩尔定压热容 | $C_{p,m}$ | 焦[耳]每摩[尔]开[尔文] | $J\cdot mol^{-1}\cdot K^{-1}$ | $L^2MT^{-2}\Theta^{-1}N^{-1}$ |
| 平均自由程 | $\lambda$ | 米 | m | L |
| 扩散系数 | $D$ | 二次方米每秒 | $m^2\cdot s^{-1}$ | $L^2T^{-1}$ |

表 B.3(续 3)

| | | | | |
|---|---|---|---|---|
| 熵 | $S$ | 焦[耳]每开[尔文] | $J \cdot K^{-1}$ | $L^2MT^{-2}\Theta^{-1}$ |
| 辐[射]出[射]度 | $M, M_e$ | 瓦[特]每平方米 | $W \cdot m^{-2}$ | $MT^{-3}$ |
| 光谱辐[射]出[射]度<br>(单色辐出度) | $M_{e\lambda}$ | 瓦[特]每立方米 | $W \cdot m^{-3}$ | $L^{-1}MT^{-3}$ |
| 半衰期 | $T_{1/2}$ | 秒 | s | T |

**表 B.4　基本物理常量**

| 名称 | 符号 | 计算用值 |
|---|---|---|
| 真空中光速 | $c$ | $3.00 \times 10^8$ m·s$^{-1}$ |
| 普朗克常量 | $h$ | $6.63 \times 10^{-34}$ J·s |
| 摩尔气体常数 | $R$ | $8.31$ J·mol·K$^{-1}$ |
| 玻尔兹曼常量 | $k$ | $1.38 \times 10^{-23}$ J·K$^{-1}$ |
| 真空磁导率 | $\mu_0$ | $4\pi \times 10^{-7}$ H·m$^{-1}$ $= 1.26 \times 10^{-6}$ H·m$^{-1}$ |
| 真空介电常数 | $\varepsilon_0$ | $8.85 \times 10^{-12}$ F·m$^{-1}$ |
| 引力常量 | $G$ | $6.67 \times 10^{-11}$ N·m$^2$·kg$^{-2}$ |
| 阿伏伽德罗常量 | $N_A$ | $6.02 \times 10^{23}$ mol$^{-1}$ |
| 元电荷 | $e$ | $1.60 \times 10^{-19}$ C |
| 电子[静]质量 | $m_e$ | $9.11 \times 10^{-31}$ kg |
| 中子[静]质量 | $m_n$ | $1.67 \times 10^{-27}$ kg |
| 电子磁矩 | $\mu_e$ | $9.28 \times 10^{-24}$ J·T$^{-1}$ |
| 质子磁矩 | $\mu_p$ | $1.41 \times 10^{-26}$ J·T$^{-1}$ |
| 中子磁矩 | $\mu_n$ | $0.966 \times 10^{-26}$ J·T$^{-1}$ |
| 里德伯常量 | $R$ | $1.10 \times 10^7$ m$^{-1}$ |
| 波尔半径 | $a_0$ | $5.29 \times 10^{-11}$ m |
| 电子康普顿波长 | $\lambda_C$ | $2.43 \times 10^{-12}$ m |
| 斯特藩-玻尔兹曼常量 | $\sigma$ | $5.67 \times 10^{-8}$ W·m$^{-2}$·K$^{-4}$ |

**表 B.5　保留单位和标准值**

| 名称 | 符号 | 数值 |
|---|---|---|
| 电子伏 | eV | 1 eV$\approx 1.602\ 177 \times 10^{-19}$ J |
| 原子质量单位 | u | 1 u$\approx 1.660\ 540 \times 10^{-27}$ kg |
| 标准重力加速度 | $g_n$ | $g_n = 9.806\ 650$ m·s$^{-2}$(准确值) |
| 电子康普顿波长 | $\lambda_{C,e}$ | $\lambda_{C,e} \approx 2.426\ 310 \times 10^{-12}$ m |

**表 B.6 国际单位制(SI)的词头**

| 因数 | 词头名称 | 词头符号 | 因数 | 词头名称 | 词头符号 |
|---|---|---|---|---|---|
| $10^{18}$ | 艾 | E | $10^{-1}$ | 分 | d |
| $10^{15}$ | 拍 | P | $10^{-2}$ | 厘 | c |
| $10^{12}$ | 太 | T | $10^{-3}$ | 毫 | m |
| $10^{9}$ | 吉 | G | $10^{-6}$ | 微 | μ |
| $10^{6}$ | 兆 | M | $10^{-9}$ | 纳 | n |
| $10^{3}$ | 千 | k | $10^{-12}$ | 皮 | p |
| $10^{2}$ | 百 | h | $10^{-15}$ | 飞 | f |
| $10^{1}$ | 十 | da | $10^{-18}$ | 阿 | a |

**表 B.7 希腊字母表**

| 字母 | | 读音 | 字母 | | 读音 |
|---|---|---|---|---|---|
| 大写 | 小写 | | 大写 | 小写 | |
| Α | α | [a:lf] | Ν | ν | [nju] |
| Β | β | [bet] | Ξ | ξ | [ksi] |
| Γ | γ | [ga:m] | Ο | ο | [omik'ron] |
| Δ | δ | [delt] | Π | π | [pai] |
| Ε | ε | [ep'silon] | Ρ | ρ | [rou] |
| Ζ | ζ | [zat] | Σ | σ | [sigma] |
| Η | η | [eit] | Τ | τ | [tau] |
| Θ | θ | [θit] | Υ | υ | [jup'silon] |
| Ι | ι | [aiot] | Φ | φ | [fai] |
| Κ | κ | [kap] | Χ | χ | [phai] |
| Λ | λ | [lambd] | Ψ | ψ | [psai] |
| Μ | μ | [mju] | Ω | ω | [o'miga] |

# 参 考 文 献


[1] 杨学栋.大学物理学:上册[M].哈尔滨:哈尔滨工业大学出版,2002.

[2] 唐南,王佳眉.大学物理学:下册[M].北京:高等教育出版社,2004.

[3] 卢德馨.大学物理学[M].北京:高等教育出版社,2004.

[4] 张三慧.大学物理学:力学、电磁学[M].北京:清华大学出版社,2009.

[5] 张三慧.大学物理学:热学、光学、量子物理[M].北京:清华大学出版社,2009.

[6] 马文蔚,解希顺,周雨青.物理学:上册[M].朱明,徐文轩,译.5 版.北京:高等教育出版社,2009.

[7] 吴百诗.大学物理:上册[M].北京:科高等教育出版社,2012.

[8] 程守洙,江之永.普通物理学:上册[M].7 版.北京:高等教育出版社,2016.

[9] 程守洙,江之永.普通物理学:下册[M].7 版.北京:高等教育出版社,2016.

[10] 姚启钧.光学教程[M].4 版.北京:高等教育出版社,2008.

[11] 严燕来,叶庆好.大学物理拓展与应用[M].北京:高等教育出版社,2002.

[12] 倪光炯,王炎森,钱景华,等.改变世界的物理学[M].3 版.上海:复旦大学出版社,2007.

[13] 韦斯科夫.二十世纪物理学[M].杨福家,汤家镛,施士元,等译.北京:科学出版社,1979.

[14] 刘炳胜,李海宝,郭铁梁.大学物理基础:中册[M].北京:化学工业出版社,2011.

[15] 任敦亮,李海宝,姜洪喜.大学物理学[M].2 版.北京:机械工业出版社,2011.

[16] 金永君,姜洪喜,刘辉.大学物理基础:上册[M].北京:化学工业出版社,2011.

[17] 魏英智,徐宝玉,张琳.大学物理基础:下册[M].北京:化学工业出版社,2011.

[18] 赵近芳,王登龙.大学物理学:上[M].5 版.北京:北京邮电大学出版社,2017.

[19] 赵近芳,王登龙.大学物理学:下[M].5 版.北京:北京邮电大学出版社,2017.